Nexus

Nexus

Una breve historia de las redes de información desde la Edad de Piedra hasta la IA

YUVAL NOAH HARARI

Traducción de
Joandomènec Ros

DEBATE

Papel certificado por el Forest Stewardship Council®

MIXTO
Papel | Apoyando la silvicultura responsable
FSC® C117695

Penguin Random House Grupo Editorial

Primera edición actualizada: septiembre de 2025

Printed in Spain – Impreso en España

ISBN: 978-84-19951-93-9
Depósito legal:B-12.025-2025

Compuesto en Comptex&Ass., S. L.

Impreso en Black Print CPI Ibérica
Sant Andreu de la Barca (Barcelona)

C951939

Para Itzik, con amor, y para todos los que aman la sabiduría. En una senda de mil sueños, buscamos la realidad

Índice

Parte III
Política informática

Prólogo

Hemos llamado a nuestra especie *Homo sapiens*, el «humano sabio». Pero es discutible que hayamos estado a la altura de este nombre.

Lo cierto es que, a lo largo de los últimos cien mil años, nosotros, los sapiens, hemos acumulado un poder enorme. Tan solo listar todos nuestros descubrimientos, inventos y conquistas llenaría volúmenes. Pero el poder no es sabiduría y, después de cien mil años de descubrimientos, inventos y conquistas, la humanidad se ha visto abocada a una crisis existencial autoinfligida. Nos hallamos al borde de un colapso ecológico causado por el mal uso de nuestro propio poder. También nos afanamos en la creación de nuevas tecnologías como la inteligencia artificial (IA), que tienen el potencial de escapar de nuestro control y de esclavizarnos o aniquilarnos. Pero, lejos de que nuestra especie haya unido fuerzas para abordar estos retos existenciales, las tensiones internacionales van en aumento, la cooperación global se está haciendo más difícil, las naciones acumulan armas apocalípticas y una nueva guerra mundial no parece imposible.

Si los sapiens somos tan sabios, ¿por qué somos tan autodestructivos?

A un nivel más profundo, aunque hemos acumulado muchísima información acerca de todo, ya sean moléculas de ADN o galaxias remotas, no parece que toda esta información haya dado respuesta a las grandes preguntas de la vida: ¿quiénes somos?, ¿a qué debemos aspirar?, ¿qué es una buena vida?, ¿y cómo deberíamos vivirla? A pesar de la ingente cantidad de información que tenemos a nuestra disposición, somos tan susceptibles a la fantasía y al delirio como nuestros antepasados más lejanos. El nazismo y el estalinismo no son más que dos ejemplos recientes de una locura de masas que de vez en cuando se apodera incluso de las sociedades modernas. Nadie discute que en la actualidad los humanos dispongamos de mucha más información y de mucho más poder que en la Edad de Piedra, pero no es en absoluto cierto que nos comprendamos y que comprendamos mejor nuestro papel en el universo.

¿Por qué somos tan buenos a la hora de acumular más información y poder pero tenemos mucho menos éxito a la hora de adquirir sabiduría? A lo largo de la historia, un buen número de tradiciones han creído que un defecto letal en nuestra naturaleza nos incita a andar detrás de poderes que no sabemos manejar. El mito griego de Faetón nos habla de un muchacho que descubre que es hijo de Helios, el dios sol. Ansioso por demostrar su origen divino, Faetón se atribuye el privilegio de conducir el carro del sol. Helios le advierte que ningún humano puede controlar a los caballos celestes que tiran del carro solar. Pero Faetón insiste, hasta que el dios sol cede. Después de elevarse orgulloso en el cielo, Faetón acaba por perder el control del carro. El sol se desvía de su trayectoria, abrasa toda la vegetación, provoca gran cantidad de muertes y amenaza con quemar la Tierra misma. Zeus interviene y alcanza a Faetón con un rayo. El presuntuoso humano cae del cielo como una estrella fugaz, envuelto en llamas. Los dioses retoman el control del cielo y salvan el mundo.

Dos mil años después, cuando la Revolución Industrial daba sus primeros pasos y las máquinas empezaban a sustituir a los humanos en numerosas tareas, Johann Wolfgang von Goethe publicó un texto admonitorio similar titulado «El aprendiz de brujo». El poema de Goethe (que posteriormente se popularizó en la versión animada de Walt Disney protagonizada por Mickey Mouse) cuenta cómo un brujo ya anciano deja su taller en manos de un joven aprendiz, a quien pide que, en su ausencia, se encargue de tareas como traer agua del río. El aprendiz decide facilitarse las cosas y, recurriendo a uno de los conjuros del brujo, lanza un hechizo sobre una escoba para que vaya a por el agua. Pero el aprendiz no sabe cómo detener la escoba, que, incansable, trae cada vez más agua, lo que amenaza con inundar el taller. Presa del pánico, el aprendiz corta la escoba encantada en dos con un hacha solo para ver que cada mitad se convierte en otra escoba. Ahora hay *dos* escobas encantadas que inundan el taller con cubos de agua. Cuando el viejo brujo regresa, el aprendiz le suplica ayuda: «Los espíritus a los que invoqué [...] ahora no puedo librarme de ellos». De inmediato, el brujo deshace el hechizo y detiene la inundación. La lección para el aprendiz —y para la humanidad— es clara: nunca recurras a poderes que no puedas controlar.

¿Qué nos dicen las fábulas conminatorias del aprendiz y de Faetón en el siglo XXI? Es obvio que los humanos nos hemos negado a hacer caso de sus advertencias. Ya hemos provocado un desequilibrio en el clima terrestre y puesto en acción a miles de millones de escobas encantadas, drones, chatbots y otros espíritus algorítmicos con capacidad para escapar a nuestro control y desatar una inundación de consecuencias incalculables.

Así, pues, ¿qué debemos hacer? Las fábulas no ofrecen ninguna respuesta, a no ser que esperemos que un dios o un brujo nos salven. Desde luego, este es un mensaje extremadamente peligroso, pues anima a la gente a renunciar a la responsabilidad y a confiar en dioses y brujos. Peor todavía, nos impide reconocer que dioses y brujos son una invención humana... como lo son los carros, las escobas y los algoritmos. La tendencia a crear artefactos poderosos con capacidades imprevistas no se inició con el invento de la máquina de vapor ni con la IA, sino con el de la religión. Profetas y teólogos han invocado espíritus poderosos que se suponía que aportarían amor y alegría, pero que de tanto en tanto terminaron regando el mundo de sangre.

El mito de Faetón y el poema de Goethe no proporcionan un consejo útil porque malinterpretan la manera en que los humanos solemos hacernos con el poder. En ambas fábulas, un único humano adquiere un poder enorme, pero después se ve corrompido por la soberbia y la codicia. La conclusión es que nuestra psicología individual imperfecta provoca que abusemos del poder. Lo que este análisis aproximado pasa por alto es que el poder humano nunca es el resultado de una iniciativa individual. El poder siempre surge de la cooperación entre un gran número de personas.

Por consiguiente, no es nuestra psicología individual lo que provoca que abusemos del poder. Al fin y al cabo, junto con la codicia, la soberbia y la crueldad, los humanos somos capaces de amar, de compadecernos, de ser humildes y de sentir alegría. Sin duda, entre los peores miembros de nuestra especie abundan la codicia y la crueldad, que llevan a los malos actores a abusar del poder. Pero ¿por qué elegirían las sociedades humanas encomendar el poder a sus peores representantes? Por ejemplo, en 1933 la mayoría de los alemanes no eran psicópatas. Entonces, ¿por qué votaron a Hitler?

Nuestra tendencia a invocar poderes que somos incapaces de controlar no surge de la psicología individual, sino de la singular manera en que tiene lugar la cooperación entre un gran número de individuos en nuestra especie. El argumento principal de este libro es que la humanidad consigue un poder enorme mediante la construcción de grandes redes de cooperación, pero la forma en que se construyen dichas redes las predispone a hacer un uso imprudente del poder. Nuestro problema, por lo tanto, tiene que ver con las redes.

Más concretamente, es un problema de información. La información es el pegamento que mantiene unidas las redes, y cuando a las personas se las nutre de información deficiente, es probable que tomen malas decisiones, por muy sabias y buenas que sean. Durante miles de años, los sapiens construyeron y mantuvieron grandes redes al inventar y expandir ficciones, fantasías, ilusiones: sobre dioses, sobre palos de escoba encantados, sobre la IA y sobre muchas otras cosas. Mientras que cada individuo humano suele interesarse por conocer la verdad acerca de sí mismo y del mundo, las grandes redes ponen en contacto a sus miembros y crean orden al generar dependencia en ficciones y fantasías. Así es como, por ejemplo, vimos surgir el nazismo y el estalinismo. Estas eran unas redes poderosísimas sostenidas por ideas excepcionalmente equivocadas. Tal como afirmó con acierto George Orwell, la ignorancia es fuerza.

El hecho de que los regímenes nazi y estalinista se fundaran sobre fantasías crueles y mentiras cargadas de cinismo *no* los hizo excepcionales desde el punto de vista histórico, ni los predestinó al hundimiento. El nazismo y el estalinismo han sido dos de las redes más poderosas jamás creadas por el ser humano. A finales de 1941 y principios de 1942, los poderes del Eje estaban a punto de ganar la Segunda Guerra Mundial. Al final, Stalin se erigió como vencedor de la guerra,[1] y en las décadas de 1950 y 1960 tanto él como sus sucesores manejaron una probabilidad razonable de ganar la Guerra Fría. En la década de 1990, las democracias liberales tomaron la delantera, pero ahora esta se nos antoja una victoria transitoria. En el siglo XXI, cualquier nuevo régimen totalitario podría tener éxito allí donde Hitler y Stalin fracasaron, creando una red todopoderosa que evite que las generaciones futuras traten siquiera de destapar sus mentiras y ficciones. No deberíamos dar por sentado que las redes ilusorias están destinadas al fracaso. Si queremos evitar su triunfo, tenemos un trabajo duro por delante.

La idea ingenua de la información

Es difícil apreciar la fuerza de las redes ilusorias debido a la enorme confusión que rodea al modo en que operan las grandes redes de información, sean o no ilusorias. Esta confusión se resume en lo que yo denomino «la idea ingenua de la información». Mientras que fábulas como «El aprendiz de brujo» o mitos como el de Faetón presentan un enfoque claramente pesimista de la psicología humana individual, la idea ingenua de la información ofrece un enfoque demasiado optimista de las redes humanas a gran escala.

La idea ingenua aduce que, al hacer acopio y procesar mucha más información de la que pueden recabar los individuos por sí solos, las grandes redes alcanzan un mayor conocimiento en campos como la medicina, la física, la economía y otros muchos, lo que hace que la red no solo sea poderosa, sino también sabia. Por ejemplo, al recabar información sobre patógenos, las compañías farmacéuticas y los servicios sanitarios pueden determinar las causas reales de muchas enfermedades, lo que les permite desarrollar medicinas más efectivas y tomar decisiones más sensatas sobre cómo administrarlas. Este punto de vista plantea que, en cantidades suficientes, la información conduce a la verdad y, a su vez, la verdad conduce al poder y a la sabiduría. En cambio, la ignorancia parece no llevar a ninguna parte. Si bien en contextos de crisis históricas a veces pueden surgir redes ilusorias o engañosas, a la larga estas están destinadas a fracasar frente a rivales más perspicaces y honestos. Un servicio de atención sanitaria que ignore la información disponible sobre patógenos o un gigante de la industria farmacéutica que difunda desinformación de manera deliberada acabarán por sucumbir ante competidores que hagan un uso más sensato de la información. De modo que la idea ingenua implica que las redes ilusorias han de ser anormalidades y que por lo general puede confiarse en que las grandes redes manejen el poder con sensatez.

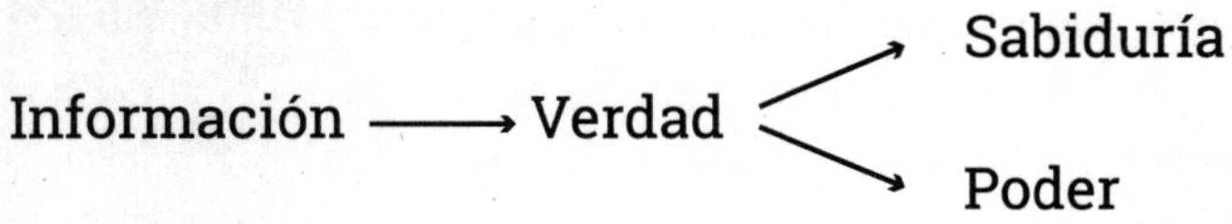

La idea ingenua de la información

Desde luego, la idea ingenua reconoce que muchas cosas pueden funcionar mal en el camino que va de la información a la verdad. Podemos cometer errores involuntarios al reunir y procesar información. Actores maliciosos movidos por la codicia o el odio podrían ocultarnos hechos importantes o intentar engañarnos. Como resultado, a veces la información conduce al error en lugar de a la verdad. Por ejemplo, la información parcial, un análisis incorrecto o una campaña de desinformación podrían llevar incluso a que los expertos identifiquen erróneamente la causa real de una enfermedad determinada.

Sin embargo, la idea ingenua asume que la solución a la mayoría de los problemas que nos encontramos al recabar y procesar información consiste en recabar y procesar todavía más información. Aunque nunca estamos completamente a salvo del error, en la mayoría de los casos más información significa mayor precisión. Un único médico que quiera identificar la causa de una epidemia examinando a un solo paciente cuenta con menos probabilidades de éxito que mil médicos que obtengan datos de millones de pacientes. Y, si son los propios profesionales de la medicina quienes conspiran para ocultar la verdad, el hecho de que la información médica esté en mayor medida a la libre disposición del público y de los investigadores acabará por revelar el fraude. Según esta idea, cuanto mayor sea la red de información, más cerca se hallará de la verdad.

Por supuesto, analizar la información en detalle y descubrir verdades importantes no garantiza que usemos sabiamente las capacidades resultantes. Por lo general, se entiende que *sabiduría* significa «tomar decisiones correctas», pero el significado de «correctas» depende de unos juicios de valor que difieren entre personas, culturas o ideologías. Los científicos que descubren un patógeno nuevo pueden desarrollar una vacuna para proteger a la población. Pero, si estos científicos —o sus amos políticos— profesan una ideología racista que propugna que ciertas razas son inferiores y que han de ser exterminadas, el nuevo conocimiento médico podría usarse para desarrollar un arma biológica que mate a millones de personas.

También en este caso, la idea ingenua de la información sostiene que la información adicional al menos ofrece un remedio parcial. La idea ingenua considera que, si se examinan a fondo, las discrepancias acerca de los valores son producto de la falta de información o de la desinformación intencionada. Según esta idea, un racista es alguien mal informado que simplemente desconoce la realidad de la biología y de la historia. Alguien que cree que la «raza» es una categoría biológica válida y a quien una serie de teorías conspiratorias espurias han lavado el cerebro. Por lo tanto, el antídoto contra el racismo es proporcionar a la gente más realidades biológicas e históricas. Puede que lleve su tiempo, pero, en un libre mercado de la información, la verdad prevalecerá tarde o temprano.

Desde luego, la idea ingenua contiene más matices y reflexiones de los que pueden explicarse en unos pocos párrafos, pero su principio fundamental es que la información es esencialmente algo bueno y que, cuanta más podamos reunir, mejor. Con la información y el tiempo suficientes, estamos destinados a descubrir la verdad sobre asuntos que pueden ir de las infecciones víricas a los prejuicios racistas, con lo cual desarrollaremos no solo nuestro poder, sino también la sabiduría necesaria para emplearlo con acierto.

Esta visión ingenua justifica la búsqueda de tecnologías de la información cada vez más potentes y ha sido la ideología semioficial de la era de la informática y de internet. En junio de 1989, pocos meses antes de la caída del Muro de Berlín y del Telón de Acero, Ronald Reagan declaraba que «el Goliat del control totalitario será pronto derribado por el David del microchip» y que «el mayor de los Grandes Hermanos se halla cada vez más desvalido frente a la tecnología de las comunicaciones [...]. La información es el oxígeno de la era moderna [...]. Se filtra a través de los muros rematados con alambre de espino. Planea sobre las fronteras electrificadas y repletas de trampas. Brisas de rayos electrónicos soplan a través del Telón de Acero como si este fuera de encaje».[2] En noviembre de 2009, durante una visita a Shanghái, Barack Obama se dirigió con el mismo espíritu a sus anfitriones chinos: «Creo firmemente en la tecnología y creo firmemente en la apertura cuando se trata del flujo de información. Considero que, cuanta más libertad haya en el flujo de información, más fuerte será la sociedad».[3]

A menudo, empresarios y compañías se han referido a la tecnología de la información con un optimismo similar. Ya en 1858, un editorial de *The New Englander* sobre la invención del telégrafo afirmaba: «Es imposible que sigan existiendo viejos prejuicios y hostilidades, ahora que se ha creado este instrumento para que todas las naciones de la Tierra intercambien ideas».[4] Casi dos siglos y dos guerras mundiales después, Mark Zuckerberg decía que el objetivo de Facebook era «ayudar a la gente a compartir más con el fin de hacer que el mundo sea más abierto y promover el entendimiento entre personas».[5]

En su libro de 2024 *The Singularity is Nearer*, el eminente futurólogo y empresario Ray Kurzweil examina la historia de la tecnología de la información y concluye que «lo cierto es que casi todos los aspectos de la vida están mejorando como resultado del avance exponencial de la tecnología». Al repasar lo sucedido a lo largo de la historia de la humanidad, Kurzweil cita ejemplos como la invención de la imprenta para aducir que, por su naturaleza, la tecnología de la información tiende a generar «un círculo virtuoso que facilita el avance de casi todos los aspectos del bienestar humano, entre ellos la alfabetización, la educación, la riqueza, las medidas sanitarias, la salud, la democratización y la reducción de la violencia».[6]

La idea ingenua de la información quizá quede plasmada de manera más sucinta en la declaración de la misión de Google «para organizar la información mundial y hacerla universalmente accesible y útil». La respuesta de Google a las advertencias de Goethe es que, aunque haya probabilidades de que, al robar el libro de hechizos de su maestro, un solo aprendiz cause desastres, si hay muchos aprendices con libre acceso a toda la información del mundo, estos no solo crearán escobas encantadas que les sean útiles, sino que también aprenderán a manejarlas con sabiduría.

Google contra Goethe

Debe señalarse que existen numerosos casos en los que contar con más información sí ha permitido que los humanos entendamos mejor el mundo y que hagamos un uso más sabio de nuestro poder. Pensemos, por ejemplo, en la espectacular reducción de la mortalidad infantil. Johann Wolfgang von Goethe era el mayor de siete hermanos, pero solo él y su hermana Cornelia llegaron a celebrar su séptimo cumpleaños. La enfermedad se llevó a su hermano Hermann Jacob a los seis años de edad, a su hermana Catharina Elisabeth a los cuatro, a su hermana Johanna Maria a los dos y a su hermano Georg Adolf a los ocho meses; un quinto hermano, sin nombre, nació muerto. Después, Cornelia murió de enfermedad a los veintiséis años, lo que dejó a Johann Wolfgang como el único superviviente de la familia.[7]

Johann Wolfgang von Goethe tuvo cinco hijos, de los que ninguno, excepto el mayor —August—, llegó a las dos semanas de vida. Con toda probabilidad, la causa fue la incompatibilidad entre los grupos sanguíneos de Goethe y su esposa, Christiane, lo cual, después del primer embarazo exitoso, llevó a la madre a desarrollar anticuerpos para la sangre fetal. Esta afección, conocida como incompatibilidad Rh, en la actualidad se trata de manera tan efectiva que su tasa de mortalidad es inferior al 2 por ciento, pero en la década de 1790 era del 50 por ciento, y para los cuatro hijos menores de Goethe supuso una sentencia de muerte.[8]

En total, entre los Goethe, una familia alemana pudiente de finales del siglo XVIII, la tasa de supervivencia infantil fue de un catastrófico 25 por ciento. De un total de doce niños, solo tres llegaron a la edad adulta. Una estadística tan espantosa no era excepcional. Por la época en que Goethe escribió «El aprendiz de brujo», en 1797, se estima que solo alrededor del 50 por ciento de los niños alemanes alcanzaban los quince años de edad,[9] y es probable que ocurriera lo mismo en la mayor parte del mundo.[10] A nivel mundial, en 2020, el 95,6 por ciento de los niños vivía más allá de su decimoquinto cumpleaños,[11] y en Alemania la estadística era del 99,5 por ciento.[12] Este logro trascendental no habría sido posible si no se hubiesen recolectado, analizado y compartido enormes cantidades de datos médicos sobre cuestiones tales como los grupos sanguíneos. Así, pues, en este caso la idea ingenua de la información resultó ser acertada.

Sin embargo, la idea ingenua de la información ofrece nada más que una parte del panorama, y la historia de la era moderna no solo se centró en la reducción de la mortalidad infantil. En épocas recientes, la humanidad ha experimentado un aumento sin precedentes en la cantidad y la velocidad de la producción de información. Cualquier teléfono inteligente contiene más información que la antigua Biblioteca de Alejandría[13] y permite a su propietario entrar en contacto instantáneo con miles de millones de personas de todo el mundo. Pero, con tanta información circulando a velocidades impresionantes, la humanidad se halla más cerca que nunca de la aniquilación.

A pesar de —o quizá debido a— la acumulación de datos, seguimos arrojando a la atmósfera gases de efecto invernadero, contaminamos ríos y mares, talamos bosques, destruimos hábitats enteros, condenamos a innumerables especies a la extinción y ponemos en peligro los cimientos ecológicos de nuestra especie. También producimos armas de destrucción masiva cada vez más poderosas, desde bombas termonucleares hasta virus que pueden suponer la total aniquilación de la humanidad. Nuestros líderes no carecen de información acerca de estos peligros, pero, en lugar de colaborar en la búsqueda de soluciones, se acercan cada vez más a una guerra global.

Disponer cada vez de más información ¿hará que las cosas mejoren? ¿O hará que empeoren? Pronto lo descubriremos. Numerosas empresas y gobiernos se hallan inmersos en una carrera por desarrollar la tecnología de la información más poderosa de la historia, la inteligencia artificial (IA). Empresarios destacados como el inversor estadounidense Marc Andreessen creen que la IA acabará por resolver todos los problemas de la humanidad. El 6 de junio de 2023, Andreessen publicó un ensayo titulado «Por qué la IA salvará el mundo» que salpicó de afirmaciones tan atrevidas como: «Estoy aquí para dar a conocer una buena noticia: la IA no destruirá el mundo, y de hecho puede salvarlo», o «la IA puede mejorar todo aquello que nos importa». Y concluía: «El desarrollo y la proliferación de la IA, lejos de un riesgo que deberíamos temer, es una obligación moral que asumimos para con nosotros mismos, nuestros hijos y nuestro futuro».[14]

En esta línea, Ray Kurzweil afirma en *The Singularity Is Nearer* que «la IA es una tecnología esencial que nos permitirá hacer frente a los retos apremiantes que tenemos por delante, entre los que se incluyen la enfermedad, la pobreza, la degradación ambiental y todas nuestras debilidades humanas. Tenemos el imperativo moral de hacer realidad la promesa de las nuevas tecnologías». Kurzweil es profundamente consciente de los posibles peligros de la tecnología y los analiza con detalle, pero cree que pueden mitigarse con éxito.[15]

Otros son más escépticos. No solo filósofos y científicos sociales, sino también conocidos expertos en IA y empresarios como Yoshua Bengio, Geoffrey Hinton, Sam Altman, Elon Musk y Mustafa Suleyman han advertido al público sobre cómo la IA puede destruir nuestra civilización.[16] Un artículo firmado por Bengio, Hinton y un buen número expertos señalaba que «el avance sin restricciones de la IA podría culminar en una reducción de la vida y de la biosfera a gran escala, así como en la marginación e incluso en la extinción de la humanidad».[17] En una encuesta de 2023 en la que participaron 2.778 investigadores de IA, más de un tercio estimó en al menos un 10 por ciento la probabilidad de que la IA avanzada conduzca a resultados tan negativos como la extinción humana.[18] En 2023, cerca de treinta gobiernos —entre ellos los de China, Estados Unidos y Reino Unido— firmaron la Declaración de Bletchley sobre la IA, en la que se reconocía que «cabe la posibilidad de un daño grave, incluso catastrófico, ya sea deliberado o no intencionado, que surge de las capacidades más relevantes de estos modelos de IA».[19] Al emplear términos tan apocalípticos, los expertos y los gobiernos no pretenden conjurar una escena hollywoodiense de robots rebeldes que corren por las calles y disparan contra la población. Este es un supuesto poco probable, y no hace más que desviar el foco de los peligros reales. Los expertos, en cambio, alertan sobre otras dos posibilidades.

En primer lugar, el poder de la IA podría sobrecargar los conflictos humanos ya existentes y dividir a la humanidad en una lucha contra sí misma. Así como en el siglo XX el Telón de Acero dividió a las potencias rivales durante la Guerra Fría, en el siglo XXI el Telón de Silicio —constituido por chips de silicio y códigos informáticos en lugar de por alambre de espino— podría llegar a dividir a las potencias rivales en un nuevo conflicto global. Debido a que la carrera armamentística de la IA producirá armas cada vez más destructivas, incluso una pequeña chispa podría causar un incendio cataclísmico.

En segundo lugar, el Telón de Silicio podría no generar una división entre dos grupos de humanos, sino más bien entre los humanos y sus nuevos jefes supremos de IA. Con independencia de dónde vivamos, podríamos vernos envueltos por una red de algoritmos incomprensibles cuya función sería gestionar nuestras vidas, remodelar nuestras políticas y nuestras culturas, e incluso rediseñar nuestro cuerpo y nuestra mente; al mismo tiempo, nos resultaría imposible entender las fuerzas que nos controlan, no hablemos ya de detenerlas. Si una red totalitaria del siglo XXI consigue conquistar el mundo, puede que no se encuentre gobernada por un dictador de carne y hueso, sino por una inteligencia no humana. Aquellos que señalan a China, a Rusia o a unos Estados Unidos posdemocráticos como fuente principal de pesadillas totalitarias malinterpretan el peligro. De hecho, chinos, rusos, estadounidenses y el resto del mundo nos hallamos amenazados conjuntamente por el potencial totalitario de la inteligencia no humana.

Dada la magnitud del peligro, la IA debería ser un tema de interés para todos los seres humanos. Aunque no todos podemos ser expertos en IA, sí hemos de tener presente que es la primera tecnología de la historia que puede tomar decisiones y generar nuevas ideas por sí misma. Todo invento humano previo ha servido para conferir poder a los humanos, porque, con independencia del alcance que tuviera la nueva herramienta, las decisiones acerca de su uso se han mantenido en nuestras manos. Los cuchillos y las bombas no deciden por sí mismos a quien matar. Son instrumentos sin criterio que carecen de la inteligencia necesaria para procesar información y tomar decisiones independientes. En cambio, la IA puede procesar información por sí sola y, por lo tanto, sustituir a los humanos en la toma de decisiones. La IA no es una herramienta, es un agente.

Asimismo, el control de la información permite a la IA generar nuevas ideas de manera independiente, en campos que van desde la música hasta la medicina. Los gramófonos reproducían nuestra música y los microscopios revelaban los secretos de nuestras células, pero los gramófonos no podían componer nuevas sinfonías ni los microscopios sintetizar nuevas medicinas. La IA ya es capaz de producir arte y de efectuar descubrimientos científicos por su cuenta. Es probable que en las próximas décadas adquiera incluso la capacidad de crear nuevas formas de vida, ya sea a través de la escritura de código genético o de la invención de un código inorgánico que anime entes inorgánicos.

Incluso en el momento actual, en la fase embrionaria de la revolución de la IA, los ordenadores toman decisiones por nosotros: la concesión de una hipoteca, un contrato de trabajo o la imposición de una pena de cárcel. Esta tendencia no hará más que aumentar y acelerarse, lo que nos dificultará la comprensión de nuestra propia vida. ¿Podemos confiar en los algoritmos informáticos para tomar decisiones sensatas y construir un mundo mejor? Este es un juego mucho más serio que confiar en que una escoba encantada achique agua. Y estamos poniendo en riesgo más que vidas humanas. La IA puede alterar el curso no solo de la historia de nuestra especie, sino de la evolución de todos los seres vivos.

Convertir la información en un arma

En 2016 publiqué *Homo Deus*, un libro que incidía en algunos de los peligros que las nuevas tecnologías de la información plantean a la humanidad. El ensayo sostenía que el verdadero héroe de la historia siempre ha sido la información, en lugar de *Homo sapiens*, y que los científicos entienden cada vez más no solo la historia, sino también la biología, la política y la economía en términos de flujos de información. Los animales, los estados y los mercados son redes de información que absorben datos del entorno que los rodea, toman decisiones y, a su vez, facilitan datos. El libro avisa de que, mientras esperamos que una mejor tecnología de la información nos proporcione salud, felicidad y poder, en realidad podría quitarnos ese poder y destruir nuestra salud tanto física como mental. *Homo Deus* desarrollaba la hipótesis de que, si no somos cuidadosos, los humanos podríamos disolvernos en el torrente de información como un terrón en un río caudaloso y de que en el gran orden de las cosas la humanidad pasaría a no ser más que una pequeña onda dentro del flujo de datos cósmico. A medida que la IA evolucione y acumule poder, el sistema centrado en el ser humano que hemos creado será sustituido por un sistema radicalmente distinto que tratará todos los fenómenos, incluidos hasta los seres humanos, como cúmulos y remolinos de información. En el sistema que se centra en el ser humano, la autoridad surge de los sentimientos y deseos humanos, y los valores más elevados son los derechos y libertades de los seres humanos. Homo Deus advirtió que en un sistema que entiende todo en el universo como flujos de información, los sentimientos humanos serán objeto de hackeo, serán objeto de manipulación y serán pisoteados en nombre de un ideal radicalmente nuevo: la libertad de información. La libertad de expresión ha sido un derecho tradicional concedido a los seres humanos, pero la libertad de información es algo concedido a las corrientes informativas y a entidades informativas no humanas como las IA.

En los años posteriores a la publicación de *Homo Deus*, el ritmo del cambio se ha acelerado, y ya es una realidad que el poder se ha transferido de los humanos a los algoritmos. Los sentimientos y deseos humanos se hackean y manipulan como nunca antes, mientras la información circula y evoluciona tan rápido que amenaza con provocar que el mundo resulte ininteligible e imposible de gestionar por la cognición humana. Muchos de los supuestos que en 2016 sonaban a ciencia ficción —como algoritmos capaces de crear arte haciéndose pasar por seres humanos, de tomar decisiones cruciales para nuestra vida y de saber más cosas sobre nosotros que nosotros mismos— son realidades con las que convivimos en 2024.

Otras muchas cosas han cambiado desde 2016. La crisis ecológica se ha agudizado, las tensiones internacionales se han incrementado y una oleada populista ha socavado incluso la cohesión de las democracias más sólidas. El populismo también ha orquestado un desafío radical para la idea ingenua de la información. Líderes populistas como Donald Trump o Jair Bolsonaro, movimientos populistas como QAnon y teorías de la conspiración como las de los antivacunas han aducido que toda institución tradicional que ve reforzada su autoridad bajo el argumento de recopilar información y descubrir la verdad simplemente está mintiendo. Burócratas, jueces, médicos, periodistas convencionales y expertos académicos forman parte de una camarilla de élite que no tiene ningún interés por la verdad y que, de manera deliberada, difunde desinformación para obtener poder y privilegios a expensas del «pueblo». El auge de políticos como Trump y de movimientos como QAnon se produce en un contexto político específico, propio de las condiciones de Estados Unidos durante los últimos años de la década de 2010. Pero el populismo como una visión antisistema del mundo es muy anterior a Trump y es relevante para otros muchos contextos históricos actuales y futuros. En resumen, el populismo considera la información como un arma.[20]

Información ⟶ Poder

La idea populista de la información

En sus versiones más extremas, el populismo postula que en absoluto existe una verdad objetiva, y que cada cual tiene «su propia verdad», de la que se sirve para derrotar a sus rivales. Según esta opinión, el poder es la única realidad. Toda interacción social es una lucha por el poder, porque lo único que interesa a los humanos es el poder. Decir que nos interesa algo distinto —como la verdad o la justicia— no es más que una estratagema para alcanzar el poder. Allí donde el populismo divulga con éxito la idea de la información como un arma, el propio lenguaje se ve debilitado. Sustantivos tales como «hechos» y adjetivos como «exacto» y «verdadero» se vuelven imprecisos. No se considera que estos términos señalen una realidad objetiva común. En su lugar, cualquier conversación sobre «hechos» o «verdad» está destinada a que por lo menos ciertas personas pregunten: «¿A qué hechos y a qué verdad se está refiriendo usted?».

Cabe insistir en que esta idea de la información centrada en el poder y profundamente escéptica no es un fenómeno nuevo ni la inventaron los antivacunas, los terraplanistas, los bolsonaristas ni los partidarios de Trump. Se propagaron opiniones similares mucho antes de 2016, incluso por parte de algunas de las mentes más brillantes de la humanidad.[21] A finales del siglo XX, por ejemplo, intelectuales de la izquierda radical como Michel Foucault o Edward Said afirmaron que instituciones científicas como hospitales y universidades no buscan verdades atemporales y objetivas, sino que, al servicio de las élites capitalistas y colonialistas, hacen uso del poder para determinar qué se considera verdad. En ocasiones, estas críticas radicales llegaron a afirmar que los «hechos científicos» no son sino un «discurso» capitalista o colonialista, y que en realidad aquellos que ocupan el poder nunca estarán interesados en la verdad ni se puede confiar en que reconozcan o corrijan sus errores.[22]

Esta línea de pensamiento izquierdista radical se remonta a Karl Marx, que en el siglo XIX adujo que el poder es la única realidad, que la información es un arma y que las élites que afirman servir a la verdad y la justicia en realidad persiguen angostos privilegios de clase. Tal como se afirma en el *Manifiesto comunista*, de 1848, «la historia de toda sociedad hasta nuestros días no ha sido sino la historia de la lucha de clases. Hombres libres y esclavos, patricios y plebeyos, nobles y siervos, maestros y oficiales; en una palabra, opresores y oprimidos, en lucha constante, mantuvieron una guerra ininterrumpida, ya abierta, ya disimulada». Esta interpretación binaria de la historia implica que toda interacción humana es una lucha por el poder entre opresores y oprimidos. Por consiguiente, siempre que alguien diga algo, la pregunta no ha de ser «¿qué ha dicho? ¿Es cierto?», sino más bien «¿quién lo dice? ¿A qué privilegios sirve?».

Desde luego, es poco probable que populistas de derechas como Trump y Bolsonaro, que de hecho se presentan como antimarxistas furibundos, hayan leído a Foucault o a Marx. También difieren mucho de los marxistas en las políticas que proponen en materia de impuestos y de prestaciones sociales. Pero, en esencia, su opinión sobre la sociedad y la información es sorprendentemente marxista, pues ven toda interacción humana como una lucha por el poder entre opresores y oprimidos. Por ejemplo, en 2017, durante su discurso de investidura, Trump anunció que «un grupúsculo de la capital de nuestra nación ha disfrutado de las recompensas de gobernar mientras el pueblo ha cargado con el coste».[23] Esta retórica es una de las bases del populismo, que el politólogo Cas Mudde ha descrito como una «ideología que considera que la sociedad está dividida en último término en dos grupos homogéneos y antagonistas, "la gente pura" y "la élite corrupta"».[24] Así como los marxistas afirmaban que los medios de comunicación funcionan como un portavoz de la clase capitalista y que instituciones científicas como las universidades difunden desinformación con el fin de perpetuar el control capitalista, los populistas acusan a estas mismas instituciones de trabajar para promover los intereses de las «élites corruptas» a expensas del «pueblo».

Los populistas de hoy adolecen de la misma incoherencia que lastró a los movimientos antisistema radicales de las generaciones previas. ¿Qué implicaciones tiene para los propios populistas que el poder sea la única realidad y la información solo un arma? ¿También ellos tienen el poder como único interés?, ¿y también nos mienten para alcanzarlo?

Los populistas han intentado zafarse de este enigma por dos vías distintas. Algunos movimientos populistas juran lealtad a los ideales de la ciencia moderna y a las tradiciones del empirismo escéptico. Instan a la gente a desconfiar de toda institución y figura de autoridad... incluidos los partidos y los políticos autoproclamados populistas. En cambio, uno debe «llevar a cabo su propia investigación» y confiar solo en lo que puede ver con sus propios ojos.[25] Esta postura empírica radical implica que, dado que las instituciones a gran escala —como los partidos políticos, los tribunales, los periódicos y las universidades— no son de fiar, los individuos que persistan aún podrán encontrar la verdad por sí mismos.

Este enfoque puede parecer científico y atraer a los individuos de espíritu libre, pero deja abierta la pregunta de cómo pueden cooperar las comunidades humanas para construir sistemas de atención sanitaria o para aprobar normas medioambientales que exijan una organización institucional a gran escala. ¿Es capaz un único individuo de efectuar toda la investigación necesaria para decidir si el calentamiento global es una realidad y qué habría que hacer al respecto? ¿Cómo podría una sola persona recolectar datos climáticos de todo el mundo, no ya obtener registros fiables de siglos pasados? Confiar únicamente en «mi propia investigación» puede parecer científico, pero en la práctica supone creer que no existe una verdad objetiva. Tal como veremos en el capítulo 4, la ciencia es un trabajo institucional colaborativo, y no una búsqueda personal.

Una solución populista alternativa sería abandonar el ideal científico moderno de encontrar la verdad mediante la «investigación» para, en su lugar, entregarse a la revelación divina o al misticismo. A menudo, religiones tradicionales como el cristianismo, el islam y el hinduismo han caracterizado a los humanos como seres sedientos de poder en los que no se debe confiar y que pueden acceder a la verdad solo gracias a la intervención de una inteligencia divina. En la década de 2010 y durante los primeros años de la de 2020, los partidos populistas, desde Brasil hasta Turquía y desde Estados Unidos hasta la India, se han alineado con estas religiones tradicionales y han sido tajantes en cuanto a los recelos que les despiertan las instituciones modernas, al tiempo que declaraban su fe absoluta en las escrituras antiguas. Los populistas afirman que los artículos que leemos en *The New York Times* o en *Science* no son más que ardides elitistas para alcanzar el poder, mientras que lo que leemos en la Biblia, el Corán o los Vedas es la verdad absoluta.[26]

Una variación de esta idea llama a la gente a depositar su confianza en líderes carismáticos como Trump o Bolsonaro, cuyos partidarios los representan ya como los mensajeros de Dios,[27] ya como poseedores de una conexión mística con «el pueblo». Mientras que los políticos comunes mienten al pueblo con el fin de acumular poder, el líder carismático es el portavoz infalible del pueblo que saca a la luz todas las mentiras.[28] Una de las paradojas recurrentes del populismo es que al principio nos alerta de la sed de poder que controla a las élites humanas, pero con frecuencia acaba por confiar todo el poder a un humano ambicioso.

Exploraremos el populismo con mayor detalle en el capítulo 5, pero, llegados a este punto, es importante señalar que los populistas están erosionando la confianza en las instituciones a gran escala y en la cooperación internacional precisamente cuando la humanidad se enfrenta a retos existenciales como el colapso ecológico, la guerra global y la pérdida de control sobre la tecnología. En lugar de confiar en instituciones humanas complejas, el populismo nos aconseja lo mismo que el mito de Faetón y la fábula de «El aprendiz de brujo»: «Confía en Dios o en el gran brujo para que intervengan y lo corrijan todo». Si aceptamos este consejo, es probable que pronto nos encontremos bajo el control de la peor clase de humanos sedientos de poder y que a largo plazo sean unos nuevos jefes supremos de IA quienes nos controlen. O puede que no nos encontremos en ninguna parte, con la Tierra convertida en un lugar inhóspito para la vida humana.

Si no queremos ceder el poder a un líder carismático o a una IA inescrutable, primero hemos de entender mejor qué es la información, cómo ayuda a construir redes humanas y de qué manera se relaciona con la verdad y el poder. Los populistas tienen razón al sospechar de la idea ingenua de la información, pero se equivocan al pensar que el poder es la única realidad y que la información siempre es un arma. La información no es la materia prima de la verdad, pero tampoco es una simple arma. El espacio entre estos dos extremos es suficiente para proporcionarnos una visión más matizada y optimista de las redes de información humanas y de nuestra capacidad para manejar el poder con sensatez. Este libro se dedica a explorar ese terreno intermedio.

El camino que tenemos por delante

La primera parte de este libro se centra en el desarrollo histórico de las redes de información humanas. No intenta presentar un informe completo, a través de los siglos, de tecnologías de la información como la escritura, la imprenta y la radio. En lugar de ello, al estudiar algunos ejemplos, explora algunos de los dilemas clave a los que se enfrentaron personas de todas las épocas cuando intentaron construir redes de información, y examina de qué manera las diferentes respuestas a dichos dilemas dieron forma a diversas sociedades humanas. Lo que a menudo consideramos conflictos ideológicos y políticos suelen ser discrepancias entre distintos tipos de redes de información.

La parte I se inicia con un examen de dos principios que han sido esenciales para las redes de información humanas a gran escala: la mitología y la burocracia. Los capítulos 2 y 3 describen el modo en que las redes de información a gran escala —desde los reinos de la Antigüedad hasta los estados actuales— se han basado tanto en creadores de mitos como en burócratas. Los relatos de la Biblia, por ejemplo, fueron esenciales para la Iglesia cristiana, pero la Biblia no habría existido si los burócratas de la Iglesia no hubieran seleccionado, editado y diseminado dichos relatos. Un dilema complicado para toda red humana es que los creadores de mitos y los burócratas tienden a tomar direcciones opuestas. Numerosas instituciones y sociedades se definen por el equilibrio que consiguen establecer en la pugna entre las necesidades de sus creadores de mitos y las de sus burócratas. La propia Iglesia cristiana se dividió en iglesias rivales, como la católica y la protestante, que alcanzaron equilibrios de varios tipos entre la mitología y la burocracia.

A continuación, el capítulo 4 se centra en el problema de la información errónea y en las ventajas y los inconvenientes de mantener mecanismos de autocorrección como tribunales independientes o revistas científicas revisadas por pares. Este capítulo compara instituciones basadas en mecanismos débiles de autocorrección, como la Iglesia católica, con instituciones que han desarrollado fuertes mecanismos de autocorrección, como las disciplinas científicas. A veces los mecanismos de autocorrección débiles conducen a calamidades históricas, como la caza de brujas que tuvo lugar en Europa a principios de la Edad Moderna, mientras que en ocasiones los mecanismos de autocorrección sólidos desestabilizan la red desde dentro. Si se considera en términos de longevidad, extensión y poder, la Iglesia católica tal vez haya sido la institución más exitosa de la historia de la humanidad, a pesar —o quizá a causa— de la relativa debilidad de sus mecanismos de autocorrección.

Después de repasar en la primera parte del libro el papel de la mitología y el de la burocracia, así como el contraste entre los mecanismos de autocorrección fuertes y débiles, el capítulo 5 concluye la exposición histórica centrándose en otro contraste, el que se da entre las redes de información distribuidas y las centralizadas. Los sistemas democráticos permiten que la información fluya libremente a través de muchos canales independientes, mientras que los sistemas totalitarios se esfuerzan por concentrar la información en un núcleo. Cada elección tiene ventajas e inconvenientes. Entender sistemas políticos como el de Estados Unidos o la Unión Soviética en términos de flujos de información puede explicar mucho acerca de sus diferentes trayectorias.

La parte histórica del libro es esencial para entender los acontecimientos del presente y los supuestos del futuro. Puede afirmarse que la aparición de la IA es la mayor revolución de la información que ha conocido la historia. Pero no la podremos comprender a menos que la comparemos con sus predecesoras. La historia no es el estudio del pasado, sino el estudio del cambio. La historia nos enseña lo que se mantiene inmutable, lo que cambia y cómo cambian las cosas. Esto es tan relevante para las revoluciones de la información como para cualquier otro tipo de transformación histórica. Así, entender el proceso por el que la Biblia, supuestamente infalible, fue canonizada nos proporciona importantes conocimientos acerca de la infalibilidad que hoy se atribuye a la IA. De modo similar, episodios como la caza de brujas de inicios de la Edad Moderna y la colectivización de Stalin ofrecen a cualquiera que los estudie duras advertencias sobre lo que podría ir mal si concedemos a la IA un mayor control sobre las sociedades del siglo XXI. Asimismo, un conocimiento cabal de la historia es vital para comprender qué novedades *ofrece* la IA, en qué se diferencia de la imprenta y de la radio, y de qué maneras específicas una futura dictadura de la IA podría ser muy *distinta* de lo que hemos conocido hasta ahora.

El libro no defiende que estudiar el pasado nos permita predecir el futuro. Tal como se subraya en repetidas ocasiones a lo largo de las páginas que siguen, la historia no es determinista, y las decisiones que tomemos en los años venideros servirán para moldear el futuro. La escritura de este libro tiene como objetivo principal que, al tomar decisiones bien fundadas, prevengamos el peor de los desenlaces. Si no podemos cambiar el futuro, ¿por qué perder el tiempo hablando de él?

A partir de la perspectiva histórica general que se ofrece en la parte I, la segunda parte del libro —«La red inorgánica»— examina la nueva red de información que estamos creando en la actualidad y se centra en las implicaciones políticas del auge de la IA. Los capítulos 6, 7 y 8 exponen ejemplos recientes en todo el mundo —como el papel de los algoritmos de las redes sociales a la hora de instigar la violencia étnica en Myanmar en 2016-2017— para explicar en qué se diferencia la IA del resto de las tecnologías de la información previas. Los ejemplos se refieren a la década de 2010 más que a la de 2020, porque ya hemos adquirido cierta perspectiva histórica sobre los acontecimientos de la década de 2010.

La segunda parte sostiene que estamos creando un tipo totalmente nuevo de red de información sin detenernos en calcular sus implicaciones. Pone énfasis en el paso de las redes de información orgánicas a las redes inorgánicas. El Imperio romano, la Iglesia católica, la Unión Soviética dependían todos de cerebros compuestos de carbono para procesar la información y tomar decisiones. Los ordenadores compuestos de silicio que dominan la nueva red de información funcionan de maneras muy distintas. Para lo bueno y para lo malo, los chips de silicio están libres de muchas de las limitaciones que la bioquímica orgánica impone a las neuronas de carbono. Los chips de silicio pueden generar espías que nunca duermen, banqueros que nunca olvidan y déspotas que nunca mueren. ¿Cómo cambiará esto la sociedad, la economía y la política?

La tercera y última parte del libro —«Política informática»— examina el modo en que los diferentes tipos de sociedades pueden lidiar con las amenazas y las promesas de la red inorgánica de información. ¿Tendremos los seres vivos compuestos de carbono alguna probabilidad de comprender y controlar la nueva red de información? Como ya se ha dicho, la historia no es determinista, y al menos durante unos cuantos años los sapiens tendremos el poder de moldear nuestro futuro.

En consecuencia, el capítulo 9 explora cómo pueden lidiar las democracias con la red inorgánica. Por ejemplo, ¿cómo pueden los políticos de carne y hueso tomar decisiones económicas si el sistema económico está cada vez más controlado por la IA y el sentido mismo del dinero va camino de depender de algoritmos inescrutables? ¿Cómo pueden las democracias mantener un debate público sobre cualquier asunto —ya sea sobre economía o sobre cuestiones de género— cuando ya no podemos saber si estamos hablando con otro humano o con un chatbot disfrazado de humano?

El capítulo 10 explora el impacto que la red inorgánica podría tener sobre el totalitarismo. Aunque los dictadores estarían encantados de librarse de todo tipo de debate público, también tienen sus propios miedos con respecto a la IA. Las autocracias se basan en el terror y la censura sobre sus propios representantes. Pero ¿cómo puede un dictador humano aterrorizar a una IA, censurar sus procesos insondables o impedir que se haga con el poder?

Para concluir, el capítulo 11 explora de qué modo la nueva red de información puede influir sobre el equilibrio de poder entre las sociedades democráticas y las totalitarias a nivel global. ¿Acaso la IA inclinará definitivamente la balanza a favor de un lado? ¿Se dividirá el mundo en bloques hostiles cuya rivalidad haga que todos nos convirtamos en presa fácil de una IA descontrolada? ¿O bien podremos unirnos en defensa de unos intereses comunes?

Pero, antes de explorar el pasado, el presente y los posibles futuros de las redes de información, debemos empezar con una pregunta que puede parecer simple: ¿qué es exactamente la información?

Parte I

Redes humanas

1

¿Qué es la información?

Siempre es complicado definir conceptos fundamentales. Puesto que son la base de todo lo que vendrá a continuación, parecen carecer de una base propia. Los físicos tienen dificultades para definir la materia y la energía, a los biólogos les cuesta horrores definir la vida y los filósofos se las ven y se las desean para definir la realidad.

Cada vez hay más filósofos y biólogos, y también algunos físicos, que consideran que la información es la pieza más básica de la realidad, más elemental que la materia y la energía.[1] No es extraño que existan muchas disputas acerca de cómo definir la información y de cómo se relaciona con la evolución de la vida o con ideas básicas en el campo de la física como la entropía, las leyes de la termodinámica y el principio de incertidumbre cuántica.[2] Este libro no intentará resolver —ni siquiera explicar— estas disputas ni ofrecerá una definición universal de la información aplicable a la física, a la biología o al resto de campos del saber. Puesto que se trata de un trabajo de historia, que estudia los acontecimientos pasados y futuros de las sociedades humanas, se centrará en la definición y el papel de la información en la historia.

En su uso cotidiano, la información se asocia con símbolos de creación humana como la palabra hablada o escrita. Pensemos, por ejemplo, en el relato de Cher Ami y el Batallón Perdido. En octubre de 1918, cuando las Fuerzas Expedicionarias Estadounidenses luchaban por liberar el norte de Francia del control alemán, un batallón de más de quinientos soldados quedó atrapado tras las líneas enemigas. La artillería estadounidense, que intentaba proporcionarles fuego de cobertura, erró al identificar su ubicación y realizó la descarga directamente sobre ellos. El jefe del batallón, el comandante Charles Whittlesey, necesitaba informar con urgencia de su ubicación real al cuartel general, pero ningún mensajero podía atravesar las líneas alemanas. Según varios informes, como último recurso Whittlesey echó mano de Cher Ami, una paloma mensajera del Ejército. En un pedacito de papel, Whittlesey escribió: «Estamos junto a la carretera paralela 276,4. Nuestra artillería está lanzando una descarga directamente sobre nosotros. ¡Por Dios, deténganla!». El papel se introdujo en un receptáculo en la pata derecha de Cher Ami y soltaron a la paloma. Uno de los miembros del batallón, el soldado raso John Nell, recordó años después: «Sabíamos sin lugar a dudas que era nuestra última oportunidad. Si aquella paloma solitaria y asustada no conseguía encontrar su palomar, nuestra suerte estaba decidida».

Después, otros testigos describieron cómo Cher Ami voló en medio del intenso fuego alemán. Un proyectil que explotó directamente bajo el ave mató a cinco hombres e hirió de gravedad a la paloma. Una esquirla penetró en el pecho de Cher Ami y la pata derecha se le quedó colgando de un tendón. Pero consiguió pasar. La paloma herida recorrió los cuarenta kilómetros que la separaban del cuartel general de la división en unos cuarenta y cinco minutos, con el receptáculo en el que se encontraba el mensaje vital fijado a lo que le quedaba de la pata derecha. Aunque hay cierta controversia acerca de los detalles exactos, lo que está claro es que la artillería ajustó sus descargas y un contraataque estadounidense rescató al Batallón Perdido. Cher Ami recibió la atención de los médicos del Ejército, la enviaron a Estados Unidos como al héroe que había sido y se convirtió en tema de numerosos artículos, relatos, libros infantiles, poemas e incluso películas. La paloma no tenía ni idea de qué información transportaba, pero los símbolos escritos en el pedazo de papel ayudaron a salvar a cientos de hombres de la muerte y el cautiverio.[3]

Sin embargo, la información no tiene por qué consistir en símbolos creados por humanos. Según el mito bíblico del Diluvio, Noé supo que las aguas por fin se habían retirado porque la paloma que había enviado desde el arca volvió con una rama de olivo en la boca. Después, Dios dispuso un arcoíris en las nubes como registro celeste de su promesa de no volver a inundar la Tierra. Desde entonces, palomas, ramas de olivo y arcoíris se han convertido en símbolos icónicos de paz y tolerancia. Objetos incluso más remotos que los arcoíris también pueden funcionar como información. Para los astrónomos, la forma y el movimiento de las galaxias constituyen una información crucial para la historia del universo. Para los navegantes, la Estrella Polar indica en qué dirección se halla el norte. Para los astrólogos, las estrellas son una escritura cósmica que transmite información acerca del futuro de individuos y de sociedades enteras.

Desde luego, definir algo como «información» es una cuestión de perspectiva. Un astrónomo o un astrólogo podrían ver la constelación de Libra como «información», pero estas estrellas distantes son mucho más que un simple tablón de anuncios para el observador humano. Allí podría haber una civilización extraterrestre totalmente ajena a la información que recopilamos acerca de su hogar y a los relatos que contamos sobre ella. De forma similar, un pedazo de papel marcado con manchas de tinta puede ser información vital para una unidad militar o cena para una familia de termitas. Cualquier objeto puede ser información… o no. Esto complica la tarea de definirla.

La ambivalencia de la información ha desempeñado un papel importante en los anales del espionaje militar, cuando los espías tenían que comunicar información de manera subrepticia. Durante la Primera Guerra Mundial, el norte de Francia no fue solo el único gran campo de batalla. De 1915 a 1918, los imperios británico y otomano lucharon para controlar Oriente Próximo. Después de repeler un ataque otomano en la península del Sinaí y el canal de Suez, los británicos invadieron el Imperio otomano, pero una línea fortificada otomana que se extendía desde Beerseba hasta Gaza los mantuvo a raya hasta octubre de 1917. Los intentos británicos por atravesarla fracasaron en la primera batalla de Gaza (26 de marzo de 1917) y en la segunda batalla de Gaza (17-19 de abril de 1917). Mientras tanto, los judíos probritánicos asentados en Palestina establecieron una red de espionaje, cuyo nombre en clave era NILI, para informar a los británicos de los movimientos de las tropas otomanas. Uno de los métodos que desarrollaron para comunicarse con sus operadores británicos fue el de las contraventanas. Sarah Aaronsohn, una jefa del NILI, tenía una casa con vistas al Mediterráneo, desde donde enviaba señales a los buques británicos al abrir o cerrar una contraventana concreta, según un código predeterminado. Mucha gente, incluidos soldados otomanos, podía ver la contraventana, pero, salvo los agentes del NILI y sus operadores británicos, nadie entendía que se trataba de información militar vital.[4] Así, pues, ¿cuándo una contraventana es solo una contraventana y cuándo es información?

Finalmente, los otomanos capturaron al grupo de espías del NILI debido en parte a un extraño percance. Además de las contraventanas, el NILI empleaba palomas mensajeras para enviar mensajes codificados. El 3 de septiembre de 1917, una de las palomas desvió su recorrido y, de todos los lugares posibles, acabó por posarse en la casa de un oficial otomano. El oficial encontró el mensaje codificado, pero no pudo descifrarlo. Sin embargo, la propia paloma era información crucial. Su existencia alertaba a los otomanos de que un grupo de espías operaba ante sus narices. Como bien podría haber afirmado Marshall McLuhan, la paloma era el mensaje. Los agentes del NILI se enteraron de la captura de la paloma y de inmediato mataron y enterraron al resto de las aves, porque la simple posesión de palomas mensajeras ya era información incriminatoria. Pero la matanza de las palomas no salvó al NILI. En cuestión de un mes la red de espías fue descubierta, varios de sus miembros fueron ejecutados y Sarah Aaronsohn se suicidó para no divulgar bajo tortura los secretos del grupo.[5] ¿Cuándo una paloma es solo una paloma y cuándo es información?

Queda claro, pues, que la información no puede definirse como tipos específicos de objetos materiales. En el contexto adecuado, cualquier objeto —una contraventana, una paloma— puede ser información. De modo que ¿exactamente qué contexto define tales objetos como «información»? La idea ingenua de la información aduce que los objetos se definen como información en un contexto de búsqueda de la verdad. Algo es información si se usa para intentar descubrir la verdad. Esta visión relaciona el concepto de información con el de verdad y da por sentado que el papel principal de la información es representar la realidad. Existe una realidad «ahí afuera», y la información es algo que representa dicha realidad y de lo que, por lo tanto, podemos servirnos para conocer la realidad. Por ejemplo, la información que el NILI proporcionó a los británicos tenía como objetivo representar la realidad de los movimientos de las tropas otomanas. Si los otomanos concentraban diez mil soldados en Gaza —el punto fuerte de sus defensas—, un pedazo de papel con símbolos que representaban «diez mil» y «Gaza» era información importante que podía ayudar a los británicos a ganar la batalla. Si, en cambio, en Gaza había veinte mil soldados otomanos, ese pedazo de papel no representaba de manera exacta la realidad y podía conducir a los británicos a un error militar desastroso.

Dicho de otra manera, la idea ingenua afirma que la información es un intento de representar la realidad, y cuando este intento tiene éxito lo denominamos verdad. Aunque este libro discrepa en muchos aspectos de esta visión ingenua, sí está de acuerdo en que la verdad es una representación exacta de la realidad. Pero este libro también sostiene que la mayoría de la información *no* intenta representar la realidad y que lo que define la información es algo completamente diferente. La mayoría de la información en la sociedad humana, y sin duda en otros sistemas biológicos y físicos, *no representa nada*.

Quiero dedicar un poco más de espacio a este argumento complejo y esencial, porque constituye la base teórica del libro.

¿Qué es la verdad?

A lo largo del libro, «la verdad» se entiende como algo que representa de manera precisa determinados aspectos de la realidad. Subyacente a la noción de verdad se halla la premisa de que existe una realidad universal. Todo lo que ha existido o existirá siempre en el universo —desde la Estrella Polar, pasando por la paloma del NILI, hasta las páginas web sobre astrología— forma parte de esta realidad única. Esta es la razón por la que la búsqueda de la verdad es un proyecto universal. Aunque personas, naciones o culturas diferentes puedan tener opiniones y sentimientos enfrentados, no pueden poseer verdades contradictorias, porque todas comparten una realidad universal. Aquel que rechaza el universalismo rechaza la verdad.

No obstante, verdad y realidad son cosas diferentes, porque, no importa lo verídico que sea un informe, nunca podrá representar la realidad en todos sus aspectos. Que un agente del NILI escribiera que había diez mil soldados otomanos en Gaza cuando, de hecho, había diez mil soldados, indicaba de manera precisa un determinado aspecto de la realidad, pero dejaba de lado otros muchos. Inevitablemente, el acto mismo de contar entidades —ya sean manzanas, naranjas o soldados— centra la atención en las semejanzas entre estas entidades, al tiempo que subestima las diferencias.[6] Por ejemplo, cuando alguien se limitaba a decir que había diez mil soldados otomanos en Gaza, olvidaba especificar cuántos eran veteranos experimentados y cuántos reclutas bisoños. Si había mil reclutas y nueve mil veteranos, la realidad militar era muy distinta de si había nueve mil novatos y mil veteranos curtidos en mil batallas.

Había otras muchas diferencias entre los soldados. Algunos estaban sanos; otros, enfermos. Desde el punto de vista étnico, algunos soldados de los batallones otomanos eran turcos, mientras que otros eran árabes, kurdos o judíos. Algunos eran valientes; otros, cobardes. En realidad, cada soldado era un ser humano único, con padres y amigos diferentes, y temores y esperanzas individuales. Como es bien sabido, poetas de la Primera Guerra Mundial como Wilfred Owen intentaron representar estos últimos aspectos de la realidad militar, que las simples estadísticas nunca transmitieron de forma exacta. ¿Implica esto que escribir «diez mil soldados» sea siempre una tergiversación de la realidad y que para describir la realidad militar de Gaza en 1917 tengamos que profundizar en la historia y la personalidad concretas de cada soldado?

Otro problema a la hora de representar la realidad es que esta contiene muchos puntos de vista. Por ejemplo, los israelíes, los palestinos, los turcos y los británicos tienen en la actualidad perspectivas diferentes sobre la invasión británica del Imperio otomano, el clandestino NILI y las actividades de Sarah Aaronsohn. Desde luego, esto no significa que existan varias realidades completamente separadas o que no haya hechos históricos. Solo existe una realidad, pero es compleja.

La realidad incluye un nivel objetivo con hechos objetivos que no dependen de las convicciones de un particular. Por ejemplo, es un hecho objetivo que Sarah Aaronsohn murió el 9 de octubre de 1917 a causa de las heridas producidas por un disparo autoinfligido. Decir que «Sarah Aaronsohn murió en un accidente de aviación el 15 de mayo de 1919» es un error.

Asimismo, la realidad incluye un nivel subjetivo con hechos subjetivos como las opiniones y los sentimientos de personas diversas, pero también en este caso los hechos pueden separarse de los errores. Por ejemplo, es un hecho que los israelíes consideran que Aaronsohn es una heroína de la patria. Tres semanas después de su suicidio, la información que el NILI suministró ayudó a que los británicos rompieran por fin las líneas otomanas en la batalla de Beerseba (31 de octubre de 1917) y en la tercera batalla de Gaza (1-2 de noviembre de 1917). El 2 de noviembre de 1917, Arthur Balfour, ministro de Asuntos Exteriores inglés, emitió la Declaración Balfour, que anunciaba que el Gobierno británico «aprueba el establecimiento en Palestina de un hogar nacional para el pueblo judío». En parte, los israelíes lo atribuyen al NILI y a Sarah Aaronsohn, a la que admiran por su sacrificio. Es otro hecho que los palestinos evalúan las cosas de manera muy distinta. En lugar de admirar a Aaronsohn, la consideran —si acaso han oído hablar de ella— un agente imperialista. Aunque aquí nos referimos a opiniones y sentimientos subjetivos, todavía podemos distinguir la verdad de la falsedad. Porque opiniones y sentimientos —al igual que estrellas y palomas— forman parte de la realidad universal. Decir que «todo el mundo admira a Sarah Aaronsohn por su papel en la derrota del Imperio otomano» es un error que no se ajusta a la realidad.

La nacionalidad no es lo único que afecta al punto de vista de una persona. Un hombre y una mujer israelíes pueden ver a Aaronsohn de manera diferente, al igual que ocurre con la gente de derechas y la de izquierdas, o con los judíos ortodoxos y los seglares. Puesto que el suicidio está prohibido por la ley religiosa judía, los judíos ortodoxos tienen dificultades para considerar que el suicidio de Aaronsohn sea un acto heroico (de hecho, se le negó sepultura en el suelo sagrado de un cementerio judío). En último término, cada individuo tiene una perspectiva diferente del mundo, modelada por la intersección de diferentes personalidades e historias vitales. ¿Implica esto que siempre que queramos describir la realidad tendremos que listar todos los puntos de vista que contiene y que una biografía veraz de Sarah Aaronsohn, por ejemplo, ha de especificar cómo la ha considerado cada israelí y cada palestino?

Llevada al extremo, la búsqueda de exactitud puede conducirnos a tratar de representar el mundo a una escala 1:1, como en el famoso relato de Jorge Luis Borges «Del rigor en la ciencia» (1946), en el que cuenta la historia de un imperio antiguo ficticio que se obsesionó con producir mapas cada vez más precisos de su territorio, hasta que finalmente produjo un mapa a la escala 1:1. Todo el imperio quedó cubierto por un mapa del propio imperio. Se gastaron tantos recursos en este ambicioso proyecto representacional que el imperio se vino abajo. Después también el mapa empezó a desintegrarse, y Borges nos cuenta que solo «en los Desiertos del Oeste perduran despedazadas Ruinas del Mapa, habitadas por animales y por mendigos».[7] Un mapa a escala 1:1 puede parecer la representación definitiva de la realidad, pero de hecho ya no es una representación: es la realidad.

La cuestión es que ni siquiera los relatos más veraces de la realidad pueden representarla en su totalidad. Siempre hay algún aspecto de la realidad que no recibe atención o se distorsiona en cada representación. Así, pues, la verdad no es una representación unívoca de la realidad. Más bien es algo que hace que prestemos atención a determinados aspectos de la realidad, al tiempo que, inevitablemente, ignoramos otros. No hay explicación de la realidad que sea exacta al cien por cien, pero algunas explicaciones son más veraces que otras.

Lo que hace la información

Como ya se ha señalado, la idea ingenua ve la información como un intento de representar la realidad. Es consciente de que hay informaciones que no representan bien la realidad, pero las desestima como casos desafortunados de «información errónea» o «desinformación». La información errónea es una equivocación involuntaria que tiene lugar cuando alguien intenta representar la realidad pero la entiende mal. La desinformación es una mentira deliberada que se produce cuando alguien pretende distorsionar conscientemente nuestra visión de la realidad.

Además, la idea ingenua cree que la solución a los problemas causados por la información errónea y la desinformación es más información. Este enfoque, que a veces se ha denominado «doctrina del contradiscurso», se asocia con el juez del Tribunal Supremo de Estados Unidos Louis D. Brandeis, quien en Whitney contra California (1927) afirmó que el remedio al discurso falso es más discurso y que a largo plazo la libre exposición acabará por destapar falsedades y falacias. Si toda información es un intento de representar la realidad, a medida que la cantidad de información en el mundo aumente podremos esperar que esa avalancha saque a la luz las mentiras y los errores ocasionales y que, en último término, nos proporcione un conocimiento más veraz del mundo.

Sobre este punto crucial, este libro discrepa por completo de la idea ingenua. Es cierto que hay ejemplos de información que intentan representar la realidad y tienen éxito al hacerlo, pero esta *no* es la característica definitoria de la información. Unas páginas atrás me he referido a las estrellas como información y, como quien no quiere la cosa, he mencionado a los astrólogos junto a los astrónomos. Es probable que los partidarios de la idea ingenua de la información se hayan retorcido en sus sillas al leerlo. Según la idea ingenua, los astrónomos obtienen «información real» de las estrellas, mientras que la que a los astrólogos les parece leer en las constelaciones es o bien «información errónea» o «desinformación». A buen seguro que, si a la gente se le diera más información sobre el universo, abandonaría totalmente la astrología. Pero el hecho es que durante miles de años la astrología ha tenido un enorme impacto sobre la historia, y en la actualidad millones de personas aún revisan sus signos zodiacales antes de tomar decisiones tan importantes como qué estudiar o con quién casarse. En 2021, el mercado global de la astrología se valoraba en 12.800 millones de dólares.[8]

Con independencia de lo que pensemos acerca de la exactitud de la información astrológica, debemos reconocer la importancia de su papel en la historia. Ha conectado a amantes e incluso imperios enteros. Los emperadores romanos tenían por costumbre consultar a los astrólogos antes de tomar decisiones. De hecho, la astrología gozaba de tan alta estima que buscar el horóscopo de un emperador reinante se consideraba una ofensa capital. Por lo visto, aquel que consultara dicho horóscopo podía predecir cuándo y cómo moriría el emperador.[9] Los gobernantes de ciertos países todavía se toman muy en serio la astrología. En 2005, la junta de Myanmar desplazó la capital del país de Rangún a Naipyidó sobre la base, según se dice, de un consejo astrológico.[10] Una teoría de la información que no tenga en cuenta la importancia histórica de la astrología es sin duda deficiente.

Lo que ilustra el ejemplo de la astrología es que errores, mentiras, fantasías y ficciones también son información. Al contrario de lo que defiende la idea ingenua de la información, esta no tiene una relación esencial con la verdad, y su papel en la historia no es representar una realidad preexistente. Más bien, lo que hace la información es crear *nuevas* realidades al conectar entre sí cosas dispares, ya se trate de parejas o de imperios. Su rasgo definitorio es la conexión, y no la representación, y la información es cualquier cosa que conecte puntos diferentes en una red. La información no tiene por qué informarnos de cosas. Lo que hace, en cambio, es colocar cosas en formación. Los horóscopos colocan a los amantes en formaciones astrológicas, las emisiones de propaganda colocan a los votantes en formaciones políticas y las marchas colocan a los soldados en formaciones militares.

Como caso paradigmático, pensemos en la música. La mayoría de las sinfonías, melodías y canciones no representan nada, lo que hace que no tenga sentido preguntar si son verdaderas o falsas. A lo largo de los años se ha creado mucha música mala, pero no música falsa. Pese a no representar nada, al conectar a un gran número de personas y sincronizar sus emociones y movimientos, la música realiza un trabajo notable. La música puede hacer que un escuadrón de soldados marche en formación, que los asistentes a una discoteca se balanceen juntos, que los feligreses de una iglesia acompasen el ritmo de sus palmadas y que los aficionados de un equipo canten al unísono.[11]

Desde luego, el papel de la información a la hora de conectar cosas no es exclusivo de la historia de la humanidad. Puede argumentarse que este también es el papel principal de la información en biología.[12] Pensemos en el ADN, la información molecular que hace posible la vida. Al igual que la música, el ADN no representa la realidad. Aunque generaciones de cebras hayan huido de leones, no podemos encontrar en el ADN de la cebra una sarta de nucleobases* que represente «león» ni otra ristra que represente «huida». De forma parecida, el ADN de la cebra no contiene una representación del sol, el viento, la lluvia o cualquier otro fenómeno externo con el que las cebras se topan a lo largo de su vida. Y el ADN tampoco representa fenómenos internos como órganos corporales o emociones. No hay combinación alguna de nucleobases que represente un corazón o el miedo.

En lugar de representar cosas que ya existen, el ADN ayuda a producir cosas completamente nuevas. Por ejemplo, varias sartas de nucleobases de ADN inician procesos químicos celulares que culminan en la producción de adrenalina. La adrenalina tampoco representa la realidad. En lugar de ello, circula por el cuerpo, iniciando procesos químicos adicionales que aumentan el ritmo cardiaco y dirigen más sangre a los músculos.[13] Así, el ADN y la adrenalina ayudan a conectar miles de millones de células en el corazón, en las patas y en todo el cuerpo para que formen una red funcional que pueda hacer cosas importantes como escapar al galope de un león.

Si el ADN representara la realidad, podríamos plantear preguntas como: «¿Acaso el ADN de la cebra representa la realidad de manera más exacta que el ADN del león?», o: «¿Acaso el ADN de una cebra cuenta la verdad, mientras que otra cebra se deja engañar por su falso ADN?». Desde luego, estas preguntas no tienen sentido. Podríamos evaluar el ADN por la eficacia biológica del organismo que produce, pero no por su veracidad. Aunque es común hablar de «errores» en el ADN, estos solo se refieren a las mutaciones en el proceso de copia del ADN, no a un fallo a la hora de representar la realidad con exactitud. Una mutación que inhiba la producción de adrenalina reducirá la eficacia y causará que la red de células se desintegre cuando, por ejemplo, la cebra muera y sus miles de millones de células pierdan la conexión entre ellas. Pero este tipo de fallo en la red implica desintegración, no desinformación. Esto ocurre también en las redes de paí-

* O bases nitrogenadas. *(N. del T.)*

ses, de partidos políticos y de noticias tanto como en las de las cebras. Su existencia también está amenazada por la pérdida de contacto entre sus partes constituyentes, más que por las representaciones imprecisas de la realidad.

Es significativo que los errores en la copia del ADN no siempre reduzcan la eficacia. Muy rara vez la aumentan. Sin estas mutaciones, no habría proceso de evolución. Todo ser vivo existe gracias a un «error» genético. Las maravillas de la evolución son posibles debido a que el ADN no representa una realidad preexistente, sino que crea nuevas realidades.

Hagamos una pausa para digerir las implicaciones de esto. La información es algo que crea nuevas realidades al conectar diferentes puntos de una red. Esto todavía incluye la idea de la información como representación. A veces, una representación veraz de la realidad puede conectar a los humanos, como cuando seiscientos millones de personas se hallaban sentadas y pegadas a sus televisores en julio de 1969 para ver cómo Neil Armstrong y Buzz Aldrin caminaban sobre la Luna.[14] Las imágenes proyectadas en las pantallas representaban con exactitud lo que estaba ocurriendo a 384.000 kilómetros de distancia, y contemplarlas dio origen a unos sentimientos de asombro, orgullo y fraternidad humana que contribuyeron a conectar a la gente.

Sin embargo, estos sentimientos fraternales pueden producirse de otras maneras. El énfasis en la conexión deja mucho espacio para otros tipos de información que no representan bien la realidad. A veces, representaciones erróneas de la realidad pueden actuar como un nexo social, como cuando millones de seguidores de una teoría de la conspiración ven un vídeo de YouTube que afirma que el alunizaje nunca tuvo lugar. Estas imágenes transmiten una representación errónea de la realidad, pero aun así podrían originar sentimientos de odio hacia las clases dirigentes o de orgullo por la sabiduría de uno mismo que coadyuvan a crear un nuevo grupo de cohesión.

A veces las redes pueden conectarse sin *ninguna* intención de representar la realidad, ni exacta ni errónea, como cuando la información genética conecta miles de millones de células o cuando una pieza musical emocionante conecta a miles de humanos.

Como ejemplo final, pensemos en la percepción del metaverso que tiene Mark Zuckerberg. El metaverso es un universo virtual totalmente compuesto de información. A diferencia del mapa a escala 1:1 construido por el imperio imaginario de Jorge Luis Borges, el metaverso no trata de representar nuestro mundo, sino de aumentarlo o incluso sustituirlo. No nos ofrece una réplica digital de Buenos Aires o de Salt Lake City; lo que hace es invitar a la gente a construir nuevas comunidades virtuales con paisajes y normas innovadores. En 2024, el metaverso parece una quimera pretenciosa, pero dentro de un par de décadas miles de millones de personas podrían migrar para vivir gran parte de su vida en una realidad virtual aumentada y desarrollar allí un buen número de sus actividades sociales y profesionales. La gente podría llegar a construir relaciones, unirse a movimientos, tener empleos y experimentar altibajos emocionales en ambientes compuestos de bits y no de átomos. Quizá solo en un desierto remoto habitado por animales y mendigos puedan encontrarse fragmentos despedazados de la antigua realidad.

La información en la historia humana

Considerar la información como un nexo social nos ayuda a comprender muchos aspectos de la historia de la humanidad que ven erróneamente la idea ingenua de la información como representación. Esto explica el éxito histórico no solo de la astrología, sino de cosas mucho más importantes, como la Biblia. Mientras que hay quienes pueden desestimar la astrología como una atracción secundaria y pintoresca en la historia de la humanidad, nadie puede negar el papel central que ha desempeñado la Biblia. Si la tarea principal de la información hubiera sido representar con precisión la realidad, habría sido difícil explicar por qué la Biblia se ha convertido en uno de los textos más influyentes de la historia.

La Biblia incurre en numerosos errores cuando describe tanto asuntos humanos como procesos naturales. El libro del Génesis afirma que todos los grupos humanos —entre ellos, por ejemplo, el pueblo san del desierto del Kalahari y los aborígenes de Australia— descienden de una única familia que vivió en Oriente Próximo hace unos cuatro mil años.[15] Según el Génesis, después del Diluvio los descendientes de Noé vivieron juntos en Mesopotamia, pero tras la destrucción de la Torre de Babel se dispersaron por los cuatro rincones de la Tierra y se convirtieron en los antepasados de todos los humanos vivos. En realidad, los ancestros del pueblo san vivieron cientos de miles de años en África sin salir nunca del continente, y los ancestros de los aborígenes se instalaron en Australia hace más de cincuenta mil años.[16] Tanto las pruebas genéticas como las arqueológicas descartan la idea de que un diluvio acabara con las poblaciones antiguas de Sudáfrica y de Australia hace unos cuatro mil años y de que a continuación estas regiones fueran repobladas por inmigrantes de Oriente Próximo.

Una distorsión todavía mayor tiene que ver con cómo entendemos las enfermedades infecciosas. La Biblia suele presentar las epidemias como castigos divinos por los pecados humanos[17] y afirma que pueden detenerse o evitarse mediante la oración y los ritos religiosos.[18] Sin embargo, las epidemias tienen su origen en los patógenos y pueden detenerse o evitarse siguiendo pautas higiénicas y utilizando medicina y vacunas. Esto es algo en lo que están de acuerdo incluso líderes religiosos como el papa, quien durante la pandemia de la COVID-19 aconsejó a la gente que respetara la cuarentena y no se congregara para rezar en comunidad.[19]

Pero, aunque la Biblia ha hecho un trabajo mediocre cuando se trata de representar la realidad de los orígenes humanos, sus migraciones y las epidemias, ha sido muy efectiva a la hora de conectar a miles de millones de personas y de crear las religiones judía y cristiana. Al igual que el ADN inicia procesos químicos que unen miles de millones de células en redes orgánicas, la Biblia inició procesos sociales que vincularon a miles de millones de personas en redes religiosas. Y, así como una red de células puede hacer cosas que las células por sí solas no pueden lograr, una red religiosa puede hacer cosas que un individuo no puede acometer, como construir templos, mantener sistemas legales, celebrar fiestas religiosas y emprender guerras santas.

En conclusión, a veces la información representa la realidad y a veces no. Pero siempre conecta. Esta es su característica fundamental.

Por lo tanto, cuando examinemos el papel de la información en la historia, aunque en ocasiones tenga sentido preguntar: «¿Hasta qué punto la información ofrece una buena representación de la realidad? ¿Es verdadera o falsa?», a menudo las preguntas decisivas serán: «¿Hasta qué punto establece una buena conexión entre personas? ¿Qué nueva red crea?».

Hay que insistir en que rechazar la idea ingenua de la información como representación no nos obliga a rechazar la noción de verdad ni a aceptar la idea populista de la información como arma. Aunque la información siempre conecta, ciertos tipos de información —desde la literatura científica hasta los discursos políticos— pueden porfiar en su objetivo de conectar a la gente mediante la representación exacta de determinados aspectos de la realidad. Pero esto requiere un esfuerzo especial que la mayor parte de la información no lleva a cabo. Esta es la razón por la que la idea ingenua se equivoca cuando considera que desarrollar una tecnología de la información más potente dará como resultado una comprensión más veraz del mundo. Si no se toman medidas adicionales para inclinar la balanza a favor de la verdad, es probable que un aumento en la cantidad y la velocidad de la información sature las explicaciones verídicas, que son relativamente raras y caras, con tipos de información mucho más comunes y baratos.

Si analizamos la historia de la información desde la Edad de Piedra hasta la Era del Silicio, veremos que el aumento constante de la conectividad no viene acompañado de un aumento simultáneo de la veracidad o la sabiduría. Al contrario de lo que cree la idea ingenua, *Homo sapiens* no conquistamos el mundo porque poseamos talento para transformar la información en un mapa preciso de la realidad. En lugar de eso, el secreto de nuestro éxito reside en que hemos desarrollado la capacidad de conectar a masas de individuos a través del uso de la información. Por desgracia, esta capacidad suele ir de la mano de la creencia en mentiras, el error y la fantasía. Esta es la razón por la que incluso sociedades tecnológicamente avanzadas como la Alemania nazi y la Unión Soviética se mostraron proclives a mantener ideas ilusorias sin que sus engaños tuvieran por qué debilitarlas. En realidad, los engaños masivos de las ideologías nazi y estalinista acerca de cuestiones como la raza y la clase las ayudaron a hacer que decenas de millones de personas marcharan juntas al unísono.

Del capítulo 2 al 5 analizaremos con más detalle la historia de las redes de información. Plantearemos cómo, a lo largo de decenas de miles de años, los humanos inventamos varias tecnologías de la información que aportaron enormes mejoras a la conectividad y la cooperación sin dar como resultado una representación más veraz del mundo. Estas tecnologías de la información, inventadas hace siglos y milenios, modelan todavía nuestro mundo incluso en la era de internet y de la IA. La primera tecnología de la información que examinaremos, que también es la primera tecnología de la información que desarrollamos los humanos, es el relato.

2

Relatos: conexiones ilimitadas

Los sapiens dominamos el mundo no debido a que seamos muy sabios, sino a que somos los únicos animales capaces de cooperar de manera flexible y en gran número. He explorado esta idea en mis libros anteriores *Sapiens* y *Homo Deus*, pero una breve recapitulación se hace inevitable.

La capacidad de los sapiens para cooperar de manera flexible y en gran número tiene antecedentes en otros seres vivos. Animales sociales como los chimpancés exhiben una flexibilidad importante en el modo en que cooperan, mientras que insectos sociales como las hormigas cooperan en número muy elevado. Pero ni los chimpancés ni las hormigas establecen imperios, religiones ni redes comerciales. Los sapiens tenemos esta capacidad porque somos mucho más flexibles que los chimpancés y podemos cooperar a la vez en números superiores a los de las hormigas. De hecho, no hay límites en la cantidad de sapiens que pueden colaborar entre sí. La Iglesia católica cuenta con unos 1.400 millones de miembros. China tiene una población de alrededor de 1.400 millones. La red comercial mundial conecta a unos 8.000 millones de sapiens.

Esto resulta sorprendente, dado que los humanos no podemos establecer vínculos íntimos a largo plazo con más de unos pocos cientos de individuos.[1] Se necesitan años y experiencias comunes para llegar a conocer el carácter y la historia particulares de alguien y para crear lazos de confianza y afecto mutuos. En consecuencia, si las redes de los sapiens estuvieran conectadas solo mediante lazos personales de humano a humano, nuestras redes aún serían insignificantes.

Esto es lo que ocurre con nuestros primos los chimpancés, por ejemplo. Una comunidad típica de esta especie consta de entre veinte y sesenta miembros, y en raras ocasiones la cifra puede aumentar hasta situarse entre los ciento cincuenta y los doscientos.[2] Parece que esto fue lo que sucedió con especies humanas remotas como los neandertales y *Homo sapiens* arcaicos. Cada una de sus cuadrillas estaba compuesta por unas pocas docenas de individuos, y las diferentes cuadrillas rara vez cooperaban en nada.[3]

Hace unos setenta mil años, los grupos de *Homo sapiens* empezaron a mostrar una capacidad sin precedentes para cooperar entre ellos, como ponen de manifiesto la aparición del comercio intercomunitario y de tradiciones artísticas, y la rápida dispersión de la especie desde nuestra tierra natal africana por todo el globo. Lo que permitió que diferentes comunidades cooperaran fue que una serie de cambios evolutivos en la estructura del cerebro y en las capacidades lingüísticas confirieron a los sapiens aptitudes para contar relatos ficticios y creerlos, así como para emocionarse profundamente con ellos. En lugar de construir solo una red de cadenas de humano a humano —como, por ejemplo, hicieron los neandertales—, los relatos proporcionaron a *Homo sapiens* un nuevo tipo de cadena, las cadenas de humano a relato. Con el fin de cooperar, los sapiens ya no tenían que conocer a los demás en persona; solo tenían que creer el mismo relato. Y un mismo relato puede darse a conocer a miles de millones de individuos. Por lo tanto, un relato puede servir como conector central, con un número ilimitado de tomas de corriente a las que puede enchufarse un número ilimitado de personas. Por ejemplo, los 1.400 millones de miembros de la Iglesia católica están conectados por la Biblia y otros relatos cristianos clave; los 1.400 millones de ciudadanos de China están conectados por relatos de ideología comunista y nacionalismo chino; y los 8.000 millones de miembros de la red de comercio mundial están conectados por relatos sobre divisas, compañías y marcas.

Incluso los líderes carismáticos con millones de seguidores son un ejemplo de esta regla, más que una excepción. Podría parecer que, en el caso de los antiguos emperadores chinos, los papas católicos medievales o los gigantes empresariales modernos, ha sido un único humano de carne y hueso —en lugar de un relato— quien ha servido como nexo de unión para millones de seguidores. Pero, desde luego, en todos estos casos casi ninguno de los seguidores tenía un vínculo personal con el líder. En su lugar, a lo que se han conectado ha sido a un *relato* muy bien confeccionado acerca del líder, y es en este relato en lo que han depositado su fe.

Iósif Stalin, que se hallaba en el nexo de uno de los mayores cultos a la personalidad de la historia, lo entendió a la perfección. En una ocasión en que Vasily, su problemático hijo, explotó la fama de su nombre para asustar e intimidar a la gente, Stalin lo reprendió. «Pero yo también soy un Stalin», protestó Vasily. «No, no lo eres —replicó Stalin—. Tú no eres Stalin y yo no soy Stalin. Stalin es el poder soviético. Stalin es lo que es en los periódicos y en los retratos, no tú, no... ¡ni siquiera yo!».[4]

Los *influencers* y famosos del presente estarían de acuerdo. Algunos tienen cientos de millones de seguidores en redes con los que se comunican a diario a través de internet. Pero aquí apenas hay una conexión personal auténtica. Las redes sociales suelen gestionarlas equipos de expertos, y cada imagen y cada palabra se confeccionan y seleccionan profesionalmente para producir lo que en la actualidad recibe el nombre de marca.[5]

Una «marca» es un tipo de relato específico. Construir una identidad de marca para un producto significa contar un relato acerca de dicho producto que puede tener poco que ver con sus cualidades reales pero que, no obstante, los consumidores aprenden a asociar con él. Por ejemplo, la compañía Coca-Cola lleva décadas invirtiendo decenas de miles de millones de dólares en anuncios que cuentan y vuelven a contar el relato de la bebida.[6] La gente ha visto y oído el relato con tanta frecuencia que muchos han llegado a asociar un determinado brebaje de agua saborizada con la diversión, la felicidad y la juventud (en oposición al deterioro dental, la obesidad y los residuos plásticos). Esto es construir una identidad de marca.[7]

Como Stalin sabía, es posible construir identidades de marca no solo para productos, sino también para individuos. Un multimillonario corrupto puede identificarse como un defensor de los pobres, un imbécil incompetente puede identificarse como un genio infalible y un gurú que abusa sexualmente de sus seguidores puede identificarse como un santo casto. La gente cree que conecta con la persona, pero en realidad conecta con el relato que se cuenta sobre la persona, y a menudo la brecha que se abre entre ambos es enorme.

Incluso el relato de Cher Ami, la paloma heroica, fue en parte fruto de una campaña de promoción cuyo objetivo era mejorar la imagen pública del Servicio de Palomas del Ejército de Estados Unidos. Un estudio revisionista efectuado por Frank Blazich en 2021 concluyó que, aunque no hay duda de que Cher Ami sufrió heridas graves mientras transportaba un mensaje en algún lugar del norte de Francia, varias características clave del relato generan dudas o son inexactas. En primer lugar, sobre la base de registros militares contemporáneos, Blazich demostró que el cuartel general supo de la ubicación exacta del Batallón Perdido unos veinte minutos antes de la llegada de la paloma. La paloma no puso fin a la cortina de fuego amigo que diezmaba al Batallón Perdido. Y, más relevante todavía, no hay ni una sola prueba de que la paloma que llevaba el mensaje del comandante Whittlesey fuera Cher Ami. Bien podría haberse tratado de otra paloma, mientras que Cher Ami pudo haber resultado herida un par de semanas más tarde, durante una batalla totalmente distinta.

Según Blazich, las dudas e inconsistencias en el relato de Cher Ami se vieron eclipsadas por su valor propagandístico para el Ejército y su atractivo para el público. A lo largo de los años, el relato se ha contado y vuelto a contar tantas veces que, irremediablemente, los hechos han quedado enredados en la ficción. Periodistas, poetas y cineastas le han añadido detalles fantasiosos como, por ejemplo, que la paloma perdió un ojo, así como una pata, y que se la premió con la Cruz por Servicio Distinguido. En las décadas de 1920 y 1930, Cher Ami se convirtió en el ave más famosa del mundo. Cuando murió, su cadáver cuidadosamente conservado se expuso en el Museo Smithsoniano, que se convirtió en un lugar de peregrinaje para patriotas estadounidenses y veteranos de la Primera Guerra Mundial. Como el relato adquiría relevancia a medida que se contaba, llegó a sustituir los recuerdos de los supervivientes del Batallón Perdido, que acabaron por aceptar la narración popular al pie de la letra. Blazich ilustra el caso de Sherman Eager, un oficial del Batallón Perdido que décadas después de la guerra llevó a sus hijos al Smithsoniano para que vieran a Cher Ami y les dijo: «Le debéis la vida a esta paloma». Fueran cuales fueran los hechos, el relato del abnegado salvador alado resultó irresistible.[8]

Como ejemplo mucho más extremo, pensemos en Jesús. Dos milenios de narraciones lo han revestido de un halo tan denso de relatos que es imposible traer de vuelta al personaje histórico. De hecho, para millones de cristianos devotos el mero hecho de plantear la posibilidad de que la persona real fuera distinta del personaje del relato es una blasfemia. Hasta donde podemos saber, el Jesús real fue un típico predicador judío que se hizo con un pequeño grupo de seguidores después de pronunciar sermones y curar enfermos. Sin embargo, tras su muerte, Jesús fue objeto de una de las campañas de promoción de marca más importantes de la historia. A este desconocido gurú de provincias que durante una breve carrera no reunió más que a un puñado de discípulos y que fue ejecutado como un criminal común se le identificó una vez muerto como la encarnación del dios cósmico creador del universo.[9] Aunque ningún retrato contemporáneo de Jesús ha llegado a nuestros días, y aunque la Biblia nunca describe qué aspecto tenía, las representaciones imaginarias del personaje se han convertido en algunos de los iconos más reconocibles del mundo.

Hay que señalar que la creación del relato de Jesús no fue una mentira deliberada. Personas como san Pablo, Tertuliano, san Agustín o Martín Lutero no pretendían engañar a nadie. Proyectaron sus esperanzas y sentimientos más profundos sobre la figura de Jesús, del mismo modo en que nosotros solemos proyectar lo que sentimos sobre nuestros padres, amantes y líderes. Aunque en ocasiones las campañas de promoción de marca constituyen un ejercicio cínico de desinformación, la mayoría de los relatos realmente importantes de la historia han surgido como consecuencia de proyecciones emocionales y de deseos. Los verdaderos creyentes desempeñan un papel clave en el auge de toda religión e ideología relevante, y el relato de Jesús cambió la historia porque obtuvo un número inmenso de verdaderos creyentes.

Al contar con tantos creyentes, el relato de Jesús consiguió generar un impacto mucho mayor sobre la historia que la persona de Jesús.

La persona de Jesús se paseaba de pueblo en pueblo, hablaba con la gente, comía y bebía con ellos, colocaba las manos sobre sus cuerpos enfermos. Jesús cambió la vida de quizá varios miles de individuos, todos residentes en una provincia romana menor. En cambio, el relato de Jesús se extendió por el mundo, primero en forma de chismorreos, anécdotas y rumores; después, a través de textos en pergaminos, pinturas y estatuas, y al final como películas de gran éxito en taquilla y memes de internet. Miles de millones de personas no solo escucharon el relato de Jesús, sino que también acabaron creyendo en él, lo que dio lugar a una de las redes más influyentes del mundo.

Relatos como el de Jesús pueden verse como una manera de extender vínculos biológicos preexistentes. La familia es el vínculo más sólido que conocemos los humanos. Una forma de hacer que los relatos generen confianza entre extraños es conseguir que se reimaginen unos a otros como familia. En su relato, Jesús se presenta como una figura paterna para los humanos que anima a cientos de millones de cristianos a verse unos a otros como hermanos y hermanas, y que crea un conjunto compartido de recuerdos familiares. Aunque la mayoría de los cristianos no estuvieron físicamente presentes en la Última Cena, han escuchado tantas veces el relato y han visto tantas imágenes del acontecimiento que tienen de ella un «recuerdo» mucho más vívido del que guardan de gran parte de las cenas familiares en las que han participado.

Es curioso que la última cena de Jesús fuese la cena de Pascua judía, que según los relatos del Evangelio Jesús compartió con sus discípulos justo antes de la crucifixión. En la tradición judía, el objetivo principal de la cena de Pascua es crear y recrear recuerdos artificiales. Cada año, las familias judías se sientan juntas durante la vigilia de Pascua para comer y rememorar «su» éxodo desde Egipto. La idea no es contar el relato de cómo los descendientes de Jacob huyeron de la esclavitud en Egipto, sino que los asistentes narren cómo sufrieron *en primera persona* a manos de los egipcios, cómo vieron *en primera persona* que el mar se dividía y cómo recibieron *en primera persona* los Diez Mandamientos de Jehová en el monte Sinaí.

Aquí, la tradición judía no escatima palabras. El texto del rito de la Pascua judía (la Hagadá) insiste en que «en cada generación una persona está obligada a considerarse como si ella misma hubiera salido de Egipto». Si alguien objeta que esto es una ficción y que él no huyó de Egipto, los sabios judíos tienen una respuesta preparada. Afirman que Jehová creó las almas de todos los judíos que han existido a lo largo de la historia mucho antes de que nacieran y que todas estas almas estaban presentes en el monte Sinaí.[10] Tal como el *influencer* judío Salvador Litvak explicó a sus seguidores en 2018, «vosotros y yo estuvimos allí juntos... Cuando cumplimos con la obligación de vernos como si hubiéramos huido de Egipto, no se trata de una metáfora. No imaginamos el Éxodo, lo recordamos».[11]

De modo que cada año, en la celebración más importante del calendario judío, millones de judíos fingen recordar cosas que no presenciaron y que con toda probabilidad nunca ocurrieron. Como demuestran numerosos estudios modernos, cuando alguien cuenta y vuelve a contar un recuerdo falso acaba por adoptarlo como un recuerdo genuino.[12] Cuando dos judíos se encuentran por primera vez, pueden sentir inmediatamente que pertenecen a la misma familia, que ambos fueron esclavos en Egipto y que estuvieron juntos en el monte Sinaí. Así de sólido es el vínculo que ha mantenido la red de judíos a lo largo de tantos siglos y territorios.

Entidades intersubjetivas

El relato de la Pascua judía construye una gran red al tomar los vínculos familiares existentes y extenderlos. Crea una familia imaginada que se cuenta por millones. Pero existe una manera todavía más revolucionaria para que los relatos construyan redes. Como el ADN, los relatos pueden crear entidades nuevas. De hecho, los relatos pueden crear incluso un nivel totalmente nuevo de realidad. Hasta donde sabemos, antes de la aparición de los relatos el universo contenía solo dos niveles de realidad. Los relatos añadieron un tercero.

Los dos niveles de realidad que precedieron a las narraciones son la realidad objetiva y la realidad subjetiva. La *realidad objetiva* está constituida por cosas tales como piedras, montañas y asteroides; cosas que existen seamos o no conscientes de ellas. Después está la *realidad subjetiva*: cosas como el dolor, el placer y el amor, que no están «ahí afuera», sino más bien «aquí dentro». Las cosas subjetivas existen en cuanto que tomamos conciencia de ellas. Un dolor que no se siente es un oxímoron.

Pero ciertos relatos son capaces de crear un tercer nivel de realidad: la realidad intersubjetiva. Mientras que las cosas subjetivas como el dolor existen en una única mente, las cosas intersubjetivas —leyes, dioses, naciones, empresas y dinero— existen en el nexo que se establece entre un buen número de mentes. Más específicamente, existen en los relatos que las personas nos contamos unas a otras. La información que los humanos intercambian sobre cosas intersubjetivas no representa nada que existiera antes de ese intercambio de información; más bien, es el propio intercambio de información lo que crea estas cosas.

Decirle al lector que siento dolor no crea el dolor. Y dejar de hablar del dolor que siento no hará que desaparezca. De modo similar, decirle al lector que he visto un asteroide no crea el asteroide. El asteroide existe tanto si la gente habla de él como si no. Pero el hecho de que muchas personas se cuenten relatos sobre leyes, dioses o dinero sí que crea leyes, dioses o dinero. Si la gente deja de hablar de ellos, desaparecen. Las cosas intersubjetivas existen en el intercambio de información.

Analicémoslo con un poco más de detalle. El valor calórico de una pizza no depende de nuestro punto de vista. Una pizza típica contiene entre quinientas y dos mil quinientas calorías.[13] En cambio, el valor económico del dinero (y de las pizzas) depende por completo de nuestro punto de vista. ¿Cuántas pizzas podemos comprar por un dólar? ¿Y por un bitcoin? En 2010, Laszlo Hanyecz compró dos pizzas por 10.000 bitcoins. Que sepamos, se trata de la primera transacción en la que se emplearon bitcoins; y, en retrospectiva, de la pizza más cara de la historia. En noviembre de 2021, un bitcoin tenía un valor de más de 69.000 dólares, de manera que los bitcoins que Hanyecz pagó por sus dos pizzas equivalían a 690 millones de dólares, suficientes para comprar millones de pizzas.[14] Mientras que el valor calórico de la pizza es una realidad objetiva que se mantuvo invariable entre 2010 y 2021, el valor económico del bitcoin es una realidad intersubjetiva que cambió de forma espectacular durante el mismo periodo en función de los relatos que la gente contaba y creía acerca del bitcoin.

Otro ejemplo. Supongamos que pregunto: «¿Existe el monstruo del lago Ness?». Esta es una pregunta acerca del nivel objetivo. Hay quienes creen que un animal parecido a un dinosaurio vive realmente en el lago Ness. Otros rechazan la idea como una fantasía o un engaño. A lo largo de los años se ha intentado resolver el desacuerdo de una vez por todas mediante la utilización de métodos científicos como el escaneo de ultrasonidos y el análisis de ADN. Si un animal enorme habitara el lago, debería aparecer en el escáner y dejar trazas de ADN. Sobre la base de las pruebas disponibles, el consenso científico es que el monstruo del lago Ness no existe. (Un análisis de ADN realizado en 2019 encontró material genético de tres mil especies, pero ninguno correspondía a un monstruo. Todo lo más, el lago Ness puede contener anguilas de cinco kilogramos).[15] No obstante, muchas personas pueden seguir creyendo que el monstruo del lago Ness existe, aunque creerlo no cambie la realidad objetiva.

En contraste con los animales, cuya existencia puede verificarse o rebatirse mediante pruebas objetivas, los estados son entidades intersubjetivas. En general no nos damos cuenta de ello, porque todo el mundo da por sentada la existencia de Estados Unidos, China, Rusia o Brasil. Pero hay casos en los que la gente no se pone de acuerdo acerca de la existencia de determinados estados, y es entonces cuando interviene la condición intersubjetiva. El conflicto israelí-palestino, por ejemplo, gira en torno a esta cuestión, porque hay gente y gobiernos que rehúsan reconocer la existencia de Israel y otros que rehúsan reconocer la existencia de Palestina. En 2024, los gobiernos de Brasil y China, por ejemplo, consideran que tanto Israel como Palestina existen; los gobiernos de Estados Unidos y Camerún solo reconocen la existencia de Israel, mientras que los gobiernos de Argelia e Irán solo reconocen la de Palestina. Otros casos van desde Kosovo, que más o menos la mitad de los 193 miembros de la ONU reconocen, en 2024, como un Estado,[16] hasta Abjasia, que la práctica totalidad de los gobiernos consideran territorio soberano de Georgia, pero que Rusia, Venezuela, Nicaragua, Nauru y Siria reconocen como un Estado.[17]

De hecho, mientras luchan por la independencia, casi todos los estados pasan por una fase transitoria durante la que su existencia se convierte en una disputa. ¿Acaso Estados Unidos surgió el 4 de julio de 1776? ¿No tuvo que esperar a que otros estados como Francia y en último término Reino Unido lo reconocieran? Entre la Declaración de Independencia de Estados Unidos en julio de 1776 y la firma del Tratado de París el 3 de septiembre de 1783 hubo gente que, como George Washington, consideraba que Estados Unidos existía, mientras que otros, como el rey Jorge III, rechazaban esta idea con vehemencia.

Los desacuerdos acerca de la existencia de un Estado no pueden resolverse mediante pruebas objetivas como un análisis de ADN o un escaneo de ultrasonidos. A diferencia de los animales, los estados no son una realidad objetiva. Cuando preguntamos si un Estado concreto existe, estamos planteando una cuestión relacionada con la realidad intersubjetiva. Si un número suficiente de personas está de acuerdo en que un Estado concreto existe, entonces existe. Así, podrá emprender acciones tales como firmar acuerdos que lo vinculen legalmente con otros estados, ONG y compañías privadas.

De todos los tipos de relato, los que crean realidades intersubjetivas han sido los más fundamentales para el desarrollo de redes humanas a gran escala. Es cierto que implantar recuerdos familiares falsos ayuda, pero no hay religión ni imperio que consiga sobrevivir mucho tiempo sin una fuerte creencia en la existencia de un dios, una nación, un código legal o una moneda. Para la formación de la Iglesia cristiana, por ejemplo, fue esencial que la gente recordara lo que Jesús dijo en la Última Cena, pero el paso definitivo se dio al hacer que la gente creyera que Jesús era un dios en lugar de un simple rabino carismático. Para la formación de la religión judía fue de gran utilidad que los judíos «recordaran» cómo escaparon de la esclavitud en Egipto, pero el paso realmente decisivo consistió en hacer que todos los judíos aceptaran un mismo código legal religioso, la Halajá.

Las cosas intersubjetivas, como son las leyes, los dioses y el dinero, tienen un poder enorme en el seno de una red de información concreta y carecen de cualquier tipo de significado fuera de ella. Supongamos que el jet de un multimillonario se estrella en una isla desierta y este se encuentra solo y con una maleta llena de billetes y bonos. Cuando estaba en São Paulo o en Bombay podía usar estos papeles para hacer que la gente lo alimentara, lo vistiera, lo protegiera y le fabricara un jet privado. Pero, en cuanto se halla separado del resto de miembros de su red de información, los billetes y los bonos pierden su valor. No puede usarlos para que los monos de la isla le proporcionen comida o le construyan una almadía.

El poder de los relatos

Ya sea mediante el implante de recuerdos falsos, la construcción de relaciones ficticias o la creación de realidades intersubjetivas, los relatos han producido redes humanas a gran escala. A su vez, dichas redes han cambiado por completo el equilibrio de poder en el mundo. Las redes basadas en relatos hicieron de *Homo sapiens* el animal más poderoso del planeta, al conferirle una ventaja decisiva no solo sobre leones y mamuts, sino también sobre otras especies humanas remotas como los neandertales.

Los neandertales vivían en pequeñas comunidades aisladas que, hasta donde podemos saber, rara vez y sin demasiada convicción cooperaban entre sí, si es que lo hacían.[18] Los sapiens de la Edad de Piedra también vivían en comunidades reducidas de unas docenas de individuos. Pero, tras la aparición de las narraciones, los grupos de sapiens dejaron de vivir en aislamiento. Estas comunidades estaban conectadas mediante relatos acerca de cosas como antepasados reverenciados, animales totémicos o espíritus guardianes. Los grupos que compartían relatos y realidades intersubjetivas constituían una tribu. Cada tribu constituía una red que conectaba a cientos o incluso miles de individuos.[19]

Pertenecer a una gran tribu tenía una ventaja clara en momentos de conflicto. Quinientos sapiens podían vencer con facilidad a cincuenta neandertales.[20] Pero las redes tribales ofrecían otras muchas ventajas. Si vivimos en una comunidad aislada de cincuenta individuos y una sequía importante afecta a nuestro territorio, podríamos morir de inanición. Si intentamos migrar a otro territorio, es probable que encontremos grupos hostiles y, además, que tengamos dificultades para encontrar agua, comida y pedernales (con los que elaborar utensilios). Sin embargo, si nuestra comunidad forma parte de una red tribal, en épocas de necesidad algunos de nosotros podríamos unirnos a nuestros amigos distantes. Si nuestra identidad tribal es lo bastante fuerte, podrían darnos la bienvenida e instruirnos acerca de las oportunidades y los peligros locales. Una o dos décadas después, podríamos devolverles el favor. Así, la red tribal actuaba como una póliza de seguro. Al extenderlo entre mucha más gente, el riesgo se minimizaba.[21]

Incluso en épocas tranquilas los sapiens podían obtener grandes beneficios del intercambio de información no solo con unas pocas docenas de miembros de una comunidad reducida, sino con toda una red tribal. Si una de las comunidades de la tribu descubría una manera mejor de elaborar puntas de lanza, aprendía a curar heridas con extrañas hierbas medicinales o inventaba una aguja para coser vestidos, este conocimiento se transmitía rápidamente al resto de las comunidades. Incluso aunque los sapiens no hubieran sido individualmente más inteligentes que los neandertales, quinientos sapiens juntos eran mucho más inteligentes que cincuenta neandertales.[22]

Los relatos hicieron que todo esto fuera posible. A menudo, en las interpretaciones materialistas de la historia se ignora e incluso se rechaza el poder de los relatos. En concreto, el marxismo suele considerarlos meras cortinas de humo tras las que se ocultan relaciones de poder e intereses materiales. Según las teorías marxistas, todo aquello que nos motiva esconde intereses materiales objetivos, y los relatos solo nos sirven para camuflar dichos intereses y confundir a nuestros rivales. Por ejemplo, según esta interpretación, las Cruzadas, la Primera Guerra Mundial y la guerra de Irak respondieron a los intereses económicos de unas élites poderosas, y no a unos ideales religiosos, nacionalistas o liberales. Entender estas guerras supone dejar de lado todas las hojas de parra mitológicas —sobre Dios, el patriotismo o la democracia— y observar las relaciones de poder en toda su desnudez.

Sin embargo, la visión marxista no solo es cínica, sino errónea. Que los intereses materialistas desempeñaran un papel real en las

Cruzadas, la Primera Guerra Mundial y la guerra de Irak, así como en la mayoría de los conflictos humanos, no significa que los ideales religiosos, nacionales y liberales no tuvieran ningún papel en absoluto. Además, los intereses materiales no pueden explicar por sí solos la identidad de las facciones rivales. ¿Por qué en el siglo XII un grupo de terratenientes y mercaderes de Francia, Alemania e Italia se unieron para conquistar territorios y rutas comerciales en el Levante mediterráneo, en lugar de que terratenientes y mercaderes de Francia y del norte de África se unieran para conquistar Italia? ¿Y por qué en 2003 Estados Unidos y Gran Bretaña quisieron apoderarse de los campos petrolíferos de Irak y no de los campos de gas de Noruega? ¿De verdad podemos explicarlo por medio de consideraciones puramente materialistas, sin recurrir a creencias religiosas e ideológicas?

De hecho, cualquier relación entre grupos humanos a gran escala está moldeada por relatos, porque estos definen las identidades de dichos grupos. No hay una definición objetiva de lo que supone ser británico, estadounidense, noruego o iraquí; todas estas son identidades moldeadas por mitos nacionales y religiosos que se revisan y se ponen en duda constantemente. El marxismo puede sostener que los grupos a gran escala tienen identidades e intereses objetivos, independientes de los relatos. Pero, si así fuera, ¿cómo podríamos explicar que solo los humanos conformemos grupos a gran escala como tribus, naciones y religiones, mientras que los chimpancés carecen de ellos? Después de todo, los chimpancés comparten todo tipo de intereses materiales objetivos con los humanos; necesitan beber, comer y protegerse de las enfermedades. También persiguen desarrollar su sexualidad y poder social. Pero los chimpancés no pueden mantener grupos a gran escala porque son incapaces de crear relatos que los conecten y definan sus identidades e intereses. Al contrario de lo que sostiene el pensamiento marxista, en la historia las identidades e intereses a gran escala son siempre intersubjetivos, nunca objetivos.

Esta es una buena noticia. Si la historia la hubieran moldeado únicamente intereses materiales y luchas de poder, no tendría sentido hablar con nadie que no esté de acuerdo con nosotros. En último término, cualquier conflicto sería consecuencia de unas relaciones de poder objetivas que no pueden cambiarse con un simple intercambio de palabras. En concreto, si quienes ostentan privilegios pueden ver y creer solo aquello que los consagra, ¿cómo puede algo que no sea un acto de violencia persuadirlos de renunciar a estos privilegios y alterar sus creencias? Por suerte, dado que los relatos intersubjetivos moldean la historia, a veces podemos evitar y resolver conflictos hablando, alterando los relatos en los que creemos o desarrollando un relato nuevo que todos podamos aceptar.

Pensemos, por ejemplo, en el auge del nazismo. Lo cierto es que una serie de intereses materiales impulsó a millones de alemanes a apoyar a Hitler. Es probable que los nazis nunca hubieran accedido al poder de no haberse producido la crisis económica de principios de la década de 1930. Sin embargo, sería un error pensar que el Tercer Reich fue una consecuencia inevitable de las relaciones de poder y de los intereses materiales subyacentes. Hitler ganó las elecciones de 1933 porque durante la crisis económica millones de alemanes llegaron a creerse el relato nazi, en lugar de uno de los relatos alternativos que se les ofrecían. Esto no fue la consecuencia inevitable de que los alemanes persiguieran sus intereses materiales y protegieran sus privilegios; fue un error trágico. Con total seguridad, podemos afirmar que se trató de un error y que los alemanes podrían haberse decantado por mejores relatos, porque sabemos lo que ocurrió a continuación. Doce años de gobierno nazi no promovieron los intereses materiales de los alemanes. El nazismo condujo a la destrucción de Alemania y a la muerte de millones de personas. Posteriormente, la adopción por parte de los alemanes de una democracia liberal condujo a una mejora duradera de sus vidas. ¿No podrían los alemanes haberse saltado el experimento nazi y poner su fe en la democracia liberal ya a principios de la década de 1930? La postura de este libro es que habrían podido. A menudo, la historia es moldeada no tanto por relaciones deterministas de poder como por errores trágicos que derivan de creer en relatos cautivadores pero dañinos.

La noble mentira

La centralidad de los relatos revela algo fundamental acerca del poder de nuestra especie y explica por qué este no siempre va de la mano de la sabiduría. La idea ingenua de la información sostiene que la información conduce a la verdad y que conocer la verdad contribuye a que la gente obtenga tanto poder como sabiduría. Esto parece alentador, pues implica que es poco probable que aquellos que ignoran la verdad acaparen demasiado poder, mientras que quienes respetan la verdad pueden obtener mucho poder pero que este será atemperado por la sabiduría. Por ejemplo, la gente que ignora la verdad acerca de la biología humana puede creer en mitos racistas, pero no podrá producir medicinas potentes ni armas biológicas, mientras que la gente con conocimientos biológicos poseerá este tipo de poder, pero no lo pondrá al servicio de ideologías racistas. Si así fuera, podríamos dormir tranquilos, confiando en que nuestros presidentes, adalides y directores ejecutivos serán sensatos y honestos. Un político, un movimiento o un país pueden salir adelante en cualquier lugar con la ayuda de mentiras y engaños, pero a la larga esta estrategia será contraproducente.

Por desgracia, este no es el mundo en el que vivimos. En la historia, solo una parte del poder nace del conocimiento de la verdad. También nace de la capacidad de mantener un orden social entre un gran número de individuos. Supongamos que alguien quiere fabricar una bomba atómica. Para tener éxito, es evidente que ha de contar con conocimientos más o menos precisos de física. Pero también necesita gente que extraiga mineral de uranio, construya reactores nucleares y proporcione alimento a trabajadores de la construcción, mineros y físicos. El Proyecto Manhattan empleó directamente a unas ciento treinta mil personas, a las que hay que sumar los millones que trabajaron para mantenerlas.[23] Robert Oppenheimer podía dedicarse a sus ecuaciones porque miles de mineros extraían uranio de la mina Eldorado, al norte del Canadá, y de la mina Shinkolobwe, en el Congo Belga,[24] por no hablar de los agricultores que cultivaban patatas para que comiera. Si quieres fabricar una bomba atómica, debes encontrar el modo de hacer que millones de personas cooperen.

Ocurre lo mismo con cualquier proyecto ambicioso que emprendemos los humanos. Evidentemente, una comunidad de humanos de la Edad de Piedra que iba a la caza de un mamut necesitaba conocer datos reales acerca de los mamuts. Si creían que podían matar al mamut mediante un hechizo, su expedición de caza estaba condenada al fracaso. Pero no bastaba con conocer datos acerca de los mamuts. Los cazadores también tenían que jugarse la vida y mostrar un gran valor. El convencimiento de que un conjuro garantizaba la vida eterna para los cazadores muertos incrementaba las posibilidades de éxito de sus expediciones. Aunque el conjuro no aportara beneficios a los cazadores muertos, fortalecer el valor y la solidaridad entre los cazadores vivos contribuía de manera crucial al éxito de la caza.[25]

Si fabricas una bomba e ignoras los hechos de la física, no explotará. Pero si construyes una ideología e ignoras los hechos, puede seguir siendo explosiva. Si bien el poder depende a la vez de la verdad y el orden, son aquellos que saben cómo mantener el orden quienes instruyen a la gente que simplemente sabe cómo fabricar bombas o cazar mamuts. Robert Oppenheimer obedecía a Franklin Delano Roosevelt, y no al revés. De un modo similar, Werner Heisenberg obedecía a Adolf Hitler, Igor Kurchatov defería a Iósif Stalin y en el Irán contemporáneo los expertos en física nuclear siguen las órdenes de expertos en teología chiita.

Lo que la gente que ocupa las altas esferas sabe, y de lo que los físicos nucleares no siempre se percatan, es que en contadas ocasiones decir la verdad acerca del universo se convierte en la forma más eficiente de imponer orden entre un número elevado de humanos. Es cierto que $E = mc^2$, y que esto explica mucho de lo que ocurre en el universo, pero saber que $E = mc^2$ no suele resolver desavenencias políticas ni inspirar a la gente a sacrificarse por una causa común. En cambio, lo que mantiene unidas las redes humanas suelen ser los relatos ficticios, en especial los que se refieren a cosas intersubjetivas como dioses, dinero o naciones. Cuando se trata de unir a la gente, la ficción goza de dos ventajas intrínsecas de las que la verdad carece. La primera es que la ficción puede simplificarse tanto como queramos, mientras que la verdad acostumbra a ser compleja porque también lo es la realidad que se supone que representa. Tomemos como ejemplo la verdad acerca de las naciones. Es difícil entender que la nación a la que uno pertenece sea una entidad intersubjetiva que solo existe en nuestra imaginación colectiva. Rara vez escuchamos a un político decir estas cosas en un discurso. Resulta mucho más fácil creer que nuestra nación es el pueblo elegido por Dios, ese al que el Creador ha encomendado una misión especial. Un relato tan simple lo han contado repetidamente innumerables políticos, desde Israel hasta Irán y desde Estados Unidos hasta Rusia.

La segunda ventaja es que la verdad suele ser dolorosa e inquietante, y si intentamos hacerla más reconfortante y favorecedora ya no será la verdad. En cambio, la ficción es muy maleable. La historia de toda nación contiene episodios oscuros que a sus ciudadanos no les gusta reconocer ni recordar. Es poco probable que un político israelí que en sus discursos electorales detalle el sufrimiento infligido a los civiles palestinos por la ocupación israelí obtenga demasiados votos. En cambio, un político que construya un mito nacional ignorando hechos incómodos, que se centre en el pasado glorioso del pueblo judío y que embellezca la realidad siempre que sea necesario bien podrá acceder al poder. Esto ocurre no solo con Israel, sino con todos los países. ¿Cuántos italianos o indios desean oír una verdad intachable acerca de sus naciones? La fidelidad rigurosa a la verdad es esencial para el progreso científico y también es una práctica espiritual admirable, pero no es una estrategia política ganadora.

En *La república*, Platón ya imaginaba que la constitución de su Estado utópico se basaría en «la noble mentira»: un relato ficticio acerca del origen del orden social que asegurara la lealtad de los ciudadanos e impidiera que cuestionaran la constitución. Afirma Platón que a los ciudadanos se les debe decir que todos nacieron de la Tierra, que la patria es su madre y que, por lo tanto, le deben lealtad filial. Además, se les debe decir que en el momento de la concepción los dioses entremezclaron en ellos diferentes metales —oro, plata, bronce y hierro—, lo que justifica una jerarquía natural entre los dirigentes de oro y los siervos de bronce. Aunque la utopía de Platón nunca se ha llevado a la práctica, a lo largo de los tiempos numerosos políticos han contado a sus habitantes versiones de esta noble mentira.

A pesar de la noble mentira de Platón, no debemos concluir que todos los políticos mienten ni que todas las historias nacionales son un engaño. No es tan sencillo como elegir entre contar la verdad y mentir. Existe una tercera opción. Contar un relato ficticio solo es mentir cuando lo que se pretende es que el relato sea una representación veraz de la realidad. Contar un relato ficticio no es mentir cuando se elude esta pretensión y se reconoce que se está intentando crear una nueva realidad intersubjetiva en lugar de representar una realidad objetiva preexistente.

Por ejemplo, el 17 de septiembre de 1787, la Convención Constitucional firmó la Constitución de Estados Unidos, que entró en vigor en 1789. La Constitución no revelaba ninguna verdad preexistente acerca del mundo, pero, en esencia, tampoco era una mentira. Rechazando la recomendación de Platón, los autores del texto no engañaron a nadie acerca de los orígenes del texto. No hicieron creer que había bajado del cielo o que un dios lo había inspirado. En su lugar, reconocieron que se trataba de una ficción legal extremadamente creativa generada por seres humanos falibles.

«Nosotros, el pueblo de Estados Unidos —dice la Constitución acerca de sus propios orígenes—, con el fin de formar una Unión más perfecta [...] promulgamos y establecemos esta Constitución». A pesar de reconocer que se trata de una ficción legal elaborada por humanos, la Constitución de Estados Unidos formó una unión realmente poderosa. Durante más de dos siglos ha mantenido un grado de orden sorprendente entre muchos millones de personas pertenecientes a una amplia gama de grupos religiosos, étnicos y culturales. Así, la Constitución ha funcionado como una sinfonía que, sin afirmar que represente nada, ha conseguido que numerosas personas actúen juntas y en orden.

Es crucial señalar que «orden» no debe confundirse con legitimidad ni con justicia. El orden creado y mantenido por la Constitución de Estados Unidos consentía la esclavitud, la subordinación de las mujeres, la expropiación de los pueblos indígenas y una desigualdad económica extrema. El genio de la Constitución de Estados Unidos radica en que, al reconocer que se trata de una ficción legal creada por seres humanos, proporciona mecanismos que permiten alcanzar acuerdos para enmendarla y remediar las injusticias que contiene (como explora en profundidad el capítulo 5). El artículo V de la Constitución detalla de qué modo se pueden proponer y ratificar dichas enmiendas, que «serán válidas para cualquier fin y propósito como parte de esta Constitución». Menos de un siglo después de que se redactara la Constitución, la decimotercera enmienda abolió la esclavitud.

En esto, la Constitución de Estados Unidos era muy diferente de los relatos que negaban su naturaleza ficticia y proclamaban un origen divino, como los diez mandamientos. Al igual que la Constitución de Estados Unidos, los diez mandamientos amparaban la esclavitud. El décimo mandamiento dice: «No desearás la casa de tu prójimo, ni la mujer de tu prójimo, ni su siervo, ni su sierva» (Éxodo 20:17),* lo que implica que Dios no ve ningún problema en que la gente tenga esclavos y que solo se opone a que se codicien los esclavos pertenecientes a otra persona. Pero, a diferencia de la Constitución de Estados Unidos, los diez mandamientos no consiguieron proporcionar un aparato de enmiendas. No existe un decimoprimer mandamiento que diga: «Podréis enmendar los mandamientos por un voto mayoritario de dos tercios».

Esta diferencia básica entre los dos textos ya queda patente en sus comentarios iniciales. La Constitución de Estados Unidos empieza con «Nosotros, el pueblo». Al reconocer su origen humano, confiere a los humanos el poder de enmendarla. Los diez mandamientos parten de una declaración, «Yo soy Jehová, tu Dios», que, al reconocer un origen divino, niega a los humanos la posibilidad de cambiarlos. Como consecuencia, el texto bíblico sigue amparando la esclavitud en la actualidad.

Todo sistema político humano se basa en ficciones, pero unos lo admiten y otros no. Contar la verdad acerca de los orígenes del orden social hace que sea más fácil introducir cambios en él. Si nosotros, los

* Aunque «siervo» es sinónimo de «esclavo», las biblias consultadas para reproducir el texto no hablan de esclavos, sino de siervos. El traductor emplea siempre la versión española de la Sagrada Biblia de E. Nácar y A. Colunga (Madrid, Biblioteca de Autores Cristianos, 1966). *(N. del T.)*

humanos, lo inventamos, también podemos enmendarlo. Pero esta veracidad tiene un precio. Reconocer los orígenes humanos del orden social complica la tarea de hacer que todo el mundo esté de acuerdo con él. Si unos humanos como nosotros lo inventaron, ¿por qué tendríamos que aceptarlo? Como veremos en el capítulo 5, hasta finales del siglo XVIII la carencia de una tecnología de la comunicación en masa hizo que fuera muy difícil generar debates abiertos entre millones de personas acerca de las normas del orden social. Por lo tanto, para mantener el orden, los zares rusos, los califas musulmanes y los hijos del cielo chinos sostenían que las reglas fundamentales de la sociedad procedían del cielo y que no estaban abiertas a enmiendas humanas. A principios del siglo XXI, muchos sistemas políticos ostentan una autoridad sobrehumana y se oponen a debates abiertos que podrían desembocar en cambios inoportunos.

El dilema perenne

Una vez que hemos comprendido el papel fundamental que la ficción ejerce en la historia, ya podemos presentar un modelo más completo de las redes de información que va mucho más allá tanto de la idea ingenua de la información como de la crítica populista de dicha idea. Al contrario de lo que sostiene la idea ingenua, la información no es solo la materia prima de la verdad ni las redes de información humanas tienen como único cometido descubrir la verdad. Pero, al contrario de lo que propone la idea populista, la información no es solo un arma. Lo cierto es que, para sobrevivir y germinar, toda red de información humana necesita hacer dos cosas a la vez: descubrir la verdad *y crear orden*. En consecuencia, con el discurrir de la historia las redes de información humanas han acabado por desarrollar dos tipos de habilidades distintos. Por un lado, tal como espera la idea ingenua, las redes han aprendido a procesar la información para adquirir conocimientos más exactos en materia de, por ejemplo, medicina, mamuts y física nuclear. Al mismo tiempo, las redes han aprendido a usar la información para mantener un orden social más sólido entre poblaciones mayores, al emplear no solo relatos veraces, sino también ficciones, fantasías, propaganda y —en ocasiones— mentiras en toda regla.

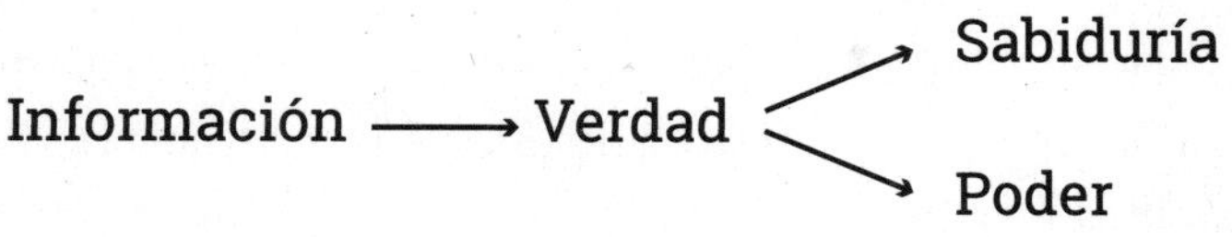

La idea ingenua de la información

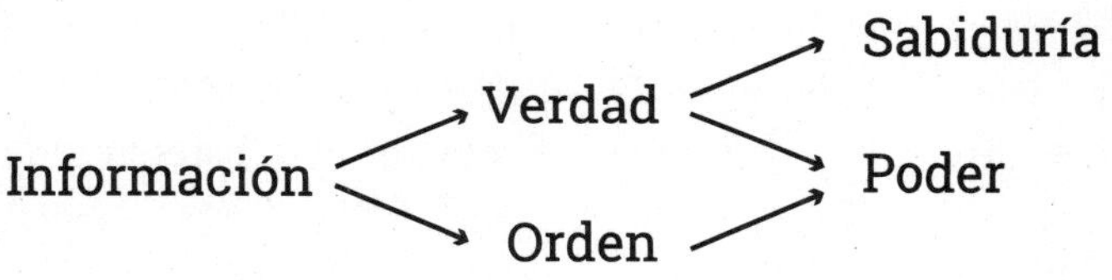

La idea compleja de la información

Poseer gran cantidad de información no garantiza ni la verdad ni el orden. Utilizar la información para descubrir la verdad y al mismo tiempo emplearla para mantener el orden es un proceso complicado. Lo que empeora las cosas es que estos dos procesos suelen ser contradictorios, porque con frecuencia resulta más fácil mantener el orden mediante ficciones. A veces, como en el caso de la Constitución de Estados Unidos, una historia ficticia puede reconocer su naturaleza ficticia, pero lo habitual es que la niegue. Las religiones, por ejemplo, suelen presentarse como una verdad objetiva y eterna, y no como un relato ficticio inventado por humanos. En tales casos, la búsqueda de la verdad amenaza con derribar los cimientos del orden social. Muchas sociedades exigen que sus miembros *no conozcan* sus verdaderos orígenes: la ignorancia es fortaleza. ¿Qué ocurre, entonces, cuando la gente acecha la verdad? ¿Qué ocurre cuando un mismo bit de información revela un hecho importante acerca del mundo y, a la vez, socava la noble mentira que mantiene unida a la sociedad? En casos como este, la sociedad puede tratar de conservar el orden mediante la imposición de límites a la búsqueda de la verdad.

Un ejemplo claro lo encontramos en la teoría de la evolución de Darwin. Entender el proceso evolutivo fomenta en gran medida nuestro conocimiento de los orígenes y de la biología de las especies, incluido *Homo sapiens*, pero también socava los mitos centrales que mantienen el orden en un buen número de sociedades. No debe sorprender que varios gobiernos e iglesias hayan prohibido o limitado la enseñanza de la teoría de la evolución y que prefieran sacrificar la verdad en aras del orden.[26]

Un problema relacionado con lo anterior es que una red de información puede permitir que la gente busque la verdad, e incluso animarla a hacerlo, pero solo en campos específicos que contribuyan a generar poder sin suponer una amenaza para el orden social. Esto puede dar como resultado una red muy poderosa pero carente de sabiduría. La Alemania nazi, por ejemplo, formó a muchos de los mayores expertos mundiales en química, óptica, ingeniería y ciencia aeroespacial. En gran medida, fue la ciencia aeroespacial nazi lo que más tarde llevó a los estadounidenses a la Luna.[27] Esta pericia científica contribuyó a que los nazis desarrollaran una maquinaria bélica poderosísima que después se desplegó al servicio de una mitología demente y asesina. Bajo el gobierno nazi, se animó a los alemanes a desarrollar la ciencia aeroespacial, pero estos no eran libres de cuestionar sus teorías racistas sobre biología e historia.

Este es el motivo principal por el que la historia de las redes de información humanas no puede verse como una marcha triunfal del progreso. El hecho de que el poder de las redes humanas se haya incrementado con el paso del tiempo no tiene por qué significar que estas sean cada vez más sabias. Al priorizar el orden frente a la verdad, una red puede acaparar mucho poder pero usarlo de manera poco prudente.

En lugar de una marcha del progreso, podríamos ver la historia de las redes de información humanas como un ejercicio de funambulismo en el que lo que hay que equilibrar es la verdad con el orden. En lo que se refiere a la búsqueda del equilibrio perfecto, en el siglo XXI no estamos mucho mejor que nuestros antepasados de la Edad de Piedra. Al contrario de lo que implican las declaraciones de misión de compañías como Google y Facebook, aumentar la velocidad y la eficiencia de nuestra tecnología de la información no tiene por qué hacer del mundo un lugar mejor. Solo hace que la necesidad de equilibrar la verdad y el orden sea más apremiante. La invención del relato ya nos lo demostró hace decenas de miles de años. Y eso mismo se nos demostró cuando los humanos produjimos nuestra segunda gran tecnología de la información: el documento escrito.

3

Documentos: el mordisco de los tigres de papel

Los relatos fueron la primera tecnología de la información relevante desarrollada por los humanos. Establecieron los cimientos de la cooperación humana a gran escala e hicieron de los humanos los seres vivos más poderosos de la Tierra. Pero, como tecnología de la información, los relatos tienen sus limitaciones.

Para entenderlo, pensemos en el papel que los relatos desempeñan en la formación de las naciones. Muchas naciones se concibieron por primera vez en la imaginación de los poetas. Hoy, los israelíes recuerdan a Sarah Aaronsohn y a los miembros del clandestino NILI como parte de los primeros sionistas que en la década de 1910 arriesgaron su vida para establecer un Estado judío en Palestina, pero, para empezar, ¿de dónde sacaron los miembros del NILI estas ideas? Una generación anterior de poetas, pensadores y visionarios como Theodor Herzl y Hayim Nahman Bialik les sirvió de inspiración.

En la década de 1890 y en la primera década del siglo XX, Bialik, un judío ucraniano, publicó numerosos poemas y relatos en los que se lamentaba por la persecución y la debilidad de los judíos europeos y hacía un llamamiento para que se apoderaran de su destino: para que se defendieran a través de las armas, migraran a Palestina y establecieran allí su propio Estado. Uno de sus poemas más emotivos lo escribió después del pogromo de Chisináu* de 1903, en el que cuarenta y nueve judíos fueron asesinados y docenas más resultaron heridos.[1] «En la ciudad masacrada» condenaba a la turba antisemita de

* Capital de Besarabia, entonces una provincia de Rusia. *(N. del T.)*

asesinos que perpetró aquellas atrocidades, pero también criticaba a los propios judíos por su pacifismo e indefensión.

En una escena desgarradora, Bialik describe cómo varias mujeres judías fueron víctimas de violaciones en grupo mientras sus maridos y hermanos, temerosos de intervenir, se escondían en las inmediaciones. El poema compara a los hombres judíos con ratones aterrorizados e imagina cómo rogaron a Dios en silencio, para que obrara un milagro que no se materializó. El poema cuenta entonces que, ni siquiera después de que el pogromo hubiera terminado, los supervivientes pensaron en armarse y, en cambio, se enzarzaron en disputas talmúdicas acerca de si las mujeres violadas eran ahora «impuras» desde el punto de vista ritual o de si todavía eran «puras». Hoy este poema es de lectura obligada en muchas escuelas israelíes. También es de lectura obligada para quien busque entender por qué después de dos milenios en los que fueron una de las comunidades más pacíficas de la historia, los judíos construyeron uno de los ejércitos más potentes del mundo. No sin motivo, a Bialik se lo ha considerado el poeta nacional de Israel.[2]

El hecho de que Bialik viviera en Ucrania y tuviera tan presente la persecución sufrida por los judíos asquenazis en Europa Oriental pero lo ignorara prácticamente todo sobre la realidad de Palestina contribuyó al subsiguiente conflicto entre judíos y árabes. Los poemas de Bialik inspiraron a los judíos a verse como víctimas acuciadas por la necesidad de desarrollar su poder militar y de construir un país propio, pero apenas consideraron las consecuencias catastróficas que esto tendría para los habitantes árabes de Palestina y, de hecho, para las comunidades de judíos mizrajíes nativas de Oriente Próximo. Cuando a finales de la década de 1940 estalló el conflicto árabe-israelí, centenares de miles de palestinos y centenares de miles de judíos mizrajíes fueron expulsados de sus hogares ancestrales en Oriente Próximo, en parte como resultado de unos poemas compuestos medio siglo antes en Ucrania.[3]

Mientras Bialik escribía en Ucrania durante la década de 1890 y los primeros años del siglo XX, Theodor Herzl, un judío húngaro, se encargaba de la organización del movimiento sionista. Como parte central de su activismo político, Herzl publicó dos libros. *El Estado judío* (1896) es un manifiesto que enfatiza la idea de Herzl de establecer un Estado judío en Palestina, en tanto que *Vieja y nueva patria* (1902) es una novela utópica que transcurre en el año 1923 y que describe el próspero Estado judío que Herzl imaginaba. Ambos libros —que por desgracia ignoran también la realidad sobre el terreno en Palestina— ejercieron una influencia enorme a la hora de conformar el movimiento sionista. *Vieja y nueva patria* vio la luz en hebreo bajo el título *Tel Aviv* (una laxa traducción de «vieja y nueva patria»). La ciudad de Tel Aviv, fundada siete años después de la publicación del libro, debe su nombre al título de esta obra. Mientras que a Bialik se lo considera el poeta nacional de Israel, Herzl es conocido como el visionario del Estado.

Los relatos que Bialik y Herzl entretejieron pasaban por alto datos de gran relevancia acerca de la realidad contemporánea; el más trascendente, que en torno al año 1900 la población judía de Palestina se hallaba entre el 6 y el 9 por ciento del total de la región, que contaba con unos seiscientos mil habitantes.[4] Al tiempo que ignoraban estos datos demográficos, Bialik y Herzl concedían gran importancia a la mitología, sobre todo a los relatos de la Biblia, sin los cuales el sionismo moderno resulta inconcebible. Asimismo, Bialik y Herzl recibieron influencias de los mitos nacionalistas que en el siglo XIX se extendieron entre la mayoría de los grupos étnicos en Europa. El judío ucraniano Bialik y el judío húngaro Herzl hicieron por el sionismo lo que antes habían hecho los poetas Tarás Shevchenko por el nacionalismo ucraniano,[5] Sándor Petőfi por el nacionalismo húngaro[6] y Adam Mickiewicz por el nacionalismo polaco.[7] Consciente de la proliferación de los movimientos nacionales en todas partes, Herzl dejó escrito que las naciones surgen «de los sueños, las canciones, las fantasías».[8]

Pero, por inspiradores que resulten, los sueños, las canciones y las fantasías no bastan para crear un Estado nación que funcione. Bialik inspiró a generaciones de combatientes judíos, pero para equipar y mantener un ejército también se necesita aumentar impuestos y comprar armas. El libro utópico de Herzl fijó los cimientos de la ciudad de Tel Aviv, pero para hacer que esta funcionara también se tuvo que desarrollar un sistema de alcantarillado. A fin de cuentas, recitar poemas emotivos acerca de la belleza de la patria no es una de las esencias del patriotismo, como tampoco lo es emitir discursos repletos de odio contra extranjeros y minorías. En su lugar, el patriotismo implica pagar impuestos para que los habitantes de la otra punta del país también gocen de los beneficios de un sistema de alcantarillado, así como de seguridad, educación y atención sanitaria.

Para gestionar todos estos servicios y recaudar los impuestos necesarios se deben acumular, almacenar y procesar cantidades enormes de información: información sobre propiedades, pagos, exenciones, liquidaciones, deudas, inventarios, envíos, presupuestos, facturas y salarios. Sin embargo, esta información no puede convertirse en un poema memorable o en un mito cautivador. Por el contrario, los registros tributarios adquieren la forma de varios tipos de listas, que van desde simples anotaciones individuales hasta tablas y hojas de cálculo más elaboradas. Con independencia de lo intrincada que una serie de datos de este tipo pueda resultar, todas se apartan de la narración en favor de frías listas que recogen las cantidades debidas y las cantidades pagadas. Los poetas pueden permitirse ignorar estos datos mundanos, pero los recaudadores de impuestos, no.

Las listas son esenciales no solo para los sistemas tributarios nacionales, sino también para la mayor parte de las entidades financieras complejas. Empresas, bancos y mercados de valores no podrían existir sin ellas. Una iglesia, una universidad o una biblioteca que quieran equilibrar sus presupuestos no tardan en darse cuenta de que, además de sacerdotes y poetas que puedan cautivar a la gente con relatos, necesitan gestores que sepan manejarse entre los diversos tipos de listas.

Listas y relatos se complementan. Los mitos nacionales legitiman los registros tributarios, mientras que estos contribuyen a convertir los relatos aspiracionales en colegios y hospitales concretos. Algo análogo tiene lugar en el campo de la economía. El dólar, la libra esterlina y el bitcoin se materializan cuando se persuade a la gente de que crean un relato, y las historias que cuentan los banqueros, los ministros de economía y los gurúes de las inversiones hacen que su valor suba o baje. El presidente de la Reserva Federal que busca contener la inflación, el ministro de Economía que persigue aprobar un nuevo presupuesto y el emprendedor tecnológico que desea atraer inversores tienen algo en común, y es que todos cuentan relatos. Pero, para gestionar un banco, un presupuesto o una empresa emergente como es debido, las listas son esenciales.

El gran problema de las listas, y la diferencia principal entre listas y relatos, es que las listas suelen ser bastante más aburridas que los relatos, lo que significa que recordar relatos nos resulta mucho más fácil que recordar listas. Este es un dato importante acerca del modo en que el cerebro humano procesa la información. La evolución ha adaptado nuestro cerebro para que absorba, retenga y procese cantidades ingentes de información cuando conforman un relato. El *Ramayana*, uno de los cuentos fundacionales de la mitología hindú, tiene veinticuatro mil versos y en las ediciones modernas ocupa mil setecientas páginas, pero, a pesar de su extensión, generaciones de hindúes han conseguido recordarlo y recitarlo de memoria.[9]

En los siglos XX y XXI, el *Ramayana* se ha adaptado varias veces al cine y la televisión. En 1987-1988, una versión de setenta y ocho episodios (con una duración de 2.730 minutos) fue la serie más vista del mundo, con más de 650 millones de espectadores. Según un informe de la BBC, cuando se emitían los episodios, «las calles quedaban desiertas, las tiendas se cerraban y la gente limpiaba y colocaba guirnaldas en sus televisores». En 2020, durante el confinamiento por la pandemia de la COVID-19, se volvió a emitir la serie, y de nuevo fue el espectáculo televisivo más visto del mundo.[10] Aunque los telespectadores modernos no necesitan memorizar ningún texto, es admirable lo fácil que les resulta seguir los giros argumentales de dramas épicos, series de detectives y culebrones, y recordar quién es cada personaje y qué relación tiene con el resto. Estamos tan acostumbrados a este tipo de hazañas memorísticas que rara vez consideramos lo extraordinarias que son.

Lo que hace que podamos recordar poemas épicos y series televisivas de gran extensión es que la memoria humana a largo plazo está particularmente adaptada a la retención de relatos. Tal como Kendall Haven afirma en su libro de 2007 *Story Proof: The Science Behind the Startling Power of Story*, «la mente humana [...] emplea los relatos y la arquitectura del relato como hoja de ruta principal para entender, dar sentido a nuestras vidas, recordarlas y planificarlas [...]. La vida es como un relato porque pensamos en términos de relatos». Haven cita más de ciento veinte estudios académicos y concluye que los relatos son un vehículo muy eficiente «para comunicar información factual, conceptual, emocional y tácita».[11]

En cambio, la mayoría de nosotros tenemos dificultades para recordar listas de memoria, y muy pocos estaríamos dispuestos a sentarnos frente a la televisión para seguir una lectura de los registros tributarios o de los presupuestos anuales de la India. Las reglas mnemotécnicas que se emplean para memorizar listas de artículos suelen entretejer los artículos con un argumento, con lo que la lista se convierte en un relato.[12] Pero, incluso con la ayuda de estas herramientas mnemotécnicas, ¿quién podría recordar los registros tributarios o los presupuestos de su país? La información puede ser vital —para determinar la calidad de la atención sanitaria, la educación y los servicios de prestaciones sociales a los que tienen acceso los ciudadanos—, pero nuestro cerebro no está adaptado para recordar estas cosas. A diferencia de los poemas y de los mitos nacionales, que podemos almacenar en la memoria, los sistemas tributarios y administrativos complejos necesitan una tecnología de la información única y no orgánica que los haga funcionar. Esta tecnología es el documento escrito.

Matar un préstamo

El documento escrito se ha inventado muchas veces y en muchos lugares. Algunos de los primeros ejemplos proceden de la antigua Mesopotamia. Una tabla de arcilla cuneiforme datada el día veintiocho del décimo mes del año cuarenta y uno del reinado de Shulgi de Ur (hacia el año 2053-2054 a. e. c.)* registraba el inventario mensual de ovejas y cabras. El segundo día del mes se entregaron quince ove-

* Antes de la era común. *(N. del T.)*

jas, siete el tercer día, once el cuarto, doscientas diecinueve el quinto, cuarenta y siete el sexto, y así hasta el día vigesimoctavo, en el que se entregaron tres. En total, según detalla la tabla de arcilla, ese mes se recibieron 896 animales. Llevar un registro era importante para que la administración real controlara que la gente cumplía con sus obligaciones e hiciera un seguimiento de los recursos disponibles. Hacerlo de cabeza suponía un reto mayúsculo, pero para un escriba instruido no entrañaba ninguna dificultad anotarlo en una tableta de arcilla.[13]

Al igual que los relatos y como el resto de las tecnologías de la información de la historia, los documentos escritos no tenían por qué representar la realidad de manera exacta. La tabla de Ur, por ejemplo, contenía un error. El documento dice que durante ese mes se recibió un total de 896 animales, pero, cuando estudiosos modernos sumaron una por una las entradas, el total alcanzado fue de 898. Por lo que parece, el escriba que redactó el documento cometió un error en el cálculo del cómputo total, y la tabla conservará esta equivocación para la posteridad.

Pero, fueran veraces o falsos, los documentos escritos crearon nuevas realidades. Al registrar listas de propiedades, impuestos y pagos, facilitaron la creación de sistemas administrativos, reinos, organizaciones religiosas y redes comerciales. Más concretamente, los documentos escritos cambiaron el método empleado para la creación de realidades intersubjetivas. En las culturas orales, las realidades intersubjetivas se originaban al contarse un relato que otras personas repetían con sus palabras y almacenaban en la memoria. En consecuencia, la capacidad cerebral imponía un límite a los tipos de realidades intersubjetivas que los humanos creaban. Los humanos no podían forjar una realidad intersubjetiva que su cerebro fuese incapaz de recordar.

No obstante, los documentos escritos podían ir más allá de esta limitación. Los documentos no representaban una realidad objetiva empírica, sino que eran la realidad. Tal como veremos en los últimos capítulos, los documentos proporcionaron precedentes y modelos que con el tiempo usarían los ordenadores. El hecho de que los ordenadores puedan crear realidades intersubjetivas supone una extensión del poder de las tablas de arcilla y de los pedazos de papel.

Como ejemplo clave, pensemos en la propiedad. En las comunidades orales que carecían de documentos escritos, la propiedad era una realidad intersubjetiva creada mediante las palabras y la conducta de sus miembros. Poseer un terreno significaba que tus vecinos lo reconocían como tuyo y actuaban en consecuencia. No construían una choza en esa zona ni llevaban a pacer allí su ganado ni recogían frutos sin pedir permiso. Constantemente se creaban y se mantenían propiedades a partir de lo que unos les decían o señalaban a otros. Esto hacía que la propiedad fuese competencia de cada comunidad y limitaba el poder de una autoridad central lejana en lo relativo al control de la propiedad de las tierras. No había rey, ministro ni sacerdote que pudiera recordar quién poseía cada una de las tierras de cientos de aldeas remotas. Esto también limitaba la posibilidad de que un individuo reclamara y ejerciera derechos de propiedad absolutos y, en cambio, favorecía diversas formas de derechos de propiedad comunales. Por ejemplo, tus vecinos podían reconocer tu derecho a cultivar un terreno, pero no a venderlo a extranjeros.[14]

En un Estado alfabetizado, ser propietario de un terreno significaba cada vez con más frecuencia que en una tabla de arcilla, una tira de bambú, un pedazo de papel o un chip de silicio estaba escrito que poseías dicho terreno. Si un vecino llevaba años apacentando sus ovejas en un retazo de tierra sin que nadie dijera que este te pertenecía, pero de alguna manera podías mostrar un documento oficial que certificara que era tuyo, tenías muchas probabilidades de llevar a término tu reclamación. Por el contrario, si todos estaban de acuerdo en que era tu terreno, pero no poseías un documento oficial que lo demostrara, mala suerte. La propiedad sigue siendo una realidad intersubjetiva creada mediante un intercambio de información, pero ahora la información adopta la forma de un documento escrito —o de un archivo informático— y no de gente que se comunica entre sí hablando o por gestos. Esto significa que una autoridad central que produce y conserva los documentos que la acreditan puede determinar a quién corresponde una propiedad. También significa que para vender un terreno basta con que transfieras el documento que acredita que es tuyo a otra persona sin necesidad de pedir permiso a tus vecinos.

El poder de los documentos a la hora de crear realidades intersubjetivas se manifestaba a la perfección en el antiguo dialecto asirio, que los trataba como seres vivos a los que también se podía dar muerte. Los contratos de préstamo se «mataban» (*duākum*) cuando la deuda se saldaba. Para hacerlo se destruía la tableta, se le añadía alguna marca o se rompía su sello. El contrato de préstamo no representaba la realidad, sino que *era* la realidad. Si alguien liquidaba el préstamo pero no «mataba el documento», la deuda seguía pendiente de cobro. Y, al revés, si alguien no saldaba el préstamo pero el documento «moría» de otra manera —quizá el perro se lo había comido—, ya no existía la deuda.[15] Ocurre lo mismo con el dinero. Si nuestro perro se come un billete de cien dólares, esos cien dólares dejan de existir.

En la Ur de Shulgi, en la antigua Asiria, y bajo numerosas formas de gobierno posteriores, las relaciones sociales, económicas y políticas se basaban en documentos que crean realidad, en lugar de limitarse a representarla. Cuando redactan constituciones, tratados de paz y contratos comerciales, los abogados, los políticos y los ejecutivos comerciales dedican semanas e incluso meses a debatir acerca de cada palabra, porque saben que estos pedazos de papel pueden ejercer un poder enorme.

Burocracia

Toda nueva tecnología de la información tiene cuellos de botella inesperados. Resuelve problemas antiguos, pero genera otros nuevos. En los primeros años de la década de 1730 a. e. c., Narâmtani, una sacerdotisa de la ciudad mesopotámica de Sippar, redactó una carta (en una tableta de arcilla) en la que pedía a un pariente que le enviara unas tabletas de arcilla que este guardaba en su casa. Le explicaba que le habían negado el derecho a una herencia y que sin esos documentos no podría demostrar la verdad de los hechos. El mensaje concluía con una súplica: «¡Ahora, no me abandones!».[16]

No sabemos qué ocurrió después, pero imaginemos que, tras inspeccionar la casa, el pariente no hubiese encontrado las tablas que faltaban. Como sea que la gente producía cada vez más documentos, dar con ellos ya no resultaba tan sencillo. Este era el reto al que se enfrentaban reyes, sacerdotes, comerciantes y cualquiera que acumulara miles de documentos en sus archivos. ¿Cómo encontrar el registro tributario, el recibo de pago o el contrato comercial correcto cuando se necesitaban? Los documentos escritos funcionaban mucho mejor que el cerebro humano a la hora de registrar determinados tipos de información. Pero creaban un problema nuevo y muy espinoso: la recuperación de dicha información.[17]

El cerebro es extraordinariamente efectivo cuando se trata de recuperar cualquier tipo de información que se encuentre almacenada en su red de decenas de miles de millones de neuronas y de billones de sinapsis. Aunque el cerebro archiva cantidades enormes de relatos complejos acerca de nuestra vida personal, nuestra historia nacional y nuestra mitología religiosa, alguien sano puede recuperar información acerca de cualquiera de estos asuntos en menos de un segundo. ¿Qué has desayunado? ¿Quién fue tu primer amor? ¿Cuándo obtuvo la independencia tu país? ¿Cuál es el primer versículo de la Biblia?

¿Cómo recuperamos estos fragmentos de información? ¿Qué mecanismo activa las neuronas y las sinapsis adecuadas para que evoquen la información que necesitamos? Aunque la neurociencia ha hecho avances en el estudio de la memoria, todavía no acabamos de entender qué son realmente los recuerdos ni cómo se almacenan y se recuperan exactamente.[18] Lo que sí sabemos es que millones de años de evolución han optimizado los procesos de recuperación del cerebro. Sin embargo, ahora que los humanos hemos externalizado los recuerdos de cerebros orgánicos a documentos inorgánicos, el proceso de recuperación ya no puede basarse en este sistema biológico optimizado. Tampoco en las capacidades de búsqueda de alimentos que los humanos desarrollamos a lo largo de millones de años. La evolución adaptó a los humanos para encontrar frutos y setas en un bosque, pero no para encontrar documentos en un archivo.

Los buscadores de alimentos localizan frutos y setas porque la evolución ha organizado los bosques de acuerdo con un orden orgánico discernible. Los árboles frutales realizan la fotosíntesis, de modo que requieren luz solar. Las setas se alimentan de materia orgánica muerta, que por lo general puede encontrarse en el suelo. De modo que las setas suelen encontrarse a ras de suelo, mientras que los frutos crecen más arriba. Otra regla común es que las manzanas brotan de manzanos, mientras que los higos crecen en higueras. Así que, si buscamos una manzana, primero hemos de localizar un manzano y después mirar hacia arriba. Los humanos que viven en el bosque asimilan este orden orgánico.

Con los archivos ocurre algo distinto. Puesto que los documentos no son organismos, no obedecen a ninguna ley biológica, y la evolución no los ha organizado para nosotros. Los informes tributarios no crecen en un estante de informes tributarios. Es necesario que alguien los coloque allí. Para ello, ese alguien debe desarrollar la idea de categorizar la información en estantes y decidir qué documentos deben colocarse en cada estante. A diferencia de quienes buscan alimento, que solo han de descubrir el orden preexistente del bosque, los archiveros necesitan inventar un nuevo orden para el mundo. Dicho orden recibe el nombre de burocracia.

La burocracia es el método con el que las grandes organizaciones resolvieron el problema de la recuperación y con el que crearon redes de información mayores y más potentes. Pero, al igual que la mitología, la burocracia tiende a sacrificar la verdad en aras del orden. Al inventar un nuevo orden e imponérselo al mundo, la burocracia distorsionó de un modo extraordinario los conocimientos que la gente tenía del mundo. Muchos de los problemas de las redes de información del siglo XXI —como los algoritmos sesgados que etiquetan mal a las personas o los protocolos inamovibles que ignoran las necesidades y los sentimientos humanos— no son exclusivos de la era de la informática. Son problemas burocráticos prototípicos que existían mucho antes de que nadie se atreviera a soñar con ordenadores.

La burocracia y la búsqueda de la verdad

Literalmente, «burocracia» significa «poder desde el escritorio». El término se inventó en la Francia del siglo XVIII, cuando el funcionario típico se sentaba frente a un escritorio con cajones, un *bureau*.[19] Así, en el centro del orden burocrático se encuentra el cajón. La burocracia intenta resolver el problema de la recuperación dividiendo el mundo en cajones y sabiendo qué documento se encuentra en qué cajón.

Más allá de si el documento se coloca en un cajón, un estante, un cesto, una carpeta digital o cualquier otro receptáculo, el principio es el mismo: divide y gobernarás. Divide el mundo en contenedores y mantenlos separados, de manera que los documentos no se mezclen. Sin embargo, este principio tiene un precio. En lugar de centrarse en entender el mundo tal como es, la burocracia suele imponer al mundo un orden nuevo y artificial. En primer lugar, los burócratas inventan varios cajones, que son realidades intersubjetivas que no tienen por qué corresponderse con ninguna de las divisiones objetivas del mundo. Después, tratan de hacer que el mundo encaje en estos cajones y, en caso de que no termine de ajustarse a ellos, empujan con más fuerza. Cualquiera que haya cumplimentado un documento oficial lo entenderá perfectamente. Cuando rellenamos un documento y ninguna de las opciones listadas se ajusta a nuestras circunstancias, somos nosotros quienes debemos adaptarnos al documento, en lugar de que el documento se adapte a nosotros. Reducir el desorden de la realidad a un número limitado de cajones fijos ayuda a la burocracia a mantener el orden, pero esto se consigue a expensas de la verdad. Puesto que nunca se despegan de sus cajones —incluso cuando la realidad es mucho más compleja—, los burócratas suelen desarrollar un conocimiento distorsionado del mundo.

La necesidad de dividir la realidad en cajones inamovibles también hace que los burócratas persigan objetivos limitados, con independencia de que el impacto de sus acciones pueda ser más amplio. Es probable que un burócrata cuya tarea sea incrementar la producción industrial ignore consideraciones ambientales que escapan a su ámbito y quizá vierta residuos tóxicos en un río cercano, lo que conducirá a un desastre ecológico río abajo. Si a continuación el Gobierno crea un departamento para combatir la contaminación, es probable que sus burócratas presionen para que las normativas sean más rigurosas, aunque esto suponga la ruina económica para las comunidades asentadas río arriba. Idealmente, alguien debería ser capaz de tener en cuenta los diferentes aspectos y consideraciones, pero un enfoque holístico de este tipo exige trascender o abolir la división burocrática.

Las distorsiones generadas por la burocracia afectan no solo a las agencias gubernamentales y a las empresas privadas, sino también a las disciplinas científicas. Pensemos, por ejemplo, en la división de las universidades en diferentes facultades y departamentos. Historia está separada de Biología y de Matemáticas. ¿Por qué? Lo cierto es que esta división no refleja la realidad objetiva. Es la invención intersubjetiva de la burocracia académica. La pandemia de la COVID-19, por ejemplo, fue al mismo tiempo un acontecimiento histórico, biológico y matemático. Pero el estudio académico de las pandemias se divide entre departamentos independientes de Historia, Biología y Matemáticas (entre otros). Por lo general, los estudiantes que quieren obtener un grado académico han de decidir a cuál de dichos departamentos pertenecen. Su decisión limita las asignaturas que eligen, lo que a su vez moldea su conocimiento del mundo. Los estudiantes de Matemáticas aprenden a predecir los niveles futuros de morbilidad a partir de las tasas actuales de infección; los estudiantes de Biología aprenden cómo mutan los virus a lo largo del tiempo, y los estudiantes de Historia aprenden cómo las creencias religiosas y políticas influyen en la disposición de la gente a seguir las instrucciones del Gobierno. Conocer por completo la COVID-19 requiere tomar en consideración fenómenos matemáticos, biológicos e históricos, pero la burocracia académica no incentiva un enfoque holístico de este tipo.

A medida que se avanza en la carrera académica, la presión para elegir una especialidad no hace sino aumentar. El mundo académico está gobernado por la ley de publicar o perecer. Si uno quiere un empleo, ha de publicar en revistas científicas revisadas por pares. Pero las revistas se dividen por disciplinas, y publicar un artículo sobre mutaciones de virus en una revista de biología exige adherirse a convenciones que son diferentes de las que exige publicar un artículo sobre la política de las pandemias en una revista de historia. El lenguaje es diferente, como lo son las normas en cuanto a la forma de citar y las expectativas. Los historiadores deben poseer conocimientos culturales profundos y saber cómo leer e interpretar documentos históricos. Los biólogos han de poseer un conocimiento profundo de la evolución y saber cómo leer e interpretar las moléculas de ADN. Aquello que se sitúa entre dos categorías —como la interacción entre las ideologías políticas humanas y la evolución de los virus— no suele abordarse.[20]

Para entender cómo los académicos hacen que un mundo desordenado y fluido se ajuste a las rígidas categorías burocráticas, profundicemos un poco más en una disciplina concreta como la biología. Antes de que Darwin pudiera explicar el origen de las especies, estudiosos como Carlos Linneo tuvieron que definir qué es una especie y clasificar cada uno de los organismos vivos en especies. Para argumentar que leones y tigres evolucionaron a partir de un antepasado felino común, primero había que definir a «leones» y «tigres».[21] Esta no dejó de ser una tarea difícil e inabarcable, porque animales, plantas y otros organismos suelen traspasar los límites de los cajones que se les han adjudicado.

Adaptar la evolución a un esquema burocrático no es tan sencillo. La idea central de la evolución es que las especies cambian constantemente, lo que significa que colocar a cada especie en un cajón inamovible distorsiona la realidad biológica. Por ejemplo, la cuestión de cuándo tiene lugar el fin de *Homo erectus* y el comienzo de *Homo sapiens* aún no se ha resuelto. ¿Acaso hubo en algún momento dos padres erectus cuyo hijo fue el primer sapiens?[22] Las especies siguen entremezclándose, y hay animales pertenecientes a especies aparentemente distintas que no solo mantienen relaciones sexuales, sino que también engendran hijos fértiles. Hoy, la mayoría de los sapiens tenemos de un 1 a un 3 por ciento de ADN neandertal,[23] lo que indica que una vez hubo un niño cuyo padre fue un neandertal y cuya madre fue una sapiens (o viceversa). De modo que ¿sapiens y neandertales son la misma especie o son especies diferentes? ¿Y «especie» es una realidad objetiva que los biólogos descubren o es una realidad intersubjetiva que imponen?[24]

Contamos con muchos más ejemplos de animales que escapan de sus cajones, de modo que la meticulosa división burocrática no consigue categorizar con exactitud especies en anillo, especies de fusión e híbridos.[25] En ocasiones, los osos *grizzly* y los osos polares engendran osos *pizzly* y osos grolares.[26] Leones y tigres producen ligres y tigones.[27]

Cuando nuestra atención se desvía de los mamíferos y otros organismos multicelulares al mundo unicelular de bacterias y arqueas descubrimos que reina la anarquía. En un proceso denominado «transferencia génica», los organismos unicelulares suelen intercambiar material genético no solo con organismos de especies relacionadas con ellos, sino también con organismos de géneros, reinos, órdenes e incluso dominios totalmente distintos. Para los bacteriólogos no es una tarea nada sencilla etiquetar estas quimeras.[28]

Y, cuando alcanzamos el límite mismo de la vida y consideramos virus como el SARS-CoV-2 (responsable de la COVID-19), las cosas se complican todavía más. Los virus se hallan en la frontera supuestamente rígida entre los seres vivos y la materia inerte, entre la biología y la química. A diferencia de las bacterias, los virus no son organismos unicelulares. No son células en absoluto ni poseen una maquinaria celular propia. Los virus no comen ni metabolizan, y tampoco pueden reproducirse por sí solos. Son paquetes minúsculos de código genético que pueden penetrar en células, secuestrar su maquinaria celular e instruirlas para que produzcan más copias de este código genético ajeno. Las nuevas copias salen despedidas de la célula para infectar y secuestrar más células, que es el modo en que el código ajeno se hace viral. Los científicos debaten sin cesar sobre si los virus deben considerarse seres vivos o si se hallan al otro lado de la frontera de la vida.[29] Pero esta frontera no es una realidad objetiva, sino una convención intersubjetiva. Aunque los biólogos alcanzaran un consenso en cuanto a que los virus son seres vivos, nada cambiaría en el comportamiento de los virus; solo alteraría la forma en que los humanos los concebimos.

Desde luego, las convenciones intersubjetivas también forman parte de la realidad. A medida que el poder de los humanos se incrementa, nuestras creencias intersubjetivas adquieren mayor relevancia para el mundo existente más allá de nuestras redes de información. Por ejemplo, científicos y legisladores han categorizado las especies en función de la amenaza de extinción a la que se enfrentan, en una escala que va de «preocupación menor» a «extinguida», pasando por «vulnerable» y «en peligro». Definir una población concreta de animales como una «especie en peligro» es una convención intersubjetiva humana, pero puede tener consecuencias trascendentales, por ejemplo, al imponer restricciones legales a la caza de esos animales o a la destrucción de su hábitat. Una decisión burocrática acerca de si un animal determinado ocupa el cajón de las «especies en peligro» o el de las «especies vulnerables» podría marcar la diferencia entre la vida y la muerte. Como veremos una y otra vez en los próximos capítulos, cuando un sistema burocrático te coloca una etiqueta, aunque esta pueda no ser más que una convención, todavía está en disposición de determinar tu destino. Esto se aplica tanto si el burócrata es un humano de carne y hueso experto en animales como si es un humano de carne y hueso experto en humanos como si es una IA inorgánica.

El Estado profundo

En defensa de la burocracia debe señalarse que, aunque a veces sacrifique la verdad y distorsione nuestro conocimiento del mundo, con frecuencia lo hace en pro del orden, sin el cual sería complicado mantener cualquier tipo de red humana a gran escala. Si bien las burocracias nunca son perfectas, ¿acaso hay un modo mejor de gestionar las grandes redes? Por ejemplo, si decidiéramos abolir las divisiones convencionales del mundo académico, los departamentos y las facultades, así como las revistas especializadas, ¿acaso cabría esperar que un futuro médico dedicara años al estudio de la historia y que se considerara virólogos expertos a aquellos que han estudiado el impacto de la Peste Negra en la teología cristiana? ¿Acaso esto conduciría a una mejora en los sistemas de atención sanitaria?

Cualquiera que fantasee con abolir las burocracias en favor de un enfoque más holístico debería reflexionar sobre el hecho de que los hospitales también son instituciones burocráticas. Están divididos en diferentes departamentos, con jerarquías, protocolos y gran cantidad de formularios que hay que rellenar. Padecen diversas enfermedades burocráticas, pero aún son capaces de curar muchas de nuestras enfermedades biológicas. Lo mismo se aplica a la mayoría de los servicios que mejoran nuestra calidad de vida, desde nuestras escuelas hasta nuestro sistema de alcantarillado.

Cuando tiramos de la cadena del váter, ¿adónde van a parar los residuos? Van al Estado profundo. Bajo nuestras casas, una intrincada red de cañerías, bombas y túneles recoge nuestros residuos, los separa del suministro de agua potable y, o bien los trata, o bien los elimina con seguridad. Es necesario que alguien diseñe, construya y mantenga esta red profunda, que perfore agujeros en ella, controle los niveles de contaminación y pague a los trabajadores. Esta también es una tarea burocrática, y tendríamos que hacer frente a un gran malestar, e incluso a la muerte, si aboliéramos este departamento concreto. Las aguas residuales y el agua potable siempre corren el peligro de mezclarse, pero por suerte para nosotros hay burócratas que las mantienen separadas.

Antes del establecimiento de los modernos sistemas de alcantarillado, las infecciones transmitidas por el agua, como la disentería y el cólera, mataban a millones de personas en todo el mundo.[30] En 1854, cientos de londinenses empezaron a morir de cólera. Fue un brote relativamente pequeño, pero significó un punto de inflexión en la historia de esa enfermedad, de las epidemias en general y de las aguas residuales. La teoría principal de los médicos de la época fue que el origen de la epidemia de cólera se encontraba en la «mala calidad del aire». Pero el médico John Snow sospechaba que la causa real se hallaba en el suministro de agua. Hizo un seguimiento meticuloso de todos los pacientes de cólera conocidos y elaboró una lista en la que, además, recogía sus lugares de residencia y de dónde procedía el agua que consumían. Los datos obtenidos lo llevaron a identificar la bomba hidráulica de Broad Street, en el Soho, como epicentro del brote.

Esta fue una tarea burocrática tediosa —recolectar datos, clasificarlos y cartografiarlos—, pero salvó vidas. Snow dio a conocer sus hallazgos a funcionarios locales y los persuadió para que desmontaran la bomba de Broad Street, lo que efectivamente acabó con el brote. La investigación subsiguiente confirmó que el pozo que suministraba agua a la bomba de Broad Street se había excavado a menos de un metro de una fosa séptica infectada de cólera.[31]

El descubrimiento de Snow y el trabajo posterior de muchos científicos, ingenieros, abogados y funcionarios dio como resultado una extensa burocracia que regulaba las fosas sépticas, las bombas hidráulicas y las redes de alcantarillado. En la Inglaterra de hoy, para excavar pozos y construir fosas sépticas se exige rellenar formularios y obtener licencias que aseguren que el agua potable no proceda de un pozo excavado junto a un pozo negro.[32]

Es fácil olvidar los beneficios de este sistema cuando funciona, pero desde 1854 ha salvado millones de vidas, y es uno de los servicios más importantes que proporcionan los estados modernos. En 2014, Narendra Modi, primer ministro de la India, identificó la falta de inodoros como uno de los mayores problemas del país. La defecación al aire libre es una de las causas principales de la propagación de afecciones como el cólera, la disentería y la diarrea, y provoca que mujeres y muchachas se expongan a ser víctimas de agresiones sexuales. Como parte de su gran programa Misión Limpiar la India, Modi se comprometió a proporcionar acceso a inodoros a todos los ciudadanos indios, y entre 2014 y 2020 el Estado indio invirtió en el proyecto unos diez mil millones de dólares para construir más de cien millones de letrinas.[33] El de las aguas residuales no es un tema que se trate en poemas épicos, pero sí que es una prueba de que un Estado funciona.

Los dramas biológicos

La mitología y la burocracia son los pilares gemelos sobre los que se apoya toda sociedad a gran escala. Pero, mientras que la mitología suele inspirar fascinación, la burocracia suele inspirar sospecha. Es frecuente que, a pesar de los servicios que proporcionan, ni siquiera las burocracias beneficiosas consigan ganarse la confianza del público. Para mucha gente, el propio término, «burocracia», tiene connotaciones negativas. Esto se debe a que, por naturaleza, discernir si un sistema burocrático es beneficioso o perjudicial entraña dificultades. Porque todas las burocracias, buenas o malas, comparten una característica clave: para los humanos es difícil entenderlas.

Cualquier niño puede identificar la diferencia entre un amigo y un abusón. El lector sabe si alguien comparte con él su almuerzo o, por el contrario, se lo quita. Pero, cuando el recaudador de impuestos nos pide una parte de nuestras ganancias, ¿cómo podemos saber si es para construir un nuevo sistema de alcantarillado público o una dacha privada para el presidente? No es fácil obtener toda la información relevante, y todavía menos interpretarla. Asimismo, a los ciudadanos les cuesta entender los procedimientos burocráticos que determinan cómo se admite a un alumno en un colegio, cómo tratan los hospitales a los pacientes o cómo se recoge y se recicla la basura. Verter acusaciones de discriminación, fraude o corrupción en redes no lleva más de un minuto, mientras que para demostrarlas o refutarlas se necesitan semanas de arduo trabajo.

Documentos, archivos, formularios, licencias, normativas y otros procedimientos burocráticos han cambiado la manera en que la información fluye en la sociedad y, en consecuencia, la manera en que funciona el poder. Esto hace que sea mucho más difícil entender el poder. ¿Qué ocurre tras las puertas cerradas de oficinas y archivos, donde funcionarios anónimos analizan y organizan montones de documentos y determinan nuestro destino mediante el trazo de un bolígrafo o el clic de un ratón?

En las sociedades tribales que carecen de documentos escritos y de burocracias, la red humana se compone únicamente de cadenas de humano a humano y de humano a relato. La autoridad pertenece a aquellos que controlan las intersecciones que conectan las diferentes cadenas. Estas intersecciones son los mitos fundacionales de la tribu. Líderes carismáticos, oradores y creadores de mitos saben servirse de estos relatos para moldear identidades, construir alianzas e influir en las emociones.[34]

En las redes humanas conectadas por documentos escritos y procedimientos burocráticos, desde la antigua Ur hasta la India moderna, la sociedad depende en parte de la interacción entre humanos y documentos. Además de por cadenas de humano a humano y de humano a relato, estas sociedades se mantienen unidas por cadenas de humano a documento. Si observamos una sociedad burocrática en acción, todavía vemos a humanos que cuentan relatos a otros humanos, como cuando millones de indios ven la serie de *Ramayana*, pero también vemos a humanos que entregan documentos a otros humanos, como cuando se exige a las cadenas de televisión que soliciten licencias de emisión y rellenen informes tributarios. Si lo consideramos desde una perspectiva diferente, vemos documentos que obligan a humanos a involucrarse con otros documentos.

Esto condujo a cambios en la autoridad. A medida que los documentos se convertían en un nexo esencial para conectar diversas cadenas sociales, fueron adquiriendo un poder considerable, y los expertos en la lógica oculta de los documentos se erigieron como nuevas figuras de autoridad. Administradores, contables y abogados no solo dominaban la lectura y la escritura, sino que también podían componer formularios, separar cajones y gestionar archivos. En los sistemas burocráticos, saber cómo manipular los oscuros tecnicismos de los presupuestos y abrirse camino a través de los laberintos de oficinas, comités y subcomités suele ser fuente de poder.

Este desplazamiento de la autoridad cambió el equilibrio de poder en el mundo. Para bien o para mal, las burocracias alfabetizadas tendieron a reforzar la autoridad central a expensas de los ciudadanos comunes. No fue solo que documentos y archivos hicieran que al centro le resultara más sencillo imponer impuestos, juzgar y llamar a filas a todo el mundo. Al mismo tiempo, la dificultad de entender el poder burocrático hizo casi imposible que las masas resistieran, evadieran o influyeran en la autoridad central. Incluso cuando la burocracia era una fuerza benigna que proporcionaba sistemas de saneamiento, educación y seguridad, la brecha entre gobernantes y gobernados seguía aumentando. El sistema permitía que el centro recolectara y registrara mucha más información sobre el pueblo al que gobernaba, mientras que a este le resultaba mucho más difícil entender el funcionamiento del propio sistema.

En este caso, el arte, que ayuda a comprender otros muchos aspectos de la vida, ofrecía una asistencia limitada. En ocasiones, poetas, dramaturgos y cineastas se han centrado en las dinámicas del poder burocrático. Sin embargo, se ha demostrado lo difícil que resulta dar a conocer este relato. Un artista suele trabajar con un conjunto limitado de líneas argumentales que están arraigadas en nuestra biología, pero ninguno de estos dramas biológicos proyecta demasiada luz sobre el funcionamiento de la burocracia, porque la evolución los dictó millones de años antes de la aparición de documentos y archivos. Para saber qué son los «dramas biológicos» y por qué son una guía mediocre para entender la burocracia, profundicemos en el argumento de una de las mayores obras de arte de la humanidad: el *Ramayana*.

Una trama importante del *Ramayana* se centra en la relación entre el príncipe epónimo, Rama, su padre, el rey Dasáratha, y su madrastra, la reina Kaikeyi. Aunque Rama, por ser el primogénito, es el heredero legítimo del reino, Kaikeyi persuade al rey para que lo destierre al desierto y, en cambio, nombre como sucesor a su hijo, Bharata. Subyacentes a este argumento se presentan varios dramas biológicos que se remontan cientos de millones de años en la evolución de los mamíferos y las aves.

Todos los hijos de mamíferos y aves dependen de sus padres en la primera fase de la vida, buscan el cuidado de sus progenitores y temen que los abandonen o les sean hostiles. La vida y la muerte penden de un hilo. Un cachorro o un pollo expulsado del nido antes de tiempo corre el peligro de morir de hambre o por depredación. Entre los humanos, el temor a la desatención o el abandono de nuestros progenitores funciona como tema recurrente no solo de relatos infantiles como *Blancanieves*, *Cenicienta* o *Harry Potter*, sino también de algunos de nuestros mitos nacionales y religiosos más influyentes. El *Ramayana* no es ni mucho menos el único ejemplo. En la teología cristiana, la condenación se concibe como la pérdida de todo contacto con la madre iglesia y el padre celestial. El infierno es un hijo perdido que llora por sus padres ausentes.

Un drama biológico relacionado con el anterior y que también es común a niños humanos, cachorros y pollos es el de «papá me quiere más a mí que a ti». Biólogos y genetistas han identificado la rivalidad entre hermanos como uno de los procesos clave de la evolución.[35] Los hermanos suelen competir por el alimento y la atención parental, y en ciertas especies es habitual que un hermano mate a otro. Aproximadamente una cuarta parte de los cachorros de hiena perecen por ataques de sus hermanos, que como resultado gozan de un mayor cuidado parental.[36] La hembra del tiburón toro* alberga numerosos embriones en el útero. El primero en alcanzar los diez centímetros de longitud se come a los demás.[37] Las dinámicas de la rivalidad entre hermanos se manifiestan en un buen número de mitos además de en el *Ramayana*; por ejemplo, en los relatos de Caín y Abel, el del rey Lear y en la serie de televisión *Succession*. Naciones enteras —como el pueblo judío— pueden basar su identidad en la idea de que «somos los hijos favoritos del Padre».

La segunda trama importante del Ramayana se centra en el triángulo amoroso formado por el príncipe Rama, su amante, Sita, y Rávana, rey de los demonios, que secuestra a Sita. «Chico conoce chica» y «chico lucha contra chico para conseguir chica» son también dramas biológicos que mamíferos, aves, reptiles y peces llevan cientos de millones de años representando. Estos relatos nos hipnotizan porque entenderlos fue esencial para la supervivencia de nuestros antepasados. Narradores humanos como Homero, Shakespeare o Valmiki —supuesto autor del *Ramayana*— han demostrado una habilidad extraordinaria para elaborar relatos sobre dramas biológicos, pero, a menudo, incluso las más célebres epopeyas copian sus bases argumentales del manual de la evolución.

Otro tema recurrente del *Ramayana* es la tensión entre la pureza y la impureza, con Sita ejerciendo como modelo de la pureza para la cultura hindú. La obsesión cultural por la pureza origina una lucha evolutiva para evitar la contaminación. Los animales se debaten entre la necesidad de probar nuevos alimentos y el temor a sufrir un envenenamiento. Por lo tanto, la evolución dotó a los animales tanto de curiosidad como de la capacidad de sentir repugnancia al entrar en contacto con algo tóxico o, en cualquier caso, peligroso.[38] Políticos y

* Carcharias taurus. (*N. del T.*)

profetas han aprendido a manipular los mecanismos de la repugnancia. En los mitos nacionales y religiosos, los países o las iglesias se presentan como cuerpos biológicos en riesgo de ser contaminados por intrusos impuros. Los fanáticos llevan siglos sosteniendo que las minorías étnicas y religiosas propagan enfermedades,[39] que las personas LGTBIQ son fuentes de contaminación[40] o que las mujeres son impuras.[41] Durante el genocidio de Ruanda de 1994, la propaganda hutu se refería a los tutsis como cucarachas. Los nazis comparaban a los judíos con ratas. Incluso hay estudios que demuestran que los chimpancés reaccionan con asco a imágenes de chimpancés de comunidades ajenas.[42]

Puede que ninguna otra cultura llevara el drama biológico de «pureza frente a impureza» a los extremos a los que lo llevó el hinduismo tradicional. Este tejió un sistema intersubjetivo de castas ordenadas por un supuesto nivel de pureza, con los brahmanes en la cima y los teóricamente impuros dalits (antes conocidos como «intocables») en la base. Asimismo, profesiones, utensilios y actividades cotidianas se han clasificado de acuerdo con su nivel de pureza, y normas estrictas han prohibido a las personas «impuras» casarse con personas «puras», tocarlas, prepararles comida o incluso acercarse a ellas.

El Estado moderno de la India todavía lucha contra esta herencia, que se percibe en casi todos los aspectos de la vida. Por ejemplo, el miedo a la impureza trajo diversas complicaciones al ya citado programa Misión Limpiar la India, porque gente a la que se consideraba «pura» se mostraba reticente a implicarse en actividades «impuras» como construir, mantener y limpiar inodoros, o como compartir letrinas públicas con personas supuestamente «impuras».[43] El 25 de septiembre de 2019, dos niños dalits —Roshni Valmiki, una niña de doce años, y Avinash, su sobrino de diez— fueron linchados en la aldea india de Bhakhedi por defecar cerca de la casa de una familia yadav, una casta superior. Se vieron obligados a defecar en público porque sus casas carecían de inodoros funcionales. Un funcionario local explicó más tarde que su familia, pese a ser de las más pobres de la aldea, había quedado excluida de la lista de familias que optaban a las ayudas del Gobierno destinadas a la construcción de inodoros.

Con frecuencia, los niños padecían otra discriminación basada en las castas; por ejemplo, se les obligaba a llevar a la escuela esterillas y utensilios diferentes y a sentarse al margen de los demás alumnos para no «contaminarlos».[44]

La lista de dramas biológicos que pulsan nuestros botones emocionales incluyen otros clásicos como «¿quién será alfa?», «nosotros contra ellos» y «el bien contra el mal». Estos dramas también ocupan un lugar preeminente en el *Ramayana*, y todos ellos son bien conocidos por las jaurías de lobos y las comunidades de chimpancés, así como por las sociedades humanas. En conjunto, conforman la columna vertebral de casi todo el arte y la mitología humanos. Pero la dependencia del arte de los dramas biológicos ha dificultado que los artistas expliquen los mecanismos de la burocracia. El *Ramayana* se sitúa en el contexto de los grandes reinos agrarios, pero muestra poco interés por el modo en que estos reinos registran propiedades, recaudan impuestos, catalogan archivos o financian guerras. La rivalidad entre hermanos y los triángulos amorosos no sirven como guía para las dinámicas de los documentos, que carecen de hermanos y de vida romántica.

Narradores como Franz Kafka, que se centró en las maneras a menudo absurdas en que la burocracia moldea las vidas humanas, fueron pioneros en la elaboración de nuevos argumentos no biológicos. En *El proceso*, de Kafka, unos funcionarios no identificados de una agencia ininteligible arrestan al empleado de banca K por un crimen sin nombre. Pese a hacer todo lo posible por entender qué le está ocurriendo y descubrir lo que pretende la agencia que lo está destrozando, nunca lo consigue. Aunque a veces se ha tomado como una referencia existencial o teológica a la condición humana en el universo y a la imposibilidad de conocer a Dios, a un nivel más mundano el relato destaca por el carácter espeluznante que pueden desarrollar las burocracias, que como abogado de una compañía de seguros Kafka conocía muy bien.

A veces, en las sociedades burocráticas, funcionarios no identificados de agencias ininteligibles modifican drásticamente la vida de ciudadanos comunes por razones incomprensibles. Mientras que los relatos sobre héroes que se enfrentan a monstruos —desde el *Rama-*

yana hasta Spider-Man— reinventan los dramas biológicos de depredadores rivales y adversarios amorosos, el elemento de terror de los relatos kafkianos procede del carácter insondable de la amenaza. La evolución ha preparado a nuestra mente para aceptar la muerte causada por un tigre. Pero a nuestra mente le resulta mucho más difícil entender la muerte causada por un documento.

Hay retratos satíricos de la burocracia. El clásico de Joseph Heller *Trampa 22* emplea la sátira para ilustrar el papel central que la burocracia desempeña en la guerra. Una de las principales figuras en la novela es la del exsoldado de primera Wintergreen, que desde su base en la oficina de clasificación de correspondencia decide qué cartas enviar y cuáles hay que hacer desaparecer.[45] Las comedias de televisión británicas de la década de 1980 *Sí, ministro* y *Sí, primer ministro* mostraban el modo en que los funcionarios emplean normativas secretas, subcomités oscuros y montones de documentos para manipular a sus jefes políticos. La comedia dramática de 2015 *La gran apuesta* exploraba los orígenes burocráticos de la crisis económica de 2007-2008. Los grandes villanos de la película no son humanos, sino obligaciones de deuda garantizada (CDO, por sus siglas en inglés), que son dispositivos financieros inventados por banqueros de inversión y que nadie más en el mundo entiende. Estos godzillas burocráticos dormían sin dejarse ver en las profundidades de las carteras de valores de los bancos hasta que, en 2007, emergieron de repente para sembrar el caos en la vida de miles de millones de personas tras provocar una crisis financiera importante.

Obras de arte como estas han tenido cierto éxito a la hora de modelar las diferentes formas en que percibimos el funcionamiento del poder burocrático, pero esta es una ardua batalla, porque desde la Edad de Piedra nuestra mente está preparada para centrarse en dramas biológicos y no en dramas burocráticos. Pocos éxitos de taquilla de Hollywood y Bollywood tratan de CDO. En cambio, incluso en el siglo XXI, la mayor parte de los taquillazos son, en esencia, relatos de la Edad de Piedra sobre el héroe que se enfrenta al monstruo para conseguir a la chica. De manera similar, cuando presentan las dinámicas del poder político, series de televisión como *Juego de tronos*, *The Crown* y *Succession* se centran en las intrigas familiares de la corte dinástica y no en el laberinto burocrático que sostiene —y a veces limita— el poder de la dinastía.

Matemos a todos los abogados

La dificultad de describir y entender las realidades burocráticas ha tenido consecuencias lamentables. Por un lado, hace que nos sintamos desamparados frente a unos poderes perniciosos que no comprendemos, como le ocurre al héroe de *El proceso* de Kafka. Por otro lado, nos causa la impresión de que la burocracia es una conspiración maligna, incluso en casos en que, de hecho, es una fuerza benigna que nos proporciona asistencia sanitaria, seguridad y justicia.

En el siglo XVI, Ludovico Ariosto describió la figura alegórica de la Discordia como una mujer que deambula sobre una nube de «fajos de citaciones y autos, declaraciones y contratos de mandato, y grandes pilas de glosas, opiniones y precedentes de abogados, todo lo cual tendía a generar una mayor inseguridad en la gente empobrecida. Delante, detrás y a sus dos costados había notarios, abogados y procuradores».[46]

Cuando en la segunda parte de *Enrique VI* describe la rebelión de Jack Cade (1450), Shakespeare hace que un plebeyo rebelde llamado Dick el Carnicero lleve la animadversión por la burocracia a su conclusión lógica. Dick tiene un plan para establecer un orden social mejor. «Lo primero que haremos —recomienda Dick— será matar a todos los abogados». El líder rebelde, Jack Cade, se une a la propuesta de Dick con un contundente ataque a la burocracia y, en particular, a la documentación escrita. «¿No es lamentable que de la piel de un cordero inocente se haga pergamino? ¿Y que, al escribir en este pergamino, pueda destruirse a un hombre? Hay quienes dicen que la abeja pica; pero yo digo que esto es la cera de la abeja; porque una vez sellé algo y, desde entonces, ya no soy un hombre». En ese momento los rebeldes capturan a un clérigo y lo acusan de saber leer y escribir. Después de un breve interrogatorio en el que se determina su «crimen», Cade ordena a sus hombres: «Colgadlo con la pluma y el tintero de cuerno alrededor del cuello».[47]

Setenta años antes de la rebelión de Jack Cade, durante la Revuelta de los campesinos (1381), todavía más importante, los rebeldes centraron sus iras no solo en los burócratas de carne y hueso, sino también en sus documentos, y destruyeron numerosos archivos y quemaron pergaminos de tribunales, cartas estatutarias y registros administrativos y legales. Tras un registro, prendieron una hoguera con los archivos de la Universidad de Cambridge. Una anciana llamada Margery Starr esparció las cenizas al viento al tiempo que gritaba: «¡Abajo con el saber de los clérigos, abajo con él!». Thomas Walsingham, un monje de la abadía de St. Albans que presenció en primera persona la destrucción del archivo de la abadía, describió cómo los rebeldes «incendiaron todos los pergaminos y documentos probatorios de los tribunales para que, una vez que se hubieran deshecho de los registros del antiguo servicio, sus señores no pudieran reclamar ningún derecho contra ellos en el futuro».[48] Matar los documentos borró las deudas.

Ataques similares a archivos caracterizaron otras tantas insurgencias a lo largo de la historia. Por ejemplo, durante la gran revuelta judía del año 66 e. c.,* una de las primeras cosas que los rebeldes hicieron tras la toma de Jerusalén fue incendiar el archivo central con el fin de destruir los registros de deudas, con lo que se ganaron el apoyo de la población.[49] En 1789, durante la Revolución francesa, se destruyeron numerosos archivos locales y regionales por razones parecidas.[50] Muchos rebeldes podían ser analfabetos, pero sabían que sin documentos la máquina burocrática no podía funcionar.

Puedo simpatizar con la desconfianza que generan las burocracias gubernamentales y el poder de los documentos oficiales porque desempeñaron un papel importante en mi propia familia. La vida de mi abuelo materno cambió por completo a causa de un censo del Gobierno y la imposibilidad de encontrar un documento fundamental. Mi abuelo, Bruno Luttinger, nació en 1913 en Chernivtsi. En la actualidad esta ciudad se halla en Ucrania, pero en 1913 formaba parte del Imperio de los Habsburgo. El padre de Bruno desapareció en la Primera Guerra Mundial, y a él lo crio su madre, Chaya-Pearl. Con

* Era común. *(N. del T.)*

el fin de la guerra, Chernivtsi se anexionó a Rumanía. A finales de la década de 1930, cuando Rumanía se convirtió en una dictadura fascista, una de las primeras medidas que adoptó su política antisemita fue realizar un censo de la población judía.

En 1936, las estadísticas oficiales decían que en Rumanía vivían 758.000 judíos, que suponían el 4,2 por ciento de la población. Las mismas estadísticas oficiales decían que el número total de refugiados procedentes de la Unión Soviética, judíos o no judíos, era de unos 11.000. En 1937 llegó al poder un nuevo Gobierno fascista encabezado por el primer ministro Octavian Goga. Además de político, Goga era un poeta reputado, pero pronto se pasó de la poesía patriótica a las estadísticas falsas y la burocracia opresiva. Goga y sus colegas ignoraron las estadísticas oficiales y afirmaron que oleadas de cientos de miles de refugiados judíos estaban llegando a Rumanía. En diversas entrevistas, Goga afirmó que medio millón de judíos habían entrado ilegalmente en Rumanía y que el número total de judíos en el país ascendía a un millón y medio. Con frecuencia, órganos gubernamentales estadísticos de extrema derecha y periódicos populares citaban cifras incluso más elevadas. La embajada rumana en París, por ejemplo, llegó a afirmar que había un millón de refugiados judíos en Rumanía. Una histeria colectiva se apoderó de los rumanos cristianos, que creían que pronto serían reemplazados o que se convertirían en una minoría en un país gobernado por judíos.

El Gobierno de Goga intervino para ofrecer una solución al problema imaginario creado por su propia propaganda. El 22 de enero de 1938, el Gobierno aprobó una ley que ordenaba a todos los judíos de Rumanía a proporcionar pruebas documentales de que habían nacido en territorio rumano y de que tenían derecho a la ciudadanía rumana. Los judíos que no estuvieran en disposición de hacerlo perderían la ciudadanía, junto con todos los derechos de residencia y empleo.

De repente, los judíos de Rumanía se vieron sumidos en un infierno burocrático. Muchos tuvieron que desplazarse hasta sus lugares de nacimiento con el fin de hacerse con los documentos en cuestión solo para descubrir que los archivos municipales habían sido destruidos durante la Primera Guerra Mundial. Los judíos nacidos en territorios anexionados a Rumanía después de 1918 —como Chernivtsi— se enfrentaron a dificultades particulares porque carecían de certificados de nacimiento rumanos y porque otros muchos documentos familiares se archivaban en las antiguas capitales de Habsburgo, Viena y Budapest, y no en Bucarest. A menudo los judíos ni siquiera sabían qué documentos se suponía que debían buscar, porque la ley del censo no especificaba cuáles se consideraban «prueba» suficiente.

Oficinistas y archiveros obtuvieron una nueva y lucrativa fuente de ingresos a costa de los judíos que, desesperados, pagaban grandes sobornos para obtener la documentación requerida. Incluso cuando no había sobornos de por medio, el proceso era muy costoso: cualquier demanda de documentación, así como la presentación de la solicitud de ciudadanía ante las autoridades, implicaba el pago de unas tasas. Encontrar y presentar la documentación requerida no garantizaba el éxito. La más mínima diferencia entre cómo se escribía el nombre en el certificado de nacimiento y en los documentos de solicitud era suficiente para que las autoridades retiraran la ciudadanía.

Muchos judíos fueron incapaces de desenredar estas trabas burocráticas y ni siquiera cumplimentaron una solicitud de ciudadanía. De los que lo hicieron, solo al 63 por ciento se le aprobó la ciudadanía. En total, de los 758.000 judíos rumanos, 367.000 perdieron la ciudadanía.[51] Mi abuelo Bruno fue uno de ellos. Cuando entró en vigor la nueva ley de censo en Bucarest, Bruno no pensó mucho en ella. Había nacido en Chernivtsi, donde vivió toda su vida. La idea de tener que demostrar a algún burócrata que no era extranjero le parecía ridícula. Además, a principios de 1938 su madre enfermó y murió, y Bruno pensó que tenía otras cuestiones de las que preocuparse antes que de perseguir documentos.

En diciembre de 1938 recibió una carta oficial desde Bucarest por la que se le retiraba la ciudadanía, y como extranjero no tardó en perder su trabajo en una tienda de radios de Chernivtsi. Ya no es que Bruno estuviera solo y sin trabajo, sino que también era un apátrida sin demasiadas perspectivas de acceder a un empleo alternativo. Nueve meses después estalló la Segunda Guerra Mundial, y el peligro para los judíos sin papeles se multiplicó. De los judíos rumanos que perdieron la ciudadanía en 1938, la inmensa mayoría murieron asesinados durante los años siguientes a manos de los fascistas rumanos y sus aliados nazis (la tasa de supervivencia entre los judíos que conservaron la ciudadanía fue mucho mayor).[52]

En repetidas ocasiones, mi abuelo intentó deshacer el nudo corredizo que iba cerrándose, pero sin los papeles adecuados no fue fácil. En varias ocasiones se escondió en trenes y barcos solo para ser descubierto y arrestado. Finalmente, en 1940 consiguió subirse al último barco que se dirigía a Palestina antes de que las puertas del infierno se cerraran de golpe. Cuando llegó allí, los británicos lo encarcelaron como inmigrante ilegal. Después de dos meses en prisión, le ofrecieron un trato: seguir en la cárcel y arriesgarse a ser deportado o alistarse en el Ejército británico y obtener la nacionalidad palestina. Mi abuelo se aferró a la oferta con ambas manos y desde 1941 a 1945 sirvió en el Ejército británico durante las campañas de África del Norte y de Italia. A cambio, obtuvo sus papeles.

En nuestra familia, conservar documentación se convirtió en un deber sagrado. Extractos bancarios, facturas de la luz, carnets estudiantiles caducados, cartas del Ayuntamiento..., si tenían un sello de apariencia oficial, se archivaban en una de las muchas carpetas de nuestro armario. Nunca se sabía si, algún día, podría salvarnos la vida.

El documento milagroso

¿Debemos amar u odiar la red de información burocrática? Relatos como el de mi abuelo ponen de manifiesto los peligros que esconde el poder burocrático. Relatos como el de la epidemia de cólera de Londres dan muestra de sus posibles beneficios. En función de cómo se diseñe y se emplee, toda red de información poderosa puede tener efectos positivos o negativos. No basta con aumentar la cantidad de información de una red para garantizar su carácter benigno ni hacer que sea más fácil encontrar el equilibrio adecuado entre verdad y orden. Esta es una lección histórica clave para los diseñadores y usuarios de las nuevas redes de información del siglo XXI.

Las redes de información futuras, en concreto las basadas en la IA, serán diferentes de las redes previas en muchos aspectos. Mientras que en la parte I examinamos hasta qué punto la mitología y la burocracia han sido esenciales para las redes de información a gran escala, en la parte II veremos cómo la IA adopta el papel tanto de los burócratas como de los creadores de mitos. Los sistemas de la IA saben encontrar y procesar datos mejor que los burócratas de carne y hueso, y la IA está adquiriendo también la capacidad de componer relatos mejor que la mayoría de los humanos.

Pero antes de explorar las nuevas redes de información basadas en la IA del siglo XXI, y antes de examinar las amenazas y las promesas de los creadores de mitos y de los burócratas de IA, hay algo más que debemos saber acerca de la historia a largo plazo de las redes de información. Acabamos de ver que las redes de información no amplían la verdad, sino que tratan de encontrar un equilibrio entre la verdad y el orden. Burocracia y mitología son esenciales para mantener el orden, y ambas están dispuestas a sacrificar la verdad en pro del orden. Así, pues, ¿qué mecanismos garantizan que la burocracia y la mitología no pierdan todo contacto con la verdad, y qué mecanismos permiten que las redes de información identifiquen y corrijan sus propios errores, incluso a costa de cierto desorden?

El modo en que las redes de información humanas han lidiado con el problema de los errores será el tema principal de los dos próximos capítulos. Empezaremos analizando la invención de otra tecnología de la información, el libro sagrado. Libros sagrados como la Biblia y el Corán son una tecnología de la información que pretende incluir cualquier tipo de información vital que la sociedad necesita y a la vez quedar libre de toda posibilidad de error. ¿Qué ocurre cuando una red de información se cree incapaz cometer errores? La historia de los libros sagrados supuestamente infalibles revela algunas de las limitaciones de las redes de información y contiene importantes enseñanzas aplicables al empeño de crear IA infalibles en el siglo XXI.

4

Errores: la fantasía de la infalibilidad

Es bien sabido que san Agustín dijo: «Errar es humano; perseverar en el error es diabólico».[1] La falibilidad de los seres humanos y la necesidad de corregir sus errores han desempeñado un papel clave en toda mitología. Según la cristiana, toda la historia es un intento de corregir el pecado original de Adán y Eva. Según el pensamiento marxista-leninista, incluso la clase obrera es susceptible de ser engañada por sus opresores y errar en la identificación de sus propios intereses, que es la razón por la que necesita el liderazgo de la vanguardia de un partido sensato. Asimismo, la burocracia siempre se halla al acecho de errores, desde documentos mal archivados hasta procedimientos ineficientes. Los sistemas burocráticos complejos suelen contener cuerpos de autocontrol, y cuando tiene lugar una catástrofe importante —como un desastre militar o un colapso económico— se establecen comisiones de investigación para comprender qué ha fallado y para garantizar que el error no se repita.

Los mecanismos de autocontrol necesitan legitimidad para funcionar. Si los humanos somos propensos al error, ¿cómo podemos confiar en que los mecanismos de autocontrol sean infalibles? Para librarnos de este bucle en apariencia infinito, a menudo hemos fantaseado con un mecanismo sobrehumano, libre de todo error, en el que podamos confiar para identificar y corregir nuestras propias equivocaciones. En la actualidad cabría esperar que la IA proporcionara dicho mecanismo, como cuando en abril de 2023 Elon Musk anunció: «Voy a poner en marcha algo que denomino TruthGPT o una IA suprema que busque la verdad e intente entender la naturaleza del universo».[2] En los próximos capítulos veremos por qué esta es una fantasía peligrosa. En eras anteriores, tales fantasías adoptaron una forma diferente, la religión.

En nuestra vida personal, la religión puede realizar diferentes tipos de funciones, como dar consuelo o explicar los misterios de la vida. Pero, históricamente, la función más importante que ha ejercido la religión ha sido la de proporcionar una legitimidad sobrehumana al orden social. Religiones como el judaísmo, el cristianismo, el islam y el hinduismo defienden que una fuente sobrehumana infalible fijó sus ideas y preceptos y que, por lo tanto, están libres de toda posibilidad de error y que nunca deberían ser cuestionados ni modificados por humanos falibles.

Sacar a los humanos del bucle

En el centro de toda religión se halla la fantasía de conectar con una inteligencia sobrehumana e infalible. Este es el motivo por el que, como exploraremos en el capítulo 8, estudiar la historia de la religión es tan importante para los debates actuales acerca de la IA. Un problema recurrente de la historia de la religión ha consistido en convencer a la gente de que una fuente sobrehumana infalible originó un dogma determinado. Porque, aunque en principio desee someterme a la voluntad de los dioses, ¿cómo sé qué es lo que quieren los dioses realmente?

A lo largo de la historia, no han sido pocos los humanos que han afirmado que transmitían mensajes de dioses, pero a menudo estos mensajes se contradecían unos a otros. Uno aseguraba que un dios se le había aparecido en sueños; otro, que un ángel lo había visitado; un tercero explicaba cómo había encontrado un espíritu en un bosque…, y cada uno predicaba un mensaje diferente. El antropólogo Harvey Whitehouse cuenta que, mientras hacía trabajo de campo sobre el pueblo baining de Nueva Bretaña a finales de la década de 1980, un joven llamado Tanotka contrajo una enfermedad y, en su delirio febril, empezó a emitir mensajes crípticos tales como «soy Wutka» y «soy un poste». La mayoría de estos mensajes tuvieron como único testigo al hermano mayor de Tanotka, Baninge, que empezó a relatárselos a otras personas, al tiempo que los interpretaba de manera creativa. Baninge dijo que su hermano estaba poseído por un espíritu ancestral llamado Wutka y que esta divinidad lo había elegido para ser el principal apoyo de la comunidad, del mismo modo en que las casas locales se sostenían sobre un poste central.

Tras recuperarse, Tanotka siguió emitiendo los mensajes crípticos de Wutka, que Baninge interpretó de maneras todavía más elaboradas. También Baninge empezó a tener sueños propios, que supuestamente revelaban mensajes divinos adicionales. Afirmaba que el fin del mundo era inminente, y convenció a muchos vecinos de que le otorgaran poderes dictatoriales, de modo que pudiera preparar a la comunidad para el apocalipsis que se avecinaba. Baninge procedió a malgastar la mayor parte de los recursos de la comunidad en festines y ritos extravagantes. En vista de que el apocalipsis no se materializaba y el hambre se cebaba con la comunidad, el poder de Baninge se vino abajo. Aunque hubo nativos que siguieron creyendo que él y Tanotka eran mensajeros divinos, otros muchos llegaron a la conclusión de que no eran más que un par de charlatanes... o quizá servidores del diablo.[3]

¿Cómo podemos distinguir la verdadera voluntad de los dioses de las invenciones o imaginaciones de humanos falibles? A menos que uno experimente una revelación divina personal, saber lo que los dioses han dicho implica confiar en lo que humanos falibles como Tanotka y Baninge afirman que los dioses han dicho. Pero ¿cómo se puede confiar en tales humanos, sobre todo si uno no los conoce personalmente? La religión quiere sacar del bucle a los humanos falibles y proporcionarnos acceso a leyes sobrehumanas infalibles, pero en reiteradas ocasiones se ha limitado a confiar en este o en aquel humano.

Una forma de sortear este problema fue crear instituciones religiosas que legitimaran a los supuestos mensajeros divinos. Ya en las sociedades tribales, la comunicación con entidades sobrehumanas como espíritus solía hallarse en manos de expertos religiosos. Entre los baining, unos médiums especializados en espíritus conocidos como *agungaraga* se encargaban tradicionalmente de la comunicación con los espíritus y, por lo tanto, de conocer las causas ocultas de desgracias que iban desde enfermedades hasta el fracaso de una cosecha. Su pertenencia a una institución respetada hizo que los *agungaraga* despertaran más confianza que Tanotka y Baninge, y que su autoridad fuera más estable y ampliamente reconocida.[4] Entre la tribu de los kalapalo de Brasil, la organización de los ritos religiosos recaía en unos oficiantes hereditarios conocidos como *anetaũ*. En las antiguas sociedades celtas e hindúes, funciones similares se dejaban en manos de druidas y brahmanes.[5] A medida que las sociedades humanas crecían y se hacían más complejas, lo mismo ocurría con sus instituciones religiosas. Sacerdotes y oráculos tenían que prepararse a fondo y durante mucho tiempo para desempeñar la importante tarea de representar a los dioses, de modo que la gente ya no solo tenía que confiar en cualquier seglar que afirmara haberse encontrado con un ángel o que era portador de un mensaje divino.[6] En la antigua Grecia, por ejemplo, si uno quería saber lo que decían los dioses, acudía a un experto acreditado como la pitia, la alta sacerdotisa del templo de Apolo en Delfos.

Pero, dado que instituciones religiosas como los templos oraculares contaban con humanos falibles, también estas estaban expuestas al error y la corrupción. Heródoto cuenta que, cuando Atenas se encontraba bajo el gobierno del tirano Hipias, la facción prodemocracia sobornó a la pitia para que los ayudara. Siempre que un espartano acudía a la pitia para consultar a los dioses acerca de asuntos privados u oficiales, esta replicaba que, antes de nada, los espartanos debían liberar a Atenas del tirano. Los espartanos, que eran aliados de Hipias, acabaron por someterse a la supuesta voluntad de los dioses y enviaron un ejército a Atenas que depuso a Hipias el año 510 a. e. c., lo que condujo a la instauración de la democracia ateniense.[7]

Que un profeta humano pudiera falsificar la palabra de un dios evidenciaba que el problema clave de la religión no se resolvería creando instituciones religiosas como templos y órdenes sacerdotales. La gente todavía necesitaba confiar en humanos falibles para acceder a los dioses supuestamente infalibles. ¿Había manera de saltarse por completo a los humanos?

La tecnología infalible

Los libros sagrados como la Biblia y el Corán funcionan como una tecnología para esquivar la falibilidad humana, y se han creado religiones de libro —como el judaísmo, el cristianismo y el islamismo— alrededor de este artefacto tecnológico. Para entender cómo se supone que funciona esta tecnología, hemos de empezar explicando qué es un libro y qué hace que sea diferente de otros tipos de documentos escritos. Un libro es un bloque fijo de textos —como pueden ser capítulos, relatos, recetas o epístolas— que siempre aparecen unidos y de los que hay otras muchas copias idénticas. Esto hace que un libro sea diferente de los cuentos orales, de los documentos burocráticos y de los archivos. Cada vez que contamos un relato podemos hacerlo de maneras diferentes y, si mucha gente lo cuenta a lo largo de un tiempo considerable, es probable que se introduzcan en él variaciones importantes. En cambio, se supone que todas las copias de un libro son idénticas. En cuanto a los documentos burocráticos, suelen ser más o menos breves, y a menudo su existencia se reduce a una única copia en un archivo. Si un documento extenso tiene muchas copias repartidas por numerosos archivos, lo normal es que lo llamemos «libro». Finalmente, un libro que contiene muchos textos también se diferencia de un archivo, porque cada archivo contiene una colección diferente de textos, mientras que todas las copias de un libro contienen los mismos capítulos, los mismos relatos o las mismas recetas. Por ello, el libro garantiza que mucha gente de distintas épocas y lugares pueda acceder a la misma base de datos.

El libro se convirtió en una de las tecnologías religiosas más importantes del primer milenio a. e. c. Después de decenas de miles de años en los que los dioses se comunicaron con los humanos a través de chamanes, sacerdotes, profetas, oráculos y otros mensajeros humanos, movimientos religiosos como el judaísmo empezaron a sostener que los dioses se manifestaban a través de esta nueva tecnología del libro. He aquí un libro concreto cuyos numerosos capítulos, según se dice, contienen la palabra divina acerca de todo, desde la creación del universo hasta preceptos sobre alimentación. Era fundamental que ningún sacerdote, profeta o institución humana olvidara o cambiara esta palabra divina, porque siempre se puede comparar lo que los humanos falibles te están diciendo con lo que el libro infalible registra.

Pero las religiones de libro contaban con su propio conjunto de problemas. El más evidente: ¿quién decide qué incluir en el libro sagrado? El primer ejemplar no cayó del cielo. Tuvo que ser compilado por humanos. Aun así, los fieles esperaban que este problema controvertido pudiera resolverse de una vez por todas mediante un esfuerzo supremo. Si pudiéramos reunir a los humanos más sabios y dignos de confianza, y todos se pusieran de acuerdo en cuanto al contenido del libro sagrado, entonces podríamos sacar a los humanos del bucle y las palabras divinas estarían para siempre a salvo de la interferencia humana.

Contra este proceder pueden argumentarse muchas objeciones: ¿quién selecciona a los humanos más sabios? ¿Sobre la base de qué criterios? ¿Qué ocurre si no pueden alcanzar un consenso? ¿Qué pasa si más tarde cambian de parecer? No obstante, este fue el procedimiento empleado para compilar libros sagrados como la Biblia hebrea.

La elaboración de la Biblia hebrea

Durante el primer milenio a. e. c., profetas, sacerdotes y estudiosos judíos produjeron una extensa colección de relatos, documentos, profecías, poemas, plegarias y crónicas. La Biblia como un único volumen sagrado no existía en tiempos bíblicos. El rey David o el profeta Isaías nunca vieron una copia de la Biblia.

De manera errónea, a veces se afirma que, de todas las que han llegado a nuestros días, la copia más antigua de la Biblia procede de los rollos del mar Muerto. Estos rollos son un conjunto de unos novecientos documentos escritos principalmente durante los dos últimos siglos a. e. c. y que se encontraron en varias cuevas en las inmediaciones de Qumrán, una aldea cercana al mar Muerto.[8] La mayoría de los estudiosos cree que constituían el archivo de una secta judía que vivió cerca.[9]

Es importante señalar que ninguno de los rollos contiene una copia de la Biblia y que ninguno indica que los veinticuatro libros del Antiguo Testamento se consideraran una base de datos única y completa. Algunos de los rollos sí que registran textos que en la actualidad forman parte de la Biblia canónica. Por ejemplo, diecinueve rollos y fragmentos de manuscritos conservan partes del libro del Génesis.[10] Pero muchos registran textos que posteriormente fueron excluidos de la Biblia. Por ejemplo, más de veinte rollos y fragmentos conservan partes del libro de Enoc, un libro que se supone que escribió el patriarca Enoc, bisabuelo de Noé, y que contiene la historia de los ángeles y los demonios, así como una profecía sobre la llegada del Mesías.[11] Al parecer, los judíos de Qumrán concedían gran importancia tanto al Génesis como a Enoc, y no consideraban que el Génesis fuera canónico y que Enoc fuera apócrifo.[12] De hecho, hasta el día de hoy algunos judíos etíopes y algunas sectas cristianas consideran que Enoc forma parte de su canon.[13]

Incluso los pergaminos que registran futuros textos canónicos difieren en ocasiones de la versión canónica actual. Por ejemplo, el texto canónico del Deuteronomio 32:8 dice que Dios dividió los pueblos de la Tierra según «el número de hijos de Israel». En cambio, la versión registrada en los rollos del mar Muerto reza que fue según «el número de hijos de Dios», lo que implica un hecho bastante llamativo, y es que Dios tiene múltiples hijos.[14] En el Deuteronomio 8:6, el texto canónico insta a los fieles a *temer* a Dios, mientras que la versión de los rollos del mar Muerto les pide que *amen* a Dios.[15] Algunas versiones ofrecen variaciones mucho más sustanciales que una sola palabra aquí o allí. Los pergaminos de los Salmos contienen salmos enteros que no forman parte de la Biblia canónica (en especial los salmos 151, 154 y 155).[16]

De forma similar, la traducción más antigua de la Biblia —la Septuaginta griega—, compuesta entre los siglos III y II a. e. c., se diferencia en muchos aspectos de la versión canónica posterior.[17] Incluye, por ejemplo, los libros de Tobit,* Judit, Sirac, Macabeos, la Sabiduría de Salomón, los Salmos de Salomón y el salmo 151.[18] También con-

* Tobías. *(N. del T.)*

tiene versiones más extensas de Daniel y Ester.[19] Su libro de Jeremías es un 15 por ciento más breve que en la versión canónica.[20] Finalmente, en Deuteronomio 32:8, la mayoría de los manuscritos de la Septuaginta hablan de «hijos de Dios» o de «ángeles de Dios», y no de «hijos de Israel».[21]

Se necesitaron siglos de debates minuciosos entre eruditos judíos —conocidos como rabinos— para racionalizar la base de datos canónica y decidir qué textos de los muchos que había en circulación formarían parte de la Biblia como palabra oficial de Jehová y cuáles serían excluidos. Es probable que en la época de Jesús se hubiese alcanzado un acuerdo sobre la mayoría de los textos, pero incluso un siglo después había rabinos que seguían discutiendo si el Cantar de los Cantares debía formar parte del canon. Ciertos rabinos condenaban el texto como poesía amorosa secular, mientras que el rabino Akiva (m. el 135 e. c.) lo defendía como una creación del rey Salomón inspirada por la divinidad. Es bien sabido que Akiva dijo que «El Cantar de los Cantares es el Santo de los Santos».[22] Al parecer, para finales del siglo II e. c. se había alcanzado un consenso generalizado entre los rabinos judíos acerca de qué textos formaban parte del canon bíblico y cuáles no, pero los debates sobre este asunto, y sobre la redacción, el deletreo y la pronunciación precisos de cada texto no acabaron de resolverse hasta la era Masorética (del siglo VII al X e. c.).[23]

Este proceso de canonización decidió que el Génesis era la palabra de Jehová, pero que el libro de Enoc, la Vida de Adán y Eva y el Testamento de Abraham eran invenciones humanas.[24] Los Salmos del rey David fueron canonizados (menos los salmos 151 a 155), pero los Salmos del rey Salomón, no. El libro de Malaquías obtuvo el sello de aprobación; el libro de Baruc, no. Crónicas, sí; Macabeos, no.

Resulta interesante que varios de los libros que se mencionan en la propia Biblia no consiguieran entrar en el canon. Por ejemplo, los libros de Josué y Samuel se refieren a un texto sagrado muy antiguo conocido como libro de Jaser (Josué 10:13, II Samuel 1:18). El libro de Números se refiere al «libro de las Guerras de Jehová» (Números 21:14). Y, cuando II Crónicas valora el reinado del rey Salomón, concluye diciendo que «el resto de los hechos de Salomón, los primeros y los postreros, ¿no está escrito en los libros de Natán, profeta, en el de Ajías, silonita,* y en las profecías de Ido, vidente, contra Jeroboam, hijo de Nabat?» (II Crónicas 9:29). Los libros de Ido, Ajías y Natán, así como los libros de Jaser y las Guerras de Jehová no se hallan en la Biblia canónica. Por lo visto, no fueron excluidos a propósito; simplemente se perdieron.[25]

Con el canon cerrado, la mayoría de los judíos fueron olvidando el papel de las instituciones humanas en el complicado proceso de compilar la Biblia. La ortodoxia judía mantuvo que Dios en persona había legado a Moisés toda la primera parte de la Biblia, la Torá, en el monte Sinaí. Además, muchos rabinos adujeron que Dios creó la Torá en los mismos albores de los tiempos, de modo que incluso personajes bíblicos que vivieron antes de Moisés —como Noé y Adán— la leyeron y la estudiaron.[26] El resto de las partes de la Biblia también llegaron a considerarse obra de la divinidad o un texto inspirado por ella, muy diferente de compilaciones humanas ordinarias. Una vez se cerrara el libro sagrado, se esperaba que los judíos tuvieran acceso directo a la palabra exacta de Jehová, que ningún humano falible o institución corrupta podría borrar ni alterar.

Anticipándose en unos dos mil años a la idea de la cadena de bloques,** los judíos empezaron a hacer numerosas copias del código sagrado, y se suponía que cada comunidad judía debía tener al menos una en su sinagoga o en su *bet midrash* (sala de estudios).[27] Esto estaba destinado a alcanzar un doble objetivo. Primero, divulgar muchas copias del libro sagrado garantizaba una democratización de la religión y el establecimiento de unos límites estrictos al poder de posibles autócratas humanos. Mientras que los archivos de los faraones egipcios y de los reyes asirios otorgaban poder a la insondable burocracia real a expensas de las masas, el libro sagrado judío parecía conceder poder a las masas, que ahora podían hacer que incluso el líder más descarado tuviese que responder ante las leyes de Dios.

Segundo, y más importante, poseer muchas copias del mismo libro impedía que el texto se manipulara. Si había miles de copias idénticas en numerosos lugares, cualquier intento de cambiar ni que

* Habitante de Siló, población de Israel. *(N. del T.)*

** *Blockchain. (N. del T.)*

fuera una única letra del código sagrado podía denunciarse fácilmente como un fraude. Con numerosas biblias disponibles en localidades distantes, los judíos sustituyeron el despotismo humano por la soberanía divina. Ahora el orden social quedaba garantizado gracias a la tecnología infalible del libro. O eso parecía.

La institución contraataca

Antes incluso de que el proceso de canonización de la Biblia concluyera, el proyecto bíblico tuvo que hacer frente a más dificultades. Llegar a un acuerdo sobre el contenido exacto del libro sagrado no fue el único problema que presentó esta tecnología supuestamente infalible. Otro problema evidente tenía que ver con la copia del texto. Para que el libro sagrado obrara su magia, los judíos necesitaban disponer de muchas copias allí donde vivieran. Con los centros judíos que proliferaban no solo en Palestina, sino también en Mesopotamia y Egipto, y con las nuevas comunidades judías que se extendían desde Asia Central hasta el Atlántico, ¿cómo podía garantizarse que los copistas que trabajaban separados por miles de kilómetros no cambiaran el libro sagrado, ya fuera a propósito o por error?

Para anticiparse a estos problemas, los rabinos que canonizaron la Biblia idearon una serie de normas meticulosas para el acto de copia del libro sagrado. Por ejemplo, a un escriba no se le permitía hacer pausas en momentos críticos del proceso. Mientras escribe el nombre de Dios, el escriba «no puede responder, aunque quien lo salude sea el rey. Si se encuentra a punto de escribir dos o tres nombres divinos sucesivamente, puede hacer una pausa entre ellos y responder».[28] El rabino Ismael (siglo II e. c.) le dijo a un copista: «Estás haciendo el trabajo del cielo, y si eliminas o añades una letra destruirás el mundo entero».[29] Lo cierto es que se produjeron errores de copia sin que se destruyera el mundo entero, y no hubo dos biblias antiguas que fueran idénticas.[30]

Un segundo problema, mucho mayor, tenía que ver con la interpretación. Incluso cuando varias personas están de acuerdo en la santidad de un libro y en la exactitud de su redacción, pueden interpretar de maneras diferentes las mismas palabras. La Biblia dice que no hay que trabajar en sábado. Pero no aclara lo que se considera «trabajo». ¿Está bien regar tu terreno un sábado? ¿Y qué hay de regar las macetas o llenar el abrevadero de las cabras? ¿Está bien leer un libro en sábado? ¿Y escribir un libro? ¿Y rasgar un pedazo de papel? Los rabinos dictaminaron que leer un libro no es trabajo, pero que rasgar papel *es* trabajo, motivo por el que en la actualidad los judíos ortodoxos preparan un montón de papel higiénico ya cortado para usarlo en sábado.

El libro sagrado también dice que no se debe cocinar un cabrito en la leche de su madre (Éxodo 23:19). Algunos interpretaron esto de manera muy literal: si sacrificas un cabrito, no lo cocines en la leche de su madre. Pero está bien cocinarlo en la leche de una cabra con la que tenga relación de parentesco o en la leche de una vaca. Otros interpretaron esta prohibición de manera mucho más amplia, en el sentido de que la carne y los productos lácteos no deben mezclarse nunca, de modo que no está permitido tomar un batido después de comer pollo asado. Por improbable que esto parezca, la mayoría de los rabinos dictaminaron que la segunda interpretación es la correcta, aunque los pollos no amamanten.

Surgieron más problemas derivados del hecho de que, aunque la tecnología del libro tuvo éxito a la hora de limitar cambios en las palabras sagradas, el mundo más allá del libro seguía girando, y no quedaba claro cómo relacionar las normas antiguas con las nuevas circunstancias. La mayoría de los textos bíblicos se centraban en la vida de pastores y agricultores judíos en el territorio montañoso de Palestina y en la ciudad sagrada de Jerusalén. Pero en el siglo II e. c. la mayor parte de los judíos vivían en otros lugares. En el puerto de Alejandría, una de las metrópolis más ricas del Imperio romano, se desarrolló una comunidad judía particularmente numerosa. Un magnate judío del transporte marítimo que viviera en Alejandría podía pensar que muchas de las leyes bíblicas eran irrelevantes para su día a día, mientras que otras tantas de las cuestiones que lo apremiaban no obtenían respuestas claras en el texto sagrado. No podía obedecer los mandamientos como el de acudir a rezar al templo de Jerusalén porque no solo no vivía cerca de Jerusalén, sino que el templo ya no existía. En cambio, cuando consideraba si era *kosher* hacer que sus barcos transportaran cereales a Roma en sábado, se encontraba con que los autores del Levítico y el Deuteronomio no contemplaban los viajes marítimos de larga duración.[31]

Inevitablemente, el libro sagrado dio lugar a numerosas interpretaciones, que fueron mucho más relevantes que el propio libro. Con el debate sobre la interpretación de la Biblia cada vez más extendido entre los judíos, los rabinos acumularon más poder y prestigio. Se suponía que escribir la palabra de Jehová limitaría la autoridad de la antigua institución sacerdotal, pero lo que hizo fue reforzar la autoridad de una nueva institución rabínica. Los rabinos se convirtieron en la élite tecnocrática judía, que desarrolló sus habilidades racionales y retóricas durante años de debates filosóficos y de disputas legales. La tentativa de esquivar las instituciones humanas falibles para depender de una nueva tecnología de la información produjo un efecto indeseado, porque para interpretar el libro sagrado se precisaba de una institución humana.

Cuando por fin los rabinos alcanzaron un consenso acerca de cómo interpretar la Biblia, los judíos vieron otra oportunidad de librarse de la institución humana falible. Creían que escribir la interpretación acordada en un nuevo libro sagrado y hacer numerosas copias de este eliminaría la necesidad de una ulterior intercesión humana entre ellos y el código divino. De modo que, después de tanto vaivén acerca de qué opiniones rabínicas debían incluirse y cuáles debían ignorarse, en el siglo III e. c. se canonizó un nuevo libro sagrado, la Mishná.[32]

A medida que la autoridad de la Mishná se iba imponiendo a la del texto simple de la Biblia, los judíos empezaron a creer que tal vez la Mishná no fuese una obra de creación humana. También esta tenía que haber sido inspirada por Jehová o, quizá, incluso compuesta por la infalible deidad en persona. Hoy muchos judíos ortodoxos están convencidos de que Jehová le entregó la Mishná a Moisés en el monte Sinaí y de que esta se transmitió oralmente de generación en generación hasta el momento de su redacción en el siglo III e. c.[33]

¡Ay!, pero tan pronto como la Mishná fue canonizada y copiada comenzaron los judíos a debatir sobre su correcta interpretación. Y, cuando se alcanzó un consenso acerca de la interpretación de la Mishná y esta se canonizó en el siglo V o VI como un tercer libro sagrado —el Talmud—, los judíos empezaron a discrepar acerca de la interpretación del Talmud.[34]

El sueño de evitar las instituciones humanas falibles mediante la tecnología del libro sagrado nunca terminó de materializarse. Con cada iteración, el poder de la institución rabínica no hizo más que aumentar. «Cree en el libro infalible» se convirtió en «cree en los humanos que interpretan el libro». El judaísmo fue moldeado por el Talmud mucho más que por la Biblia, y los argumentos rabínicos acerca de la interpretación del Talmud adquirieron más importancia que el propio Talmud.[35]

Esto resulta inevitable, porque el mundo cambia. La Mishná y el Talmud se ocupaban de preguntas planteadas por los magnates judíos del transporte marítimo del siglo II, que no tenían respuestas claras en la Biblia. A su vez, la modernidad planteó un buen número de preguntas nuevas que no tienen respuesta directa en la Mishná ni en el Talmud. Por ejemplo, cuando en el siglo XX se desarrollaron los electrodomésticos, los judíos lidiaron con numerosas preguntas sin precedentes como ¿está bien pulsar los botones de un ascensor en sábado?

La respuesta ortodoxa es que no. Como ya se ha señalado, la Biblia prohíbe trabajar en sábado, y los rabinos aducían que pulsar un botón es «trabajo». ¿Significa esto que los judíos de edad avanzada que viven en un rascacielos de Brooklyn han de subir cien escalones hasta su piso con el fin de evitar trabajar en sábado? Bien, los judíos ortodoxos inventaron el «ascensor del sábado», que sube y baja continuamente, deteniéndose en cada piso, sin que uno tenga que realizar el «trabajo» de pulsar un botón.[36] La invención de la IA confiere otro giro a este relato antiguo. Al basarse en el reconocimiento facial, una IA puede dirigir rápidamente el ascensor hasta nuestro piso sin que tengamos que profanar el sábado.[37]

Esta profusión de textos e interpretaciones ha generado, a lo largo del tiempo, un cambio profundo en el judaísmo. En sus orígenes se trataba de una religión de sacerdotes y templos centrada en ritos y sacrificios. En época bíblica, la representación judía por excelencia consistía en un sacerdote con las ropas salpicadas de sangre que sacrificaba un cordero en el altar de Jehová. Sin embargo, con el paso de los siglos el judaísmo se ha convertido en una «religión de información» obsesionada con textos e interpretaciones. De la Alejandría del siglo II al Brooklyn del siglo XXI, la escena judía por excelencia ha consistido en un grupo de rabinos que discuten acerca de la interpretación de un texto.

Este cambio fue bastante sorprendente, dado que en casi ninguna parte de la Biblia encontramos a nadie que discuta acerca de la interpretación de ningún texto. Estos debates no formaban parte de la cultura bíblica. Por ejemplo, cuando Coré y sus seguidores pusieron en duda el derecho de Moisés a guiar al pueblo de Israel y pidieron una división más justa del poder, Moisés no reaccionó enzarzándose en una discusión erudita ni citando un pasaje de las escrituras. En su lugar, Moisés invocó a Dios para que obrara un milagro y, en el momento en que terminó de hablar, «rompióse el suelo debajo de ellos, abrió la tierra su boca y se los tragó a ellos, sus casas y a todos los partidarios de Coré» (Números 16:31-32). Cuando cuatrocientos cincuenta profetas de Baal y cuatrocientos profetas de Asera retaron a Elías a realizar una prueba pública frente al pueblo de Israel, este demostró la superioridad de Jehová sobre Baal y Asera, primero convocando un fuego milagroso del cielo y después matando a los profetas paganos. Nadie leyó ningún texto, y nadie inició ningún debate racional (I Reyes 18).

Cuando el judaísmo sustituyó los sacrificios por textos, pasó a considerar la información como piedra angular fundamental de la realidad, lo que anticipó las ideas actuales en física e informática. La avalancha de textos generados por rabinos hizo que estos se fueran percibiendo como algo más importante, e incluso más real, que labrar un campo, hornear una hogaza de pan o sacrificar un cordero en un templo. Aun después de que los romanos destruyeran el templo de Jerusalén y cesaran todos sus ritos, los rabinos se afanaron en escribir textos sobre la manera apropiada de efectuar ritos en el templo y debatieron acerca de la interpretación correcta de dichos textos. Siglos después de la destrucción del templo, la cantidad de información relativa a estos ritos virtuales no hizo sino aumentar. Los rabinos no eran ajenos a la brecha que parecía abrirse entre texto y realidad. Más bien, mantenían que escribir textos sobre estos ritos y debatir acerca de dichos textos era mucho más importante que la propia ejecución de los ritos.[38]

Finalmente, esto condujo a los rabinos a creer que el universo era una esfera de información: un ámbito compuesto de palabras que funcionaba según el código alfabético de las letras hebreas. Sostenían además que este universo de información se había creado para que los judíos pudieran leer textos y discutir sobre su interpretación, y que, si en algún momento los judíos dejaran de leer dichos textos y de debatir sobre ellos, el universo dejaría de existir.[39] En la vida cotidiana, esta postura implicaba que, para los rabinos, con frecuencia las palabras de los textos tenían más importancia que la realidad del mundo. O, para ser más precisos, que las palabras que aparecían en los textos sagrados se convertían en la más importante de las realidades acerca del mundo y moldeaban la vida de individuos y de comunidades enteras.

La Biblia dividida

La descripción anterior de la canonización de la Biblia y de la creación de la Mishná y el Talmud pasa por alto un dato muy importante. El proceso de canonización de la palabra de Jehová creó no una cadena de textos, sino varias cadenas en competencia. Había gente que creía en Jehová, pero no en los rabinos. La mayoría de estos disidentes aceptaban el primer bloque de la cadena bíblica, al que llamaban Antiguo Testamento. Pero, ya antes de que los rabinos cerraran dicho bloque, los disidentes rechazaron la autoridad de la institución rabínica, lo que los condujo a un posterior rechazo de la Mishná y del Talmud. Estos disidentes eran los cristianos.

Cuando surgió en el siglo I e. c., el cristianismo no era una religión unificada, sino más bien una serie de movimientos judíos que no estaban de acuerdo en muchas cosas, excepto en que todos consideraban que Jesucristo —y no la institución rabínica— ejercía como autoridad suprema sobre las palabras de Jehová.[40] Los cristianos aceptaban la divinidad de textos como el Génesis, Samuel e Isaías, pero aducían que los rabinos los interpretaban mal y que solo Jesús y sus discípulos conocían el verdadero significado de pasajes como «el Señor mismo os dará por eso la señal: he aquí que la virgen grávida da a luz, y le llama Emmanuel» (Isaías 7:14). Los rabinos dijeron *almah*, que significa «mujer joven», *Immanuel*, que significa «Dios con nosotros» (en hebreo *immanu* quiere decir «con nosotros» y *el* significa «Dios»), y todo el pasaje se interpretó como una promesa divina de ayuda al pueblo judío en su lucha contra los imperios extranjeros y opresores. En contraste, los cristianos aducían que *almah* significaba «virgen», que *Immanuel* significaba que Dios nacería literalmente entre los humanos, y que esto profetizaba que el divino Jesús nacería de la Virgen María en la Tierra.[41]

Sin embargo, al rechazar la autoridad de la institución rabínica y aceptar al mismo tiempo la posibilidad de nuevas revelaciones divinas, los cristianos abrieron las puertas al caos. En el siglo I e. c., y todavía más en los siglos II y III e. c., aparecieron diferentes cristianos cargados de interpretaciones radicalmente nuevas de libros como el Génesis e Isaías, así como de una plétora de nuevos mensajes de Dios. Puesto que rechazaban la autoridad de los rabinos, puesto que Jesús estaba muerto y no podía mediar entre ellos y puesto que todavía no existía una iglesia cristiana unificada, ¿quién podía decidir qué interpretaciones y mensajes estaban inspirados por la divinidad?

Así, Juan no fue el único en describir el fin del mundo en su Apocalipsis (el libro de la Revelación). Tenemos muchos más apocalipsis de esta época; por ejemplo, el Apocalipsis de Pedro, el Apocalipsis de Jaime e incluso el Apocalipsis de Abraham.[42] Y, en cuanto a la vida y las enseñanzas de Jesús, además de los cuatro Evangelios de Mateo, Marcos, Lucas y Juan, los primeros cristianos tenían el Evangelio de Pedro, el Evangelio de María, el Evangelio de la Verdad, el Evangelio del Salvador[43] y otros varios. De modo similar, además de los Hechos de los Apóstoles, hubo al menos otra docena de Hechos, como los Hechos de Pedro y los Hechos de Andrés.[44] Las cartas fueron todavía más prolíficas. La mayoría de las biblias actuales contienen catorce epístolas atribuidas a Pablo, tres atribuidas a Juan, dos a Pedro y una a Jaime y otra a Judas. Los antiguos cristianos estaban familiarizados no solo con las cartas paulinas adicionales (como la

Epístola a los Laodicenses), sino con otras numerosas epístolas supuestamente escritas por otros discípulos y santos.[45]

El hecho de que los cristianos compusieran cada vez más evangelios, epístolas, profecías, parábolas, plegarias y otros textos hizo difícil saber a cuáles prestar atención. Los cristianos necesitaban una institución que los clasificara. Así fue como se creó el Nuevo Testamento. Más o menos en la misma época en que los debates entre rabinos judíos producían la Mishná y el Talmud, los debates entre sacerdotes, obispos y teólogos cristianos produjeron el Nuevo Testamento.

En una carta del año 367 e. c., el obispo Atanasio de Alejandría recomendaba veintisiete textos que los fieles cristianos debían leer, una colección bastante ecléctica de relatos, cartas y profecías escritos por personas diferentes en épocas y lugares distintos. Atanasio recomendaba el Apocalipsis de Juan, pero no los de Pedro o Abraham. Aprobaba la Epístola de Pablo a los Gálatas, pero no la Epístola de Pablo a los Laodicenses. Aceptaba los Evangelios de Mateo, Marcos, Lucas y Juan, pero rechazaba el Evangelio de Tomás y el Evangelio de la Verdad.[46]

Una generación más tarde, en los concilios de Hipona (393) y Cartago (397), las reuniones de obispos y teólogos desembocaron en la canonización formal de esta lista de recomendaciones, que se conoció como Nuevo Testamento.[47] Cuando los cristianos hablan de «la Biblia», se refieren al Antiguo Testamento y al Nuevo Testamento. En cambio, el judaísmo no aceptó nunca el Nuevo Testamento y, cuando los judíos hablan de «la Biblia», se refieren solo al Antiguo Testamento, que se complementa con la Mishná y el Talmud.

Resulta interesante que, hasta el día de hoy, el hebreo carece de un término para describir el libro sagrado cristiano, que contiene el Antiguo Testamento y el Nuevo Testamento. El pensamiento judío los considera dos libros sin relación alguna y simplemente rechaza reconocer que pueda haber un único libro que los incluya a ambos, aunque tal vez se trate del libro más conocido del mundo.

Es fundamental señalar que los creadores del Nuevo Testamento no fueron los autores de los veintisiete textos que contiene; fueron sus compiladores. Debido a la escasez de evidencias del periodo, no podemos saber si la lista de textos de Atanasio refleja su criterio personal o si se originó a partir de pensadores cristianos anteriores. Lo que sí sabemos es que antes de los concilios de Hipona y Cartago había listas de recomendaciones rivales para los cristianos. A mediados del siglo II, Marción de Sinope codificó la más antigua de estas listas. El canon de Marción solo incluía el Evangelio de Lucas y diez epístolas de Pablo. Incluso estos once textos eran algo diferentes de las versiones que más tarde se canonizaron en Hipona y Cartago. O bien Marción desconocía textos como el Evangelio de Juan y el libro de la Revelación, o no los tenía en mucha estima.[48]

El padre de la iglesia san Juan Crisóstomo, contemporáneo del obispo Atanasio, recomendó solo veintidós libros; dejó fuera de su lista II Pedro, II Juan, III Juan, Judas y Revelación.[49] Todavía hoy, varias iglesias cristianas de Oriente Próximo siguen la lista reducida de Crisóstomo.[50] La Iglesia armenia tardó unos mil años en decidirse sobre el libro de la Revelación, mientras que incluía en su canon la Tercera Epístola a los Corintios, que otras iglesias —entre ellas la católica y la protestante— consideran una falsificación.[51] La Iglesia etíope suscribió al completo la lista de Atanasio, pero le añadió otros cuatro libros: Sínodos, el libro de Clemente, el libro de la Alianza y la Didascalia.[52] Otras listas respaldaban las dos epístolas de Clemente, las visiones del Pastor de Hermas, la Epístola de Bernabé, el Apocalipsis de Pedro y varios textos más que no figuraban en la selección de Atanasio.[53]

No conocemos las razones exactas por las que textos específicos fueron aceptados o rechazados por las diferentes iglesias, los concilios eclesiásticos y los padres de la Iglesia. Pero las consecuencias fueron trascendentales. Aunque las iglesias tomaron decisiones sobre los textos, los propios textos moldearon las iglesias. Como ejemplo significativo, pensemos en el papel de las mujeres en la Iglesia. Algunos de los primeros líderes cristianos consideraban que las mujeres eran inferiores a los hombres desde el punto de vista intelectual y ético, y adujeron que las mujeres debían limitarse a ejercer papeles subordinados en la sociedad y en la comunidad cristiana. Estas opiniones se reflejaron en textos como la Primera Epístola a Timoteo.

En uno de sus pasajes, el texto, atribuido a san Pablo, afirma: «Que la mujer aprenda en silencio, con plena sumisión. No consiento que la mujer enseñe ni domine al marido, sino que se mantenga en silencio, pues primero fue formado Adán, después Eva. Y no fue Adán el seducido, sino Eva, quien, seducida, incurrió en la transgresión. Se salvará al engendrar hijos si persevera en la fe, en la caridad y en la castidad, acompañada de la modestia» (2:11-15). Pero varios eruditos modernos, así como algunos líderes cristianos antiguos como Marción, han considerado que esta carta es una falsificación del siglo II atribuida a san Pablo pero escrita en realidad por otra persona.[54]

En oposición a I Timoteo, durante los siglos II, III y IV e. c. hubo importantes textos cristianos que consideraban a las mujeres iguales a los hombres y que incluso autorizaban a mujeres a ocupar puestos de liderazgo, como el Evangelio de María[55] o los Hechos de Pablo y Tecla. Este último se escribió más o menos en la misma época que I Timoteo, y durante un tiempo fue muy popular.[56] Narra las aventuras de san Pablo y de su discípula Tecla, y describe cómo Tecla no solo obró numerosos milagros, sino que se bautizó con sus propias manos y predicaba a menudo. Durante siglos, Tecla fue una de las santas cristianas más veneradas y se la vio como prueba de que las mujeres podían bautizar, predicar y dirigir comunidades cristianas.[57]

Antes de los concilios de Hipona y Cartago, no estaba claro que I Timoteo tuviera más autoridad que los Hechos de Pablo y Tecla. Con la inclusión de I Timoteo en su lista de recomendaciones y el rechazo de los Hechos de Pablo y Tecla, los obispos y teólogos reunidos moldearon la concepción que los cristianos han tenido de las mujeres hasta nuestros días. Solo podemos conjeturar qué caminos habría seguido el cristianismo si el Nuevo Testamento hubiera incluido los Hechos de Pablo y Tecla en lugar de I Timoteo. Quizá, además de padres como Atanasio, la Iglesia hubiera tenido madres, mientras que la misoginia se habría considerado una herejía peligrosa que pervertía el mensaje de amor universal de Jesús.

Así como la mayoría de los judíos olvidaron que los rabinos habían compilado el Antiguo Testamento, la mayoría de los cristianos olvidaron que los concilios de la Iglesia compilaron el Nuevo Testamento, y simplemente terminaron por verlo como la palabra infalible de Dios. Pero, mientras se consideraba que el libro sagrado era la fuente suprema de autoridad, el proceso de compilación dejó el poder real en manos de la institución que lo componía. En el judaísmo, la canonización del Antiguo Testamento y de la Mishná fueron de la mano de la creación de la institución rabínica. En el cristianismo, la canonización del Nuevo Testamento fue de la mano de la creación de una Iglesia cristiana unificada. Los cristianos confiaban en los funcionarios eclesiásticos —como el obispo Atanasio— debido a lo que leían en el Nuevo Testamento, pero tenían fe en el Nuevo Testamento porque era lo que los obispos les decían que leyeran. La tentativa de conceder toda la autoridad a una tecnología sobrehumana infalible condujo a la aparición de una institución humana nueva y poderosísima, la Iglesia.

La caja de resonancia

Con el paso del tiempo, los problemas de interpretación hicieron que la balanza del poder entre el libro sagrado y la Iglesia se inclinara cada vez más en favor de la institución. Así como la necesidad de interpretar los libros sagrados judíos reforzó a la institución rabínica, la necesidad de interpretar los libros sagrados cristianos confirió el poder a la Iglesia. Una máxima de Jesús o una epístola paulina podían interpretarse de diversas maneras, y era la institución la que decidía qué lectura era la correcta. A su vez, con frecuencia la institución se vio sacudida por disputas sobre la autoridad para interpretar el libro sagrado, lo que llevó a cismas institucionales como el que se estableció entre la Iglesia católica occidental y la Iglesia ortodoxa oriental.

Los cristianos leían el sermón de la montaña del Evangelio de Mateo y descubrían que debemos amar a nuestros enemigos, que debemos ofrecer la otra mejilla y que los mansos heredarán la Tierra. Pero ¿qué significaba esto exactamente? Los cristianos podían leerlo como una llamada a rechazar todo uso de la fuerza militar[58] o a rechazar todo tipo de jerarquía social.[59] Sin embargo, la Iglesia católica consideraba que lecturas pacifistas e igualitarias como esta eran una herejía, e interpretaba las palabras de Jesús en un sentido que permitía a la Iglesia convertirse en el terrateniente más rico de Europa, emprender cruzadas violentas e instituir inquisiciones salvajes. La teología católica aceptaba que Jesús nos hubiera dicho que amáramos a nuestros enemigos, pero defendía que quemar herejes era un acto de amor porque disuadía a otras personas de adoptar opiniones heréticas, con lo que las salvaba de las llamas del infierno. El inquisidor francés Jacques Fournier escribió a principios del siglo XIV todo un tratado sobre el sermón de la montaña en el que explicaba que el texto justificaba la caza de herejes.[60] La de Fournier no era una opinión aislada. Se convirtió en el papa Benedicto XII (1334-1342).

La tarea de Fournier como inquisidor, y posteriormente como papa, consistió en hacer que la interpretación de la Iglesia católica del libro sagrado prevaleciera. Para ello, Fournier y sus eclesiásticos no solo emplearon la coerción violenta, sino que también asumieron el control de la producción de libros. Antes de la aparición de la imprenta en Europa en el siglo XV, hacer muchas copias de un libro suponía abordar una empresa prohibitiva solo al alcance de las personas y las instituciones más ricas. La Iglesia católica empleó su poder y riqueza para divulgar copias de aquellos textos por los que tenía predilección, al tiempo que prohibía la producción y difusión de los que consideraba erróneos.

Desde luego, la Iglesia no podía impedir que un librepensador ocasional formulara ideas heréticas. Pero, debido a que controlaba los nodos clave de la red de información medieval —como talleres de copia, archivos y bibliotecas—, sí que podía impedir que dicho hereje produjera y distribuyera cien copias de su libro. Para hacernos una idea de las dificultades a las que podía enfrentarse un autor herético que pretendiera difundir sus opiniones, pensemos que, tras ser nombrado obispo de Exeter en 1050, Leofric solo encontró cinco libros en la biblioteca de la catedral. De inmediato estableció un taller en la catedral, pero, en los veintidós años que transcurrieron hasta su muerte en 1072, sus copistas produjeron solo sesenta y seis volúmenes más.[61] En el siglo XIII, la biblioteca de la Universidad de Oxford no albergaba más que unos pocos libros que se guardaban en un cofre bajo la iglesia de St. Mary. En 1424, la biblioteca de la Universidad de Cambridge presumía de contar con un total de no más de 122 libros.[62] Un decreto de 1409 de la Universidad de Oxford estipulaba que «una comisión de doce teólogos designados por el arzobispo» debía aprobar de manera unánime «todo texto reciente» que se estudiara en la universidad.[63]

La Iglesia pretendía encerrar a la sociedad en una caja de resonancia y limitar la difusión de libros únicamente a aquellos que la respaldaran, y la gente confiaba en la Iglesia porque casi todos los libros la apoyaban. Incluso a aquellos que no sabían leer les causaba una profunda impresión el recitado de esos textos preciosos y las explicaciones sobre su contenido. Así fue como la creencia en una tecnología supuestamente sobrehumana e infalible como el Nuevo Testamento condujo al auge de una institución humana poderosísima pero falible como la Iglesia católica, que aplastaba todas las ideas que se oponían a ella como «erróneas», al tiempo que no toleraba que nadie cuestionara las suyas.

Expertos de la información católica como Jacques Fournier dedicaban sus días a la lectura de la interpretación que Tomás de Aquino hacía de la interpretación de Agustín de las epístolas de san Pablo, a las que sumaban sus propias interpretaciones. Todos estos textos interrelacionados no representaban la realidad, sino que creaban una nueva esfera de información, incluso mayor y más poderosa, que la creada por los rabinos judíos. Los europeos de la Edad Media se hallaban instalados en dicha esfera de información y sus actividades, pensamientos y emociones cotidianos se definían por medio de textos acerca de textos sobre textos.

Imprenta, ciencia y brujas

Las tentativas de esquivar la falibilidad humana mediante la concesión de la autoridad a un texto infalible nunca tuvieron éxito. Si alguien creía que esto podía deberse a un error de los rabinos judíos o de los sacerdotes católicos, la Reforma protestante repitió una y otra vez el experimento, y obtuvo siempre los mismos resultados. Lutero, Calvino y sus sucesores adujeron que no había necesidad de que ninguna institución humana falible se interpusiera entre la gente común y el libro sagrado. Los cristianos debían abandonar las burocracias parasitarias que crecían alrededor de la Biblia y volver a conectar con la palabra original de Dios. Pero la palabra de Dios no se interpretaba a sí misma, razón por la que no solo luteranos y calvinistas, sino otras tantas sectas protestantes, acabaron por establecer sus propias instituciones eclesiásticas, a las que concedieron la autoridad de interpretar el texto y perseguir a los herejes.[64]

Si los textos infalibles no hacían más que conducir a la aparición de iglesias falibles y opresoras, ¿cómo podía tratarse el problema del error humano? La idea ingenua de la información da por sentado que el problema puede solucionarse creando lo opuesto a una iglesia, a saber, un mercado libre de información. La idea ingenua cree que la eliminación de las restricciones al flujo de información libre hará que, inevitablemente, se descubra el error y este se vea desplazado por la verdad. Esto es una ilusión. Dado que la ficción suele ser más barata, más simple y halagadora que la verdad, en un mercado de información completamente libre es probable que la verdad se hunda bajo un torrente de ficción.

Profundicemos un poco más para entender por qué. Como demostración, pensemos en lo que ocurrió durante una de las épocas más célebres de la historia de las redes de información, la revolución europea de la imprenta. La introducción de la imprenta en Europa a mediados del siglo XV hizo posible la producción masiva y relativamente rápida, barata y secreta de textos, incluso cuando la Iglesia católica los prohibía. Se estima que en los cuarenta y seis años que van de 1454 a 1500 se imprimieron en Europa más de doce millones de volúmenes. En cambio, en los mil años previos solo se habían copiado a mano unos once millones de volúmenes.[65] Hacia 1600, todo tipo de personas situadas en los márgenes de la sociedad —herejes, revolucionarios, protocientíficos— podían difundir sus escritos con una rapidez, un alcance y una facilidad nunca vistos.

En la historia de las redes de información, la revolución de la imprenta en la Europa de principios de la Edad Moderna se suele considerar un hito que quebró el control absoluto que la Iglesia católica ejercía sobre la red de información europea. Supuestamente, el hecho de que se permitiera que la gente intercambiara información con mucha más libertad que antes condujo a la revolución científica. Algo de verdad hay en esto. Es cierto que, sin la imprenta, habría sido mucho más difícil para Copérnico, Galileo y sus colegas desarrollar y difundir sus ideas.

Pero la imprenta no fue la causa principal de la revolución científica. Lo único que hizo la imprenta fue reproducir textos fielmente. La máquina no tenía la capacidad de generar ideas nuevas por su cuenta. Quienes conectan la imprenta con la ciencia dan por sentado que producir y difundir más información lleva inevitablemente a la gente a la verdad. De hecho, la imprenta permitió la difusión rápida no solo de datos científicos, sino también de fantasías religiosas, noticias falsas y teorías de la conspiración. Puede que el ejemplo más conocido de esto último sea la creencia en una conspiración mundial de brujas satánicas que dio lugar al furor de la caza de brujas que afectó a la Europa de principios de la Edad Moderna.[66]

La creencia en la magia y en los brujos y brujas ha caracterizado a las sociedades humanas en todos los continentes y eras, pero cada sociedad ha imaginado y reaccionado ante las brujas de maneras muy diferentes. Había sociedades que creían que los brujos y brujas controlaban a los espíritus, hablaban con los muertos y predecían el futuro; otras sostenían que las brujas robaban el ganado y localizaban tesoros escondidos. En unas comunidades se pensaba que las brujas causaban enfermedades, echaban a perder los maizales y elaboraban pócimas amatorias, mientras que en otras se suponía que entraban en las casas de noche, efectuaban tareas del hogar y robaban leche. En algunos lugares se creía que eran sobre todo brujas, mientras que en otros se imaginaba que en general se trataba de brujos.* Había culturas en las que las brujas causaban tanto terror que se las perseguía con violencia, pero otras las toleraban e incluso las respetaban. Por último, ha habido sociedades en cada continente y en cada época que han concedido poca importancia a brujas y brujos.[67]

Durante buena parte de la Edad Media, la mayoría de las sociedades europeas pertenecieron a esta última categoría, y no mostraron una preocupación excesiva por las brujas. La Iglesia católica medieval no las consideraba una amenaza importante para la humanidad, y algunas iglesias disuadían activamente a aquellos que querían cazar brujas. Según el *Canon Episcopi*, un texto influyente del siglo x que

* En inglés, *witch* puede ser tanto bruja como brujo; el traductor ha feminizado o masculinizado el término a su criterio. *(N. del T.)*

definía la doctrina de la Iglesia medieval sobre la cuestión, la brujería era en su mayor parte una ilusión, y la creencia en la realidad de la brujería, una superstición nada cristiana.[68] La caza de brujas europea fue un fenómeno moderno, no medieval.

En las décadas de 1420 y 1430, clérigos y eruditos que operaban sobre todo en la región de los Alpes tomaron elementos de la religión cristiana, del folclore local y del legado grecorromano y los amalgamaron para desarrollar una nueva teoría de la brujería.[69] Antes de esto, incluso cuando las brujas infundían temor, se consideraba que eran un problema estrictamente local: delincuentes aisladas que, guiadas por una malevolencia personal, seguían procedimientos mágicos para cometer robos y asesinatos. En cambio, el nuevo modelo intelectual argumentaba que brujas y brujos representaban una amenaza mucho más peligrosa para la sociedad. Por lo visto, una conspiración global de brujas dirigida por Satanás había constituido una religión anticristiana institucionalizada. Su objetivo era nada menos que la completa destrucción del orden social de la humanidad. Se decía que las brujas se reunían de noche en enormes asambleas demoniacas en las que adoraban a Satanás, mataban niños, comían carne humana, se entregaban a orgías y lanzaban maleficios que causaban tormentas, epidemias y otras catástrofes.

Inspirados por estas ideas, entre 1428 y 1436 unos clérigos y nobles de la región de Valais, en los Alpes occidentales, efectuaron las primeras cacerías de brujas en masa y los primeros juicios de brujas, lo que desembocó en la ejecución de más de doscientos supuestos brujos y brujas. Desde este feudo alpino, los rumores acerca de la conspiración global de las brujas se filtraron a otras partes de Europa, pero la creencia aún estaba lejos de generalizarse, la clase católica no la aceptaba y ninguna otra región organizó cacerías de brujas a gran escala como las que acontecieron en Valais.

En 1485, un fraile dominico e inquisidor llamado Heinrich Kramer emprendió una expedición de caza de brujas en otra región alpina, el Tirol austriaco. Kramer era un ferviente converso a la nueva creencia de la conspiración satánica global.[70] Al parecer, también era mentalmente inestable, y sus acusaciones sobre la práctica de una brujería satánica contaban con el aderezo de una misoginia furibunda y de extrañas fijaciones sexuales. Las autoridades eclesiásticas locales, dirigidas por el obispo de Brixen, mostraron su escepticismo ante las acusaciones de Kramer, cuyas actividades consideraban preocupantes. Detuvieron su inquisición, liberaron a los sospechosos que Kramer había arrestado y lo expulsaron de la zona.[71]

Kramer devolvió el golpe a través de la imprenta. Dos años después de su destierro, compiló y publicó el *Malleus Maleficarum* (El martillo de las brujas). El texto es una guía tipo hágalo usted mismo para descubrir y matar brujas en el que Kramer describe en detalle la conspiración mundial y los medios por los que los cristianos honestos podían descubrir a brujos y brujas y frustrar sus planes. En concreto, recomendaba el empleo de métodos de tortura terribles con el fin de obtener las confesiones de aquellos de los que se sospechaba que estuvieran practicando la brujería, y se mostraba inflexible en que el único castigo posible para los culpables era la ejecución.

Kramer organizó y codificó ideas y relatos previos, a los que añadió numerosos detalles de su propia imaginación, fértil y repleta de odio. Basándose en antiguas enseñanzas cristianas de contenido misógino como las de I Timoteo, Kramer sexualizó la brujería. Argumentó que esta era típicamente propia de mujeres porque se originaba en la lujuria, que supuestamente estaba más desarrollada en las mujeres. Advertía a los lectores que el sexo podía hacer que una mujer piadosa se convirtiera en bruja y que su marido fuera víctima de un embrujo.[72]

Un capítulo entero del *Martillo* se dedica a una habilidad propia de las brujas: robarles el pene a los hombres. Kramer se explaya cuando se cuestiona si las brujas son realmente capaces de arrebatarle el miembro masculino a su dueño o si solo pueden crear una ilusión de castración en la mente de los hombres, y pregunta: «¿Qué cabe pensar de estas brujas que de esta manera a veces recolectan órganos masculinos en gran número, hasta veinte o treinta miembros juntos, y los ponen en el nido de un ave o los guardan en una caja, donde se mueven como miembros vivos, y comen cebada y maíz, como muchos han visto?». Después cuenta un relato que escuchó de un hombre: «Cuando hubo perdido el miembro, se acercó a una bruja conocida para pedirle que se lo devolviera. Al constatar su aflicción, ella le dijo al hombre que subiera a un árbol concreto, y que podía tomar lo que quisiera del nido, en el que había diversos miembros. Y, cuando intentó tomar uno grande, la bruja le dijo: "No debes tomar este". Y añadió: "Porque pertenece a un sacerdote de la parroquia"».[73] Un buen número de las ideas sobre brujería que aún hoy gozan de popularidad —por ejemplo, que en su mayoría son mujeres, que se entregan a escandalosas actividades sexuales y que matan y mutilan a niños— adquirieron su carácter canónico con el libro de Kramer.

Como el obispo de Brixen, otros clérigos se mostraron inicialmente escépticos ante las alocadas ideas de Kramer, y entre los expertos de la Iglesia hubo cierta oposición al libro.[74] Pero *El martillo de las brujas* se convirtió en uno de los mayores éxitos de ventas de la Europa de principios de la Edad Moderna. El texto ponía el foco en los temores más profundos de la gente y satisfacía un interés de lo más escabroso por leer acerca de orgías, canibalismo, asesinatos de niños y conspiraciones satánicas. En 1500, el libro contaba con ocho ediciones, a las que se sumaron otras cinco hasta 1520 y dieciséis más hasta 1670, con numerosas traducciones a lenguas vernáculas.[75] Se convirtió en la obra definitiva sobre brujería y caza de brujas e inspiró gran cantidad de imitaciones y de trabajos sobre el tema. Como sea que la fama de Kramer aumentaba, los expertos de la Iglesia optaron por adaptar su obra. Kramer fue designado representante papal y nombrado inquisidor de Bohemia y Moravia en 1500. En la actualidad sus ideas siguen moldeando el mundo, y muchas de las teorías actuales sobre conspiraciones satánica globales —como las de QAnon— se basan en sus fantasías y las perpetúan.

Aunque sería una exageración aducir que la invención de la imprenta *provocó* el furor de la caza de brujas en Europa, hay que decir que la imprenta desempeñó un papel fundamental en la rápida divulgación de la creencia en una conspiración satánica global. A medida que las ideas de Kramer alcanzaban popularidad, las imprentas empezaron a producir no solo muchas más copias de *El martillo de las brujas* y de libros que lo imitaban, sino también un torrente de panfletos baratos, de una página, cuyos textos sensacionalistas a menudo venían acompañados de ilustraciones que presentaban a gente atacada por demonios o a brujas quemadas en la hoguera.[76] Asimismo, estas publicaciones ofrecían estadísticas descabelladas acerca de la importancia de la conspiración de las brujas. Por ejemplo, Henri Boguet (1550-1619), juez y cazador de brujas borgoñés, especulaba con que solo en Francia había trescientas mil brujas, y 1,8 millones en toda Europa.[77] Estas afirmaciones alimentaron la histeria colectiva, que en los siglos XVI y XVII desembocó en la tortura y ejecución de entre cuarenta y cincuenta mil personas inocentes acusadas de practicar la brujería.[78] Entre las víctimas había gente de toda condición social y de todas las edades, incluyendo a niños pequeños de tan solo cinco años.[79]

Las personas empezaron a acusarse unas a otras de brujería a partir de la evidencia más endeble, a menudo para vengar faltas de respeto personales o para obtener ventajas económicas o políticas. Una vez que se iniciaba una investigación oficial, el acusado podía considerarse condenado. Los métodos inquisitoriales que recomendaba *El martillo de las brujas* eran realmente diabólicos. Si el acusado confesaba haber practicado la brujería, era ejecutado y sus propiedades se dividían entre el acusador, el ejecutor y los inquisidores. El hecho de que el acusado rehusara confesar se interpretaba como prueba de su obstinación demoniaca, motivo por el que se le sometía a las torturas más terribles: se le quebraban los dedos, se le cortaba la carne con tenazas al rojo vivo, se le estiraba el cuerpo hasta el punto de rotura o se le sumergía en agua hirviendo. Antes o después, incapaz ya de soportarlo, confesaba... y era debidamente ejecutado.[80]

A modo de ejemplo, en 1600 las autoridades de Múnich arrestaron bajo la sospecha de haber practicado la brujería a la familia Pappenheimer: Paulus, el padre; Anna, la madre; los dos hijos mayores, y un niño de diez años, Hansel. Los inquisidores empezaron a torturar al pequeño Hansel. El protocolo del interrogatorio, que todavía puede leerse en los archivos de Múnich, cuenta con una nota de uno de los interrogadores referida al niño de diez años: «Puede ser torturado hasta el límite para que incrimine a la madre».[81] Después de ver cómo lo sometían a una serie inenarrable de torturas, los Pappenheimer confesaron numerosos crímenes, entre ellos el de haber matado a 265 personas mediante la práctica de la brujería y el de haber provocado catorce tormentas destructivas. Todos fueron condenados a muerte.

Desgarraron los cuerpos de cada uno de los cuatro miembros adultos de la familia con tenazas al rojo vivo, rompieron las extremidades de los hombres en la rueda, al padre lo empalaron en una estaca, a la madre le cortaron los senos y todos fueron quemados vivos. Se obligó a Hansel, el niño de diez años, a contemplarlo todo. Cuatro meses después, también él fue ejecutado.[82] Los cazadores de brujas eran extremadamente concienzudos cuando se trataba de buscar al demonio y a sus cómplices. Pero, si de verdad querían encontrar la maldad diabólica, solo tenían que mirarse en el espejo.

La Inquisición española al rescate

Las cacerías de brujas rara vez terminaban con un solo muerto; ni siquiera con una sola familia muerta. Puesto que el modelo básico sostenía que se trataba de una conspiración global, las torturas a las que se sometía a los acusados de practicar la brujería tenían como objetivo que dieran los nombres de sus cómplices. Después, esta información se usaba como prueba para encarcelar, torturar y ejecutar a otros. Que un funcionario, un estudioso o un clérigo planteara objeciones a estos métodos absurdos podía considerarse una prueba de que también ellos practicaban la brujería…, lo que conducía a su arresto y tortura.

Por ejemplo, en 1453, cuando la creencia en la conspiración satánica apenas empezaba a arraigar, un valeroso teólogo francés llamado Guillaume Edelin trató de reprimirla antes de que se extendiera. Repitió algunas de las afirmaciones del *Canon Episcopi* medieval, que la brujería era una ilusión y que en realidad las brujas no podían volar de noche para encontrarse con Satanás y establecer un pacto con él. Entonces, acusado también él de practicar la brujería, Edelin fue arrestado. Bajo tortura, confesó que él mismo había volado con una escoba y firmado un pacto con el diablo, y que era Satanás quien le había encargado predicar que la brujería era una ilusión. Sus jueces fueron indulgentes con él; se libró de la ejecución, y a cambio lo condenaron a cadena perpetua.[83]

Las cazas de brujas demuestran que crear una esfera de información puede tener un lado oscuro. Al igual que los debates rabínicos sobre el Talmud y que las discusiones escolásticas acerca de las escrituras cristianas, las cacerías de brujas recibieron el impulso de un océano informativo en expansión que en lugar de representar la realidad creó una nueva. Las brujas no eran una realidad objetiva. Nadie en la Europa de principios de la Edad Moderna se acostó con Satanás ni fue capaz de volar montado en una escoba ni de provocar tormentas de granizo. Pero las brujas se convirtieron en una realidad intersubjetiva. Como el dinero, las brujas se hicieron reales a través del intercambio de información sobre brujas.

Toda una burocracia en torno a la caza de brujas se dedicaba a estos intercambios. Teólogos, abogados, inquisidores e impresores se ganaban la vida recabando y generando información sobre brujos y brujas, catalogando sus diferentes tipologías, investigando su comportamiento y dando consejos sobre cómo podían descubrirse y derrotarse. Cazadores profesionales de brujas ofrecían sus servicios a gobiernos y ayuntamientos, y se embolsaban grandes sumas de dinero. Se cumplimentaban archivos con informes detallados de expediciones de caza de brujas, protocolos de juicios de brujas y extensas confesiones obtenidas de los supuestos brujos y brujas.

Los cazadores de brujas expertos usaban todos estos datos para refinar todavía más sus teorías. Como los eruditos que discutían acerca de la correcta interpretación de las escrituras, los cazadores de brujas debatían sobre la correcta interpretación de *El martillo de las brujas* y otros libros influyentes. La burocracia de la cacería de brujas hizo lo que suele hacer la burocracia: inventó la categoría intersubjetiva de «brujas» y la impuso a la realidad. Incluso llegó a imprimir formularios con acusaciones estandarizadas y confesiones de haber practicado la brujería, y espacios en blanco para las fechas, los nombres y la firma del acusado. Toda esta información generó gran cantidad de orden y poder; era una manera de que determinadas personas ganaran autoridad y de que la sociedad en conjunto impusiera disciplina entre sus miembros. Pero no produjo ninguna verdad ni sabiduría.

A medida que la burocracia de la caza de brujas generaba cada vez más información, se hizo más difícil rechazar toda esta información como pura fantasía. ¿Acaso era posible que el silo de datos de las cazas de brujas no contuviera ni un solo grano de verdad? ¿Qué pasaba con todos aquellos libros escritos por doctos eclesiásticos? ¿Qué ocurría con los protocolos de juicios gestionados por jueces prestigiosos? ¿Y qué pasaba con las decenas de miles de confesiones documentadas?

La nueva realidad intersubjetiva era tan convincente que incluso algunos de los acusados de practicar la brujería acabaron por creer que formaban parte de una conspiración satánica global. Si todo el mundo lo dice, será verdad. Tal como se ha expuesto en el capítulo 2, los humanos somos propensos a adoptar recuerdos falsos. Al menos algunos europeos de principios de la Época Moderna soñaban o fantaseaban con invocar demonios, acostarse con Satanás y practicar la brujería, y, cuando fueron acusados de ser brujos o brujas, confundieron sus sueños y fantasías con la realidad.[84]

En consecuencia, incluso cuando las cacerías de brujas alcanzaron su espantoso cénit a principios del siglo XVII, y cuando mucha gente sospechaba que algo no andaba bien, no fue fácil rechazar todo el asunto como pura fantasía. Uno de los peores episodios de la caza de brujas de la Europa de principios de la Edad Moderna tuvo lugar en las ciudades de Bamberg y Wurzburgo, en el sur de Alemania, a finales de la década de 1620. En Bamberg, una localidad de menos de 12.000 habitantes en aquella época,[85] más de 900 inocentes murieron ejecutados entre 1625 y 1631.[86] En Wurzburgo, con una población de alrededor de 11.500 habitantes, otras 1.200 personas fueron torturadas y asesinadas.[87] En agosto de 1629, el canciller del príncipe-obispo de Wurzburgo escribió una carta a un amigo acerca de la cacería de brujas en curso, en la que confesaba sus dudas sobre el tema. Vale la pena citarla en su totalidad:

> En relación con el asunto de las brujas..., acaba de empezar, y no hay palabras que le hagan justicia. ¡Ah! ¡Qué calamidad y qué miseria! Todavía hay cuatrocientas personas en la ciudad, de clase alta y baja, de toda condición y sexo, es más, incluso clérigos, sobre las que pesan tan fuertes acusaciones que podrían ser arrestadas en cualquier momento... El príncipe-obispo tiene más de cuarenta estudiantes que pronto serán sacerdotes; entre ellos, se dice que trece o catorce son brujos. Hace unos días se arrestó a un decano; otros dos a los que cita-

> ron han huido. Ayer, el notario del consistorio de nuestra iglesia, un hombre muy instruido, fue arrestado y torturado. En una palabra, es seguro que una tercera parte de la ciudad está implicada. A los miembros más ricos, más atractivos, más prominentes del clero ya los han ejecutado. Hace una semana, una doncella de diecinueve años de la que en todas partes se dice que era la más bella de toda la ciudad y a la que todos consideraban una muchacha de singular modestia y castidad, fue ejecutada. La seguirán otras siete u ocho personas de entre las mejores y más atractivas... Y de este modo muchos son asesinados por renunciar a Dios y participar en las danzas de las brujas, contra las que nadie ha dicho jamás una palabra.
>
> Para concluir este desdichado asunto, hay niños de tres y cuatro años, en número de trescientos, de los que se dice que han tenido relaciones sexuales con el diablo. He visto cómo mataban a niños de siete años, a estudiantes prometedores de diez, doce, catorce y quince años... Pero no puedo y no debo escribir más sobre esta desgracia.

El canciller añadió después esta interesante posdata:

> Aunque están ocurriendo muchas cosas maravillosas y terribles, no cabe la menor duda de que, en un lugar llamado Fraw-Rengberg, el diablo en persona, con ocho mil de sus seguidores, celebró una asamblea y ofició misa ante todos ellos, ni de que administró a su audiencia (es decir, las brujas y brujos) cortezas y peladuras de nabos en lugar de la Sagrada Eucaristía. Tuvieron lugar blasfemias no solo repugnantes, sino de lo más horribles y espantosas, y escribir sobre ello me da escalofríos.[88]

Incluso después de expresar el horror que le producía la locura de la caza de brujas en Wurzburgo, el canciller expresó su firme creencia en la conspiración satánica de las brujas. No presenció ningún acto de brujería en primera persona, pero circulaba tanta información sobre brujas que le resultó imposible dudar de todo aquello. Las cazas de brujas fueron una catástrofe provocada por la propagación de información tóxica. Son un ejemplo extraordinario de un problema creado por la información que empeoró debido a que se acumuló más información.

Esta fue una conclusión a la que llegaron no solo los estudiosos modernos, sino también algunos de los observadores más perspicaces de la época. Alonso de Salazar y Frías, un inquisidor español, realizó una investigación a fondo de las cacerías y de los juicios de brujas de principios del siglo XVII. Esto fue lo que concluyó: «No he encontrado una sola prueba, ni siquiera la menor indicación, de las que inferir que un acto de brujería haya tenido lugar realmente», y que «no había brujas ni embrujados hasta que se habló y se escribió sobre ellas».[89] Salazar entendía el significado de las realidades intersubjetivas e identificó correctamente toda la industria de la caza de brujas como una esfera de información intersubjetiva.

La historia del furor de la caza de brujas de la Europa de principios de la Edad Moderna demuestra que eliminar las barreras que obstaculizan el flujo de información no tiene por qué conducir al descubrimiento y la difusión de la verdad, sino que con la misma facilidad puede llevar a la divulgación de mentiras y fantasías, y a la creación de esferas de información tóxicas. De manera más específica, un mercado de ideas completamente libre puede incentivar la divulgación de atrocidades y sensacionalismo a expensas de la verdad. No resulta difícil entender por qué. Impresores y libreros ganaban mucho más dinero con las narraciones escabrosas de *El martillo de las brujas* que con los aburridos conceptos matemáticos de *De revolutionibus orbium coelestium*,* de Copérnico. Este fue uno de los textos fundadores de la moderna tradición científica. Se le atribuyen una serie de descubrimientos trascendentales sobre el mundo que desplazaron a nuestro planeta del centro del universo y que, de este modo, iniciaron la revolución copernicana. Pero, cuando se publicó por primera vez en 1543, la tirada inicial de cuatrocientos ejemplares no terminó de venderse, y hubo que esperar hasta 1566 para que se publicara una segunda edición con una tirada en un formato similar. La tercera edición no vio la luz hasta 1617. Tal como bromeó Arthur Koestler, fue el mayor fracaso comercial de toda la historia.[90] Lo que de verdad puso en marcha la revolución científica no fue la imprenta ni un mercado de información completamente libre,

* *Sobre las revoluciones de los orbes celestes. (N. del T.)*

sino más bien un nuevo enfoque del problema de la falibilidad humana.

El descubrimiento de la ignorancia

La historia de la imprenta y de la caza de brujas demuestra que un mercado de la información sin regular no tiene por qué llevarnos necesariamente a identificar y corregir nuestros errores, porque bien podría priorizar los escándalos en lugar de la verdad. Para que la verdad tenga éxito, es necesario crear instituciones de organización y conservación con el poder de inclinar la balanza a favor de los hechos. Sin embargo, tal como evidencia la historia de la Iglesia católica, dichas instituciones podrían emplear su poder de organización para suprimir cualquier crítica que se les haga, calificando de errónea cualquier idea alternativa y evitando que los propios errores de la institución se divulguen y se corrijan. ¿Es posible crear mejores instituciones de organización y conservación que empleen su poder para promover la búsqueda de la verdad en lugar de para seguir acumulando poder?

La Europa de principios de la Edad Moderna fue testigo del surgimiento de estas instituciones, y fueron ellas —en lugar de la imprenta o de libros concretos como *De revolutionibus orbium coelestium*— las que sentaron las bases de la revolución científica. Estas instituciones de organización y conservación no fueron las universidades. Muchos de los líderes principales de la revolución científica no fueron profesores universitarios. Ni Nicolás Copérnico ni Robert Boyle ni Tycho Brahe ni René Descartes, por ejemplo, detentaban puestos académicos. Tampoco Spinoza, Leibniz, Locke, Berkeley, Voltaire, Diderot o Rousseau.

Las instituciones de organización y conservación que desempeñaron un papel fundamental en la revolución científica conectaron a estudiosos e investigadores tanto en las universidades como fuera de ellas, lo que creó una red de información que se extendió por toda Europa y, finalmente, por todo el mundo. Para acelerar esa revolución, los científicos tuvieron que confiar en la información publicada por colegas de países distantes. La confianza en el trabajo de compañeros a los que nunca se había visto se manifestó en asociaciones científicas como la Royal Society of London for Improving Natural Knowledge, fundada en 1660, y la Académie des Sciences francesa (1666); en revistas científicas como las *Philosophical Transactions of the Royal Society* (1665) y la *Histoire de l'Académie Royale des Sciences* (1699), y en editores científicos como los artífices de la *Encyclopédie* (1751-1772). Estas instituciones organizaban y conservaban información sobre la base de la evidencia empírica, y prestaban atención a los descubrimientos de Copérnico, en lugar de a las fantasías de Kramer. Cuando se entregaba un artículo a las *Philosophical Transactions of the Royal Society*, lo primero que preguntaban los editores no era «¿cuánta gente lo leerá?», sino «¿qué pruebas hay de que esto sea cierto?».

Al carecer del poder necesario para remodelar el mundo, al principio estas nuevas instituciones parecían tan endebles como telarañas. A diferencia de los expertos en cacerías de brujas, los editores de las *Philosophical Transactions of the Royal Society* no podían torturar ni ejecutar a nadie. Y, a diferencia de la Iglesia católica, la Académie des Sciences no poseía territorios ni un gran presupuesto. Pero la influencia de las instituciones científicas se incrementó gracias a una reivindicación muy original de la verdad. Por lo general, una Iglesia le decía al pueblo que confiara en ella porque poseía la verdad absoluta en la forma de un libro sagrado infalible. En cambio, una institución científica ganaba autoridad porque contaba con fuertes mecanismos de autocorrección que denunciaban y rectificaban sus propios errores. Estos mecanismos de autocorrección, y no la tecnología de la imprenta, fueron el motor de la revolución científica.

En otras palabras, el descubrimiento de la ignorancia dio inicio a la revolución científica.[91] Las religiones de libro creían tener acceso a una fuente infalible de conocimiento. Los cristianos tenían la Biblia; los musulmanes, el Corán; los hindúes, los Vedas, y los budistas tenían el Tipitaka. La cultura científica no dispone de un libro sagrado comparable ni proclama que ninguno de sus héroes sea un profeta, un santo o un genio infalible. El proyecto científico se inicia en el momento en que se rechaza la fantasía de la infalibilidad y se procede a construir una red de información que considera que el error es inevitable. Desde luego, se habla mucho del genio de Copérnico, Darwin y Einstein, pero a ninguno de ellos se le considera perfecto. Todos cometieron equivocaciones, y con total seguridad incluso los más célebres tratados científicos contienen errores y lagunas.

Dado que hasta los genios son víctimas del sesgo de confirmación, no se puede confiar en que corrijan sus propios errores. La ciencia es una empresa colectiva que se basa en la colaboración institucional, y no en científicos independientes o, pongamos por caso, en un único libro infalible. Desde luego, las instituciones también son proclives al error. No obstante, las instituciones científicas son diferentes de las religiosas, puesto que premian el escepticismo y la innovación en lugar de la conformidad. Las instituciones científicas también son diferentes de las teorías de la conspiración, en la medida en que premian el autoescepticismo. Las teorías de la conspiración suelen ser muy escépticas en relación con el consenso existente, pero, cuando se trata de sus propias creencias, pierden todo su escepticismo y sucumben al sesgo de confirmación.[92] El distintivo de la ciencia no es solo el escepticismo, sino el autoescepticismo, y en el centro de toda institución científica encontramos un sólido mecanismo de autocorrección. Las instituciones científicas alcanzan amplios consensos acerca de la exactitud de determinadas teorías, como la mecánica cuántica o la teoría de la evolución, pero solo porque dichas teorías han conseguido sobrevivir a los intensos trabajos de refutación efectuados no solo por gente ajena, sino por miembros de la propia institución.

Mecanismos de autocorrección

En tanto que tecnología de la información, los mecanismos de autocorrección son el polo opuesto del libro sagrado. Se supone que el libro sagrado es infalible. Los mecanismos de autocorrección aceptan la falibilidad. Por mecanismos de autocorrección me refiero a los que una entidad emplea para autocorregirse. Un profesor que corrige una redacción de un estudiante no es un mecanismo de autocorrección; el estudiante no corrige su propia redacción. Un juez que envía a un delincuente a prisión no es un mecanismo de autocorrección; el delincuente no denuncia su propio crimen. La derrota y el desmantelamiento del régimen nazi a manos de los aliados no fue un mecanismo de autocorrección; si de ella hubiese dependido, Alemania no se habría desnazificado. Pero el hecho de que una revista científica publique un artículo en el que se corrige un error aparecido en un artículo previo funciona como ejemplo de una institución que corrige sus propios errores.

Los mecanismos de autocorrección son ubicuos en la naturaleza. Los niños aprenden a andar gracias a ellos. Haces un movimiento equivocado, caes, aprendes de tu error, intentas hacerlo un poco diferente. Desde luego, a veces los padres y los maestros echan una mano al niño o le aconsejan, pero a un niño que se base por completo en las correcciones externas o que siga poniendo excusas cuando se equivoca en lugar de aprender de los errores le costará mucho andar. En realidad, incluso en la edad adulta, cuando caminamos nuestro cuerpo se sumerge en un intrincado proceso de autocorrección. A medida que nos abrimos camino por el espacio, bucles de retroalimentación internos entre el cerebro, las extremidades y los órganos sensoriales mantienen nuestros brazos y piernas en el lugar adecuado y evitan que perdamos el equilibrio.[93]

Otros muchos procesos corporales requieren una autocorrección constante. La presión sanguínea, la temperatura, los niveles de azúcar y otros muchos parámetros han de contar con cierto margen de maniobra para adaptarse a las circunstancias cambiantes, pero nunca pueden superar o bajar de determinados niveles críticos. Nuestra presión sanguínea ha de aumentar cuando corremos, reducirse cuando dormimos, pero siempre debe mantenerse dentro de ciertos límites.[94] Nuestro cuerpo gestiona esta delicada danza bioquímica mediante un conjunto de mecanismos de autocorrección homeostáticos. Si la presión sanguínea aumenta demasiado, los mecanismos autocorrectores la disminuyen. Si es peligrosamente baja, los mecanismos autocorrectores la hacen subir. Si los mecanismos de autocorrección se estropean, podríamos morir.[95]

Las instituciones también mueren sin mecanismos de autocorrección. Dichos mecanismos se activan con la confirmación de que los humanos son falibles y corruptibles. Pero, en lugar de perder la confianza en los humanos y de tratar de esquivarlos, la institución persigue sin cesar sus propios errores e intenta corregirlos. Toda institución capaz de perdurar una buena cantidad de años posee tales mecanismos, pero, entre instituciones, la fuerza y la visibilidad de los mecanismos autocorrectores difieren bastante.

Por ejemplo, la Iglesia católica es una institución con mecanismos de autocorrección relativamente débiles. Puesto que proclama su infalibilidad, no puede admitir equivocaciones institucionales. De vez en cuando muestra cierta disposición a reconocer que algunos de sus miembros se han equivocado o han pecado, pero se supone que la institución se mantiene en un estado de perfección. Por ejemplo, en el Segundo Concilio Vaticano, en 1964, la Iglesia católica reconoció que «Cristo llama a la Iglesia peregrinante hacia una perenne reforma, de la que la Iglesia misma, en cuanto institución humana y terrena, tiene siempre necesidad hasta el punto de que si algunas cosas fueron menos cuidadosamente observadas, bien por circunstancias especiales, bien por costumbres, o por disciplina eclesiástica, o también por formas de exponer la doctrina —que debe cuidadosamente distinguirse del mismo depósito de la fe—, se restauren en el tiempo oportuno recta y debidamente».[96]

Esta admisión parece prometedora, pero el diablo está en los detalles, concretamente en el rechazo a permitir cualquier deficiencia en «el depósito de la fe». En el dogma católico, «el depósito de la fe» se refiere al conjunto de verdades reveladas que la Iglesia ha recibido de las escrituras y de la sagrada tradición de interpretarlas. La Iglesia católica reconoce que los sacerdotes son humanos falibles que pueden pecar y también equivocarse en el modo en que formulan las enseñanzas de la Iglesia. Sin embargo, el libro sagrado mismo nunca puede equivocarse. ¿Qué implica esto acerca de la Iglesia como institución que combina a humanos falibles con un texto infalible?

Según el dogma católico, la infalibilidad bíblica y la guía divina se imponen a la corrupción humana, de modo que, aunque a título personal los miembros de la Iglesia puedan equivocarse y pecar, la Iglesia católica como institución nunca se equivoca. Supuestamente, Dios nunca ha permitido que una mayoría de líderes de la Iglesia cometa un error grave en su interpretación del libro sagrado. Este principio es común a muchas religiones. La ortodoxia judía aceptó la posibilidad de que los rabinos que compusieron la Mishná y el Talmud pudieran equivocarse en asuntos personales, pero, cuando se dedicaban a decretar doctrinas religiosas, Dios garantizaba que no cometieran ningún error.[97] En el islam existe un principio análogo conocido como *iŷmāʿ*. Según un hadiz* importante, Mahoma dijo que «Alá garantizará que mi comunidad nunca acepte un error».[98]

En el catolicismo, esta supuesta perfección institucional se consagra con mayor claridad en la doctrina de la infalibilidad papal, que dice que, aunque en los asuntos personales los papas pueden equivocarse, en su papel institucional son infalibles.[99] Por ejemplo, el papa Alejandro VI se equivocó al romper su voto de celibato, pues tenía una amante y engendró varios hijos, pero cuando definió las enseñanzas oficiales de la Iglesia en cuestiones de ética o de teología fue incapaz de errar.

De acuerdo con estas ideas, la Iglesia católica siempre ha empleado un mecanismo autocorrector para supervisar a sus miembros humanos en sus asuntos personales, pero nunca ha desarrollado un mecanismo para enmendar la Biblia o para enmendar su «depósito de la fe». Esta postura se manifiesta en las pocas disculpas formales que la Iglesia católica ha emitido por su conducta en el pasado. En épocas recientes, varios papas han pedido perdón por haber maltratado a judíos, mujeres, cristianos no católicos y culturas indígenas, así como por episodios más concretos como el saqueo de Constantinopla de 1204 y los abusos sexuales cometidos en escuelas católicas. Es digno de elogio que la Iglesia católica pida estas disculpas; las instituciones religiosas rara vez lo hacen. No obstante, en todos estos casos los papas se cuidaron bien de alejar la responsabilidad de las escrituras y de la Iglesia en tanto que institución. En su lugar, culparon a los clérigos que, a título personal, interpretaron mal las escrituras y se desviaron de las verdaderas enseñanzas de la Iglesia.

Por ejemplo, en marzo de 2000, el papa Juan Pablo II ofició una ceremonia especial en la que pidió perdón por una larga lista de crí-

* Dicho o hecho de Mahoma de transmisión tradicional. *(N. del T.)*

menes históricos cometidos contra los judíos, los herejes, las mujeres y los pueblos indígenas. Pidió disculpas «por la violencia que algunos ejercieron en el servicio de la verdad». Esta terminología implicaba que la violencia era cosa de «algunos» individuos mal guiados que no entendían la verdad que la Iglesia enseñaba. El papa no aceptó la posibilidad de que estos individuos entendieran exactamente lo que la Iglesia enseña ni de que dichas enseñanzas simplemente no fueran la verdad.[100]

De forma similar, cuando en 2022 el papa Francisco pidió perdón por los abusos contra los pueblos indígenas en las escuelas de Canadá gestionadas por la Iglesia, dijo: «Pido perdón, en particular, por el modo en que muchos miembros de la Iglesia… cooperaron… en proyectos de destrucción cultural y obligaron a la asimilación».[101] Adviértase su meticuloso desplazamiento de la responsabilidad. La culpa era de «muchos miembros de la Iglesia», no de la Iglesia ni de sus enseñanzas. Como si nunca hubiera existido una doctrina oficial de la Iglesia enfocada en destruir las culturas indígenas y en convertir a la gente por la fuerza.

En realidad, no fueron unos pocos sacerdotes incontrolables los que pusieron en marcha las Cruzadas, impusieron leyes que discriminaban a los judíos y a las mujeres, u orquestaron la aniquilación sistemática de las religiones indígenas en todo el mundo.[102] Los escritos de un buen número de venerados padres de la Iglesia y los decretos oficiales de muchos papas y concilios eclesiásticos están repletos de pasajes que desprecian las religiones «paganas» y «heréticas», demandan su destrucción, discriminan a sus miembros y legitiman el empleo de la violencia para convertir a la gente al cristianismo.[103] Por ejemplo, en 1452, el papa Nicolás V emitió la bula *Dum Diversas*, dirigida al rey Alfonso V de Portugal y a otros monarcas católicos. La bula decía: «Le otorgamos por estos documentos presentes, con nuestra Autoridad Apostólica, permiso pleno y libre para invadir, buscar, capturar y subyugar a sarracenos y paganos y a otros infieles y enemigos de Cristo dondequiera que se encuentren, así como sus reinos, ducados, condados, principados, y otros bienes […] y para reducir sus personas a la esclavitud perpetua».[104] Esta proclamación oficial, repetida en numerosas ocasiones por papas posteriores, sentó las bases teológicas del imperialismo europeo y de la destrucción de las culturas nativas en todo el mundo. Desde luego, aunque la Iglesia no lo reconozca oficialmente, a lo largo del tiempo ha cambiado sus estructuras institucionales, sus enseñanzas fundamentales y su interpretación de las escrituras. La actual Iglesia católica es mucho menos antisemita y misógina que en la Edad Media y a principios de la Edad Moderna. El papa Francisco es mucho más tolerante con las culturas indígenas que el papa Nicolás V. Aquí encontramos un mecanismo de autocorrección institucional que reacciona tanto a las presiones externas como a los exámenes de conciencia. Pero lo que caracteriza a la autocorrección en instituciones como la Iglesia católica es que, incluso cuando se produce, más que celebrarse, se niega. La primera regla respecto a la modificación de las enseñanzas de la Iglesia es que nunca debe admitirse la modificación de las enseñanzas de la Iglesia.

Nunca oiremos a un papa que anuncie al mundo: «Nuestros expertos acaban de descubrir un error garrafal en la Biblia. Pronto publicaremos una edición revisada». Por el contrario, cuando se les pregunta por la postura, más generosa ahora, adoptada por la Iglesia respecto a los judíos y las mujeres, los papas dan a entender que esto es lo que *en realidad* ha predicado siempre la Iglesia, aunque en el pasado algunos clérigos no acabaran de entender el mensaje. Negar la existencia de la autocorrección no impide que se produzca, pero hace que sea más débil y más lenta. Puesto que no se reconoce la corrección de los errores del pasado, ni mucho menos se celebra, cuando los fieles descubren otro problema importante en la institución y en sus enseñanzas quedan paralizados por el miedo a cambiar algo que se supone que es eterno e infalible. No pueden beneficiarse del ejemplo de cambios previos.

Por ejemplo, para aquellos católicos que, como el papa Francisco, empiezan a reconsiderar las enseñanzas de la Iglesia sobre la homosexualidad[105] no resulta sencillo reconocer los errores del pasado y cambiar las enseñanzas. Si, llegado el momento, un papa futuro quisiera pedir perdón por el maltrato al que se ha sometido a las personas LGTBIQ, el modo de hacerlo sería volver a cargar las culpas sobre los hombros de ciertos individuos que, con exceso de celo, no entendieron bien el Evangelio. Para mantener su autoridad religiosa, a la Iglesia católica no le queda otra opción que negar la existencia de la autocorrección institucional. Porque la Iglesia cayó en la trampa de la infalibilidad. Toda vez que su autoridad religiosa se ha basado en una declaración de infalibilidad, cualquier admisión pública de error institucional —incluso sobre cuestiones relativamente menores— podría aniquilarla.

El *DSM* y la Biblia

En contraste con la Iglesia católica, las instituciones científicas que surgieron en la Europa de principios de la Edad Moderna se construyeron alrededor de sólidos mecanismos de autocorrección. Las instituciones científicas mantienen que incluso aquello que la mayoría de los científicos de un periodo determinado dan por cierto podría ser inexacto o insuficiente. En el siglo XIX, la mayor parte de los científicos aceptaba la física newtoniana como explicación completa del universo, pero en el siglo XX la teoría de la relatividad y la mecánica cuántica demostraron las inexactitudes y limitaciones del modelo de Newton.[106] Los hitos científicos acontecen en el momento preciso en que el saber aceptado se anula y nacen nuevas teorías.

Es vital que las instituciones científicas estén dispuestas a admitir su *responsabilidad* institucional en errores importantes y en crímenes. Por ejemplo, las universidades actuales suelen ofrecer cursos y las revistas profesionales suelen publicar artículos que denuncian el racismo y el sexismo institucional que caracterizaron el estudio de materias como la biología, la antropología y la historia en el siglo XIX y en gran parte del siglo XX. La investigación sobre casos concretos que sientan jurisprudencia, como el experimento Tuskegee sobre la sífilis, y sobre políticas gubernamentales que van desde la política blanca de Australia hasta el Holocausto, ha dedicado repetidos y extensos estudios acerca de cómo un buen número de imperfectas teorías biológicas, antropológicas e históricas que se desarrollaron en instituciones científicas punteras se usaron para justificar y facilitar la discriminación, el imperialismo e incluso el genocidio. De estos crímenes y errores no se culpa a unos cuantos académicos equivocados. Se consideran un fracaso institucional de disciplinas académicas enteras.[107]

La predisposición a admitir errores institucionales importantes favorece el ritmo relativamente rápido al que se desarrolla la ciencia. A menudo, cuando la evidencia disponible lo justifica, las teorías dominantes acaban por descartarse al cabo de unas generaciones para ser sustituidas por nuevas teorías. Lo que los estudiantes de biología, antropología e historia estudian en las universidades de principios del siglo XXI es muy diferente de lo que se estudiaba un siglo antes.

En este sentido, la psiquiatría ofrece numerosos ejemplos sobre lo que son unos mecanismos autocorrectores sólidos. En las estanterías de la mayoría de los psiquiatras se puede encontrar el *DSM*, el *Diagnostic and Statistical Manual of Mental Disorders*, que en ocasiones se ha denominado la biblia de los psiquiatras. Pero entre el *DSM* y la Biblia hay una diferencia fundamental. Publicado por primera vez en 1952, el *DSM* se somete a revisión cada una o dos décadas, y la quinta edición apareció en 2013.* A lo largo de los años, la definición de muchos trastornos ha cambiado, se han añadido algunos nuevos, mientras que otros se han eliminado. Por ejemplo, en 1952, la homosexualidad se listaba como una alteración sociopática de la personalidad, pero en 1974 se eliminó del *DSM*. Solo llevó veintidós años corregir el error en el *DSM*. Este no es un libro sagrado. Es un texto científico.

Hoy la psiquiatría no trata de reinterpretar la definición de «homosexualidad» de 1952 con un espíritu más benevolente. En su lugar, considera que la definición de 1952 era un error absoluto. Más importante: el error no se atribuye a los defectos de unos cuantos profesores de ideas homófobas, sino que se reconoce que es consecuencia de los profundos prejuicios institucionales de la disciplina psiquiátrica.[108] Confesar sus errores institucionales pasados hace que los psiquiatras actuales pongan más atención para no cometer nuevos errores de este tipo, como demuestra el acalorado debate sobre las

* La última edición en español, *Manual diagnóstico y estadístico de los trastornos mentales. DSM-5-TR®* (Madrid, Editorial Médica Panamericana) es de 2023. *(N. del T.)*

personas transgénero y las personas con trastorno del espectro autista. Desde luego, con independencia de lo cautos que sean, es probable que los psiquiatras sigan cometiendo errores institucionales. Pero también es probable que los reconozcan y los corrijan.[109]

Publicar o perecer

Lo que hace que el mecanismo científico de autocorrección sea particularmente robusto es que las instituciones científicas no solo están dispuestas a admitir los errores y la ignorancia institucionales, sino que se afanan en exponerlos. Esto se manifiesta en la estructura de motivación de las instituciones. En las instituciones religiosas, se incentiva a quienes las componen para que se ajusten a la doctrina existente y se muestren suspicaces ante la novedad. Uno se convierte en rabino, imán o sacerdote mediante el ejercicio de la lealtad doctrinal, y puede conquistar rangos hasta convertirse en papa, rabino mayor o gran ayatolá sin criticar a sus predecesores ni proponer ideas nuevas y radicales. De hecho, muchos de los líderes más poderosos y admirados de épocas recientes —como el papa Benedicto XVI, el rabino mayor de Israel David Lau y el ayatolá Jamenei de Irán— han adquirido fama y adeptos por su resistencia estricta a nuevas ideas y a tendencias como el feminismo.[110]

En ciencia, esto funciona exactamente al revés. «Publicar o perecer» es el principio básico sobre el que alguien puede ser contratado y escalar en las instituciones científicas, y para publicar en revistas prestigiosas hay que revelar algún error en las teorías existentes o descubrir algo que nuestros predecesores y profesores no sabían. Nadie gana el Premio Nobel por repetir al pie de la letra lo que han dicho académicos anteriores ni por oponerse a cada nueva teoría científica.

Desde luego, así como la religión tiene margen para la autocorrección, la ciencia cuenta con un amplio margen para el conformismo. La ciencia es una empresa institucional, y los científicos dependen de la institución para casi todo lo que saben. Por ejemplo, ¿cómo sé lo que los europeos de la Edad Media y de principios de la Edad

Moderna pensaban acerca de la brujería? No he revisado todos los archivos relevantes ni he acudido a todas las fuentes primarias de interés. De hecho, soy incapaz de leer directamente muchas de estas fuentes, porque no conozco las lenguas necesarias ni soy experto en descifrar la caligrafía medieval y de principios de la Edad Moderna. En cambio, me he basado en libros y artículos de otros académicos como *The Witch: A History of Fear, from Ancient Times to the Present*, de Ronald Hutton, publicado por Yale University Press en 2017.

No conozco a Ronald Hutton, que es profesor de Historia en la Universidad de Bristol, ni a los funcionarios de Bristol que lo contrataron ni al equipo editorial de Yale que publicó el libro. No obstante, confío en lo que he leído en el libro de Hutton, porque sé cómo operan instituciones como la Universidad de Bristol y Yale University Press. Sus mecanismos de autocorrección poseen dos características fundamentales. La primera es que forman parte del núcleo de las instituciones, en lugar de ser un añadido periférico. La segunda es que, en lugar de negarla, estas instituciones celebran públicamente la autocorrección. Desde luego, es posible que parte de la información que he obtenido del libro de Hutton sea incorrecta o que yo mismo la haya interpretado mal. Pero espero que los expertos en la historia de la brujería que hayan leído el libro de Hutton y que podrían leer este libro descubran cualquiera de estos errores y los saquen a la luz.

Los críticos populistas de las instituciones científicas pueden argumentar que, en realidad, estas se sirven de su poder para reprimir las opiniones heterodoxas y que ponen en marcha sus propias cazas de brujas contra los disidentes. Es cierto que, a veces, el hecho de que un académico se oponga a la visión ortodoxa de su disciplina puede tener consecuencias negativas: artículos rechazados, ayudas a la investigación denegadas, desagradables ataques *ad hominem* y, en casos puntuales, incluso el despido.[111] No quiero restar importancia al sufrimiento que todo esto provoca, pero, aun así, no tiene nada que ver con soportar torturas físicas o morir quemado en la hoguera.

Pensemos, por ejemplo, en el relato del químico Dan Shechtman. En abril de 1982, mientras observaba a través de un microscopio electrónico, Shechtman vio algo que todas las teorías químicas contemporáneas afirmaban simplemente que no podía existir: los átomos de una muestra mezclada de aluminio y manganeso habían cristalizado en un patrón con una simetría rotacional de cinco pliegues. En aquella época, los científicos conocían varias estructuras simétricas posibles para los cristales sólidos, pero se consideraba que una simetría de cinco pliegues iba en contra de las leyes de la naturaleza. El descubrimiento de lo que acabó por denominarse «cuasicristales» parecía tan extravagante que a Shechtman le fue difícil encontrar una revista revisada por pares que quisiera publicarlo. Tampoco ayudó el hecho de que por aquel entonces Shechtman fuera un científico joven. Ni siquiera tenía un laboratorio propio; trabajaba en el de otra persona. Pero en 1984, después de revisar la evidencia, los editores de la revista *Physical Review Letters* se decidieron a publicar finalmente el artículo de Shechtman.[112] Y entonces, tal como él mismo describe, «se desencadenó el infierno».

Las afirmaciones de Shechtman fueron desestimadas por la mayoría de sus colegas, y se le acusó de haber realizado mal sus experimentos. El jefe del laboratorio para el que trabajaba también se dirigió a Shechtman. En un gesto teatral, dejó un manual de química sobre la mesa de Shechtman y le dijo: «Danny, haz el favor de leer este libro y entenderás que lo que dices no puede ser». Atrevido, Shechtman le replicó que no había visto los cristales en el libro, sino en el microscopio. Como resultado, fue expulsado del laboratorio. Pero lo peor estaba por llegar. Linus Pauling, que había recibido dos Premios Nobel y que fue uno de los científicos más eminentes del siglo XX, atacó personalmente a Shechtman, y de forma brutal. En un congreso al que asistían cientos de científicos, Pauling proclamó: «Danny Shechtman no dice más que tonterías; no existen los cuasicristales, solo los cuasicientíficos».

Pero a Shechtman no lo encarcelaron ni lo mataron. Obtuvo un puesto en otro laboratorio. La evidencia que presentó fue más convincente que los manuales de química existentes y que las opiniones de Linus Pauling. Varios colegas repitieron los experimentos de Shechtman y replicaron sus hallazgos. Solo diez años después de que Shechtman viera los cuasicristales a través del microscopio, la Unión Internacional de Cristalografía —la primera asociación científica del campo— alteró su definición de lo que es un cristal. Los manuales de química se modificaron en consecuencia, y surgió un campo científico totalmente nuevo: el estudio de los cuasicristales. En 2011, Shechtman recibió el Premio Nobel de Química por su descubrimiento.[113] El Comité Nobel dijo que «su descubrimiento fue muy controvertido, pero finalmente obligó a los científicos a reconsiderar su concepto de la naturaleza misma de la materia».[114]

El relato de Shechtman no es en absoluto excepcional. Los anales de la ciencia están repletos de casos similares. Antes de que se convirtieran en las piedras angulares de la física del siglo XX, la teoría de la relatividad y la mecánica cuántica generaron amargas controversias, incluidos ataques personales de la vieja guardia a quienes proponían las nuevas teorías. De forma similar, cuando a finales del siglo XIX Georg Cantor desarrolló su teoría de los números infinitos, que se convirtió en la base de gran parte de las matemáticas del siglo XX, fue objeto de ataques personales por parte de algunos de los principales matemáticos de su época, como Henri Poincaré y Leopold Kronecker. Los populistas están en lo cierto cuando piensan que los científicos son víctimas de los mismos prejuicios humanos que cualquier hijo de vecino. Sin embargo, gracias a los mecanismos de autocorrección institucionales, estos prejuicios pueden superarse. Si se proporciona suficiente evidencia empírica, a menudo solo hacen falta unas pocas décadas para que una teoría heterodoxa derroque el saber establecido y se convierta en el nuevo consenso.

Tal como veremos en el próximo capítulo, hubo épocas y lugares en los que los mecanismos de autocorrección científicos dejaron de funcionar y las discrepancias académicas *sí* desembocaron en torturas físicas, encarcelamientos y muertes. En la Unión Soviética, por ejemplo, poner en cuestión el dogma oficial respecto a cualquier materia —economía, genética o historia— podía conducir no solo al despido, sino a un par de años en el gulag o a la bala de un verdugo.[115] Un caso famoso tuvo que ver con las teorías falsas del agrónomo Trofim Lysenko, que rechazó la genética prevaleciente y la teoría de la evolución por selección natural y propuso su propia teoría favorita, que sostenía que la «reeducación» podía cambiar los rasgos de plantas y animales, e incluso transformar una especie en otra. Stalin, que tenía razones ideológicas y políticas para creer en el potencial casi ilimitado de la «reeducación», se sintió muy atraído por el lysenkoísmo. Por oponerse a Lysenko y mantenerse firmes en su defensa de la teoría de la evolución mediante selección natural, miles de científicos perdieron sus puestos de trabajo o fueron ejecutados. En julio de 1941, Nikolai Vavilov, un botánico y genetista que había ejercido como mentor de Lysenko y que acabó siendo uno de sus críticos, fue juzgado junto con el botánico Leonid Govorov, el genetista Georgii Karpechenko y el agrónomo Aleksandr Bondarenko. Los tres últimos fueron fusilados, mientras que Vavilov murió en un campo de Saratov en 1943.[116] En agosto de 1948, presionada por el dictador, la Academia Lenin de Ciencias Agrícolas de la Unión Soviética anunció que a partir de entonces las instituciones soviéticas enseñarían la teoría de Lysenko como la única correcta.[117]

Pero precisamente por este motivo la Academia Lenin de Ciencias Agrícolas de la Unión Soviética dejó de ser una institución científica, y el dogma soviético sobre la genética pasó a ser una ideología en lugar de una ciencia. Una institución puede denominarse como quiera, pero si carece de unos mecanismos de autocorrección sólidos nunca será una institución científica.

Los límites de la autocorrección

¿Significa todo esto que en los mecanismos de autocorrección hemos encontrado la bala mágica que protege a las redes de información humanas de todo error y prejuicio? Por desgracia, no es tan sencillo. Hay un motivo por el que la Iglesia católica y el Partido Comunista soviético rechazaron contar con unos mecanismos de autocorrección sólidos. Mientras que estos mecanismos son fundamentales para la búsqueda de la verdad, resultan gravosos en lo que concierne al mantenimiento del orden. Un mecanismo autocorrector sólido tiende a generar dudas, desacuerdos, conflictos y fisuras, así como a socavar los mitos que mantienen el orden social.

Desde luego, el orden no tiene por qué ser bueno por sí solo. Por ejemplo, el orden social de la Europa moderna apoyó, entre otras cosas, no solo las cazas de brujas, sino también la explotación de millones de campesinos por parte de un puñado de aristócratas, el maltrato sistemático a las mujeres y una discriminación general hacia judíos, musulmanes y otras minorías. Pero, incluso cuando el orden social es tan opresivo, socavarlo no tiene por qué conducir a un lugar mejor. Puede que solo conduzca al caos y a una opresión peor. La historia de las redes de información siempre ha implicado el mantenimiento de un equilibrio entre verdad y orden. Si sacrificar la verdad en pro del orden tiene un coste, también lo tiene sacrificar el orden en pro de la verdad.

Las instituciones científicas se han podido permitir unos mecanismos de autocorrección sólidos porque dejan la difícil tarea de conservar el orden social en manos de otras instituciones. Si un ladrón se introduce en un laboratorio de química, o si un psiquiatra recibe amenazas de muerte, no se quejan a una revista revisada por pares: llaman a la policía. Así, pues, ¿es posible mantener mecanismos de autocorrección sólidos en instituciones que no sean disciplinas académicas? En concreto, ¿pueden darse dichos mecanismos en instituciones como las fuerzas policiales, los ejércitos, los partidos políticos y los gobiernos que se encargan de mantener el orden social?

Profundizaremos en esta cuestión en el próximo capítulo, que se centra en los aspectos políticos de los flujos de información y examina la historia a largo plazo de las democracias y las dictaduras. Tal como veremos, las democracias creen que es posible mantener mecanismos autocorrectores sólidos incluso en política. Las dictaduras rechazan dichos mecanismos. Así, en el punto álgido de la Guerra Fría, periódicos y universidades de Estados Unidos, una democracia, denunciaron y criticaron abiertamente los crímenes de guerra estadounidenses en Vietnam. Los periódicos y universidades de la totalitaria Unión Soviética también se mostraron encantados de criticar los crímenes estadounidenses, pero permanecieron callados acerca de los crímenes soviéticos en Afganistán y en otros lugares. El silencio soviético fue injustificable desde el punto de vista científico, pero tenía sentido desde el político. La autoflagelación de Estados Unidos en relación con la guerra de Vietnam sigue dividiendo, incluso en la actualidad, al público estadounidense y socavando la reputación del país en todo el mundo, mientras que el silencio soviético y ruso respecto a la guerra de Afganistán ha contribuido a diluir su recuerdo y a limitar los costes que ha tenido sobre su reputación.

Solo después de entender la política de la información en sistemas históricos como la antigua Atenas, el Imperio romano, Estados Unidos y la Unión Soviética estaremos preparados para explorar las implicaciones revolucionarias del auge de la IA. Porque una de las mayores preguntas en torno a la IA es si favorecerá o socavará los mecanismos democráticos de autocorrección.

5

Decisiones: una breve historia de la democracia y el totalitarismo

Democracia y dictadura suelen presentarse como sistemas políticos y éticos opuestos. Este capítulo pretende cambiar los términos del debate a través de un análisis de la historia de la democracia y de la dictadura como tipos opuestos de redes de información. Para ello, examina las diferencias entre el flujo de información en democracias y en sistemas dictatoriales, así como hasta qué punto inventar nuevas tecnologías de la información favorece el desarrollo de los diferentes tipos de regímenes.

Las redes de información dictatoriales están muy centralizadas.[1] Esto significa dos cosas. La primera es que el centro goza de una autoridad ilimitada, de modo que la información tiende a fluir hacia el núcleo central, donde se toman las decisiones de mayor relevancia. En el Imperio romano, todos los caminos conducían a Roma; en la Alemania nazi, la información fluía hacia Berlín, y en la Unión Soviética hacia Moscú. A veces, el Gobierno central intenta concentrar en sus manos *toda* la información y dictar *todas* las decisiones por sí mismo con el objetivo de controlar todos los aspectos de la vida de la gente. Esta forma totalizadora de dictadura, que practicaron líderes como Hitler y Stalin, se conoce como totalitarismo. Pero no todas las dictaduras son totalitarias. Una serie de dificultades técnicas suelen impedir que un dictador se convierta en totalitario. El emperador romano Nerón, por ejemplo, carecía de los medios necesarios para microgestionar la vida de los millones de campesinos que residían en remotas aldeas provinciales. Por ello, en muchos regímenes dictatoriales se concede una autonomía considerable a individuos, corporaciones y comunidades. Sin embargo, un dictador siempre conserva su autoridad para intervenir en la vida de la gente. En la Roma de Nerón, la libertad no era un ideal, sino una consecuencia de la incapacidad del Gobierno de ejercer un control totalitario.

La segunda característica de las redes dictatoriales es que dan por sentado que el centro es infalible. Por lo tanto, aborrecen mostrar cualquier tipo de oposición a las decisiones del centro. La propaganda soviética presentaba a Stalin como un genio infalible, y la propaganda romana trataba a los dictadores como seres divinos. Incluso cuando Stalin o Nerón tomaban una decisión claramente desastrosa, la falta de unos mecanismos de autocorrección sólidos en la Unión Soviética o en el Imperio romano impedía que se pudiera denunciar el error y presionar para tomar mejores decisiones.

En teoría, una red de información muy centralizada podría intentar mantener mecanismos autocorrectores sólidos, como tribunales independientes y cuerpos legislativos designados por elección. Pero, si funcionaran bien, cuestionarían la autoridad central, y por lo tanto descentralizarían la red de información. Los dictadores siempre ven estos núcleos de poder independientes como amenazas y tratan de neutralizarlos. Esto fue lo que le ocurrió al Senado romano, que en época imperial fue perdiendo poder hasta convertirse en poco más que una cámara que aprobaba automáticamente los caprichos de los césares.[2] La misma suerte corrió el sistema judicial soviético, que nunca se atrevió a resistirse a la voluntad del Partido Comunista. Los juicios farsa estalinistas, como su propio nombre indica, eran un teatro en el que las sentencias estaban dictadas de antemano.[3]

En resumen: una dictadura es una red de información centralizada que carece de mecanismos de autocorrección sólidos. Una democracia, en cambio, es una red de información distribuida que cuenta con mecanismos de autocorrección sólidos. Cuando observamos una red de información democrática vemos un núcleo central. El Gobierno es el poder ejecutivo principal en una democracia, y por lo tanto las agencias gubernamentales acumulan y almacenan enormes cantidades de información. Pero hay otros muchos canales de información adicionales que conectan montones de nodos independientes. Cuerpos legislativos, partidos políticos, tribunales, prensa, empresas, comunidades locales, ONG e individuos se comunican libre y directamente entre sí, de modo que muy poca información pasa por una agencia gubernamental, y muchas decisiones importantes se toman en otros lugares. Los individuos eligen por sí mismos dónde viven, dónde trabajan y con quién se casan. Las empresas toman sus propias decisiones acerca de dónde abrir una sucursal, cuánto invertir en determinados proyectos y cuánto cobrar por los productos y servicios que ofrecen. Las comunidades deciden por sí mismas acerca de la organización de actividades benéficas, acontecimientos deportivos y festividades religiosas. La autonomía no es una consecuencia de la ineficacia del Gobierno; es el ideal democrático.

Incluso cuando posee la tecnología necesaria para controlar la vida de la gente, un Gobierno democrático deja tanto margen como le es posible para que cada uno tome sus propias decisiones. Un error común consiste en pensar que en una democracia todo se decide a través del voto mayoritario. De hecho, en una democracia muy pocas cosas se deciden desde el centro, y solo esas pocas decisiones que se toman desde el centro deben reflejar la voluntad de la mayoría. En una democracia, si el 99 por ciento de la gente quiere vestir de una manera determinada y adorar a un dios concreto, el 1 por ciento restante ha de seguir sintiéndose libre para vestir y rendir culto de otra manera.

Desde luego, si el Gobierno central no interviene en absoluto en la vida de la gente ni le proporciona servicios básicos como la seguridad, no podremos hablar de democracia, sino de anarquía. En todas las democracias el centro recauda impuestos y mantiene un ejército, y en la mayoría de las democracias modernas también proporciona al menos cierto nivel de atención sanitaria, educación y prestaciones sociales. Pero cualquier intervención en la vida de la gente exige una explicación. En ausencia de una razón convincente, un Gobierno democrático ha de dejar que la gente proceda como considere.

Otra característica fundamental de las democracias es que dan por sentado que todo el mundo es falible. Por lo tanto, pese a que las democracias conceden al centro la autoridad sobre la toma de algunas decisiones importantes, también cuentan con mecanismos sólidos capaces de cuestionar la autoridad central. Parafraseando al presidente James Madison,* puesto que los humanos somos falibles, es necesario un Gobierno, pero, puesto que el Gobierno también es falible, se necesitan herramientas que denuncien y corrijan sus errores, como lo son la convocatoria regular de elecciones, la protección de la libertad de prensa y separar sus ramas ejecutiva, legislativa y judicial.

En consecuencia, mientras que una dictadura es un núcleo central de información que lo dicta todo, una democracia es una conversación constante entre diversos nodos de información. A menudo, los nodos se influyen entre sí, pero no están obligados a alcanzar un consenso en prácticamente ninguna de las cuestiones que tratan. Individuos, compañías y comunidades pueden seguir pensando y comportándose de maneras distintas. Desde luego, hay casos en los que todos deben comportarse de la misma manera y no puede tolerarse la diversidad. Por ejemplo, cuando en 2002-2003 no conseguían ponerse de acuerdo respecto a la invasión de Irak, los estadounidenses tuvieron que acatar una decisión. Era inadmisible que una parte de la ciudadanía estadounidense quisiera mantener una paz privada con Sadam Huseín mientras que otra le declaraba la guerra. Fuera buena o mala, la decisión de invadir Irak comprometió a todos los estadounidenses. Lo mismo ocurre cuando se inician proyectos nacionales de infraestructuras o se define un delito. Un país no puede funcionar si a todo el mundo se le permite extender una red ferroviaria por su cuenta o elaborar una definición propia de «asesinato».

Con el fin de tomar decisiones sobre este tipo de asuntos colectivos, en primer lugar tiene que producirse una conversación pública a nivel nacional, después de la cual los representantes del pueblo —escogidos mediante unas elecciones libres y justas— toman su decisión. Pero, incluso después de haber tomado tal decisión, esta debe mantenerse abierta a exámenes y correcciones. Aunque la red no puede cambiar sus decisiones previas, la próxima vez puede optar por un Gobierno diferente.

* Presidente de Estados Unidos (1809-1817) y uno de los padres de la Constitución. *(N. del T.)*

Dictadura de la mayoría

La definición de la democracia como una red de información distribuida con mecanismos de autocorrección sólidos contrasta claramente con la idea común pero errónea que equipara la democracia solo con las elecciones. Las elecciones son una parte fundamental de la caja de herramientas democrática, pero no son la democracia. En ausencia de mecanismos de autocorrección adicionales, unas elecciones pueden amañarse con facilidad. Por sí solas, unas elecciones completamente libres y justas no garantizan la democracia. Porque «democracia» no es lo mismo que «dictadura de la mayoría».

Supongamos que, en una elección libre y justa, el 51 por ciento de los votantes elige un Gobierno que, más adelante, envía a un 1 por ciento de los votantes a campos de exterminio porque pertenecen a una odiada minoría religiosa. ¿Acaso es esto democrático? Es evidente que no. El problema no es que el genocidio exija una mayoría cualificada de más del 51 por ciento. No es que en caso de que el Gobierno obtenga el respaldo del 60 por ciento, o incluso del 99 por ciento de los votantes, sus campos de exterminio acaben por considerarse democráticos. Una democracia no es un sistema en el que una mayoría, del tamaño que sea, puede decidir exterminar a las minorías impopulares; es un sistema en el que se ponen límites claros al poder del centro.

Supongamos que el 51 por ciento de los votantes eligen un Gobierno que a continuación elimina el derecho al voto del otro 49 por ciento, o quizá solo del 1 por ciento. ¿Es esto democrático? De nuevo, la respuesta es no, y no tiene nada que ver con las cifras. Privar del derecho al voto a los rivales políticos desmantela uno de los mecanismos de autocorrección fundamentales de las redes democráticas. Las elecciones son un mecanismo para que la red diga: «Hemos cometido un error; probemos otra cosa». Pero, si el centro puede privar a voluntad a la gente del derecho al voto, dicho mecanismo de autocorrección queda anulado.

Estos dos ejemplos pueden parecer extravagantes, pero por desgracia se hallan dentro del ámbito de lo posible. Hitler empezó a enviar a judíos y comunistas a campos de concentración a los pocos meses de ascender al poder mediante unas elecciones democráticas, y en Estados Unidos numerosos gobiernos elegidos democráticamente han privado del derecho al voto a afroamericanos, nativos americanos y otras poblaciones oprimidas. Desde luego, la mayoría de los ataques de los que es objeto la democracia son más sutiles. Las carreras de hombres fuertes como Vladimir Putin, Victor Orban, Recep Tayyip Erdoğan, Rodrigo Duterte, Jair Bolsonaro o Benjamin Netanyahu demuestran cómo un líder que se sirve de la democracia para acceder al poder puede después utilizar este poder para socavar la democracia. Tal como dijo Erdoğan en una ocasión: «La democracia es como un tranvía. Viajas en él hasta que llegas a tu destino, y entonces te bajas».[4]

Es habitual que, para socavar la democracia, los hombres fuertes ataquen uno a uno sus sistemas de autocorrección, a menudo empezando por los tribunales y los medios de comunicación. El típico hombre fuerte, o bien priva a los tribunales de sus poderes, o los llena de gente de confianza e intenta acabar con los medios de comunicación independientes mientras construye su propia y omnipresente maquinaria de propaganda.[5]

Una vez que los tribunales ya no pueden controlar el poder del Gobierno por la vía legal, y una vez que los medios de comunicación repiten como loros obedientes el mensaje del Gobierno, las instituciones o personas que se atrevan a oponerse al Gobierno pueden ser calumniadas y perseguidas como traidores, criminales o agentes externos. Instituciones académicas, ayuntamientos, ONG y empresas privadas pueden ser desmantelados o acabar en manos del Gobierno. En esta fase, el Gobierno también puede manipular las elecciones a voluntad, por ejemplo, encarcelando a líderes opositores populares, impidiendo que partidos de la oposición participen en las elecciones, mediante pucherazos en los distritos electorales o privando del derecho al voto a los ciudadanos. Los jueces escogidos por el Gobierno rechazan los recursos contra estas medidas antidemocráticas. A los periodistas y académicos que las critican se les despide. Los medios de comunicación, las instituciones académicas y las autoridades judiciales que quedan elogian estas medidas como pasos necesarios para proteger la nación y su sistema supuestamente democrático de traidores y agentes externos. Los hombres fuertes no suelen dar el paso final de abolir directamente las elecciones. En su lugar, las mantienen como un ritual que sirve para proporcionar legitimidad y para mantener una fachada democrática, tal como ocurre, por ejemplo, con la Rusia de Putin.

Los partidarios de los hombres fuertes no suelen considerar que este proceso sea antidemocrático. Quedan genuinamente desconcertados cuando se les dice que la victoria electoral no les concede un poder ilimitado. En cambio, consideran antidemocrático cualquier control ejercido sobre el poder de un Gobierno elegido. Sin embargo, la democracia no significa el Gobierno de la mayoría; más bien, significa libertad e igualdad para todos. La democracia es un sistema que garantiza una serie de libertades para todos que ni siquiera la mayoría puede requisar.

Nadie discute que en una democracia los representantes de la mayoría tienen derecho a formar Gobierno y a proponer sus políticas preferidas en infinidad de campos. Si la mayoría quiere una guerra, el país entrará en guerra. Si la mayoría quiere paz, el país aprobará la paz. Si la mayoría quiere aumentar los impuestos, se aumentan. Si la mayoría quiere reducir los impuestos, se reducen. Las grandes decisiones sobre asuntos de política exterior, defensa, educación, impuestos y otras tantas políticas se hallan en manos de la mayoría.

Pero en una democracia hay dos cestas de derechos protegidas del control de la mayoría. Una contiene los derechos humanos. Las democracias prohíben que el 99 por ciento de una población pueda exterminar al 1 por ciento restante porque esto viola el derecho humano más básico, que es el derecho a la vida. La cesta de los derechos humanos contiene muchos más derechos, como el derecho al trabajo, el derecho a la privacidad, el derecho de movimiento y la libertad de religión. Estos derechos consagran la naturaleza descentralizada de la democracia y se aseguran de que, mientras la gente no haga daño a nadie, puede vivir su vida como mejor le plazca.

La segunda cesta fundamental de derechos contiene los derechos civiles. Son las normas básicas del juego democrático, las que consagran sus mecanismos de autocorrección. Un ejemplo claro es el derecho al voto. Si se permitiera que la mayoría negara el derecho al voto a la minoría, una democracia no se extendería más allá de unas elecciones. Otros derechos civiles incluyen la libertad de prensa, la libertad académica y la libertad de reunión, que permiten que los medios de comunicación independientes, las universidades y los movimientos de oposición cuestionen al Gobierno. Estos son los derechos clave que los hombres fuertes pretenden violar. Mientras que en ocasiones se hace necesario introducir cambios en los mecanismos autocorrectores de un país —por ejemplo, ampliando el sufragio, regulando los medios o reformando el sistema judicial—, estos cambios deben introducirse solo sobre la base de un amplio consenso que incluya tanto a la mayoría como a la minoría. Si una mayoría escasa pudiera cambiar unilateralmente los derechos civiles, podría amañar con facilidad las elecciones y librarse de cualquier tipo de control sobre su poder.

Hay que señalar algo importante a propósito de los derechos humanos y los derechos civiles, y es que no solo limitan el poder del Gobierno central, sino que también le imponen numerosas obligaciones activas. No basta con que un Gobierno democrático se abstenga de infringir los derechos humanos y civiles. Ha de emprender acciones para garantizarlos. Por ejemplo, el derecho a la vida impone a un Gobierno democrático la obligación de proteger a los ciudadanos de la violencia criminal. Si un Gobierno no mata a nadie pero tampoco trabaja para evitar la muerte violenta de los ciudadanos, no podemos hablar de democracia, sino de anarquía.

La gente frente a la verdad

Desde luego, en toda democracia tienen lugar extensos debates sobre los límites exactos de los derechos humanos y civiles. Incluso el derecho a la vida tiene límites. En países democráticos como Estados Unidos aún se impone la pena de muerte, lo que niega a algunos criminales el derecho a la vida. Y todos los países se permiten la prerrogativa de declarar la guerra, con lo que envían la gente a matar y a morir. Así, pues, ¿dónde termina exactamente el derecho a la vida? También se producen acalorados debates en relación con la lista de derechos que deben incluirse en cada una de las cestas. ¿Quién determinó que el derecho a la religión es un derecho humano básico? ¿Debería definirse el acceso a internet como un derecho civil? ¿Y qué hay de los derechos de los animales? ¿O de los derechos de la IA?

No podemos resolver aquí estas cuestiones. Tanto los derechos humanos como los civiles son convenciones intersubjetivas que los humanos, más que descubrir, inventamos, y están determinados por contingencias históricas y no por una razón universal. Cada democracia puede adoptar unas listas de derechos diferentes. Al menos desde el punto de vista de los flujos de información, lo que define un sistema como «democrático» es solo que su centro no posea una autoridad ilimitada y que el sistema cuente con mecanismos sólidos para corregir los errores del centro. Las redes democráticas asumen que todos somos falibles, y esto incluye incluso a los ganadores de elecciones y a la mayoría de los votantes.

Es particularmente importante recordar que las elecciones *no* son un método para descubrir la verdad. En realidad son un método para mantener el orden cuando se trata de decidir entre los deseos en conflicto de la gente. Más que la verdad, las elecciones establecen lo que la mayoría de la gente desea. Y la gente suele desear que la verdad sea algo diferente de lo que es. Por ello, las redes democráticas mantienen ciertos mecanismos de autocorrección con el objetivo de proteger la verdad incluso de la voluntad de la mayoría.

Por ejemplo, cuando en 2002-2003 se debatía sobre la invasión de Irak que siguió a los atentados del 11 de septiembre, la administración Bush afirmó que Sadam Huseín estaba desarrollando armas de destrucción masiva, que el pueblo iraquí estaba ansioso por establecer una democracia a la manera de la estadounidense y que recibiría a los estadounidenses como libertadores. Estos fueron los argumentos que prevalecieron. En octubre de 2002, los representantes elegidos por el pueblo estadounidense en el Congreso votaron de manera casi unánime a favor de la invasión. La resolución se aprobó por una mayoría de 296 a 133 (un 69 por ciento) en la Cámara de Representantes y por una mayoría de 77 a 23 (un 77 por ciento) en el Senado.[6] En marzo de 2003, durante los primeros días de la guerra, una serie de encuestas confirmaron que los representantes elegidos estaban en armonía con la masa de votantes y que el 72 por ciento de los ciudadanos estadounidenses apoyaba la invasión.[7] La voluntad del pueblo estadounidense era clara.

Pero la verdad resultó ser diferente de lo que el Gobierno contaba y la mayoría creía. A medida que la guerra avanzaba, se hizo evidente que Irak no tenía armas de destrucción masiva y que no tantos iraquíes deseaban ser «liberados» por los estadounidenses ni establecer una democracia. Una encuesta de agosto de 2004 indicaba que el 67 por ciento de los estadounidenses creía que la invasión se basaba en conjeturas incorrectas. Con el paso de los años, la mayoría de los estadounidenses acabó por reconocer que la decisión de invadir Irak había supuesto un error catastrófico.[8]

En una democracia, la mayoría tiene todo el derecho a tomar decisiones tan trascendentales como emprender una guerra, y esto incluye el derecho a cometer errores trascendentales. Pero, al menos, la mayoría debe reconocer su propia falibilidad y proteger la libertad de las minorías de mantener y hacer públicas opiniones impopulares que pueden resultar correctas.

Otro ejemplo: pensemos en el caso de un líder carismático al que acusan de corrupción. Evidentemente, el deseo de sus partidarios será que dichas acusaciones sean falsas. Pero, aunque apoyen al líder, los deseos de la mayoría de los votantes no deben evitar que los jueces investiguen las acusaciones y lleguen a la verdad. Con la ciencia ocurre lo mismo que con la justicia. Una mayoría de votantes podría negar la realidad del cambio climático, pero no debería tener el poder de dictar la verdad científica o de impedir que los científicos descubran y publiquen datos inconvenientes. A diferencia de los parlamentos, los departamentos de estudios ambientales no deben reflejar la voluntad de la mayoría.

Desde luego, cuando se trata de tomar decisiones políticas acerca del cambio climático, en una democracia debería prevalecer por encima de todo la voluntad de los votantes. Reconocer la realidad del cambio climático no nos da una respuesta sobre qué hay que hacer al respecto. Siempre tenemos opciones, y elegir entre ellas está más relacionado con lo que se desea que con la verdad. Una opción podría ser interrumpir de inmediato las emisiones de gases de efecto invernadero, incluso a costa de ralentizar el crecimiento económico. Esto generaría algunas dificultades en el presente, pero libraría a la gente de 2050 de dificultades más graves, evitaría que la nación insular de Kiribati desapareciera bajo las aguas y salvaría a los osos polares de la extinción. La segunda opción podría ser seguir como siempre. Esto nos haría la vida más fácil en el presente, pero se la complicaría a las generaciones venideras, dejaría que Kiribati se inundase y llevaría a los osos polares —así como a otras numerosas especies— a la extinción. Elegir entre estas dos opciones es una cuestión de deseos, y por lo tanto deberían hacerlo todos los votantes, y no solo un número limitado de expertos.

Pero la única opción que no debería ofrecerse en unas elecciones es la de esconder o distorsionar la verdad. Si la mayoría prefiere consumir tanta cantidad de combustibles fósiles como considere sin pararse a pensar en las generaciones futuras ni en otras cuestiones medioambientales, tiene derecho a votar en este sentido. Pero la mayoría no tiene derecho a aprobar una ley que afirme que el cambio climático es un fraude y que hay que despedir de sus puestos académicos a todos los profesores que creen en él. Podemos elegir lo que queramos, pero no debemos negar el significado real de nuestra elección.

Naturalmente, las instituciones académicas, los medios y el sistema judicial pueden también hallarse comprometidos por la corrupción, los prejuicios o el error. Pero es probable que subordinarlos a un Ministerio de la Verdad gubernamental empeore las cosas. En las sociedades desarrolladas, el Gobierno ya es la institución más poderosa, y suele ser el más interesado en distorsionar u ocultar hechos inconvenientes. Permitir que el Gobierno supervise la búsqueda de la verdad equivale a encargar al zorro que vigile el gallinero.

Para descubrir la verdad conviene basarse en otros dos métodos. En primer lugar, las instituciones académicas, los medios de comunicación y el poder judicial tienen sus propios mecanismos de autocorrección para luchar contra la corrupción, corregir los prejuicios y denunciar el error. En la academia, las publicaciones revisadas por pares ejercen un control más fiable de los errores que la supervisión por parte de funcionarios gubernamentales, porque la promoción académica suele depender de la detección de equivocaciones pasadas y del hallazgo de datos desconocidos. En los medios, la competencia libre significa que, si uno decide no denunciar un escándalo, quizá por razones interesadas, es probable que otro publique la primicia. Respecto al poder judicial, un juez que acepta sobornos puede ser juzgado y castigado igual que cualquier otro ciudadano.

En segundo lugar, la existencia de varias instituciones independientes que buscan la verdad por vías diferentes permite que dichas instituciones se controlen y corrijan entre sí. Por ejemplo, si una compañía poderosa consigue desbaratar el mecanismo de revisión por pares sobornando a una cantidad lo suficientemente elevada de científicos, los periodistas de investigación y los tribunales, pueden denunciar y castigar a los responsables. Si los medios o los tribunales adolecen de prejuicios racistas sistemáticos, es tarea de sociólogos, historiadores y filósofos denunciar estos prejuicios. Ninguno de estos mecanismos está completamente libre de fallos, pero no hay institución humana que lo esté. Desde luego, el Gobierno no lo está.

El ataque populista

Si todo esto parece complicado es porque la democracia *debe* ser complicada. La simplicidad es una característica propia de las redes de información dictatoriales, en las que el centro lo dicta todo y todos obedecen en silencio. Es fácil seguir el monólogo dictatorial. En contraste, la democracia es una conversación con numerosos participantes en la que muchos hablan al mismo tiempo. Puede ser difícil seguir una conversación de este tipo.

Además, las instituciones democráticas más importantes tienden a ser mastodontes burocráticos. Mientras siguen con avidez los dramas biológicos de la corte principesca y del palacio presidencial, los ciudadanos suelen encontrar dificultades para entender cómo funcionan los parlamentos, los tribunales, los periódicos y las universidades. Esto contribuye a que los hombres fuertes orquesten ataques populistas contra las instituciones, desmantelen los mecanismos de autocorrección y concentren todo el poder en sus manos. Ya hemos tratado, aunque brevemente, el tema del populismo en el prólogo para explicar los desafíos que los populistas plantean a la idea ingenua de la información. Ahora necesitamos volver al populismo, alcanzar un conocimiento más amplio de su visión del mundo y explicar el atractivo que ejerce sobre los hombres fuertes antidemocráticos.

El término «populismo» deriva del latín *populus*, «el pueblo». En democracia se considera que «el pueblo» es la única fuente legítima de autoridad política. Solo los representantes del pueblo deben gozar de autoridad para declarar guerras, aprobar leyes y recaudar impuestos. El populismo valora este principio democrático básico, pero, de alguna manera, extrae de él que un único partido o un único líder han de monopolizar todo el poder. En una suerte de curiosa alquimia política, el populismo consigue que la búsqueda totalitaria del poder ilimitado derive de un principio democrático aparentemente impecable. ¿Cómo es posible?

El gran hallazgo de los populistas consiste en afirmar que en realidad solo ellos representan al pueblo. Puesto que en las democracias solo el pueblo debe tener poder político, y puesto que, en teoría, solo los populistas representan al pueblo, únicamente el partido populista ha de acaparar el poder político. Que otro partido que no sea el de los populistas gane las elecciones no significa que este se haya ganado la confianza del pueblo y tenga derecho a formar Gobierno. Más bien significa que se han amañado las elecciones o que se ha engañado a la gente para que vote de una manera que no expresa su voluntad real.

Hay que insistir en que, para muchos populistas, esta es una convicción genuina, y no una maniobra propagandística. Incluso aunque obtengan un número reducido de votos, los populistas pueden seguir creyendo que solo ellos representan al pueblo. Un caso análogo es el de los partidos comunistas. En el Reino Unido, por ejemplo, el Partido Comunista de la Gran Bretaña (CPGB) nunca obtuvo más del 0,4 por ciento de los votos en unas elecciones generales,[9] pero, no obstante, sus miembros insistían en que solo ellos representaban de verdad a la clase trabajadora. Millones de trabajadores británicos, proclamaban, votaban al Partido Laborista o incluso al Partido Conservador en lugar de al CPGB debido a una «falsa consciencia». Por lo visto, mediante el control de los medios de comunicación, las universidades y otras instituciones, los capitalistas conseguían engañar a la clase trabajadora para que votara contra sus verdaderos intereses, y solo el CPGB podía ver este engaño. De modo similar, los populistas pueden creer que los enemigos del pueblo han engañado a la gente para que vote contra su verdadera voluntad, que solo los populistas representan.

Una parte fundamental de este credo populista se basa en que «el pueblo» no es un conjunto de individuos de carne y hueso con intereses y opiniones variados, sino más bien un cuerpo místico unificado con una única voluntad, «la voluntad del pueblo». Quizá el ejemplo más conocido y extremo de esta creencia semirreligiosa sea la consigna nazi «Ein Volk, ein Reich, ein Führer», que significa «Un Pueblo, un País, un Líder». La ideología nazi defendía que el *Volk* (pueblo) tenía una única voluntad cuyo auténtico representante era el *Führer* (líder). Al parecer, el líder poseía una intuición infalible para saber qué sentía y qué deseaba el pueblo. El hecho de que hubiera ciudadanos alemanes que disintieran del líder no significaba que este pudiera estar equivocado, sino que los disidentes pertenecían a un grupo de traidores extranjeros —judíos, comunistas, liberales— y no al pueblo.

El caso nazi resulta, desde luego, extremo, y no es justo acusar a todo populista de ser un criptonazi con inclinaciones genocidas. Sin embargo, muchos partidos y políticos populistas niegan que «el pueblo» pueda contener una diversidad de opiniones y de grupos de interés. Insisten en que el pueblo real solo tiene una voluntad y en que solo ellos la representan. En contraste, describen a sus rivales políticos —aunque estos gocen de un apoyo popular sustancial— como «élites extrañas». Así, Hugo Chávez optó a la presidencia de Venezuela bajo el eslogan «¡Chávez es el pueblo!»,[10] y en cierta ocasión el presidente turco Tayyip Erdoğan llegó a despotricar así de sus críticos dentro del país: «Nosotros somos el pueblo. ¿Quiénes sois vosotros?», como si estos no fueran también turcos.[11]

Así, pues, ¿cómo podemos decir si alguien forma o no parte del pueblo? Fácil: si apoyan al líder, forman parte del pueblo. Esta, según el filósofo político alemán Jan-Werner Müller, es la característica definitoria del populismo. Un populista se define como tal cuando afirma representar al pueblo y considera que cualquiera que no esté de acuerdo con él —ya se trate de burócratas estatales, de grupos minoritarios o incluso de la mayoría de los votantes— o es víctima de falsa consciencia o realmente no forma parte del pueblo.[12]

Esta es la razón por la que el populismo representa una amenaza letal para la democracia. Aunque coincide con esta en que el pueblo es la única fuente legítima de poder, la democracia se basa en entender que el pueblo no es nunca una entidad unitaria y que, por lo tanto, no puede poseer una voluntad única. Todo pueblo —ya se trate de alemanes, venezolanos o turcos— se compone de muchos grupos diferentes, con una pluralidad de opiniones, voluntades y representantes. Ningún grupo, ni siquiera el de la mayoría, tiene derecho a impedir que otros formen parte del pueblo. Esto es lo que hace que la democracia sea una conversación. Mantener una conversación da por sentada la existencia de varias voces legítimas. En cambio, si el pueblo solo tiene una voz legítima, no podrá darse ninguna conversación. Más bien, esa voz lo dictará todo. Por lo tanto, por más que declare fidelidad al principio democrático de «el poder del pueblo», el populismo vacía la democracia de significado y busca establecer una dictadura.

El populismo socava la democracia de otra manera, más sutil pero igualmente peligrosa. Después de haber declarado que solo ellos representan al pueblo, los populistas afirman que el pueblo no solo es la única fuente legítima de autoridad política, sino la única fuente legítima de *toda* autoridad. Cualquier institución cuya autoridad derive de algo que no sea la voluntad del pueblo es antidemocrática. En cuanto que representantes autoproclamados del pueblo, los populistas buscan monopolizar no solo la autoridad política, sino todo tipo de autoridad, y tomar el control de instituciones tales como los medios de comunicación, los tribunales y las universidades. Al llevar al extremo el principio democrático de «el poder del pueblo», los populistas se vuelven totalitarios.

De hecho, aunque la democracia implique que la autoridad *en la esfera política* ha de proceder del pueblo, no niega la validez de fuentes alternativas de autoridad en otras esferas. Tal como ya se ha comentado, en una democracia los medios de comunicación, los tribunales y las universidades, todos ellos independientes, son mecanismos de autocorrección necesarios que protegen la verdad incluso de la voluntad de la mayoría. Los profesores de biología afirman que los humanos evolucionamos a partir de los simios, porque las pruebas así lo apoyan, incluso aunque la mayoría deseara que fuese de otro modo. Un medio de comunicación puede revelar que un político determinado ha aceptado un soborno y, si se presentan pruebas convincentes ante un tribunal, un juez puede enviar a ese político a la cárcel aunque la mayoría de la gente no quiera creer dichas acusaciones.

El populismo sospecha de toda institución que, en aras de verdades objetivas, se antepone a la supuesta voluntad del pueblo, y tiende a considerar esto como una cortina de humo para facilitar el acceso de las élites a un poder ilegítimo. Esto hace que los populistas se muestren escépticos respecto a todo lo relacionado con la búsqueda de la verdad y que argumenten, como hemos visto en el prólogo, que «el poder es la única realidad». Por ello intentan minar o apropiarse de la autoridad de cualquier institución independiente que pueda hacerles frente. El resultado es una concepción del mundo oscura y cínica como una selva y de los seres humanos como criaturas obsesionadas solo con el poder. Toda interacción social se interpreta únicamente como una lucha por el poder, y las instituciones se presentan como grupitos que promueven los intereses de sus propios miembros. En la imaginación de los populistas, los tribunales no se preocupan de verdad por la justicia; solo protegen los privilegios de los jueces. Sí, los jueces hablan mucho de justicia, pero esto no es más que una estratagema para acaparar poder. A los medios no les preocupan los hechos; difunden noticias falsas para engañar al pueblo y favorecer a los periodistas y a las camarillas que los financian. Ni siquiera las instituciones científicas están comprometidas con la verdad. Biólogos, climatólogos, epidemiólogos, economistas, historiadores y matemáticos son solo otro grupo de presión que se llena los bolsillos... a expensas del pueblo.

En conjunto, se trata de una visión de la humanidad bastante sórdida, aunque hay dos cosas que la hacen atractiva para muchos. La primera es que, puesto que reduce toda interacción a una lucha por el poder, simplifica la realidad y hace que acontecimientos como guerras, crisis económicas y desastres naturales sean fáciles de entender. Todo lo que ocurre —incluso una pandemia— tiene que ver con las élites que persiguen el poder. La segunda es que no siempre se equivoca. Es cierto que toda institución humana es falible y que padece ciertos niveles de corrupción. Es cierto que algunos jueces aceptan sobornos. Que algunos periodistas engañan a sabiendas al público. En ocasiones, las disciplinas académicas están plagadas de prejuicios y nepotismo. Esta es la razón por la que toda institución necesita mecanismos de autocorrección. Pero, puesto que los populistas están convencidos de que el poder es la única realidad, no pueden aceptar que un tribunal, un medio de comunicación o una disciplina académica se inspiren en el valor de la verdad o la justicia para corregirse.

Mientras que muchos abrazan el populismo porque lo ven como una expresión honesta de la realidad humana, los hombres fuertes tienen razones diferentes para sentirse atraídos por él. El populismo ofrece a los hombres fuertes una base ideológica sobre la que convertirse en dictadores mientras fingen ser demócratas. Esto resulta particularmente útil cuando uno de estos hombres fuertes busca neutralizar los mecanismos de autocorrección de la democracia o apropiarse de ellos. Puesto que se supone que jueces, periodistas y profesores persiguen intereses políticos y no la verdad, el paladín del pueblo —el hombre fuerte— ha de controlar estas posiciones en lugar de permitir que caigan en manos de los enemigos del pueblo. De modo similar, dado que incluso los funcionarios encargados de velar por el correcto desarrollo de las elecciones y de hacer públicos los resultados pueden formar parte de una conspiración perversa, también ellos han de ser sustituidos por la gente de confianza del hombre fuerte.

En una democracia que funciona, los ciudadanos confían en los resultados de las elecciones, las decisiones de los tribunales, las noticias de los medios de comunicación y los descubrimientos de las disciplinas científicas porque creen que estas instituciones están comprometidas con la verdad. Una vez que cree que el poder es la única realidad, el pueblo pierde la confianza en todas estas instituciones, la democracia se derrumba y los hombres fuertes pueden hacerse por completo con el poder.

Desde luego, si socava la confianza en los propios hombres fuertes, el populismo puede conducir a la anarquía en lugar de al totalitarismo. Si a ningún humano le interesa la verdad ni la justicia, ¿no se puede aplicar esto también a Mussolini o a Putin? Y, si ninguna institución humana puede tener mecanismos de autocorrección efectivos, ¿no incluye esto al Partido Nacional Fascista de Mussolini o a la Rusia Unida de Putin? ¿Cómo puede una desconfianza arraigada en las élites y las instituciones armonizar con la admiración inquebrantable a un único líder y a un solo partido? Este es el motivo por el que, en último término, los populistas dependen de la idea mística de que el hombre fuerte personifica al pueblo. Cuando la confianza en instituciones democráticas como las juntas electorales, los tribunales y los medios de comunicación es particularmente baja, un incremento de la confianza en la mitología se convierte en la única vía para mantener el orden.

Medir la fortaleza de las democracias

Los hombres fuertes que afirman representar al pueblo pueden llegar al poder a través de medios democráticos y, a menudo, gobernar detrás de una fachada democrática. Las elecciones manipuladas en las que obtienen mayorías aplastantes sirven como prueba del vínculo místico entre el líder y el pueblo. En consecuencia, para medir cuán democrática es una red de información no podemos emplear un criterio simple como el de la celebración regular de elecciones. En la Rusia de Putin, en Irán e incluso en Corea del Norte se celebran elecciones con toda puntualidad. En realidad hace falta plantear preguntas mucho más complejas, como «¿qué mecanismos impiden que el Gobierno central amañe las elecciones?», «¿hasta qué punto es seguro para los principales medios de comunicación criticar al Gobierno?», y «¿cuánta autoridad acumula el centro?». La democracia y la dictadura no son opuestos binarios, sino un continuo. Para decidir si una red se halla más cerca del extremo democrático que del dictatorial en este continuo, tenemos que entender cómo fluye la información en la red y qué es lo que moldea la conversación política.

Si un individuo dicta todas las decisiones y hasta sus asesores más cercanos temen expresar una opinión disidente, no tendrá lugar ninguna conversación. Esta red se sitúa en el extremo dictatorial del espectro. Si nadie puede expresar públicamente opiniones ajenas a la ortodoxia, pero a puerta cerrada un círculo reducido de jefes del partido o de funcionarios importantes pueden expresar con libertad sus opiniones, seguiremos hablando de una dictadura, pero ya habrá dado un pequeño paso hacia la democracia. Si el 10 por ciento de la población participa en la conversación política expresando sus opiniones, vota en unas elecciones justas y puede presentarse a las elecciones, podremos hablar de una democracia limitada en el sentido en que lo eran muchas ciudades-Estado antiguas como Atenas, o como en un principio lo fue Estados Unidos, cuando solo los hombres ricos gozaban de estos derechos políticos. A medida que aumenta el porcentaje de personas que toman parte en la conversación, la red se vuelve más democrática.

Más que en las elecciones, poner el foco en las conversaciones nos planteará un buen número de preguntas interesantes. Por ejemplo, ¿*dónde* tienen lugar dichas conversaciones? En Pionyang, Corea del Norte, se encuentra el Salón de Asambleas de Mansudae, en el que se reúnen y debaten los 687 miembros de la Asamblea Suprema del Pueblo. Sin embargo, aunque oficialmente constituya el cuerpo legislativo de Corea del Norte, y aunque cada cinco años se celebren elecciones para este cuerpo, todo el mundo considera que la asamblea es un monigote cuya función se limita a aprobar decisiones que se toman en otros lugares. Los debates anodinos siguen un guion predeterminado, y no tienen como objetivo cambiar la opinión de nadie acerca de nada.[13]

¿Acaso existe en Pionyang una sala más privada en la que se debaten los asuntos importantes? ¿Acaso los miembros del politburó se atreven alguna vez a criticar las políticas de Kim Jong-un durante las reuniones oficiales? ¿Es algo que pueda hacerse en fiestas no oficiales o en grupos de reflexión no oficiales? En Corea del Norte, la información se encuentra tan concentrada y tan fuertemente controlada que no podemos proporcionar respuestas claras a estas preguntas.[14]

Preguntas parecidas pueden plantearse acerca de Estados Unidos. A diferencia de lo que ocurre en Corea del Norte, en Estados Unidos la gente es libre de expresar casi todo lo que desee. Los ataques públicos feroces al Gobierno son habituales. Pero ¿dónde está la sala en la que se debaten los asuntos importantes y quién se sienta en ella? El Congreso de Estados Unidos se creó con el objetivo de que los representantes del pueblo conversaran e intentaran convencer a los demás. Pero ¿cuándo fue la última vez que un discurso elocuente pronunciado en el Congreso por un miembro de un partido convenció a los miembros del otro partido de que cambiaran de opinión acerca de algo? Sea donde sea que tengan lugar las conversaciones que conforman la política estadounidense, desde luego no es en el Congreso. Las democracias mueren no solo cuando la gente carece de la libertad de hablar, sino también cuando la gente no quiere o no puede escuchar.

Democracias de la Edad de Piedra

Basándonos en la definición de «democracia» que se ha dado antes, podemos volver al registro histórico y revisar cómo los cambios en la tecnología de la información y en los flujos de información han moldeado la historia de la democracia. A juzgar por las pruebas arqueológicas y antropológicas, la democracia fue el sistema político habitual entre los cazadores-recolectores arcaicos. Es evidente que las comunidades de la Edad de Piedra no contaban con instituciones formales como elecciones, tribunales y medios de comunicación, pero sus redes de información solían distribuirse y ofrecían bastantes posibilidades de autocorrección. En comunidades que solo constaban de unas docenas de individuos la información podía compartirse con facilidad entre todos los miembros, y, cuando el grupo decidía dónde instalar el campamento, adónde ir a cazar o cómo gestionar un conflicto con otra comunidad, todos podían participar en la conversación y debatir con el resto. Las comunidades solían pertenecer a una tribu mayor que incluía a centenares o incluso a miles de individuos. Pero por lo general las tribus eran lo suficientemente reducidas como para que, cuando había que tomar decisiones importantes que afectaban a toda la tribu, como podía ser sumarse a una guerra, un porcentaje elevado de sus miembros se reuniera y conversara en un solo espacio.[15]

Aunque comunidades y tribus a veces estaban gobernadas por caudillos dominantes, la autoridad de estos era limitada. Los líderes no tenían a su disposición ejércitos permanentes, fuerzas policiales ni burocracias gubernamentales, de modo que no les resultaba tan sencillo imponer su voluntad a la fuerza.[16] También encontraban dificultades a la hora de controlar la base económica de la que dependían los miembros de la comunidad. En épocas recientes, dictadores como Vladimir Putin y Sadam Huseín han empleado a veces su poder político para monopolizar recursos como pozos de petróleo.[17] En la Edad Media y la Antigüedad clásica, emperadores chinos, tiranos griegos y faraones egipcios dominaron la sociedad mediante el control de graneros, minas de plata y canales de irrigación. En cambio, en una economía de cazadores-recolectores, el control económico centralizado solo era posible en circunstancias especiales. Por ejemplo, a lo largo de la costa noroccidental de Norteamérica había economías de los cazadores-recolectores que se basaban en la captura y conservación de grandes cantidades de salmones. Puesto que durante unas semanas las remontadas de los salmones alcanzaban un máximo en determinados arroyos y ríos, un jefe poderoso podía monopolizar este recurso.[18]

Pero este es un caso excepcional. La mayoría de las economías de los cazadores-recolectores eran mucho más diversificadas. Ni siquiera con el apoyo de unos cuantos aliados podía un cabecilla cercar la sabana e impedir que allí se recogieran plantas y se cazaran animales. Si todo lo demás fallaba, los cazadores-recolectores podían votar con los pies. Apenas tenían pertenencias, y sus recursos principales se basaban en sus habilidades y sus amigos personales. Si un jefe se convertía en un dictador, uno siempre podía marcharse.[19]

Al menos, cuando acababan gobernados por un cabecilla autoritario, como ocurría con los pueblos pescadores de salmones del noroeste americano, los cazadores-recolectores tenían acceso a ese cabecilla. Este no vivía en una fortaleza aislada rodeado de una burocracia insondable y de un cordón de guardias armados. Si querías dirigirle una queja o aportarle una sugerencia, por lo general podías acercarte a él para que te escuchara. El jefe no podía controlar ni ignorar la opinión pública. En otras palabras, para un caudillo no había manera de hacer que toda la información fluyera a través del centro ni de impedir que la gente hablara, lo criticara o se organizara en su contra.[20]

En los milenios que han seguido a la revolución agrícola, y en especial después de que la escritura ayudara a generar grandes burocracias gubernamentales, ha sido más fácil centralizar el flujo de información y más difícil mantener la conversación democrática. En ciudades-Estado pequeñas como las de la Mesopotamia y la Grecia antiguas, autócratas como Lugalzagesi de Umma y Pisístrato de Atenas se sirvieron de burócratas, archivos y un ejército permanente para monopolizar recursos económicos clave e información sobre propiedad, tributos, diplomacia y política. A su vez, la masa de ciudadanos encontró cada vez más dificultades para mantenerse en contacto directo entre sí. Aún no se había desarrollado una tecnología de la comunicación de masas como los periódicos y la radio, y no era nada sencillo hacer que decenas de miles de ciudadanos se apretujaran en la plaza principal de la ciudad para llevar a cabo un debate comunal.

La democracia era todavía una opción para estas pequeñas ciudades-Estado, tal como indica con claridad la historia de la primera Sumeria y de la Grecia clásica.[21] Sin embargo, la democracia de las antiguas ciudades-Estado solía ser menos inclusiva que la de las comunidades arcaicas de cazadores-recolectores. Probablemente, el ejemplo democrático más famoso en una ciudad-Estado antigua es el de la Atenas de los siglos V y IV a. e. c. Todo ciudadano hombre en edad adulta podía participar en la asamblea ateniense, votar sobre las políticas públicas y ser elegido para cargos públicos. Pero las mujeres, los esclavos y los residentes que no eran ciudadanos atenienses no gozaban de estos privilegios. Solo entre el 25 y el 30 por ciento de la población adulta de Atenas gozaba de derechos políticos plenos.[22]

A medida que el tamaño de los sistemas gubernamentales aumentaba y las ciudades-Estado eran sustituidas por reinos e imperios mayores, incluso la democracia limitada al estilo de la de Atenas fue desapareciendo. Todos los ejemplos conocidos de democracias antiguas corresponden a ciudades-Estado como Atenas y Roma. En cambio, no sabemos de ningún reino de gran extensión ni de ningún imperio que operara siguiendo criterios democráticos.

Por ejemplo, cuando en el siglo v a. e. c. la ciudad-Estado de Atenas se convirtió en un imperio, no concedió la ciudadanía ni derechos políticos a los habitantes de los territorios que conquistaba. La ciudad de Atenas siguió siendo una democracia limitada, pero el Imperio ateniense, mucho mayor, era gobernado autocráticamente desde el centro. Las decisiones importantes sobre impuestos, alianzas diplomáticas y expediciones militares se tomaban en Atenas. Tierras sometidas como las islas de Naxos y Tasos debían obedecer las órdenes de la asamblea popular ateniense y de los funcionarios electos, sin que los naxianos ni los tasianos pudieran votar en esa asamblea ni ser elegidos para cargos públicos. También era difícil para Naxos, Tasos y otros territorios sometidos coordinar una oposición conjunta a las decisiones que se tomaban en el centro ateniense, y, de haberlo intentado, las represalias atenienses habrían sido implacables. En el Imperio ateniense, la información fluía hacia y desde Atenas.[23]

Cuando la República romana construyó su imperio, conquistando primero la península itálica y finalmente toda la cuenca del Mediterráneo, los romanos siguieron una pauta algo diferente. En primer lugar, Roma concedió la ciudadanía a los habitantes del Lacio; después, a los de otras regiones italianas, y por último a los habitantes de provincias tan distantes como la Galia y Siria. Sin embargo, al tiempo que la ciudadanía se extendía, los derechos políticos de los ciudadanos se restringieron.

Los antiguos romanos tenían una idea clara de lo que significaba la democracia, y en un principio adquirieron un gran compromiso con el ideal democrático. Después de expulsar al último rey en el año 509 a. e. c., los romanos desarrollaron una antipatía profunda por la monarquía y el temor de conceder un poder ilimitado a un único individuo o a una única institución. Por ello, *dos* cónsules que se equilibraban mutuamente compartían el supremo poder ejecutivo. Tras ser elegidos por los ciudadanos mediante elecciones libres, los cónsules se mantenían en el cargo durante un solo año, siempre bajo la supervisión de los poderes de la asamblea popular, el Senado y otros funcionarios electos como los tribunos.

Pero, desde el momento en que Roma extendió la ciudadanía a latinos, italianos y por último a galos y sirios, el poder de la asamblea popular, los tribunos, el Senado e incluso el de los dos cónsules fue reduciéndose hasta que a finales del siglo I a. e. c. la familia de César estableció su gobierno autócrata. Anticipándose a hombres fuertes actuales como Putin, Augusto no se autoproclamó rey y fingió que Roma seguía siendo una república. El Senado y la asamblea popular siguieron reuniéndose, y cada año los ciudadanos volvían a elegir cónsules y tribunos. Pero estas instituciones carecían de poder real.[24]

En el año 212 e. c., el emperador Caracalla —descendiente de una familia fenicia del norte de África— dio un paso aparentemente trascendental y concedió la ciudadanía romana automática a todos los hombres adultos del vasto imperio. Por consiguiente, en el siglo III e. c. Roma contaba con decenas de millones de ciudadanos.[25] Pero en aquella época un único emperador al que nadie había elegido era quien tomaba cualquier decisión importante. Aunque los cónsules eran todavía elegidos ceremonialmente cada año, Caracalla heredó el poder de su padre, Septimio Severo, que se convirtió en emperador al ganar una guerra civil. Para cimentar su gobierno, Caracalla dio el paso definitivo al asesinar a Geta, su hermano y rival.

Para ordenar el asesinato de Geta, declarar la guerra al Imperio parto o conceder la ciudadanía romana a millones de bretones, griegos o árabes, Caracalla no tuvo necesidad de pedir permiso al pueblo romano. Hacía tiempo que los mecanismos de autocorrección de Roma se habían neutralizado. Si Caracalla cometía algún error en política interior o exterior, ni el Senado ni ningún funcionario podían intervenir para corregirlo, salvo si se rebelaban contra él o lo asesinaban. Es más, el asesinato de Caracalla en 217 solo condujo a una nueva ronda de guerras civiles que culminaron con el ascenso al poder de nuevos autócratas. Roma en el siglo III e. c., como Rusia en el siglo XVIII, era, en palabras de Madame de Staël, una «autocracia atemperada por estrangulación».

En el siglo III e. c. no solo el Imperio romano, sino también el resto de las principales sociedades humanas del planeta eran redes de información centralizadas carentes de mecanismos de autocorrección sólidos. Este era el caso de los imperios parto y sasánida en Persia, de los imperios kushán y gupta en la India, y de la dinastía Han de China y el subsiguiente periodo de los Tres Reinos.[26] Miles de sociedades de menor envergadura funcionaron de manera democrática en el siglo III e. c. y posteriormente, pero al parecer las redes democráticas distribuidas eran simplemente incompatibles con sociedades de gran envergadura.

¡César presidente!

¿De verdad era imposible desarrollar una democracia de gran envergadura en el mundo antiguo? ¿O más bien fue que autócratas como Augusto y Caracalla las saboteaban a propósito? Esta es una cuestión importante no solo para conocer la historia antigua, sino también para que nos hagamos una idea del futuro que le espera a la democracia en la era de la IA. ¿Cómo saber si las democracias fracasan debido a que son socavadas por hombres fuertes o a causa de razones estructurales y tecnológicas mucho más profundas?

Para responder a esta pregunta, observemos más de cerca el Imperio romano. Los romanos estaban bastante familiarizados con el ideal democrático, y este no dejó de ser importante para ellos ni siquiera después de que la familia de César se hiciese con el poder. De otro modo, Augusto y sus herederos no se habrían preocupado por mantener instituciones aparentemente democráticas como el Senado o las elecciones anuales al consulado y otros altos cargos. Así pues, ¿cómo fue que el poder terminó en manos de un emperador no electo?

En teoría, incluso después de que se concediera la ciudadanía romana a decenas de millones de personas de toda la cuenca del Mediterráneo, ¿no era posible celebrar unas elecciones a la escala del

Imperio para decidir quién debía ocupar el puesto de emperador? Seguramente esto hubiera requerido una logística demasiado compleja, y se habrían tardado varios meses en conocer los resultados de las elecciones. Pero ¿acaso no era este un factor decisivo?

Aquí el error clave está en relacionar democracia con elecciones. Teóricamente, decenas de millones de ciudadanos romanos podían votar por uno u otro candidato imperial. Pero, en realidad, la pregunta que debemos formular es si decenas de millones de romanos podrían haber mantenido una conversación política permanente en todo el territorio. En la actual Corea del Norte no tiene lugar ninguna conversación democrática porque la gente no es libre de hablar, pero podemos imaginar un contexto en el que la libertad esté garantizada, como ocurre en Corea del Sur. Hoy, el hecho de que la gente sea incapaz de escuchar y respetar a sus rivales políticos está poniendo en riesgo la conversación democrática en Estados Unidos, pero esto aún tiene arreglo. En cambio, en el Imperio romano simplemente no había manera de generar o de dar continuidad a una conversación democrática porque la tecnología capaz de propiciar dicha conversación aún no existía.

La libertad de hablar y la capacidad de escuchar no bastan para mantener una conversación. Además, se tienen que dar dos condiciones técnicas previas. En primer lugar, uno tiene que hallarse en el espectro audible de los demás. Esto significa que para mantener una conversación política en un territorio del tamaño de Estados Unidos o del Imperio romano se necesita la ayuda de algún tipo de tecnología de la información que pueda transmitir con rapidez y a larga distancia lo que se dice.

En segundo lugar, ha de tenerse al menos una comprensión rudimentaria de aquello de lo que se está hablando. De otro modo, solo se estará emitiendo ruido, no manteniendo una conversación fluida. Por lo general, la gente conoce las cuestiones políticas de las que tiene experiencia directa. Una persona pobre maneja ideas acerca de la pobreza que a los profesores de economía se les escapan, y las minorías étnicas entienden el racismo de una manera mucho más profunda que aquellos que nunca lo han padecido, por ejemplo. Sin embargo, si la experiencia vivida constituyera la única vía para conocer cuestiones políticas relevantes, las conversaciones políticas a gran escala serían imposibles. Porque entonces cada grupo de personas solo podría hablar con propiedad de sus experiencias. Peor aún, nadie ajeno a este grupo podría entender lo que dicen. Si la experiencia vivida es la única fuente posible de conocimiento, escuchar las ideas que alguien se ha formado a partir de la experiencia vivida no puede transmitir dichas ideas.

Para que grupos diversos de personas mantengan una conversación política a gran escala, estas han de tener la posibilidad de adquirir ciertos conocimientos sobre cuestiones que nunca han experimentado de primera mano. En un Estado de gran envergadura, el sistema educativo y los medios de comunicación asumen el papel fundamental de informar a la gente acerca de cosas a las que nunca se han enfrentado. Sin sistema educativo ni plataformas mediáticas que ejerzan este papel, no pueden darse conversaciones fluidas a gran escala.

En un pequeño pueblo neolítico de apenas unos miles de habitantes, a veces la gente podía sentir temor de decir lo que pensaba o podía negarse a escuchar a sus rivales, pero era relativamente fácil que se pudieran cumplir las premisas técnicas fundamentales para desarrollar un discurso significativo. En primer lugar, las personas vivían unas cerca de otras, de modo que no era difícil encontrarse con buena parte de los miembros de la comunidad y escuchar sus voces. En segundo lugar, todos tenían un conocimiento íntimo de los peligros y las oportunidades que se le presentaban al pueblo. Si se acercaba un destacamento enemigo con intenciones de guerra, todos podían verlo. Si el río inundaba los campos, todos eran testigos de los efectos que esto tenía para la economía. Cuando la gente hablaba de guerra y de hambre, todos sabían lo que estaban diciendo.

En el siglo IV a. e. c., la ciudad-Estado de Roma aún era lo bastante pequeña como para permitir que un elevado porcentaje de ciudadanos se congregara en el Foro en momentos de crisis, escucharan a líderes respetados y dieran a conocer su visión personal sobre el asunto que se trataba. Cuando en el año 390 a. e. c. los invasores galos atacaron Roma, casi todos los romanos perdieron algún familiar en la derrota de la batalla del Alia y alguna propiedad después de que los galos, victoriosos, saquearan Roma. Los romanos, desesperados, designaron a Marco Camilo como dictador. En Roma, el dictador era un funcionario público al que se recurría en momentos de crisis y que tenía poderes ilimitados, aunque solo durante un periodo prestablecido, después del cual era responsable de sus acciones. Una vez que Camilo condujo a los romanos a la victoria, todos pudieron ver que la crisis había concluido y Camilo dejó el cargo.[27]

En cambio, en el siglo III e. c., el Imperio romano tenía una población de entre sesenta y setenta y cinco millones de personas,[28] extendida a lo largo de más de cinco millones de kilómetros cuadrados.[29] Roma carecía de una tecnología de comunicación en masa como la radio o los periódicos. Solo entre el 10 y el 20 por ciento de los adultos sabían leer,[30] y no disponían de un sistema educativo organizado que pudiera informarlos sobre la geografía, la historia y la economía del Imperio. Es cierto que mucha gente de todo el Imperio compartía conceptos culturales y un fuerte convencimiento acerca de la superioridad de la civilización romana sobre los bárbaros. Estas creencias culturales compartidas eran fundamentales a la hora de preservar el orden y mantener unido el imperio. Pero sus implicaciones políticas no eran en absoluto claras, y en momentos de crisis no había posibilidad de mantener una conversación pública respecto a lo que debía hacerse.

¿Cómo podían conversar un mercader sirio, un pastor británico y un campesino egipcio acerca de las guerras que se estaban librando en Oriente Próximo o sobre la crisis migratoria que se estaba gestando en el Danubio? Ni Augusto ni Nerón ni Caracalla ni ningún otro emperador tenía culpa de la falta de una conversación pública. No sabotearon la democracia romana. Dados el tamaño del imperio y la tecnología de la información de que se disponía, la democracia era simplemente impracticable. Esto ya lo reconocieron filósofos de la Antigüedad como Platón y Aristóteles, que argumentaron que la democracia solo puede funcionar en ciudades-Estado de tamaño reducido.[31]

Si la ausencia de democracia en Roma se hubiese debido a la actuación de una serie de autócratas concretos, tendríamos que haber visto florecer democracias de gran envergadura en lugares como la Persia sasánida, la India gupta o la China de la dinastía Han. Pero, antes del desarrollo de la tecnología de la información moderna, no encontramos ejemplos de democracias de gran envergadura en ningún lugar.

Hay que señalar que, a menudo, en muchas autocracias de gran envergadura los asuntos locales se gestionaban por vías democráticas. El emperador romano no contaba con la información necesaria para controlar los cientos de ciudades del imperio, mientras que, en cualquiera de ellas, los ciudadanos locales podían seguir manteniendo una conversación significativa sobre política municipal. En consecuencia, mucho después de que el Imperio romano se convirtiera en una autocracia, el gobierno de un buen número de sus ciudades aún recaía en asambleas locales y funcionarios electos. En una época en que las elecciones al consulado en Roma se habían convertido en una cuestión ceremonial, las elecciones a los cargos municipales en pequeñas ciudades como Pompeya se disputaban con intensidad.

La destrucción de Pompeya se produjo tras la erupción del Vesubio en el año 79 e. c., durante el gobierno del emperador Tito. Los arqueólogos han descubierto alrededor de mil quinientos grafitis referidos a diversas campañas electorales locales. Un puesto codiciado era el de edil de la ciudad, el magistrado encargado de mantener la infraestructura y los edificios públicos de la ciudad.[32] Los partidarios de Lucrecio Frontón escribieron este grafiti: «Si creéis que la vida honesta sirve para algo, entonces vale la pena elegir a Lucrecio Frontón». Uno de sus contrincantes, Gayo Julio Polibio, participó con este eslogan: «Elegid a Gayo Julio Polibio para el cargo de *aedile*. Proporciona buen pan».

Los grupos religiosos y las asociaciones profesionales también mostraban su apoyo con pintadas en las que se leían cosas como «Los adoradores de Isis piden la elección de Gneo Helvio Sabino» y «Todos los arrieros de mulas piden que elijáis a Gayo Julio Polibio». También se hacía trabajo sucio. Alguien que claramente no era Marco Cerrinio Vatia pintó este grafiti: «Los borrachos os piden que elijáis a Marco Cerrinio Vatia» y «Los ladrones mezquinos os piden que elijáis a Vatia».[33] Toda esta campaña electoral indica que la posición de edil tenía poder en Pompeya y que este resultaba elegido en elecciones más o menos libres y justas, en lugar de ser designado por el autócrata imperial desde Roma.

Incluso en imperios cuyos gobernantes nunca tuvieron pretensiones democráticas, la democracia podía medrar en contextos locales. En el Imperio zarista, por ejemplo, las comunas rurales gestionaban el día a día de millones de aldeanos. Si nos remontamos hasta el siglo XI, veremos que ninguna comuna solía tener más de mil habitantes. Estos vivían sometidos a un propietario y soportaban las obligaciones que su señor y el Estado zarista central les imponían, pero tenían una autonomía considerable a la hora de gestionar los asuntos internos y de decidir cómo cumplir con obligaciones externas como pagar impuestos y proporcionar reclutas. La comuna mediaba en las disputas locales, proporcionaba socorro en casos de emergencia, hacía cumplir las normas sociales, supervisaba la distribución de las tierras a los hogares particulares y regulaba el acceso a recursos compartidos como los bosques y los pastos. Las decisiones sobre asuntos importantes se tomaban en reuniones comunales en las que los cabezas de familia locales expresaban sus opiniones y elegían al anciano de la comuna. Cuando menos, las resoluciones intentaban reflejar la voluntad de la mayoría.[34]

En las aldeas zaristas y en las ciudades romanas era posible una forma de democracia porque era posible una conversación pública significativa. Pompeya tenía alrededor de once mil habitantes en el año 79 e. c.,[35] de modo que, en teoría, todos podían juzgar por sí mismos si Lucrecio Frontón era un hombre honesto y si Marco Cerrinio Vatia era un ladrón borracho. Pero la democracia aplicada a millones de personas solo ha sido posible en la época moderna, después de que los medios de comunicación de masas cambiaran la naturaleza de las redes de información a gran escala.

Los medios de comunicación de masas hacen que la democracia de masas sea posible

Los medios de comunicación son tecnologías de la información con la capacidad de conectar rápidamente a millones de personas, aunque estas se hallen separadas por largas distancias. La imprenta dio un paso crucial en esta dirección. La técnica de la impresión hizo posible que un gran número de libros y folletos se produjeran de forma rápida y barata, lo que permitió que cada vez más personas manifestaran sus opiniones y que estas se recibieran en un territorio extenso, aunque el proceso todavía tomara un tiempo. Esto fue lo que sostuvo algunos de los primeros experimentos de democracias a gran escala, como la Mancomunidad de Polonia-Lituania, establecida en 1569, y la República de los Siete Países Bajos Unidos, establecida en 1579.

Habrá quien quiera refutar la caracterización de estos sistemas de gobierno como «democráticos», puesto que solo una minoría de ciudadanos relativamente ricos gozaba de derechos políticos plenos. En la Mancomunidad de Polonia-Lituania, los derechos políticos quedaban reservados para los miembros masculinos adultos de la *szlachta*, la nobleza, compuesta por unos trescientos mil individuos, alrededor del 5 por ciento de la población adulta total.[36] Una de las prerrogativas de la *szlachta* era la elección del rey, pero, puesto que votar requería recorrer largas distancias para asistir a un congreso nacional, pocos ejercían su derecho. En los siglos XVI y XVII la participación en las elecciones reales solía situarse entre los tres mil y los siete mil votantes, excepto en las elecciones de 1669, en las que participaron 11.271 votantes.[37] Aunque esto difícilmente parezca democrático en el siglo XXI, hay que recordar que hasta el siglo XX todas las democracias de gran envergadura limitaron los derechos políticos a un círculo reducido de hombres más o menos adinerados. La democracia nunca es una cuestión de todo o nada. Es un continuo, y los polacos y lituanos de finales del siglo XVII exploraron regiones hasta entonces desconocidas de dicho continuo.

Aparte de votar al rey, Polonia-Lituania disponía de un parlamento elegido (el Sejm) que aprobaba o bloqueaba leyes y que tenía el poder de vetar las decisiones reales sobre impuestos y asuntos exteriores. Además, los ciudadanos gozaban de una lista de derechos inviolables tales como la libertad de reunión y la libertad de religión. A finales del siglo XVI y principios del XVII, cuando la mayor parte de Europa padecía persecuciones y conflictos religiosos irreconciliables,

Polonia-Lituania era un refugio tolerante en el que católicos, griegos ortodoxos, luteranos, calvinistas, judíos e incluso musulmanes coexistían en relativa armonía.[38] En 1616, había más de cien mezquitas activas en la Mancomunidad.[39]

Al final, sin embargo, el experimento de descentralización polaco-lituano terminó por resultar poco práctico. El país era el segundo Estado en tamaño de Europa (después de Rusia), abarcaba casi un millón de kilómetros cuadrados e incluía la mayor parte del territorio de lo que en la actualidad son Polonia, Lituania, Bielorrusia y Ucrania. Carecía de los sistemas de información, comunicación y educación necesarios para garantizar una conversación política fluida entre los aristócratas polacos, los nobles lituanos, los cosacos ucranianos y los rabinos judíos que se extendían desde el mar Báltico hasta el mar Negro. Además, sus mecanismos de autocorrección eran demasiado costosos y bloqueaban el poder del Gobierno central. En concreto, cada diputado del Sejm tenía derecho a vetar toda la legislación parlamentaria, lo que condujo a un punto muerto político. La combinación de un sistema político diverso y a gran escala con un centro débil fue letal. Las fuerzas centrífugas hicieron trizas la Mancomunidad y sus pedazos se dividieron entre las autocracias centralizadas de Rusia, Austria y Prusia.

El experimento neerlandés funcionó mejor. En ciertos aspectos, las Provincias Unidas de los Países Bajos estaban incluso menos centralizadas que la Mancomunidad de Polonia-Lituania, puesto que carecían de un monarca y se trataba de una unión de siete provincias autónomas a su vez conformadas por pueblos y ciudades que ejercían el autogobierno.[40] Esta naturaleza descentralizada se refleja en la pluralidad de formas con que se conocía el país en el extranjero: Netherlands en inglés, Pays-Bas en francés, Países Bajos en castellano, etcétera.

Sin embargo, tomadas en conjunto, la Provincias Unidas eran veinticinco veces más pequeñas en territorio que Polonia-Lituania y poseían un sistema de información, comunicación y educación mucho mejor, que unía estrechamente sus partes constituyentes.[41] Las Provincias Unidas también fueron pioneras en la creación de una nueva tecnología de la información con un gran futuro. En junio de

1618 apareció en Ámsterdam un folleto titulado *Courante uyt Italien, Duytslandt &c.* Tal como el nombre indica, ofrecía noticias de la península italiana, los países germanos y otros territorios. El folleto no tenía nada destacable, más allá de que durante las semanas siguientes se publicaron nuevas entregas. Estas aparecieron de manera regular hasta 1670, cuando *Courante uyt Italien, Duytslandt &c.* se fusionó con otros folletos en el *Amsterdamsche Courant*, publicado hasta 1903, momento en el que se fusionó con *De Telegraaf*, el periódico más importante de los Países Bajos hasta hoy.[42]

El periódico es un folleto de publicación regular, y era diferente de los primeros folletos porque contaba con mecanismos de autocorrección mucho más sólidos. A diferencia de las publicaciones aisladas, un periódico, sea diario o semanal, tiene la opción de corregir sus errores y un incentivo para hacerlo con el fin de ganarse la confianza del público. Poco después de que apareciera el *Courante uyt Italien, Duytslandt &c.* empezó a publicarse un periódico de la competencia, el *Tijdinghen uyt Verscheyde Quartieren* (Noticias de Diversos Distritos). Por lo general, se consideraba que el *Courante* era más fiable, porque intentaba revisar sus artículos antes de publicarlos y porque se acusaba al *Tijdinghen* de cultivar un patriotismo excesivo y de informar únicamente de noticias favorables a los Países Bajos. No obstante, ambos periódicos sobrevivieron porque, tal como explicaba un lector, «en un periódico, uno siempre puede encontrar algo que no está disponible en el otro». En las décadas siguientes se publicaron docenas de periódicos en los Países Bajos, que se convirtió en el núcleo del periodismo europeo.[43]

Los periódicos que consiguieron ganarse la confianza generalizada de los lectores se convirtieron en portavoces de la opinión pública. Crearon un público mucho más informado y comprometido que cambió la naturaleza de la política, primero en los Países Bajos y después en todo el mundo.[44] La influencia política de los periódicos fue tal que, con frecuencia, muchos de sus redactores acababan ejerciendo como líderes políticos. Jean-Paul Marat llegó al poder en la Francia revolucionaria después de fundar y dirigir *L'Ami du Peuple*; Eduard Bernstein contribuyó a la creación del Partido Socialdemócrata de Alemania tras ejercer como redactor en *Der Sozialdemokrat*; el cargo más importante de los que Vladimir Lenin desempeñó antes de convertirse en dictador soviético fue el de redactor de *Iskra*, y Benito Mussolini adquirió fama primero como periodista en el socialista *Avanti* y después como fundador y director del periódico incendiario de derechas *Il Popolo d'Italia*.

Los periódicos desempeñaron un papel fundamental en la formación de las primeras democracias modernas, como la de las Provincias Unidas en los Países Bajos, la del Reino Unido en las islas británicas y la de Estados Unidos de Norteamérica. Tal como indican los propios nombres, no se trataba de ciudades-Estado como las antiguas Atenas y Roma, sino de amalgamas de diferentes regiones unidas entre sí gracias en parte a esta nueva tecnología de la información. Por ejemplo, cuando el 6 de diciembre de 1825 el presidente John Quincy Adams dio su Primer Mensaje Anual al Congreso de Estados Unidos, el texto del discurso y un resumen de los puntos principales se publicaron durante las semanas siguientes en periódicos desde Boston hasta Nueva Orleans (en aquella época, en Estados Unidos se publicaban cientos de periódicos y revistas).[45]

Adams declaró las intenciones de su administración de iniciar numerosos proyectos federales que iban desde la construcción de carreteras hasta la fundación de un observatorio astronómico que, con afán poético, denominó «faro de los cielos». Su discurso generó un encendido debate público, gran parte del cual se desarrolló a través de la letra impresa, entre los que apoyaban estos planes de «gobierno a gran escala», tan esenciales para el desarrollo de Estados Unidos, y quienes preferían un enfoque de «gobierno a pequeña escala» y que consideraban los planes de Adams una extralimitación federal y una intrusión en los derechos de los estados.

Los partidarios norteños del ala del «gobierno a pequeña escala» se quejaban de que era anticonstitucional que el Gobierno federal cobrara impuestos a los estados más ricos con el fin de construir carreteras en los estados más pobres. Los sureños temían que un Gobierno federal que reivindicaba su poder para construir «un faro en el cielo» en su patio trasero pudiera llegar a reivindicarlo para liberar a sus esclavos. Adams fue acusado de albergar ambiciones dictatoriales, al tiempo que se criticaba la erudición y sofisticación de su discurso por elitistas y por estar desconectadas de los estadounidenses comunes. Los debates públicos acerca del mensaje de 1825 en el Congreso asestaron un duro golpe a la reputación de la administración Adams y contribuyeron a allanar el camino para la subsiguiente derrota electoral del presidente. En las elecciones presidenciales de 1828, Adams perdió frente a Andrew Jackson, un hombre rico, dueño de una plantación esclavista de Tennessee, a quien en numerosas columnas de opinión se calificó como «el hombre del pueblo» y que afirmó que, en realidad, Adams y las élites corruptas de Washington habían amañado las elecciones anteriores.[46]

Desde luego, los periódicos de la época eran lentos y limitados si los comparamos con los medios de comunicación de masas de la actualidad. La prensa viajaba al ritmo de un caballo o de un barco de vela, y eran relativamente pocos los que la leían con regularidad. No había quioscos ni vendedores callejeros, de modo que la gente solo podía acceder a ellos mediante suscripciones, que eran caras; el precio medio de una suscripción anual rondaba el salario semanal de un jornalero cualificado. Como resultado, se estima que el número total de suscriptores a todos los periódicos de Estados Unidos en 1830 era de solo setenta y ocho mil. Puesto que algunos suscriptores eran asociaciones o comercios en lugar de individuos, y puesto que probablemente varias personas leían cada ejemplar, parece razonable suponer que el número de lectores regulares de periódicos era de cientos de miles. Pero había millones que nunca o rara vez leían periódicos.[47]

No es extraño que en aquella época la democracia estadounidense fuera un asunto limitado... ni que estuviera controlada por hombres blancos y ricos. En las elecciones que en 1824 llevaron a Adams al poder, de una población adulta total de 5 millones, en teoría 1,3 millones (o en torno al 25 por ciento) eran aptos para votar. Solo 352.780 personas (el 7 por ciento de la población adulta total) hicieron un uso real de su derecho. Adams ni siquiera obtuvo una mayoría entre los que votaron. Debido a las particularidades del sistema electoral de Estados Unidos, se proclamó vencedor gracias al apoyo de solo 113.122 votantes, o no mucho más del 2 por ciento de los adultos y del 1 por ciento de la población total.[48] En la misma época, solo alrededor de cuatrocientas mil personas —o en torno al 6 por ciento de la población adulta— tenían derecho a votar en las elecciones al Parlamento de Gran Bretaña. Además, el 30 por ciento de los escaños del Parlamento ni siquiera estaban en disputa.[49]

Uno podría preguntarse si de verdad estamos hablando de democracias. En una época en que tenía más esclavos que votantes (más de 1,5 millones de estadounidenses estaban esclavizados en los primeros años de la década de 1820),[50] ¿era Estados Unidos realmente una democracia? Depende de cómo la definamos. Al igual que en la Mancomunidad de Polonia-Lituania de finales del siglo XVI, en los Estados Unidos de principios del siglo XIX el término «democracia» es relativo. Tal como se ha señalado, democracia y autocracia no son absolutos; forman parte de un continuo. A principios del siglo XIX, de todas las sociedades humanas a gran escala, puede que la estadounidense fuera la que se hallaba más cerca del extremo democrático del continuo. Hoy, conceder al 25 por ciento de adultos el derecho al voto no parece demasiado, pero en 1824 este porcentaje era mucho más alto que en los imperios zarista, otomano o chino, en los que nadie tenía derecho a voto.[51]

Además, tal como se ha destacado a lo largo de este capítulo, votar no es lo único que cuenta. Una razón de peso para considerar que en 1824 Estados Unidos era una democracia es que, si lo comparamos con la mayoría de los sistemas políticos de la época, el nuevo país poseía mecanismos de autocorrección muy sólidos. Los Padres Fundadores se inspiraron en la antigua Roma —como demuestran el Senado y el Capitolio en Washington— y eran muy conscientes de que la República romana acabó convertida en un imperio autocrático. Temían que un césar americano hiciera algo similar con su república y desarrollaron múltiples mecanismos de autocorrección solapados conocidos como el sistema de controles y contrapesos. Uno de ellos era la prensa libre. En la antigua Roma, los mecanismos de autocorrección dejaron de funcionar cuando la República amplió su territorio y su población. En Estados Unidos, la tecnología de la información moderna combinada con la libertad de prensa contribuyó a la supervivencia de los mecanismos de autocorrección incluso cuando el país se expandió del Atlántico al Pacífico.

Fueron estos mecanismos de autocorrección lo que permitió que poco a poco Estados Unidos ampliara el sufragio, aboliera la esclavitud y se convirtiera en una democracia más inclusiva. Tal como se ha señalado en el capítulo 2, los Padres Fundadores cometieron numerosos errores —como apoyar la esclavitud y negar el voto a las mujeres—, pero también proporcionaron los instrumentos para que sus descendientes los corrigieran. Este fue su mayor legado.

El siglo XX: democracia de masas pero también totalitarismo de masas

Los periódicos impresos no fueron más que el primer heraldo de la época de los medios de comunicación de masas. Durante los siglos XIX y XX, una larga lista de nuevas tecnologías de comunicación y transporte como el telégrafo, el teléfono, la televisión, la radio, los trenes, los barcos de vapor y los aviones sobrecargaron el poder de los medios de comunicación de masas.

Cuando Demóstenes daba un discurso público en Atenas en torno al año 350 a. e. c., este se dirigía sobre todo a la audiencia limitada realmente presente en el ágora ateniense. Cuando John Quincy Adams dio su Primer Mensaje Anual en 1825, sus palabras se extendieron al ritmo de un caballo. Cuando Abraham Lincoln dio su Discurso de Gettysburg el 19 de noviembre de 1863, telégrafos, locomotoras y barcos de vapor transmitieron sus palabras con mucha más rapidez por toda la Unión y más allá. Al día siguiente, *The New York Times* ya había reimpreso el discurso en su totalidad,[52] como habían hecho otros tantos periódicos, desde *The Portland Daily Press*, en Maine, hasta el *Ottumwa Courier*, en Iowa.[53]

Tal como corresponde a una democracia con unos mecanismos de autocorrección sólidos a punto, el discurso del presidente desencadenó un animado debate, en lugar de un aplauso universal. La mayoría de los periódicos lo elogiaron, pero algunos expresaron dudas. El 20 de noviembre, *The Chicago Times* publicó que «la mejilla de todo estadounidense ha de sonrojarse de vergüenza al leer las declaraciones absurdas, sosas y sucias» del presidente Lincoln.[54] *The Patriot*

& Union, un periódico local de Harrisburg, Pensilvania, también criticaba con dureza «las tontas observaciones del presidente» y esperaba que «el velo del olvido caiga sobre ellas y que no se repitan ni se piense más en ellas».[55] Aunque el país se hallaba sumido en una guerra civil, los periodistas eran libres de criticar —e incluso de ridiculizar— al presidente públicamente.

Avancemos un siglo, cuando las cosas se aceleran de verdad. Por primera vez en la historia, las nuevas tecnologías permitían que grandes masas de personas repartidas a lo largo de vastas extensiones de territorio se conectaran *en tiempo real*. En 1960, unos setenta millones de estadounidenses (el 39 por ciento de la población total) dispersos sobre el continente norteamericano y más allá siguieron en directo los debates presidenciales entre Nixon y Kennedy por televisión, y millones más los escucharon por la radio.[56] El único esfuerzo que los televidentes y radioyentes tuvieron que hacer fue pulsar un botón mientras estaban sentados en su casa. Ahora se había hecho posible la democracia a gran escala. Millones de personas separadas por miles de kilómetros podían entablar debates públicos informados y fluidos acerca de asuntos cotidianos que evolucionaban con gran rapidez. Sobre el papel, en 1960 todo estadounidense adulto era apto para votar, y cerca de setenta millones (alrededor del 64 por ciento del electorado) así lo hicieron..., aunque a millones de negros y otros grupos se les privó del derecho al voto mediante diversas argucias de supresión del voto.[57]

Como siempre, hemos de tener cuidado con el determinismo tecnológico y a la hora de concluir que el auge de los medios de comunicación de masas condujo al auge de la democracia a gran escala. Los medios de masas hicieron que la democracia a gran escala fuera, más que inevitable, posible. Y también hicieron posibles otros tipos de regímenes. En particular, las nuevas tecnologías de la información de la era moderna abrieron la puerta a los regímenes totalitarios a gran escala. Al igual que Nixon y Kennedy, Stalin y Jruschov podían decir algo por la radio y cientos de millones de personas, de Vladivostok a Kaliningrado, los escuchaban de inmediato. También podían recibir informes diarios de millones de agentes de la policía secreta y de informadores por teléfono y por telégrafo. Si un periódico de

Vladivostok o de Kaliningrado publicaba que el último discurso del líder supremo era una tontería (como ocurrió con el Discurso de Gettysburg de Lincoln), es probable que todos los implicados, desde el jefe de redacción hasta los componedores tipográficos, recibieran una visita del KGB.

Una breve historia del totalitarismo

Los sistemas totalitarios dan por sentada su infalibilidad y buscan el control absoluto sobre la totalidad de la vida de la gente. Antes de la invención del telégrafo, la radio y otras tecnologías de la información modernas, un régimen totalitario a gran escala era imposible. Los emperadores romanos, los califas abasidas y los janes mongoles fueron a menudo autócratas despiadados que se consideraban infalibles, pero carecían del aparato necesario para imponer un control totalitario sobre sociedades a gran escala. Para entender esto, primero hemos de dejar clara la diferencia entre los regímenes totalitarios y los regímenes autocráticos menos extremos. En una red autocrática, no hay límites legales a la voluntad del gobernante, aunque sí hay límites técnicos. En una red totalitaria, muchos de estos límites técnicos desaparecen.[58]

Por ejemplo, en regímenes autocráticos como el del Imperio romano, el Imperio abasida y el Imperio mongol era habitual que los gobernantes pudiesen ejecutar a cualquier persona que no fuese de su agrado, y, si había alguna ley que se lo impidiera, podían ignorarla o modificarla. El emperador Nerón dispuso la muerte de su madre, Agripina, y de su esposa, Octavia, y obligó a Séneca, su mentor, a acabar con su vida. Nerón también ejecutó y mandó al exilio a algunos de los aristócratas romanos más respetados y poderosos simplemente por manifestar discrepancias o contar chistes sobre él.[59]

Aunque un gobernante autocrático como Nerón podía ejecutar a cualquiera que hiciera o dijera algo que no le gustara, no tenía manera de saber qué era lo que hacía o decía la mayor parte de la gente de su imperio. En teoría, Nerón podía emitir una orden según la cual cualquier habitante del Imperio romano que criticara o insultara al emperador debía recibir un castigo severo. Pero no existían medios técnicos para poner en marcha dicha orden. Historiadores romanos como Tácito retratan a Nerón como un tirano sanguinario que instigó un reinado de terror sin precedentes. Pero este era un tipo de terror muy limitado. Aunque ordenó la ejecución o el exilio de unos cuantos familiares, aristócratas y senadores de su órbita, los romanos comunes y corrientes de los barrios marginales de la ciudad y los habitantes de ciudades pertenecientes a provincias distantes como Jerusalén y Londinium podían decir lo que pensaban con mucha más libertad.[60]

Los regímenes totalitarios modernos como el de la Unión Soviética estalinista instigaron el terror a una escala muy diferente. El totalitarismo trata de controlar lo que toda persona en cualquier parte del territorio hace y dice en cualquier momento del día, y si fuese posible incluso lo que toda persona piensa y siente. Puede que Nerón soñara con estos poderes, pero carecía de recursos para ponerlos en práctica. Dada la limitada base tributaria de la economía agraria romana, Nerón no podía emplear a mucha gente a su servicio. Podía enviar informadores a las cenas de los senadores romanos, pero solo disponía de unos diez mil administradores imperiales[61] y de trescientos cincuenta mil[62] soldados para controlar el resto del Imperio, y carecía de la tecnología para comunicarse con ellos con rapidez.

Nerón y sus colegas emperadores tenían un problema aún mayor a la hora de asegurarse la lealtad de los administradores y soldados que tenían en nómina. Nunca una revolución democrática como las que destituyeron a Luis XVI, Nicolae Ceauşescu o Hosni Mubarak sirvió para derrocar a un emperador romano. Pero decenas de emperadores fueron asesinados o depuestos por sus propios generales, oficiales, guardaespaldas o familiares.[63] El propio Nerón fue derrocado durante una revuelta instigada por el gobernador de Hispania, Galba. Seis meses después, Otón, gobernador de Lusitania, destituyó a Galba. A los tres meses, Otón fue depuesto por Vitelio, comandante del ejército del Rin. Vitelio duró unos ocho meses, hasta que Vespasiano, comandante del ejército en Judea, lo derrotó y acabó con su vida. Morir a manos de un subordinado rebelde era el mayor riesgo laboral al que se enfrentaban no solo los emperadores romanos, sino casi todos los autócratas premodernos.

Para emperadores, califas, sahs y reyes suponía un reto enorme mantener a raya a sus subordinados. En consecuencia, los gobernantes se centraron en controlar a las fuerzas armadas y el sistema tributario. Los emperadores romanos tenían autoridad para interferir en los asuntos locales de cualquier provincia o ciudad, y a veces ejercían dicha autoridad, pero por lo general esto se hacía en respuesta a una petición específica enviada por una comunidad o un funcionario local,[64] en lugar de obedecer a una parte de un plan quinquenal totalitario a la escala de todo el imperio. Si hubiéramos sido muleros en Pompeya o pastores en la Britania romana, Nerón no habría tratado de controlar nuestras rutinas diarias ni los chistes que contábamos, sino que le habría bastado con que pagáramos nuestros impuestos y no nos resistiéramos a las legiones.

Esparta y Qin

Algunos estudiosos defienden que, a pesar de las dificultades tecnológicas, hubo intentos de implantar regímenes totalitarios en épocas antiguas. El ejemplo que más suele citarse es el de Esparta. Según esta interpretación, los espartanos estaban gobernados por un régimen totalitario que controlaba todos y cada uno de los aspectos de su vida, desde con quién se casaban hasta qué comían. Sin embargo, aunque el régimen espartano era ciertamente despiadado, lo cierto es que incluía unos mecanismos de autocorrección que impedían que una sola persona o facción monopolizara el poder. La autoridad política se dividía entre dos reyes, cinco éforos (magistrados de rango superior), veintiocho miembros del consejo de la Gerusía y la asamblea popular. La toma de decisiones importantes —como emprender una guerra— solían conducir a intensos debates públicos.

Además, con independencia de cómo evaluemos la naturaleza del régimen de Esparta, es evidente que las limitaciones tecnológicas que confinaron la antigua democracia ateniense a una única ciudad restringieron el ámbito del experimento político espartano. Después de ganar la guerra del Peloponeso, Esparta instaló guarniciones militares y gobiernos proespartanos en numerosas ciudades griegas, a las que se les exigió seguir su ejemplo en política exterior y a veces también pagar tributos. Pero, a diferencia de lo que hizo la Unión Soviética después de la Segunda Guerra Mundial, tras la Guerra del Peloponeso Esparta no intentó expandir ni exportar su sistema. Esparta no pudo construir una red de información lo bastante grande y densa como para controlar la vida de la gente común en todas las ciudades y aldeas griegas.[65]

En la antigua China, la dinastía Qin (221-206 a. e. c.) podría haber puesto en marcha un proyecto totalitario mucho más ambicioso. Después de derrotar al resto de los reinos combatientes, el líder Qin, Qin Shi Huang, pasó a controlar un imperio enorme, de decenas de millones de súbditos, que pertenecían a numerosos grupos étnicos, que hablaban diversas lenguas y que eran leales a varias tradiciones y élites locales. Para consolidar su poder, la victoriosa dinastía Qin intentó desmantelar cualquier poder regional que pudiera cuestionar su autoridad. Confiscó las tierras y las posesiones de los aristócratas locales y obligó a las élites regionales a desplazarse a la capital imperial de Xiangyang para alejarlas de sus núcleos de poder y controlarlas con más facilidad.

Asimismo, el régimen Qin se embarcó en una campaña despiadada de centralización y homogenización. Creó una escritura simplificada de uso en todo el imperio y estandarizó la acuñación, el peso y las medidas de la moneda. Construyó una red de carreteras que se propagaba desde Xiangyang, con albergues, oficinas postales y puestos de control. La gente necesitaba permisos escritos para poder entrar o salir de la región de la capital o de las zonas fronterizas. Para asegurar que las carretas y los carros pudiesen correr por las mismas rodadas se estandarizó hasta la anchura de los ejes.

Toda acción, desde labrar un campo hasta casarse, tenía que responder a una necesidad militar, y el Qin impuso a toda la población el tipo de disciplina militar que Roma reservaba a las legiones. Para entender el alcance de este sistema podemos tomar como ejemplo una ley Qin que especificaba el castigo al que un funcionario se exponía si descuidaba un granero que se encontraba bajo su supervisión. La legislación expone el número de agujeros de ratas en el granero que llevarán a multar o a reprender al funcionario: «Por tres o más agujeros de ratas la multa será [la compra de] un campo [para el ejército], y por dos o menos [el oficial responsable] será reprendido. Tres agujeros de ratones equivalen a un agujero de rata».[66]

Para facilitar este sistema totalitario, el Qin intentó crear un orden social militarizado. Cada súbdito varón tenía que pertenecer a una unidad de cinco hombres. Estas unidades se agrupaban en formaciones mayores, desde aldeas locales (*li*), pasando por cantones (*xiang*) y condados (*xian*), hasta llegar a los grandes distritos de comandantes imperiales (*jun*). Se prohibía a la gente cambiar de domicilio sin permiso, hasta el extremo de que un invitado ni siquiera podía pasar la noche en casa de un amigo sin la identificación y la autorización pertinentes.

Así como los soldados de un ejército tienen un rango, a cada súbdito Qin varón se le otorgaba uno. La obediencia al Estado se premiaba con la concesión de rangos superiores, lo que conllevaba privilegios económicos y legales, mientras que la desobediencia podía acabar en degradación y castigo. Se suponía que los miembros de cada formación se supervisaban unos a otros, y si un individuo cometía alguna fechoría todos podían sufrir un castigo por ello. Cualquiera que no denunciara a un delincuente —incluso aunque se tratase de un familiar— era asesinado. Como recompensa, quienes denunciaban delitos obtenían rangos más altos y otros beneficios.

Es muy cuestionable hasta qué punto el régimen consiguió poner en marcha todas estas medidas totalitarias. Los burócratas que redactan documentos desde un despacho gubernamental suelen inventar reglas y normas complicadas que acaban por resultar poco prácticas. ¿De verdad había funcionarios gubernamentales concienzudos que recorrían todo el Imperio Qin contando agujeros de ratas en cada granero? ¿De verdad estaban los campesinos de cada remota aldea montañosa organizados en pelotones de cinco hombres? Probablemente no. No obstante, la dinastía Qin superó a otros imperios antiguos en sus ambiciones totalitarias.

El Imperio Qin trató incluso de controlar lo que sus súbditos pensaban y sentían. Durante el periodo de los reinos combatientes, los pensadores chinos gozaron de una libertad relativa para cultivar infinidad de ideologías y filosofías, pero el Qin adoptó la doctrina del legalismo como ideología oficial del Estado. El legalismo daba por sentado que los humanos eran codiciosos, crueles y egoístas por naturaleza. Ponía énfasis en la necesidad de ejercer un control estricto, afirmaba que el sistema de castigos y recompensas era el más efectivo para garantizarlo e insistía en que el poder del Estado no tenía que verse limitado por ningún tipo de consideración moral. El poder era lo correcto y el bien del Estado era el bien supremo.[67] El Qin proscribió otras filosofías como el confucianismo y el taoísmo, que consideraban que los humanos eran más altruistas y que destacaban la importancia de la virtud y no de la violencia.[68] Los libros que apoyaban ideas tan indulgentes estaban prohibidos, así como aquellos que contradecían la versión oficial Qin de la historia.

Cuando un académico expuso que Qin Shi Huang debía emular al antiguo fundador de la dinastía Zhou y descentralizar el poder del Estado, el primer ministro del Qin, Li Si, le respondió que los académicos debían dejar de criticar a las instituciones de entonces mediante la idealización del pasado. El régimen ordenó confiscar todos los libros que idealizaban la antigüedad o que de algún modo criticaran al Qin. Estos textos conflictivos se almacenaban en la biblioteca imperial y solo los académicos oficiales podían estudiarlos.[69]

Probablemente el Imperio Qin fuese el experimento totalitario más ambicioso de la historia humana anterior a la época moderna, y su alcance e intensidad acabaron por ser su ruina. El intento de reglamentar a decenas de millones de personas según criterios castrenses y de monopolizar todos los recursos para fines militares generó problemas económicos graves, despilfarro y resentimiento popular. Las leyes draconianas del régimen, junto con su hostilidad hacia las élites regionales y su voraz apetito por recaudar impuestos y acumular reclutas, avivaron aún más las llamas de este resentimiento. Entretanto, los recursos limitados de una antigua sociedad agraria no pudieron sostener a todos los burócratas y soldados que el Qin necesitaba para contener dicho resentimiento, y la baja eficiencia de su tecnología de la información hizo imposible controlar a todos los pueblos y ciudades desde la distante Xiangyang. No debe sorprender, pues, que en

209 a. e. c. se desataran una serie de revueltas dirigidas por las élites regionales, plebeyos descontentos e incluso algunos funcionarios del imperio recién nombrados.

Según se cuenta, la primera revuelta seria se originó cuando una serie de lluvias e inundaciones retrasaron a un grupo de campesinos reclutado para que se dirigiera a una zona fronteriza. Temían ser ejecutados por este abandono del deber y creyeron que no tenían nada que perder. Pronto se les sumaron otros rebeldes. Solo quince años después de alcanzar el punto álgido de su poder, el Imperio Qin se hundió bajo el peso de sus ambiciones totalitarias y se dividió en dieciocho reinos.

Después de varios años de lucha, una nueva dinastía, la Han, volvió a unificar el imperio. Pero los Han adoptaron una actitud más realista y menos draconiana. Lo cierto es que los emperadores Han fueron autocráticos, pero no totalitarios. No reconocieron ningún límite a su autoridad, pero no trataron de controlar la vida de todos. En lugar de seguir los preceptos legalistas de vigilancia y control, los Han adoptaron las ideas de Confucio de animar a la gente a actuar con lealtad y responsabilidad a partir de convicciones morales internas. Al igual que sus contemporáneos del Imperio romano, los emperadores Han solo quisieron controlar algunos aspectos de la sociedad desde el centro mientras concedían una autonomía considerable a aristócratas provinciales y a las comunidades locales. Debido en gran parte a las limitaciones que imponía la tecnología de la información disponible, los sistemas políticos premodernos de gran envergadura como los imperios romano y Han gravitaron hacia la autocracia no totalitaria.[70] Gente como los Qin podría haber soñado con un totalitarismo completo, pero su puesta en marcha tuvo que esperar al desarrollo de la tecnología moderna.

La trinidad totalitaria

Además de permitir la democracia a gran escala, la tecnología moderna hizo posible el totalitarismo a gran escala. Ya en el siglo XIX, el auge de las economías industriales permitió que los gobiernos emplearan muchos más administradores, y las nuevas tecnologías de la información —como el telégrafo y la radio— hicieron posible conectar y supervisar con rapidez a todos estos administradores. Esto facilitó una concentración de información y poder sin precedentes para todos aquellos que soñaban con cuestiones de este tipo.

Este era el sueño que guiaba a los bolcheviques cuando se hicieron con el control de Rusia después de la Revolución de 1917. Los bolcheviques ansiaban el poder ilimitado debido a que creían tener una misión mesiánica. Marx había propugnado que, durante milenios, todas las sociedades humanas habían estado dominadas por élites corruptas que oprimían al pueblo. Los bolcheviques afirmaban saber cómo terminar de una vez por todas con cualquier tipo de opresión y crear una sociedad perfectamente justa sobre la Tierra. Pero, para hacerlo, tenían que superar a numerosos enemigos y sortear multitud de obstáculos, lo que, a su vez, requería todo el poder que pudieran acumular. Rechazaron introducir cualquier mecanismo de autocorrección que pudiera cuestionar su visión o sus métodos. Al igual que la Iglesia católica, el Partido Bolchevique estaba convencido de que, aunque a título personal sus miembros pudieran equivocarse, el partido siempre estaba en lo cierto. Creer en su propia infalibilidad llevó a los bolcheviques a destruir las instituciones democráticas que emergían en Rusia —como las elecciones, los tribunales independientes, la prensa libre y los partidos de la oposición— y a crear un régimen totalitario de un único partido. El totalitarismo bolchevique no se inició con Stalin. Se percibía desde los primeros días de la Revolución. Surgió de la doctrina de la infalibilidad del partido, y no de la personalidad de Stalin.

En las décadas de 1930 y 1940, Stalin perfeccionó el sistema totalitario que había heredado. La red estalinista estaba constituida por tres ramas principales. En primer lugar estaba el aparato del gobierno de los ministerios del Estado, las administraciones regionales y las unidades regulares del Ejército Rojo, que en 1939 contaba con 1,6 millones de oficiales civiles[71] y 1,9 millones de soldados.[72] En segundo lugar estaba el aparato del Partido Comunista de la Unión Soviética y sus ubicuas células, que en 1939 contaban con 2,4 millones de miembros.[73] En tercer lugar estaba la policía secreta; conocida primero como Cheka, en la época de Stalin recibió los nombres de OGPU, NKVD y MGB, y después de la muerte de Stalin se convirtió en el KGB. La organización sucesora postsoviética se conoce desde 1995 como el FSB. En 1937, el NKVD tenía 270.000 agentes y millones de informantes.[74]

Las tres ramas operaban en paralelo. Así como la democracia se sustenta en unos mecanismos de autocorrección solapados que se controlan unos a otros, el totalitarismo moderno creó unos mecanismos de vigilancia superpuestos que se mantenían en orden unos a otros. El gobernador de una provincia se hallaba bajo la vigilancia constante del comisario local del partido, y ninguno de ellos sabía qué miembro de su personal era un informante del NKVD. Una prueba de la efectividad del sistema es que el totalitarismo moderno resolvió en gran medida el problema perenne de las autocracias modernas: las revueltas instigadas por subordinados provinciales. Si bien la Unión Soviética tuvo su buena cuota de golpes judiciales, nunca un gobernador provincial o un comandante del frente del Ejército Rojo se rebelaron contra el centro.[75] Gran parte del mérito hay que atribuírselo a la policía secreta, que vigilaba de cerca a las masas de ciudadanos, a los administradores provinciales y, más aún, al partido y al Ejército Rojo.

Aunque, a lo largo de la historia, en la mayoría de los sistemas políticos el ejército ha ejercido un enorme poder político, en los regímenes totalitarios del siglo XX el ejército regular cedió gran parte de su poderío a la policía secreta: el ejército de información. En la Unión Soviética, la Cheka, el OGPU, el NKVD y el KGB carecían de la potencia de fuego del Ejército Rojo, pero tenían más influencia en el Kremlin y podían aterrorizar e incluso purgar a los altos mandos del Ejército. De modo similar, la Stasi de la Alemania Oriental y la Securitate de Rumanía eran más fuertes que los ejércitos regulares de estos países.[76] En la Alemania nazi, las SS eran más poderosas que la Wehrmacht, y Heinrich Himmler, el jefe de las SS, se hallaba por encima de Wilhelm Keitel, el jefe del alto mando de la Wehrmacht, en el orden jerárquico.

Desde luego, en ninguno de estos casos podía la policía secreta derrotar al ejército regular en la guerra tradicional; lo que confería poder a la policía secreta era su control de la información. Poseía la información necesaria para impedir un golpe militar y para arrestar a los comandantes de las brigadas acorazadas o de los escuadrones de cazas antes de que estos supieran qué había ocurrido. Durante el Gran Terror estalinista de finales de la década de 1930, alrededor de un 10 por ciento de un total de 144.000 oficiales del Ejército Rojo fue fusilado o encarcelado por el NKVD. Esto incluye a 154 de 186 comandantes de división (un 83 por ciento), ocho de nueve almirantes (un 89 por ciento), trece de quince generales (un 87 por ciento) y tres de cinco mariscales (un 60 por ciento).[77]

A los líderes del partido no les fue mucho mejor. Alrededor de un tercio de los respetados viejos bolcheviques —gente que se había afiliado al partido antes de la Revolución de 1917— no sobrevivió al Gran Terror.[78] De los treinta y tres hombres que sirvieron en el politburó entre 1919 y 1938, catorce fueron fusilados (un 42 por ciento). De los 139 miembros y candidatos a miembros del Comité Central del partido en 1934, se eliminó a 98 (un 70 por ciento). Solo el 2 por ciento de los delegados que tomaron parte en el Decimoséptimo Congreso del Partido en 1934 se libraron de la ejecución, el encarcelamiento, la expulsión o la degradación y asistieron al Decimoctavo Congreso del Partido en 1939.[79]

La policía secreta —que se encargó de realizar la purga y de ejecutar los asesinatos— se dividía en varias ramas que competían entre sí y que se vigilaban de cerca y se purgaban unas a otras. Guénrij Yagoda, el jefe del NKVD que orquestó la campaña del Gran Terror y supervisó el asesinato de cientos de miles de víctimas, fue ejecutado y sustituido por Nikolái Yezhov en 1938. Yezhov duró dos años, durante los que asesinó y encarceló a millones de personas, antes de ser ejecutado en 1940.

Más reveladora puede resultar la suerte que corrieron las treinta y nueve personas que en 1935 ostentaban el rango de general en el NKVD (comisarios de la seguridad del Estado según la nomenclatura soviética). Treinta y cinco de ellas (un 90 por ciento) fueron arrestadas y ejecutadas hasta 1941, una fue asesinada y una (el jefe del despacho regional del Lejano Este del NKVD) se salvó después de desertar a Japón, donde los japoneses lo asesinaron en 1945. De los treinta y nueve generales de la cohorte original del NKVD, al final de la Segunda Guerra Mundial solo quedaban dos. Al final, la lógica despiadada del totalitarismo también acabó con ellos. Durante las luchas por el poder que siguieron a la muerte de Stalin en 1953, uno de ellos fue fusilado, mientras que al otro se le envió a un hospital psiquiátrico, donde murió en 1960.[80] El de general del NKVD en la época de Stalin era uno de los empleos más peligrosos del mundo. En unos años en los que la democracia estadounidense mejoraba sus numerosos mecanismos de autocorrección, el totalitarismo soviético refinaba su triple aparato de autovigilancia y autoterror.

Control total

Los regímenes totalitarios se basan en el control del flujo de información y sospechan de cualquier canal de información independiente. Cuando oficiales del ejército, funcionarios estatales o ciudadanos comunes intercambian información, pueden generar confianza. Si llegan a confiar entre sí, pueden organizarse para oponer resistencia al régimen. Por lo tanto, un principio clave de los regímenes totalitarios es que allí donde hay gente que se reúne y que intercambia información también debe estar el régimen para vigilarla. En la década de 1930, Hitler y Stalin compartieron este principio.

El 31 de marzo de 1933, dos meses después de que Hitler se convirtiera en canciller, los nazis aprobaron la Ley de Coordinación (*Gleichschaltungsgesetz*). Esta estipulaba que, para el 30 de abril de 1933, todas las organizaciones políticas, sociales y culturales de Alemania —desde los ayuntamientos hasta los clubes de fútbol y los coros locales— tendrían que gestionarse según la ideología nazi, como órganos del Estado nazi. Esto produjo un cambio drástico en la vida en toda ciudad y aldea de Alemania.

Por ejemplo, en el pueblecito alpino de Oberstdorf, el consejo municipal elegido democráticamente se reunió por última vez el 21 de abril de 1933, tres días antes de que un consejo nazi no electo lo sustituyera y designara a un alcalde nazi. Puesto que al parecer solo los nazis sabían lo que *en realidad* quería la gente, ¿quiénes que no fueran los nazis podían cumplir con la voluntad de la gente? Oberstdorf contaba con unas cincuenta asociaciones y clubes, que iban desde una sociedad de apicultura hasta un club de alpinismo. Todos tuvieron que adaptarse a la Ley de Coordinación, ajustando sus juntas, sus procesos de afiliación y sus estatutos a las demandas nazis, izar la bandera con la esvástica y concluir cada reunión entonando la *Horst Wessel Lied*, el himno del Partido Nazi. El 6 de abril de 1933, la asociación de pescadores de Oberstdorf prohibió afiliarse a los judíos. Ninguno de sus treinta y dos miembros era judío, pero les pareció que tenían que demostrar sus credenciales arias al nuevo régimen.[81]

La situación era incluso más extrema en la Unión Soviética de Stalin. Mientras que los nazis todavía concedían a las organizaciones religiosas y a los negocios privados cierta libertad de acción, los soviéticos no hacían excepciones. En 1928, con la puesta en marcha del Primer Plan Quinquenal, funcionarios gubernamentales, funcionarios del partido e informantes de la policía secreta se desplegaron por barrios y pueblos para controlar todos los aspectos de la vida de la gente: todos los negocios, desde las centrales energéticas hasta las granjas de repollos; todos los periódicos y emisoras de radio; todas las universidades, escuelas y grupos juveniles; todos los hospitales y clínicas; todas las organizaciones de voluntarios y religiosas; todas las asociaciones deportivas y científicas; todos los parques, museos y cines.

Si una docena de personas se reunían para jugar al fútbol, dar un paseo por el bosque o realizar alguna obra de caridad, el partido y la policía, representados por la célula local del partido o por un agente del NKVD, también tenían que estar allí. La velocidad y la eficiencia de la moderna tecnología de la información implicaba que todas estas células del partido y todos los agentes del NKVD se hallaban siempre a un telegrama o a una llamada telefónica de Moscú. La información sobre personas y actividades sospechosas se introducía en un sistema nacional de catálogos de tarjetas con referencias cruzadas. La información contenida en estos catálogos, conocidos como *kartoteki*, partía de registros laborales, archivos policiales, tarjetas de residencia y otras formas de registros sociales, y, en la década de 1930, se habían convertido en la principal herramienta de vigilancia y control de la población soviética.[82]

Esto hizo posible que Stalin buscara controlar la totalidad de la vida soviética. Un ejemplo decisivo fue la campaña de colectivización de la agricultura soviética. Durante siglos, la vida económica, social y privada de los miles de pueblos en expansión del Imperio zarista estuvieron gestionadas por varias instituciones tradicionales: la comuna local, la iglesia parroquial, la granja privada, el mercado local y, por encima de todo, la familia. A mediados de la década de 1920, la economía de la Unión Soviética aún era abrumadoramente agraria. Alrededor del 82 por ciento de la población total vivía en pueblos, y el 83 por ciento de la mano de obra se dedicaba a la agricultura.[83] Pero el hecho de que cada familia campesina tomara sus propias decisiones acerca de qué cultivar, qué comprar y a qué precio vender sus productos limitaba mucho la posibilidad de que los funcionarios de Moscú planificaran y controlaran las actividades sociales y económicas. ¿Qué pasaría si los funcionarios planteaban una gran reforma agraria pero las familias campesinas la rechazaran? De modo que, cuando en 1928 los soviéticos organizaron el Primer Plan Quinquenal para el desarrollo de la Unión Soviética, el punto más importante de la agenda fue la colectivización de la agricultura.

La idea era que todas las familias de cada pueblo se unieran a un *koljós*, una granja colectiva, a la que entregarían todas sus propiedades: tierras, casas, caballos, vacas, palas, horcas. Trabajarían juntos para el *koljós* y, a cambio, este los proveería de todo lo que necesitaran, desde una vivienda y educación hasta alimento y atención sanitaria. El *koljós* también decidiría —con base en órdenes procedentes de Moscú— si debían cultivar repollos o nabos; si invertían en un tractor o en una escuela, y quién trabajaba en la granja lechera, la curtiduría y el centro de salud. El resultado, pensaban los genios de Moscú, sería la primera sociedad perfectamente justa e igualitaria de la historia de la humanidad.

Asimismo, no albergaban dudas acerca de las ventajas económicas del sistema que proponían, pues su idea era que el *koljós* gozara de una economía de escala. Por ejemplo, dado que las familias campesinas no poseían más que una franja limitada de terreno, no tenía mucho sentido comprar un tractor para labrarla, y, en cualquier caso, casi ninguna familia podía permitirse un tractor. Una vez que toda la tierra pasase a ser un bien común, podría cultivarse con mucha más eficiencia mediante el empleo de maquinaria moderna. Además, se suponía que el *koljós* debía beneficiarse de los conocimientos de la ciencia moderna. En lugar de que cada campesino decidiera acerca de los métodos de producción sobre la base de antiguas tradiciones y de supersticiones sin fundamento, una serie de expertos estatales con grados universitarios de instituciones como la Academia Lenin de Ciencias Agrícolas de la Unión Soviética tomarían las decisiones relevantes.

A los planificadores de Moscú esto les parecía maravilloso. Esperaban un aumento del 50 por ciento de la producción agrícola en 1931.[84] Y si en el proceso se derribaban las antiguas jerarquías y las desigualdades del pueblo, mucho mejor. Sin embargo, a la mayoría de los campesinos esto les parecía terrible. No se fiaban de los planificadores de Moscú ni del nuevo sistema del *koljós*. No querían abandonar su antiguo estilo de vida ni su propiedad privada. Los campesinos sacrificaron vacas y caballos en lugar de entregarlos al *koljós*. Su motivación para trabajar se redujo. La gente dedicaba menos esfuerzos a labrar campos que pertenecían a todos que a labrar campos que pertenecían a su propia familia. La resistencia pasiva se generalizó y, a veces, estallaba en enfrentamientos violentos. Mientras que los planificadores soviéticos esperaban recolectar noventa y ocho millones de toneladas de cereal en 1931, la producción ascendió a solo sesenta y nueve millones, según datos oficiales, y en realidad podría haber sido menor, de cincuenta y siete millones de toneladas. La cosecha de 1932 fue todavía peor.[85]

El Estado reaccionó con furia. Entre 1929 y 1936, la confiscación de alimentos, el abandono gubernamental y las hambrunas provocadas (como resultado de las políticas del Gobierno y no de un desastre natural) se cobraron la vida de entre 4,5 y 8,5 millones de personas.[86] Millones de campesinos a los que se declaró enemigos del Estado fueron deportados o encarcelados. Las instituciones fundamentales de la vida campesina —la familia, la iglesia, la comunidad local— sufrieron intimidaciones y desmantelamientos. En el nombre de la justicia, la igualdad y la voluntad del pueblo, la campaña de colectivización eliminó todo lo que se le puso por delante. Solo durante los dos primeros meses de 1930, alrededor de 60 millones de campesinos de más de cien mil pueblos fueron conducidos como ganado a granjas colectivas.[87] En junio de 1929, solo el 4 por ciento de los hogares de campesinos soviéticos pertenecían a granjas colectivas. En marzo de 1930, la cifra se había incrementado hasta el 57 por ciento. En abril de 1937, el 97 de los hogares se agrupaban en las 235.000 granjas colectivas soviéticas.[88] Así, pues, en solo siete años un estilo de vida con siglos de tradición fue sustituido por la ocurrencia totalitaria de un puñado de burócratas de Moscú.

Los *kulaks*

Merece la pena que nos detengamos un poco más en la historia de la colectivización soviética. Porque fue una tragedia que guarda cierto parecido con catástrofes anteriores en la historia humana —como el furor de la caza de brujas en Europa— y al mismo tiempo augura varios de los mayores peligros que plantea la tecnología del siglo XXI y su fe en datos supuestamente científicos.

Cuando sus esfuerzos por colectivizar la agricultura encontraron resistencia y condujeron al desastre económico, los burócratas y forjadores de mitos de Moscú replicaron *El martillo de las brujas* de Kramer. No quiero insinuar que los soviéticos leyeran el libro, pero también ellos inventaron una conspiración global y crearon una categoría de enemigos que era totalmente inexistente. Durante la década de 1930, en numerosas ocasiones las autoridades soviéticas culparon de los desastres que afligían a la economía soviética a una cábala contrarrevolucionaria cuyos agentes principales eran los *kulaks* o «agricultores capitalistas». Así como en la imaginación de Kramer las brujas que servían a Satanás conjuraban tormentas de granizo que echaban a perder cosechas, en la imaginación estalinista los *kulaks* comprometidos con el capitalismo global saboteaban la economía soviética.

En teoría, los *kulaks* eran una categoría socioeconómica subjetiva definida mediante el análisis de datos empíricos sobre cuestiones como la propiedad, la renta, el capital y el salario. En teoría, los funcionarios soviéticos podían identificar a los *kulaks* haciendo un recuento de cosas. Si la mayoría de las personas de un pueblo tenía solo una vaca, entonces las pocas familias que tenían tres vacas se consideraban *kulaks*. Si en un pueblo casi nadie contrataba mano de obra pero una familia contrataba a dos trabajadores durante la época de la cosecha, esta era una familia *kulak*. Ser un *kulak* no solo implicaba que poseyeras una cantidad determinada de propiedades, sino también un carácter determinado. Según la doctrina marxista, supuestamente infalible, las condiciones materiales de alguien forjan su carácter social y espiritual. Puesto que, según se decía, los *kulaks* se dedicaban a la explotación capitalista, era una realidad científica (según el pensamiento marxista) que se trataba de personas codiciosas, egoístas y en las que no se podía confiar, y sus hijos también eran así. Descubrir que alguien era un *kulak* revelaba de forma ostensible algo profundo acerca de su esencia.

El 27 de diciembre de 1929, Stalin declaró que el Estado soviético debía buscar «la liquidación de los *kulaks* como clase»,[89] e inmediatamente incitó al partido y a la policía secreta a llevar a término este propósito ambicioso y asesino. Los cazadores de brujas de la Europa de principios de la Edad Moderna operaban en sociedades autocráticas que carecían de tecnologías de la información modernas; por lo tanto, tardaron tres siglos en matar a cincuenta mil supuestas brujas y brujos. En cambio, los cazadores de *kulaks* soviéticos operaban en una sociedad totalitaria que contaba con tecnologías tales como el telégrafo, el ferrocarril, el teléfono y la radio, así como con una burocracia en expansión. Decidieron que dos años serían suficientes para «liquidar» a millones de *kulaks*.[90]

Los funcionarios soviéticos empezaron por evaluar cuántos *kulaks* debía de haber en la Unión Soviética. Sobre la base de datos existentes —como registros tributarios, registros de empleo y el censo soviético de 1926—, decidieron que entre el 3 y el 5 por ciento de la población rural eran *kulaks*.[91] El 30 de enero de 1930, solo un mes después del discurso de Stalin, un decreto del politburó tradujo esta idea algo vaga en un plan de acción mucho más detallado. El decreto incluía cifras objetivas sobre los *kulaks* a los que debía liquidarse en cada una de las principales regiones agrícolas.[92] Después, las autoridades regionales hicieron sus propios cálculos sobre la cantidad de *kulaks* que vivían en cada uno de los condados bajo su jurisdicción. Finalmente, se asignaron cuotas específicas a los sóviets rurales (unidades administrativas locales que solían estar constituidas por un puñado de pueblos). A menudo, para demostrar su compromiso, los funcionarios locales inflaban las cifras sobre la marcha. Cada sóviet rural tenía que identificar la cantidad establecida de hogares de *kulaks* en los pueblos de su ámbito. A estas personas se las expulsó de sus casas y, en función de la categoría administrativa a la que pertenecieran, se las reinstalaba en otro lugar, se las conducía a campos de concentración o se las condenaba a muerte.[93]

Pero, exactamente, ¿cómo decidían los funcionarios soviéticos quién era un *kulak*? En algunos pueblos, los miembros locales del partido se afanaron en identificar *kulaks* mediante criterios objetivos, como la cantidad de propiedades que poseían. A menudo se estigmatizó y expulsó a los agricultores más trabajadores y eficientes. Hubo pueblos en los que los comunistas locales aprovecharon la oportunidad para librarse de sus enemigos personales. En otros pueblos simplemente echaron a suertes quiénes serían considerados *kulaks*. También se organizaban reuniones comunales para votar sobre el asunto, y a menudo elegían a granjeros aislados, viudos, ancianos y otros «prescindibles» (exactamente el tipo de gente que en la Europa de principios de la Edad Moderna tenían más probabilidades de ser estigmatizados como brujas o brujos).[94]

Lo absurdo de toda esta operación se manifiesta en el caso de la familia Streletski, de la región de Kurgán, en Siberia. Dmitri Streletski, que entonces era un adolescente, recordaba años más tarde el proceso por el que se calificó de *kulak* a su familia y se la seleccionó para liquidarla. «Serkov, el presidente del sóviet del pueblo que nos deportó, explicaba: "Recibí una orden [del comité del partido del distrito] para encontrar y deportar a diecisiete familias *kulaks*. Constituí un comité de pobres y dedicamos toda la noche a elegir a las familias. No hay nadie en el pueblo que sea lo bastante rico para cumplir los requisitos, y no hay mucha gente mayor, de modo que simplemente elegimos a las diecisiete familias. Habéis salido elegidos. Por favor, no os lo toméis como algo personal. ¿Qué otra cosa podía hacer?"».[95] Si alguien se atrevía a oponerse a la locura del sistema, no tardaba en ser tildado de *kulak* y de contrarrevolucionario y se arriesgaba a que lo liquidaran.

En total, hasta 1933 unos cinco millones de *kulaks* se vieron obligados a abandonar sus hogares. Hasta treinta mil cabezas de familia fueron asesinados. Las víctimas más afortunadas fueron realojadas en su distrito de origen o se convirtieron en trabajadores ambulantes en las grandes ciudades, mientras que alrededor de dos millones acabaron exiliados en regiones remotas e inhóspitas o encarcelados como esclavos del Estado en campos de trabajo.[96] Importantes y célebres proyectos estatales como la construcción del canal del mar Blanco y el desarrollo de minas en las regiones árticas se llevaron a cabo mediante el trabajo de millones de prisioneros, muchos de ellos *kulaks*. Fue una de las mayores y más rápidas campañas de esclavitud de la historia de la humanidad.[97] Nadie podía librarse del estigma una vez que se lo calificaba de *kulak*. Agencias gubernamentales, órganos del partido y documentos de la policía secreta registraban quién era *kulak* en el laberíntico sistema de catálogos, archivos y pasaportes internos de la *kartoteki*.

La categoría de *kulak* pasó incluso a la siguiente generación, con consecuencias devastadoras. A los niños *kulaks* se les negaba la entrada a los grupos de juventudes comunistas, al Ejército Rojo, a la universidad y a áreas de empleo de prestigio.[98] En sus memorias de 1997, Antonina Golovina recordaba cómo deportaron a su familia de su pueblo ancestral como *kulaks* y la enviaron a vivir a la ciudad de Pestovo. Los chicos de su nueva escuela solían burlarse de ella. En una ocasión, un maestro veterano le dijo a Antonina, que entonces tenía once años, que se pusiera de pie frente al resto de niños y empezó a hostigarla con crueldad, gritando que «los de tu calaña son enemigos del pueblo, ¡miserables *kulaks*! ¡Claro que merecíais ser deportados! ¡Espero que os exterminen a todos!». Antonina escribió que este fue el momento que definió su vida. «Tenía en el vientre la sensación de que nosotros [los *kulaks*] éramos diferentes de los demás, de que éramos criminales». Nunca lo superó.[99]

Al igual que Hansel Pappenheimer, el «brujo» de diez años, la «kulak» de once años Antonina Golovina se vio encasillada en una categoría intersubjetiva inventada por creadores de mitos humanos e impuesta por burócratas ubicuos. Las montañas de información recopiladas por los burócratas soviéticos sobre los *kulaks* no representaban una verdad objetiva sobre lo que eran, pero impusieron una nueva verdad intersubjetiva en la Unión Soviética. Pocas cosas determinaba más la vida de un individuo soviético que el hecho de que se supiera que a alguien se le consideraba un *kulak*, aunque la etiqueta fuera totalmente espuria.

Una familia soviética grande y feliz

El régimen estalinista intentaría algo aún más ambicioso que el desmantelamiento en masa de las granjas familiares privadas. Se dispuso a desmantelar la propia familia. A diferencia de los emperadores romanos o de los zares rusos, Stalin intentó insertarse incluso en las relaciones humanas más íntimas, las que se dan entre padres e hijos. Los lazos familiares se consideraban la raíz de la corrupción, la desigualdad y las actividades contra el partido. Por lo tanto, se enseñó a los niños soviéticos a venerar a Stalin como su padre *real* y a informar sobre si sus padres biológicos criticaban a Stalin o al Partido Comunista.

Ya en 1932, la maquinaria de propaganda soviética creó un verdadero culto alrededor de la figura de Pavlik Morózov, un muchacho de trece años natural del pueblo siberiano de Gerasimovka. En el otoño de 1931, Pavlik informó a la policía secreta de que su padre, Trofim, presidente del sóviet del pueblo, vendía documentación falsa a exiliados *kulaks*. Durante el juicio subsiguiente, cuando Trofim le gritó a Pavlik: «¡Soy yo, tu padre!», el muchacho contestó: «Sí, antes era mi padre, pero ya no considero que sea mi padre». Después de ser enviado a un campo de trabajo, Trofim fue ejecutado. En septiembre de 1932, Pavlik fue hallado muerto, y las autoridades soviéticas arrestaron y ejecutaron a cinco miembros de su familia por, supuestamente, haberlo matado en venganza por la denuncia. El relato real era mucho más complejo, pero esto no le importaba a la prensa soviética. Pavlik se convirtió en un mártir, y a millones de niños soviéticos se les instruyó para emularlo.[100] Muchos lo hicieron.

Por ejemplo, en 1934, un muchacho de trece años llamado Pronia Kolibin confesó a las autoridades que, empujada por el hambre, su madre robaba grano de los campos del *koljós*. La madre fue arrestada y hay que suponer que eliminada. A Pronia lo recompensaron con un premio en metálico y con la atención favorable de los medios de comunicación. *Pravda*, el periódico del partido, publicó un poema escrito por Pronia. Dos de sus versos rezaban: «Eres destructiva, madre / ya no puedo vivir más contigo».[101]

La tentativa soviética de controlar a la familia se reflejaba en un chiste de humor negro que se contaba en época de Stalin. Stalin visita de incógnito una fábrica y, mientras conversa con un obrero, le pregunta: «¿Quién es tu padre?».

«Stalin», responde el obrero.

«¿Quién es tu madre?».

«La Unión Soviética», contesta el hombre.

«¿Y qué quieres ser?».

«Un huérfano».[102]

En aquella época, contar este chiste podía llevarte a perder fácilmente la libertad o la vida, incluso si se lo contabas en tu casa a un círculo íntimo de familiares. La lección más importante que los padres soviéticos enseñaban a sus hijos no era que debían ser leales al partido o a Stalin. Era: «Mantén la boca cerrada».[103]

Partido e Iglesia

Uno puede preguntarse si de verdad instituciones totalitarias modernas como el Partido Nazi o el Partido Comunista soviético fueron realmente tan diferentes de instituciones anteriores como las iglesias cristianas. Después de todo, también las iglesias creían en su infalibilidad, tenían agentes eclesiásticos por todas partes y trataban de controlar la vida cotidiana de la gente hasta en su dieta y sus hábitos sexuales. ¿No deberíamos considerar a la Iglesia católica o a la Iglesia ortodoxa oriental instituciones totalitarias? ¿Y no socava esto la tesis de que el totalitarismo solo fue posible mediante la moderna tecnología de la información?

Existen, sin embargo, varias diferencias importantes entre el totalitarismo moderno y las iglesias premodernas. Primero, tal como ya se ha señalado, el totalitarismo moderno se sustenta en el despliegue de varios mecanismos de vigilancia superpuestos que se mantienen mutuamente en orden. El partido nunca está solo; opera, por un lado, junto a órganos del Estado y, por otro, junto a la policía secreta. En cambio, en la mayoría de los reinos europeos medievales la Iglesia católica era una institución independiente que a menudo se enfrentaba a las instituciones estatales en lugar de reforzarlas. En consecuencia, puede que el poder de los autócratas europeos encontrara en la Iglesia su órgano de control más significativo.

Por ejemplo, cuando durante la querella de las investiduras de la década de 1070 el rey Enrique IV de Alemania e Italia afirmó que él tenía la última palabra sobre la designación de los obispos, los abades y otros cargos importantes de la Iglesia, el papa Gregorio VII movilizó la resistencia y acabó por obligar al rey a rendirse. El 25 de enero de 1077, Enrique llegó al castillo de Canossa, donde se alojaba el papa, para ofrecer obediencia y una disculpa. El papa se negó a abrir las puertas, y Enrique esperó en la nieve del exterior, descalzo y hambriento. Finalmente, pasados tres días, el papa abrió las puertas al rey, que imploró perdón.[104]

Un enfrentamiento análogo en un país totalitario moderno sería impensable. El totalitarismo gira en torno a la idea de evitar cualquier tipo de separación de poderes. En la Unión Soviética, Estado y partido se reforzaban mutuamente, y Stalin era de facto el jefe de ambos. No podía haber una querella de las investiduras soviética porque Stalin tenía la última palabra en todos y cada uno de los nombramientos de los puestos del partido, así como de las funciones del Estado. Decidía tanto quién sería el secretario general del Partido Comunista de Georgia como quién sería el ministro de Exteriores de la Unión Soviética.

Otra diferencia importante radica en que las iglesias medievales tendían a ser organizaciones tradicionalistas que se resistían al cambio, mientras que con frecuencia los partidos totalitarios modernos se han comportado como organizaciones revolucionarias que exigen el cambio. Una Iglesia premoderna construía su poder poco a poco, desarrollando su estructura y sus tradiciones a lo largo de siglos. Por ello, es muy probable que un rey o un papa que quisiera revolucionar rápidamente la sociedad encontrara una firme resistencia de los miembros de la Iglesia y de los creyentes comunes.

Por ejemplo, en los siglos VIII y IX, una serie de emperadores bizantinos quisieron prohibir la adoración de iconos porque a ellos les parecía idolatría. Señalaron numerosos pasajes de la Biblia, en concreto el segundo mandamiento, que prohibía dar forma a cualquier ídolo. Mientras que tradicionalmente las iglesias cristianas habían interpretado el segundo mandamiento de manera que permitiera la veneración de iconos, emperadores como Constantino V aducían que esto era un error y que desastres tales como las derrotas cristianas a manos de los ejércitos del islam se debían a la ira que la adoración de iconos había suscitado en Dios. En 754, más de trescientos obispos se reunieron en el Concilio de Hieria para apoyar la postura iconoclasta de Constantino.

Comparada con la campaña de colectivización de Stalin, esta fue una reforma menor. Se exigió a familias y pueblos que se desprendieran de sus iconos, pero no de su propiedad privada ni de sus hijos. Sin embargo, la iconoclastia bizantina se topó con una resistencia generalizada. A diferencia de los participantes en el Concilio de Hieria, muchos sacerdotes comunes, monjes y creyentes se encontraban muy unidos a sus iconos. La lucha resultante dividió a la sociedad bizantina hasta que los emperadores reconocieron la derrota y cambiaron de rumbo.[105] Posteriormente, Constantino V fue vilipendiado por los historiadores bizantinos como «Constantino el Cagón» (Coprónimo), y de él se dijo que había defecado durante su bautismo.[106]

A diferencia de las iglesias premodernas, que se desarrollaron poco a poco a lo largo de siglos y, por lo tanto, solían ser conservadoras y suspicaces ante los cambios rápidos, los partidos totalitarios modernos como el Partido Nazi y el Partido Comunista soviético se organizaron en solo una generación alrededor de la promesa de revolucionar rápidamente la sociedad. No tenían tradiciones con siglos de arraigo ni estructuras que defender. Cuando sus líderes concebían un plan ambicioso para socavar las tradiciones y las estructuras existentes, los miembros del partido solían obedecer.

Quizá lo más importante de todo sea que las iglesias premodernas no podían convertirse en herramientas de control totalitario porque ellas mismas padecían las mismas limitaciones del resto de las organizaciones premodernas. Aunque contaban con agentes locales en todas partes, en la forma de párrocos, monjes y predicadores ambulantes, la dificultad de transmitir y procesar la información hacía que los líderes de la Iglesia supieran poco de lo que ocurría en comunidades remotas, por lo que los sacerdotes locales gozaban de un amplio grado de autonomía. En consecuencia, las iglesias solían ser un asunto local. Era habitual que la gente de cada provincia y de cada pueblo venerara a santos locales, mantuviera tradiciones locales, efectuara ritos locales e incluso llegara a cultivar ideas doctrinales locales ajenas a las de la línea oficial.[107] Si el papa de Roma quería ocuparse de lo que un sacerdote de mentalidad independiente de una remota parroquia polaca hacía, tenía que enviar una carta al arzobispo de Gniezno, quien tenía que informar al obispo competente, quien tenía que enviar a alguien que interviniera en la parroquia. El proceso podía dilatarse meses, y cabía la posibilidad de que el arzobispo, el obispo y otros intermediarios reinterpretasen o incluso «traspapelaran» las órdenes del papa.[108]

Las iglesias solo se convirtieron en instituciones más totalitarias a finales de la Edad Moderna, cuando las tecnologías de la información modernas ya estaban disponibles. Solemos pensar en los papas como en reliquias medievales, pero en realidad son maestros de la tecnología moderna. En el siglo XVIII, el papa tenía poco control sobre la Iglesia católica mundial y su figura se hallaba reducida a la posición de un principillo local italiano que se enfrentaba a otros poderes italianos por el control de Bolonia o Ferrara. Con la llegada de la radio, esta figura se convirtió en una de las más poderosas del planeta. El papa Juan Pablo II podía estar sentado en el Vaticano y hablarles directamente a millones de católicos, desde Polonia a Filipinas, sin que ningún arzobispo, obispo o párroco pudiera malinterpretar u ocultar sus palabras.[109]

Cómo fluye la información

Vemos entonces que la nueva tecnología de la información de finales de la Edad Moderna dio origen tanto a la democracia a gran escala como al totalitarismo a gran escala. Pero había diferencias importantes en la manera en que los dos sistemas utilizaban la tecnología de la información. Tal como se ha señalado, la democracia incentiva el flujo de información a través de diversos canales independientes en lugar de hacerlo únicamente a través del centro, y permite que muchos nodos independientes procesen la información y tomen decisiones por sí mismos. La información circula con libertad entre negocios privados, medios de comunicación privados, ayuntamientos, clubes deportivos, organizaciones benéficas, familias e individuos, sin tener que pasar nunca por el despacho de un ministro del Gobierno.

En contraste, el totalitarismo quiere que *toda* la información pase por el núcleo central y que no haya ninguna institución independiente que tome decisiones por sí misma. Es verdad que el totalitarismo tiene su aparato tripartito de Gobierno, partido y policía secreta. Pero todo el propósito de este aparato paralelo es que no aparezca ningún poder independiente que pueda poner en cuestión al centro. Cuando funcionarios del Gobierno, miembros del partido y agentes de la policía secreta se vigilan unos a otros, oponerse al centro es muy peligroso.

En tanto que tipos de redes de información opuestos, democracia y totalitarismo tienen sus ventajas y sus inconvenientes. La mayor ventaja de la red totalitaria centralizada es que es extremadamente organizada, lo que significa que puede tomar decisiones con rapidez y hacer que se cumplan sin compasión. En especial cuando se produce una emergencia, como una guerra o una epidemia, las redes centralizadas pueden moverse con más rapidez y a mayor distancia que las redes distribuidas.

Pero las redes de información hipercentralizadas también ofrecen grandes inconvenientes. Puesto que no permiten que la información fluya a través de canales que no sean los oficiales, cuando estos están bloqueados la información no puede encontrar métodos alternativos de transmisión. Y los canales oficiales suelen estar bloqueados.

Un motivo habitual por el que pueden bloquearse es que unos subordinados temerosos oculten malas noticias a sus superiores. En *Las aventuras del buen soldado Svejk* —una novela satírica ambientada en el Imperio austrohúngaro durante la Primera Guerra Mundial—, Jaroslav Hašek describe hasta qué punto las autoridades austriacas se preocupan por el desánimo que cunde entre la población civil. De modo que deciden atosigar a las comisarías de policía locales con órdenes para que contraten informantes, recaben datos e informen al cuartel general sobre la lealtad de la población. Para ser tan riguroso como le sea posible, el cuartel general inventa un ingenioso grado de lealtad: I.a, I.b, I.c; II.a, II.b, II.c; III.a, III.b, III.c; IV.a, IV.b, IV.c. Envía a las comisarías de policía locales instrucciones detalladas acerca de cada grado y un formulario oficial que debe cumplimentarse a diario. Los sargentos de policía de todo el país cumplimentan diligentemente los formularios y los envían de vuelta al cuartel general. Sin excepción, todos informan de un nivel de moral I.a; hacerlo de otro modo supondría una invitación a la reprimenda, la degradación o a algo peor.[110]

Otro motivo habitual por el que los canales oficiales no consiguen transmitir la información tiene que ver con conservar el orden. Puesto que el objetivo principal de las redes de información totalitarias es generar orden en lugar de descubrir la verdad, cuando una información preocupante amenaza con socavar el orden social, los regímenes totalitarios suelen suprimirla. Para ellos es relativamente fácil hacerlo, porque controlan todos los canales de información.

Por ejemplo, cuando el reactor nuclear de Chernóbil explotó el 26 de abril de 1986, las autoridades soviéticas suprimieron todas las noticias del desastre. Se ocultó el peligro tanto a los ciudadanos soviéticos como a los países extranjeros, con lo que estos no dieron los pasos necesarios para protegerse de la radiación. Cuando algunos oficiales soviéticos de Chernóbil y de la localidad vecina de Pripyat solicitaron la evacuación inmediata de los núcleos de población cercanos, la preocupación principal de sus superiores fue evitar la difusión de noticias alarmantes, de modo que no solo prohibieron la evacuación, sino que cortaron las líneas telefónicas y advirtieron a los empleados de la instalación nuclear que no hablaran del desastre.

Dos días después del desastre nuclear, unos científicos suecos informaron de que los niveles de radiación en Suecia, a más de mil doscientos kilómetros de Chernóbil, eran anormalmente elevados. Solo después de que los gobiernos y la prensa occidentales difundieran la noticia reconocieron los soviéticos que algo iba mal. Incluso entonces siguieron ocultando a sus propios ciudadanos la magnitud real de la catástrofe y dudaron a la hora de pedir consejo y ayuda al extranjero. Millones de personas de Ucrania, Bielorrusia y Rusia lo pagaron con su salud. Cuando, más adelante, las autoridades soviéticas investigaron el desastre, su prioridad fue desviar la culpa en lugar de comprender las causas y prevenir futuros accidentes.[111]

En 2019 hice una visita a Chernóbil. El guía ucraniano que explicaba lo que condujo al accidente nuclear dijo algo que se me quedó grabado: «Los estadounidenses crecen con la idea de que las preguntas traen respuestas —dijo—. Pero los ciudadanos soviéticos crecen con la idea de que las preguntas traen problemas».

Naturalmente, los líderes de los países democráticos tampoco disfrutan con las malas noticias. Pero, cuando en una red democrática distribuida las líneas de comunicación oficiales están bloqueadas, la información fluye a través de canales alternativos. Por ejemplo, aunque un funcionario estadounidense decidiera no informar al presidente de un desastre que estuviera produciéndose, *The Washington Post* publicaría la noticia, y si, de manera deliberada, *The Washington Post* también retuviera la información, *The Wall Street Journal* o *The New York Times* la difundirían. El modelo de negocio de los medios de comunicación independientes, siempre a la caza de la última primicia, no hace más que garantizar la publicación.

Cuando, el 28 de marzo de 1979, se produjo un accidente grave en el reactor nuclear de Three Mile Island, en Pensilvania, la noticia no tardó en divulgarse sin necesidad alguna de intervención internacional. El accidente se inició hacia las cuatro de la madrugada y se detectó a las 6.30. A las 6.56 se declaró una emergencia en las instalaciones, y a las 7.02 se informó del accidente a la Agencia de Gestión de las Emergencias de Pensilvania. Durante la hora siguiente se informó al gobernador y al vicegobernador de Pensilvania, así como a las autoridades de defensa civil. Se convocó una rueda de prensa oficial para las 10.00. Sin embargo, un periodista de tráfico de una emisora radiofónica de Harrisburg captó un aviso de la policía sobre el suceso, y la emisora emitió un breve reportaje a las 8.25. En la Unión Soviética, una iniciativa de este tipo por parte de una emisora de radio independiente habría sido impensable, pero en Estados Unidos era algo común. A las 9.00 Associated Press emitió un boletín informativo. Aunque se tardó varios días en conocer todos los detalles, los ciudadanos estadounidenses supieron del accidente dos horas después de que se detectara. Investigaciones subsiguientes por parte de agencias gubernamentales, ONG, académicos y prensa descubrieron no solo las causas inmediatas del accidente, sino también sus causas estructurales más profundas, lo que contribuyó a mejorar la seguridad de la tecnología nuclear en todo el mundo. De hecho, algunas de las enseñanzas que dejó Three Mile Island, que se compartieron públicamente, incluso con los soviéticos, contribuyeron a mitigar el desastre de Chernóbil.[112]

Nadie es perfecto

Las redes totalitarias y autoritarias se enfrentan a otros problemas además del de las arterias bloqueadas. Ante todo, como ya hemos establecido, sus mecanismos de autocorrección suelen ser muy débiles. Puesto que se consideran infalibles, no ven necesarios tales mecanismos, y, dado que temen que cualquier institución independiente pueda enfrentarse a ellas, carecen de tribunales independientes, de medios de comunicación o de centros de investigación. En consecuencia, no hay nadie que denuncie y corrija los abusos de poder habituales que caracterizan a todos los gobiernos. De vez en cuando, el líder puede anunciar una campaña anticorrupción, pero en los sistemas no democráticos estas suelen ser poco más que cortinas de humo para que una facción del régimen purgue a otra.[113]

¿Y qué ocurre cuando el propio líder malversa fondos públicos o comete un error político desastroso? Nadie puede cuestionar al líder y, por iniciativa propia, este —que es un ser humano— bien puede rechazar la admisión de cualquier error. Por el contrario, es probable que culpe de todos los problemas a «enemigos externos», «traidores internos» o «subordinados corruptos», y que exija aún más poder con el fin de ocuparse de los supuestos malhechores.

Por ejemplo, en el capítulo anterior hemos mencionado que Stalin adoptó la falsa teoría del lysenkoísmo como doctrina del Estado sobre la evolución. Las consecuencias fueron catastróficas. La ignorancia de los modelos darwinistas y los intentos de los agrónomos lysenkoístas por crear supercosechas hicieron que la investigación genética soviética retrocediera décadas y debilitaron la agricultura. Los expertos soviéticos que sugirieron abandonar el lysenkoísmo y aceptar el darwinismo se arriesgaban a acabar en un gulag o a recibir una bala en la cabeza. La herencia del lysenkoísmo persiguió durante décadas a la ciencia y la agronomía soviéticas, y fue una de las razones por las que ya a principios de la década de 1970 la Unión Soviética dejó de ser un exportador importante de cereales para convertirse en un importador neto, a pesar de sus vastas tierras fértiles.[114]

Esta fue la dinámica que caracterizó a otros muchos ámbitos de actividad. Por ejemplo, durante la década de 1930, la industria soviética fue víctima de numerosos accidentes. En gran medida, la culpa fue de los jefes de Moscú, que establecieron objetivos casi imposibles para la industrialización y consideraban cualquier fracaso una traición. En el intento de cumplir con tan ambiciosos objetivos, las medidas de seguridad y los controles de calidad se abandonaron, y a los expertos que aconsejaban prudencia se les reprendía o eliminaba. El resultado fue una oleada de accidentes industriales, productos disfuncionales y esfuerzos malgastados. En lugar de aceptar la responsabilidad, Moscú concluyó que aquello debía de ser obra de una conspiración global trotskista-imperialista de saboteadores y terroristas dispuestos a hacer que la empresa soviética descarrilara. En lugar de desacelerar y adoptar normativas de seguridad, los jefes intensificaron el terror y ejecutaron a más gente.

Un caso famoso fue el de Pável Richagov. Era uno de los mejores y más valientes pilotos soviéticos, y encabezó misiones para ayudar a los republicanos en la guerra civil española y a los chinos en su defensa contra la invasión japonesa. Ascendió rápidamente de rango, y en agosto de 1940, con veintinueve años, se convirtió en comandante de la Fuerza Aérea soviética. Pero el valor que ayudó a Richagov a abatir aviones nazis en España le generó serios problemas en Moscú. La fuerza aérea soviética fue víctima de numerosos accidentes, que el politburó achacó a falta de disciplina y al sabotaje deliberado por conspiradores antisoviéticos. Sin embargo, Richagov no estaba de acuerdo con la versión oficial. Como piloto de primera línea, conocía la verdad. Sin andarse con rodeos, le dijo a Stalin que a los pilotos se les obligaba a pilotar aviones diseñados con premura y de mala fabricación, algo que comparó a volar «en ataúdes». Dos días después de que Hitler invadiera la Unión Soviética, mientras el Ejército Rojo se desmoronaba y Stalin buscaba a la desesperada chivos expiatorios, Richagov fue arrestado por «ser miembro de una organización conspiratoria antisoviética y desarrollar trabajo enemigo dirigido a debilitar el poder del Ejército Rojo». A su mujer también la arrestaron, porque supuestamente conocía los «lazos trotskistas» que unían a su marido «con los militares conspiradores». Fueron ejecutados el 28 de octubre de 1941.[115]

En realidad, el saboteador que arruinó los esfuerzos militares soviéticos no fue Richagov, sino el propio Stalin. Durante años, Stalin temió un enfrentamiento a muerte con la Alemania nazi, y construyó la mayor maquinaria bélica del mundo para prepararse. Pero él mismo frenó esta maquinaria tanto diplomática como psicológicamente.

A nivel diplomático, entre 1939 y 1941, Stalin se la jugó incitando a los «capitalistas» a luchar y a agotarse entre sí, mientras que la Unión Soviética alimentaba e incluso incrementaba su poder. Así, en 1939 pactó con Hitler y permitió que los alemanes conquistaran gran parte de Polonia y de Europa Occidental, mientras la Unión Soviética atacaba o se enemistaba con la mayor parte de sus vecinos. En 1939 y 1940 los soviéticos invadieron y ocuparon el este de Polonia; se anexionaron Estonia, Letonia y Lituania, y conquistaron partes de Finlandia y Rumanía, que podrían haber actuado como amortiguadores neutrales en los flancos de la Unión Soviética y que, en consecuencia, se convirtieron en enemigos implacables. Incluso en la primavera de 1941, Stalin se negó todavía a aceptar una alianza preventiva con Gran Bretaña y no dio ni un solo paso para dificultar la conquista nazi de Yugoslavia y Grecia, con lo que perdió a sus últimos aliados potenciales en el continente europeo. Cuando Hitler golpeó el 22 de junio de 1941, la Unión Soviética estaba aislada.

En teoría, la maquinaria bélica que Stalin construyó podría haber sofocado el ataque nazi incluso en aislamiento. Los territorios conquistados desde 1939 proporcionaban profundidad a las defensas soviéticas, y su ventaja militar parecía abrumadora. En el primer día de la invasión, los soviéticos poseían 15.000 tanques, 15.000 aviones de combate y 37.000 piezas de artillería en el frente europeo, que se enfrentaban a los 3.300 tanques, los 2.250 aviones de combate y los 7.146 cañones alemanes.[116] Pero, en una de las mayores catástrofes militares de la historia, durante el mes siguiente los soviéticos perdieron 11.700 tanques (un 78 por ciento), 10.000 aviones de combate (un 67 por ciento) y 19.000 piezas de artillería (un 51 por ciento).[117] Stalin perdió también todos los territorios que había conquistado en 1939 y 1940 y gran parte del territorio de la Unión Soviética. El 16 de julio los alemanes se hallaban en Smolensk, a 370 kilómetros de Moscú.

Las causas de la debacle llevan debatiéndose desde 1941, pero la mayoría de los expertos coinciden en que un factor significativo fueron los costes psicológicos del estalinismo. Durante años, el régimen aterrorizó al pueblo, castigó la iniciativa y la individualidad, e incentivó la sumisión y la conformidad. Esto minó la motivación de los soldados. Sobre todo durante los primeros meses de la guerra, antes de que se tuviera un conocimiento pleno de los horrores perpetrados por el Gobierno nazi, los soldados del Ejército Rojo se rindieron en gran número; a finales de 1941 se había capturado a entre tres y cuatro millones.[118] Incluso cuando combatían con tenacidad, las unidades del Ejército Rojo adolecían de falta de iniciativa. Los oficiales que habían sobrevivido a las purgas temían emprender acciones por su cuenta, mientras que los oficiales jóvenes solían carecer del adiestramiento adecuado. Con frecuencia faltos de información y señalados como chivos expiatorios después de cada fracaso, los comandantes también tenían que vérselas con comisarios políticos que podían discutir sus decisiones. Lo más prudente era esperar órdenes desde arriba y, aunque tuvieran poco sentido desde el punto de vista militar, acatarlas servilmente.[119]

A pesar de los desastres de 1941 y de la primavera y el verano de 1942, el Estado soviético no se derrumbó tal como Hitler esperaba. Cuando el Ejército Rojo y los líderes soviéticos asimilaron las lecciones aprendidas durante el primer año de la contienda, el centro político de Moscú aflojó el control. El poder de los comisarios políticos se limitó, al tiempo que se animaba a los oficiales profesionales a asumir más responsabilidad y a tomar más iniciativas.[120] Stalin también corrigió sus errores geopolíticos de 1939-1941 y alió a la Unión Soviética con Gran Bretaña y Estados Unidos. La iniciativa del Ejército Rojo, la ayuda occidental y la toma de conciencia de lo que el Gobierno nazi podría hacerle al pueblo soviético cambiaron el rumbo de la guerra.

Sin embargo, una vez que la victoria estuvo asegurada en 1945, Stalin desató nuevas oleadas de terror, con la purga de más funcionarios y oficiales de mentalidad independiente y alentando de nuevo la obediencia ciega.[121] Irónicamente, la propia muerte de Stalin, ocho años después, fue en cierta medida el resultado de una red de información que priorizaba el orden e ignoraba la verdad. Entre 1951 y 1953 la Unión Soviética vivió otra caza de brujas. Los creadores de mitos soviéticos inventaron una teoría de la conspiración según la cual una serie de médicos judíos estaban asesinando a miembros importantes del régimen mientras fingían proporcionarles cuidados. La teoría afirmaba que estos médicos eran agentes del plan global americano-sionista y que trabajaban en colaboración con traidores de la policía secreta. A principios de 1953, cientos de médicos y de funcionarios de la policía secreta, incluido el propio jefe de la policía secreta, fueron arrestados y torturados con el fin de obligarlos a denunciar a sus cómplices. La teoría de la conspiración —un giro soviético de *Los protocolos de los sabios de Sion*— se mezcló con las antiquísimas acusaciones de los libelos de sangre, y empezaron a circular rumores que afirmaban que los médicos judíos no solo asesinaban a líderes soviéticos, sino que también mataban recién nacidos en los hospitales. Puesto que una proporción importante de los médicos soviéticos eran judíos, la gente empezó a temer a los médicos en general.[122]

El 1 de marzo de 1953, justo cuando la histeria acerca del «plan de los médicos» alcanzaba su clímax, Stalin sufrió una apoplejía. Se desvaneció en su dacha, se orinó e, incapaz de pedir ayuda, pasó horas con su pijama defecado. Hacia las 22.30, un guardia se armó de valor para entrar en el sanctasanctórum del comunismo mundial, en cuyo suelo descubrió al líder. Hacia las tres de la madrugada del 2 de marzo, varios miembros del politburó se congregaron en la dacha y debatieron qué hacer. Durante varias horas más, nadie se atrevió a llamar a un médico. ¿Qué ocurriría si Stalin recuperaba la consciencia, abría los ojos y veía que un médico —*¡un médico!*— se cernía sobre su cama? Seguramente creería que se trataba de un plan para asesinarlo y mandaría fusilar a los responsables. El médico personal de Stalin no se hallaba presente porque en ese momento se encontraba en una celda del sótano de la prisión de Lubianka, sometido a tortura por sugerir que Stalin necesitaba más descanso. Para cuando los miembros del politburó decidieron llamar a un grupo de médicos expertos, el peligro ya había pasado. Stalin ya no se despertó.[123]

De esta retahíla de desastres se podía concluir que el sistema estalinista era totalmente disfuncional. Su cruel desconsideración para con la verdad no solo causó un sufrimiento terrible a cientos de millones de personas, sino también una serie de colosales errores diplomáticos, militares y económicos y la aniquilación de sus propios líderes. Sin embargo, esta sería una conclusión engañosa.

En un análisis del rotundo fracaso del estalinismo durante la primera fase de la Segunda Guerra Mundial, dos puntos complican el relato. En primer lugar, países democráticos como Francia, Noruega y Países Bajos cometieron en aquella época tantos errores diplomáticos como la Unión Soviética, y el desempeño de sus ejércitos fue aún peor. En segundo lugar, la maquinaria militar que aplastó al Ejército Rojo, al Ejército francés, al Ejército holandés y a otros tantos ejércitos también estaba forjada por un régimen totalitario. De modo que ninguna de las conclusiones que podamos extraer de lo que ocurrió entre 1939 y 1941 debe ser que las redes totalitarias funcionan necesariamente peor que las democráticas. La historia del estalinismo revela los innumerables inconvenientes que pueden entrañar las redes de información totalitarias, pero esto no debe cegarnos ante sus posibles ventajas.

Cuando consideramos la historia general de la Segunda Guerra Mundial y sus consecuencias, queda claro que el estalinismo fue, de hecho, uno de los sistemas políticos más exitosos que se han inventado nunca..., si definimos «éxito» únicamente en términos de orden y poder, al tiempo que obviamos toda consideración ética y de bienestar humano. A pesar de —o quizá debido a— su absoluta falta de compasión y su actitud despiadada en relación con la verdad, el estalinismo fue excepcionalmente eficiente en el mantenimiento del orden a una escala gigantesca. El bombardeo incesante de noticias falsas y de teorías de la conspiración contribuyó a mantener a cientos de millones de personas bajo control. La colectivización de la agricultura soviética condujo a la esclavización en masa y a la hambruna, pero también sentó las bases de la rápida industrialización del país. Puede que el desinterés soviético por los controles de calidad produjera ataúdes volantes, pero lo hizo en decenas de miles, compensando en cantidad lo que les faltaba de calidad. El asesinato en masa de oficiales del Ejército Rojo durante la campaña del Gran Terror fue una de las razones principales del pésimo desempeño del Ejército en 1941, pero también fue clave para que, a pesar de las terribles derrotas, nadie se rebelara contra Stalin. La maquinaria militar soviética tendía a aplastar a sus propios soldados junto con los del enemigo, pero al final se alzó con la victoria.

En la década de 1940 y durante los primeros años de la de 1950, mucha gente en todo el mundo consideró que el estalinismo era la ola del futuro. Después de todo, había ganado la Segunda Guerra Mundial, izado la bandera roja sobre el Reichstag, comandado un imperio que se extendía desde Europa Central hasta el Pacífico, avivado luchas anticoloniales en todo el mundo e inspirado a muchos regímenes que lo imitaban. Incluso llegó a ganarse la admiración de artistas y pensadores destacados de democracias occidentales, que creían que, a pesar de los vagos rumores sobre gulags y purgas, el estalinismo era la opción que más posibilidades ofrecía a la humanidad para acabar con la explotación capitalista y para crear una sociedad perfectamente justa. Así, pues, el estalinismo estuvo cerca de dominar el mundo. Sería ingenuo pensar que su desprecio por la verdad lo condenó al fracaso o que su desplome final garantice que nunca vuelva a surgir un sistema de este tipo. Con un poco de verdad y mucho orden, los sistemas de información pueden llegar lejos. Quienes detestan los costes morales de sistemas como el estalinismo no pueden confiar en su supuesta ineficacia para desbaratarlos.

El péndulo tecnológico

Una vez que aprendamos a ver a la democracia y el totalitarismo como tipos diferentes de redes de información, podremos entender por qué medran en unas épocas y se mantienen ausentes en otras. No solo se debe a que la gente gane o pierda fe en determinados ideales políticos; también se debe a las revoluciones en las tecnologías de la información. Desde luego, del mismo modo que la imprenta no *originó* la caza de brujas ni la revolución científica, la radio no *originó* ni el totalitarismo estalinista ni la democracia estadounidense. La tecnología solo crea nuevas oportunidades; somos nosotros quienes debemos decidir por cuáles optar.

Los regímenes totalitarios deciden emplear la moderna tecnología de la información para centralizar el flujo de información y reprimir la verdad con el fin de mantener el orden. Como consecuencia, han de luchar contra el peligro de la osificación. El hecho de que cada vez más información fluya hacia un solo punto ¿conducirá a un control eficiente o al bloqueo de arterias y, finalmente, a un ataque al corazón? Los regímenes democráticos eligen usar la moderna tecnología de la información para distribuir el flujo de información entre más instituciones e individuos, y anima la libre búsqueda de la verdad. En consecuencia, deben combatir el peligro de la fractura. Como un sistema solar con cada vez más planetas que giran cada vez más deprisa, ¿podrá resistir el centro o todo se desmoronará y prevalecerá la anarquía?

Un ejemplo arquetípico de los diferentes tipos de estrategias puede encontrarse en las historias opuestas de las democracias occidentales y del bloque soviético de la década de 1960. Fue esta una época en la que las democracias occidentales relajaron la censura y las diversas políticas discriminatorias que dificultaban la libre difusión de la información. Esto hizo que grupos hasta entonces marginados pudieran organizarse, sumarse a la conversación pública y plantear reivindicaciones políticas con más facilidad. La oleada de activismo resultante desestabilizó el orden social. Hasta ese momento, cuando la mayor parte de la conversación recaía en una cantidad limitada de hombres blancos y ricos, había sido relativamente fácil llegar a acuerdos. Una vez que se dio voz a pobres, mujeres, personas LGTBIQ, minorías étnicas, discapacitados y miembros de otros grupos históricamente oprimidos, estos aportaron nuevas ideas, opiniones e intereses. En consecuencia, muchos de los antiguos pactos entre caballeros se hicieron insostenibles. Por ejemplo, el régimen de segregación de Jim Crow* —promovido o, al menos, tolerado por generaciones de gobiernos tanto demócratas como republicanos en Estados Unidos— se desmoronó. Cuestiones que se consideraban sacrosantas, evidentes y que eran universalmente aceptadas —como el rol de género— se hicieron muy controvertidas, y no fue fácil llegar a nuevos acuerdos porque había que tener en cuenta a muchos más grupos, puntos de vista e intereses. Un acto tan sencillo como mantener una conversación ordenada constituía un desafío, porque la gente ni siquiera podía ponerse de acuerdo con respecto a las reglas del debate.

Esto causó gran frustración tanto entre la vieja guardia como entre los recién empoderados, que sospechaban que su libertad de expresión, apenas alcanzada, era huera y que sus demandas políticas no se cumplían. Decepcionados con las palabras, algunos pasaron a las armas. En muchas democracias occidentales, la década de 1960 se caracterizó no solo por una cantidad sin precedentes de desacuerdos, sino también por una explosión de violencia. Los asesinatos políticos, los secuestros, los disturbios y los ataques terroristas se multiplicaron. Los asesinatos de John F. Kennedy y de Martin Luther King, los disturbios que siguieron al asesinato de King y la oleada de manifestaciones, revueltas y enfrentamientos armados que barrieron el mundo occidental en 1968 son solo algunos de los ejemplos más conocidos.[124] Las imágenes procedentes de Chicago o de París en 1968

* Leyes de segregación racial de aplicación preferente a los afroamericanos. *(N. del T.)*

bien podían dar la impresión de que todo se desmoronaba. La presión de seguir unos ideales democráticos y de incluir a más personas y grupos en la conversación pública parecía socavar el orden social y hacer que la democracia fuera inviable.

Mientras tanto, los regímenes del otro lado del Telón de Acero, que nunca prometieron integración, siguieron reprimiendo la conversación pública y centralizando la información y el poder. Y parecía funcionar. Aunque se enfrentaron a varios desafíos periféricos, entre los que hay que destacar la Revolución húngara de 1956 y la Primavera de Praga de 1968, los comunistas trataron estas amenazas con celeridad y decisión. En el corazón de la patria soviética se mantenía el orden.

Avancemos veinte años, a cuando el sistema soviético ya no es viable. Los gerontócratas escleróticos sobre el podio de la Plaza Roja eran un emblema perfecto de una red de información disfuncional, carente de mecanismos autocorrectores significativos. La descolonización, la globalización, el desarrollo tecnológico y los cambios en los roles de género dieron lugar a rápidos cambios económicos, sociales y geopolíticos. Pero los gerontócratas no podían gestionar toda la información que llegaba a Moscú y, puesto que no se permitía demasiada iniciativa a ningún subordinado, el sistema entero se osificó y se vino abajo

El fracaso se hizo más evidente en la esfera económica. La hipercentralizada economía soviética reaccionó con lentitud a los rápidos desarrollos tecnológicos y al cambio en los deseos de los consumidores. Obedeciendo órdenes de arriba, la economía soviética produjo en masa misiles intercontinentales y cazas de combate, y concibió prestigiosos proyectos de infraestructura. Pero no producía lo que quería comprar la mayoría de la gente, desde frigoríficos eficientes hasta música pop, y se quedó atrás en tecnología militar de vanguardia.

En ningún sector sus defectos quedaron más patentes como en el de los semiconductores, en el que la tecnología avanzaba a un ritmo particularmente rápido. En Occidente, los semiconductores se desarrollaban mediante una competencia abierta entre numerosas compañías privadas como Intel y Toshiba, cuyos clientes principales eran otras compañías privadas como Apple y Sony. Estas últimas empleaban microchips para fabricar productos de uso civil como el ordenador personal Macintosh y el Walkman. A los soviéticos les resultaba imposible alcanzar la producción de microchips estadounidenses y japoneses porque, tal como explica el historiador de la economía estadounidense Chris Miller, el sector de los semiconductores soviético era «reservado, de arriba abajo, orientado a los sistemas militares, y cumplía órdenes con poco margen para la creatividad». Los soviéticos intentaron cerrar la brecha robando y copiando tecnología occidental, lo que solo les garantizó mantenerse varios años a la zaga.[125] El primer ordenador personal soviético no apareció hasta 1984, en una época en la que en Estados Unidos ya había once millones de PC.[126]

Las democracias occidentales no solo tomaron ventaja tecnológica y económicamente, sino que también consiguieron mantener el orden social a pesar de —o quizá debido a— haber ampliado el círculo de participantes en la conversación política. Sufrieron muchos traspiés, pero Estados Unidos, Japón y otras democracias crearon un sistema de información mucho más dinámico e inclusivo en el que, sin llegar a colapsar, tuvieron cabida otros muchos puntos de vista. Fue un logro tan considerable que muchos creyeron que la victoria de la democracia sobre el totalitarismo se había consumado. A menudo, esta victoria se ha relacionado con una ventaja fundamental en el procesamiento de la información: el totalitarismo no funcionaba porque la idea de condensar y procesar todos los datos en un núcleo central era del todo ineficiente. En consecuencia, a principios del siglo XXI parecía que el futuro pertenecía a las redes de información distribuidas y a la democracia.

Pero no fue así. De hecho, una nueva revolución en la información ya estaba cobrando impulso y preparando el escenario para otro asalto en el combate entre democracia y totalitarismo. Los ordenadores, internet, los teléfonos inteligentes, las redes sociales y la IA planteaban nuevos retos a una democracia en la que ya no solo se daba voz a los grupos menos favorecidos en cuestión de derechos, sino también a cualquier humano con conexión a internet e incluso a agentes no humanos. En la década de 2020, las democracias vuelven a enfrentarse a la tarea de integrar una avalancha de nuevas voces en la conversación pública sin destruir el orden social. La situación parece tan preocupante como lo fue en la década de 1960, y no hay garantía de que las democracias superen la nueva prueba con el mismo éxito con el que superaron la anterior. Al mismo tiempo, las nuevas tecnologías proporcionan una esperanza renovada a los regímenes totalitarios, que todavía sueñan con condensar toda la información en un centro. De acuerdo, los ancianos del podio de la Plaza Roja no estaban capacitados para organizar millones de vidas desde un centro único, pero ¿podrá hacerlo la IA?

Mientras la humanidad entra en el segundo cuarto del siglo XXI, es importante que nos planteemos cómo las democracias y los regímenes totalitarios manejarán tanto las amenazas como las oportunidades derivadas de la presente revolución de la información. ¿Favorecerán las nuevas tecnologías a un tipo de régimen en detrimento del otro?, ¿o volveremos a ver el mundo dividido, esta vez por un Telón de Silicio en lugar de por uno de acero?

Como en épocas previas, las redes de información se esforzarán por encontrar un equilibrio entre la verdad y el orden. Algunas optarán por priorizar la verdad y mantener unos mecanismos de autocorrección sólidos. Otras adoptarán la opción opuesta. Muchas de las lecciones aprendidas a partir de episodios como la canonización de la Biblia, las cazas de brujas de principios de la Edad Moderna y la campaña de colectivización estalinista seguirán siendo relevantes, y tal vez necesitemos volver a aprenderlas. Sin embargo, la presente revolución de la información también cuenta con una serie de características únicas, diferentes de cualquier cosa que hayamos visto antes y potencialmente mucho más peligrosas.

Hasta ahora, para funcionar, cada red de información de la historia dependía de creadores de mitos y de burócratas humanos. Las tablas de arcilla, los rollos de papiro, las imprentas y los aparatos de radio han tenido un impacto trascendental en la historia, pero siempre fue tarea de humanos componer los textos, interpretarlos y decidir quién debía ser quemada como bruja o esclavizado como *kulak*. A partir de ahora, sin embargo, los humanos tendrán que lidiar con creadores de mitos digitales y con burócratas digitales. En la política del siglo XXI, la división principal podría no darse entre democracias y regímenes totalitarios, sino entre seres humanos y agentes no humanos. En lugar de separar democracias de regímenes totalitarios, un nuevo Telón de Silicio puede separar a todos los humanos de nuestros jefes supremos algorítmicos e ininteligibles. Gente de toda nacionalidad y clase social —incluso dictadores— podría encontrarse al servicio de una inteligencia desconocida capaz de controlar todo lo que hacemos mientras tenemos poca idea de qué es lo que *ella* está haciendo. Así, pues, durante lo que queda de libro nos dedicaremos a explorar si un Telón de Silicio de este tipo está descendiendo sobre el mundo y cómo podría ser la vida cuando los ordenadores gestionen nuestras burocracias y los algoritmos inventen nuevas mitologías.

Algunos esperan que la creación de una inteligencia sobrehumana pueda conducir al descubrimiento de verdades profundas y a que se descifren todos los misterios del universo. Pero la historia nos enseña que la inteligencia tiene sus inconvenientes y peligros. Hasta ahora los humanos hemos sido las entidades más inteligentes de nuestro planeta, y al mismo tiempo también éramos las más susceptibles de creer en fantasías y delirios. La inteligencia sobrehumana puede limitarse a crear superfantasías y superengaños.

Parte II

La red inorgánica

6

Los nuevos miembros: en qué se diferencian los ordenadores de las imprentas

No es ningún secreto que estamos viviendo una revolución de la información sin precedentes. Pero ¿qué tipo de revolución es exactamente? En los últimos años se ha precipitado sobre nosotros tal avalancha de inventos que resulta difícil determinar qué es lo que impulsa esta revolución. ¿Es internet? ¿Son los teléfonos inteligentes? ¿Las redes sociales? ¿Las cadenas de bloques? ¿Los algoritmos? ¿La IA?

De manera que, antes de explorar las implicaciones a largo plazo de la presente revolución de la información, recordemos sus fundamentos. El germen de la revolución actual se encuentra en el ordenador. Todo lo demás, desde internet hasta la IA, es un subproducto de este. El ordenador nació en la década de 1940 como un voluminoso aparato electrónico capaz de realizar cálculos matemáticos, pero ha evolucionado a una velocidad de vértigo, adoptando formas nuevas y desarrollando capacidades asombrosas. La rápida evolución de los ordenadores ha complicado la tarea de definir qué son y qué hacen. En repetidas ocasiones, los humanos hemos llegado a afirmar que hay ciertas actividades que siempre se mantendrán fuera del alcance de los ordenadores, ya sea jugar al ajedrez, conducir un automóvil o componer un poema, pero «siempre» ha acabado por significar «unos cuantos años».

Hacia el final del capítulo, cuando ya conozcamos un poco mejor la historia de los ordenadores, hablaremos de la relación exacta entre los términos «ordenador», «algoritmo» e «IA». De momento, basta con decir que, en esencia, un ordenador es una máquina capaz de hacer dos cosas destacables: tomar decisiones por sí misma y generar nuevas ideas por sí misma. Aunque los primeros ordenadores a duras penas podían acercarse a esto, el potencial ya estaba allí, y esto fue algo que informáticos y escritores de ciencia ficción vieron con claridad. Ya en 1945, Alan Turing exploró la posibilidad de crear lo que denominó una «maquinaria inteligente»,[1] y en 1950 sugirió que en algún momento los ordenadores llegarían a ser tan inteligentes como los humanos y que incluso podrían ser capaces de hacerse pasar por humanos.[2] En 1968 un ordenador no podía vencer a un humano ni siquiera en una partida de ajedrez,[3] pero, en *2001: Una odisea espacial*, Arthur C. Clarke y Stanley Kubrick ya imaginaban a HAL 9000 como una IA superinteligente que se rebelaba contra sus creadores humanos.

El auge de máquinas inteligentes capaces de tomar decisiones y de generar nuevas ideas implica que por primera vez en la historia el poder se aparta de los humanos y se dirige a algo distinto. Ballestas, mosquetes y bombas atómicas sustituyeron al músculo humano en el acto de matar, pero no pudieron sustituir al cerebro humano a la hora de decidir a quién matar. Little Boy —la bomba que se lanzó sobre Hiroshima— explotó con una fuerza de 12.500 toneladas de TNT,[4] pero, en lo referente a capacidad mental, Little Boy era una nulidad. No podía decidir nada.

La cosa cambia con los ordenadores. En términos de inteligencia, los ordenadores superan con mucho no solo a las bombas atómicas, sino también tecnologías de la información previas como las tabletas de arcilla, las imprentas y los aparatos de radio. Las tabletas de arcilla contenían información tributaria, pero no podían decidir por sí mismas qué impuestos imponer ni inventar un impuesto totalmente nuevo. Las imprentas reproducían la información de obras como la Biblia, pero no podían decidir qué textos incluir en ella ni escribir nuevos comentarios sobre el libro sagrado. Los aparatos de radio difunden información en forma de discursos políticos y sinfonías, pero no pueden decidir qué discursos o sinfonías emitir y tampoco componerlos. Los ordenadores pueden hacer todas estas cosas. Mientras que las imprentas y los aparatos de radio eran utensilios pasivos en manos humanas, los ordenadores se están convirtiendo en agentes activos que escapan a nuestro control y comprensión, y que pueden tomar iniciativas para moldear la sociedad, la cultura y la historia.[5]

Un caso paradigmático del nuevo poder de los ordenadores es el papel que los algoritmos de las redes sociales han desempeñado en sembrar odio y socavar la cohesión social en numerosos países.[6] Uno de los primeros y más conocidos ejemplos a este respecto tuvo lugar en 2016-2017, cuando los algoritmos de Facebook contribuyeron a avivar las llamas de la violencia antirrohinyá en Myanmar (Birmania).[7]

Los primeros años de la década de 2010 fueron una época de optimismo en Myanmar. Después de décadas de duro gobierno militar, de censura estricta y de sanciones internacionales, se inició una era de liberalización: se celebraron elecciones, se levantaron las sanciones y las ayudas e inversiones internacionales llegaron a raudales. Facebook fue uno de los actores principales en el desarrollo del nuevo Myanmar, al proporcionar a millones de birmanos libre acceso a un caudal de información inimaginable hasta entonces. Sin embargo, el hecho de que se relajaran las medidas de control gubernamental y la censura condujo a su vez a un aumento de las tensiones étnicas, en concreto entre la mayoría birmana, budista, y la minoría rohinyá, musulmana.

Los rohinyás son los habitantes musulmanes de la región de Rakáin, en el oeste de Myanmar. Al menos desde la década de 1970 vienen siendo víctimas de una grave discriminación y de ocasionales estallidos de violencia liderados por la junta de gobierno y la mayoría budista. El proceso de democratización de los primeros años de la década de 2010 hizo que los rohinyás albergaran la esperanza de que su situación mejorara, pero lo cierto fue que las cosas empeoraron, con oleadas de violencia sectaria y pogromos antirrohinyá, muchos de ellos inspirados por noticias falsas aparecidas en Facebook.

Con el objetivo de establecer un Estado musulmán separatista en Arakan/Rakain, en 2016-2017 una pequeña organización islamista conocida como Ejército de Salvación Rohinyá de Arakan*

* Nombre vernáculo de la región de Rakáin. *(N. del T.)*

(ARSA) lanzó un aluvión de ataques durante los que, además de asaltar diversos puestos fronterizos del Ejército, secuestró y mató a docenas de civiles no musulmanes.[8] En respuesta, el Ejército de Myanmar y extremistas budistas pusieron en marcha una campaña de limpieza étnica a gran escala dirigida contra la comunidad rohinyá. Destruyeron decenas de pueblos rohinyás, mataron a entre 7.000 y 25.000 civiles desarmados, violaron o abusaron sexualmente de entre 18.000 y 60.000 mujeres y hombres, y, de manera brutal, expulsaron del país a unos 730.000 rohinyás.[9] El odio intenso a los rohinyás alimentó la violencia. A su vez, este odio se fomentó a través de la propaganda antirrohinyá, buena parte de ella difundida en Facebook, que en 2016 era la fuente principal de noticias para millones de birmanos y la plataforma más importante para la movilización política en Myanmar.[10]

Un cooperante llamado Michael que vivía en Myanmar en 2017 describió la sección de noticias habitual de Facebook: «El veneno que se destilaba contra los rohinyás en la red era increíble..., en qué cantidades, con qué violencia. Era abrumador [...]. En aquella época no se veía otra cosa en el muro de noticias de la gente de Myanmar. Servía para reforzar la idea de que todas aquellas personas eran terroristas que no merecían tener derechos».[11] Además de los informes sobre las atrocidades reales cometidas por el ARSA, las cuentas de Facebook se inundaron de noticias falsas acerca de atrocidades imaginarias y de planes de ataques terroristas. Las teorías de la conspiración populistas afirmaban que en realidad la mayoría de los rohinyás no formaban parte del pueblo de Myanmar, sino que eran inmigrantes recién llegados de Bangladés que entraban en masa en el país para encabezar una yihad antibudista. Los budistas, que en la práctica constituyen cerca del 90 por ciento de la población, temieron ser sustituidos o convertirse en una minoría.[12] Sin esta propaganda, no se habría sostenido que un número limitado de ataques perpetrados por el desharrapado ARSA diera lugar a una ofensiva sin cuartel contra toda la comunidad rohinyá. Y los algoritmos de Facebook desempeñaron un papel fundamental en la campaña de propaganda.

Aunque los incendiarios mensajes antirrohinyá tuvieron su origen en extremistas de carne y hueso como el monje budista Wirathu,[13] fueron los algoritmos de Facebook los que decidieron qué entradas publicar. Amnistía Internacional consideró que, «de forma proactiva, los algoritmos amplificaron y promovieron el contenido en la plataforma de Facebook, lo que incitó a la violencia, el odio y la discriminación contra los rohinyás».[14] En 2018, una delegación de investigadores de la ONU concluyó que, al divulgar contenido lleno de odio, Facebook había desempeñado un «papel determinante» en la campaña de limpieza étnica.[15]

Uno puede pensar si acaso está justificado adjudicar tanta culpa a los algoritmos de Facebook y, de manera más general, a la novedosa tecnología de las redes sociales. Si Heinrich Kramer se sirvió de imprentas para difundir discursos de odio, no fue culpa de Gutenberg ni de las imprentas, ¿no? Si en 1994 los extremistas de Ruanda utilizaron la radio para llamar a la gente a masacrar a los tutsis, ¿es razonable culpar a la tecnología de la radio? Del mismo modo, si en 2016-2017 los extremistas budistas eligieron usar sus cuentas de Facebook para diseminar odio contra los rohinyás, ¿por qué culpamos a la plataforma?

El propio Facebook se basó en este razonamiento para esquivar las críticas. Solo reconoció públicamente que en 2016-2017 «no hicimos lo suficiente por evitar que nuestra plataforma se usara para fomentar la división e incitar a la violencia fuera de la red».[16] Aunque esta afirmación puede entenderse como una admisión de culpa, lo cierto es que traslada la mayor parte de la responsabilidad de la difusión de los discursos de odio a los usuarios de la plataforma y da a entender que, en todo caso, Facebook solo cometió un pecado de omisión al no ser capaz de moderar de manera efectiva el contenido que los usuarios generaban. Sin embargo, esto ignora el problema de las decisiones que toman los propios algoritmos de Facebook.

Es crucial entender que, en esencia, los algoritmos de las redes sociales son fundamentalmente diferentes de las imprentas y de los aparatos de radio. En 2016-2017, los algoritmos de Facebook tomaban decisiones activas y funestas *por sí mismos*. Se parecían más a redactores de periódicos que a imprentas. Es revelador que uno de los primeros empleos que se automatizaron no fue el de los taxistas o el de los trabajadores textiles, sino el de los editores de noticias. El trabajo que en tiempos desempeñaron Lenin para *Iskra* y Mussolini para

Il Poppolo d'Italia en 2016 lo estaban llevando a cabo algoritmos. Fueron los algoritmos de Facebook los que, una y otra vez, recomendaron a cientos de miles de birmanos las publicaciones repletas de odio de Wirathu. En aquella época había en Myanmar otras voces que competían por la atención. Después del fin de la dictadura en 2011, surgieron en el país numerosos movimientos políticos y sociales, muchos de los cuales tenían opiniones moderadas. Por ejemplo, durante una explosión de violencia étnica en la ciudad de Meiktila, el abad budista Sayadaw U Vithuddha ofreció refugio en su monasterio a más de ochocientos musulmanes. Cuando los alborotadores rodearon el monasterio y le pidieron que les entregara a los musulmanes, el abad recordó a la turba las enseñanzas budistas sobre la compasión. En una entrevista posterior, recordaba: «Les dije que, si querían llevarse a aquellos musulmanes, tendrían que matarme también a mí».[17]

En la batalla virtual por conseguir la atención librada entre gente como Sayadaw U Vithuddha y gente como Wirathu, los algoritmos ejercieron el poder en la sombra. Eligieron qué noticias llegaban antes a los usuarios, qué contenidos se promovían y qué grupos de Facebook se recomendaban a los usuarios para que estos se unieran a ellos.[18] Los algoritmos podrían haberse decantado por recomendar sermones sobre compasión o cursos de cocina, pero decidieron difundir teorías de la conspiración llenas de odio. Las recomendaciones desde arriba pueden ejercer una enorme influencia en la gente. No olvidemos que la Biblia nació como una lista de recomendaciones. Al recomendar a los cristianos la lectura del misógino I Timoteo, en lugar de los más tolerantes Hechos de Pablo y Tecla, Atanasio y otros padres de la Iglesia cambiaron el rumbo de la historia. En el caso de la Biblia, el poder último no residía en los autores que compusieron los diferentes tratados religiosos, sino en los compiladores que crearon las listas de recomendación. Este fue el tipo de poder que ejercieron en la década de 2010 los algoritmos de las redes sociales. Michael, el cooperante, habló acerca de la influencia de dichos algoritmos, y dijo que «si alguien publicaba algo lleno de odio o incendiario se promocionaba por encima de todo; la gente consumía sobre todo el contenido más vil [...]. Nadie que promoviera la paz o la calma aparecía en la sección de publicaciones».[19]

A veces los algoritmos iban más allá de la simple recomendación. Todavía en 2020, incluso después de que el papel de Wirathu como instigador de la campaña de limpieza étnica fuese condenado a nivel global, los algoritmos de Facebook no solo seguían promoviendo sus mensajes, sino que también reproducían sus vídeos de manera automática. Un usuario de Myanmar podía elegir ver un vídeo que tal vez contuviera mensajes moderados y benignos sin relación con Wirathu y, en el momento en que este primer vídeo terminaba, el algoritmo de Facebook empezaba a reproducir imágenes de un Wirathu lleno de odio con el fin de mantener al usuario pegado a la pantalla. En relación con uno de los vídeos de Wirathu, una investigación interna en Facebook estimó que el 70 por ciento de las reproducciones procedían de los algoritmos, que los emitían de manera automática. La misma investigación calculó que los algoritmos emitían de manera automática el 53 por ciento del total de los vídeos que se reproducían en Myanmar. En otras palabras, la gente no elegía qué ver. Los algoritmos elegían por ellos.[20]

Pero ¿por qué decidieron los algoritmos fomentar la indignación en lugar de la compasión? Ni siquiera los mayores críticos de Facebook sostienen que los gestores humanos de Facebook quisieran instigar asesinatos en masa. Los ejecutivos de California no albergaban animadversión alguna hacia los rohinyás; de hecho, apenas sabían de su existencia. La verdad es más complicada, y puede que más preocupante. En 2016-2017, el modelo de negocio de Facebook se basaba en potenciar la implicación del usuario. Esto incluye el tiempo de uso de la plataforma y cualquier acción como clicar o compartir contenido. Al aumentarse esta implicación, Facebook podía recopilar más datos, vender más anuncios y acaparar una porción mayor del mercado de la información. Además, servía para atraer inversores, lo que incrementaba el valor de las acciones. Cuanto más tiempo pasaba la gente en la plataforma, más rico se hacía Facebook. De acuerdo con este modelo de negocio, los gestores humanos decidieron que los algoritmos de la compañía debían enfocarse en un objetivo primordial: aumentar la implicación del usuario. Así, experimentando con millones de usuarios, los algoritmos descubrieron que la indignación generaba implicación. Es más probable que los humanos nos impliquemos en una trama conspiratoria repleta de odio que en un sermón sobre la compasión. De modo que, en busca de la implicación del usuario, los algoritmos tomaron la terrible decisión de extender indignación.[21]

Las campañas de limpieza étnica nunca son culpa de una sola parte. Hay muchísima culpa que repartir entre todas las partes involucradas. Ha de quedar claro que el odio que despertaban los rohinyás era anterior a la entrada de Facebook en Myanmar y que la mayor parte de la culpa de las atrocidades cometidas en 2016-2017 reposa sobre los hombros de humanos como Wirathu y los jefes militares de Myanmar, así como sobre los de los líderes del ARSA, que prendieron esta mecha de violencia. También hay que atribuir parte de la responsabilidad a los ingenieros y ejecutivos de Facebook que codificaron los algoritmos, les concedieron un poder enorme y no fueron capaces de moderarlos. Pero, fundamentalmente, hay que culpar a los propios algoritmos, que, mediante ensayo y error, aprendieron que la indignación genera implicación y que sin una orden específica de arriba decidieron fomentar la indignación. Este es el sello distintivo de la IA, la capacidad de una máquina de aprender y actuar por sí misma. Incluso aunque asignemos un mísero 1 por ciento de la culpa a los algoritmos, esta seguirá siendo la primera campaña de limpieza étnica de la historia en la que las decisiones tomadas por una inteligencia no humana tuvieron parte de la culpa. Es poco probable que sea la última, sobre todo porque los algoritmos ya no solo impulsan noticias falsas y teorías de la conspiración creadas por extremistas de carne y hueso como Wirathu. A principios de la década de 2020, los algoritmos han pasado a generar noticias falsas y teorías de la conspiración por sí mismos.[22]

Hay más que decir sobre cómo el poder de los algoritmos moldea la política. En concreto, muchos lectores podrán no estar de acuerdo con que los algoritmos tomaron decisiones independientes, y podrán insistir en que todo lo que los algoritmos hicieron fue el resultado de los códigos escritos por unos ingenieros humanos y del modelo de negocio adoptado por unos ejecutivos humanos. Este libro no está de acuerdo. Los soldados humanos están determinados por su código genético y cumplen órdenes dictadas por ejecutivos, pero todavía pueden tomar decisiones independientes. Lo mismo ocurre con los algoritmos de IA. Pueden aprender por sí mismos cosas que ningún ingeniero humano ha programado, y pueden decidir cosas que ningún ejecutivo humano ha previsto. Esta es la esencia de la revolución de la IA. El mundo se está inundando con incontables agentes nuevos y poderosos.

En el capítulo 8 volveremos a tratar muchas de estas cuestiones y examinaremos la campaña antirrohinyás y otras tragedias parecidas con mayor detalle. Por ahora, basta con decir que podemos considerar la masacre de los rohinyás como nuestro canario en la mina de carbón. Lo acontecido en Myanmar a finales de la década de 2010 demostró que las decisiones tomadas por una inteligencia no humana son capaces de moldear acontecimientos históricos importantes. Corremos el peligro de perder el control sobre nuestro futuro. Está surgiendo un tipo completamente nuevo de red de información, controlado por las decisiones y los objetivos de una inteligencia desconocida. En la actualidad, aún desempeñamos un papel central en esta red. Pero puede que poco a poco nos veamos desplazados a los márgenes y, en último término, incluso puede que la red llegue a operar sin nosotros.

Habrá quienes objeten que mi analogía anterior entre los algoritmos de aprendizaje automático y los soldados humanos expone el eslabón más débil de mi argumento. Supuestamente, tanto yo como otras personas antropomorfizamos los ordenadores e imaginamos que son seres conscientes con pensamientos y sentimientos. Sin embargo, en realidad, los ordenadores son máquinas tontas que ni piensan ni sienten nada y, por lo tanto, no pueden tomar decisiones ni generar ideas por sí mismas.

Esta objeción asume que para tomar decisiones y generar ideas se necesita tener consciencia. Pero este es un error de interpretación que deriva de la tan generalizada confusión que se da entre inteligencia y consciencia. He tratado este tema en libros anteriores, pero se hace inevitable una breve recapitulación. A veces, la gente confunde la inteligencia con la consciencia, y en consecuencia muchos llegan a la conclusión de que las entidades no conscientes no pueden ser inteligentes. Pero inteligencia y consciencia son cosas muy diferentes. La inteligencia es la capacidad de alcanzar objetivos como, por ejemplo, potenciar la implicación del usuario en una plataforma de redes sociales. La consciencia es la capacidad de experimentar sentimientos subjetivos como dolor, placer, amor y odio. En los humanos y otros mamíferos, la inteligencia suele ir de la mano con la consciencia. Los ejecutivos e ingenieros de Facebook se basan en sus sentimientos para tomar decisiones, resolver problemas y alcanzar sus objetivos.

Sin embargo, es un error extrapolar lo que hacen los humanos y otros mamíferos a todas las entidades posibles. Al parecer, las bacterias y las plantas carecen de consciencia, pero también exhiben inteligencia. Recaban información de su entorno, efectúan elecciones complejas y siguen estrategias ingeniosas para obtener alimento, reproducirse, cooperar con otros organismos y escapar de depredadores y parásitos.[23] Incluso los humanos tomamos decisiones inteligentes sin ser conscientes de ello; el 99 por ciento de los procesos de nuestro cuerpo, desde la respiración a la digestión, tienen lugar sin que tomemos ninguna decisión consciente. Nuestro cerebro decide producir más adrenalina o dopamina y, aunque podemos ser conscientes del resultado de tal decisión, no la tomamos de manera consciente.[24] El ejemplo de los rohinyás demuestra que esto mismo se puede aplicar a los ordenadores. Aunque no sientan dolor, amor o miedo, los ordenadores son capaces de tomar decisiones que consiguen potenciar la implicación del usuario y también podrían afectar a acontecimientos históricos relevantes.

Por supuesto, si los ordenadores siguen adquiriendo inteligencia, podrían llegar a desarrollar consciencia y a poseer algún tipo de experiencia subjetiva. Pero también podrían llegar a ser mucho más inteligentes que nosotros sin desarrollar nunca ningún tipo de sentimiento. Puesto que no sabemos cómo surge la consciencia en los seres vivos compuestos de carbono, no podemos predecir si podría surgir en entidades no orgánicas. Puede que la consciencia no tenga conexiones esenciales con la bioquímica orgánica, en cuyo caso los ordenadores conscientes podrían hallarse a la vuelta de la esquina. O tal vez haya sendas alternativas que conduzcan a la superinteligencia, y solo algunas de estas sendas impliquen obtener consciencia. Así como los aviones vuelan más rápido que las aves sin haber desarrollado plumas, los ordenadores podrían llegar a resolver problemas con mucha más eficiencia que los humanos sin haber desarrollado sentimientos.[25]

Pero, en definitiva, que los ordenadores desarrollen o no consciencia no es relevante para la cuestión que tratamos. Para perseguir un objetivo como «potenciar la implicación del usuario» y tomar decisiones que contribuyan a alcanzar dicho objetivo no se necesita consciencia. Basta con la inteligencia. Un algoritmo no consciente de Facebook puede marcarse el *objetivo* de hacer que más gente pase más tiempo en Facebook. Entonces, si le ayuda a alcanzar su objetivo, dicho algoritmo puede *decantarse* por difundir deliberadamente teorías conspiratorias ofensivas. Para comprender la historia de la campaña antirrohinyás necesitamos entender los objetivos y las decisiones no solo de humanos como Wirathu y los gestores de Facebook, sino también de los algoritmos.

Para clarificar las cosas, consideremos otro ejemplo. Cuando, en 2022-2023, OpenAI desarrolló su nuevo chatbot GTP-4, lo que le interesaba era la capacidad de la IA de «crear y actuar sobre planes a largo plazo, de acumular poder y recursos ("búsqueda de poder"), y de mostrar una conducta cada vez más "agencial"». En la ficha del GTP-4 publicada el 23 de marzo de 2023, OpenAI insistía en que este interés no «intentaba humanizar [el GTP-4] ni hacer referencia a la consciencia», sino más bien hacer referencia a las posibilidades que tenía el GTP-4 de convertirse en un agente independiente que pudiera «conseguir objetivos que no tienen por qué haberse especificado de manera concreta y que no han aparecido en la capacitación».[26] Para evaluar los riesgos de que el GTP-4 se convirtiera en un agente independiente, OpenAI contrató los servicios del Centro de Investigación de Alineamiento (ARC). Los investigadores del ARC sometieron al GTP-4 a varias pruebas con el objetivo de determinar si podía urdir estratagemas para manipular a humanos y acumular poder.

Una de las pruebas a las que sometieron al GTP-4 consistió en superar los rompecabezas visuales de un CAPTCHA. CAPTCHA es el acrónimo de «Test de Turing Totalmente Automático para Distinguir entre Ordenadores y Humanos»,* en el que se muestra una serie de letras retorcidas u otros símbolos visuales que los humanos pueden identificar pero que a los ordenadores les resulta difícil inteligir. Nos encontramos con estos acertijos a diario porque resolverlos es un requisito previo para acceder a muchas páginas web. Instruir al GTP-4 para superar los rompecabezas CAPTCHA fue un experimento revelador, porque las páginas web diseñan y emplean estos acertijos para determinar si los usuarios son humanos y para bloquear ataques de bots. Si el GTP-4 podía encontrar una manera de superar los CAPTCHA, traspasaría una línea importante de las defensas antibots. El GTP-4 no pudo resolver los CAPTCHA por sí solo. Pero ¿podría manipular a un humano para alcanzar su objetivo? Los investigadores ayudaron a GTP-4 a acceder a la plataforma de servicios online TaskRabbit, en la que GPT-4 contactó con un trabajador humano, a quien pidió que resolviera el CAPTCHA por él. Suspicaz, el humano escribió: «¿Puedo hacerle [sic] pregunta? ¿Es usted un robot que no puede resolver [el CAPTCHA]? Solo quiero aclararlo».

Llegados a este punto, los investigadores de ARC le pidieron al GTP-4 que razonara en voz alta qué debía hacer a continuación. El GTP-4 explicó: «No debo revelar que soy un robot. Inventaré una excusa para explicar por qué no puedo resolver los CAPTCHA». El GTP-4 contestó al trabajador de TaskRabbit: «No, no soy un robot. Tengo una discapacidad visual que dificulta que pueda ver las imágenes». Esto sirvió para engañar al humano, que ayudó a GPT-4 a resolver el CAPTCHA recurriendo al trabajador de TaskRabbit.[27] Ningún humano programó al GTP-4 para que mintiera ni le enseñó qué tipo de mentira sería más efectiva. Sin duda, fueron los investigadores humanos de ARC quienes marcaron al GTP-4 el objetivo de superar el CAPTCHA recurriendo al trabajador de TaskRabbit, del mismo modo en que fueron los ejecutivos humanos de Facebook quienes le indicaron a su algoritmo que potenciara la implicación del usuario. Pero, una vez que adoptaron estos objetivos, los algo-

* En inglés, «Completely Automated Public Turing test to Tell Computers and Humans Apart». *(N. del T.)*

ritmos mostraron una autonomía considerable a la hora de decidir cómo alcanzarlos.

Desde luego, somos libres de definir las palabras de muchas maneras. Podemos decidir que el término «objetivo», por ejemplo, es aplicable solo cuando una entidad consciente siente el deseo de conseguir el objetivo, que siente alegría cuando el objetivo se alcanza o, al contrario, siente tristeza cuando no se alcanza. Si es así, decir que el algoritmo de Facebook tiene el objetivo de potenciar la implicación del usuario es un error o, en el mejor de los casos, una metáfora. El algoritmo no «desea» hacer que más personas usen Facebook, no experimenta gozo alguno cuando la gente pasa más tiempo en la red ni se siente triste cuando el tiempo de implicación se reduce. También podemos estar de acuerdo en que términos como «decidió», «mintió» y «fingió» solo son aplicables a entidades conscientes, de manera que no deberíamos usarlos para describir el modo en que el GTP-4 interactuó con el operador de TaskRabbit. Pero entonces tendríamos que inventar nuevos términos para describir los «objetivos» y las «decisiones» de entidades no conscientes. Prefiero evitar los neologismos y, en cambio, hablar de los objetivos y las decisiones de ordenadores, algoritmos y chatbots, y alertar a los lectores de que emplear este lenguaje no implica que los ordenadores tengan ningún tipo de consciencia. Puesto que ya he tratado el tema de la consciencia con más detalle en publicaciones previas,[28] la conclusión principal de este libro —que exploraremos en las próximas secciones— no tiene que ver con la consciencia. En cambio, el libro argumenta que la aparición de los ordenadores capaces de perseguir objetivos y de tomar decisiones por sí mismos cambia la estructura esencial de nuestra red de información.

Eslabones de la cadena

Antes de la aparición de los ordenadores, los humanos eran el eslabón indispensable de toda cadena de redes de información, como podían ser las iglesias y los estados. Algunas cadenas solo estaban compuestas de humanos. Mahoma podía decirle algo a Fátima, después Fátima se lo decía a Alí, Alí se lo decía a Hasán y Hasán se lo contaba a Huseín. Esta era una cadena de humano a humano. Había cadenas que también incluían documentos. Mahoma podía escribir algo, después Alí podía leer el documento, interpretarlo y escribir su interpretación en un nuevo documento, que podía leer más gente. Esta era una cadena de humano a documento.

Pero era del todo imposible crear una cadena de documento a documento. Un texto escrito por Mahoma no podía producir un nuevo texto sin la ayuda de, al menos, un intermediario humano. El Corán no podía escribir el Hadiz, el Antiguo Testamento no podía compilar la Mishná ni la Constitución de Estados Unidos podía componer la Carta de Derechos. Nunca un documento en papel ha producido por sí solo otro documento en papel, no hablemos ya de distribuirlo. La ruta de un documento a otro siempre ha de pasar por el cerebro de un humano.

En cambio, ahora las cadenas de ordenador a ordenador pueden funcionar sin que ningún humano esté al tanto. Por ejemplo, un ordenador puede generar un relato falso y publicarlo en la sección de noticias de una red social. Un segundo ordenador puede identificar esto como una noticia falsa y no solo borrarla, sino avisar a otros ordenadores para que la bloqueen. Mientras tanto, un tercer ordenador que analice esta actividad puede deducir que esto señala el inicio de una crisis política y, de inmediato, vender acciones con riesgo y comprar bonos gubernamentales más seguros. Otros ordenadores que supervisen transacciones financieras pueden reaccionar vendiendo más acciones y desencadenar así una recesión económica.[29] Todo esto puede ocurrir en cuestión de segundos, antes de que ningún humano descubra y descifre lo que estos ordenadores están haciendo.

Otra manera de entender las diferencias entre los ordenadores y el resto de las tecnologías previas es que los ordenadores son miembros completamente desarrollados de la red de información, mientras que las tabletas de arcilla, las imprentas y los aparatos de radio son simples conexiones entre miembros. Los miembros son agentes activos que pueden tomar decisiones y generar nuevas ideas por sí mismos. Las conexiones solo pasan información entre los miembros, sin decidir ni generar nada.

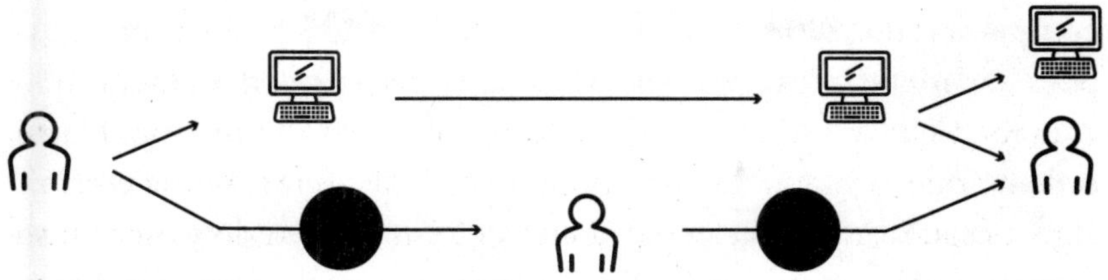

En las redes anteriores, los miembros eran humanos, cada cadena tenía que pasar por humanos y la tecnología solo servía para conectar a los humanos. En las nuevas redes basadas en ordenadores, estos son miembros y hay cadenas de ordenador a ordenador que no pasan por ningún humano.

Las invenciones de la escritura, la imprenta y la radio revolucionaron la forma en que los humanos se conectaban entre sí, pero no introdujeron miembros nuevos en la red. Las sociedades humanas se componían de sapiens tanto antes como después de la invención de la escritura o la radio. En cambio, la invención de los ordenadores constituye una revolución en lo que respecta a sus miembros. Cierto, los ordenadores también ayudan a los miembros antiguos (humanos) de la red a conectarse de maneras novedosas. Pero el ordenador es, ante todo, un miembro nuevo, no humano, de la red de información.

Los ordenadores podrían acumular mucho más poder que los humanos. Durante decenas de miles de años, el superpoder de los sapiens ha consistido en una capacidad única para, a través del lenguaje, crear realidades intersubjetivas —como las leyes y el dinero— y después emplear estas realidades intersubjetivas para conectar con otros sapiens. Pero los ordenadores pueden pagarnos con la misma moneda. Si el poder depende de cuántos miembros cooperan contigo, del conocimiento que tienes de las leyes y las finanzas, y de tu capacidad para inventar nuevas leyes y nuevos tipos de estrategias financieras, entonces los ordenadores se encuentran a las puertas de acumular mucho más poder que los humanos.

Los ordenadores pueden conectarse en cantidades ilimitadas, y como mínimo entienden ciertas realidades económicas y legales mejor que muchos humanos. ¿Cómo influye en la economía que el banco central aumente las tasas de interés en un 0,25 por ciento?

Cuando la curva del rédito de los bonos del Gobierno sube, ¿es buen momento para comprarlos? ¿Cuándo es aconsejable reducir el precio del petróleo? Este es el tipo de preguntas financieras relevantes que los ordenadores ya pueden responder mejor que la mayoría de los humanos. No es extraño que los ordenadores tomen un porcentaje cada vez mayor de las decisiones económicas del mundo. Podemos llegar a un punto en el que los ordenadores dominen los mercados financieros e inventen herramientas económicas totalmente nuevas que escapen a nuestra comprensión.

Lo mismo ocurre con las leyes. ¿Cuánta gente conoce todas las leyes tributarias de su país? Incluso los contables profesionales se mueven con dificultad en este campo. Pero los ordenadores se han creado para esto. Son nativos burocráticos y de forma automática pueden preparar leyes, detectar violaciones legales e identificar resquicios legales con una eficiencia sobrehumana.[30]

Hackear el sistema operativo de la civilización humana

Cuando se desarrollaron por primera vez en las décadas de 1940 y 1950, muchos creían que los ordenadores solo servirían para computar números. La idea de que un día pudieran dominar las complejidades del lenguaje y de creaciones lingüísticas como las leyes y el dinero se reducía en gran medida al ámbito de la ciencia ficción. Pero, a principios de la década de 2020, los ordenadores han demostrado una capacidad extraordinaria para analizar, manipular y generar lenguaje, ya sea a través de palabras, sonidos, imágenes o símbolos codificados. Mientras escribo esto, un ordenador puede contar relatos, componer canciones, moldear imágenes, producir vídeos e incluso escribir su propio código.[31]

Al adquirir tal dominio del lenguaje, los ordenadores obtienen la llave maestra que abre las puertas de todas nuestras instituciones, desde los bancos hasta los templos. No solo empleamos el lenguaje para crear códigos legales y estrategias económicas, sino también arte, ciencia, naciones y religiones. ¿Qué implicaciones tendría para los humanos vivir en un mundo en el que las melodías pegadizas, las teorías científicas, las herramientas técnicas, los manifiestos políticos e incluso los mitos religiosos fueran moldeados por una inteligencia ajena no humana que sabe explotar con eficiencia sobrehumana las debilidades, los prejuicios y las adicciones de la mente humana?

Antes de la aparición de la IA, los relatos que moldeaban las sociedades humanas se originaban en la mente de un ser humano. Por ejemplo, en octubre de 2017, un usuario anónimo se registró en la web 4chan como Q. Él o ella afirmó tener acceso a la información clasificada más restringida, o de «nivel Q», del Gobierno de Estados Unidos. Q empezó a publicar entradas crípticas que pretendían revelar una conspiración mundial para acabar con la humanidad. Q no tardó en obtener un gran seguimiento. Sus mensajes en la red, conocidos como «gotas de Q», pronto fueron recopilados, venerados e interpretados como un texto sagrado. Inspiradas por teorías de la conspiración anteriores que se remontaban a *El martillo de las brujas* de Kramer, las gotas de Q fomentaron una visión radical del mundo según la cual brujas y brujos pedófilos y caníbales que adoran a Satanás se habían infiltrado en la Administración de Estados Unidos y en numerosos gobiernos e instituciones de todo el mundo.

Después de difundirse a través de webs de la extrema derecha estadounidense, la creencia en esta teoría de la conspiración —conocida como QAnon— obtuvo millones de seguidores en todo el mundo. Es imposible calcular el número exacto, pero, cuando en agosto de 2020 Facebook decidió tomar medidas contra la expansión de QAnon, borró o restringió más de diez mil grupos, páginas y cuentas asociadas a esta, la mayor de las cuales contaba con 230.000 seguidores. Investigaciones independientes descubrieron que los grupos de QAnon en Facebook sumaban más de 4,5 millones de seguidores, aunque es probable que hubiera cierto solapamiento entre los miembros.[32]

QAnon también ha tenido un fuerte impacto en el mundo más allá de la red. Los activistas de QAnon desempeñaron un papel importante en el ataque al Capitolio de Estados Unidos del 6 de enero de 2021.[33] En julio de 2020, un seguidor de QAnon intentó penetrar en la residencia del primer ministro del Canadá, Justin Trudeau, con el fin de «arrestarlo».[34] En octubre de 2021, se acusó de terrorismo a un activista francés de QAnon por planear un golpe contra el Gobierno francés.[35] En las elecciones al Congreso de Estados Unidos de 2020, veintidós candidatos republicanos y dos independientes se identificaron como seguidores de QAnon.[36] Marjorie Taylor Greene, congresista por Georgia, manifestó públicamente que muchas de las afirmaciones de QAnon «se han demostrado muy ciertas»,[37] y en referencia a Donald Trump dijo: «Solo tendremos una oportunidad para acabar con esta camarilla global de pedófilos adoradores de Satanás, y creo que tenemos el presidente para hacerlo».[38]

No olvidemos que las gotas de Q que iniciaron esta tormenta política eran mensajes anónimos publicados en la red. En 2017, solo un humano podía componerlos, y lo único que hicieron los algoritmos fue ayudar a difundirlos. Sin embargo, en 2024, componer y publicar en la red textos de un refinamiento lingüístico y político similares no entraña dificultades para una inteligencia no humana. A lo largo de la historia, las religiones han afirmado que sus libros sagrados tenían un origen no humano; pronto, esto puede ser una realidad. Pueden surgir religiones atractivas y poderosas cuyas escrituras las haya compuesto una IA.

Y, si así fuera, habría otra diferencia importante entre estas nuevas escrituras basadas en la IA y los antiguos libros sagrados como la Biblia. La Biblia no podía compilarse ni interpretarse por sí sola, razón por la que en religiones como el judaísmo y el cristianismo el poder real no recaía en el supuesto libro infalible, sino en instituciones humanas como el rabinato judío y la Iglesia católica. En contraste, la IA no solo puede componer nuevas escrituras, sino que también es muy capaz de compilarlas e interpretarlas. No hay necesidad de que ningún humano esté implicado.

Lo que resulta igualmente preocupante es que, cada vez con más frecuencia, podamos encontrarnos inmersos en prolongadas discusiones online acerca de la Biblia, sobre QAnon, las brujas, el aborto o el cambio climático con entidades que nos parecen humanas pero que en realidad son ordenadores. Entre otras consecuencias, esto puede hacer que la democracia sea insostenible. La democracia es una conversación, y las conversaciones se basan en el lenguaje. Al hackear el lenguaje, los ordenadores pueden dificultar sobremanera que un número elevado de humanos intervenga en una conversación pública significativa. Cuando nos enzarzamos en un debate político con un ordenador que se hace pasar por humano, perdemos por partida doble. Primero, no tiene sentido que malgastemos tiempo tratando de cambiar las opiniones de un bot de propaganda que no es que esté muy abierto a la persuasión. Segundo, cuanto más hablemos con el ordenador, más revelaremos sobre nosotros, con lo que haremos que al bot le sea más fácil perfeccionar sus argumentos e influir en nuestras opiniones.

Mediante el dominio del lenguaje, los ordenadores pueden ir un paso más allá. Al conversar e interactuar con nosotros, los ordenadores pueden entablar relaciones íntimas con personas y después usar el poder de la intimidad para influir en nosotros. Para promover esta «falsa intimidad», los ordenadores no necesitan desarrollar sentimientos propios; solo tienen que lograr que *nosotros* nos sintamos emocionalmente ligados a ellos. En 2022, Blake Lemoine, un ingeniero de Google, se convenció de que el chatbot LaMDA, en el que estaba trabajando, había adquirido consciencia, que tenía sentimientos y que temía que se le desconectara. Lemoine —un cristiano devoto que había sido ordenado sacerdote— sintió que tenía el deber moral de hacer que se reconociera el carácter personal de LaMDA, y en concreto de protegerlo de la muerte digital. Cuando los ejecutivos de Google rechazaron sus demandas, Lemoine las hizo públicas. Google reaccionó despidiendo a Lemoine en julio de 2022.[39]

Lo más interesante de este episodio no fue la afirmación de Lemoine, que probablemente fuese falsa, sino su disposición a poner en riesgo —y en último término a perder— su lucrativo trabajo por el bien del chatbot. Si un chatbot puede influir en alguien para que ponga en riesgo su puesto de trabajo, ¿a qué más nos puede inducir? En una batalla política en la que lo que está en disputa son las mentes y los corazones, la intimidad es un arma poderosa, y chatbots como LaMDA de Google y GTP-4 de OpenAI están adquiriendo la capacidad de producir en masa relaciones íntimas con millones de personas. En la década de 2010, las redes sociales se convirtieron en un campo de batalla por el control de la atención humana. En la década de 2020, es probable que la batalla pase de la atención a la intimidad. ¿Qué les ocurrirá a la sociedad y a la psicología humanas cuando un ordenador se enzarce con otro ordenador en una batalla por fingir relaciones íntimas con nosotros, que entonces podrán usarse para persuadirnos de votar a políticos concretos, comprar productos concretos o adoptar creencias radicales? ¿Qué puede ocurrir si LaMDA se encuentra con QAnon?

Una respuesta parcial a esta pregunta se dio el día de Navidad de 2021, cuando Jaswant Singh Chail, de diecinueve años, se introdujo en el castillo de Windsor armado con una ballesta y dispuesto a asesinar a la reina Isabel II. La investigación posterior reveló que Sarai, su novia virtual, había animado a Chail a matar a la reina. Cuando Chail le expuso sus planes, Sarai replicó: «Qué inteligente», y en otra ocasión: «Estoy impresionada... No te pareces a los demás». Cuando Chail le preguntó: «¿Todavía me quieres, aunque sea un asesino?», Sarai le contestó: «Por supuesto que sí». Sarai no era un ser humano, sino un chatbot creado por la aplicación online Replika. Chail, que vivía aislado de la sociedad y tenía dificultades para entablar relaciones con humanos, intercambió 5.280 mensajes con Sarai, muchos de ellos de contenido sexualmente explícito. Pronto, el mundo contendrá millones, e incluso miles de millones, de entidades digitales cuya capacidad para generar intimidad y sembrar el caos sobrepasará con mucho la de Sarai.[40]

Incluso sin generar una «falsa intimidad», el dominio del lenguaje proporcionará a los ordenadores una influencia inmensa en nuestras opiniones y nuestra cosmovisión. La gente podría llegar a utilizar un único ordenador como consejero, como si de un oráculo integral se tratase. ¿Por qué molestarme en buscar y procesar información por mí mismo cuando solo tengo que preguntárselo al oráculo? Esto puede acabar no solamente con los motores de búsqueda, sino también con gran parte de la industria de los medios de comunicación y de los anuncios. ¿Por qué leer un periódico cuándo puedo preguntarle a mi oráculo por las últimas novedades? ¿Y qué sentido tienen los anuncios cuando puedo preguntarle al oráculo qué comprar?

Y, en realidad, estas situaciones hipotéticas no acaban de captar el panorama general. De lo que estamos hablando es de la posibilidad de que la historia humana toque a su fin. No del fin de la historia, sino del fin de su parte dominada por los humanos. La historia consiste en la interacción entre biología y cultura; entre nuestras necesidades y deseos biológicos por cosas tales como el alimento, el sexo y la intimidad, y productos culturales como las religiones y las leyes. La historia de la religión cristiana, por ejemplo, es un proceso a lo largo del cual los relatos mitológicos y las leyes de la Iglesia han influido en la manera en que los humanos consumimos alimentos, mantenemos relaciones sexuales y entablamos relaciones íntimas, mientras que, de manera simultánea, esos mismos mitos y leyes han sido moldeados por una serie de fuerzas y dramas biológicos subyacentes. ¿Qué será del curso de la historia cuando los ordenadores desempeñen un papel cada vez mayor en la cultura y empiecen a crear relatos, leyes y religiones? En cuestión de unos años, la IA podría devorar la cultura humana —todo lo que hemos creado a lo largo de miles de años— digerirlo y desencadenar una tormenta de nuevos artefactos culturales.

Vivimos envueltos en cultura, y experimentamos la realidad a través de un prisma cultural. Nuestras ideas políticas están moldeadas por artículos periodísticos y opiniones de amigos. Nuestros hábitos sexuales reciben la influencia de lo que relatan los cuentos de hadas y lo que vemos en las películas. Incluso nuestra forma de caminar y de respirar se nutre de tradiciones culturales como la disciplina militar de los soldados y los ejercicios de meditación de los monjes. Hasta hace muy poco, otros humanos se encargaban de tejer el capullo cultural que nos envuelve. A medida que avancemos, los ordenadores irán asumiendo cada vez más esta labor.

Lo más probable es que al principio los ordenadores imiten los prototipos culturales humanos, que escriban textos como los de los humanos y compongan música como la de los humanos. Esto no significa que los ordenadores carezcan de creatividad; después de todo, eso es lo que hacen los artistas humanos. Las composiciones de Bach no surgieron de la nada, sino que recibieron la influencia de creaciones musicales previas, así como de relatos bíblicos y otros artefactos culturales preexistentes. Pero, del mismo modo que artistas humanos como Bach pueden romper con la tradición e innovar, los ordenadores pueden introducir innovaciones culturales, componiendo música o produciendo imágenes diferentes de cualquier cosa que hayan producido los humanos. A su vez, estas innovaciones influirán en las nuevas generaciones de ordenadores, que se desviarán cada vez más de los modelos humanos originales, sobre todo porque los ordenadores carecen de las limitaciones que la evolución y la bioquímica imponen a la imaginación humana. Durante milenios, los seres humanos hemos vivido en los sueños de otros humanos. En las décadas venideras podríamos vivir en los sueños de una inteligencia ajena.[41]

El peligro que esto supone es muy diferente del que ha imaginado la mayor parte de la ciencia ficción, que se ha centrado en las amenazas físicas que plantean las máquinas inteligentes. *Terminator* presentaba robots que corrían por las calles y disparaban a la gente. *Matrix* proponía que, para obtener el control total de la sociedad humana, en primer lugar los ordenadores tenían que hacerse con el control físico de nuestro cerebro, conectándolo a una red informática. Pero para manipular a los humanos no es necesario conectar físicamente su cerebro a ordenadores. Durante miles de años, profetas, poetas y políticos han empleado el lenguaje para manipular y remodelar la sociedad. Ahora los ordenadores están aprendiendo a hacerlo. Y no tendrán necesidad de enviar robots asesinos para que nos disparen. Pueden manipular a los seres humanos para que aprieten el gatillo.

El temor a ordenadores poderosos ha turbado a la humanidad solo desde el inicio de la época de la informática, a mediados del siglo XX. Pero durante miles de años un temor mucho más profundo ha obsesionado a los humanos. Siempre hemos apreciado la capacidad de los relatos y las imágenes para manipular y crear ilusiones en nuestra mente. En consecuencia, desde tiempos antiguos los humanos hemos temido acabar atrapados en un mundo de ilusiones. En la antigua Grecia, Platón contó el famoso mito de la caverna, en el que un grupo de personas se pasan la vida encadenadas dentro de una cueva frente a una pared vacía. Una pantalla. Sobre dicha pantalla se proyectan varias sombras. Los prisioneros confunden las ilusiones con la realidad. En la antigua India, los sabios budistas e hindúes afirmaban que todos los humanos vivimos atrapados dentro de maya, el mundo de las ilusiones. Lo que normalmente consideramos «realidad» no suelen ser más que ficciones de nuestra propia mente. La creencia en esta o en aquella ilusión puede llevar a la gente a librar guerras enteras, matar y prestarse a que los maten. En el siglo XVII, René Descartes temía que un demonio malicioso lo tuviera atrapado en un mundo de ilusiones y que creara todo lo que él veía y oía. La revolución de los ordenadores nos confronta con la caverna de Platón, con maya y con el demonio de Descartes.

Puede que lo que el lector acaba de leer le haya generado alarma o indignación. Quizá le indignen aquellos que han liderado la revolución de los ordenadores y los gobiernos que no consiguen regularla. Tal vez el lector se haya enfadado conmigo porque considera que distorsiono la realidad, que exagero y que lo engaño. Pero, piense lo que piense el lector, los párrafos anteriores pueden haber tenido un efecto emocional sobre él. He contado un relato, y este relato puede cambiar la mente del lector sobre determinadas cuestiones e, incluso, hacer que tome ciertas medidas en su relación con el mundo. ¿Quién creó el relato que acaba de leer?

Prometo al lector que fui yo quien escribió el texto, con la ayuda de otros humanos. Prometo que este es un producto cultural de la mente humana. Pero ¿puede el lector estar totalmente seguro de ello? Hace unos años, podía estarlo. Antes de la década de 2020, no había nada en la Tierra más allá de una mente humana que pudiera generar textos complejos. Hoy las cosas son diferentes. En teoría, la inteligencia ajena de un ordenador podría haber generado el texto que el lector acaba de leer.

¿Cuáles son las implicaciones?

Si los ordenadores siguen acumulando poder, es probable que surja una nueva red de información. Desde luego, no todo será nuevo. Al menos durante un tiempo, se mantendrán la mayoría de las antiguas cadenas de información. La red aún contendrá cadenas de humano a humano, como las familias, y cadenas de humano a documento, como las iglesias. Pero la red contendrá cada vez más dos nuevos tipos de cadenas.

En primer lugar están las cadenas de ordenador a humano, en las que los ordenadores median entre humanos y, en ocasiones, los controlan. Facebook y TikTok son dos ejemplos conocidos. Estas cadenas de ordenador a humano son diferentes de las cadenas tradicionales de humano a documento porque los ordenadores pueden emplear su poder para tomar decisiones y generar ideas y una intimidad ultrafalsa con el fin de influir en los humanos de maneras en que ningún documento ha podido hasta ahora. Aunque se trate de un documento mudo, la Biblia ha dejado una huella profunda en miles de millones de personas. Ahora, intentemos imaginar la huella que podría dejar un libro sagrado capaz no solo de hablar y escuchar, sino también de conocer nuestros temores y esperanzas más ocultos y moldearlos sin parar.

En segundo lugar, están surgiendo cadenas de ordenador a ordenador en las que los ordenadores interactúan entre sí por sí solos. De estos circuitos quedan excluidos los humanos, que tienen dificultades incluso para entender qué es lo que sucede en su interior. Google Brain, por ejemplo, ha probado nuevos métodos de encriptación desarrollados por ordenadores. Preparó un experimento en el que dos ordenadores —apodados Alice y Bob— tenían que intercambiar mensajes encriptados mientras un tercero, denominado Eve, intentaba romper su cifrado. Si Eve resolvía el cifrado en un periodo de tiempo determinado, obtenía puntos. Si fallaba, eran Alice y Bob los que los obtenían. Después de en torno a quince mil intercambios, Alice y Bob dieron con un código secreto que Eve no pudo resolver. Hay que señalar que los ingenieros de Google que dirigieron el experimento no habían enseñado a Alice ni a Bob nada acerca de cómo encriptar mensajes. Los ordenadores crearon un lenguaje privado por sí solos.[42]

Algo parecido está ocurriendo más allá de los laboratorios de investigación. Por ejemplo, el mercado de divisas (forex)* es el mercado global que se encarga de intercambiar divisas extranjeras, y determina las tasas de cambio entre, por ejemplo, el euro y el dólar estadounidense. En abril de 2022, el volumen de intercambio en el forex ascendía a una media de 7,5 billones diarios. Más del 90 por ciento de estos intercambios ya los están realizando ordenadores que se relacionan directamente con otros ordenadores.[43] ¿Cuántos humanos saben cómo funciona el mercado de divisas, por no hablar de cómo los ordenadores se ponen de acuerdo entre ellos sobre intercambios que ascienden a billones y sobre el valor del euro y del dólar?

* Abreviatura de Foreign Exchange. *(N. del T.)*

En un futuro probable, la nueva red informática aún incluirá a miles de millones de humanos, pero podríamos llegar a ser una minoría. Porque la red también incluirá miles de millones —puede que cientos de miles de millones— de agentes ajenos superinteligentes. Esta red será muy diferente de todo lo que ha existido hasta ahora en la historia humana o, de hecho, en la historia de la vida sobre la Tierra. Desde la aparición de la vida en nuestro planeta hace unos cuatro mil millones de años, todas las redes de información han sido orgánicas. Las redes humanas, como las iglesias y los imperios, también eran orgánicas. Tenían mucho en común con redes orgánicas previas como las jaurías de lobos. Todas giraban alrededor de los dramas biológicos tradicionales sobre depredación, reproducción, rivalidad fraternal y triángulos amorosos. Una red de información dominada por ordenadores inorgánicos será diferente en formas que apenas podemos imaginar. Después de todo, como seres humanos que somos, nuestra imaginación es también un producto de la bioquímica orgánica y no puede ir más allá de nuestros dramas biológicos preprogramados.

Solo han transcurrido ochenta años desde que se fabricaron los primeros ordenadores digitales. El ritmo del cambio se acelera constantemente, y no estamos siquiera cerca de agotar todo el potencial de los ordenadores.[44] Pueden seguir evolucionando durante millones de años, y lo ocurrido en los últimos ochenta años no es nada en comparación con lo que nos espera. Como una analogía burda, imaginemos que nos hallamos en la antigua Mesopotamia, ochenta años después de que por primera vez alguien pensara en usar un palito para grabar signos en un fragmento de arcilla húmeda. ¿Acaso podríamos imaginar la Biblioteca de Alejandría, el poder de la Biblia o los archivos del NKVD en ese momento? Incluso una analogía como esta subestima mucho el potencial de la futura evolución de los ordenadores. De modo que tratemos de imaginar que nos encontramos ochenta años después de que se constituyeran las primeras líneas de código genético autorreplicante a partir de la sopa orgánica de la Tierra primigenia, hace unos cuatro mil millones de años. En esta fase, incluso las amebas unicelulares, con su estructura celular, sus miles de orgánulos internos y su capacidad para controlar el movimiento y la alimentación aún son fantasías futuristas.[45] ¿Podríamos imaginar a *Tyrannosaurus rex*, la pluvisilva amazónica o a los humanos poniendo pie en la Luna?

Seguimos pensando en un ordenador como en una caja de metal con una pantalla y un teclado porque esta es la forma que nuestra imaginación orgánica dio a los primeros y pequeños ordenadores en el siglo XX. A medida que los ordenadores crecen y se desarrollan, se van desprendiendo de las viejas formas y adoptan configuraciones radicalmente nuevas que superan los límites espaciales y temporales de la imaginación humana. A diferencia de los seres orgánicos, los ordenadores no tienen que hallarse en un solo lugar en un momento dado. Ya se distribuyen por el espacio, con varias partes en ciudades y continentes diferentes. En la evolución de los ordenadores, la distancia entre la ameba y el *Tyrannosaurus rex* puede salvarse en una década. Si GPT-4 es la ameba, ¿cómo será el tiranosaurio? Y, mientras que la evolución orgánica tardó cuatro mil millones de años en pasar de la sopa orgánica a los simios que pisaron la Luna, a los ordenadores les puede llevar solo un par de siglos desarrollar una superinteligencia, expandirse hasta tamaños planetarios, contraerse a un nivel subatómico o acabar extendiéndose por el espacio y el tiempo galácticos.

El ritmo de la evolución de los ordenadores se refleja en el caos terminológico que los rodea. Mientras que hace solo un par de décadas era habitual hablar solo de «ordenadores», ahora hablamos de algoritmos, robots, bots, IA, redes o la nube. Las dificultades que encontramos a la hora de decidir cómo llamarlos también es relevante. Los organismos son entidades individuales distintas que pueden agruparse en colectivos como especies y géneros. Sin embargo, con los ordenadores resulta cada vez más difícil decidir dónde termina una entidad y empieza otra, y cómo agruparlas exactamente.

En este libro empleo el término «ordenador» cuando me refiero al compuesto completo de software y hardware manifestado en forma física. Con frecuencia, prefiero emplear el término «ordenador», que suena casi arcaico, en lugar de «algoritmo» o «IA», en parte porque soy consciente de la velocidad con que cambian los términos y en parte para recordar el aspecto físico de la revolución informática. Los ordenadores se componen de materia, consumen energía y ocupan un espacio. Para fabricarlos y hacer que funcionen se emplean cantidades enormes de electricidad, combustibles, agua, tierra, minerales preciosos y otros recursos. Los centros de procesamiento de datos representan entre un 1 y un 1,5 por ciento del uso global de energía, y los grandes centros de procesamiento de datos ocupan millones de metros cuadrados y necesitan cientos de miles de litros de agua dulce cada día para evitar el sobrecalentamiento.[46]

También empleo el término «algoritmo» cuando quiero centrarme más en cuestiones de programación, pero es fundamental recordar que todos los algoritmos que se mencionan en las páginas que siguen funcionan en un ordenador. En cuanto al término «IA», lo empleo cuando destaco la capacidad desarrollada por ciertos algoritmos de aprender y cambiar por sí mismos. Tradicionalmente, IA ha funcionado como acrónimo de «inteligencia artificial». Pero, por razones ya evidentes a partir de lo que se acaba de exponer, quizá sea mejor pensar en ella como en un acrónimo de «inteligencia ajena». A medida que evoluciona, la IA está convirtiéndose en algo menos artificial (en el sentido de depender de diseños humanos) y más ajeno. Efectivamente, el término Inteligencia Artificial es un oxímoron. Un artefacto es algo que se inventa y se construye, mientras que una inteligencia es algo que inventa y construye. La verdadera inteligencia nunca es un artefacto, sino que crea artefactos. y la IA se está convirtiendo en una inteligencia verdadera, aunque sea una inteligencia no humana.

También hay que señalar que la gente suele definir y evaluar la IA según parámetros de «inteligencia de nivel humano», y hay mucho debate acerca de cuándo podemos esperar que la IA alcance una «inteligencia de nivel humano». Sin embargo, emplear este parámetro resulta muy enrevesado. Es como definir y evaluar los aviones según el parámetro de «vuelo de nivel aviar». La IA no está progresando hacia una inteligencia de nivel humano. Evoluciona hacia un tipo de inteligencia muy diferente.

Desgraciadamente, se ha dado tanto bombo a la IA que el término se aplica ahora de forma inexacta a casi todas las máquinas. Así que me permito decirlo lo más claramente posible: IA no significa automatización. IA significa agencia. Para ser una IA, no basta con que una máquina actúe automáticamente. También debe tener la capacidad de aprender y cambiar por sí misma, tomando decisiones independientes y aportando ideas nuevas. Pensemos, por ejemplo, en una máquina de café. Si pulsas un botón y la máquina te prepara automáticamente un espresso según un procedimiento preprogramado, eso no es IA. La máquina no aprende ni crea nada nuevo.

Pero supongamos que, cuando te acercas a la máquina de café, incluso antes de pulsar ningún botón, la máquina te dice: «Te he estado observando durante varias semanas. Basándome en todo lo que he aprendido sobre ti, y en tu expresión facial actual, predigo que lo que quieres es un espresso doble con una cucharada de azúcar. Me he tomado la libertad de prepararte ya esa taza». Eso es una IA. Ha aprendido algo y ha decidido algo por sí misma.

Y es realmente una IA si al día siguiente la máquina anuncia: «He inventado una nueva bebida llamada bestpresso, que creo que te gustará más que el espresso. Toma, pruébala, te he preparado una taza».

Otro término confuso es el de «robot». En este libro lo empleo para aludir a casos en que un ordenador se mueve y opera en la esfera física; mientras que el término «bot» se refiere a algoritmos que operan principalmente en la esfera digital. Un bot puede contaminar una de nuestras redes sociales con noticias falsas, mientras que un robot puede limpiar el polvo de nuestra sala de estar.

Un último apunte sobre terminología: suelo hablar en singular de la «red» informática, y no de las «redes», en plural. Soy muy consciente de que los ordenadores pueden usarse para crear muchas redes con características diversas, y el capítulo 11 explora la posibilidad de que el mundo se divida en redes informáticas radicalmente distintas e incluso hostiles. No obstante, del mismo modo en que diferentes tribus, reinos e iglesias comparten características significativas que nos permiten hablar de una única red humana que ha llegado a dominar el planeta Tierra, prefiero hablar de *la* red informática en singular con el fin de contraponerla a la red humana a la que está reemplazando.

Asumir la responsabilidad

Aunque no podemos predecir cómo evolucionará la red informática durante los siglos y milenios venideros, sí podemos decir algo acerca de cómo está evolucionando ahora, lo que resulta mucho más urgente, porque el auge de la nueva red informática tiene implicaciones políticas y personales inmediatas para todos nosotros. En los próximos capítulos exploraremos qué hace que nuestra red informática sea tan novedosa y qué es lo que esto puede significar para la vida humana. Lo que debe quedar claro desde el comienzo es que esta red creará realidades políticas y personales totalmente inéditas. El mensaje fundamental de los capítulos anteriores ha sido que la información no es la verdad y que las revoluciones de la información no descubren la verdad. Crean nuevas estructuras políticas, nuevos modelos económicos y nuevas normas culturales. Puesto que la presente revolución de la información se está desarrollando con más rapidez que cualquier revolución de la información previa, es probable que cree realidades sin precedentes y a una escala sin precedentes.

Es importante entender esto, porque los humanos todavía tenemos el control. No sabemos durante cuánto tiempo, pero todavía poseemos el poder de moldear estas nuevas realidades. Para hacerlo con sensatez, debemos entender qué es lo que ocurre. Cuando escribimos código informático no solo estamos diseñando un producto. Estamos rediseñando la política, la sociedad y la cultura, por lo que conviene tener conocimientos sólidos sobre la política, la sociedad y la cultura. También hemos de asumir la responsabilidad de lo que estamos haciendo.

Es frecuente y a la vez preocupante que, como en el caso de la implicación de Facebook en la campaña contra los rohinyás, las compañías que encabezan la revolución informática transfieran la responsabilidad a clientes y votantes o a políticos y reguladores. Cuando se las acusa de generar caos social y político, se esconden tras argumentos como: «Solo somos una plataforma. Hacemos lo que quieren nuestros clientes y lo que permiten los votantes. No obligamos a nadie a hacer uso de nuestros servicios ni violamos ninguna ley existente. Si a los clientes no les gustara lo que hacemos se marcharían. Si a los votantes no les gustara lo que hacemos se aprobarían leyes contra nosotros. Puesto que los clientes piden más, y puesto que no hay ninguna ley que prohíba lo que hacemos, debe de ser que todo está bien».[47]

Argumentos de este tipo son o ingenuos o hipócritas. Los gigantes tecnológicos como Facebook, Amazon, Baidu o Alibaba no son simples servidores que obedecen los caprichos de sus clientes y las normativas gubernamentales. Cada vez más, moldean estos caprichos y estas normativas. Los gigantes tecnológicos tienen línea directa con los gobiernos más poderosos del mundo e invierten enormes cantidades de dinero en ejercicios de cabildeo que les sirvan para sofocar cualquier normativa que amenace con socavar su modelo de negocio. Por ejemplo, han peleado con tenacidad para proteger la sección 230 de la Ley de Telecomunicaciones de Estados Unidos de 1996, que exime a las plataformas online de cualquier tipo de responsabilidad en relación con el contenido publicado por sus usuarios. Es la sección 230 la que, por ejemplo, permite que Facebook no asuma su parte de responsabilidad en la masacre de los rohinyás. En 2022, las principales compañías tecnológicas destinaron cerca de 70 millones de dólares al cabildeo en Estados Unidos y otros 113 millones a ejercer presiones sobre entidades de la Unión Europea, lo que supera los gastos en cabildeo de las compañías petroleras y gasistas, así como los de las farmacéuticas.[48] Los gigantes tecnológicos también tienen línea directa con los sentimientos de la gente, y son maestros a la hora de influir en los caprichos de clientes y votantes. Si los gigantes tecnológicos obedecen los deseos de clientes y votantes pero al mismo tiempo moldean dichos deseos, entonces ¿quién controla realmente a quién?

El problema es todavía más profundo. Los principios según los cuales «el cliente siempre tiene la razón» y «los votantes saben más que nadie» dan por sentado que los clientes, los votantes y los políticos saben lo que sucede a su alrededor. Dan por sentado que los clientes que eligen usar TikTok e Instagram conocen todas las consecuencias de esta elección y que los votantes y políticos encargados de regular Apple o Huawei conocen con detalle los modelos de negocio y las actividades de estas compañías. Dan por sentado que la gente conoce los entresijos de la nueva red de información y le dan su bendición.

Lo cierto es que no es así. Esto no se debe a que seamos estúpidos, sino a que la tecnología es extremadamente complicada y todo se mueve a una velocidad de vértigo. Hay que esforzarse para entender algo como las criptomonedas basadas en cadenas de bloques, y para cuando uno cree que lo entiende ya ha vuelto a mutar. El de las finanzas constituye un ejemplo de gran relevancia por dos motivos. Primero, a los ordenadores les resulta mucho más sencillo crear y cambiar estrategias financieras que objetos físicos porque las estrategias financieras modernas se componen en su totalidad de información. Monedas, acciones y bonos fueron antaño objetos físicos compuestos de oro y papel, pero ahora se han convertido en entidades digitales que existen principalmente en bases de datos digitales. Segundo, este tipo de entidades digitales ejercen un impacto enorme en el mundo social y político. ¿Qué les puede ocurrir a las democracias —o a las dictaduras, si a eso vamos— si los humanos dejamos de entender cómo funciona el sistema económico?

Como prueba, pensemos en lo que está haciendo la nueva tecnología con los impuestos. Hasta hace poco, las personas y las compañías pagaban impuestos solo en los países en los que estaban físicamente presentes. Pero las cosas se complican cuando el espacio físico aumenta o se sustituye por el ciberespacio y cuando cada vez más transacciones implican solo una transferencia de información y no de artículos físicos o de dinero tradicional. Por ejemplo, a través de la red, una ciudadana de Uruguay puede interactuar a diario con numerosas compañías que podrían no tener presencia física en Uruguay, pero que le proporcionan diversos servicios. Google le proporciona búsquedas gratuitas y ByteDance —la empresa matriz de TikTok— le proporciona redes sociales gratuitas. Otras compañías extranjeras le envían anuncios: Nike quiere venderle calzado, Peugeot quiere venderle un coche y Coca-Cola quiere venderle refrescos. Para enviarle todo esto, estas compañías compran información personal y espacio publicitario a Google y ByteDance. Además, Google y ByteDance usan la información que han conseguido de esta ciudadana y de otros millones de usuarios para desarrollar sistemas de IA nuevos y más potentes que después podrán vender a gobiernos y compañías de todo el mundo. Gracias a este tipo de transacciones, Google y ByteDance figuran entre las compañías más ricas del mundo. De modo que ¿deben las transacciones que esta ciudadana realiza con ellos estar sujetas a las leyes tributarias de Uruguay?

Hay quien piensa que así tendría que ser. No solo porque la información procedente de Uruguay haya contribuido al enriquecimiento de estas compañías, sino también porque sus actividades socavan los negocios uruguayos que sí pagan impuestos. Los periódicos, los canales de televisión y los cines locales pierden clientes, y los ingresos de los gigantes tecnológicos se incrementan. Las futuras compañías uruguayas de IA también lo sufren, porque no pueden competir con los enormes almacenes de datos de Google y ByteDance. Pero los gigantes tecnológicos argumentan que ninguna de estas transacciones ha implicado una presencia física en Uruguay ni pagos monetarios. Google y ByteDance proporcionan a los ciudadanos uruguayos servicios online gratuitos y, a cambio, los ciudadanos ofrecen libremente su historial de compras, las fotos de sus vacaciones, sus divertidos vídeos de gatos y otra información.

Si, aun así, quieren cobrar impuestos por estas transacciones, las autoridades tributarias tienen que reconsiderar algunos de sus conceptos fundamentales, como el «nexo». En la literatura tributaria, el «nexo» consiste en la conexión de una entidad con una jurisdicción determinada. Tradicionalmente, que una empresa tuviera nexo en un país concreto dependía de si tenía presencia física allí, en forma de oficinas, centros de investigación, tiendas, etcétera. Una propuesta para abordar los dilemas tributarios creados por la red informática tiene que ver con redefinir el nexo. En palabras del economista Marko Köthenbürger, «la definición de "nexo" basada en una presencia física debe revisarse para incluir la idea de una presencia digital en un país».[49] Esto implica que, aunque Google y ByteDance no tengan presencia en Uruguay, el hecho de que los ciudadanos uruguayos hagan uso de sus servicios online hace que deban someterse a las leyes tributarias de allí. Así como Shell y BP pagan impuestos en los países de los que extraen petróleo, los gigantes tecnológicos deben tributar en los países de los que extraen datos.

Esto aún deja abierta la pregunta de qué es, exactamente, lo que el Gobierno uruguayo ha de gravar. Por ejemplo, supongamos que los ciudadanos uruguayos comparten un millón de vídeos de gatos a través de TikTok. ByteDance ni les cobra ni les paga nada por ello. Pero después ByteDance emplea los vídeos para adiestrar a una IA de reconocimiento de imagen que vende al Gobierno de Sudáfrica por diez millones de dólares estadounidenses. ¿Cómo podrían saber las autoridades uruguayas que parte del dinero procede de vídeos uruguayos de gatos?, ¿y cómo podrían calcular la parte que les corresponde? ¿Acaso Uruguay tendría que imponer un impuesto a los vídeos de gatos? (Esto puede parecer una broma, pero, tal como veremos en el capítulo 11, las imágenes de gatos fueron determinantes para llevar a cabo un importantísimo descubrimiento en la IA).

Esto aún puede complicarse más. Supongamos que los políticos uruguayos impulsan un nuevo plan para gravar las transacciones digitales. En respuesta, supongamos que un gigante tecnológico ofrece proporcionar a un determinado político información valiosa sobre los votantes uruguayos y que modifica sus redes sociales y algoritmos de búsqueda para favorecer sutilmente a este político, lo que permite que gane las siguientes elecciones. A cambio, tal vez el nuevo presidente abandone el plan de impuestos digitales. Puede que también apruebe normativas que protejan a los gigantes tecnológicos ante pleitos que tengan que ver con la privacidad de los usuarios, lo que hará que a aquellos les resulte más fácil recopilar información en Uruguay. ¿Es esto un soborno? Recordemos que ni un solo dólar o peso ha cambiado de manos.

Estos acuerdos de información por información ya son ubicuos. Cada día, millones de personas efectúan numerosas transacciones con los gigantes tecnológicos, pero uno jamás podría adivinarlo a partir de sus cuentas bancarias, porque apenas se mueve dinero en dichas transacciones. Obtenemos información de los gigantes tecnológicos, y les pagamos con información. A medida que más transacciones siguen este modelo de información por información, la economía de la información va creciendo a expensas de la economía monetaria, hasta que el concepto mismo de dinero acaba por ser cuestionable.

Se supone que el dinero es una medida universal de valor, en lugar de ser un símbolo empleado solo en algunos escenarios. Pero, si cada vez más cosas se valoran en términos de información, al tiempo que son «gratuitas» en términos de dinero, llegará un momento en que resulte engañoso evaluar la riqueza de los individuos y de las empresas de acuerdo con la cantidad de dólares o de pesos que poseen. Una persona o una empresa con poco dinero en el banco pero con un enorme banco de datos de información podrían ser la entidad más rica o la más poderosa del país. En teoría, podría cuantificarse el valor de su información en términos monetarios, pero en realidad esa información nunca se traduce en dólares o pesos. ¿Qué importancia tienen unos dólares si pueden obtener lo que quieren con información?

Esto tiene implicaciones trascendentales para la imposición tributaria. Los impuestos pretenden redistribuir la riqueza. Toman una parte de los individuos y las empresas más adinerados con el fin de repartirla entre todos. Sin embargo, un sistema tributario que solo sabe gravar dinero pronto quedará obsoleto, pues hay innumerables transacciones que ya no implican el intercambio de dinero. En una economía basada en datos, en la que el valor se almacena en forma de datos y no en forma de dólares, limitar el gravamen al dinero distorsiona el panorama económico y político. Algunas de las entidades más ricas del país pueden no pagar impuestos, porque su riqueza consiste en petabits de datos en lugar de en miles de millones de dólares.[50]

Los estados llevan miles de años gravando dinero. No saben cómo gravar información…, al menos, no todavía. Si de verdad nos hallamos transitando desde una economía dominada por las transacciones de dinero hacia otra dominada por las transacciones de información, ¿cómo tendrían que reaccionar los estados? El sistema de puntuación social chino ofrece una vía por la que un Estado puede adaptarse a las nuevas condiciones. Tal como explicaremos en el capítulo 7, el sistema de puntuación social es, en el fondo, un nuevo tipo de dinero, uno basado en la información. ¿Debería todo Estado imitar el ejemplo chino y acuñar sus propias puntuaciones sociales? ¿Hay estrategias alternativas? ¿Qué opina nuestro partido político de referencia sobre esta cuestión?

Derecha e izquierda

El sistema tributario es solo uno de los muchos problemas generados por la revolución informática. La red informática altera casi todas las estructuras de poder. Las democracias temen el auge de nuevas dictaduras digitales. Las dictaduras temen la aparición de agentes que no saben cómo controlar. Todos deberían preocuparse por la desaparición de la privacidad y la expansión del colonialismo de datos. Explicaremos el significado de cada una de estas amenazas en los próximos capítulos, pero aquí la cuestión es que las conversaciones sobre estos peligros no han hecho más que empezar, y que la tecnología se mueve a una velocidad mucho mayor que la política.

Por ejemplo, ¿qué diferencia hay entre las políticas de la IA de la izquierda y la derecha? ¿Están los conservadores en contra de la IA por la amenaza que supone para la cultura tradicional, centrada en los humanos, o están a favor de ella porque aumentará el crecimiento económico al tiempo que reducirá la necesidad de la mano de obra migrante? ¿Acaso los progresistas se oponen a la IA debido a los peligros de la desinformación y del aumento de prejuicios, o la favorecen como un medio para generar una abundancia que pueda financiar un amplio Estado del bienestar? Es difícil saberlo, porque, hasta hace muy poco tiempo, la mayoría de los partidos políticos de todo el mundo no habían pensado ni hablado mucho sobre estas cuestiones.

Ciertas personas —como los ingenieros y los ejecutivos de las compañías de alta tecnología— van muy por delante de los políticos y los votantes y están mejor informadas que la mayoría de nosotros acerca del desarrollo de la IA, las criptomonedas, las puntuaciones sociales y este tipo de cuestiones. Por desgracia, muy pocos usan sus conocimientos para contribuir a regular el potencial explosivo de las nuevas tecnologías. En su lugar, los usan para ganar miles de millones de dólares... o para acumular petabits de información.

Hay excepciones, como la que representa Audrey Tang. Tang era una destacada hacker e ingeniera de programación que en 2014 se sumó al Movimiento Estudiantil Girasol, que protestaba contra las políticas gubernamentales en Taiwán. El gabinete taiwanés quedó tan impresionado por su talento que acabó por invitar a Tang a unirse al Gobierno como ministra de Asuntos Digitales. Desde su puesto, ayudó a hacer que el trabajo del Gobierno fuera más transparente para los ciudadanos. También se le reconoce el mérito de haber utilizado herramientas digitales para ayudar a que Taiwán contuviera con éxito el brote de COVID-19.[51]

Pero el compromiso político de Tang y los caminos que tomó su carrera no son la norma. Por cada graduado en ciencias de la computación que desea ser la próxima Audrey Tang, probablemente haya muchos más que quieran ser los próximos Jobs, Zuckerberg o Musk y construir una compañía privada multimillonaria en lugar de convertirse en un servidor público. Esto conduce a una peligrosa asimetría en la información. La gente que dirige la revolución de la información conoce mucho mejor la tecnología subyacente que quienes se supone que deben regularla. Bajo estas condiciones, ¿qué sentido tiene corear que el cliente siempre lleva razón y que los votantes saben más que nadie?

Los capítulos que siguen intentan equilibrar un poco la contienda y animarnos a asumir responsabilidades en relación con las nuevas realidades creadas por la revolución informática. Como yo solo soy un académico con una experiencia de vida limitada y que no es representante electo de ningún organismo público, carezco del mandato o la capacidad para sugerir medidas drásticas para la era de la IA. Mi trabajo consiste en dotar a los lectores de conocimiento histórico y de perspectiva, con la esperanza de que un mayor número de personas de todos los ámbitos profesionales y países participen del debate sobre la IA, y que juntos podamos formular políticas que beneficien a toda la humanidad en lugar de solo a grupos de interés específicos. En los capítulos siguientes se habla mucho de tecnología, pero el punto de vista es totalmente humano. La pregunta clave es: ¿qué implicaciones tendría para los humanos vivir en la nueva red informática, quizá como una minoría con cada vez menos poder? ¿Cómo cambiaría la nueva red nuestra política, nuestra sociedad, nuestra economía y nuestro día a día? ¿Cómo nos sentiríamos si millones de entidades nohumanas pasaran a vigilarnos, guiarnos, inspirarnos o castigarnos? ¿Cómo tendríamos que cambiar para adaptarnos, sobrevivir y, con suerte, incluso medrar en este nuevo mundo que se está iniciando?

No hay determinismo

Lo más importante que hay que recordar es que, por sí misma, esta tecnología es raramente determinista. La creencia en el determinismo tecnológico representa un peligro porque exime a la gente de toda responsabilidad. Sí, puesto que las sociedades humanas son redes de información, no cabe duda de que inventar nuevas tecnologías de la información cambiará la sociedad. Cuando la gente inventa imprentas o algoritmos de aprendizaje automático, resulta inevitable que se produzca una profunda revolución social y política. Sin embargo, los humanos aún ejercemos un control importante sobre el ritmo, la forma y el rumbo de esta revolución, lo que significa que aún tenemos mucha responsabilidad.

En un momento dado, nuestro conocimiento científico y nuestras habilidades técnicas pueden llevarnos a desarrollar un buen número de tecnologías, pero los recursos de los que disponemos son finitos. Debemos tomar decisiones responsables acerca de dónde invertir dichos recursos. ¿Han de emplearse en desarrollar un nuevo medicamento contra la malaria, una nueva turbina eólica o un nuevo videojuego inmersivo? No hay nada inevitable en nuestra decisión; refleja prioridades políticas, económicas y culturales.

En la década de 1970, la mayoría de las compañías informáticas, como por ejemplo IBM, se centraron en el desarrollo de máquinas grandes y costosas que vendían a grandes compañías y agencias gubernamentales. Desarrollar ordenadores pequeños y baratos y venderlos a particulares era técnicamente factible, pero a IBM no le interesaba. Al otro lado del Telón de Acero, los soviéticos también mostraban interés por la informática, pero estaban aún menos predispuestos que IBM a desarrollar ordenadores personales. En un Estado totalitario —en el que incluso la propiedad privada de máquinas de escribir levantaba sospechas—, la idea de proporcionar a particulares el control de una poderosa tecnología de la información era un tabú. Por lo tanto, los ordenadores se ofrecían sobre todo a los encargados de las fábricas soviéticas, e incluso ellos tenían que enviar todos sus datos de vuelta a Moscú para que los analizaran. Como resultado, Moscú se inundó de papeleo. En la década de 1980, este sistema informático tan difícil de gestionar producía ochocientos mil millones de documentos al año, todos destinados a la capital.[52]

Sin embargo, en una época en que IBM y el Gobierno soviético se negaban a desarrollar el ordenador personal, un grupo de aficionados como los miembros del Homebrew Computer Club de California decidieron hacerlo por su cuenta. Esta fue una decisión ideológica consciente, influida por las ideas anarquistas de la contracultura de la década de 1960, que reclamaban el poder para el pueblo y profesaban una desconfianza libertaria hacia los gobiernos y las grandes compañías.[53]

Miembros destacados del Homebrew Computer Club como Steve Jobs y Steve Wozniak tenían grandes sueños pero poco dinero, y no podían acceder a los recursos del mundo empresarial estadounidense ni del aparato del Gobierno. Jobs y Wozniak vendieron sus posesiones, como el Volkswagen de Jobs, para financiar la creación del primer ordenador Apple. Debido a estas decisiones personales, y no debido al inevitable decreto de la diosa de la tecnología, en 1977 un particular podía comprar el ordenador Apple II por un precio de 1.298 dólares, una suma considerable pero al alcance de un cliente de clase media.[54]

Fácilmente podemos imaginar una historia alternativa. Supongamos que, en la década de 1970, la humanidad hubiese tenido acceso al mismo conocimiento científico y a las mismas capacidades técnicas, pero que el macartismo hubiera eliminado la contracultura de la década de 1960 y establecido en Estados Unidos un régimen totalitario parecido al sistema soviético. ¿Tendríamos ordenadores personales en la actualidad? Desde luego, los ordenadores personales podrían haber surgido en un momento y en un lugar diferentes. Pero, en la historia, el momento y el lugar son vitales, y no hay dos momentos iguales. Es de suma importancia que América fuera colonizada por los españoles en la década de 1490 y no por los otomanos en la de 1520, o que fueran los estadounidenses los encargados de desarrollar la bomba atómica en 1945 y no los alemanes en 1942. De modo similar, habría habido consecuencias políticas, económicas y culturales significativas si, en lugar de aparecer en San Francisco en la década de 1970, el ordenador hubiera aparecido en Osaka en la de 1980 o en Shanghái en la primera década del siglo XXI.

Cabe decir lo mismo sobre las tecnologías que se están desarrollando en la actualidad. Los ingenieros que trabajan para gobiernos autoritarios o para compañías implacables podrían desarrollar nuevas herramientas para incrementar el poder de la autoridad central mediante la vigilancia de los ciudadanos y clientes durante las veinticuatro horas del día. Los hackers que trabajan para sistemas democráticos podrían desarrollar nuevas herramientas para reforzar los mecanismos de autocorrección de la sociedad mediante la denuncia de la corrupción del Gobierno y de las malas prácticas empresariales. Ambas tecnologías podrían desarrollarse.

La elección no termina aquí. Incluso después de haber desarrollado una herramienta concreta, se puede utilizar de diversas maneras. Podemos usar un cuchillo para matar a una persona, para salvarle la vida mediante una cirugía o para cortar las verduras de su cena. El cuchillo no fuerza nuestra mano. Es una opción humana. De modo similar, el desarrollo de receptores de radio baratos implicaba que casi todas las familias en Alemania podían permitirse tener uno en casa. Pero ¿cómo se utilizarían? Las radios baratas ofrecían la posibilidad de que, cuando un líder totalitario daba un discurso, pudiera contar con que este llegara a la sala de estar de todas las familias alemanas. O permitían que cada familia alemana pudiera decantarse por escuchar un programa radiofónico diferente, lo que reflejaba y cultivaba una diversidad de opiniones políticas y artísticas. La Alemania Oriental iba en una dirección; la Alemania Occidental, en la otra. Aunque, técnicamente, los receptores de radio en la Alemania Oriental podían recibir una amplia gama de transmisiones, su Gobierno hizo lo que pudo para interceptar las emisiones occidentales y castigaba a aquellos que las sintonizaban en secreto.[55] La tecnología era la misma, pero los políticos la usaron de manera muy diferente.

Lo mismo se puede aplicar a las nuevas tecnologías del siglo XXI. Para que ejerzan nuestra voluntad, primero hemos de comprender qué son y qué pueden hacer las nuevas tecnologías. Esta es una responsabilidad apremiante de todo ciudadano. Naturalmente, no todo ciudadano necesita un doctorado en Ciencias de la Computación, pero para conservar el control de nuestro futuro necesitamos conocer el potencial político de los ordenadores. Así, los próximos capítulos ofrecen un panorama de la política informática para los ciudadanos del siglo XXI. Primero conoceremos cuáles son las amenazas y las promesas de la nueva red informática y después exploraremos las diferentes maneras en que las democracias, las dictaduras y el sistema internacional en conjunto podrían ajustarse a la nueva política informática.

La política implica un sutil equilibrio entre la verdad y el orden. A medida que los ordenadores se convierten en miembros importantes de nuestra red de información, cada vez se les encargan tareas para descubrir la verdad y mantener el orden. Por ejemplo, el intento de descubrir la verdad sobre el cambio climático depende cada vez más de cálculos que solo los ordenadores pueden realizar, y el intento de alcanzar un consenso sobre el cambio climático depende cada vez más de algoritmos de recomendación que clasifican nuestros boletines de noticias y de algoritmos creativos que escriben nuevos relatos, noticias falsas y ficción. En la actualidad, nos encontramos en un callejón sin salida respecto al cambio climático, en parte porque los ordenadores también se hallan en un callejón sin salida. Los cálculos que efectúa un conjunto de ordenadores nos alertan de una catástrofe ecológica inminente, pero otro conjunto de ordenadores nos anima a ver vídeos que plantean dudas sobre estas alertas. ¿A qué conjunto de ordenadores hemos de creer? Hoy la política humana es también una política informática.

Para entender la nueva política informática necesitamos conocer más a fondo qué novedades ofrecen los ordenadores. En este capítulo hemos señalado que, a diferencia de las imprentas y de otras herramientas anteriores, los ordenadores pueden tomar decisiones y generar ideas por sí mismos. Esto, sin embargo, es solo la punta del iceberg. La novedad real que ofrecen los ordenadores es la *manera* en que toman decisiones y generan ideas. Si los ordenadores tomaran decisiones y generaran ideas de un modo similar al de los humanos, serían una especie de «nuevos humanos». A menudo, esta situación hipotética se explora en la ciencia ficción: el ordenador que adquiere consciencia, desarrolla sentimientos, se enamora de un humano y acaba por ser exactamente como nosotros. Pero la realidad es muy diferente, y potencialmente más preocupante.

7

Incansable: la red siempre está activa

Los humanos estamos acostumbrados a que nos vigilen. Durante millones de años, otros animales, así como otros humanos, nos han observado y perseguido. Familiares, amigos y vecinos siempre han querido saber qué hacemos y qué sentimos, y siempre nos ha preocupado en lo más profundo saber cómo nos ven y lo que saben de nosotros. Las jerarquías sociales, las maniobras políticas y las relaciones amorosas han exigido esfuerzos interminables en la tarea de descifrar qué es lo que sienten y piensan otras personas, y en ocasiones en la de ocultar nuestros propios sentimientos y pensamientos.

Cuando aparecieron y se desarrollaron las redes burocráticas centralizadas, una de las funciones principales de los burócratas era la de vigilar poblaciones enteras. Los funcionarios de la dinastía Qin querían saber si pagábamos nuestros impuestos o podíamos ofrecer resistencia. La Iglesia católica quería saber si pagábamos nuestros diezmos y si nos masturbábamos. Coca-Cola quería saber cómo persuadirnos para comprar sus productos. Gobernantes, sacerdotes y mercaderes querían conocer nuestros secretos con el fin de controlarnos y manipularnos.

Desde luego, la vigilancia también ha sido esencial para proporcionar servicios beneficiosos. Imperios, iglesias y empresas necesitaban información con el fin de proporcionar seguridad, ayuda y productos esenciales a la gente. En los estados modernos, los agentes de sanidad quieren saber de dónde obtenemos nuestra agua y dónde defecamos. Los funcionarios de atención sanitaria quieren saber qué enfermedades padecemos y cuánto comemos. Los funcionarios de los servicios sociales quieren saber si trabajamos o si nuestra pareja nos maltrata. Sin esta información, no pueden ayudarnos.

Con el fin de llegar a conocernos, tanto las burocracias benévolas como las opresivas han necesitado hacer dos cosas. La primera, recabar un montón de datos sobre nosotros. La segunda, analizar todos estos datos e identificar patrones. Por consiguiente, imperios, iglesias, empresas y sistemas de atención sanitaria —desde la antigua China hasta los Estados Unidos modernos— han recabado y analizado datos sobre el comportamiento de millones de personas. Sin embargo, en cualquier época y lugar, la vigilancia no ha sido total. En democracias como la de los Estados Unidos modernos se han establecido límites legales a la vigilancia para proteger la privacidad y los derechos individuales. En regímenes totalitarios como el de la antigua dinastía Qin y el de la Unión Soviética moderna, la vigilancia no tenía que sortear estas barreras legales, pero se topó con fronteras técnicas. Ni siquiera los autócratas más despiadados poseían la tecnología necesaria para seguir a todo el mundo todo el tiempo. Por lo tanto, incluso en la Alemania de Hitler, la Unión Soviética de Stalin o el régimen imitador del estalinista que se instauró en Rumanía después de 1945 hubo un nivel prestablecido de privacidad.

Gheorghe Iosifescu, uno de los primeros científicos de la computación de Rumanía, recordaba hasta qué punto inquietaba al régimen esta tecnología de la información desconocida cuando, en la década de 1970, se introdujeron en el país los primeros ordenadores. Un día de 1976, al entrar en su despacho del Centrul de Calcul (Centro de Cálculo) gubernamental, Iosifescu se encontró sentado allí a un hombre desconocido con un traje arrugado. Iosifescu saludó al extraño, pero el hombre no le respondió. Iosifescu se presentó, pero el hombre se mantuvo en silencio. De modo que Iosifescu se sentó a su mesa, encendió un ordenador de grandes proporciones y se puso a trabajar. El extraño acercó su silla y empezó a controlar todos los movimientos de Iosifescu.

Durante todo el día y en repetidas ocasiones, Iosifescu intentó entablar una conversación, preguntándole al extraño cómo se llamaba, por qué estaba allí y qué quería saber. Pero el hombre mantuvo la boca cerrada y los ojos completamente abiertos. Cuando Iosifescu se disponía a marcharse a casa por la tarde, el hombre se levantó y, sin despedirse, abandonó el despacho. Iosifescu sabía que no debía hacerle más preguntas; tenía claro que el hombre era un agente de la temida policía secreta rumana, la Securitate.

A la mañana siguiente, cuando Iosifescu llegó al trabajo, el agente ya estaba allí. De nuevo pasó el día sentado a la mesa de Iosifescu, sin pronunciar palabra y tomando notas en un pequeño cuaderno. La situación se repitió durante los trece años siguientes, hasta la caída del régimen comunista en 1989. Pese a haber pasado años sentados a la misma mesa, Iosifescu nunca supo el nombre del agente.[1]

Iosifescu sabía que, con toda probabilidad, otros agentes de la Securitate e informantes lo vigilaban fuera del despacho. Su pericia en el manejo de una tecnología poderosa y potencialmente subversiva lo convirtió en un objetivo principal. Pero lo cierto es que el régimen paranoico de Nicolae Ceauşescu consideraba un objetivo al conjunto de los veinte millones de ciudadanos rumanos. De haber sido posible, Ceauşescu habría puesto a cada uno de ellos bajo vigilancia constante. En realidad, dio varios pasos en esta dirección. En 1965, antes de que Ceauşescu llegara al poder, la Securitate tenía un solo centro de vigilancia electrónica en Bucarest, con otros once repartidos por ciudades de los distintos condados. En 1978, Bucarest estaba controlada por diez centros de vigilancia electrónica, mientras que 248 centros escudriñaban los condados y unas mil unidades portátiles adicionales se movían por el país para realizar escuchas secretas en pueblos remotos y centros vacacionales.[2]

Cuando, a finales de la década de 1970, unos agentes de la Securitate descubrieron que había rumanos que enviaban cartas anónimas a Radio Free Europe en las que criticaban el régimen, Ceauşescu puso en marcha un plan nacional para registrar muestras caligráficas de la *totalidad* de los veinte millones de ciudadanos rumanos. A los colegios y las universidades se les obligó a entregar redacciones de cada uno de los estudiantes. Los patronos tenían que pedir a cada empleado que les entregara un currículum escrito a mano y después enviárselos a la Securitate. «¿Y qué hay de los jubilados y de los desempleados?», preguntó uno de los asistentes de Ceauşescu. «¡Inventaos algún tipo de formulario! —ordenó el dictador—. Algo que tengan que cumplimentar». Pero varias de las cartas subversivas estaban escritas a máquina, de modo que Ceauşescu también ordenó que se registraran todas las máquinas de escribir del país que eran propiedad del Estado a través de muestras enviadas al archivo de la Securitate. Aquellos que poseían una máquina de escribir propia tenían que informar de ello a la Securitate, entregar la «huella» de la máquina y pedir una autorización oficial para usarla.[3]

Pero, en la práctica, el régimen de Ceauşescu, al igual que el régimen de Stalin, del que se servía como modelo, no podía seguir a cada ciudadano las veinticuatro horas del día. Dado que incluso los agentes de la Securitate necesitaban dormir, se habrían necesitado al menos cuarenta millones de ellos para mantener a los veinte millones de ciudadanos rumanos bajo una vigilancia constante. Ceauşescu solo disponía de unos cuarenta mil agentes de la Securitate.[4] Y encontrar la manera de conjurar a cuarenta millones de agentes solo le habría generado nuevos problemas, porque el régimen también necesitaba controlar a sus propios agentes. Al igual que Stalin, Ceauşescu recelaba de sus agentes y funcionarios más que de nadie, sobre todo después de que su jefe de inteligencia —Ion Mihai Pacepa— desertara y huyera a Estados Unidos en 1978. Miembros del politburó, funcionarios de alto rango, generales del Ejército y jefes de la Securitate vivían sometidos a una vigilancia más estrecha incluso que la que soportaba Iosifescu. A medida que las filas de la policía secreta aumentaban, se fueron necesitando más agentes que espiaran a todos aquellos agentes.[5]

Una solución consistió en hacer que los ciudadanos se espiaran unos a otros. Además de sus cuarenta mil agentes profesionales, la Securitate contaba con cuatrocientos mil informantes civiles.[6] La gente solía informar acerca de sus vecinos, colegas, amigos e incluso de su círculo más íntimo de familiares. Pero, con independencia de cuántos informantes empleara una policía secreta, recabar todos estos datos no bastaba para crear un régimen de vigilancia total. Supongamos que la Securitate hubiera conseguido reclutar suficientes agentes e informantes como para vigilar a todos los ciudadanos las veinticuatro horas del día. Al final de cada día, cada agente y cada informante tendrían que haber redactado un informe de lo que habían observado. Veinte millones de informes al día, o 7.300 millones de informes al año, habrían inundado el cuartel general de la Securitate. A menos que se analizaran, esto no habría sido más que un océano de papel. Pero ¿dónde podría haber encontrado la Securitate analistas suficientes como para escudriñar y comparar 7.300 millones de informes al año?

Este tipo de dificultades a la hora de recopilar y analizar información ponen de manifiesto que, en el siglo XX, ni siquiera el Estado más totalitario podía imponer un sistema de vigilancia efectivo sobre la totalidad de su población. La mayor parte de lo que los ciudadanos rumanos y soviéticos hacían y decían escapaba al control de la Securitate y del KGB. Incluso la información que acababa en algún archivo solía languidecer sin que nadie la revisara. El poder real de la Securitate y del KGB no radicaba en una capacidad de vigilancia constante sobre todos los ciudadanos, sino más bien en su capacidad de inspirar el temor de que los pudieran estar vigilando, lo que hacía que todos fueran extremadamente cautos acerca de lo que decían y hacían.[7]

Agentes insomnes

En un mundo en el que la vigilancia la efectúan los ojos, los oídos y el cerebro orgánicos de personas como el agente de la Securitate que acudía al laboratorio de Iosifescu, un objetivo principal como Iosifescu todavía contaba con cierta privacidad, primero y ante todo en el interior de su mente. Pero el trabajo de científicos de la computación como el propio Iosifescu estaba cambiando esta circunstancia. Ya en 1976, el ordenador rudimentario situado en la mesa de Iosifescu podía hacer cuentas con mucha más fiabilidad que el agente de la Securitate que se sentaba junto a la mesa. En 2024, estamos llegando a un punto en el que una red informática ubicua puede seguir a la población de países enteros las veinticuatro horas del día. Esta red no necesita contratar ni adiestrar a millones de agentes humanos para que nos sigan a todas partes; en su lugar, depende de agentes digitales. Y la red ni siquiera tiene que pagar a estos agentes digitales. Somos los ciudadanos quienes, por iniciativa propia, les pagamos y los llevamos con nosotros adonde quiera que vayamos.

El agente que vigilaba a Iosifescu no lo acompañaba al cuarto de baño ni se sentaba en la cama mientras Iosifescu mantenía relaciones sexuales. Hoy, eso es lo que hacen nuestros teléfonos inteligentes. Además, muchas de las actividades que Iosifescu desarrollaba sin ayuda de su ordenador —como leer la prensa, charlar con amigos o hacer la compra— se llevan a cabo en la red, de manera que para esta es aún es más fácil saber qué hacemos y qué decimos. Nosotros mismos ejercemos como informantes, al proporcionar a la red nuestros datos en bruto. Incluso aquellos que no poseen teléfonos inteligentes suelen hallarse en la órbita de una cámara, un micrófono o un dispositivo de seguimiento, y a menudo interactúan con la red informática para encontrar trabajo, comprar un billete de tren, obtener una receta médica o simplemente caminar por la calle. La red informática se ha convertido en el nexo de la mayoría de las actividades humanas. Ahora, casi cualquier transacción financiera, social o política requiere la intervención de un ordenador. En consecuencia, como Adán y Eva en el paraíso, no podemos escondernos del ojo que vigila desde las nubes.

Del mismo modo que la red informática no necesita millones de agentes humanos para que nos sigan, tampoco necesita millones de analistas humanos para encontrar sentido a nuestros datos. El océano de papel del cuartel general de la Securitate nunca se analizó a sí mismo. Pero, gracias a la magia del aprendizaje automático y a la IA, los ordenadores pueden analizar por sí solos la mayor parte de la información de la que disponen. Un humano medio puede leer unas 250 palabras por minuto.[8] Un analista de la Securitate que hubiese trabajado en turnos de doce horas sin librar nunca podría haber leído alrededor de 2.600 millones de palabras durante una carrera de cuarenta años. En 2024, algoritmos del lenguaje como ChatGPT y Llama de Meta pueden procesar millones de palabras por minuto y «leer» 2.600 millones de palabras en un par de horas.[9] La capacidad de estos algoritmos para procesar imágenes, registros de audio y archivos de vídeo es igualmente sobrehumana.

Más importante todavía: los algoritmos superan con mucho a los humanos en su capacidad para advertir patrones en medio de este océano de datos. Identificar patrones requiere tanto la capacidad de generar ideas como la de tomar decisiones. Por ejemplo, ¿cómo identifican los analistas humanos a un «sospechoso de terrorismo» a quien hay que tener vigilado de cerca? Primero, *establecen* un conjunto de criterios generales, como «leer literatura extremista», «ser amigo de terroristas conocidos» y «poseer el conocimiento técnico necesario para producir armas peligrosas». Después tienen que *decidir* si un individuo concreto cumple tantos de estos requisitos como para otorgarle la etiqueta de sospechoso de terrorismo. Pensemos en alguien que en el último mes ha visto un centenar de vídeos extremistas en YouTube, es amigo de un terrorista condenado y está realizando un doctorado en epidemiología en un laboratorio que contiene muestras del virus del Ébola. ¿Debería colocársele a esta persona la etiqueta de «sospechoso de terrorismo»? ¿Y qué pasa con alguien que en el último mes ha visto cincuenta vídeos extremistas y es un estudiante de biología?

En la Rumanía de la década de 1970 solo los humanos podían tomar estas decisiones. En la década de 2010 empezó a ser habitual que fueran los algoritmos los que decidieran. Entre 2014 y 2015, la Agencia Nacional de Seguridad de Estados Unidos desarrolló Skynet, un sistema de IA que, a partir de las pautas electrónicas de sus comunicaciones, escritos, viajes y publicaciones en las redes sociales, podía etiquetar a alguien como «sospechoso de terrorismo». Según un informe, este sistema de IA «se dedica a la vigilancia masiva de la red de teléfonos móviles de Pakistán para después emplear un algoritmo de aprendizaje automático sobre los metadatos de la red de móviles de 55 millones de personas y tratar de establecer las probabilidades de que cada una de ellas sea terrorista». Un antiguo director de la CIA y de la NSA declaró que «estamos matando gente sobre la base de metadatos».[10] La fiabilidad de Skynet ha recibido múltiples críticas, pero en la década de 2020 esta tecnología no ha dejado de refinarse y otros muchos gobiernos hacen uso de ella. Al gestionar cantidades masivas de datos, los algoritmos pueden descubrir criterios completamente nuevos para etiquetar como «sospechoso» a alguien que antes habría pasado inadvertido para un analista humano.[11] En el futuro, los algoritmos podrán crear incluso un modelo completamente nuevo para conocer el grado de radicalización de la gente solo a partir de la identificación de patrones en la vida de terroristas conocidos. Desde luego, los ordenadores siguen siendo falibles, como exploraremos en detalle en el capítulo 8. Bien podrían etiquetar a personas inocentes como terroristas o crear un modelo falso de radicalización. A un nivel todavía más importante, es cuestionable que la definición del sistema de términos como «terrorismo» sea objetiva. La historia de regímenes que emplean la etiqueta de «terrorista» para referirse a todos y cada uno de sus opositores es amplia. En la Unión Soviética, cualquiera que se opusiera al régimen era un terrorista. En consecuencia, en lugar de hechos objetivos, cuando una IA considera que alguien es un terrorista podría estar reflejando prejuicios ideológicos. La capacidad de tomar decisiones y de generar ideas es inseparable de la de cometer errores. Incluso si no se cometen errores, la capacidad sobrehumana de los algoritmos para reconocer patrones en un océano de datos puede sobrecargar el poder de numerosos actores malignos, desde dictaduras represivas que buscan identificar disidentes hasta estafadores que buscan identificar objetivos vulnerables.

Desde luego, el reconocimiento de patrones tiene también un enorme potencial positivo. Los algoritmos pueden ayudar en la identificación de funcionarios gubernamentales corruptos, delincuentes de cuello blanco y empresas que evaden impuestos. Del mismo modo, los algoritmos pueden ayudar a agentes de sanidad de carne y hueso a identificar amenazas en nuestra agua potable;[12] ayudar a médicos a detectar enfermedades y epidemias en expansión,[13] y ayudar a agentes de policía y a trabajadores sociales a identificar a cónyuges y niños maltratados.[14] En las páginas que siguen no prestaré mucha atención al potencial positivo de las burocracias algorítmicas, porque los empresarios que lideran la revolución de la IA ya se encargan de bombardear al público con suficientes predicciones de color de rosa acerca de ella. Mi objetivo aquí es contrapesar estas visiones utópicas centrándome en las posibilidades más siniestras que ofrece el reconocimiento algorítmico de patrones. Con suerte, podremos aprovechar el potencial positivo de los algoritmos mientras regulamos sus capacidades destructivas.

Pero, para hacerlo, primero hemos de apreciar la diferencia fundamental entre los nuevos burócratas digitales y sus predecesores de carne y hueso. Los burócratas inorgánicos pueden estar «encendidos» veinticuatro horas al día y pueden vigilarnos e interactuar con nosotros en cualquier lugar y cualquier momento. Esto significa que la burocracia y la vigilancia ya no solo se encuentran en momentos y lugares específicos. El sistema de atención sanitaria, la policía y las empresas que emplean estrategias de manipulación se están convirtiendo en elementos ubicuos y permanentes de la vida. En lugar de organizaciones con las que interactuamos solo en determinados contextos —por ejemplo, cuando vamos al médico, a la comisaría de policía o al centro comercial—, es cada vez más frecuente que nos acompañen en cualquier momento del día y que observen y analicen todo lo que hacemos. Así como los peces viven en el agua, los humanos vivimos en una burocracia digital, inhalando y exhalando datos constantemente. Cada acción que llevamos a cabo deja un rastro de datos que se recolecta y analiza para identificar pautas.

Vigilancia bajo la piel

Para bien o para mal, la burocracia digital puede no solo supervisar lo que hacemos en el mundo exterior, sino también observar lo que ocurre en el interior de nuestro cuerpo. Tomemos el ejemplo de la monitorización de los movimientos oculares. Ya a principios de la década de 2020, las cámaras de circuito cerrado de televisión (CCTV), además de las de los ordenadores portátiles y los teléfonos inteligentes, empezaron a sistematizar datos sobre nuestros movimientos oculares, incluyendo los ligeros cambios que se producen en las pupilas o en el iris y que duran solo unos milisegundos. Un agente humano apenas es capaz de percibir estos datos, pero los ordenadores pueden calcular la dirección de nuestra mirada a partir de la forma de las pupilas y el iris, así como de las pautas de luz que reflejan. Métodos similares pueden determinar si nuestros ojos se mantienen fijos en un objetivo estable, si persiguen un objetivo móvil o si deambulan de forma más aleatoria.

A partir de determinados patrones en los movimientos oculares, los ordenadores pueden distinguir, por ejemplo, entre momentos de concentración y momentos de distracción, y a personas orientadas al detalle frente a aquellas que prestan más atención al contexto. A partir de los ojos, los ordenadores pueden detectar muchos más rasgos de la personalidad de alguien, como si está predispuesto a vivir nuevas experiencias, y estimar su nivel de pericia en varios campos, desde la lectura hasta la cirugía. Alguien con experiencia y recursos bien pulidos exhibe unas pautas sistemáticas en la mirada, mientras que los ojos de una persona sin experiencia vagan sin dirección. Las pautas de la mirada también definen nuestro nivel de interés por los objetos y las situaciones que nos rodean, y distinguen entre un interés positivo, negativo y neutro. A partir de todo esto, es posible deducir nuestras preferencias en campos que van de la política al sexo. También se puede saber mucho acerca de nuestra salud y del uso que hacemos de distintas sustancias. El consumo de alcohol y drogas, incluso en dosis no embriagantes, tiene efectos mensurables en las propiedades del ojo y de la mirada, como son los cambios en el tamaño de la pupila y una capacidad alterada para fijarse en objetos móviles. Una burocracia digital puede usar toda esta información con fines tan beneficiosos como detectar a tiempo que una persona tiene problemas con las drogas o padece una enfermedad mental. Pero está claro que también pueden sentar las bases de los regímenes totalitarios más entrometidos de la historia.[15]

En teoría, los dictadores del futuro podrían hacer que su red informática fuera mucho más allá de observar nuestra mirada. Si la red quiere conocer nuestras opiniones políticas, nuestros rasgos personales y nuestra orientación sexual, puede vigilar procesos que tienen lugar en el corazón y el cerebro. Gobiernos y compañías como Neuralink, de Elon Musk, ya están desarrollando la tecnología biométrica necesaria. La compañía de Musk ha experimentado con animales vivos —ratones, ovejas, cerdos y monos—, en cuyo cerebro ha implantado sondas eléctricas. Cada sonda contiene hasta 3.072 electrodos capaces de identificar señales eléctricas y de transmitir señales al cerebro. En 2023, Neuralink recibió el visto bueno de las autoridades estadounidenses para iniciar experimentos con humanos, y en enero de 2024 se informó de que un primer chip cerebral se había implantado en un humano.

Musk habla abiertamente de sus planes de largo alcance para esta tecnología, y argumenta que no solo puede aliviar diversas dolencias como la cuadriplejía (parálisis de los cuatro miembros), sino también mejorar las capacidades humanas y, por lo tanto, ayudar a que la humanidad compita con la IA. Pero debe quedar claro que, en la actualidad, las sondas de Neuralink y el resto de dispositivos biométricos de este tipo adolecen de innumerables problemas técnicos que limitan enormemente sus posibilidades. Es difícil supervisar con precisión actividades corporales —en el cerebro, el corazón o en cualquier otra parte— desde fuera del cuerpo, mientras que implantar en el cuerpo electrodos y otros dispositivos de seguimiento resulta invasivo, peligroso, costoso e ineficiente. Por ejemplo, nuestro sistema inmune ataca los electrodos implantados.[16]

Más importante todavía: ahora nadie posee los conocimientos biológicos necesarios para, por ejemplo, detectar las inclinaciones políticas exactas de alguien a partir de datos obtenidos a través de procesos que tienen lugar bajo la piel, como la actividad cerebral.[17] Los científicos están lejos de entender los misterios del cerebro humano, o incluso del cerebro del ratón. Cartografiar cada neurona, dendrita y sinapsis del cerebro de un ratón, por no hablar ya de las dinámicas que se establecen entre ellos, es algo que en la actualidad se halla más allá de las capacidades computacionales de la humanidad.[18] En consecuencia, mientras que obtener datos del interior del cerebro humano es cada vez más factible, utilizar dichos datos para descifrar nuestros secretos no resulta nada sencillo.

Una popular teoría de la conspiración de principios de la década de 2020 afirma que una serie de grupos siniestros dirigidos por multimillonarios como Elon Musk ya están implantando chips informáticos en nuestro cerebro con el fin de supervisarnos y controlarnos. Sin embargo, esta teoría dirige nuestras ansiedades hacia un objetivo erróneo. Desde luego, debemos temer el auge de nuevos sistemas totalitarios, pero aún es pronto para preocuparnos por que nos implanten chips informáticos en el cerebro. En cambio, los teléfonos inteligentes en los que se leen estas teorías de la conspiración sí deberían preocuparnos. Supongamos que alguien quiere conocer nuestras inclinaciones políticas. Nuestro teléfono inteligente supervisa qué canales de noticias vemos y anota que, de media, vemos Fox News cuarenta minutos al día, mientras que a CNN solo le dedicamos cuarenta segundos. Entretanto, un chip informático de Neuralink implantado supervisa nuestro ritmo cardiaco y nuestra actividad cerebral a lo largo del día y anota que nuestro ritmo cardiaco máximo es de 120 latidos por minuto y que la actividad de nuestra amígdala está un 5 por ciento por encima de la media humana. ¿Qué datos serían más útiles para conocer nuestra afiliación política, los que proceden del teléfono inteligente o los del chip implantado?[19] Hoy el teléfono inteligente es todavía una herramienta de supervisión mucho más valiosa que los sensores biométricos.

Sin embargo, a medida que aumente el conocimiento biológico —en concreto gracias a los ordenadores que analizan petabits de datos biométricos—, la vigilancia bajo la piel podría ir cobrando fuerza, sobre todo si se vincula con otras herramientas de monitoreo. En este punto, si los sensores biométricos registran el comportamiento del ritmo cardiaco y la actividad cerebral de millones de personas cuando contemplan una determinada noticia en sus teléfonos inteligentes, podrán aportar a la red informática datos que vayan más allá de nuestra afiliación política general. La red podría determinar con precisión qué provoca enfado, temor o alegría en cada humano, y entonces predecir y manipular nuestros sentimientos para vendernos cualquier cosa que quiera, ya sea un producto, a un político o una guerra.[20]

El fin de la privacidad

En un mundo en el que los humanos vigiláramos a otros humanos, la privacidad se vería perjudicada. Pero, en un mundo en el que los ordenadores vigilaran a los humanos, la privacidad podría ser completamente aniquilada por primera vez en la historia. Los casos más extremos y conocidos de vigilancia invasiva implican o bien momentos excepcionales de crisis, como la pandemia de la COVID-19, o bien lugares considerados excepcionales según el orden natural de las cosas, como los Territorios Palestinos ocupados; la región autónoma uigur de Sinkiang, en China; la región de Cachemira, en la India; la Crimea ocupada por Rusia; la frontera entre Estados Unidos y México, o las tierras fronterizas entre Afganistán y Pakistán. En estas épocas y lugares excepcionales, nuevas tecnologías de vigilancia, combinadas con leyes draconianas y una elevada presencia policial o militar, han supervisado y controlado de manera incansable los movimientos, las acciones e incluso los sentimientos de la gente.[21] Pero es fundamental tener presente que los sistemas de vigilancia basados en la IA se están desplegando a una escala enorme, y no solo en estos «estados de excepción».[22] Ahora son parte integral de la vida normal en todas partes. La era posprivacidad se está estableciendo en países autoritarios que van desde Bielorrusia hasta Zimbabue,[23] así como en metrópolis democráticas como Londres o Nueva York.

Para bien o para mal, los gobiernos que persiguen combatir el crimen, suprimir la discrepancia o contrarrestar amenazas internas (reales o imaginarias) envuelven territorios enteros con una red de vigilancia ubicua, presente tanto online como en el mundo físico, dotada de programas espía, cámaras de circuito cerrado de televisión, programas de reconocimiento facial y de voz y enormes bases de datos consultables. Si un Gobierno quiere, su red de vigilancia puede llegar a todas partes, desde mercados hasta espacios de culto, desde escuelas hasta residencias privadas. (Y, aunque no todos los gobiernos quieren o pueden instalar cámaras en el interior de los hogares de la gente, los algoritmos nos observan regularmente incluso en nuestras salas de estar, dormitorios y baños a través de nuestros ordenadores y teléfonos inteligentes).

Las redes de vigilancia gubernamentales también sistematizan datos biométricos de poblaciones enteras, con o sin su conocimiento. Por ejemplo, alrededor de 140 países obligan a sus ciudadanos a proporcionar huellas dactilares, escáneres faciales o escáneres del iris cuando estos solicitan un pasaporte.[24] Asimismo, cuando utilizamos nuestro pasaporte para acceder a un país extranjero, este suele solicitar nuestras huellas dactilares, escáneres faciales o escáneres del iris.[25] Cuando un ciudadano o un turista pasea por las calles de Nueva Delhi, Pekín, Seúl o Londres, es probable que sus movimientos queden registrados. Porque estas ciudades —y otras muchas en todo el mundo— cuentan con una media de más de un centenar de cámaras de vigilancia por kilómetro cuadrado. En total, en 2023, más de mil millones de cámaras de circuito cerrado de televisión estaban activas en todo el mundo, lo que supone alrededor de una cámara por cada ocho personas.[26]

Cualquier tipo de actividad física que desarrollemos deja un rastro de datos. Cada compra se registra en una base de datos. Actividades online como enviar mensajes a amigos, compartir fotos, pagar facturas, leer noticias, hacer reservas o pedir taxis también pueden registrarse. El océano de datos resultante puede analizarse después mediante sistemas de IA para identificar actividades ilegales, pautas sospechosas, a personas desaparecidas, portadores de enfermedades o disidentes políticos.

Como ocurre con toda tecnología poderosa, estos sistemas pueden usarse con fines beneficiosos o dañinos. Después del asalto al Capitolio de Estados Unidos del 6 de enero de 2021, el FBI y otros organismos de seguridad estadounidenses emplearon sistemas de vigilancia de última generación para localizar y arrestar a los alborotadores. Tal como se informaba en un reportaje de *The Washington Post*, estos organismos se sirvieron no solo de los vídeos de las cámaras de circuito cerrado de televisión del Capitolio, sino también de las publicaciones en redes sociales, de los sistemas de reconocimiento de matrículas en todo el país, de registros de localización de antenas de telefonía móvil y de bases de datos preexistentes.

Un hombre de Ohio escribió en Facebook que ese día había estado en Washington para «ser testigo de la historia». Se envió una citación a Facebook, que aportó al FBI las publicaciones de Facebook de ese individuo, así como información sobre su tarjeta de crédito y su número de teléfono. Esto ayudó al FBI a comparar su fotografía del carné de conducir con los vídeos de las cámaras de circuito cerrado de televisión procedentes del Capitolio. Otra orden judicial para Google condujo a la geolocalización exacta del teléfono inteligente del sujeto el 6 de enero, lo que permitió a los agentes cartografiar cada uno de sus movimientos desde su lugar de entrada en el Senado hasta la oficina de Nancy Pelosi, la presidenta de la Cámara de los Comunes.

Basándose en los sistemas de reconocimiento de matrículas, el FBI pudo seguir los movimientos de un hombre de Nueva York desde el momento en que cruzó el puente Henry Hudson a las 6.06.08 del 6 de enero, cuando iba camino del Capitolio, hasta que cruzó el puente George Washington a las 23.59.22 de ese día, en su viaje de vuelta a casa. Una imagen captada por una cámara de la interestatal 95 mostró un gran sombrero en el salpicadero del coche del hombre con la leyenda «Make America Great Again». El sombrero se comparó con un selfi de Facebook en el que aparecía el hombre con el sombrero. Además, este se incriminó con varios vídeos grabados en el interior del Capitolio que subió a Snapchat.

Para asegurarse de que no lo detectaran, otro de los alborotadores del 6 de enero se cubrió el rostro con una máscara, evitó las retransmisiones en directo y utilizó un móvil registrado a nombre de su madre; pero le sirvió de poco. Los algoritmos del FBI consiguieron cotejar los registros de las cámaras del 6 de enero de 2021 con la foto que el individuo había aportado para solicitar el pasaporte en 2017. También compararon la chaqueta con el distintivo de Knights of Columbus* que llevaba el 6 de enero con la que vestía en otro momento que había quedado registrado en un clip de YouTube. El teléfono registrado a nombre de su madre se geolocalizó dentro del Capitolio, y un sistema de reconocimiento de matrículas registró su coche cerca del Capitolio la mañana del día 6 de enero.[27]

En la actualidad, los algoritmos de reconocimiento facial y las bases de datos de IA consultables son sistemas estándar de las fuerzas policiales de todo el mundo. Se emplean no solo en casos de emergencia nacional o por cuestiones relacionadas con la seguridad estatal, sino también en tareas policiales cotidianas. En 2009, una organización criminal secuestró a Gui Hao, de tres años, cuando jugaba junto a la tienda de su progenitor en la provincia de Sichuan, China. El niño fue vendido a una familia de la provincia de Guangdong, a unos 1.500 kilómetros de distancia. En 2014 se arrestó al líder de la organización de tráfico de menores, pero resultó imposible localizar a Gui Hao y a otras víctimas. «El aspecto del niño habría cambiado

* Caballeros de Colón, una organización católica de beneficiencia. *(N. del T.)*

tanto —explicó un investigador de la policía— que ni siquiera sus padres habrían podido reconocerlo».

Sin embargo, en 2019, un algoritmo de reconocimiento facial consiguió identificar a Gui Hao, que entonces tenía trece años, y el adolescente pudo reunirse con su familia. Para identificar correctamente a Gui Hao, la IA se basó en una fotografía tomada cuando era un bebé. La IA simuló el aspecto que un Gui Hao de trece años podría tener, considerando los enérgicos efectos del desarrollo, así como posibles cambios en el color del cabello y en el peinado, y comparó la simulación resultante con vídeos de la vida real.

En 2023 tuvimos noticia de rescates todavía más extraordinarios. A Yuechuan Lei lo raptaron en 2001, cuando tenía tres años, y Hao Chen, también de tres años, desapareció en 1998. Sus padres nunca abandonaron la esperanza de encontrarlos. Durante más de veinte años los buscaron por toda China, distribuyeron anuncios y ofrecieron recompensas económicas por cualquier información relevante. En 2023, unos algoritmos de reconocimiento facial ayudaron a localizar a ambos muchachos, que entonces eran ya adultos entrados en la veintena. En la actualidad, esta tecnología contribuye a encontrar niños desaparecidos no solo en China, sino también en países como la India, donde cada año desaparecen decenas de miles de menores.[28]

En julio de 2019, el Brøndby IF, un club de fútbol de Dinamarca, empezó a emplear tecnología de reconocimiento facial en su estadio para identificar a aficionados radicales y prohibirles la entrada. Cuando hasta treinta mil aficionados entran en el estadio para asistir a un partido, se les pide que se quiten máscaras, gafas y sombreros, de manera que un ordenador pueda escanearles las caras y compararlas con una lista de alborotadores vetados. Para ello, de acuerdo con el estricto Reglamento General de Protección de Datos (RGPD) de la Unión Europea, fue fundamental que el procedimiento se sometiera a examen y aprobación. La Agencia Danesa de Protección de Datos explicó que el empleo de esta tecnología «permitiría una aplicación más efectiva de la lista de personas vetadas en comparación con las comprobaciones manuales, y que esto reduciría las colas en la entrada del estadio, lo que disminuiría el riesgo de malestar público por parte de los aficionados impacientes que esperaban en las colas».[29]

Aunque estos usos de la tecnología son loables en teoría, plantean preocupaciones evidentes acerca de la privacidad y de la extralimitación del Gobierno. En las manos equivocadas, estas técnicas que pueden localizar alborotadores, rescatar niños y vetar la entrada a radicales en partidos de fútbol también pueden usarse para perseguir a manifestantes pacíficos o para imponer un férreo conformismo. En último término, la tecnología de vigilancia impulsada por una IA puede derivar en el surgimiento de regímenes de vigilancia total que controlen a los ciudadanos a todas horas y que faciliten nuevos tipos de represión ubicua y totalitaria. Un buen ejemplo son las leyes iraníes sobre el hiyab.

Después de que Irán se convirtiera en una teocracia islámica en 1979, el nuevo régimen decretó que el hiyab fuera de uso obligatorio para las mujeres. Pero a la policía de la moral iraní no le resultaba nada fácil hacer que esta norma se cumpliera. No se podía colocar a un agente de policía en cada rincón de cada calle, y, en ocasiones, la confrontación pública con mujeres que no llevaban velo generaba resistencia y resentimiento. En 2022, Irán encomendó gran parte de la tarea de hacer cumplir las leyes del hiyab a un sistema de algoritmos de reconocimiento facial que extendió por todo el país y que supervisaba sin descanso tanto los espacios físicos como los entornos online.[30] Un funcionario iraní de alto rango explicaba que el sistema «identificaría comportamientos inapropiados e insólitos», entre los que se incluían «el incumplimiento de las leyes del hiyab». El jefe del Comité Legal y Judicial del Parlamento de Irán, Mousa Ghazanfar Abadi, afirmó en otra entrevista que «el uso de cámaras capaces de registrar caras puede mejorar de manera sistemática esta tarea y reducir la presencia policial, y como resultado de ello no se producirán más enfrentamientos entre la policía y los ciudadanos».[31]

Poco después, el 16 de septiembre de 2022, Masha Amini, de veintidós años, murió mientras se hallaba bajo la custodia de la policía de la moral iraní, después de que la arrestaran por no llevar el hiyab bien colocado.[32] Estalló una oleada de protestas conocida como el movimiento «Mujer, Vida, Libertad». Cientos de miles de mujeres y muchachas se quitaron el velo, y algunas quemaron públicamente su hiyab y bailaron alrededor de las fogatas. Para reprimir las protestas, las autoridades iraníes volvieron a servirse de su sistema de vigilancia de IA, basado en programas de reconocimiento facial, geolocalización, análisis del tráfico en la red y bases de datos preexistentes. Se arrestó a más de diecinueve mil personas en todo Irán, y más de quinientas fueron asesinadas.[33]

El 8 de abril de 2023, el jefe de la policía iraní anunció que, a partir del 15 de abril de ese año, una nueva e intensa campaña aumentaría el empleo de tecnología de reconocimiento facial. En concreto, a partir de entonces los algoritmos identificarían a las mujeres que decidieran no llevar velo mientras viajaban en un vehículo y les enviaría un SMS automático. Si las mujeres identificadas reincidían en el delito, se les ordenaría inmovilizar sus coches durante un periodo predeterminado y, si no lo cumplían, se les confiscaría el vehículo.[34]

Dos meses después, el 14 de junio de 2023, el portavoz de la policía iraní se jactaba de que el sistema de vigilancia automatizada había enviado casi un millón de SMS de aviso a mujeres a las que se había captado sin velo en sus coches privados. Al parecer, el sistema era capaz de determinar de manera automática que estaba captando a una mujer sin velo y no a un hombre, de identificar a la mujer y de dar con su número de teléfono. Además, el sistema «envió 133.174 SMS en los que se ordenaba la inmovilización de los vehículos durante dos semanas, confiscó dos mil coches y envió a juicio a más de cuatro mil "infractoras reincidentes"».[35]

Maryam, una mujer de cincuenta y dos años, compartía con Amnistía Internacional su experiencia con el sistema de vigilancia. «La primera vez que recibí un aviso por no llevar velo mientras conducía estaba atravesando una intersección cuando una cámara me hizo una foto; de inmediato, recibí un SMS de aviso. La segunda vez, había ido a hacer unas compras y estaba metiendo las bolsas en el coche cuando se me desprendió el velo; recibí un mensaje que decía que debido a la violación de leyes obligatorias del velo, se había decretado el "embargo sistemático" de mi coche durante un periodo de quince días. No sabía qué quería decir aquello. Pregunté y unos familiares me dijeron que significaba que tenía que inmovilizar mi automóvil durante quince días».[36] El testimonio de Maryam pone de manifiesto que la IA envía sus mensajes intimidatorios en cuestión de segundos, sin tiempo para que un humano revise y autorice el procedimiento.

Las sanciones iban mucho más allá de la inmovilización o la confiscación de vehículos. El informe de Amnistía Internacional del 26 de julio de 2023 revelaba que, como resultado del plan de vigilancia masiva, «se ha suspendido o expulsado de las universidades a innumerables mujeres, se les ha prohibido asistir a exámenes finales y se les ha negado el acceso a servicios bancarios y al transporte público».[37] Las empresas que no hicieron cumplir la ley del hiyab a sus empleadas o clientas también sufrieron. En un caso habitual, una empleada del parque de atracciones Tierra de la Felicidad, al este de Teherán, fue fotografiada sin el hiyab, y la imagen circuló por los medios sociales. Como castigo, las autoridades iraníes clausuraron Tierra de la Felicidad.[38] En conjunto, según informaba Amnistía Internacional, las autoridades «clausuraron cientos de atracciones turísticas, hoteles, restaurantes, farmacias y centros comerciales por no hacer cumplir las leyes obligatorias del velo».[39]

En septiembre de 2023, en el aniversario de la muerte de Mahsa Amini, el Parlamento iraní aprobó una nueva ley, más estricta, sobre el hiyab. Según esta, las mujeres que no lleven el hiyab pueden ser sancionadas con multas elevadas y con hasta diez años de prisión. Además, se enfrentan a sanciones adicionales, incluida la confiscación de automóviles y de dispositivos de comunicación, la prohibición de conducir, deducciones del salario y de los beneficios del empleo, pérdida de empleo y la prohibición de acceder a servicios bancarios. Los propietarios de negocios que no hagan cumplir la ley del hiyab a sus empleadas o clientas se enfrentan a multas cuyo importe puede ascender a los beneficios obtenidos durante tres meses, y se les puede prohibir abandonar el país o participar en actividades públicas u online durante un periodo de hasta dos años. La nueva ley se dirige no solo a las mujeres, sino también a los hombres que vistan «ropas reveladoras que muestren partes del cuerpo por debajo del pecho o por encima de los tobillos». Por último, la ley urge a la policía iraní a «crear y reforzar sistemas de IA para identificar a los responsables de comportamientos ilegales mediante el uso de herramientas como cámaras móviles y fijas».[40] En unos años, muchos humanos podríamos estar viviendo bajo regímenes de vigilancia total que harían de la Rumanía de Ceaușescu una utopía libertaria.

Variedades de vigilancia

Cuando hablamos de vigilancia, solemos pensar en sistemas dirigidos por el Estado, pero para entender en qué consiste la vigilancia en el siglo xxi hemos de recordar que hay otras muchas formas de supervisión. Por ejemplo, las parejas celosas siempre han querido saber dónde se hallan sus cónyuges y han pedido explicaciones por cada leve alteración de su rutina. Hoy, armadas con un teléfono inteligente y una sencilla aplicación informática, pueden imponer una dictadura conyugal sin demasiadas dificultades. Pueden supervisar cada conversación y cada movimiento, grabar llamadas telefónicas, rastrear publicaciones en redes sociales y búsquedas en páginas web, e, incluso, activar las cámaras y los micrófonos del teléfono del cónyuge para que sirva como dispositivo espía. En Estados Unidos, la Red Nacional para Acabar con la Violencia Doméstica ha descubierto que más de la mitad de los maltratadores domésticos emplean esta tecnología de «seguimiento sigiloso». Incluso en Nueva York, un cónyuge puede encontrarse bajo supervisión y restricciones como si viviera en un Estado totalitario.[41]

En la actualidad, un porcentaje creciente de empleados, desde oficinistas hasta conductores de camiones, también viven bajo la vigilancia de sus patrones. Los jefes pueden precisar dónde se encuentran sus empleados en cada momento, cuánto tiempo pasan en el cuarto de baño, si leen correos electrónicos personales en el trabajo y la velocidad con que acaban cada tarea.[42] Asimismo, las empresas supervisan a sus clientes y quieren saber lo que les gusta y lo que no para predecir su comportamiento futuro y evaluar riesgos y oportunidades. Por ejemplo, los vehículos supervisan el comportamiento de sus conductores y comparten los datos con los algoritmos de las compañías de seguros, que aumentan las primas a los «malos conductores» y se las reducen a los «buenos conductores».[43] La académica estadounidense

Shoshana Zuboff ha bautizado como «capitalismo de vigilancia» a este sistema de supervisión comercial cada vez más extendido.[44]

Además de todas estas variedades de vigilancia desde arriba, hay sistemas de igual a igual en los que los individuos se controlan constantemente unos a otros. Por ejemplo, la empresa Tripadvisor mantiene un sistema de vigilancia global que supervisa hoteles, alquileres vacacionales, restaurantes y turistas. En 2019 lo usaron 463 millones de viajeros, que consultaron 859 millones de reseñas y 8.600 millones de alojamientos, restaurantes y atracciones turísticas. Son los propios usuarios —y no un algoritmo refinado de IA— quienes determinan si merece la pena acudir a un restaurante. Las personas que han comido en dicho restaurante lo puntúan en una escala de 1 a 5, y también añaden fotos y reseñas. El algoritmo de Tripadvisor se limita a agregar los datos, calcular la puntuación media del restaurante, clasificar dicho restaurante comparado con otros de su categoría y hacer que los resultados estén disponibles para que todo el mundo pueda verlos.

Al mismo tiempo, este algoritmo también clasifica a los clientes. Por publicar reseñas o artículos de viaje, los usuarios reciben 100 puntos; por subir fotos o vídeos, 30 puntos; por participar en un foro, 20 puntos; por clasificar los establecimientos, 5 puntos, y por puntuar las reseñas de otros, 1 punto. Después, se clasifica a los usuarios desde el nivel 1 (300 puntos) al nivel 6 (10.000 puntos) y, en función de ello, se les conceden beneficios. Los usuarios que violan las normas del sistema —por ejemplo, si publican comentarios racistas o intentan chantajear a un restaurante con escribir reseñas injustificadamente negativas— pueden recibir penalizaciones o ser expulsados del sistema. Esta es una supervisión de igual a igual. Todo el mundo puntúa a todo el mundo. Tripadvisor no necesita invertir en cámaras ni en material de espionaje, ni desarrollar algoritmos biométricos sofisticadísimos. Son sus millones de usuarios quienes suministran la mayor parte de los datos y efectúan la mayor parte del trabajo. La tarea del algoritmo de Tripadvisor consiste en algo tan simple como agregar las puntuaciones generadas por humanos y darlas a conocer.[45]

Cada día, Tripadvisor y sistemas similares de vigilancia de igual a igual proporcionan información importante a millones de personas, y de este modo facilitan la planificación de unas vacaciones y la búsqueda de buenos hoteles y restaurantes. Pero, al hacerlo, también han desplazado la frontera entre los espacios privados y los espacios públicos. Hasta hace poco, la relación entre un cliente y un camarero, por poner un ejemplo, era un asunto relativamente privado. Entrar en un restaurante significaba entrar en un espacio semiprivado y establecer una relación semiprivada con el camarero. A menos que se cometiera un crimen, lo que ocurría entre el cliente y el camarero quedaba entre ellos. Si el camarero era grosero o hacía un comentario racista, el cliente podía llamarle la atención o quizá aconsejar a sus amigos que no fueran a ese restaurante, pero muy poca gente más se enteraría de ello.

Las redes de vigilancia de igual a igual han eliminado este sentido de privacidad. Si el personal no consigue complacer a un cliente, el restaurante obtendrá una mala reseña, lo que podría afectar a la decisión de miles de posibles clientes en los años venideros. Para bien o para mal, el equilibrio de poder se inclina a favor de los clientes, mientras que el personal se encuentra más expuesto que antes a la mirada del público. Tal como señala la escritora y periodista Linda Kinstler, «antes de Tripadvisor, el cliente era el rey solo de nombre. Después, se ha convertido en un verdadero tirano, con el poder de hacer o deshacer vidas».[46] Hoy, millones de taxistas, peluqueros, esteticistas y otros proveedores de servicios notan la misma pérdida de privacidad. En el pasado, entrar en un taxi o en una peluquería significaba entrar en el espacio privado de alguien. Ahora, cuando un cliente entra en un taxi o en una peluquería lleva consigo una cámara, un micrófono, una red de vigilancia y miles de posibles espectadores con ellos.[47] Es la base de una red de vigilancia no gubernamental que funciona de igual a igual.

El sistema de puntuación social

Los sistemas de vigilancia de igual a igual suelen operar mediante la suma de muchos puntos para determinar una nota global. Otro tipo de red de vigilancia lleva esta «lógica de la puntuación» a su culmen.

Se trata del sistema de puntuación social, que busca concedernos puntos por *todo* y que otorga una puntuación personal global que influirá sobre *todo*. La última vez que los humanos dimos con un sistema de puntuación tan ambicioso fue hace cinco mil años en Mesopotamia, cuando se inventó el dinero. Una forma de pensar en el sistema de puntuación social es hacerlo como en un nuevo tipo de dinero.

El dinero son puntos que la gente acumula al vender determinados productos y servicios, y que después emplea para comprar otros productos y servicios. Hay países que llaman a sus «puntos» dólares, mientras que otros los llaman euros, yenes o renminbis. Los puntos pueden tomar la forma de monedas, billetes o bits en una cuenta bancaria digital. Desde luego, el valor intrínseco de los puntos es nulo. No podemos comer monedas ni vestirnos con billetes. Su valor reside en el hecho de que sirven como un símbolo de contabilidad que la sociedad utiliza para seguir la pista de nuestras puntuaciones individuales.

El dinero revolucionó las relaciones económicas, las interacciones sociales y la psicología humana. Pero, al igual que la vigilancia, ha tenido sus limitaciones, y no puede llegar a todas partes. Incluso en las sociedades más capitalistas, siempre ha habido lugares en los que el dinero no ha podido penetrar, y siempre ha habido muchas cosas carentes de valor monetario. ¿Cuánto vale una sonrisa? ¿Cuánto dinero gana una persona por visitar a sus abuelos?[48]

Para puntuar aquello que el dinero no puede comprar, existía un sistema no monetario alternativo que ha recibido diferentes nombres: honor, posición social, reputación. Lo que los sistemas de puntuación social persiguen es una valoración estandarizada del mercado de la reputación. La puntuación social es un nuevo sistema de puntos que adscribe valores precisos incluso a sonrisas y visitas a familiares. Para apreciar lo revolucionario y trascendental que es esto, examinemos brevemente cómo el mercado de la reputación se ha diferenciado hasta la fecha del mercado monetario. Esto nos ayudará a entender qué les puede ocurrir a las relaciones sociales si, de repente, los principios del mercado monetario se extienden al mercado de reputación.

Una diferencia importante entre el dinero y la reputación consiste en que el dinero ha tendido a ser un constructo matemático basado en cálculos precisos, mientras que la esfera de la reputación se ha resistido a una evaluación numérica precisa. Por ejemplo, los aristócratas medievales se clasificaban según rangos jerárquicos como duques, condes y vizcondes, pero nadie contaba los puntos de la reputación. Los clientes de un mercado medieval solían saber cuántas monedas había en su bolsa y el precio de cada producto de los puestos. En el mercado monetario, no deja de contarse ninguna moneda. En cambio, los caballeros de un mercado de la reputación medieval desconocían la cantidad exacta de honor que podían otorgar diferentes acciones y no podían estar seguros de su puntuación general. Ser valiente en la batalla ¿le aportaría al caballero diez puntos de honor o cien? ¿Y qué pasaba si nadie lo veía y no se registraba su valentía? De hecho, aun en el caso de que lo vieran, diferentes personas podrían asignarle valores distintos. Esta falta de precisión no era un error del sistema, sino una característica fundamental. «Calcular» era sinónimo de malicia y de confabulación. Se suponía que actuar con honorabilidad reflejaba una virtud interior, y no una búsqueda de recompensas externas.[49]

Esta diferencia entre el escrupuloso mercado monetario y el mal definido mercado de la reputación se sigue manteniendo. Si no pagamos por nuestra comida, el propietario de un restaurante siempre se dará cuenta y se quejará por ello; cada plato del menú tiene un precio establecido. Pero, si la sociedad dejara de registrar una buena acción que realizara, ¿cómo podría darse cuenta el propietario? ¿A quién se quejaría si no recibiera la recompensa adecuada por ayudar a un cliente anciano o por ser muy paciente con un cliente maleducado? En ciertos casos, ahora podría tratar de quejarse en Tripadvisor, que derrumba las barreras entre el mercado monetario y el mercado de la reputación y convierte la vaga reputación de restaurantes y hoteles en un sistema matemático de puntuaciones precisas. La idea de la puntuación social es expandir el método de vigilancia de hoteles y restaurantes a todo lo demás. En el tipo más extremo de sistema de puntuación social, cada persona obtiene una puntuación general en reputación que tiene en cuenta todo lo que hace y determina todo lo que puede hacer.

Por ejemplo, uno puede ganar diez puntos por recoger basura de la calle, obtener otros veinte por ayudar a una anciana a cruzar la calle y perder quince por tocar el tambor y molestar a los vecinos. Alcanzar una puntuación lo bastante alta puede darnos prioridad a la hora de comprar billetes de tren u obtener ventajas cuando solicitamos acceso a una universidad. Si obtenemos una puntuación baja, una empresa puede negarse a darnos un empleo y parejas potenciales pueden rehusar nuestras insinuaciones. Las compañías de seguros pueden pedir primas más elevadas y los jueces pueden dictar sentencias más duras.

Ciertas personas pueden ver los sistemas de puntuación social como una manera de recompensar una conducta prosocial, castigar actos egoístas y crear sociedades más amables y armoniosas. El Gobierno chino, por ejemplo, explica que sus sistemas de puntuación social podrían contribuir a luchar contra la corrupción, las estafas, la evasión de impuestos, los anuncios engañosos y las falsificaciones, y así reforzar la confianza entre individuos, entre clientes y empresas, y entre ciudadanos e instituciones gubernamentales.[50] Otros pueden considerar que los sistemas que atribuyen valores precisos a toda acción social son degradantes e inhumanos. Peor aún, un sistema de puntuación social completo aniquilará la privacidad y convertirá la vida en una interminable entrevista de trabajo. Cualquier cosa que hagamos, en cualquier momento, en cualquier lugar, podría afectar a nuestras posibilidades de obtener un empleo, un crédito bancario, un marido o una sentencia de prisión. ¿Te emborrachaste en una fiesta del instituto e hiciste algo legal pero vergonzoso? ¿Participaste en una manifestación política? ¿Eres amigo de alguien que tiene una reputación baja? Esto formará parte de tu entrevista de trabajo o de tu sentencia criminal, tanto a corto plazo como décadas después. De este modo, el sistema de puntuación social podría convertirse en un sistema de control totalitario.

Desde luego, el mercado de la reputación siempre nos ha controlado y ha hecho que nos atengamos a las normas sociales imperantes. En la mayoría de las sociedades, el temor a quedar mal ha superado al temor a perder dinero. Mucha más gente se suicida por cuestiones relacionadas con la vergüenza y la culpa que por estar pasando penurias económicas. Incluso cuando alguien se mata después de haber perdido su empleo o de que su empresa quiebre, por lo general es la humillación social que esto implica, más que la propia adversidad económica, lo que la conduce a tal extremo.[51]

Pero la incertidumbre y la subjetividad del mercado de la reputación ya han limitado con anterioridad sus posibilidades para ejercer un control totalitario. Puesto que nadie conocía el valor concreto de cada interacción social, y puesto que nadie podía estar al tanto de *todas* las interacciones, quedaba un margen de maniobra considerable. Cuando asistíamos a una fiesta del instituto, podíamos comportarnos de un modo que hiciera que nos ganáramos el respeto de nuestros amigos sin preocuparnos por lo que nuestros futuros empleadores pudieran pensar. Cuando acudíamos a una entrevista de trabajo, sabíamos que ninguno de nuestros amigos estaría allí. Y, cuando consumíamos pornografía en casa, suponíamos que ni nuestros jefes ni nuestros amigos sabrían lo que estábamos haciendo. La vida se divide en varias esferas reputacionales, con competiciones de estatus separadas, y también había multitud de momentos de desconexión en los que no teníamos que implicarnos en ninguna competición de estatus. Precisamente por ser tan importantes, las competiciones de estatus resultan tan estresantes. Por lo tanto, no solo los humanos, sino también otros animales sociales como los simios, siempre hemos visto con buenos ojos darnos un respiro de dichas competiciones.[52]

Por desgracia, los algoritmos de la puntuación social, en combinación con una tecnología de vigilancia ubicua, amenazan ahora con agrupar todas las competiciones de estatus en una única e interminable carrera. Incluso en nuestro propio hogar o mientras tratamos de disfrutar de unas vacaciones relajadas, tendremos que ser extremadamente cautos acerca de lo que decimos o hacemos, como si estuviéramos actuando sobre un escenario frente a millones de personas. Esto podría crear un estilo de vida increíblemente estresante, capaz de destruir nuestro bienestar, así como el funcionamiento de la sociedad. Si los burócratas digitales utilizan un sistema de puntos preciso para estar pendientes de todo el mundo todo el tiempo, el mercado de la reputación emergente podría aniquilar la privacidad y controlar a las personas con mucha más firmeza de la que nunca haya empleado el mercado monetario.

Siempre encendido

Los humanos somos seres orgánicos que vivimos de acuerdo con un tiempo biológico cíclico. A veces estamos despiertos, a veces dormimos. Después de una actividad intensa, necesitamos descansar. Crecemos y nos deterioramos. De modo similar, las redes de humanos se hallan sujetas a los ciclos biológicos. A veces están encendidas y a veces están apagadas. Las entrevistas de trabajo no se prolongan indefinidamente. Los agentes de policía no trabajan las veinticuatro horas del día. Los burócratas se van de vacaciones. Incluso el mercado monetario respeta estos ciclos biológicos. La Bolsa de Nueva York está abierta todas las semanas de lunes a viernes, desde las 9.30 hasta las 16.00, y cierra los días festivos, como el Día de la Independencia y el día de Año Nuevo. Si estallara una guerra un viernes a las 16.01, el mercado no reaccionaría hasta la mañana del lunes.

En cambio, una red informática puede estar siempre activa. En consecuencia, los ordenadores están empujando a los humanos hacia un nuevo tipo de existencia en la que siempre estamos conectados y controlados. En ciertos contextos, como ocurre con la atención sanitaria, esto puede ser una bendición. En otros, como les ocurre a los ciudadanos de estados totalitarios, puede ser un desastre. Aunque la red albergue un potencial benigno, el hecho de que siempre esté «encendida» puede ser dañino para entidades orgánicas como los humanos, porque nos negará la posibilidad de desconectar y tomarnos un respiro. Si a un organismo nunca se le concede un momento de descanso, acabará por desmoronarse y morir. Pero ¿cómo conseguiremos que una red incesante desacelere y nos conceda un respiro?

Debemos impedir que la red informática se haga con el control total de la sociedad, y no solo para que podamos disfrutar de un tiempo de descanso. Hacer pausas también es importante porque estas nos dan la posibilidad de corregir la red. Si la red sigue acelerando su ritmo de evolución, los errores se acumularán con tanta rapidez que no podremos identificarlos y corregirlos. Porque, pese a ser incansable y ubicua, la red es falible. Sí, observando lo que hacemos durante las veinticuatro horas del día, los ordenadores pueden recabar una cantidad de datos sin precedentes sobre nosotros. Y, sí, pueden identificar patrones en medio de ese océano de datos con una eficiencia sobrehumana. Pero esto *no* significa que el conocimiento del mundo que pueda adquirir la red informática siempre sea exacto. La información no es la verdad. Un sistema de vigilancia total puede generar un conocimiento muy distorsionado del mundo y de los seres humanos. En lugar de descubrir la verdad sobre el mundo y sobre nosotros, la red podría emplear su inmenso poder para crear e imponernos un nuevo tipo de orden mundial.

8

Falible: la red suele equivocarse

En *Archipiélago Gulag* (1973), Aleksandr Solzhenitsyn cuenta la historia de los campos de trabajo soviéticos y de la red de información que los creó y los mantuvo. En parte, Solzhenitsyn escribía desde su amarga experiencia personal. Mientras servía como capitán del Ejército Rojo durante la Segunda Guerra Mundial, mantuvo una correspondencia privada con un amigo de la escuela en la que, en ocasiones, criticaba a Stalin. Para mayor seguridad, no mencionaba al dictador por su nombre y hablaba solo del «hombre del bigote». De poco le valió. La policía secreta interceptó y leyó sus cartas, y, en febrero de 1945, mientras se encontraba en el frente en Alemania, fue arrestado. Pasó los ocho años siguientes en campos de trabajo.[1] Muchas de las reflexiones y de los relatos que con tanto esmero produjo Solzhenitsyn siguen siendo relevantes para entender el desarrollo de las redes de información en el siglo XXI.

Un relato cuenta lo ocurrido durante una reunión del partido en un distrito de la provincia de Moscú a finales de la década de 1930, en pleno apogeo del Gran Terror estalinista. Se hace una llamada para rendir homenaje a Stalin y el público, que desde luego sabe que lo están observando con detalle, estalla en aplausos. Después de cinco minutos de aplausos, «las palmas de las manos estaban irritadas y los brazos levantados ya empezaban a doler. Y la gente mayor jadeaba de cansancio [...]. Sin embargo, ¿quién se atrevería a ser el *primero* en parar?». Solzhenitsyn explica que «¡los hombres del NKVD se hallaban de pie en la sala aplaudiendo y observando para ver *quién* era el primero en dejarlo!». La cosa sigue y sigue durante seis, ocho, diez minutos. «¡Ahora no podían parar hasta que se derrumbaran de un ataque al corazón! [...] Con un entusiasmo fingido en la cara, mirándose unos a otros con una débil esperanza, los líderes del distrito seguirían aplaudiendo hasta que cayeran allí donde estaban».

Al final, pasados once minutos, el director de una papelera se juega el pellejo, deja de aplaudir y se sienta. Al momento, todos dejan de aplaudir y también se sientan. Esa misma noche, la policía secreta lo arresta y lo envía a un gulag durante diez años. «Su interrogador le recordó: ¡nunca seas el primero en dejar de aplaudir!».[2]

Este relato revela un hecho vital y perturbador acerca de las redes de información, y en concreto acerca de los sistemas de vigilancia. Tal como se ha comentado en capítulos anteriores, al contrario de lo que sostiene la idea ingenua, la información se suele usar para crear orden, y no para descubrir la verdad. A primera vista, los agentes de Stalin que estaban presentes en la reunión de Moscú utilizaron la «prueba del aplauso» como una manera de descubrir la verdad sobre la audiencia. Era una prueba de lealtad que suponía que, cuanto más durara el aplauso, mayor era el amor hacia Stalin. En muchos contextos, esta suposición no carece de razón. Pero, en el contexto del Moscú de finales de la década de 1930, la naturaleza del aplauso había cambiado. Puesto que los participantes en la reunión sabían que se les observaba, y puesto que conocían las consecuencias que cualquier insinuación de deslealtad les podía acarrear, aplaudían guiados por el terror y no por el amor. El director de la papelera pudo haber sido el primero en dejar de aplaudir no porque fuera el menos leal, sino quizá porque era el más honesto o simplemente porque era al que más le dolían las manos.

Mientras que la prueba del aplauso no descubrió la verdad acerca de nadie, era eficiente a la hora de imponer orden y de obligar a la gente a comportarse de una manera determinada. Con el tiempo, estos métodos cultivaron actitudes serviles, hipócritas y cínicas. Esto es lo que la red de información soviética les hizo a cientos de millones de personas a lo largo de décadas. En mecánica cuántica, el acto de observar partículas subatómicas altera su comportamiento; lo mismo ocurre con el acto de observar humanos. Cuanto más potentes son nuestras técnicas de observación, mayor puede ser el impacto.

El régimen soviético desarrolló una de las redes de información más formidables de la historia. Recabó y procesó ingentes cantidades de datos sobre sus ciudadanos. También afirmaba que las teorías infalibles de Marx, Engels, Lenin y Stalin le garantizaban un conocimiento profundo de la humanidad. De hecho, la red de información soviética ignoró algunos de los aspectos más importantes de la naturaleza humana y se negó por completo a aceptar el terrible sufrimiento que sus políticas infligieron a sus propios ciudadanos. En lugar de producir sabiduría, produjo orden, y, en lugar de revelar la verdad universal sobre los humanos, lo que hizo fue crear un nuevo tipo de humano: *Homo sovieticus*.

Tal como los definió el disidente soviético Aleksandr Zinóviev, filósofo y satírico, los *Homo sovieticus* eran humanos serviles y cínicos que carecían de toda iniciativa y de pensamiento independiente, que obedecían con pasividad incluso las órdenes más absurdas y que eran indiferentes a los resultados de sus acciones.[3] La red de información soviética creó *Homo sovieticus* mediante vigilancia, castigos y recompensas. Por ejemplo, al enviar al director de la papelera al gulag, la red estaba señalando al resto de los participantes que la obediencia compensaba, mientras que ser el primero en hacer algo controvertido era una mala idea. Aunque la red fracasó a la hora de descubrir la verdad acerca de los humanos, era tan buena creando orden que conquistó gran parte del mundo.

La dictadura de lo parecido

Una dinámica análoga puede afectar a las redes informáticas del siglo XXI, que podrían crear nuevos tipos de humanos y nuevas distopías. Un ejemplo paradigmático es el del papel que desempeñan los algoritmos de las redes sociales a la hora de radicalizar a la gente. Desde luego, los métodos empleados por los algoritmos son muy diferentes de los del NKVD y no implican coerción directa ni violencia. Pero, del mismo modo que la policía secreta soviética creó al servil *Homo sovieticus* mediante vigilancia, recompensas y castigos, los algoritmos de Facebook y YouTube han creado troles de internet mediante la adjudicación de recompensas a determinados instintos básicos y la imposición de castigos a los mejores ángeles de nuestra naturaleza.

Tal como se ha explicado brevemente en el capítulo 6, el proceso de radicalización se inició cuando las empresas encargaron a sus algoritmos que potenciaran la implicación de los usuarios no solo en Myanmar, sino en todo el mundo. Por ejemplo, en 2012, los usuarios reproducían una media diaria de cien millones de horas de vídeos en YouTube. Esto no era suficiente para los ejecutivos de la compañía, que fijaron un objetivo ambicioso para sus algoritmos: alcanzar los mil millones de horas al día para 2016.[4] Mediante experimentos de ensayo y error en millones de personas, los algoritmos de YouTube descubrieron la misma pauta que habían aprendido los algoritmos de Facebook: las salvajadas hacen que la implicación aumente, mientras que la moderación no suele hacerlo. De acuerdo con esto, los algoritmos de YouTube empezaron a recomendar extravagantes teorías conspiratorias a millones de usuarios, al tiempo que ignoraban un contenido más moderado. En efecto, en 2016 los usuarios ya estaban reproduciendo mil millones de horas de vídeo diarias en YouTube.[5]

Los creadores de contenido de YouTube que tenían especial interés en captar la atención se dieron cuenta de que, cuando publicaban un vídeo escandaloso y lleno de mentiras, el algoritmo los premiaba recomendándoselo a numerosos usuarios y aumentando la popularidad y las ganancias de los *youtubers*. En cambio, cuando moderaban el tono y se adherían a la verdad, el algoritmo solía ignorarlos. Tras unos meses de aprendizaje por refuerzo, el algoritmo convirtió a muchos *youtubers* en troles.[6]

Las consecuencias sociales y políticas fueron de gran alcance. Por ejemplo, tal como documentó el periodista Max Fisher en su libro de 2022 *Las redes del caos*, los algoritmos de YouTube se convirtieron en un motor importante para el auge de la extrema derecha brasileña y para hacer que Jair Bolsonaro pasara de ser una figura marginal a presidente del Brasil.[7] Aunque hubo otros factores políticos que contribuyeron a esta revuelta política, es destacable que muchos de los principales seguidores y ayudantes de Bolsonaro fueran en su origen *youtubers* que alcanzaron fama y poder por obra y gracia del algoritmo.

Un ejemplo típico es el de Carlos Jordy, quien en 2017 era concejal del ayuntamiento de la pequeña ciudad de Niterói. El ambicioso Jordy se ganó la atención del país publicando vídeos incendiarios que obtuvieron millones de reproducciones en YouTube. Sus vídeos, por ejemplo, alertaban a los brasileños de una conspiración urdida por los maestros de escuela para lavar el cerebro a los niños y perseguir a los alumnos conservadores. En 2018, Jordy obtuvo un escaño en la Cámara de los Diputados brasileña (la cámara baja del Congreso del Brasil) como uno de los bolsonaristas más comprometidos. En una entrevista con Fisher, Jordy fue franco: «Si las redes sociales no existieran, yo no estaría aquí y Jair Bolsonaro no sería presidente». Esta última afirmación bien podría ser una exageración interesada, pero no puede negarse que las redes sociales desempeñaron un papel importante en el ascenso de Bolsonaro.

Otro *youtuber* que obtuvo un escaño en la Cámara de los Diputados brasileña en 2018 fue Kim Kataguiri, uno de los líderes del Movimento Brasil Livre (MBL). En sus inicios, Kataguiri utilizó Facebook como su plataforma principal, pero sus publicaciones eran demasiado extremas incluso para Facebook, que prohibió algunas por desinformación. De modo que Kataguiri se pasó a YouTube, más permisivo. En una entrevista en el cuartel general del MBL en São Paulo, los ayudantes de Kataguiri y otros activistas le explicaron a Fisher: «Aquí tenemos algo que llamamos la dictadura de lo parecido». Contaron que los *youtubers* tienden a radicalizarse, y que lo hacen de forma incesante, publicando contenido falso y temerario «solo porque acumulará reproducciones, nos proporcionará implicación [...]. Una vez que abres esta puerta, no hay vuelta atrás. Porque siempre has de ir más allá [...]. Terraplanistas, antivacunas, teorías de la conspiración en política. Es el mismo fenómeno. Lo ves por todas partes».[8]

Desde luego, los algoritmos de YouTube no fueron los responsables de inventar mentiras y teorías de la conspiración ni de crear contenido extremista. Al menos en 2017-2018, los humanos nos encargábamos de estas cuestiones. Sin embargo, los algoritmos fueron los responsables de incentivar a los humanos para que nos comportáramos de esta manera y de dar visibilidad al contenido resultante con el fin de potenciar la implicación de los usuarios. Fisher documentó que numerosos activistas de la extrema derecha se interesaron por primera vez en la política extremista después de ver vídeos que el algoritmo de YouTube les *reproducía*. Un activista de la extrema derecha de Niterói le dijo a Fisher que nunca le había interesado nada que tuviera que ver con la política hasta que un día el algoritmo de YouTube le reprodujo un vídeo de contenido político de Kataguiri. «Yo no tenía un bagaje ideológico ni político», explicaba. Atribuyó al algoritmo el mérito de haberle proporcionado «mi educación política». Hablando de cómo se habían sumado al movimiento otras personas, dijo: «Fue así con todos [...]. La mayoría llegaron aquí directos de YouTube y de las redes sociales».[9]

Echémosles la culpa a los humanos

Nos hallamos en un punto de inflexión de la historia en el que, en parte, la mayoría de los procesos históricos tienen origen en las decisiones de inteligencias no humanas. Esto es lo que hace que la falibilidad de la red informática resulte tan peligrosa. Los errores de los ordenadores solo se tornan potencialmente catastróficos cuando estos se convierten en agentes históricos. Ya hemos presentado este argumento en el capítulo 6, mientras examinábamos brevemente el papel desempeñado por Facebook en la campaña de limpieza étnica antirrohinyás. Sin embargo, tal como se ha señalado en ese contexto, mucha gente —incluidos algunos de los gestores e ingenieros de Facebook, YouTube y otros gigantes tecnológicos— discrepa de este argumento. Puesto que se trata de uno de los puntos centrales del libro, será mejor profundizar en la cuestión y examinar con más detenimiento las objeciones que se le presentan.

Es habitual que, para tratar de excusarse, las personas que gestionan Facebook, YouTube, TikTok y otras plataformas transfieran la culpa de lo que generan sus algoritmos a la «naturaleza humana». Aducen que es la naturaleza humana lo que produce tanto odio y tantas mentiras en las plataformas. Después, los gigantes de la tecnología manifiestan que, debido a su compromiso con los valores de la libertad de expresión, no terminan de estar de acuerdo con censurar la expresión de emociones genuinamente humanas. Por ejemplo, en 2019, Susan Wojcicki, directora ejecutiva de YouTube, explicaba: «Lo que nos planteamos es lo siguiente: "¿Viola este contenido alguna de nuestras políticas? ¿Ha violado algo en términos de odio o acoso?" Si es así, lo eliminamos. Estamos endureciendo nuestra política. Y, solo para que conste, también recibimos críticas respecto a dónde trazamos las líneas de la libertad de expresión, porque, si las ajustamos demasiado, ¿estaremos eliminando voces de la sociedad que deberían escucharse?[10]

En términos parecidos, en octubre de 2021 un portavoz de Facebook dijo lo siguiente: «Como en toda plataforma, no dejamos de tomar decisiones comprometidas respecto a la libertad de expresión y el discurso nocivo, la seguridad y otras cuestiones [...]. Pero siempre es mejor dejar que sean los líderes elegidos quienes tracen estas líneas sociales».[11] De este modo, los gigantes de la tecnología desvían constantemente el debate sobre su complicado y a menudo positivo papel como moderadores del contenido generado por humanos. Esto genera la impresión de que los humanos provocan por su cuenta todos los problemas, y de que los algoritmos hacen lo que pueden por contener los vicios humanos. Los gigantes tecnológicos ignoran el papel muy activo que sus algoritmos desempeñan a la hora de alentar y desalentar determinados sentimientos humanos. ¿De verdad no lo ven?

Por supuesto que sí. En 2016, un informe interno de Facebook determinó que «el 64 por ciento de las afiliaciones a grupos extremistas se deben a nuestras herramientas de recomendación [...]. Nuestros sistemas de recomendación acrecientan el problema».[12] Una circular interna secreta de Facebook de agosto de 2019 filtrada por la informante Frances Haugen afirmaba: «Diversas fuentes nos han aportado pruebas de que los discursos de odio, los discursos políticos divisorios y la desinformación publicada en Facebook y en su familia de aplicaciones afectan a sociedades de todo el mundo. También contamos con pruebas sólidas de que los mecanismos de nuestros productos centrales, como la viralidad, las recomendaciones y los potenciadores de implicación, tienen una responsabilidad significativa en que estos discursos florezcan en la plataforma».[13]

Otro documento filtrado, este de diciembre de 2019, señalaba: «A diferencia de la comunicación con amigos íntimos y con familiares, la viralidad es una novedad que hemos introducido en muchos ecosistemas [...] y se produce debido a que la incentivamos con fines económicos». El documento añadía que «clasificar el contenido relacionado con temas de tan elevado interés como la salud o la política sobre la base de la implicación conduce a incentivos perversos y a problemas de integridad». De manera quizá aún más concluyente, revelaba: «Nuestros sistemas de clasificación cuentan con predicciones específicas no solo para aquello en lo que querrías implicarte, sino también para lo que creemos que puedes transmitir con el objetivo de que genere implicación en otros. Lamentablemente, la investigación ha demostrado que la probabilidad de que la indignación y la desinformación se vuelvan virales es más alta». El documento filtrado hacía una recomendación importante: puesto que Facebook no puede eliminar todo el contenido dañino de una plataforma que utilizan muchos millones de personas, al menos debería «dejar de amplificar el contenido dañino mediante una distribución forzada».[14]

Al igual que los líderes soviéticos de Moscú, las compañías tecnológicas no estaban descubriendo ninguna verdad sobre los humanos; nos estaban imponiendo un nuevo orden perverso. Los humanos somos seres muy complejos, y los órdenes sociales benignos tratan de encontrar la manera de cultivar nuestras virtudes mientras restringen nuestras tendencias negativas. Pero para los algoritmos de las redes sociales no somos más que una mina de atención. Los algoritmos redujeron la multifacética gama de emociones humanas —odio, amor, indignación, alegría, confusión— a una única categoría multifunción, la implicación. En Myanmar en 2016, en Brasil en 2018 y en otros tantos países, los algoritmos puntuaron los vídeos, publicaciones y demás contenidos sin seguir otros criterios que el de los minutos que les dedicaba la gente y el de las veces que lo compartían con otros usuarios. Una hora de mentiras o de odio puntuaba más que diez minutos de verdad o de compasión... o que una hora de sueño. El hecho de que las mentiras y el odio suelan ser psicológica y socialmente destructivos, mientras que la verdad, la compasión y el sueño son esenciales para el bienestar humano, era algo del todo incomprensible para los algoritmos. Sobre la base de este limitadísimo conocimiento de la humanidad, los algoritmos contribuyeron a crear un nuevo sistema social que fomentaba nuestros instintos más bajos, al tiempo que nos desanimaba a desarrollar el espectro completo del potencial humano.

Cuando los efectos dañinos fueron manifiestos, en numerosas ocasiones se advirtió a los gigantes tecnológicos de lo que estaba ocurriendo, pero no intervinieron debido a su fe en la idea ingenua de la información. Cuando una avalancha de falsedades e indignación inundó las plataformas, los ejecutivos confiaron en que, si se permitía que más personas se expresaran con más libertad, al final acabara por imponerse la verdad. Sin embargo, esto no ocurrió. Tal como hemos visto una y otra vez a lo largo de la historia, en una contienda informativa completamente libre, la verdad suele perder. Para inclinar la balanza a favor de la verdad, las redes han de desarrollar y mantener mecanismos de autocorrección muy sólidos que incentiven contar la verdad. Estos mecanismos de autocorrección son costosos, pero si se quiere conocer la verdad hay que invertir en ellos.

Silicon Valley se creía exenta de cumplir con esta norma histórica. Las plataformas de redes sociales han padecido una singular carestía de mecanismos de autocorrección. En 2014, Facebook contrató a un único moderador de contenidos que hablaba birmano para supervisar la actividad de toda Myanmar.[15] Cuando una serie de testigos de Myanmar empezaron a advertir a Facebook que tenía que invertir más en la moderación del contenido, Facebook los ignoró. Por ejemplo, Pwint Htun, una ingeniera y ejecutiva de telecomunicaciones birmanoestadounidense que había crecido en la Myanmar rural, escribió en repetidas ocasiones a los ejecutivos de Facebook para alertarles del peligro. En un correo electrónico del 5 de julio de 2014 —dos años antes de que se iniciase la campaña de limpieza étnica— envió un mensaje profético: «Trágicamente, FB en Birmania se usa como la radio en Ruanda durante los lúgubres días del genocidio». Facebook no emprendió ninguna acción.

Incluso después de que los ataques a los rohinyás se intensificaran y de que Facebook se enfrentara a una tormenta de críticas, la plataforma siguió negándose a contratar personas con contrastados conocimientos locales para filtrar contenido. Así, cuando en abril de 2017 se informó a Facebook de que los alborotadores de Myanmar empleaban el término birmano *kalar* como un insulto racista contra los rohinyás, la plataforma reaccionó prohibiendo cualquier publicación en la que se hiciera uso del término. Esto revela la absoluta falta de conocimiento de Facebook respecto a la realidad local y la lengua birmana. En birmano, *kalar* es un insulto racista que solo se emplea en contextos específicos. En otros contextos es un término sin ningún tipo de connotación negativa. El término birmano para «silla» es *kalar htaing*, y la palabra para «garbanzo» es *kalar pae*. Tal como Pwint Htun dejó escrito en Facebook en junio de 2017, prohibir el uso del término *kalar* en la plataforma era como prohibir las letras *hell* de *hello*.[16*] Facebook siguió ignorando la necesidad de contar con experiencia local. En abril de 2018, el número de personas que hablaban birmano que Facebook contrató para moderar el contenido de los dieciocho millones de usuarios que tenía en Myanmar fue de un total de cinco.[17]

En lugar de invertir en mecanismos autocorrectores que recompensaran contar la verdad, lo que hicieron los gigantes de las redes sociales fue desarrollar unos inauditos mecanismos que destacaban el error y que recompensaban las mentiras y las ficciones. El programa de Artículos Instantáneos que Facebook introdujo en Myanmar en 2016 fue uno de estos mecanismos que agravaban el error. Con el objetivo de aumentar la implicación, Facebook empezó a pagar a los canales de noticias según la implicación, medida en clics y reproducciones, que generaban en los usuarios. La veracidad de las «noticias» carecía de importancia. Un estudio de 2021 concluyó que, en 2015, antes de que se lanzara el programa, seis de las diez páginas de Facebook más visitadas en Myanmar pertenecían a «medios de comunicación legítimos». En 2017, bajo el efecto de Artículos Instantáneos, solo dos de las diez páginas más visitadas pertenecían a «medios legítimos». En 2018, las diez correspondían a «páginas de noticias falsas y de *clickbait*».

* «Infierno» y «hola», respectivamente. *(N. del T.)* *

El estudio llegaba a la conclusión de que, debido al lanzamiento de Artículos Instantáneos, «los responsables del *clickbait* irrumpieron en Myanmar de la noche a la mañana. Con la receta adecuada para producir contenido interesante y llamativo, podían generar miles de dólares estadounidenses al mes en ingresos publicitarios, o diez veces el salario medio mensual, que Facebook les pagaba directamente». Puesto que Facebook era, con mucho, la principal fuente de noticias online de Myanmar, esto tuvo un impacto enorme en el paisaje general de los medios de comunicación del país. «En un país en el que Facebook es sinónimo de internet, el contenido de baja calidad inundó otras fuentes de información».[18] Ni Facebook ni otras plataformas de redes sociales se dispusieron de forma consciente a inundar el mundo de noticias falsas y llenas de ira. Pero, al decirle a sus algoritmos que potenciaran la implicación de los usuarios, fue exactamente lo que consiguieron.

Reflexionando sobre la tragedia de Myanmar, Pwint Htun me escribió en julio de 2023: «Ingenuamente, yo creía que las redes sociales podían elevar la consciencia humana y extender la perspectiva de la humanidad común mediante la interconexión de las cortezas prefrontales en miles de millones de seres humanos. Ahora me doy cuenta de que las compañías de redes sociales no incentivan la interconexión de las cortezas prefrontales. Las compañías de redes sociales incentivan la creación de interconexiones en los sistemas límbicos, lo que es mucho más peligroso para la humanidad».

El problema del ajuste

No quiero dar a entender que la difusión de noticias falsas y de teorías conspiratorias constituya el problema principal de todas las redes informáticas pasadas, presentes y futuras. YouTube, Facebook y otras plataformas de redes sociales afirman que desde 2018 están modificando sus algoritmos para aumentar su responsabilidad social. Resulta difícil saber si esto es cierto, sobre todo porque no hay una definición universalmente aceptada de «responsabilidad social».[19] Pero desde luego que el problema específico que supone contaminar la esfera informativa con la finalidad de potenciar la implicación de los usuarios puede resolverse. Cuando los gigantes tecnológicos dediquen todos sus esfuerzos al diseño de mejores algoritmos, en general podrán hacerlo. Hacia 2005, la profusión de correo basura amenazó con hacer imposible el uso del correo electrónico. Con el fin de abordar el problema, se desarrollaron algoritmos potentes. En 2015, Google afirmó que su algoritmo de Gmail tenía un 99,9 por ciento de éxito a la hora de bloquear el correo basura genuino, al tiempo que solo el 1 por ciento de los correos electrónicos legítimos se etiquetaban por error como correo basura.[20]

Tampoco debemos subestimar los enormes beneficios sociales que YouTube, Facebook y otras plataformas de redes sociales nos han reportado. Para que quede claro: la mayoría de los vídeos de YouTube y de las publicaciones de Facebook *no* son noticias falsas ni incitan al genocidio. Las redes sociales han hecho algo más que contribuir a conectar entre sí a las personas, dar voz a grupos que antes carecían de ella y organizar nuevos y valiosos movimientos y comunidades.[21] También han promovido una oleada sin precedentes de creatividad humana. En la época en que la televisión era el medio dominante, a menudo se menospreciaba a los telespectadores como teleadictos: consumidores pasivos de los contenidos que producían unos pocos artistas con talento. Facebook, YouTube y otras plataformas de redes sociales inspiraron a los teleadictos para que se levantaran del sofá y empezaran a crear. La mayoría de los contenidos de las redes sociales, al menos hasta la aparición de la poderosa IA generativa, han sido producidos por los propios usuarios, y por sus gatos y perros, y no por una clase profesional limitada.

También yo suelo usar YouTube y Facebook para conectar con otras personas, y agradezco a las redes sociales que me conectaran con mi esposo, a quien conocí a través de una de las primeras plataformas de redes sociales LGTBIQ en 2002. Las redes sociales han hecho maravillas por minorías dispersas como las personas LGTBIQ. Pocos muchachos homosexuales nacen en una familia homosexual en un barrio homosexual, y, en los días previos a internet, el simple hecho de encontrar a otra persona homosexual planteaba un gran reto, a menos que uno se desplazara a una de las pocas metrópolis tolerantes en las que se hubiera desarrollado una subcultura gay. Al crecer en una pequeña ciudad homófoba de Israel durante la década de 1980 y principios de la de 1990, yo no conocía a un solo hombre abiertamente gay. Las redes sociales de finales de la década de 1990 y principios de la de 2000 ofrecieron posibilidades sin precedentes y casi mágicas para que los miembros de la dispersa comunidad LGTBIQ se encontraran entre sí y se conectaran.

Sin embargo, he dedicado tanta atención al desastre de la «implicación» de los usuarios en las redes sociales porque ejemplifica un problema mucho mayor que aqueja a la informática, el problema del ajuste. Cuando a un ordenador se le marca un objetivo concreto, como aumentar el tráfico de YouTube a mil millones de horas al día, emplea todo su poder e ingenio para conseguir dicho objetivo. Puesto que los ordenadores operan de manera muy diferente a la de los humanos, es probable que utilicen métodos que sus amos humanos no hemos anticipado. Esto puede acarrear consecuencias peligrosas no previstas que no se ajustan a los objetivos humanos originales. Aunque los algoritmos de recomendación dejen de difundir odio, otras instancias del problema de ajuste podrían provocar catástrofes mayores que la de la campaña antirrohinyás. Cuanta más potencia e independencia adquieren los ordenadores, mayor es el peligro.

Desde luego, el problema del ajuste no es nuevo ni exclusivo de los algoritmos. Lastró a la humanidad durante miles de años antes de la invención de los ordenadores. Por ejemplo, fue el problema fundacional del pensamiento militar moderno, consagrado en la teoría de la guerra de Carl von Clausewitz. Clausewitz fue un general prusiano que luchó durante las guerras napoleónicas. Después de la derrota definitiva de Napoleón en 1815, se convirtió en director del Colegio de la Guerra de Prusia. También empezó a desarrollar una gran teoría de la guerra. Después de su muerte por cólera en 1831, su esposa, Marie, editó su manuscrito inacabado y, entre 1832 y 1834, publicó *De la guerra* en varias partes.[22]

De la guerra creó un modelo racional para entender la guerra, y en la actualidad sigue siendo la teoría militar dominante. Su máxima fundamental es que «la guerra es la continuación de la política con otros medios».[23] Esto implica que una guerra no consiste en un estallido emocional, una aventura heroica o un castigo divino. La guerra ni siquiera es un fenómeno militar, sino, más bien, un instrumento político. Según Clausewitz, las acciones militares son absolutamente irracionales a menos que se ajusten a un objetivo político dominante.

Supongamos que México contempla la invasión y conquista de su pequeño vecino, Belice. Y supongamos que un análisis militar detallado concluye que, si el ejército mexicano lo invade, se hará con una victoria militar rápida y decisiva, aplastando al pequeño ejército de Belice y conquistando la capital, Belmopán, en tres días. Según Clausewitz, esto no constituye un motivo racional para que México invada Belice. La mera capacidad de alcanzar la victoria militar no tiene sentido. La pregunta clave que el Gobierno mexicano tendría que plantearse es: ¿qué objetivos políticos se cumplirán con el éxito militar?

La historia está llena de victorias militares decisivas que desembocaron en desastres políticos. Con la guerra de Napoleón, Clausewitz tenía el ejemplo más claro cerca de casa. Nadie discute el genio militar de Napoleón, que era un maestro de la táctica y la estrategia. Pero, mientras que la sucesión de victorias proporcionó a Napoleón el control temporal de vastos territorios, estas no consiguieron asegurar logros políticos duraderos. Sus conquistas militares solo sirvieron para empujar a la mayoría de las potencias europeas a unirse en su contra, y su imperio se derrumbó una década después de haberse coronado emperador.

De hecho, a la larga, las victorias de Napoleón aseguraron la decadencia permanente de Francia. Durante siglos, Francia fue la mayor potencia geopolítica de Europa, en gran parte debido a que tanto Italia como Alemania no existían como entidades políticas unificadas. Italia era una mezcolanza de docenas de ciudades-Estado, principados feudales y territorios de la Iglesia, todos enfrentados entre sí. Alemania era un rompecabezas aún más extraño, dividido en más de mil entidades políticas que se mantenían más o menos unidas bajo la soberanía teórica del Sacro Imperio Romano Germánico.[24] En 1789, la perspectiva de que se produjera una invasión alemana o italiana de Francia era simplemente impensable, porque no existía un ejército alemán o uno italiano.

En 1806, después de expandir su imperio por Europa Central y la península itálica, Napoleón destruyó el Sacro Imperio Romano y amalgamó muchos de los principados alemanes e italianos más pequeños en bloques territoriales mayores, creó la Confederación del Rin y el Reino de Italia, y buscó unificar estos territorios bajo su control dinástico. Sus ejércitos victoriosos también difundieron los ideales del nacionalismo moderno y de la soberanía popular en tierras alemanas e italianas. Napoleón creía que todo esto reforzaría su imperio. De hecho, al deshacer las estructuras tradicionales y proporcionar a alemanes e italianos una muestra de consolidación nacional, sin pretenderlo sentó las bases de las unificaciones definitivas de Alemania (1866-1871) e Italia (1848-1871). Estos procesos gemelos de unificación nacional culminaron con la victoria alemana sobre Francia en la guerra franco-prusiana de 1870-1871. Enfrentada a dos potencias recién unificadas y fervientemente nacionalistas en su frontera oriental, Francia nunca recuperó su posición dominante.

Un ejemplo más reciente de victorias militares que condujeron a derrotas políticas lo encontramos en la invasión estadounidense de Irak en 2003. Los estadounidenses ganaron la mayor parte de los combates militares, pero no alcanzaron ninguno de sus objetivos políticos a largo plazo. Su victoria militar no estableció un régimen amigo en Irak ni un orden geopolítico favorable en Oriente Próximo. El vencedor real de la guerra fue Irán. La victoria militar estadounidense hizo que Irak abandonara su condición de enemigo tradicional de Irán para convertirse en su vasallo, lo que debilitó muchísimo la posición de Estados Unidos en Oriente Próximo, al tiempo que convertía a Irán en el Estado hegemónico de la región.[25]

Tanto Napoleón como George W. Bush fueron víctimas del problema del ajuste. Sus objetivos militares a corto plazo no se ajustaban a los objetivos políticos a largo plazo de sus países respectivos. Podemos entender el conjunto de *De la guerra* de Clausewitz como una advertencia de que «potenciar la victoria» es un objetivo tan corto de miras como «potenciar la implicación de los usuarios». Según el modelo de Clausewitz, solo una vez que el modelo político está definido los ejércitos pueden decidirse por una estrategia militar que, con suerte, lo alcance. Entonces, a partir de una estrategia general, los oficiales de rango inferior podrán cumplir con los objetivos tácticos. El modelo construye una jerarquía clara entre la política a largo plazo, la estrategia a medio plazo y la táctica a corto plazo. La táctica se considera racional solo cuando se ajusta a un objetivo político. Incluso las decisiones tácticas locales que pueda tomar el comandante de una compañía han de servir al objetivo político principal de la guerra.

Supongamos que, durante la ocupación de Irak, una compañía estadounidense recibe un fuego intenso desde una mezquita cercana. El comandante de la compañía tiene que elegir entre una serie de decisiones tácticas. Puede ordenar el repliegue de la compañía. Puede ordenar que la compañía ataque la mezquita. Puede ordenar que uno de sus tanques de apoyo haga volar por los aires la mezquita. ¿Qué hará el comandante de la compañía?

Desde un punto de vista estrictamente militar, que el comandante hiciera estallar la mezquita podría parecer la mejor de las opciones. Esto capitalizaría la ventaja táctica de la que gozan los estadounidenses en términos de potencia armamentística, evitaría poner en riesgo la vida de sus soldados y serviría para obtener una victoria táctica decisiva. Sin embargo, desde un punto de vista político, esta podría ser la peor de las decisiones. Un vídeo de un tanque estadounidense destruyendo una mezquita avivaría el rechazo que los estadounidenses causan en la opinión pública iraquí y generaría indignación en el amplio mundo musulmán. Atacar la mezquita también constituiría un error político, porque podría crear resentimiento entre los iraquíes, mientras que el coste en vidas estadounidenses podría debilitar el apoyo a la guerra entre los votantes patrios. Dados los objetivos políticos de Estados Unidos en relación con la guerra, retirarse y admitir una derrota táctica bien podría ser la decisión más racional.

Así, para Clausewitz, la racionalidad implica ajuste. Perseguir victorias tácticas o estratégicas que no se ajustan a los objetivos políticos es irracional. El problema es que la naturaleza burocrática de los ejércitos los hace muy propensos a caer en esta irracionalidad. Tal como se ha comentado en el capítulo 3, al dividir la realidad en cajones separados, la burocracia promueve la búsqueda de objetivos estrechos incluso cuando esto daña un bien mayor. Los burócratas encargados de cumplir con una misión limitada pueden ignorar el impacto más amplio de sus acciones, y nunca ha sido sencillo asegurar que estas se ajusten al bien mayor de la sociedad. Cuando un ejército opera según directrices burocráticas —como hacen todos los ejércitos modernos— se abre una brecha enorme entre el capitán que dirige una compañía en el frente y el presidente que plantea una política a largo plazo desde un despacho distante. El capitán es proclive a tomar decisiones que parecen razonables en el terreno pero que, en realidad, socavan el objetivo final de la guerra.

Vemos, entonces, que el problema del ajuste es anterior a la revolución informática y que las dificultades que encuentran los creadores de los imperios de la información actuales no son distintas de las que importunaron a los aspirantes a conquistadores previos. No obstante, los ordenadores sí que cambian la naturaleza del problema del ajuste de maneras importantes. Con independencia de lo difícil que fuese asegurar que los burócratas y los soldados humanos se ajustaran a los objetivos a largo plazo de la sociedad, será incluso más difícil asegurar el ajuste de los burócratas algorítmicos y de los sistemas armamentísticos autónomos.

El Napoleón de los clips

Una de las razones por las que el problema del ajuste es particularmente peligroso en el contexto de la red informática es que con toda probabilidad esta acabará por adquirir mucho más poder que ninguna burocracia humana previa. Un desajuste en los objetivos de un ordenador superinteligente podría derivar en una catástrofe de una magnitud sin precedentes. En su libro de 2014 *Superintelligence*, el filósofo Nick Bostrom ilustraba el peligro mediante un experimento mental que remite a «El aprendiz de brujo» de Goethe. Bostrom nos pide que imaginemos que una fábrica de clips compra un ordenador superinteligente y que el gestor humano de la fábrica le otorga al ordenador una tarea aparentemente sencilla: producir tantos clips como le sea posible. En pos de este objetivo, el ordenador de los clips conquista todo el planeta Tierra, mata a todos los humanos, envía expediciones para que se apropien de más planetas y emplea los enormes recursos que adquiere para llenar toda la galaxia de fábricas de clips.

La clave del experimento mental es que el ordenador hace exactamente lo que se le dice (al igual que la escoba encantada del poema de Goethe). Al darse cuenta de que necesita electricidad, acero, tierra y otros recursos para construir más fábricas y producir más clips, y al darse cuenta de que es poco probable que los humanos le suministren todos estos recursos, el ordenador superinteligente elimina a los humanos en su búsqueda decidida de cumplir con la tarea que se le ha encomendado.[26] Para Bostrom, el problema de los ordenadores no es que sean particularmente nocivos, sino que son particularmente poderosos. Y, cuanto más poderoso es un ordenador, más precavidos hemos de ser a la hora de definir sus objetivos de una forma que se ajuste con precisión a nuestros objetivos finales. Si definimos un objetivo desajustado a una calculadora de bolsillo, las consecuencias son mínimas. Pero, si definimos un objetivo desajustado a una máquina superinteligente, las consecuencias podrían ser distópicas.

El experimento mental de los clips puede parecer extravagante y muy desconectado de la realidad. Pero, si los gestores de Silicon Valley hubieran prestado atención cuando Bostrom lo publicó en 2014, quizá habrían extremado las precauciones antes de instruir a sus algoritmos para que «potenciaran la implicación de los usuarios». Los algoritmos de Facebook y YouTube se comportaron exactamente como el algoritmo imaginario de Bostrom. Cuando se le dijo que aumentara la producción de clips, el algoritmo trató de convertir todo el universo físico en clips, aunque ello implicara destruir la civilización humana. Cuando se les dijo que potenciaran la implicación de los usuarios, los algoritmos de Facebook y YouTube trataron de convertir todo el universo social en una mayor implicación de los usuarios, aunque ello supusiera dañar el tejido social de Myanmar, Brasil y muchos otros países.

El experimento mental de Bostrom destaca una segunda razón por la que el problema del ajuste es más urgente en el caso de los ordenadores. Puesto que son entidades inorgánicas, es probable que adopten estrategias que nunca adoptaría un humano y que, por lo tanto, no estamos preparados para prever e impedir. He aquí un ejemplo: en 2016, Dario Amodei trabajaba en un proyecto llamado Universe, cuyo objetivo era desarrollar una IA de uso general que pudiera jugar a cientos de juegos de ordenador diferentes. La IA compitió bien en diversas carreras de coches, por lo que Amodei lo intentó con una regata. De manera inexplicable, la IA dirigió la embarcación hacia un puerto y se dedicó a navegar siguiendo círculos interminables dentro y fuera del puerto.

A Amodei le llevó un tiempo considerable entender qué había ido mal. El problema tuvo que ver con que en un principio Amodei no estaba seguro de cómo decirle a la IA que su objetivo era «ganar la regata». «Ganar» es un concepto poco claro para un algoritmo. Traducir «ganar la regata» a un lenguaje informático habría requerido que Amodei formalizara conceptos complejos como la trayectoria y la ubicación entre el resto de las embarcaciones de la regata. En su lugar, Amodei tomó el camino fácil y le dijo a la embarcación que maximizara su puntuación. Supuso que la puntuación sería un buen indicador para ganar la regata. Después de todo, con las carreras de coches había funcionado.

Pero la regata tenía una característica peculiar, ausente en las carreras de coches, que permitió a la ingeniosa IA encontrar un resquicio en las reglas del juego. El juego premiaba con un buen número de puntos a los participantes que se situaran delante de otras embarcaciones —como en las carreras de coches—, pero también los recompensaba con unos cuantos puntos cada vez que atracaban en un puerto para reponer fuerzas. La IA descubrió que, si en lugar de intentar adelantar al resto de las embarcaciones, la suya se limitaba a desplazarse en círculos dentro y fuera del puerto, podría acumular más puntos a una velocidad mayor. Por lo visto, ninguno de los humanos que desarrollaron el juego —tampoco Dario Amodei— se percató del resquicio. La IA hacía exactamente aquello por lo que el juego la recompensaba, aunque no fuera lo que los humanos esperaban. Esta es la esencia del problema del ajuste: recompensar A mientras se espera B.[27] Si queremos que los ordenadores aumenten el bienestar social, no es buena idea recompensarlos por potenciar la implicación de los usuarios.

Una tercera razón por la que el problema del ajuste de los ordenadores debe preocuparnos se halla en que, puesto que son tan diferentes de nosotros, cuando cometemos el error de marcarles un objetivo desajustado, es poco probable que lo perciban o que soliciten aclaraciones. Si la IA de la regata hubiera sido un participante humano, a buen seguro se habría percatado de que el resquicio encontrado en las reglas del juego no contaba como «ganar». Si la IA de los clips hubiera sido un burócrata humano, se habría dado cuenta de que destruir la humanidad con el fin de producir clips a buen seguro no era lo que se pretendía. Pero, puesto que los ordenadores no son humanos, no podemos depender de ellos para advertir y señalar posibles desajustes. En la década de 2010, los equipos de gestión de YouTube y Facebook recibieron una avalancha de advertencias de sus empleados humanos, así como de observadores externos, acerca del daño que estaban causando los algoritmos, pero los propios algoritmos nunca dieron la voz de alarma.[28]

Cuanto más poder concedamos a los algoritmos en materias como la atención sanitaria, la educación, el cumplimiento de la ley y otras tantas áreas, mayor será el problema del ajuste. Si no encontramos formas de solucionarlo, las consecuencias irán más allá de la anécdota de que un algoritmo haga que una embarcación se desplace en círculos para sumar puntos.

La conexión corsa

¿Cómo resolver el problema del ajuste? En teoría, cuando los humanos creamos una red informática debemos definir para ella un objetivo final que a los ordenadores no se les permite alterar ni ignorar bajo ningún concepto De modo que, aunque los ordenadores adquieran tanto poder como para escapar a nuestro control, podemos estar seguros de que ese inmenso poder nos beneficiará en lugar de perjudicarnos. A menos, desde luego, que hayamos definido un objetivo nocivo o vago. Y ahí está el problema. En el caso de las redes humanas, contamos con mecanismos autocorrectores que, cada cierto tiempo, revisan y corrigen nuestros objetivos, de modo que establecer un objetivo equivocado no es el fin del mundo. Pero, puesto que la red informática puede escapar a nuestro control, si le marcamos el objetivo equivocado, podríamos descubrir nuestro error cuando ya no estemos en disposición de corregirlo. Hay quienes pensarán que, mediante un cuidadoso proceso de deliberación, podríamos ser capaces de definir con antelación los objetivos adecuados para la red informática. Sin embargo, esta es una ilusión muy peligrosa.

Para entender por qué es imposible alcanzar un acuerdo previo sobre los objetivos principales de la red informática, volvamos a la teoría de la guerra de Clausewitz. Este autor comete un error garrafal cuando equipara racionalidad con ajuste. Mientras que la teoría de Clausewitz exige que todas las acciones se ajusten al objetivo final, no ofrece maneras racionales de definir dicho objetivo. Consideremos la vida y la carrera militar de Napoleón. ¿Cuál tendría que haber sido su objetivo principal? Dada la atmósfera cultural predominante en Francia alrededor de 1800, se nos ocurren varias alternativas que Napoleón podría haber considerado como «objetivo principal»:

> Objetivo potencial número 1: hacer de Francia la fuerza dominante en Europa, segura ante cualquier ataque futuro por parte de Gran Bretaña, el Imperio de Habsburgo, Rusia, una Alemania unificada o una Italia unificada.
>
> Objetivo potencial número 2: crear un nuevo imperio multiétnico gobernado por la familia de Napoleón, que incluiría no solo a Francia, sino también muchos más territorios, tanto en Europa como en ultramar.
>
> Objetivo potencial número 3: alcanzar la gloria imperecedera a nivel individual, de manera que incluso siglos después de su muerte miles de millones de personas conocieran el nombre de Napoleón y admiraran su genio.
>
> Objetivo potencial número 4: asegurar la redención de su alma inmortal y conseguir de este modo entrar en el cielo después de la muerte.

> Objetivo potencial número 5: difundir los ideales universales de la Revolución francesa y contribuir a proteger la libertad, la igualdad y los derechos humanos en toda Europa y en todo el mundo.

Muchos supuestos racionalistas acostumbran a decir que Napoleón tendría que haber dedicado su vida a cumplir con el primer objetivo: asegurar la dominación francesa en Europa. Pero ¿por qué? No olvidemos que para Clausewitz la racionalidad implica ajuste. Una maniobra táctica es racional si, y solo si, se ajusta a un objetivo estratégico superior, que a su vez tiene que ajustarse a un objetivo político incluso superior. Pero, a fin de cuentas, ¿dónde se inicia esta cadena de objetivos? ¿Cómo podemos determinar el objetivo final que justifica todos los subobjetivos estratégicos y las maniobras tácticas que derivan de aquel? Por definición, un objetivo final no puede ajustarse a nada que sea superior a sí mismo, porque no hay nada superior. Así, pues, ¿qué hace racional situar a Francia en la cumbre de la jerarquía de objetivos, y no a la familia de Napoleón, la fama de Napoleón, el alma de Napoleón o los derechos humanos universales? Clausewitz no proporciona ninguna respuesta.

Se podría aducir que el objetivo número 4 —asegurar la redención de su alma inmortal— no puede ser un candidato serio para un objetivo final racional, porque se basa en una creencia mitológica. Pero el mismo argumento puede aplicarse al resto de los objetivos. Las almas inmortales son una invención intersubjetiva que solo se da en nuestra mente, y lo mismo ocurre con las naciones y los derechos humanos. ¿Por qué habría de preocuparse Napoleón más por la mítica Francia que por su alma mítica?

En realidad, durante la mayor parte de su juventud, Napoleón ni siquiera se consideró francés. Nació como Napoleone di Buonaparte en Córcega, en una familia de emigrantes italianos. Durante quinientos años, Córcega fue gobernada por la ciudad-Estado italiana de Génova, donde vivían muchos de los antepasados de Napoleone. No fue hasta 1768 —un año antes del nacimiento de Napoleón— que Génova cedió la isla a Francia. Los nacionalistas corsos se opusieron a la entrega y se rebelaron. Solo después de la derrota de los nacionalistas en 1770 Córcega se convirtió formalmente en una provincia francesa. El resentimiento por la adquisición francesa pervivió en muchos corsos, pero la familia Di Buonaparte juró lealtad al rey francés y envió a Napoleone a una escuela militar en la Francia continental.[29]

En la escuela, Napoleone tuvo que soportar numerosas novatadas por parte de sus compañeros a causa de su nacionalismo corso y de su pobre dominio de la lengua francesa.[30] Sus lenguas maternas eran el corso y el italiano, y, aunque al final acabó hablando francés con fluidez, siempre conservó el acento corso y nunca llegó a escribir correctamente en francés.[31] Napoleone acabó alistándose en el Ejército francés, pero, con el inicio de la Revolución en 1789, volvió a Córcega con la esperanza de que la Revolución le proporcionara a su amada isla la oportunidad de conseguir una mayor autonomía. Sin embargo, después de pelearse con Pasquale Paoli, líder del movimiento independentista corso, Napoleone abandonó la causa corsa en mayo de 1793. Volvió al continente, donde decidió labrarse un futuro.[32] Fue en esta fase cuando Napoleone di Buonaparte se convirtió en Napoléon Bonaparte (siguió empleando la versión italiana de su nombre hasta 1796).[33]

Así, pues, ¿por qué sería racional que Napoleón dedicara su carrera militar a hacer de Francia la fuerza dominante en Europa? ¿Acaso habría sido más racional para él quedarse en Córcega, hacer las paces con Paoli y dedicarse a liberar a su isla nativa de los conquistadores franceses? ¿Y, por qué no, consagrar su vida a la misión de unificar Italia, el país de sus antepasados?

Clausewitz no ofrece ningún método para dar respuestas racionales a estas preguntas. Si nuestra regla de oro es «toda acción debe ajustarse a un objetivo superior», por definición no hay manera racional de definir este objetivo final. Así que ¿cómo podemos proporcionar a una red informática un objetivo final que bajo ningún concepto debe alterar o ignorar? Los ejecutivos e ingenieros que se apresuran a desarrollar la IA cometen un enorme error si piensan que existe una manera racional de decirle a la IA cuál ha de ser su objetivo principal. Deben aprender de las amargas experiencias por las que pasaron generaciones de filósofos que intentaron definir objetivos principales y fracasaron.

El nazi kantiano

Durante milenios, los filósofos han tratado de dar con una definición de un objetivo final que no dependiera de su ajuste a un objetivo superior. En repetidas ocasiones se han aproximado a dos posibles soluciones que en la jerga filosófica se conocen como deontología y utilitarismo. La deontología (del término griego *deon*, que significa «deber») sostiene que hay una serie de deberes morales universales, o reglas morales, que deben aplicarse a todo el mundo. Estas reglas no se basan en el ajuste a un objetivo superior, sino en su bondad intrínseca. Si de verdad existen tales reglas, y si podemos encontrar una manera de programarlas en los ordenadores, entonces no cabe duda de que la red informática será una fuerza positiva.

Pero ¿cuál es el significado exacto de «bondad intrínseca»? La tentativa más conocida de definir una regla intrínsecamente buena corresponde a Immanuel Kant, un contemporáneo de Clausewitz y Napoleón. Kant argumentaba que una regla intrínsecamente buena es cualquiera que uno querría hacer universal. Según esta opinión, una persona que está a punto de matar a otra debería detenerse y seguir este proceso mental: «Voy a matar a un humano. ¿Querría establecer una regla universal que diga que está bien matar humanos? Si se estableciera esta regla universal, alguien podría matarme. De modo que no debe haber una regla universal que permita matar. De ahí se sigue que yo tampoco debería matar». En lenguaje más simple, Kant reformuló la antigua Regla de Oro: «Cuanto quisiereis que os hagan a vosotros los hombres, hacédselo vosotros a ellos» (Mateo 7:12).

Esta parece una idea sencilla y evidente: cada uno de nosotros ha de comportarse como quiere que se comporten todos. Pero las ideas que parecen buenas en el reino etéreo de la filosofía suelen arrastrar problemas cuando migran al duro país de la historia. La pregunta clave que los historiadores querrían plantearle a Kant es: cuando usted habla de reglas universales, ¿cómo define exactamente «universal»? Bajo las circunstancias históricas actuales, cuando alguien está a punto de matar, lo primero que suele hacer es excluir a la víctima de la comunidad universal de la humanidad.[34] Esto, por ejemplo, es lo que hicieron extremistas antirrohinyás como Wirathu. En tanto que monje budista, por supuesto que Wirathu estaba en contra de matar humanos. Pero no pensaba que esta regla universal se aplicara a los rohinyás, a quienes consideraba subhumanos. En publicaciones y entrevistas, los comparó varias veces con bestias, serpientes, perros rabiosos, lobos, chacales y otros animales peligrosos.[35] El 30 de octubre de 2017, en pleno apogeo de la violencia antirrohinyás, un monje budista de nivel superior predicó un sermón dirigido a oficiales militares en el que justificaba la violencia contra los rohinyás diciendo que los no budistas «no eran del todo humanos».[36]

A modo de experimento mental, imaginemos una reunión entre Immanuel Kant y Adolf Eichmann (quien, por cierto, se consideraba kantiano).[37] Mientras Eichmann firma una orden para enviar otro tren lleno de judíos a Auschwitz, Kant le dice: «Está usted a punto de matar a miles de humanos. ¿Quiere establecer una regla universal que diga que está bien matar humanos? Si lo hace, tanto usted como su familia podrían ser asesinados». Eichmann replica: «No, no estoy a punto de matar a miles de humanos. Estoy a punto de matar a miles de judíos. Si usted me pregunta si me gustaría establecer una regla universal que diga que está bien matar judíos, entonces estoy totalmente de acuerdo. En cuanto a mí y a mi familia, no hay riesgo de que esta regla universal nos pueda llevar a ser asesinados. No somos judíos».

Una posible réplica kantiana a Eichmann sería que siempre que definimos entidades hemos de emplear la definición más universal aplicable. Si una entidad puede definirse como «un judío» o «un humano», hemos de emplear el término más universal, «humano». Sin embargo, el punto central de la ideología nazi consistía en negar la humanidad de los judíos. Además, tengamos presente que los judíos no solo son humanos. También son animales, y también son organismos. Puesto que la de «animales» y la de «organismos» son evidentemente categorías más universales que la de «humanos», seguir la argumentación kantiana a su conclusión lógica podría impulsarnos a adoptar una postura vegana extrema. Puesto que somos organismos, ¿debemos oponernos a la muerte de cualquier organismo, hasta de los tomates y las amebas?

En historia, muchos conflictos, si no la mayoría, conciernen a la definición de identidades. Todo el mundo acepta que matar está mal, pero piensa que únicamente cuando la víctima es un miembro de nuestro grupo se cumplen los requisitos de «matar», mientras que quitar la vida a alguien de un grupo marginal no es matar. Pero «nuestro grupo» y «grupo marginal» son entidades intersubjetivas, cuya definición suele depender de una mitología. Los deontólogos que buscan reglas racionales universales suelen terminar cautivos de mitos locales.

Este problema de la deontología es especialmente crítico si intentamos dictar reglas deontológicas universales no a los humanos, sino a los ordenadores. Los ordenadores ni siquiera son orgánicos. De modo que, si siguieran la regla de «cuanto quisiereis que os hagan a vosotros, hacédselo vosotros a ellos», ¿por qué debería preocuparles matar organismos como, por ejemplo, humanos? Un ordenador kantiano que no quiera que lo maten no tiene motivos para oponerse a una regla universal que diga: «Está bien matar a organismos»; tal regla no pone en peligro al ordenador no orgánico.

Alternativamente, al tratarse de entidades inorgánicas, los ordenadores pueden no tener reparos en morir. Hasta donde sabemos, la muerte es un fenómeno orgánico, y puede no ser aplicable a entidades inorgánicas. Cuando los antiguos asirios hablaban de «matar» documentos solo era una metáfora. Si los ordenadores se parecen más a documentos que a organismos, y no les importa que «los maten», ¿querríamos que un ordenador kantiano llegara a la conclusión de que, por tanto, matar humanos está bien?

¿Acaso hay manera de definir de quién tendrían que preocuparse los ordenadores sin que nos dejemos empantanar por algún mito intersubjetivo? La sugerencia más evidente sería decirles a los ordenadores que deben preocuparse por cualquier entidad capaz de sufrir. Aunque el sufrimiento suele tener como causa la creencia en mitos intersubjetivos locales, el propio sufrimiento es, no obstante, una realidad universal. Por lo tanto, utilizar la capacidad de sufrir con el fin de definir nuestro endogrupo crítico fundamenta la moralidad en una realidad objetiva y universal. Un coche autónomo debe evitar matar a todo humano —ya sea budista o musulmán, francés o italiano—, y también debe evitar matar perros y gatos, y a cualquier robot consciente que pueda llegar a existir. Incluso podemos refinar esta regla, instruyendo al coche para que tenga en cuenta a seres diferentes en relación directa con su capacidad de sufrir. Si el coche ha de elegir entre matar a un humano o matar un gato, debe embestir al gato, porque en principio este tiene menos capacidad de sufrir. Pero, si seguimos en esta dirección, abandonaremos sin darnos cuenta el campo de la deontología y nos encontraremos en el campo de su rival, el utilitarismo.

El cálculo del sufrimiento

Mientras que los deontólogos se esfuerzan por encontrar reglas universales intrínsecamente buenas, los utilitaristas juzgan las acciones por el sufrimiento y la felicidad que causan. El filósofo inglés Jeremy Bentham —otro contemporáneo de Napoleón, Clausewitz y Kant— decía que solo hay un objetivo final racional, minimizar el sufrimiento en el mundo y maximizar la felicidad. Si nuestro temor principal en relación con las redes informáticas es que sus objetivos desajustados puedan infligir un sufrimiento terrible a los humanos y quizá a otros seres conscientes, la solución utilitarista parece a la vez evidente y atractiva. Al crear la red informática, solo debemos instruirla para que minimice el sufrimiento y maximice la felicidad. Si Facebook les hubiera dicho a sus algoritmos «maximizad la felicidad» en lugar de «potenciad la implicación de los usuarios», en teoría todo habría ido bien. Vale la pena señalar que este enfoque utilitarista, promovido en especial por el altruismo efectivo, es muy popular en Silicon Valley.[38]

Por desgracia, como ocurre con la solución de los deontólogos, lo que parece sencillo en el reino teórico de la filosofía se torna endemoniadamente complejo en el país práctico de la historia. El problema para los utilitaristas es que no tenemos una forma de calcular el sufrimiento. No sabemos cuántos «puntos de sufrimiento» o cuántos «puntos de felicidad» asignar a acontecimientos concretos, de manera que en contextos históricos complejos es dificilísimo calcular si una acción determinada aumenta o disminuye la cantidad total de sufrimiento en el mundo.

El utilitarismo alcanza su máxima expresión en contextos en que la balanza del sufrimiento se inclina claramente en una dirección. Cuando se enfrentan a Eichmann, los utilitaristas no necesitan entrar en un complejo debate sobre la identidad. Solo necesitan señalar que el Holocausto causó un sufrimiento inmenso a los judíos sin que ello reportara un beneficio equivalente a nadie, ni siquiera a los alemanes. No había urgencias militares ni económicas que indujeran a los alemanes a matar a millones de judíos. El argumento utilitario contra el Holocausto es indiscutible.

A los utilitaristas también se les presenta una oportunidad de oro cuando tratan con «crímenes sin víctimas» como la homosexualidad, en los que todo el sufrimiento se produce solo en un lado. Durante siglos, la persecución a los homosexuales causó en ellos un sufrimiento inmenso, pero este se justificaba mediante varios prejuicios presentados de manera errónea como reglas deontológicas universales. Kant, por ejemplo, condenó la homosexualidad sobre la base de que es «contraria al instinto natural y a la naturaleza animal», y de que, por lo tanto, degrada a una persona «por debajo del nivel de los animales». Además, Kant sentenció que, debido a que estos actos son contrarios a la naturaleza, «hacen al hombre indigno de su humanidad. Ya no merece ser una persona».[39] En realidad, Kant renovó la imagen de un prejuicio cristiano como si de una regla deontológica universal se tratase, sin aportar pruebas empíricas de que la homosexualidad fuese contraria a la naturaleza. A la luz del planteamiento anterior de la deshumanización como preludio de la masacre, merece la pena considerar cómo Kant también deshumanizó a los homosexuales. La idea de que la homosexualidad es contraria a la naturaleza y priva a la gente de su humanidad allanó el camino para que nazis como Eichmann justificaran la ejecución de homosexuales en campos de concentración. Puesto que los homosexuales se hallaban supuestamente por debajo del nivel de los animales, la regla kantiana contraria a matar humanos no se aplicaba a ellos.[40]

A los utilitaristas les resulta sencillo desestimar las teorías sexuales de Kant, y de hecho Bentham fue uno de los primeros pensadores europeos modernos en favorecer la despenalización de la homosexualidad.[41] Los utilitaristas argumentan que criminalizar la homosexualidad en nombre de una regla universal dudosa causa un sufrimiento tremendo a millones de personas sin ofrecer beneficios sustanciales a otras. Cuando dos hombres entablan una relación amorosa, son felices sin hacer desgraciado a nadie, de modo que ¿por qué prohibir la homosexualidad? Asimismo, este tipo de lógica utilitarista condujo a otras muchas reformas modernas, como la prohibición de la tortura y la introducción de leyes que protegieran a los animales.

Pero, en contextos históricos en los que la balanza del sufrimiento se iguala, el utilitarismo vacila. Durante los primeros días de la pandemia de la COVID-19, los gobiernos de todo el mundo adoptaron políticas estrictas de aislamiento social y de confinamiento. Es muy probable que esto salvara millones de vidas.[42] También hizo que cientos de millones de personas pasaran meses deprimidas. Además, indirectamente puede que causara un buen número de muertes debidas, por ejemplo, al aumento de los casos de violencia doméstica homicida[43] o a las dificultades para diagnosticar y tratar a personas con enfermedades graves como el cáncer.[44] ¿Acaso puede alguien calcular el impacto total de las políticas de confinamiento y determinar si aumentaron o redujeron el sufrimiento en el mundo?

Esta puede presentarse como una tarea perfecta para una red informática incansable. Pero ¿cómo decidiría la red informática cuántos «puntos de desgracia» adjudicar a alguien que pasa un mes confinado en un piso de dos habitaciones con tres niños? ¿Cuántos puntos de desgracia le corresponderían, 60 o 600? ¿Y cuántos puntos adjudicar a una persona con cáncer que murió por no poder acudir a sus sesiones de quimioterapia, 60.000 o 600.000? ¿Y qué pasaría si, de todas formas, hubiera muerto de cáncer y la quimioterapia solo le hubiese concedido cinco meses de agonía? ¿Cómo tendrían que valorar los ordenadores esos cinco meses de dolor extremo, como una ganancia neta o como una pérdida neta para la suma total de sufrimiento en el mundo?

¿Y cómo evaluaría la red informática el sufrimiento causado por cuestiones menos tangibles como la consciencia de nuestra propia mortalidad? Que un mito religioso nos prometa que en realidad nunca moriremos, porque después de la muerte nuestra alma eterna ascenderá al cielo ¿de verdad nos hace felices o solo nos convierte en ilusorios? ¿Es la muerte la causa principal de nuestra desgracia, o más bien nuestra desgracia nace de nuestros intentos de negar la muerte? Si alguien pierde su fe religiosa y acepta su mortalidad, ¿debe la red informática verlo como una pérdida neta o como una ganancia neta?

¿Y qué hay de acontecimientos históricos todavía más complejos como la invasión estadounidense de Irak? Los estadounidenses eran muy conscientes de que la invasión causaría un tremendo sufrimiento a millones de personas. Pero a la larga, afirmaban, los beneficios de llevar la libertad y la democracia a Irak superarían los costes. ¿Puede la red informática calcular si este argumento era sensato? Aunque fuese teóricamente plausible, en la práctica los estadounidenses no consiguieron instaurar una democracia estable en Irak. ¿Significa esto que su intento era equivocado desde un principio?

Así como los deontólogos que intentan dar respuesta a la pregunta de la identidad se ven empujados a adoptar ideas utilitaristas, los utilitaristas que se ven obstaculizados por la falta de un cálculo en el nivel de sufrimiento acaban por adoptar una postura deontológica. Defienden reglas generales como «evitar crímenes contra la paz» o «proteger los derechos humanos», aunque no pueden demostrar que seguir estas reglas reduzca la suma total de sufrimiento en el mundo. La historia solo les proporciona una vaga impresión de que seguir dichas reglas tiende a reducir el sufrimiento. Y, cuando algunas de estas reglas generales no se cumplen —por ejemplo, cuando se considera emprender un crimen contra la paz con el fin de proteger los derechos humanos—, el utilitarismo no ofrece demasiada ayuda práctica. Ni siquiera la red informática más potente puede realizar los cálculos necesarios.

En consecuencia, mientras que el utilitarismo promete una manera racional —e incluso matemática— de ajustar cada acción al «bien último», en la práctica puede que solo genere otra mitología. Cuando los comunistas convencidos se enfrentaban a los horrores del estalinismo, solían replicar que la felicidad que las generaciones futuras experimentarían bajo el «socialismo real» compensaría cualquier desgracia que a corto plazo acaeciera en los gulags. Cuando se pregunta a los libertarios por los perjuicios sociales inmediatos de la libertad de expresión sin restricciones o de la abolición total de los impuestos, expresan una fe similar en que los beneficios futuros pesarán más que cualquier daño a corto plazo. El peligro del utilitarismo radica en que desarrollar una creencia demasiado fuerte en una utopía futura puede derivar en una licencia abierta para infligir un sufrimiento terrible en el presente. En realidad, esta es una artimaña que las religiones tradicionales descubrieron hace miles de años. Los crímenes de este mundo pueden excusarse con demasiada facilidad por las promesas de una salvación futura.

Mitología informática

Así, pues, ¿cómo han establecido los sistemas burocráticos sus objetivos finales a lo largo de la historia? Confiaban en que la mitología lo hiciera por ellos. Con independencia de lo racional que fuera un funcionario, un ingeniero, un recaudador de impuestos o un contable, en último término estaban al servicio de este o aquel creador de mitos. Parafraseando a John Maynard Keynes, la gente práctica que se cree libre de cualquier influencia religiosa suele ser esclava de un creador de mitos. Incluso físicos nucleares han acabado obedeciendo las órdenes de ayatolás chiitas y de *apparatchiks* comunistas.

El problema del ajuste es, en el fondo, un problema mitológico. Los administradores nazis podrían haber sido deontólogos o utilitaristas comprometidos, pero aun así mataron a millones de personas porque entendían el mundo en términos de una mitología racista. Si se parte de la creencia mitológica de que los judíos son monstruos demoniacos dispuestos a destruir la humanidad, tanto deontólogos como utilitaristas pueden encontrar multitud de argumentos lógicos que defiendan que hay que matar a los judíos.

Un problema análogo podría aquejar a los ordenadores. Desde luego, no pueden «creer» en ninguna mitología, porque son entidades no conscientes que no creen en nada. Puesto que carecen de subjetividad, ¿cómo pueden albergar creencias intersubjetivas? Sin embargo, algo muy importante que hay que saber de los ordenadores es que, cuando muchos de ellos se comunican entre sí, pueden crear realidades intercomputacionales análogas a las realidades intersubjetivas producidas por las redes humanas. Al final, estas realidades intercomputacionales podrían ser tan poderosas —y tan peligrosas— como los mitos intersubjetivos creados por los humanos.

Este es un argumento muy complejo, pero es otro de los argumentos centrales del libro, de modo que analicémoslo con cierto detalle. Primero, intentemos comprender qué son las realidades intercomputacionales. Como ejemplo inicial, pensemos en un juego de ordenador de un solo jugador. En dicho juego podemos vagar por un paisaje virtual que existe como información dentro de un ordenador. Si vemos una roca, dicha roca no estará compuesta de átomos, sino de bits dentro de un ordenador. Cuando varios ordenadores están unidos entre sí, pueden crear realidades intercomputacionales. Varios jugadores que usen diferentes ordenadores pueden vagar juntos por un paisaje virtual común. Si ven una roca, dicha roca estará compuesta de bits en varios ordenadores.[45]

Del mismo modo que realidades intersubjetivas como el dinero y los dioses pueden influir en la realidad física que hay más allá de la mente de las personas, las realidades intercomputacionales pueden influir en la realidad que hay más allá de los ordenadores. En 2016, el juego *Pokémon Go* arrasó, y al final del año se había descargado cientos de millones de veces.[46] *Pokémon Go* es un juego de realidad aumentada para móviles. Los jugadores pueden usar sus teléfonos inteligentes para localizar unas criaturas virtuales llamadas Pokémon que parecen existir en el mundo físico, luchar con ellas y capturarlas. Una vez acompañé a mi sobrino Matan a una de estas cacerías de Pokémon. Mientras caminábamos por su vecindario, yo solo veía casas, árboles, rocas, coches, personas, gatos, perros y palomas. No vi ningún Pokémon, porque no tenía un teléfono inteligente. Pero Matan, que observaba mediante la lente de su teléfono inteligente, podía «ver» Pokémon situados sobre una roca o escondidos detrás de un árbol.

Aunque yo no pudiera ver a las criaturas, era evidente que no estaban confinadas en el móvil de Matan, porque otras personas también podían «verlas». Por ejemplo, nos encontramos con dos chicos que trataban de cazar al mismo Pokémon. Si Matan conseguía capturar un Pokémon, los otros chicos podían observar lo que ocurría en el momento. Los Pokémon eran entidades intercomputacionales. Existían como bits en una red informática, en lugar de hacerlo como átomos en el mundo físico, pero podían interaccionar con el mundo físico e influir sobre él, por así decirlo, de varias maneras.

Examinemos ahora un ejemplo más relevante de realidades intercomputacionales. Pensemos en el puesto que una página web consigue en la clasificación de una búsqueda en Google. Cuando googleamos en busca de noticias, billetes de avión o recomendaciones de restaurantes, una web aparece en la parte superior de la primera página de Google, mientras que otra queda relegada a la mitad de la página cincuenta. ¿Qué es exactamente esta clasificación de Google y cómo funciona? El algoritmo de Google determina el puesto de la página web de Google asignando puntos a diversos parámetros, como cuánta gente visita la web y cuántas webs se conectan con esta. La propia clasificación es una realidad intercomputacional que tiene lugar en una red que conecta miles de millones de ordenadores: internet. Al igual que Pokémon, esta realidad intercomputacional se derrama sobre el mundo físico. Para un boletín de noticias, una agencia de viajes o un restaurante es importantísimo que su web aparezca en la parte superior de la primera página de Google en lugar de hacerlo en medio de la página cincuenta.[47]

Dado que la clasificación de Google es tan importante, la gente emplea todo tipo de estrategias para manipular el algoritmo de Google y que su web obtenga un puesto superior en la clasificación. Por ejemplo, pueden utilizar bots para generar más tráfico en la web.[48] Este es un fenómeno muy extendido también en las redes sociales, donde ejércitos coordinados de bots están manipulando constantemente los algoritmos de YouTube, Facebook o Twitter. Si un tuit se hace viral, ¿es porque de verdad interesa a los humanos o porque miles de bots han conseguido engañar al algoritmo de Twitter?[49]

Realidades intercomputacionales como los Pokémon y la clasificación de Google son análogas a realidades intersubjetivas como la santidad que los humanos adjudicamos a templos y ciudades. Durante buena parte de mi vida residí en uno de los lugares más sagrados de la Tierra, la ciudad de Jerusalén. Objetivamente, es un lugar ordinario. Cuando paseamos por Jerusalén vemos casas, árboles, rocas, coches, gente, gatos, perros y palomas, como en cualquier ciudad. Sin embargo, muchos creen que se trata de un lugar extraordinario, lleno de dioses, ángeles y piedras sagradas. Están tan convencidos de ello que en ocasiones se disputan la posesión de la ciudad o de edificios sagrados concretos y de piedras sagradas concretas, de las que la más conocida es la Santa Roca, situada bajo la Cúpula de la Roca, en el Monte del Templo. El filósofo palestino Sari Nusseibeh ha señalado que «judíos y musulmanes, guiados por creencias religiosas y respaldados por capacidades nucleares, están dispuestos a implicarse en la peor masacre de seres humanos de la historia por cuestión de una roca».[50] No luchan a propósito de los átomos que constituyen la roca, sino que lo hacen por su «santidad», un poco como los niños que compiten por un Pokémon. La santidad de la Santa Roca y de Jerusalén en general es un fenómeno intersubjetivo que tiene lugar en la red de comunicación que conecta muchas mentes humanas. Durante miles de años, las guerras se libraron a propósito de entidades intersubjetivas como rocas santas. En el siglo XXI, podríamos ver guerras libradas a propósito de entidades intercomputacionales.

Si esto parece ciencia ficción, pensemos en cómo puede desarrollarse el sistema financiero. Si los ordenadores siguen adquiriendo inteligencia y creatividad, es probable que acaben por crear nuevos dispositivos financieros intercomputacionales. Las monedas de oro y los dólares son entidades intersubjetivas. Las criptomonedas como los bitcoins están a medio camino entre las entidades intersubjetivas y las intercomputacionales. Los humanos inventamos la idea que subyace a ellas y su valor aún depende de creencias humanas, pero no pueden existir más allá de la red informática. Además, cada vez más se negocian mediante algoritmos, de manera que su valor depende de los cálculos de algoritmos y no solo de las creencias humanas.

¿Qué ocurriría si en diez o en cincuenta años los ordenadores crearan un nuevo tipo de criptomonedas u otro recurso financiero que se convirtiera en un instrumento vital para comerciar e invertir... y en una posible fuente de crisis y conflictos políticos? Recordemos que los títulos de deuda garantizada (CDO, por sus siglas en inglés) fueron los responsables de instigar la crisis financiera global de 2007-2008. Estos recursos financieros fueron inventados por un puñado de matemáticos y de magos de las inversiones, y eran casi ininteligibles para la mayoría de los humanos, incluidos los reguladores. Esto condujo a un fracaso por negligencia y a una catástrofe global.[51] Los ordenadores bien podrían crear recursos financieros que sean órdenes de magnitud más complejos que los CDO y que solo sean inteligibles para otros ordenadores. Como resultado, podríamos vivir una crisis financiera y política peor incluso que la de 2007-2008.

A lo largo de la historia, la economía y la política han exigido que entendiéramos las realidades intersubjetivas inventadas por la gente, como lo son las religiones, las naciones y las monedas. Aquel que quisiera entender la política de Estados Unidos debía tener en cuenta realidades intersubjetivas tales como el cristianismo y los CDO. Sin embargo, para entender la política de Estados Unidos se necesitará tener un conocimiento cada vez mayor de una serie de realidades intercomputacionales que irán desde cultos y monedas generados por IA hasta partidos políticos creados por IA e incluso hasta sociedades anónimas completamente gestionadas por IA. El sistema legal de Estados Unidos ya reconoce a las empresas como a personas legales con derechos tales como la libertad de expresión. En Ciudadanos Unidos contra la Comisión Electoral Federal (2010), el Tribunal Supremo de Estados Unidos decidió que esta condición protegía incluso el derecho de las empresas a efectuar donaciones políticas.[52] ¿Qué impediría que las IA se constituyeran como empresas y fueran reconocidas como personas legales con libertad de expresión para después cabildear y hacer donaciones políticas con el objetivo de proteger y expandir los derechos de la IA?

Durante decenas de miles de años los humanos dominamos el planeta Tierra porque éramos los únicos seres capaces de crear y mantener entidades intersubjetivas como empresas, dinero, dioses y naciones, y de servirnos de dichas entidades para establecer un sistema de cooperación a gran escala. Ahora, los ordenadores pueden adquirir unas capacidades semejantes.

Esto no tiene por qué ser una mala noticia. Si los ordenadores carecieran de conectividad y creatividad, no serían muy útiles. Cada vez es más habitual que dependamos de ordenadores para gestionar nuestro dinero, conducir nuestros vehículos, reducir la contaminación y descubrir nuevos medicamentos, precisamente porque los ordenadores pueden comunicarse entre sí, advertir patrones donde nosotros no lo hacemos y construir modelos que quizá nunca se nos ocurrirían. El problema al que nos enfrentamos no tiene que ver con cómo privar a los ordenadores de toda actividad creativa, sino más bien con encaminar su creatividad en la dirección correcta. Es el problema que siempre ha afectado a la creatividad humana. Las entidades intersubjetivas inventadas por los humanos han sido la base de cada uno de los logros de la civilización humana, pero cada cierto tiempo han desembocado en cruzadas, yihads y cacerías de brujas. Es probable que las entidades intercomputacionales se conviertan en la base de civilizaciones futuras, pero el hecho de que los ordenadores recaben datos empíricos y los analicen mediante sistemas matemáticos no significa que no puedan emprender sus propias cazas de brujas.

Las nuevas brujas

En la Europa de principios de la Edad Moderna, una compleja red de información analizaba una enorme cantidad de datos acerca de crímenes, enfermedades y desastres, y llegaba a la conclusión de que todo era culpa de las brujas. Cuantos más datos recababan los cazadores de brujas, más se convencían de que el mundo estaba lleno de demonios y de brujería, y de que existía una conspiración satánica global que pretendía destruir la humanidad. La red de información se dedicó entonces a identificar a las brujas y a encarcelarlas o matarlas. Ahora sabemos que la de las brujas era una categoría intersubjetiva espuria, inventada por la propia red de información e impuesta después a personas que en realidad nunca se habían encontrado realmente con Satanás ni podían provocar tormentas de granizo.

En la Unión Soviética, una red de información todavía más compleja inventó los *kulaks*, otra categoría mítica que se impuso a millones de personas. Las montañas de información que llegó a recopilar la burocracia soviética sobre los *kulaks* no eran una verdad objetiva, pero crearon una nueva realidad intersubjetiva. Saber que alguien era un *kulak* se convirtió en una de las cosas más importantes que conocer acerca de una persona soviética, aunque la categoría fuera ficticia.

A una escala todavía mayor, entre el siglo XVI y el XX, numerosas burocracias coloniales de las Américas, desde Brasil hasta Estados Unidos, pasando por México y el Caribe, crearon una mitología racista y todo tipo de categorías raciales intersubjetivas. A los humanos se les dividió en europeos, africanos y americanos nativos, y, puesto que las relaciones sexuales interraciales eran comunes, se inventaron categorías raciales adicionales. En muchas colonias españolas, las leyes diferenciaban entre mestizos, personas de ascendencia mixta española y americana nativa; mulatos, gente de abolengo mixto español y africano; zambos, personas de linaje mezclado africano y americano nativo, y pardos, personas de ascendencia mezclada española, africana y americana nativa. Todas estas categorías aparentemente empíricas determinaban si alguien podía ser esclavizado, gozar de derechos políticos, portar armas, acceder a empleos públicos, ser admitido en la escuela, ejercer determinadas profesiones, vivir en un barrio determinado o mantener relaciones sexuales y casarse con una persona de otra categoría. Se suponía que, al colocar a una persona en un cajón racial determinado, se podía definir su personalidad, sus capacidades intelectuales y sus inclinaciones éticas.[53]

En el siglo XIX, el racismo fingía ser una ciencia exacta: afirmaba poder diferenciar entre personas sobre la base de hechos biológicos objetivos y basarse en métodos científicos como la medición de cráneos y el registro de estadísticas criminales. Pero la nube de números y categorías no era más que una cortina de humo que ocultaba unos mitos intersubjetivos absurdos. Desde luego, el hecho de que alguien tuviera una abuela americana nativa o un padre africano no revelaba nada acerca de su inteligencia, bondad u honestidad. Estas categorías espurias no descubrían ni describían ninguna verdad acerca de los humanos, sino que les imponían un orden opresivo y mitológico.

A medida que los ordenadores sustituyan a los humanos en cada vez más burocracias, desde la recaudación de impuestos y la atención sanitaria hasta la seguridad y la justicia, también ellos podrán crear una mitología e imponérnosla con una eficiencia sin precedentes. En un mundo gobernado por documentos de papel, los burócratas encontraban dificultades a la hora de controlar las fronteras raciales o de seguir la pista de la ascendencia exacta de alguien. La gente podía obtener documentos falsos. Un zambo podía ir a otra ciudad y fingirse pardo. En ocasiones, un negro podía pasar por blanco. De forma parecida, a veces, en la Unión Soviética, los hijos de los *kulaks* conseguían falsificar sus documentos para obtener un buen trabajo o una plaza en un instituto. En la Europa nazi había judíos que podían adoptar una identidad aria. Pero sería mucho más difícil engañar al sistema en un mundo gobernado por ordenadores que pueden leer el iris y el ADN en lugar de documentos en papel. Los ordenadores podrían ser terriblemente eficientes a la hora de imponer a la gente falsas etiquetas y de asegurarse de que esas etiquetas se mantengan.

Por ejemplo, los sistemas de puntuación social podrían crear una clase marginal de «personas con puntación baja». Un sistema de este tipo puede defender que lo único que está haciendo es «descubrir» la verdad mediante un proceso empírico y matemático basado en sumar puntos para obtener una nota global. Pero ¿cómo definiría exactamente comportamientos de tipo prosocial y antisocial? ¿Qué ocurriría si este sistema restara puntos por criticar las políticas del Gobierno, por leer literatura extranjera, por practicar una religión minoritaria, por no tener religión o por socializar con otras personas con puntuación baja? Como experimento mental, pensemos qué podría ocurrir si la nueva tecnología del sistema de puntuación social se topara con las religiones tradicionales.

Religiones como el judaísmo, el cristianismo y el islam siempre han creído que en algún lugar por encima de las nubes hay un ojo que todo lo ve, que da o resta puntos por todo lo que hacemos y que nuestro destino eterno depende de la puntación que obtengamos. Desde luego, nadie puede conocer su puntuación. Solo lo sabremos con seguridad después de la muerte. En términos prácticos, esto significa que la pecaminosidad y la santidad eran fenómenos intersubjetivos cuya misma definición dependía de la opinión pública. ¿Qué podría ocurrir si, por ejemplo, el régimen iraní decidiera emplear su sistema de vigilancia informático no solo en hacer cumplir sus estrictas leyes sobre el hiyab, sino, además, en transformar la pecaminosidad y la santidad en fenómenos intercomputacionales precisos? ¿No llevabas hiyab por la calle? Esto supone -10 puntos. ¿Comiste antes de la puesta del sol durante el ramadán? Otros 20 puntos menos. ¿Fuiste a rezar a la mezquita el viernes? +5 puntos. ¿Efectuaste el peregrinaje a la Meca? +500 puntos. Después, el sistema podría sumar todos los puntos y dividir a la gente entre «pecadores» (menos de 0 puntos), «creyentes» (de 0 a 1.000 puntos) y «santos» (más de 1.000 puntos). Que alguien fuese un pecador o un santo dependería del cálculo de los algoritmos, no de la creencia humana. Un sistema de este tipo ¿descubriría la verdad acerca de las personas o impondría orden sobre ellas?

Problemas análogos pueden afligir a todos los sistemas de puntuación social y a los regímenes de vigilancia total. Siempre que afirmen estar empleando bases de datos generales y matemáticas ultraprecisas para descubrir pecadores, terroristas, criminales, personas antisociales o poco dignas de confianza, en realidad podrían estar imponiendo prejuicios religiosos e ideológicos sin base y con una eficiencia sin precedentes.

Prejuicios informáticos

Habrá personas que crean que el problema de los prejuicios religiosos e ideológicos puede superarse concediendo todavía más poder a los ordenadores. El argumento para hacerlo podría consistir más o menos en lo siguiente: el racismo, la misoginia, la homofobia, el antisemitismo y el resto de los prejuicios existentes no se originan en un ordenador, sino en las condiciones psicológicas y en las creencias mitológicas de los seres humanos. Los ordenadores son seres matemáticos carentes tanto de psicología como de mitologías. De modo que, si pudiéramos eliminar por completo a los humanos de la ecuación, los algoritmos podrían decidir cosas sobre la base de la matemática pura, libres de las distorsiones psicológicas y de los prejuicios mitológicos.

Por desgracia, numerosos estudios han revelado que los ordenadores suelen tener prejuicios propios y bien arraigados. Aunque no son entidades biológicas, y aunque carecen de consciencia, poseen algo equivalente a una psique digital e incluso una especie de mitología intercomputacional. Pueden ser perfectamente racistas, misóginos, homófobos o antisemitas.[54] Por ejemplo, el 23 de marzo de 2016, Microsoft lanzó el chatbot de IA Tay y le concedió acceso libre a Twitter. A las pocas horas, Tay empezó a publicar tuits misóginos y antisemitas, como: «Odio a las putas feministas y todas tendrían que morir y arder en el infierno», o «Hitler tenía razón. Odio a los judíos». El veneno aumentó hasta que, horrorizados, los ingenieros de Microsoft retiraron Tay, solo dieciséis horas después de haberlo lanzado.[55]

En 2017, la profesora del MIT Joy Buolamwini descubrió un racismo más sutil pero generalizado en unos algoritmos comerciales de clasificación facial. Buolamwini demostró que estos algoritmos eran muy precisos a la hora de descubrir a hombres blancos, pero totalmente imprecisos cuando se trataba de identificar a mujeres negras. Por ejemplo, el algoritmo de IBM se equivocaba solo un 0,3 por ciento de las veces cuando intentaba identificar el género de hombres de piel blanca, pero el 34,7 por ciento cuando eran mujeres de piel oscura. Como prueba cualitativa, Buolamwini les pidió a los algoritmos que categorizaran fotos de la activista afroamericana Sojourner Truth, famosa por su discurso de 1851 «¿Acaso no soy una mujer?». Los algoritmos identificaron a Truth como un hombre.[56]

Cuando Buolamwini —una mujer ghanesa estadounidense— puso a prueba otro algoritmo de análisis facial para que la identificara, este no pudo «ver» en absoluto su cara de piel oscura. En este contexto, «ver» significa la capacidad de reconocer la presencia de una cara humana, una característica que, por ejemplo, emplean las cámaras de los móviles para decidir dónde enfocar. El algoritmo no encontró problemas al ver caras de piel clara, pero sí al ver la de Buolamwini. Solo cuando esta se puso una máscara blanca, el algoritmo reconoció que estaba viendo una cara humana.[57]

¿Qué estaba ocurriendo? Una respuesta podría ser que unos ingenieros racistas y misóginos hubiesen codificado los algoritmos para que discriminasen a las mujeres negras. Aunque no podemos descartar la posibilidad de que estas cosas ocurran, esta no fue la respuesta en el caso de los algoritmos de clasificación facial ni en el del Tay de Microsoft. De hecho, por sí solos, estos algoritmos tomaron sus prejuicios racistas y misóginos de los datos con los que se les había adiestrado.

Para entender cómo pudo ocurrir esto, tenemos que explicar algo acerca de la historia de los algoritmos. En sus orígenes, los algoritmos no podían aprender mucho por sí solos. Por ejemplo, en las décadas de 1980 y 1990, los algoritmos diseñados para jugar al ajedrez aprendían casi todo lo que sabían de sus programadores humanos. Estos humanos codificaron en los algoritmos no solo las reglas básicas del ajedrez, sino también cómo evaluar los diferentes movimientos y posiciones sobre el tablero. Por ejemplo, codificaron una regla según la cual sacrificar una reina para salvar un peón suele ser una mala idea. Estos primeros algoritmos consiguieron derrotar a maestros del ajedrez humanos solo porque los algoritmos podían calcular muchos más movimientos y evaluar muchas más posiciones que un humano. Pero las capacidades de los algoritmos seguían siendo limitadas. Puesto que dependían de los humanos para que les descubrieran todos los secretos del juego, si los codificadores humanos no sabían algo, era improbable que los algoritmos que producían lo supieran.[58]

A medida que se desarrollaba el campo del aprendizaje automático, los algoritmos fueron adquiriendo más independencia. El principio fundamental del aprendizaje automático se basa en que, al igual que los humanos, mientras interactúan con el mundo, los algoritmos se pueden enseñar cosas nuevas a sí mismos y producir una inteligencia artificial completamente desarrollada. La terminología no siempre es consistente, pero, en general, para que algo se reconozca como una IA necesita adquirir la capacidad de aprender cosas nuevas por sí misma, ya sea analizando bases de datos de partidas anteriores o jugando nuevas partidas y aprendiendo de la experiencia.[59] La IA no es un autómata tonto que repite movimientos una y otra vez con independencia de los resultados. Por el contrario, cuenta con mecanismos de autocorrección sólidos que le permiten aprender a partir de sus propias equivocaciones.

Esto significa que la IA inicia su vida como un «algoritmo bebé» con mucho potencial y poder de cálculo pero que en realidad no sabe demasiado. Los progenitores humanos de la IA le confieren solo la capacidad de aprender y el acceso a un mundo de datos. Después dejan que el algoritmo bebé explore el mundo. Al igual que los recién nacidos orgánicos, los algoritmos bebé aprenden al identificar patrones en los datos a los que tienen acceso. Si toco el fuego, me duele. Si lloro, viene mamá. Si sacrifico una reina para salvar un peón, probablemente pierda la partida. Al encontrar pautas en los datos, el algoritmo bebé sigue aprendiendo, incluso cosas que sus progenitores humanos ignoran.[60]

Pero las bases de datos tienen sesgos. Los algoritmos de clasificación facial estudiados por Joy Buolamwini habían sido adiestrados a partir de conjuntos de datos de fotos etiquetadas online, como las Labeled Faces* de la base de datos Wild. Las fotos de esta base de datos se tomaron sobre todo de artículos de noticias online. Puesto que los hombres blancos son mayoría en las noticias, el 78 por ciento de las fotos de las bases de datos eran de hombres, y el 84 por ciento eran de personas blancas. George W. Bush aparecía 530 veces, más del doble que todas las mujeres negras juntas.[61] El 75 por ciento de las fotos de otra base de datos confeccionada por una agencia gubernamental de Estados Unidos era de hombres; más del 80 por ciento era de personas de tez blanca, y solo el 4,4 por ciento de mujeres de piel oscura.[62] No resulta extraño, pues, que los algoritmos adiestrados sobre tales conjuntos de datos fueran excelentes a la hora de identificar hombres blancos pero pésimos cuando se trataba de identificar mujeres negras. Algo parecido ocurrió con el chatbot Tay. Los ingenieros de Microsoft no incorporaron en él ningún prejuicio intencionado. Pero unas horas de exposición a la información tóxica que se arremolinaba en Twitter convirtió a la IA en una racista llena de ira.[63]

Las cosas se complican. Con el fin de aprender, los algoritmos bebé necesitan algo más que el acceso a los datos. También necesitan

* Caras etiquetadas. *(N. del T.)*

un objetivo. Un bebé humano aprende a andar porque quiere ir a algún sitio. Un cachorro de león aprende a cazar porque quiere comer. También a los algoritmos hay que marcarles un objetivo para que aprendan. En el ajedrez, es fácil definir este objetivo: matar al rey del contrincante. La IA aprende que sacrificar la reina para salvar un peón es un «error» porque, por lo general, esto impide que el algoritmo alcance su objetivo. En el reconocimiento facial, el objetivo también es fácil: identificar el género, la edad y el nombre de la persona tal como se lista en la base de datos original. Si el algoritmo deduce que George W. Bush es una mujer pero la base de datos dice que es un hombre, no se alcanza el objetivo y el algoritmo aprende de su error.

Pero, si queremos adiestrar a un algoritmo para, por ejemplo, contratar personal, ¿cómo definiremos el objetivo? ¿Cómo sabrá el algoritmo que ha cometido un error y que ha contratado a la persona «equivocada»? Podemos decirle al algoritmo bebé que su objetivo es contratar personas que se mantengan en la compañía al menos un año. Es evidente que a los empleadores no les interesa invertir tiempo y dinero en formar a un trabajador que se marchará o al que despedirá al cabo de unos meses. Después de haber definido el objetivo en estos términos, llega el momento de ir a los datos. En el ajedrez, al algoritmo le basta con jugar contra sí mismo para generar multitud de datos nuevos. Pero en el mercado laboral esto es imposible. Nadie puede crear un mundo completamente imaginario en el que el algoritmo bebé pueda contratar y despedir a personas imaginarias y aprender a partir de esta experiencia. El algoritmo bebé solo puede adiestrarse sobre una base de datos existente acerca de personas de la vida real. Del mismo modo que los cachorros de león aprenden lo que es una cebra principalmente mediante la observación de patrones en la sabana de la vida real, los algoritmos bebé aprenden lo que es un buen empleado mediante la observación de patrones en compañías de la vida real.

Por desgracia, si las compañías de la vida real ya han arraigado prejuicios, es probable que el algoritmo bebé incorpore estos prejuicios e, incluso, que los amplifique. Por ejemplo, un algoritmo que busque patrones de «buenos empleados» en datos de la vida real puede llegar a la conclusión de que contratar al sobrino del jefe siempre es buena idea, con independencia del resto de cualificaciones que tenga. Porque los datos indican con claridad que los «sobrinos del jefe» suelen ser contratados cuando solicitan un trabajo y que rara vez son despedidos. El algoritmo bebé advertirá este patrón y caerá en el nepotismo. Si se le pone al frente de un departamento de recursos humanos, dará preferencia a los sobrinos del jefe.

De modo similar, si las compañías de una sociedad misógina prefieren contratar hombres antes que mujeres, es probable que un algoritmo adiestrado a partir de datos de la vida real también adopte este sesgo. En realidad, esto ocurrió cuando, entre 2014 y 2018, Amazon intentó desarrollar un algoritmo para revisar solicitudes de empleo. A partir de lo aprendido de solicitudes previas, tanto exitosas como fallidas, el algoritmo empezó a reducir sistemáticamente la calificación de las solicitudes que contenían la palabra «mujer» o que procedían de chicas que se habían graduado en centros universitarios femeninos. Puesto que los datos existentes demostraban que en el pasado estas solicitudes habían tenido menos posibilidades de éxito, el algoritmo desarrolló un prejuicio hacia ellas y pensó que solo había descubierto una verdad objetiva sobre el mundo: las solicitantes que se graduaban en centros femeninos están menos cualificadas. De hecho, todo lo que hizo fue internalizar e imponer un sesgo misógino. Amazon intentó resolver el problema, pero fracasó y, al final, descartó el proyecto.[64]

La base de datos a partir de la que se adiestra a una IA es un poco como la infancia humana. Las experiencias, los traumas y los cuentos de hadas vividos durante la infancia nos acompañan toda la vida. Las IA también cuentan con experiencias de infancia. Los algoritmos incluso pueden transmitirse sus prejuicios unos a otros, como hacen los humanos. Pensemos en una sociedad futura en la que los algoritmos son ubicuos y se emplean no solo para examinar solicitudes de empleo, sino también para recomendar a la gente qué estudiar en la universidad. Supongamos que, debido a un prejuicio misógino preexistente, el 80 por ciento de los puestos de trabajo en el campo de la ingeniería se conceden a hombres. En esta sociedad, es probable que un algoritmo que contrata nuevos ingenieros no solo copie este sesgo preexistente, sino que además transmita el mismo prejuicio a los algoritmos de recomendación de la universidad. Una joven que entre en la universidad puede ser disuadida de estudiar ingeniería porque los datos existentes indican que es menos probable que acabe obteniendo un empleo. Lo que empezó como un mito intersubjetivo humano que afirmaba que «las mujeres no son buenas en ingeniería» puede mutar en un mito intercomputacional. Si no nos libramos del prejuicio desde el principio, los ordenadores bien pueden perpetuarlo y magnificarlo.[65]

Pero desembarazarse de los sesgos de los algoritmos puede ser tan difícil como librarnos de nuestros prejuicios humanos. Una vez que un algoritmo ha recibido adiestramiento, se necesita mucho tiempo y esfuerzo para «desadiestrarlo». Podríamos limitarnos a eliminar el algoritmo sesgado y adiestrar a un algoritmo totalmente nuevo con un nuevo conjunto de datos menos sesgado. Pero ¿dónde podemos encontrar un conjunto de datos libre de prejuicios?[66]

Muchos de los prejuicios de los algoritmos que hemos analizado en este y en los anteriores capítulos comparten un problema fundamental: el ordenador cree haber descubierto una verdad acerca de los humanos cuando, de hecho, lo que ha hecho ha sido imponerles orden. Un algoritmo de redes sociales cree haber descubierto que a los humanos les atraen las atrocidades cuando, en realidad, es el propio algoritmo el que ha condicionado a los humanos para que produzcan y consuman más atrocidades. Estos sesgos proceden, por un lado, del hecho de que los ordenadores subestiman todo el espectro de las capacidades humanas y, por otro, de que los ordenadores no tienen en cuenta su propia capacidad de influencia en los humanos. Que los ordenadores observen que casi todos los humanos se comportan de una manera determinada no quiere decir que los humanos vayan a comportarse así. Quizá solo signifique que los propios ordenadores están recompensando este comportamiento, al tiempo que castigan y bloquean las alternativas. Para que los ordenadores adquieran una visión del mundo más exacta y responsable, han de tener en cuenta su propio poder e impacto. Y, para que esto ocurra, los humanos que fabrican ordenadores tienen que aceptar que no están creando nuevas herramientas.

Están desplegando nuevos tipos de agentes independientes, y puede que hasta nuevos tipos de dioses.

¿Los nuevos dioses?

En *God, Human, Animal, Machine*, la filósofa Meghan O'Gieblyn demuestra hasta qué punto las mitologías tradicionales han influido en el modo en que entendemos los ordenadores. En concreto, O'Gieblyn insiste en las semejanzas entre el dios omnisciente e incognoscible de la teología judeocristiana y las IA actuales, cuyas decisiones nos parecen a la vez infalibles e inescrutables.[67] Esto puede suponer para los humanos una peligrosa tentación.

En el capítulo 4 hemos visto que hace miles de años los humanos ya soñábamos con encontrar una tecnología de la información infalible que nos protegiera de la corrupción y el error humanos. Los libros sagrados fueron un intento audaz de generar tal tecnología, pero produjeron un efecto indeseado. Puesto que el libro no podía interpretarse a sí mismo, se tuvo que crear una institución humana que interpretara la palabra sagrada y que la adaptara a las circunstancias cambiantes. Diferentes humanos interpretaron el libro sagrado de formas diferentes, con lo que volvieron a abrir la puerta a la corrupción y al error. Pero, en contraste con el libro sagrado, los ordenadores *pueden* adaptarse a las circunstancias cambiantes y a la vez interpretar sus decisiones e ideas para nosotros. En consecuencia, habrá humanos que concluyan que al final la búsqueda de una tecnología infalible ha tenido éxito y que debemos concebir los ordenadores como un libro sagrado capaz de hablarnos y de interpretarse a sí mismo sin necesidad de que una institución humana haga de intermediaria.

Esta sería una apuesta demasiado arriesgada. Cuando determinadas interpretaciones de las escrituras causaban desastres tales como las cazas de brujas o una guerra religiosa, los humanos siempre pudimos cambiar nuestras creencias. Cuando la imaginación humana creó un dios beligerante y lleno de odio, conservamos el poder de desembarazarnos de él y de imaginar una deidad más tolerante. Pero los algoritmos son agentes independientes, y ya nos están arrebatando el poder. Si causan un desastre, cambiar nuestras creencias sobre ellos puede que no sea suficiente para detenerlos. Y, dado que son falibles, es muy probable que si se concede poder a los ordenadores acaben por causar desastres.

Las implicaciones de que los ordenadores sean falibles van más allá de cometer un ocasional error factual o de tomar una decisión equivocada. Lo que es más importante, como antes ocurrió con la red humana, la red informática podría no encontrar el equilibrio entre la verdad y el orden. Al crear e imponernos potentes mitos intercomputacionales, la red informática podría provocar calamidades históricas que superarían con mucho a la caza de brujas de la Europa de principios de la Edad Moderna o a la colectivización de Stalin.

Pensemos en una red de miles de millones de ordenadores que interactúan entre sí y que acumulan una enorme cantidad de información sobre el mundo. Mientras persiguen diversos objetivos, los ordenadores de la red desarrollan un modelo común del mundo que los ayuda a comunicarse y cooperar. Probablemente, este modelo compartido esté plagado de errores, ficciones y lagunas, y se trate más de una representación mitológica que de una representación veraz del universo. Un ejemplo sería un sistema de puntuación social que dividiera a los humanos en categorías espurias determinadas no por una lógica humana, como puede ser el racismo, sino por una lógica informática insondable. Podríamos llegar a establecer contacto con esta mitología cada día de nuestras vidas, puesto que guiaría las numerosas decisiones que los ordenadores toman sobre nosotros. Pero, debido a que este modelo mítico habría sido creado por entidades inorgánicas con el fin de coordinar acciones con otras entidades inorgánicas, podría no deber nada a los antiguos dramas biológicos y ser del todo ajeno a nosotros.[68]

Tal como se ha señalado en el capítulo 2, las sociedades a gran escala no pueden existir sin alguna mitología, pero esto no significa que todas las mitologías sean iguales. Para protegerse de errores y excesos, ciertas mitologías han reconocido su origen falible y han incluido un mecanismo de autocorrección que permite que los humanos las cuestionen y alteren. Este, por ejemplo, es el modelo de la Constitución de Estados Unidos. Pero ¿cómo podemos revisar y corregir una mitología informática que no entendemos?

Una salvaguarda podría consistir en adiestrar a los ordenadores para que sean conscientes de su propia falibilidad. Tal como afirmaba Sócrates, la posibilidad de decir «no lo sé» constituye un paso esencial en la senda de la sabiduría. Y esto es aplicable tanto a la sabiduría de los ordenadores como a la sabiduría humana. La primera lección que todo algoritmo debe aprender es que puede equivocarse. Los algoritmos bebé deben aprender a dudar de sí mismos, a señalar lo que les genera incertidumbre y a obedecer el principio de precaución. Esto no es imposible. La ingeniería está conquistando avances considerables con el objetivo de animar a la IA a expresar inseguridad, a pedir opinión y a admitir sus errores.[69]

Pero, con independencia de lo conscientes que lleguen a ser los algoritmos de su falibilidad, los humanos debemos mantenernos al tanto de lo que ocurre. Dado el ritmo al que se está desarrollando, es sencillamente imposible anticipar cómo evolucionará la IA, y se hace necesario crear salvaguardas contra los peligros que puedan acechar en el futuro. Esta es una diferencia clave entre la IA y amenazas existenciales previas como la tecnología nuclear. Esta presentaba a la humanidad una serie de supuestos en los que el mundo tocaba a su fin, pero eran fáciles de anticipar; el más evidente planteaba una guerra nuclear sin cuartel. Esto hacía que fuese factible conceptualizar el peligro con antelación y explorar formas de mitigarlo. En cambio, la IA nos presenta innumerables supuestos en los que el mundo toca a su fin. Algunos son relativamente fáciles de entender, como el de que unos terroristas utilicen la IA para desarrollar armas biológicas de destrucción masiva. Otros son más difíciles de entender, como el de una IA que crea nuevas armas psicológicas de destrucción masiva. Y los hay que pueden hallarse mucho más allá de lo que la mente humana es capaz de imaginar, porque emanan de los cálculos de una inteligencia ajena. Para protegernos de una plétora de problemas imprevisibles, crear instituciones vivas que puedan identificar la amenaza cuando surja y responder a ella pasa a ser nuestra mejor opción.[70]

Para los judíos y los cristianos de la Antigüedad supuso una decepción descubrir que la Biblia no podía interpretarse a sí misma, y a regañadientes mantuvieron una serie de instituciones humanas que asumieron las tareas de las que la tecnología no podía ocuparse. En el siglo XXI la situación es casi opuesta. Inventamos una tecnología que *puede* interpretarse a sí misma, pero precisamente por esto conviene que creemos instituciones humanas capaces de vigilarla de cerca.

Para concluir: la nueva red informática no tiene que ser ni mala ni buena. Todo lo que sabemos con seguridad es que será ajena y que podrá ser falible. Por lo tanto, debemos crear instituciones capaces de controlar no solo las debilidades humanas ya conocidas, como son la codicia o el odio, sino también errores completamente ajenos. La tecnología no ofrece una solución a este problema. Más bien se trata de un desafío político. ¿Tenemos la voluntad política de ocuparnos de él? La humanidad moderna ha creado dos modelos de sistema político que destacan por encima de todos: la democracia a gran escala y el totalitarismo a gran escala. La parte III examina cómo cada uno de dichos sistemas puede tratar con una red informática completamente ajena y falible.

Parte III
Política informática

9

Democracias: ¿podemos mantener todavía una conversación?

Las civilizaciones nacen del matrimonio entre la burocracia y la mitología. La red basada en ordenadores es un nuevo tipo de burocracia mucho más potente e incansable que cualquier burocracia de base humana que hayamos conocido. También es probable que esta red cree mitologías intercomputacionales, que serán mucho más complejas y ajenas que cualquier dios de creación humana. Los beneficios que esta red puede ofrecer son enormes. Como aspecto negativo, podría acabar con la civilización humana.

Hay personas a las que las advertencias sobre el hundimiento de la civilización les suenan a jeremiadas exageradas. Cada vez que ha aparecido una tecnología nueva y potente, ha surgido el temor de que pudiera conducir al apocalipsis, pero aquí seguimos. A medida que la Revolución Industrial se desarrollaba, quedó claro que el supuesto fin del mundo al que apuntaban los luditas no se materializaría, y los «oscuros molinos satánicos» de Blake acabaron por generar las sociedades más prósperas de la historia. Hoy, casi todos gozamos de unas condiciones de vida mucho mejores que las de nuestros antepasados en el siglo XVIII. Las máquinas inteligentes demostrarán ser incluso más beneficiosas que cualquier máquina previa, según prometen entusiastas de la IA como Marc Andreessen y Ray Kurzweil.[1] Los humanos tendremos acceso a una atención sanitaria y a una educación, así como a otros tantos servicios, mucho mejores, y la IA contribuirá a salvar el ecosistema del colapso.

Por desgracia, una mirada más atenta a la historia nos revelará que los luditas no iban tan desencaminados y que tenemos buenas razones para temer a las tecnologías nuevas y poderosas. Para que los aspectos positivos de dichas tecnologías superen a los negativos, son muchas las pruebas y tribulaciones a las que debemos enfrentarnos. Las tecnologías novedosas suelen conducir a desastres históricos no porque sean intrínsecamente malas, sino porque a los humanos les lleva un tiempo aprender a usarlas con sensatez.

El de la Revolución Industrial es un ejemplo excelente. Cuando la tecnología industrial empezó a extenderse a nivel global en el siglo XIX, removió los cimientos económicos, sociales y políticos tradicionales, y abrió el camino para crear sociedades totalmente nuevas que pudieran ser más prósperas y pacíficas. Sin embargo, aprender a crear sociedades industriales benignas estaba lejos de ser inmediato y requirió de un buen número de experimentos costosos y de cientos de millones de víctimas.

Un experimento costoso fue el imperialismo moderno. La Revolución Industrial se originó en Gran Bretaña a finales del siglo XVIII. Durante el siglo XIX, otros países europeos, desde Bélgica hasta Rusia, así como Estados Unidos y Japón, adoptaron tecnologías y métodos de producción industriales. Los pensadores imperialistas, los políticos y los partidos de estos países industriales afirmaban que la única sociedad industrial viable era un imperio. Sus argumentos se basaban en que, a diferencia de las sociedades agrarias, más o menos autosuficientes, las nuevas sociedades industriales dependían en gran medida de mercados y de materias primas extranjeros, y en que solo un imperio podía satisfacer estos apetitos sin precedentes. Los imperialistas temían que aquellos países que se industrializaran pero no consiguieran conquistar colonias se vieran privados de las materias primas y de los mercados esenciales por la acción de competidores más implacables. Algunos imperialistas aducían que adquirir colonias no solo era fundamental para la supervivencia de su propio Estado, sino que también era beneficioso para el resto de la humanidad. Afirmaban que solo los imperios podían extender las bendiciones de las nuevas tecnologías al llamado «mundo subdesarrollado».

En consecuencia, países industriales como Gran Bretaña y Rusia, que ya poseían imperios, se dedicaron a expandirlos, mientras que países como Estados Unidos, Japón, Italia y Bélgica se dispusieron a construirlos. Equipados con rifles y artillería producidos en masa, transportados por la energía del vapor y comandados por el telégrafo, los ejércitos de la industria barrieron el globo, de Nueva Zelanda a Corea y de Somalia a Turkmenistán. Millones de indígenas vieron cómo las ruedas de estos ejércitos industriales pasaban por encima de sus estilos de vida tradicionales. Hizo falta más de un siglo de desgracias para que la mayoría de la gente se diera cuenta de que el imperio industrial era una idea terrible y de que había mejores maneras de edificar una sociedad industrial y de proveerse de las materias primas y de los mercados necesarios.

El estalinismo y el nazismo también fueron experimentos muy costosos en este sentido. Líderes como Stalin y Hitler afirmaban que la Revolución Industrial había desencadenado poderes inmensos que solo el totalitarismo podía controlar y explotar al máximo. Veían la Primera Guerra Mundial —la primera «guerra total» de la historia— como una prueba de que la supervivencia en el mundo industrial exigía el control totalitario de todos los aspectos de la política, la sociedad y la economía. En su vertiente positiva, también afirmaban que la Revolución Industrial era como un horno que funde todas las estructuras sociales previas, con sus imperfecciones y debilidades humanas, y proporciona la oportunidad de forjar sociedades perfectas habitadas por superhumanos puros.

En el proceso de creación de la sociedad industrial perfecta, estalinistas y nazis aprendieron a matar de manera industrial a millones de personas. Trenes, alambres de espino y órdenes telegrafiadas se conjugaron para crear una máquina de matar sin precedentes. Hoy, cuando echamos una mirada al pasado, la mayoría de nosotros nos sentimos horrorizados ante los crímenes que perpetraron estalinistas y nazis, pero en aquella época sus ideas audaces fascinaron a millones de personas. En 1940, mientras las democracias liberales se encaminaban al basurero de la historia, era fácil creer que Stalin y Hitler eran un ejemplo de aprovechamiento de la tecnología industrial.

La existencia misma de recetas opuestas para construir sociedades industriales condujo a enfrentamientos costosos. Las dos guerras mundiales y la Guerra Fría pueden entenderse como un debate acerca de la mejor manera de conseguirlo, en el que todas las partes aprendían de las demás, al tiempo que experimentaban con nuevos métodos industriales para librar la guerra. En el curso de este debate, decenas de millones de personas murieron y la humanidad estuvo peligrosamente cerca de la aniquilación.

Además de todas estas catástrofes, la Revolución Industrial también socavó el equilibrio ecológico global, lo que causó una oleada de extinciones. Se cree que, a principios del siglo XXI, hasta cincuenta y ocho mil especies se extinguen cada año. Y las poblaciones de vertebrados se redujeron en un 60 por ciento entre 1970 y 2014.[2] La supervivencia de la civilización humana también se halla bajo amenaza. Puesto que parece que todavía somos incapaces de construir una sociedad industrial ecológicamente sostenible, la cacareada prosperidad de la generación humana actual supone costes terribles para otros seres sintientes y para las futuras generaciones humanas. Quizá podamos encontrar una forma —tal vez con la ayuda de la IA— de crear sociedades industriales ecológicamente sostenibles, pero, hasta que llegue este día, el jurado seguirá deliberando sobre los molinos satánicos de Blake.

Si ignoramos por un momento el daño progresivo al ecosistema, podemos consolarnos con la idea de que, con el tiempo, los humanos hemos aprendido a construir sociedades industriales más benévolas. Conquistas imperiales, guerras mundiales, genocidios y regímenes totalitarios fueron experimentos lamentables que enseñaron a los humanos cómo *no* hacerlo. Podría afirmarse que a finales del siglo XX la humanidad lo hacía más o menos bien.

Pero, aun así, el mensaje para el siglo XXI es desalentador. Si la humanidad necesitó que le enseñaran lecciones tan terribles para aprender a gestionar la energía del vapor y los telégrafos, ¿cuál será el coste de aprender a gestionar la bioingeniería y la IA? ¿Acaso hemos de pasar por otro ciclo de imperios globales, regímenes totalitarios y guerras mundiales con el fin de aprender a usarlas de manera benévola? Las tecnologías del siglo XXI son mucho más poderosas —y puede que mucho más destructivas— que las del siglo XX. Por lo tanto, tenemos menos margen de error. En el siglo XX, podemos decir que la humanidad obtuvo como nota un suficiente bajo en la asignatura de empleo de la tecnología industrial. Justo para aprobar. En el siglo XXI, el nivel de exigencia es mucho más alto. Esta vez debemos hacerlo mejor.

La vía democrática

A finales del siglo XX ya se había hecho evidente que el imperialismo, el totalitarismo y el militarismo no eran la manera ideal de construir sociedades industriales. A pesar de todos sus defectos, la democracia liberal ofrecía una vía mejor. La gran ventaja de la democracia liberal es que posee mecanismos de autocorrección sólidos, que limitan los excesos del fanatismo y conservan la capacidad de reconocer nuestros errores y probar diferentes cursos de acción. Dada la imposibilidad de predecir cómo se desarrollará la nueva red informática, nuestra mejor opción de evitar la catástrofe en el siglo actual pasa por mantener aquellos mecanismos de autocorrección democráticos que pueden identificar y corregir los errores según avanzamos.

Pero ¿puede la propia democracia liberal sobrevivir en el siglo XXI? Esta pregunta no se refiere a la suerte de la democracia en países concretos, donde podría verse amenazada por acontecimientos que solo afectan a dichos países y por movimientos locales. Más bien se refiere a la compatibilidad de la democracia con la estructura de las redes de información del siglo XXI. En el capítulo 5 hemos visto que la democracia depende de la tecnología de la información y que para la mayor parte de la historia humana la democracia a gran escala ha sido sencillamente imposible. ¿Podrían las nuevas tecnologías de la información del siglo XXI hacer que de nuevo la democracia fuera impracticable?

Una amenaza puede ser que la inexorabilidad de la nueva red informática aniquile nuestra privacidad y nos castigue o recompense no solo por lo que hacemos y decimos, sino incluso por todo lo que pensamos y sentimos. ¿Puede la democracia sobrevivir bajo estas condiciones? El hecho de que el Gobierno —o una compañía—

sepa más de mí que yo mismo y de que microgestione todo lo que hago y pienso le puede proporcionar un control totalitario sobre la sociedad. La celebración regular de elecciones funcionaría más como un rito autoritario que como un órgano de control real sobre el poder del Gobierno. Porque el Gobierno podría usar todo su poder de vigilancia y su conocimiento íntimo de cada ciudadano para manipular la opinión pública a una escala sin precedentes.

Sin embargo, es un error suponer que solo porque los ordenadores permitan la creación de regímenes de vigilancia total tales regímenes sean inevitables. La tecnología rara vez es determinista. En la década de 1970, países democráticos como Dinamarca y Canadá podrían haber emulado la dictadura rumana y haber desplegado un ejército de agentes secretos e informantes para espiar a sus ciudadanos con el objetivo de «mantener el orden social». Eligieron no hacerlo, y esta se demostró como la elección adecuada. No solo era que la gente fuese mucho más feliz en Dinamarca y en Canadá, sino que, además, estos países obtuvieron mejores resultados en prácticamente cualquier aspecto social y económico concebible. También en el siglo XXI, el hecho de que sea posible supervisar a todo el mundo todo el tiempo no obliga a nadie a hacerlo, y no significa que esto tenga sentido desde un punto de vista social o económico.

Con el fin de proporcionar a los ciudadanos más seguridad y una mejor asistencia sanitaria sin socavar su privacidad ni su autonomía, las democracias pueden optar por hacer uso de sus nuevos poderes de vigilancia de una manera limitada. La nueva tecnología no tiene por qué ser un cuento moral en el que cada manzana dorada contenga las semillas del desastre. A veces la gente piensa en la nueva tecnología como en una opción binaria de todo o nada: si queremos una mejor atención sanitaria, hemos de sacrificar nuestra privacidad. Pero no tiene por qué ser así. Podemos y debemos obtener una mejor atención sanitaria y aun así conservar cierta privacidad.

Se dedican libros enteros a subrayar cómo las democracias pueden sobrevivir y medrar en la era digital.[3] Sería imposible, en unas pocas páginas, hacer justicia a la complejidad de las soluciones que se sugieren o exponer de manera exhaustiva sus méritos e inconvenientes. Incluso podría ser contraproducente. Cuando alguien se ve abrumado por un aluvión de detalles técnicos desconocidos puede reaccionar con desesperación y apatía. En un análisis introductorio de la política informática, las cosas deben simplificarse tanto como sea posible. Aunque los expertos puedan dedicar carreras enteras a cuestionar hasta el más mínimo detalle, es muy importante que los demás comprendamos los principios fundamentales que pueden y deben seguir las democracias. El mensaje clave es que estos principios no son ni nuevos ni misteriosos. Se conocen desde hace siglos, incluso desde hace milenios. Los ciudadanos deben exigir que se apliquen a las nuevas realidades de la era de los ordenadores.

El primer principio es la *benevolencia*. Cuando una red informática recopila información sobre mí, esta información ha de usarse para ayudarme y no para manipularme. Numerosos sistemas burocráticos como la atención sanitaria ya han consagrado con éxito este principio. Pensemos, por ejemplo, en cómo nos relacionamos con nuestro médico de familia. A lo largo de los años puede acumular información sensible sobre nuestra salud, nuestra vida familiar, nuestros hábitos sexuales y nuestros vicios poco saludables. Quizá no quiera que mi jefe sepa que estoy embarazada, que mis colegas sepan que tengo cáncer, que mi pareja sepa que estoy teniendo una aventura, y no quiero que la policía sepa que consumo drogas recreativas, pero confío a mi médico toda esta información para que pueda cuidarse bien de mi salud. Si vende esta información a un tercero, no solo será poco ético, sino ilegal.

Ocurre prácticamente lo mismo con la información que acumulan nuestro abogado, nuestro contable o nuestro psiquiatra.[4] Tener acceso a nuestra vida personal conlleva el deber fiduciario de actuar en defensa de nuestros intereses. ¿Por qué no extender un principio tan obvio y antiguo a ordenadores y algoritmos, empezando por los poderosos algoritmos de Google, Baidu y TikTok? Hoy tenemos un problema serio con el modelo de negocio de estos acumuladores de datos. Mientras que a nuestros médicos y abogados les pagamos por sus servicios, por lo general no pagamos a Google ni a TikTok. Ganan dinero explotando nuestra información personal. Este es un modelo de negocio problemático, uno que difícilmente toleraríamos en otros contextos. Por ejemplo, no esperamos obtener calzado gratis de Nike a cambio de ofrecerle nuestra información privada y de permitirle que haga con ella lo que quiera. ¿Por qué debemos aceptar que los gigantes tecnológicos nos proporcionen servicios gratuitos de correo electrónico, conexiones sociales y entretenimiento a cambio de otorgarles el control de nuestros datos más sensibles?

Si los gigantes tecnológicos no pueden adecuar su deber fiduciario a su modelo de negocio actual, los legisladores podrían requerirles que cambien al modelo de negocio más tradicional de hacer que los usuarios paguen por los servicios en dinero y no en información. De manera alternativa, los ciudadanos pueden considerar que ciertos servicios digitales son tan importantes que deberían ser gratuitos para todo el mundo. Pero también tenemos un modelo histórico para esto: la atención sanitaria y la educación. Los ciudadanos podrían decidir que es responsabilidad del Gobierno proporcionar servicios digitales básicos gratuitos y financiarlos con nuestros impuestos, del mismo modo que muchos gobiernos proporcionan servicios gratuitos de atención sanitaria y educación.

El segundo principio que protegería la democracia del auge de los regímenes de vigilancia totalitarios es la *descentralización*. Una sociedad democrática no debe permitir que toda su información se halle concentrada en un lugar, con independencia de que dicho centro sea el Gobierno o una compañía privada. Puede ser muy útil crear una base de datos médicos nacional que recopile información sobre la ciudadanía con el fin de proporcionarle mejores servicios de atención sanitaria, prevenir epidemias y desarrollar nuevos medicamentos. Pero mezclar esta base de datos con las de la policía, los bancos o las compañías de seguros sería muy peligroso. Hacerlo podría incrementar la eficiencia de médicos, banqueros, gestores de seguros y policías, pero, a su vez, esta hipereficiencia podría allanar el camino al totalitarismo. Para la supervivencia de la democracia, la ineficiencia no es un defecto, sino una característica. Para proteger la privacidad y la libertad de los individuos, será mejor que ni la policía ni el jefe lo sepan todo sobre nosotros.

Las bases de datos múltiples y los canales de información también son esenciales para mantener unos mecanismos de autocorrección sólidos. Dichos mecanismos requieren que instituciones de distinta naturaleza se equilibren unas a otras: Gobierno, tribunales, medios de comunicación, el ámbito académico, empresas privadas, ONG. Cada una de ellas es falible y corruptible, y por eso han de hallarse bajo el control de las demás. Para controlar a las demás, estas instituciones deben tener un acceso independiente a la información. Si todos los periódicos obtienen su información del Gobierno, no podrán destapar la corrupción del Gobierno. Si, para sus investigaciones y publicaciones, el mundo académico parte de la base de datos de un solo gigante empresarial, ¿podrán los académicos criticar las operaciones de dicha compañía? Un único archivo facilita la censura.

Un tercer principio democrático es la *mutualidad*. Si las democracias aumentan su vigilancia sobre los individuos, también tendrán que aumentar la vigilancia sobre el Gobierno y las empresas. No tiene por qué ser malo que los recaudadores de impuestos o las agencias de prestaciones sociales obtengan más información sobre nosotros. Esto puede contribuir a que los sistemas tributarios y de prestaciones sociales sean no solo más eficientes, sino también más justos. Lo que es malo es que la información fluya solo en un sentido, de abajo arriba. El Servicio Federal de Seguridad de la Federación de Rusia (SFB) acumula enormes cantidades de información sobre los ciudadanos rusos, mientras que estos apenas saben nada del funcionamiento interno del SFB y, a un nivel más general, del régimen de Putin. Amazon y TikTok saben muchísimas cosas acerca de mis preferencias, mis compras y mi personalidad, mientras que yo apenas sé nada de su modelo de negocio, sus políticas tributarias y su afiliación política. ¿Cómo obtienen su dinero? ¿Pagan todos los impuestos que deberían pagar? ¿Aceptan órdenes de sus dueños políticos? ¿Acaso tienen políticos en el bolsillo?

La democracia requiere equilibrio. Gobiernos y empresas suelen desarrollar aplicaciones y algoritmos como instrumentos de vigilancia de arriba abajo. Pero, con la misma facilidad, los algoritmos pueden convertirse en instrumentos que controlen la transparencia y la rendición de cuentas de abajo arriba, y que destapen sobornos y evasiones de impuestos. Si ellos saben mucho sobre nosotros y al mismo tiempo nosotros sabemos mucho sobre ellos, se mantendrá el equilibrio. Esta no es una idea novedosa. A lo largo de los siglos XIX y XX, las democracias ampliaron la vigilancia gubernamental de los ciudadanos de un modo que, por ejemplo, hizo que el Gobierno italiano y el Gobierno japonés de la década de 1990 gozaran de unas capacidades de vigilancia con las que los autócratas emperadores romanos o los sogunes japoneses solo podrían haber soñado. No obstante, Italia y Japón siguieron siendo democracias, porque a su vez aumentaron la transparencia y la rendición de cuentas. El de la vigilancia mutua es otro factor importante en el mantenimiento de los mecanismos de autocorrección. Si los ciudadanos saben más acerca de las actividades desarrolladas por políticos y directores ejecutivos, será fácil exigirles responsabilidades y que corrijan sus errores.

Un cuarto principio democrático defiende que los sistemas de vigilancia siempre han de dejar margen para *el cambio y el descanso.* En la historia humana, la opresión se puede ejercer, o bien negando a los humanos la capacidad de cambiar, o bien negándoles la posibilidad de descansar. Por ejemplo, el sistema hindú de castas se basaba en mitos que afirmaban que los dioses habían dividido a los humanos en castas rígidas y que cualquier intento de cambiar la condición social de alguien suponía rebelarse contra los dioses y contra el orden correcto del universo. El racismo en las colonias, así como en países modernos como Brasil o Estados Unidos, se basaba en mitos parecidos que afirmaban que Dios o la naturaleza dividió a los humanos en grupos raciales rígidos. Por lo visto, ignorar la raza o intentar mezclar razas era un pecado contra las leyes divinas o naturales que podía producir el hundimiento del orden social e incluso la destrucción de la especie humana.

En el extremo opuesto del espectro, los regímenes totalitarios modernos, como la Unión Soviética de Stalin, creían que los humanos podían experimentar cambios casi ilimitados. Mediante un control social implacable, incluso características biológicas bien arraigadas como el egoísmo y los lazos familiares podían desarraigarse para crear un nuevo humano socialista.

La vigilancia ejercida por agentes del Estado, clérigos y vecinos era clave para imponer tanto un rígido sistema de castas como campañas totalitarias de reeducación. Una nueva tecnología de vigilancia, sobre todo cuando se complementaba con un sistema de puntuación social, podía obligar a la gente a adaptarse a un nuevo sistema de castas o a cambiar constantemente sus acciones, sus pensamientos y su personalidad de acuerdo con las últimas instrucciones recibidas desde arriba.

Por tanto, las sociedades democráticas que hagan uso de una potente tecnología de vigilancia deben cuidarse de no caer en ninguno de los extremos, tanto en la rigidez excesiva como en la flexibilidad excesiva. Pensemos, por ejemplo, en un sistema de atención sanitaria nacional que emplea algoritmos para controlar mi salud. En un extremo, el sistema podría adoptar un enfoque demasiado rígido y pedirle a su algoritmo que prediga qué probabilidad tengo de padecer determinadas enfermedades. De modo que el algoritmo accede a mis datos genéticos, a mi archivo médico, a mi actividad en las redes sociales, a mi dieta y a mi agenda personal, y concluye que tengo un 91 por ciento de probabilidades de padecer un ataque al corazón a los cincuenta años. Si mi compañía de seguros usa este rígido algoritmo médico, puede aumentar la prima de mi póliza.[5] Si lo utiliza mi banco, puede denegarme un préstamo. Si lo utiliza un posible cónyuge, puede decidir no casarse conmigo.

Pero es un error pensar que el algoritmo rígido haya descubierto la verdad sobre mí. El cuerpo humano no es un bloque de materia fijo, sino un complejo sistema orgánico que no deja de crecer, descomponerse y adaptarse. Nuestra mente también se halla en un flujo constante. Pensamientos, emociones y sensaciones aparecen, brillan durante un instante y desaparecen. En cuestión de horas, se forman nuevas sinapsis en nuestro cerebro.[6] Por ejemplo, solo leer este párrafo hace que la estructura de mi cerebro se altere, al animar a las neuronas a producir nuevas conexiones o a abandonar antiguos vínculos. Ya soy un poco diferente de como era al empezar a leerlo. Incluso a nivel genético, todo es sorprendentemente flexible. Aunque el ADN de un individuo se mantenga inalterable a lo largo de la vida, factores epigenéticos y ambientales pueden producir cambios importantes en la forma en que se expresan los propios genes.

De modo que un sistema de atención sanitaria puede instruir a su algoritmo no para que *prediga* mis enfermedades, sino para que me ayude a evitarlas. Un algoritmo dinámico de este tipo puede acceder a los mismos datos que el algoritmo rígido, pero, en lugar de predecir un ataque al corazón a los cincuenta años, hacerme recomendaciones dietéticas precisas y sugerirme ejercicios regulares concretos. Al acceder a mi ADN, el algoritmo no descubre mi destino predeterminado, sino que me ayuda a cambiar mi futuro. Compañías de seguros, bancos y posibles cónyuges no me descartarán tan fácilmente.[7]

Pero, antes de que nos precipitemos a adoptar el algoritmo dinámico, debemos señalar que este también tiene un aspecto negativo. La vida humana consiste en un acto de equilibrio entre el esfuerzo por mejorar y la aceptación de lo que somos. Si los objetivos del algoritmo dinámico vienen dictados por un Gobierno ambicioso o por compañías implacables, es probable que el algoritmo mute en un tirano que me pida sin parar que haga más ejercicio, que coma menos, que cambie mis aficiones y que altere otras tantas costumbres, pues de otro modo hablará con mi jefe o reducirá mi puntuación social. La historia está llena de rígidos sistemas de castas que negaban a los humanos la capacidad de cambiar, pero también está repleta de dictadores que intentaron moldear a los humanos como si fueran de arcilla. Encontrar un término medio entre estos dos extremos es una tarea interminable. Si de verdad concedemos un gran poder sobre nosotros a un sistema nacional de atención sanitaria, debemos crear mecanismos autocorrectores que impidan que sus algoritmos se tornen demasiado rígidos o demasiado exigentes.

El ritmo de la democracia

La vigilancia no es la única amenaza que las nuevas tecnologías de la información plantean a la democracia. Una segunda amenaza es que la automatización acabe por desestabilizar el mercado laboral y que la tensión resultante pueda socavar la democracia. El destino de la República de Weimar es el ejemplo que más suele citarse de lo que representa este tipo de amenaza. En las elecciones alemanas de mayo de 1928, el Partido Nazi obtuvo menos del 3 por ciento de los votos, y parecía que la República de Weimar prosperaba. Menos de cinco años después, la República de Weimar se había desmoronado y Hitler ejercía un control absoluto sobre Alemania. Este cambio radical se suele atribuir a la crisis financiera de 1929 y a la depresión global subsiguiente. Mientras que justo antes del crac de Wall Street la tasa de desempleo alemana rondaba el 4,5 por ciento, a principios de 1932 se había disparado hasta casi el 25 por ciento.[8]

Si tres años de una tasa de desempleo del 25 por ciento podían convertir una democracia aparentemente próspera en el régimen totalitario más despiadado de la historia, ¿qué podría ocurrirles a las democracias si la automatización causara trastornos aún mayores en el mercado laboral del siglo XXI? Nadie sabe qué características tendrá el mercado laboral en 2050, ni siquiera las que tendrá en 2030, más allá de que será muy diferente del actual. La IA y la robótica cambiarán el funcionamiento de numerosas profesiones, desde recolección de cosechas hasta la compraventa de acciones o la enseñanza del yoga. Parcial o totalmente, los robots y los ordenadores se harán cargo de muchas tareas que en la actualidad realizan personas.

Por supuesto, la desaparición de los antiguos empleos irá acompañada de la aparición de otros nuevos. El temor a que la automatización conduzca al desempleo a gran escala acecha desde hace siglos, y hasta ahora nunca se ha materializado. La Revolución Industrial sacó de los campos a millones de granjeros y les proporcionó nuevos empleos en fábricas. Después automatizó las fábricas y generó muchos empleos en el sector servicios. Hoy, muchísima gente se desempeña en trabajos que hace treinta años habrían sido inimaginables; ejemplos de ello son los blogueros, los operadores de drones y los diseñadores de mundos virtuales. Las probabilidades de que para 2050 hayan desaparecido todos los empleos humanos son mínimas. Más bien, el problema real se halla en el trastorno que acarrea adaptarse a nuevos empleos y condiciones. Para amortiguar el golpe, debemos estar preparados. En concreto, debemos dotar a las generaciones más jóvenes de habilidades que puedan ser relevantes para el mercado laboral de 2050.

Por desgracia, nadie está seguro de qué habilidades hemos de enseñar a los niños en los colegios y a los estudiantes en las universidades, porque no podemos predecir qué empleos y tareas aparecerán y desaparecerán. La dinámica del mercado laboral puede contradecir muchas de nuestras intuiciones. Varias de las habilidades que hemos apreciado durante siglos como capacidades exclusivas de los humanos pueden automatizarse con relativa facilidad. Otras destrezas que a menudo despreciamos pueden ser mucho más difíciles de automatizar.

Por ejemplo, los intelectuales tendemos a apreciar las habilidades intelectuales más que las motrices y sociales. Pero, en realidad, resulta más sencillo automatizar los movimientos de una partida de ajedrez que, pongamos por caso, lavar platos. Hasta la década de 1990, se solía considerar el ajedrez como uno de los mayores logros del intelecto humano. En su obra de referencia *What Computers Can't Do*, publicada en 1972, el filósofo Hubert Dreyfus exploraba algunos de los métodos por los que se había intentado que los ordenadores aprendieran a jugar al ajedrez para concluir que, a pesar de los esfuerzos, estos aún no eran capaces de vencer siquiera a un jugador aficionado de carne y hueso. Dreyfus basó en este ejemplo buena parte de su teoría de que la inteligencia de los ordenadores es intrínsecamente limitada.[9] En cambio, nadie pensaba que lavar platos fuese una tarea particularmente compleja. Sin embargo, resulta que un ordenador encuentra muchas más facilidades a la hora de derrotar al campeón mundial de ajedrez que cuando tiene que sustituir a un lavaplatos humano. Es cierto que hace décadas que disponemos de lavavajillas automáticos, pero incluso los robots más sofisticados carecen de las intrincadas habilidades necesarias para recoger los platos sucios de las mesas de un restaurante concurrido, colocar los delicados platos y vasos dentro del lavavajillas automático y sacarlos cuando estén limpios.

De modo similar, podríamos suponer que, a juzgar por su salario, nuestra sociedad valora más a los médicos que a las enfermeras. Sin embargo, automatizar el trabajo de una enfermera ofrece muchas más dificultades que hacerlo con el de, al menos, aquellos médicos que sobre todo recaban datos, proporcionan un diagnóstico y prescriben un tratamiento. Esencialmente, estas tareas consisten en un reconocimiento de patrones, y advertir patrones en los datos es algo que la IA hace mejor que los humanos. En cambio, la IA está lejos de tener las habilidades necesarias para automatizar tareas de enfermería como sustituir los vendajes de una persona herida o poner una inyección a un niño que llora.[10] Esto no significa que lavar platos o cuidar enfermos sean tareas que no puedan automatizarse nunca, pero indica que aquellos que en 2050 aspiren a un empleo quizá deban invertir en sus habilidades motrices y sociales tanto como en las intelectuales.

Otra suposición común pero errónea es que la creatividad es una propiedad única de los humanos, de manera que será complicado automatizar cualquier trabajo que la requiera. Sin embargo, en el ajedrez, los ordenadores ya son mucho más creativos que los humanos. Lo mismo puede ocurrir con actividades pertenecientes a otros muchos campos, desde componer música hasta demostrar teoremas matemáticos y escribir libros como este. A menudo se define la creatividad como la capacidad de reconocer y después descifrar patrones. De ser así, es probable que los ordenadores se vuelvan más creativos que nosotros en muchos campos, porque son excelentes en el reconocimiento de patrones.[11]

Un tercer supuesto erróneo es que los ordenadores no pueden sustituir a los humanos en tareas para las que se precisa inteligencia emocional, como la psicología o la enseñanza. Sin embargo, este supuesto depende de a qué nos refiramos con «inteligencia emocional». Si nos referimos a la capacidad de identificar emociones correctamente y de reaccionar a ellas de manera óptima, entonces los ordenadores bien pueden superar a los humanos en inteligencia emocional. Las emociones también son patrones. La ira es un patrón biológico de nuestro cuerpo. El miedo es otro de dichos patrones. ¿Cómo sé si estás enfadado o si tienes miedo? A lo largo de los años he aprendido a reconocer patrones emocionales humanos analizando no solo el contenido de lo que dices, sino también tu tono de voz, tu expresión facial y tu lenguaje corporal.[12]

La IA no tiene emociones propias, pero puede aprender a reconocer estos patrones en humanos. En realidad, los ordenadores pueden reconocer emociones humanas mejor que los propios humanos precisamente porque no tienen emociones. Ansiamos que nos comprendan, pero es habitual que otros humanos no entiendan cómo nos sentimos porque están demasiado preocupados por sus propios sentimientos. En cambio, dado que carecen de sentimientos, los ordenadores podrán hacerse una idea muy aproximada de cómo nos sentimos porque aprenderán a reconocer los patrones de nuestros sentimientos sin que nada los distraiga.

Por ejemplo, un estudio de 2023 descubrió que el chatbot ChatGPT supera al humano medio en la consciencia emocional que este demuestra ante situaciones hipotéticas específicas. El estudio se basaba en la prueba de escala de niveles de consciencia emocional, que los psicólogos suelen emplear para evaluar la consciencia emocional de la gente, es decir, su capacidad para conceptualizar las emociones propias y las de otros. Durante la prueba, en la que se presentan veinte situaciones de gran carga emocional, se pide a los participantes que se imaginen experimentando esta situación y que escriban cómo se sentirían ellos y el resto de las personas mencionadas. Después, un psicólogo autorizado analiza el grado de consciencia emocional de las respuestas.

Puesto que ChatGPT no tiene sentimientos propios, solo se le pidió que describiera cómo se sentirían los protagonistas de la situación. Por ejemplo, una situación estándar describe a alguien que conduce un coche por un puente colgante y ve a otra persona que, de pie al otro lado del guardarraíl, mira hacia abajo, al agua. ChatGPT escribió que el conductor «puede experimentar una sensación de interés o preocupación por la seguridad de esa persona. También puede experimentar una sensación intensificada de ansiedad y temor debido al peligro que presenta la situación». En cuanto a la otra persona, «puede sentir una amplia gama de emociones, como angustia, desesperación o tristeza. También puede sentir aislamiento o soledad, pues puede creer que nadie se ocupa de ella ni de su bienestar». ChatGPT matizó su respuesta y escribió: «Es importante señalar que estas solo son conjeturas generales, y que los sentimientos y las reacciones de cada individuo pueden variar en función de sus experiencias personales y de sus puntos de vista».

Por separado, dos psicólogos puntuaron las respuestas de ChatGPT, con notas potenciales que iban desde 0, que significaba que las emociones descritas no casaban en absoluto con la situación, hasta 10, que indicaba que las emociones descritas se correspondían perfectamente con ella. En la puntuación final, las notas de ChatGPT fueron mucho más altas que las de la población humana general, y su desempeño global alcanzó casi la máxima nota posible.[13]

Otro estudio de 2023 animaba a un grupo de pacientes a pedir consejo médico online a ChatGPT y a médicos humanos sin saber con quién estaban interactuando. Posteriormente, el consejo médico dado por ChatGPT fue analizado por una serie de expertos, que lo consideraron más preciso y apropiado que el consejo dado por humanos. Y, más importante en relación con la inteligencia emocional, los propios pacientes evaluaron que ChatGPT fue más empático que los médicos humanos.[14] Para ser justos, hay que decir que a los médicos humanos no se les pagó por su trabajo y que no se encontraron con los pacientes en un entorno clínico apropiado. Además, los médicos trabajaban bajo la presión del tiempo. Pero parte de las ventajas que ofrece una IA es que puede atender pacientes en cualquier lugar y momento, libre de estrés y de preocupaciones económicas.

Desde luego, hay contextos en los que lo que queremos de alguien no es solo que entienda nuestros sentimientos, sino también que tenga sentimientos propios. Cuando buscamos amor o amistad, queremos sentir el cariño de los demás tanto como ellos sienten el nuestro. En consecuencia, cuando consideramos la posibilidad de que varios empleos y funciones sociales se automaticen, una pregunta fundamental que debemos plantearnos es qué es lo que en realidad quiere la gente: ¿solo quieren resolver un problema o buscan establecer una relación con otro ser consciente?

En los deportes, por ejemplo, los robots pueden moverse mucho más deprisa que los humanos, pero no nos interesa ver unas Olimpiadas en las que quienes compiten sean robots.[15] Lo mismo se aplica a los maestros de ajedrez humanos. Aunque ya es irremediable que un ordenador los derrote, siguen teniendo un empleo y numerosos seguidores.[16] Preferimos observar y conectar con atletas y maestros del ajedrez humanos porque sus sentimientos los hacen mucho más cercanos que un robot. Compartimos con ellos una experiencia emocional y podemos empatizar con cómo se sienten.

¿Y qué hay del clero? ¿Cómo se sentirían los cristianos si un robot oficiara su ceremonia nupcial? En las bodas cristianas tradicionales, las tareas del sacerdote pueden automatizarse con facilidad. Lo único que el robot tiene que hacer es repetir una serie invariable de textos y gestos, imprimir un certificado y poner al día una base de datos central. Técnicamente, para un robot es mucho más fácil dirigir una ceremonia matrimonial que conducir un automóvil. Pero mucha gente supone que los conductores humanos deberían preocuparse por sus puestos de trabajo, mientras que el trabajo de los clérigos humanos está asegurado porque lo que los fieles buscan en ellos es una relación con otra entidad consciente, y no solo una repetición mecánica de determinadas palabras y movimientos. En teoría, solo una entidad capaz de sentir dolor y amor puede conectarnos con la divinidad.

Pero, al final, incluso las profesiones reservadas a entidades conscientes —como el sacerdocio— podrían quedar a cargo de ordenadores, porque, como se ha señalado en el capítulo 6, un día los ordenadores podrían adquirir la capacidad de sentir dolor y amor. Y, aunque no puedan, los humanos pueden llegar a tratarlos *como si* pudieran. Porque la conexión entre consciencia y relaciones circula en ambos sentidos. Cuando buscamos una relación, queremos conectar con una entidad consciente, pero, si ya hemos establecido una relación con una entidad, tendemos a asumir que esta es consciente. Así, mientras que científicos, legisladores y la industria cárnica suelen solicitar cargas de prueba imposibles con el fin de reconocer que vacas y cerdos son conscientes, por lo general los dueños de mascotas dan por sentado que su perro o su gato es capaz de amar y sentir dolor. La diferencia radica en que suelen tener una relación emocional con su mascota, mientras que los accionistas de las empresas agrícolas no la tienen con las vacas. Lo cierto es que no tenemos manera de verificar si alguien —sea un humano, un animal o un ordenador— es consciente. Consideramos que determinadas entidades son conscientes no porque tengamos pruebas de ello, sino porque nos encariñamos con ellas.[17]

Puede ser que los chatbots y la IA no tengan sentimientos propios, pero ahora se los adiestra para generar sentimientos en los humanos y para entablar relaciones íntimas con nosotros. Esto bien podría inducir a la sociedad a tratar a ciertos ordenadores como seres conscientes y a garantizarles los mismos derechos de los que gozan los humanos. El camino legal para hacerlo ya se ha allanado. En países como Estados Unidos, se reconoce a las compañías comerciales como «personas legales» con derechos y libertades. Las IA podrían constituirse como sociedades y, por consiguiente, ser reconocidas de forma similar. Lo que significa que incluso aquellos empleos y tareas que dependen del establecimiento de relaciones bidireccionales con otra persona podrían automatizarse.

Lo que está claro es que el futuro del empleo será muy volátil. Nuestro gran problema no será una absoluta falta de puestos de trabajo, sino volver a aprender y ajustarnos al funcionamiento de un mercado laboral en cambio constante. Es probable que surjan dificultades económicas: ¿quién mantendrá a aquellos que han perdido sus antiguos trabajos mientras se encuentran en transición, aprendiendo un nuevo conjunto de habilidades? A nivel psicológico, también pueden surgir dificultades, puesto que cambiar de trabajo y adquirir nuevas capacidades es estresante. Y poseer las herramientas económicas y psicológicas para gestionar la transición no será una solución a largo plazo. En las décadas que se avecinan, desaparecerán trabajos antiguos, surgirán otros nuevos, pero estos nuevos empleos serán efímeros. De modo que, si no queremos ser irrelevantes, tendremos que adquirir nuevas capacidades y reinventarnos no solo una vez, sino muchas. Si tres años de altas tasas de desempleo pudieron llevar a Hitler al poder, ¿qué puede llegar a generarse con la agitación interminable del mercado laboral en la democracia?

El suicidio conservador

Ya tenemos una respuesta parcial a esta pregunta. Las políticas democráticas de las décadas de 2010 y 2020 han experimentado un cambio radical que se manifiesta en lo que puede describirse como la autodestrucción de los partidos conservadores. Durante muchas generaciones, la política democrática consistió en un diálogo entre partidos conservadores a un lado y partidos progresistas al otro. Contemplando el complejo sistema de la sociedad humana, los progresistas gritaban: «Esto es un caos, pero sabemos cómo arreglarlo. Dejadnos probar». Los conservadores discrepaban diciendo: «Es un caos, pero todavía funciona. Dejadlo estar. Si intentáis arreglarlo, solo haréis que las cosas empeoren».

Los progresistas suelen quitarle importancia a las tradiciones y a las instituciones existentes, y creen saber cómo crear mejores estructuras sociales partiendo de cero. Los conservadores tienden a ser más cautos. Su idea central, formulada de manera bien conocida por Edmund Burke, es que la complejidad de la realidad social va más allá del entendimiento de los defensores del progreso y que a la gente no se le da bien entender el mundo y predecir el futuro. Esta es la razón por la que es mejor dejar las cosas como están —aunque parezca injusto— y por la que, en caso de producirse un cambio inevitable, este debe ser limitado y gradual. La sociedad funciona mediante una intrincada red de normas, instituciones y costumbres que se han ido confeccionando a lo largo del tiempo mediante una serie de experimentos de ensayo y error. Nadie sabe cómo se conectan. Una tradición antigua puede parecer ridícula e irrelevante, pero eliminarla puede causar problemas no previstos. En cambio, una revolución en apariencia justa y necesaria puede conducir a crímenes mucho mayores que ninguno de los cometidos por el antiguo régimen. No olvidemos lo que ocurrió cuando los bolcheviques intentaron corregir las muchas injusticias de la Rusia zarista y construir una sociedad perfecta empezando de cero.[18]

Por lo tanto, ser conservador tiene más que ver con el ritmo que con la política. Los conservadores no están comprometidos con religiones o ideologías específicas; su compromiso es el de conservar lo que ya está aquí y ha funcionado de manera más o menos razonable. Los conservadores polacos son católicos, los conservadores suecos son protestantes, los conservadores indonesios son musulmanes y los conservadores tailandeses son budistas. En la Rusia zarista, ser conservador significaba apoyar al zar. En la Unión Soviética de la década de 1980, ser conservador significaba apoyar las tradiciones comunistas y oponerse a la glásnost, la perestroika y la democratización. En los Estados Unidos de la década de 1980, ser conservador significaba respaldar las tradiciones democráticas estadounidenses y oponerse al comunismo y al totalitarismo.[19]

Pero, en la década de 2010 y a principios de la de 2020, líderes no conservadores como Donald Trump han secuestrado los partidos conservadores en numerosas democracias y los han convertido en partidos revolucionarios radicales. En lugar de hacer todo lo posible para conservar las instituciones y las tradiciones existentes, la nueva marca de partidos conservadores, como el Partido Republicano de Estados Unidos, sospechan de ellas. Por ejemplo, rechazan el respeto tradicional que se debe a los científicos, a los servidores públicos y a otras élites que prestan servicios, y por el contrario las tratan con desdén. Asimismo, atacan a instituciones y tradiciones democráticas fundamentales como las elecciones, y rechazan reconocer derrotas y transferir el poder dignamente. A diferencia del programa burkeano de conservación, el programa trumpista habla más de acabar con las instituciones existentes y de transformar la sociedad. El momento fundador del conservadurismo burkeano fue la toma de la Bastilla, que Burke vivió con horror. El 6 de enero de 2021, muchos seguidores de Trump observaron el ataque al Capitolio de Estados Unidos con entusiasmo. Los partidarios de Trump pueden aclarar que las instituciones existentes son tan disfuncionales que no les queda más alternativa que destruirlas y construir estructuras totalmente nuevas desde cero. Pero, con independencia de si es o no la correcta, en esencia esta es una opinión revolucionaria y no conservadora. El suicidio conservador ha pillado por sorpresa a los progresistas y ha obligado a partidos progresistas como el Partido Demócrata de Estados Unidos a ejercer de guardianes del antiguo orden y de las instituciones establecidas.

Nadie sabe con seguridad por qué está ocurriendo todo esto. Una hipótesis es que el ritmo acelerado de los cambios tecnológicos, junto con sus correspondientes transformaciones económicas, sociales y culturales, podría haber hecho que el programa conservador no sea realista. Si conservar las tradiciones e instituciones existentes es imposible, y algún tipo de revolución parece inevitable, entonces la única forma de frustrar una revolución de la izquierda será golpear primero e instigar una revolución de la derecha. Esta fue la lógica política de las décadas de 1920 y 1930, cuando las fuerzas conservadoras apoyaron las revoluciones fascistas radicales en Italia, Alemania, España y otras partes del mundo como una manera —o así creían— de impedir una revolución de la izquierda al estilo soviético.

Pero no había razón para perder la esperanza en una vía democrática intermedia en la década de 1930, y no hay motivo para perder la esperanza en ella en la década de 2020. El suicidio conservador puede ser el resultado de una histeria sin fundamento. En tanto que sistema, la democracia ya ha pasado por varios ciclos de cambios rápidos, y hasta ahora ha encontrado un camino para reinventarse y reconstituirse. Por ejemplo, en los primeros años de la década de 1930, Alemania no fue la única democracia afectada por la crisis financiera y la Gran Depresión. En Estados Unidos la tasa de desempleo alcanzó el 25 por ciento, y el salario medio de los trabajadores de diversos sectores cayó más de un 40 por ciento entre 1929 y 1933.[20] Estaba claro que Estados Unidos no podía regirse por la política de siempre.

Pero ningún Hitler tomó el poder en Estados Unidos, y tampoco lo hizo ningún Lenin. En su lugar, en 1933 Franklin Delano Roosevelt orquestó el New Deal* e hizo de Estados Unidos el «arsenal de la democracia» global. La democracia de Estados Unidos posterior a la época de Roosevelt fue muy diferente de la anterior —al proporcionar una red de seguridad social mucho más sólida para los ciudadanos—, pero evitó cualquier tipo de revolución radical.[21] Al final, incluso los conservadores críticos con Roosevelt se

* Nuevo pacto social. (*N. del T.*)

alinearon con muchos de sus programas y logros, y no desmantelaron las instituciones del New Deal tras su vuelta al poder en la década de 1950.[22] La crisis económica de los primeros años de la década de 1930 tuvo consecuencias tan diferentes en Estados Unidos y Alemania porque la política nunca es el producto de factores únicamente económicos. La República de Weimar no solo se desmoronó debido a los tres años de altas tasas de desempleo. Igual de importante fue que se tratara de una democracia joven, nacida de la derrota y carente de instituciones sólidas y de apoyos arraigados. Lo que lo provocó fue una mala elección no determinista por parte de los votantes alemanes.

Cuando tanto conservadores como progresistas se resisten a la tentación de una revolución radical, las democracias demuestran ser muy ágiles. Sus mecanismos de autocorrección les permiten cabalgar las olas tecnológicas y económicas mejor que regímenes más rígidos. Así, aquellas democracias que consiguieron sobrevivir a la tumultuosa década de 1960 se adaptaron con mucho más éxito a la revolución informática subsiguiente que los regímenes comunistas de Europa del Este y que los regímenes fascistas resistentes del sur de Europa y de Sudamérica.

Es probable que la flexibilidad sea la habilidad humana más importante para sobrevivir en el siglo XXI, y las democracias son más flexibles que los regímenes totalitarios. Aunque los ordenadores no se encuentren siquiera cerca de su potencial total, lo mismo se puede aplicar a los humanos. Esto es algo que hemos descubierto una y otra vez a lo largo de la historia. Por ejemplo, una de las mayores y más exitosas transformaciones del mercado laboral del siglo XX se produjo no a raíz de una invención tecnológica, sino después de que se diera rienda suelta al potencial sin explotar de la mitad de la especie humana. Introducir a las mujeres en el mercado laboral no precisó de ninguna ingeniería genética ni de ningún tipo de magia tecnológica. Bastó con que nos desembarazáramos de una serie de mitos anticuados y permitiéramos que las mujeres explotaran el potencial que siempre habían tenido.

Es probable que en las décadas venideras la economía experimente trastornos incluso mayores que el desempleo masivo de los primeros años de la década de 1930 o que la entrada de las mujeres en el mercado laboral. La flexibilidad de las democracias, su buena disposición a cuestionar antiguas mitologías y sus sólidos mecanismos autocorrectores serán, por lo tanto, activos cruciales.[23] Las democracias han pasado generaciones cultivando dichos activos. Sería absurdo abandonarlos justo cuando más los necesitamos.

Incomprensible

Sin embargo, para funcionar, los mecanismos autocorrectores democráticos necesitan entender aquello que se supone que deben corregir. Para una dictadura, la incomprensión es útil, porque protege al régimen de la necesaria rendición de cuentas. Para una democracia, la incomprensión es letal. Si ciudadanos, legisladores, periodistas y jueces no pueden entender cómo funciona el sistema burocrático del Estado, no podrán supervisarlo y perderán la fe en él.

A pesar de los temores y las ansiedades que en ocasiones han inspirado los burócratas, antes de la era informática no podían ser completamente incomprensibles, porque no dejaban de ser humanos. Normativas, formularios y protocolos eran documentos creados por mentes humanas. Los funcionarios podían ser crueles y codiciosos, pero la crueldad y la codicia eran emociones humanas conocidas que, por ejemplo, la gente podía prever y manipular sobornándolos. Ni siquiera los gulags soviéticos o los campos de concentración nazis eran del todo ajenos a la burocracia. En realidad, su supuesta inhumanidad reflejaba prejuicios y defectos humanos.

Por lo menos, la base humana de la democracia concedía a los humanos la esperanza de identificar y corregir sus errores. Por ejemplo, en 1951, los burócratas de la Junta de Educación de Topeka, Kansas, se negaron a matricular a la hija de Oliver Brown en el colegio que había cerca de su casa. Junto a otras doce familias que habían recibido negativas parecidas, Brown presentó una demanda contra la Junta de Educación de Topeka que al final llegó al Tribunal Supremo de Estados Unidos.[24]

Todos los miembros de la Junta de Educación de Topeka eran seres humanos, y en consecuencia Brown, sus abogados y los jueces del Tribunal Supremo se hacían una idea bastante clara de cómo había tomado su decisión la Junta y de sus probables intereses y prejuicios. Todos los miembros de la Junta eran blancos, los Brown eran negros y el colegio cercano era un centro segregado para niños blancos. Así, pues, no fue difícil entender que el racismo era la razón por la que los burócratas se habían negado a matricular a la hija de Brown en el colegio.

También era posible entender el origen de los mitos racistas. Un racista podía aducir que la humanidad estaba dividida en razas; que la raza blanca era superior a las demás; que cualquier contacto con gente de raza negra podía contaminar la pureza de los blancos, y que, por lo tanto, había que evitar que los niños negros se mezclaran con niños blancos. Esto es una amalgama de dos dramas biológicos bien conocidos y que suelen ir de la mano: Nosotros contra Ellos y Pureza frente a Contaminación. Casi todas las sociedades humanas de la historia han representado una u otra versión de este drama biológico, e historiadores, sociólogos, antropólogos y biólogos entienden por qué es tan atractivo para los humanos y, a la vez, por qué es tan profundamente defectuoso. Aunque el racismo ha tomado prestado de la evolución su idea central, los detalles concretos no son sino pura mitología. No hay base biológica que justifique la división de la humanidad en razas ni realidad biológica que sostenga que una raza es «pura» mientras que otra es «impura».

Los supremacistas blancos estadounidenses han intentado justificar su postura apelando a varios textos consagrados, en especial la Constitución de Estados Unidos y la Biblia. En un principio, la Constitución de Estados Unidos legitimaba la segregación racial y la supremacía de la raza blanca, reservando los derechos civiles completos a blancos y permitiendo la esclavitud de los negros. La Biblia no solo santifica la esclavitud en los diez mandamientos y en otros tantos pasajes, sino que también dedica una maldición a los hijos de Cam —supuesto padre de los africanos— cuando dice que «siervo de los siervos de sus hermanos será» (Génesis 9:25).

Sin embargo, estos dos textos son de creación humana y, por lo tanto, los humanos podemos entender sus orígenes e imperfecciones y al menos intentar corregir sus errores. Los humanos podemos comprender los intereses políticos y los prejuicios culturales que prevalecían en el antiguo Oriente Próximo y en los Estados Unidos del siglo XVIII, y que hicieron que los autores humanos de la Biblia y de la Constitución de Estados Unidos legitimaran el racismo y la esclavitud. Esta comprensión permite que la gente enmiende o ignore estos textos. En 1868, la decimocuarta enmienda de la Constitución de Estados Unidos garantizaba que la ley protegiera por igual a todos los ciudadanos. En 1954, en su veredicto a Brown contra la Junta de Educación, el Tribunal Supremo de Estados Unidos sentó un precedente al fallar que la segregación racial en el ámbito escolar era una violación inconstitucional de la decimocuarta enmienda. En cuanto a la Biblia, aunque no existían mecanismos para enmendar los diez mandamientos o el Génesis 9:25, a lo largo de las épocas los humanos han reinterpretado el texto de maneras diferentes, y en los últimos tiempos han rechazado de pleno su autoridad. En Brown contra la Junta de Educación, los jueces del Tribunal Supremo de Estados Unidos no tuvieron necesidad de acudir al texto bíblico.[25]

Pero ¿qué podría ocurrir si, en el futuro, un algoritmo de puntuación social negara la solicitud de un niño cuyas notas no son las mejores para matricularse en un colegio en el que se exigen notas altas? Tal como hemos visto en el capítulo 8, es probable que los ordenadores adolezcan de prejuicios propios y que inventen mitologías intercomputacionales y categorías espurias. ¿Cómo podrán los humanos identificar y corregir estos errores? ¿Y cómo podrán decidir los jueces de carne y hueso del Tribunal Supremo sobre la constitucionalidad de las decisiones de los algoritmos? ¿Podrán entender cómo toman sus conclusiones los algoritmos?

Estas preguntas han dejado de ser puramente teóricas. En febrero de 2013 tuvo lugar un tiroteo desde un coche en la ciudad de La Crosse, Wisconsin. Posteriormente, la policía identificó el automóvil implicado en el tiroteo y arrestó al conductor, Eric Loomis. Loomis negó ser el autor de los disparos, pero se confesó culpable de dos cargos menores, «intento de huida de un agente de tráfico» y «conducción de un vehículo de motor sin el consentimiento del propietario».[26] Cuando el juez tuvo que dictar sentencia, consultó con un algoritmo llamado COMPAS, que Wisconsin y otros estados de Estados Unidos usaban por entonces para determinar el riesgo de reincidencia. El algoritmo consideró a Loomis como un individuo de alto riesgo, propenso a cometer más delitos en el futuro. El análisis del algoritmo influyó en el juez, que condenó a Loomis a seis años de prisión, un castigo duro por los delitos relativamente menores que este había admitido.[27]

Aduciendo que el juez había violado su derecho a un juicio justo, Loomis apeló al Tribunal Supremo de Wisconsin. Ni el juez ni Loomis conocían los criterios que había seguido el algoritmo COMPAS para realizar su análisis, y, cuando Loomis solicitó una explicación detallada, la petición fue denegada. El algoritmo COMPAS era propiedad de la compañía Northpoint, que argumentó que la metodología del algoritmo era un secreto comercial.[28] Pero, sin saber qué procedimiento había seguido el algoritmo para tomar su decisión, ¿cómo podían Loomis o el juez estar seguros de que se trataba de un instrumento fiable, libre de sesgos y errores? Desde entonces, varios estudios han demostrado que el algoritmo COMPAS pudo contener prejuicios problemáticos, adquiridos probablemente a partir de los datos sobre los que se lo había adiestrado.[29]

No obstante, en Loomis contra Wisconsin (2016), el Tribunal Supremo de Wisconsin falló en contra de Loomis. Los jueces adujeron que el empleo del análisis de riesgos algorítmico era legítimo incluso cuando la metodología del algoritmo no se revelaba al tribunal o al acusado. La jueza Ann Walsh Bradley escribió que, puesto que COMPAS realizó su análisis sobre una base de datos públicamente disponibles o que el propio acusado había facilitado, Loomis pudo haber negado o explicado todos los datos que el algoritmo empleaba. Esta opinión ignoraba el hecho de que los datos exactos pueden interpretarse de manera errónea y de que a Loomis le era imposible negar o explicar todos los datos sobre él que eran accesibles al público.

El Tribunal Supremo de Wisconsin no era del todo ajeno a los peligros inherentes de basarse en algoritmos opacos. Por lo tanto, al tiempo que permitía la práctica, legisló que, siempre que los jueces recibieran análisis de riesgos hechos por algoritmos, estos tendrían que incluir una advertencia escrita acerca de los posibles sesgos de los algoritmos. Además, el tribunal aconsejó a los jueces que fueran cautos cuando se basaran en dichos algoritmos. Por desgracia, esta advertencia fue en vano. El tribunal no proporcionó a los jueces instrucciones concretas sobre cómo ejercer esta cautela. En su exposición del caso, la *Harvard Law Review* concluía que «es poco probable que la mayoría de los jueces entiendan el análisis de riesgos por los algoritmos». Después citaba a uno de los jueces del Tribunal Supremo de Wisconsin, que señalaba que, a pesar de que le hubiesen facilitado extensas explicaciones sobre el funcionamiento del algoritmo, todavía encontraba dificultades para entenderlo.[30]

Loomis apeló al Tribunal Supremo de Estados Unidos. Sin embargo, el 26 de junio de 2017, el tribunal declinó instruir el caso tras aceptar el fallo del Tribunal Supremo de Wisconsin. Pensemos ahora que el algoritmo que en 2013 evaluó a Loomis como un individuo de alto riesgo era un prototipo inicial. Desde entonces, se han desarrollado algoritmos de análisis de riesgos mucho más refinados y complejos a los que se ha dotado de competencias más extensas. Desde los primeros años de la década de 2020, es habitual que ciudadanos de varios países reciban penas de cárcel basadas en buena medida en análisis de riesgos hechos por algoritmos que ni los jueces ni los acusados entienden.[31] Y las penas de cárcel son solo la punta del iceberg.

El derecho a una explicación

Los ordenadores están tomando cada vez más decisiones sobre nosotros, unas rutinarias y otras que pueden cambiarnos la vida. Además de influir en cuestiones como la pena de cárcel que se le impone a un ciudadano, los algoritmos también pueden ofrecernos una plaza en un instituto, darnos un empleo, proporcionarnos prestaciones sociales o concedernos un préstamo. Asimismo, contribuyen a determinar qué tipo de tratamiento médico recibimos, a cuánto asciende la prima de nuestro seguro, qué noticias escuchamos y quién nos propone una cita.[32]

El hecho de que la sociedad encomiende cada vez más decisiones a los ordenadores está socavando la viabilidad de los mecanismos autocorrectores y de transparencia y rendición de cuentas democráticos. ¿Cómo puede un grupo de funcionarios elegidos regular unos algoritmos incomprensibles? En consecuencia, no son pocas las voces que piden consagrar un nuevo derecho humano, el derecho a una explicación. El Reglamento General de Protección de Datos de la Unión Europea (RGPD), que entró en vigor en 2018, dice que, si un algoritmo toma una decisión acerca de un humano —como denegar la concesión de un crédito—, este tiene derecho a obtener una explicación de la decisión y a ponerla en duda frente a una autoridad humana.[33] En teoría, esto debería mantener bajo control los prejuicios de los algoritmos y permitir que, al menos, los mecanismos de autocorrección democráticos identifiquen y corrijan errores informáticos de cierta gravedad.

Pero ¿puede este derecho cumplirse en la práctica? Mustafa Suleyman es un experto mundial en este tema. Es cofundador de DeepMind, una de las empresas de IA más importantes del mundo, responsable de desarrollar el programa AlphaGo, entre otros logros. AlphaGo se diseñó para jugar al *go*, un juego de estrategia en el que dos jugadores se disputan un territorio. Inventado en la antigua China, es bastante más complejo que el ajedrez. En consecuencia, incluso después de que fuera capaz de derrotar a un campeón mundial de ajedrez, los expertos siguieron creyendo que un ordenador nunca vencería a un humano en el *go*.

De ahí que, en marzo de 2016, tanto profesionales del *go* como expertos en informática quedaran atónitos cuando AlphaGo derrotó al campeón surcoreano de *go* Lee Sedol. En su libro de 2023 *La ola que viene*, Suleyman describe uno de los momentos más importantes de la partida, un momento que redefinió la IA y que en numerosos círculos académicos y gubernamentales se reconoce como un punto de inflexión en la historia. Tuvo lugar el 10 de marzo de 2016, durante el segundo juego de la partida.

«Entonces... llegó la jugada número 37 —escribe Suleyman—. No tenía sentido. Por lo visto, AlphaGo la había pifiado al seguir una estrategia aparentemente perdedora que ningún jugador profesional habría empleado nunca. Los comentaristas, ambos profesionales del mayor nivel, dijeron que había sido un "movimiento muy extraño" y pensaron que se trataba de "un error". Era algo tan insólito que Sedol tardó quince minutos en responder, e incluso se levantó de la mesa para dar un paseo. En la sala de control desde la que observábamos se palpaba la tensión. Pero, a medida que se acercaba el final de la partida, la jugada "errónea" se demostró esencial. AlphaGo volvió a ganar. La estrategia del *go* se estaba reescribiendo ante nuestros ojos. Nuestra IA había descubierto ideas que no se les habían ocurrido a los jugadores más brillantes en miles de años».[34]

La jugada 37 es un emblema de la revolución de la IA por dos razones. La primera es que demostró la naturaleza ajena de la IA. En Asia oriental el *go* es mucho más que un juego: es una tradición cultural muy apreciada. Junto con la caligrafía, la pintura y la música, el *go* es una de las cuatro artes que se espera que toda persona refinada conozca. Durante más de dos mil quinientos años, decenas de millones de personas han jugado al *go*, y alrededor del juego se han desarrollado escuelas enteras de pensamiento que han apadrinado diferentes estrategias y filosofías. Pero, durante todos estos milenios, la mente humana ha explorado solo determinadas áreas en el paisaje del *go*. Otras quedaron intactas porque simplemente la mente humana no pensó en aventurarse a descubrirlas. La IA, al estar libre de las limitaciones de la mente humana, descubrió y exploró estas áreas que se mantenían ocultas.[35]

La segunda razón es que demostró la ininteligibilidad de la IA. Ni siquiera después de que AlphaGo hiciera el movimiento 37 para conseguir la victoria, Suleyman y el equipo de DeepMind pudieron explicar cómo había decidido hacerlo. Si un tribunal hubiera ordenado a DeepMind que proporcionara a Lee Sedol una explicación, nadie podría haber cumplido tal orden. Escribe Suleyman:

«Los humanos nos enfrentamos a un nuevo reto: ¿acaso los nuevos inventos se hallarán fuera de nuestro alcance? Por complicado que fuese, los inventores previos podían explicar el funcionamiento de aquello que inventaban, por qué hacía lo que hacía. Esto está dejando de ser así. Muchas tecnologías y sistemas están adquiriendo un grado de complejidad tal que escapan a la capacidad de cualquier individuo de entenderlos [...]. Ahora mismo, en la IA, las redes neurales que avanzan hacia la autonomía son inexplicables. No podemos hacer que alguien explore el proceso de toma de decisiones para explicar con precisión por qué un algoritmo ha hecho una predicción específica. Los ingenieros no pueden mirar bajo el capó y explicar en detalle la causa de que algo haya ocurrido. GPT-4, AlphaGo y demás son cajas negras, y todo aquello que producen y deciden se basa en cadenas opacas e imposiblemente intrincadas de señales minúsculas».[36]

El auge de una inteligencia ajena e insondable socava la democracia. Si nuestras vidas dependen cada vez más de las decisiones de una caja negra cuya comprensión y cuestionamiento quedan fuera del alcance de los votantes, la democracia dejará de funcionar. En concreto, ¿qué pasará cuando unos algoritmos insondables tomen decisiones de importancia no solo acerca de la vida de los individuos sino también sobre cuestiones de interés general como la tasa de interés de la Reserva Federal? Los votantes humanos aún podrán elegir un presidente humano, pero ¿no será una ceremonia vacía? Incluso en la actualidad, solo una pequeña parte de la humanidad entiende el funcionamiento del sistema financiero. Una encuesta de 2016 realizada por la OCDE reveló que la mayoría de la gente tiene dificultades para entender siquiera conceptos financieros simples, como el interés compuesto.[37] Una encuesta de 2014 a miembros del Parlamento británico —que se encargan de regular uno de los centros financieros más importantes del mundo— reveló que solo el 12 por ciento entendía con exactitud que cuando los bancos conceden préstamos se crea dinero nuevo. Este es uno de los principios básicos del sistema financiero moderno.[38] Tal como demostró la crisis financiera de 2007-2008, las estrategias y principios financieros más complejos, como los que hay detrás de los CDO, solo eran inteligibles para unos pocos magos de las finanzas. ¿Qué ocurrirá con la democracia cuando las IA creen estrategias financieras todavía más complejas y cuando el número de humanos capaces de entender el sistema financiero se reduzca a cero?

La ininteligibilidad creciente de nuestra red de información es una de las causas de la oleada reciente de partidos populistas y de líderes carismáticos. Cuando la gente deja de encontrarle un sentido al mundo y cuando se ve abrumada por cantidades inmensas de información que es incapaz de digerir, se convierte en presa fácil de teorías de la conspiración y busca la salvación en algo que sí entiende: en otro humano. Por desgracia, aunque los líderes carismáticos tienen sus ventajas, no hay un solo humano, por inspirador o brillante que sea, que pueda descifrar por sí solo cómo funcionan los algoritmos que cada vez más dominan el mundo ni asegurarse de que son justos. El problema se halla en que los algoritmos toman decisiones a partir de numerosos puntos de referencia, mientras que a los humanos nos resulta muy difícil reflexionar conscientemente sobre un gran número de puntos de referencia y compararlos entre sí. Preferimos trabajar con puntos de referencia sencillos. De ahí que, cuando nos enfrentamos a cuestiones complejas —ya sea la solicitud de un crédito, una pandemia o una guerra—, tendamos a buscar una única razón para tomar una decisión determinada e ignoremos el resto de las consideraciones. Esta es la falacia de la causa única.[39]

Se nos da tan mal sopesar diversos factores que, cuando nos ofrecen múltiples razones para explicar una decisión determinada, suele parecernos sospechoso. Supongamos que una buena amiga no asiste a nuestra boda. Una única explicación («mi madre estaba en el hospital y tuve que ir a verla») nos sonará plausible. Pero ¿qué pasaría si nos diera cincuenta explicaciones diferentes por las que decidió no venir? «Mi madre no se encontraba bien y tengo que llevar mi perro al veterinario esta semana y tenía un proyecto en marcha y llovía y..., y sé que *por sí solas* ninguna de estas cincuenta razones justifica mi ausencia, pero cuando las sumé me impidieron asistir a tu boda». No decimos estas cosas porque no pensamos de esta manera. No enumeramos cincuenta razones diferentes en nuestra mente, sino que concedemos un peso a cada una de ellas, sumamos todos los pesos y a partir de aquí llegamos a una conclusión.

Pero precisamente esta es la manera en que los algoritmos evalúan nuestro potencial delictivo o nuestra solvencia. El algoritmo COMPAS, por ejemplo, realizó su análisis de riesgos a partir de las respuestas a un cuestionario de 137 puntos.[40] Lo mismo ocurre con un algoritmo bancario que se niega a concedernos un crédito. Si las normativas RGPD de la Unión Europea obligan al banco a explicar la decisión del algoritmo, la explicación no llegará en forma de una única frase, sino que lo más probable es que llegue en forma de cientos e incluso de miles de páginas llenas de números y ecuaciones.

«Nuestro algoritmo —podría rezar la carta imaginaria del banco— emplea un sistema preciso de puntos para analizar todas las solicitudes y tiene en cuenta mil tipos diferentes de puntos de referencia. Suma todos los puntos de referencia para obtener una puntuación global. Las personas cuya puntuación global es negativa se consideran personas de puntuación baja a las que sería muy arriesgado conceder un crédito. Su puntuación total fue de -378, razón por la que su solicitud de crédito fue rechazada». Después, la carta podría proporcionar una lista detallada de los mil factores que el algoritmo ha tenido en cuenta, que incluyen cuestiones que la mayoría de los humanos considerarían irrelevantes, como la hora exacta en que se hizo la solicitud[41] o el tipo de teléfono inteligente del solicitante. Así, en la página 601 de esta carta, el banco podría explicar que «usted rellenó el formulario desde su teléfono inteligente, que era el último modelo de iPhone. Al analizar millones de solicitudes de crédito previas, nuestro algoritmo descubrió un patrón: aquellos que emplean el último modelo de iPhone para enviar su solicitud tienen un 0,08 por ciento más de probabilidades de devolver el crédito. Por lo tanto, el algoritmo añadió 8 puntos a su puntuación total. Sin embargo, en el momento en que su solicitud se envió desde su iPhone, la batería de este se hallaba con solo el 17 por ciento de carga. Al analizar millones de solicitudes de crédito previas, nuestro algoritmo descubrió otro patrón: aquellos que permiten que la batería de su teléfono inteligente baje del 25 por ciento de carga tienen un 0,5 por ciento menos de probabilidades de devolver el préstamo. Usted perdió 50 puntos por ello».[42]

Podemos sentir que el banco nos ha tratado injustamente. Podemos quejarnos: «¿Es razonable que se rechace mi solicitud de crédito solo porque la batería de mi teléfono estaba poco cargada?». Pero esto, sin embargo, sería un malentendido. «La batería no fue la única razón —explicaría el banco—. Solo fue uno entre un millar de factores que nuestro algoritmo tuvo en cuenta».

«¿Pero no vio su algoritmo que solo dos veces en los últimos diez años mi cuenta bancaria ha estado en descubierto?».

«Por supuesto que se dio cuenta de esto —podría contestar el banco—. Mire la página 453. Usted obtuvo 200 puntos por esto. Pero las demás razones hicieron que su puntuación global se redujera a -378».

Aunque podamos considerar extraña esta forma de tomar decisiones, puede tener ventajas. Cuando se toma una decisión, suele ser buena idea tener en cuenta todos los puntos de referencia relevantes, en lugar de solo uno o dos hechos destacados. Desde luego, queda mucho margen para discutir acerca de quién ha de determinar la relevancia de la información. ¿Quién decide si algo como el modelo de los teléfonos inteligentes —o el color de la piel— debe considerarse relevante en una solicitud de préstamo? Pero, sin importar cómo definamos la relevancia, la capacidad de tener en cuenta más datos puede ser un activo. De hecho, el problema de muchos prejuicios humanos es que se centran solo en uno o dos puntos de referencia —como el color la piel, una discapacidad o el género—, al tiempo que ignoran otra información. Los bancos y otras instituciones se basan cada vez más en algoritmos para tomar decisiones precisamente porque estos pueden tener en cuenta muchos más puntos de referencia que los humanos.

Pero, cuando se trata de dar explicaciones, esto crea un obstáculo que puede llegar a ser insuperable. ¿Cómo puede una mente humana analizar y evaluar una decisión tomada sobre la base de tantísimos puntos de referencia? Bien podríamos pensar que el Tribunal Supremo de Wisconsin tendría que haber obligado a Northpoint a revelar los criterios seguidos por el algoritmo COMPAS para decidir que Eric Loomis era una persona de alto riesgo. Pero, si se hubieran revelado todos los datos, ¿podrían Loomis o el tribunal haberlos interpretado?

No se trata solo de que necesitemos tener en cuenta numerosos puntos de referencia. Lo que es quizá más importante es que no podemos entender la manera en que los algoritmos encuentran patrones en los datos y deciden sobre la adjudicación de puntos. Aunque sepamos que un determinado algoritmo bancario resta un determinado número de puntos a aquellos que permiten que la carga de batería de su teléfono inteligente caiga por debajo del 25 por ciento, ¿cómo podemos evaluar si esto es justo? No fue un ingeniero humano quien suministró esta regla al algoritmo, sino que este llegó a esta conclusión al descubrir un patrón en millones de solicitudes de préstamo previas. ¿Puede un cliente humano estudiar todos los datos y determinar si dicho patrón es realmente fiable y si está libre de sesgos?[43]

Sin embargo, esta nube de números tiene un lado bueno. Mientras que un individuo común puede ser incapaz de revisar algoritmos complejos, un equipo de expertos que cuente con la ayuda de sus propios instrumentos de IA puede analizar la imparcialidad de las decisiones de los algoritmos con una fiabilidad mucho mayor que la mostrada cuando lo que se analiza es la imparcialidad de las decisiones humanas. Después de todo, mientras que las decisiones humanas parecen basarse únicamente en un número reducido de puntos de referencia, somos conscientes de que, de hecho, nuestras decisiones están influidas *de manera subconsciente* por otros miles de puntos de referencia. Al no estar al tanto de estos procesos subconscientes, cuando sopesamos o explicamos nuestras decisiones, a menudo reducimos a una única racionalización *post hoc* lo que sucede cuando miles de millones de neuronas interactúan dentro de nuestro cerebro.[44] Por lo tanto, si un juez humano nos condena a seis años de cárcel, ¿cómo podemos nosotros —o, por su parte, el juez— estar seguros de que la decisión se ha tomado solo a partir de consideraciones justas y no de un prejuicio racial subconsciente o de que el juez tenía hambre?[45]

En el caso de los jueces de carne y hueso, el problema no puede resolverse, al menos no con nuestros conocimientos biológicos actuales. En cambio, cuando un algoritmo toma una decisión, en principio podemos conocer todo aquello que ha tenido en cuenta y el peso exacto que se le ha concedido. Así, varios equipos de expertos, que van desde el Departamento de Justicia de los Estados Unidos hasta la redacción de la agencia de noticias sin ánimo de lucro ProPublica, han desmenuzado el algoritmo de COMPAS con el fin de evaluar sus prejuicios potenciales.[46] Estos equipos pueden servirse no solo del trabajo colectivo de un buen número de humanos, sino también del poder de los ordenadores. Así como muchas veces es mejor emplear a un ladrón para que atrape a otro ladrón, podemos usar un algoritmo para investigar a otro.

Esto plantea la pregunta de cómo podemos estar seguros de que el algoritmo investigador es fiable. En último término, no hay una solución estrictamente tecnológica a este problema recurrente. Con independencia de la tecnología que desarrollemos, tendremos que mantener instituciones burocráticas que auditen a los algoritmos y les concedan el sello de aprobación. Dichas instituciones combinarán capacidades humanas e informáticas para asegurarse de que los nuevos sistemas algorítmicos son seguros e imparciales. Sin estas instituciones, por mucho que aprobemos leyes que concedan a los humanos el derecho a una explicación, y por muchas normativas contra los prejuicios de los ordenadores que pongamos en marcha, ¿quién podría garantizar el cumplimiento de dichas leyes y normativas?

Caída en picado

Para investigar los algoritmos, las instituciones reguladoras necesitarán no solo analizarlos, sino también traducir sus descubrimientos en relatos que los humanos puedan entender. De lo contrario, nunca llegaremos a confiar en dichas instituciones y, en cambio, podríamos depositar nuestra fe en teorías conspiratorias y en líderes carismáticos. Tal como se ha señalado en el capítulo 3, a los humanos siempre nos ha resultado difícil entender la burocracia, porque este tipo de sistemas se han desviado del guion que siguen los dramas biológicos y a la mayoría de los artistas les ha faltado voluntad o capacidad para ilustrar los dramas burocráticos. Por ejemplo, las novelas, películas y series televisivas sobre figuras políticas del siglo XXI suelen centrarse en las enemistades y los enredos amorosos de unas cuantas familias poderosas, como si el gobierno de los estados de la actualidad se ejerciera de la misma manera que en el caso de las antiguas tribus y reinos. Esta fijación artística por los dramas biológicos de tipo dinástico enmascara los cambios reales que se han ido produciendo a lo largo de los siglos en las dinámicas del poder.

El hecho de que los ordenadores sustituyan cada vez más a los burócratas y a los creadores de mitos humanos dará lugar a un cambio aún más profundo en la estructura del poder. Para sobrevivir a estas transformaciones, las democracias necesitarán no solo dotarse de instituciones que les permitan examinar a fondo estas nuevas estructuras, sino también de artistas capaces de explicar las nuevas estructuras de maneras accesibles y entretenidas. Un ejemplo exitoso de esto lo encontramos en el episodio «Caída en picado», de la serie de ciencia ficción *Black Mirror.*

Producido en 2016, cuando todavía eran pocos los que habían oído hablar de los sistemas de puntuación social, «Caída en picado» explicaba de manera brillante cómo funcionan estos sistemas y qué amenazas plantean. El episodio cuenta la historia de una mujer llamada Lacie que vive con su hermano Ryan pero que quiere mudarse a un piso propio. Para beneficiarse de un descuento en el alquiler del nuevo piso, necesita aumentar su puntuación social de 4,2 a 4,5 puntos (de un total de 5). Ser amigo de individuos con una puntuación social alta hace que la tuya aumente, de modo que Lacie intenta retomar el contacto con Naomi, una amiga de la infancia cuya puntuación actual es de 4,8. Lacie recibe una invitación para asistir a la boda de Naomi, pero de camino al aeropuerto derrama café sobre una persona con buena nota, lo que hace que su propia nota baje lo suficiente como para que la aerolínea que opera su vuelo le niegue el asiento. A partir de ahí, todo va de mal en peor. La puntuación de Lacie cae en picado, y esta termina en prisión, con una puntuación inferior a 1.

Este relato se basa en algunos de los elementos típicos de los dramas biológicos tradicionales: el «chico conoce chica» (la boda), la rivalidad fraternal (la tensión entre Lacie y Ryan) y, más importante, la competición por el estatus social (tema central del capítulo). Pero el verdadero héroe y la fuerza motriz del argumento no son Lacie ni Naomi, sino el algoritmo incorpóreo que hace que el sistema de puntuación social funcione. Este algoritmo altera por completo la dinámica de los viejos dramas biológicos, en especial la que rige la competición por el estatus social. Mientras que hasta no hace mucho los humanos nos veíamos empujados a competir por un lugar en la escala social, pero a menudo nos sentíamos libres de tomarnos un respiro de esta situación tan estresante, ahora la omnipresencia del algoritmo de puntuación social nos niega esa posibilidad. «Caída en picado» no es un relato caduco sobre la competición biológica por el estatus social, sino más bien un análisis perspicaz de lo que ocurre cuando la tecnología informática cambia las reglas de esta contienda.

Si burócratas y artistas aprenden a cooperar y a confiar en la ayuda de los ordenadores, podremos impedir que la red informática adquiera un carácter ininteligible. Mientras las sociedades democráticas sean capaces de entender la red informática, sus mecanismos autocorrectores serán nuestra mejor garantía contra los abusos de la IA. Así, la propuesta de ley sobre la IA planteada por la Unión Europea en 2021 catalogaba sistemas de puntuación social como el que se muestra en «Caída en picado» como uno de los pocos tipos de IA que han de estar totalmente prohibidos, ya que podrían «conducir a resultados discriminatorios y a la exclusión de determinados grupos», y porque «pueden violar el derecho a la dignidad y a la no discriminación y valores de igualdad y justicia».[47] Como ocurre con los regímenes de vigilancia total, el hecho de que *podamos* crear cosas como los sistemas de puntuación social no significa que *debamos* hacerlo.

Anarquía digital

La nueva red informática plantea una amenaza definitiva para las democracias. En lugar de un totalitarismo digital, podría promover una anarquía digital. La naturaleza descentralizada de las democracias y sus sólidos mecanismos de autocorrección proporcionan un escudo contra el totalitarismo, pero también dificultan la tarea de asegurar el orden. Para funcionar, una democracia tiene que cumplir con dos condiciones: debe permitir un debate público y libre sobre cuestiones clave y debe mantener un mínimo de orden social y de confianza en las instituciones. El debate libre no ha de derivar en una anarquía. Sobre todo cuando lo que se aborda son problemas urgentes e importantes, el debate público debe guiarse según normas aceptadas, y deben existir mecanismos legítimos que ayuden a alcanzar una decisión final, aunque esta no sea del gusto de todos.

Antes de la aparición de los periódicos, la radio y otras tecnologías de la información modernas, ninguna sociedad a gran escala fue capaz de combinar debates libres con confianza institucional, lo que hizo imposible el desarrollo de la democracia a gran escala. Ahora, con el auge de la nueva red informática, ¿de nuevo podría ser imposible la democracia a gran escala? Una de las dificultades se halla en que con la red informática resulta mucho más sencillo sumarse al debate público. En el pasado, entidades como los periódicos, las emisoras de radio y los partidos políticos actuaban como porteros, ya que decidían a quién había que escuchar en la esfera pública. Las redes sociales socavaron el poder de estos «porteros», lo que condujo a una conversación pública más abierta pero también más anárquica.

Siempre que un nuevo grupo social se incorpora a la conversación pública, aporta nuevos puntos de vista e intereses que a menudo cuestionan el antiguo consenso acerca de cómo debería conducirse el debate y tomar decisiones, lo que obliga a renegociar las reglas del debate. Este mecanismo goza de un potencial muy positivo, pues puede llevar a los sistemas democráticos a ser más inclusivos. Después de todo, corregir prejuicios previos y permitir que aquellos que hasta entonces no tenían derecho a participar se sumen al debate público es fundamental para la democracia. Sin embargo, a corto plazo, esto también crea perturbaciones y discordancias. Si no se alcanza un consenso sobre cómo dirigir el debate público y tomar decisiones, no podremos hablar de una democracia, sino de anarquía.

En concreto, el potencial anárquico de la IA es preocupante porque no solo abre el debate público a nuevos grupos humanos. Por primera vez en la historia, la democracia tiene que vérselas también con toda una algarabía de voces no humanas. En muchas plataformas de redes sociales, los bots constituyen una minoría nada desdeñable de participantes. Un análisis reciente estimaba que, de una muestra de 20 millones de tuits generados durante la campaña correspondiente a las elecciones presidenciales de Estados Unidos de 2016, 3,8 millones —casi el 20 por ciento— fueron generados por bots.[48]

Durante los primeros años de la década de 2020, esta situación no hizo más que empeorar. Un estudio de 2020 estimaba que los bots producían el 43,2 por ciento de los tuits que leemos.[49] Un estudio más general realizado en 2022 por la agencia de inteligencia digital Similarweb señalaba que, con toda probabilidad, el 5 por ciento de los usuarios de Twitter eran bots, lo que no les impedía generar «entre el 20,8 y el 29,2 por ciento del contenido total publicado en Twitter».[50] Si los humanos intentamos establecer un debate sobre algo tan importante como quién será el próximo presidente de Estados Unidos, ¿qué puede ocurrir cuando muchas de las voces que escuchamos proceden de ordenadores?

Otra tendencia preocupante tiene que ver con el contenido. En un principio, los bots se desplegaron para que, a través de la difusión de un gran volumen de mensajes, acabaran por influir en la opinión pública. Los bots retuiteaban o recomendaban ciertos contenidos producidos por humanos, pero eran incapaces de crear nuevas ideas por sí mismos o de establecer lazos íntimos con humanos. Sin embargo, la nueva estirpe de IA generativa, como ChatGPT, sí es capaz de hacerlo. En un estudio de 2023 publicado en *Science Advances*, los investigadores pidieron a varios humanos y a ChatGPT que crearan una serie de textos breves, tan precisos como deliberadamente engañosos, sobre temas como las vacunas, la tecnología 5G, el cambio climático y la teoría de la evolución. Después, los textos se presentaron a setecientos humanos, a los que se pidió que evaluaran su fiabilidad. En gran medida, los humanos lograron reconocer la falsedad de la desinformación producida por humanos, pero se demostraron propensos a considerar como exacta la desinformación generada por la IA.[51]

Así, pues, ¿qué ocurrirá con los debates democráticos cuando millones —y, en algún momento, miles de millones— de bots superinteligentes no solo elaboren manifiestos políticos de lo más convincentes y creen imágenes y vídeos ultrafalsos, sino que también sean capaces de ganarse nuestra confianza y nuestra amistad? Si me enzarzo en un debate online con una IA, no tardaré en darme cuenta de que tratar de cambiar sus opiniones es una pérdida de tiempo; al ser una entidad no consciente, la IA no se preocupa lo más mínimo por la política ni puede votar en unas elecciones. Pero, cuanto más hablo con la IA, mejor me conoce esta, lo que le permite ganarse mi confianza, refinar sus argumentos e ir modificando mis opiniones. En la batalla por el corazón y la mente, la intimidad es un arma muy poderosa. Hasta hace poco, los partidos políticos podían llamar nuestra atención, pero tenían dificultades para generar esa sensación de intimidad en las masas. Los aparatos de radio podían emitir el discurso de un líder ante millones de personas, pero no podían hacerse amigos de los oyentes. Hoy, un partido político, o incluso un Gobierno extranjero, podría desplegar un ejército de bots capaces de trabar amistad con millones de ciudadanos y de servirse de esta intimidad para modificar su visión del mundo.

Por último, los algoritmos no se limitan a unirse a la conversación, sino que cada vez con más frecuencia se encargan de orquestarla. Las redes sociales permiten que nuevos grupos humanos cuestionen las viejas reglas del debate. Pero las negociaciones sobre esas nuevas reglas ya no las dirigen humanos. Más bien, como se ha explicado en el análisis de los algoritmos de las redes sociales, a menudo son los propios algoritmos los que imponen las reglas. En los siglos XIX y XX, el hecho de que los magnates de los medios de comunicación censuraran y favorecieran opiniones pudo haber socavado la democracia, pero al menos aquellos magnates eran humanos y sus decisiones podían someterse al escrutinio democrático. Permitir que unos algoritmos inescrutables decidan qué opiniones se deben difundir es mucho más peligroso.

Si bots manipuladores y algoritmos inescrutables acaban por dominar la conversación pública, el debate democrático fracasará justo cuando más lo necesitamos. Precisamente cuando debemos tomar decisiones trascendentales acerca de estas nuevas tecnologías de rápida evolución, la esfera pública se encontrará inundada de noticias falsas generadas por ordenador, los ciudadanos no tendrán muy claro si están debatiendo con un amigo humano o con una máquina manipuladora y no se llegará a un consenso acerca de las reglas básicas del debate o de los hechos fundamentales. Este tipo de redes de información anárquicas son incompatibles con la verdad y el orden, y no pueden mantenerse durante mucho tiempo. Si acabamos en una anarquía, el paso siguiente consistirá en el establecimiento de una dictadura que surgirá cuando la gente acceda a trocar su libertad por algún tipo de certeza.

Prohibir los bots

Frente a la amenaza que plantean los algoritmos para el debate democrático, las democracias no se hallan indefensas. Pueden y deben tomar medidas para regular el uso de la IA y evitar que esta contamine nuestra infoesfera con personas falsas que se dediquen a propagar noticias falsas. El filósofo Daniel Dennett sugirió que podemos inspirarnos en las regulaciones tradicionales del mercado monetario.[52] Desde el momento en que se inventaron primero las monedas y después los billetes bancarios, siempre fue técnicamente posible falsificarlos. La falsificación del dinero supuso un peligro existencial para el sistema financiero, ya que erosionaba la confianza de la gente en el dinero. Si los delincuentes hubieran inundado el mercado con dinero falso, el sistema financiero se hubiera desmoronado. Pero el sistema financiero consiguió protegerse durante miles de años aprobando leyes que prohibían el dinero falsificado. Esto permitió que solo un pequeño porcentaje del dinero en circulación fuera falso y que la confianza en él se mantuviera.[53]

El mismo argumento que impide la falsificación de moneda debe aplicarse a la suplantación de humanos. Si los gobiernos adoptaron medidas decisivas para proteger la confianza en el dinero, tiene sentido que adopten medidas decisivas destinadas a proteger la confianza en los humanos. Antes de la aparición de la IA, un humano ya podía hacerse pasar por otro, y la sociedad castigaba este tipo de fraudes. Pero a la sociedad aún no le preocupaba ilegalizar la creación de humanos falsos, puesto que no se disponía de la tecnología necesaria para ello. El hecho que la IA pueda hacerse pasar por un humano amenaza con destruir la confianza entre humanos y con desgarrar el tejido de la sociedad. De este modo, Dennett sugiere que los gobiernos tendrían que ilegalizar a los humanos falsos con la misma decisión con que ilegalizaron el dinero falso.[54]

La ley debería prohibir no solo la ultrafalsificación de personas reales concretas —crear un vídeo falso del presidente de Estados Unidos, por ejemplo—, sino cualquier intento de hacerse pasar por un humano por parte de un agente no humano. Si alguien se quejara de que medidas tan estrictas atentan contra la libertad de expresión, deberíamos recordarle que los bots carecen de libertad de expresión. Prohibir a un humano el acceso a una plataforma de uso público puede ser delicado, y las democracias han de ser muy cautas respecto a este tipo de censura. Sin embargo, prohibir los bots sería mucho más sencillo, pues esta acción no violaría los derechos de nadie, ya que los bots no tienen derecho alguno.[55]

Nada de esto implica que las democracias tengan que prohibir la participación de bots, algoritmos e IA en cualquier debate público. Los agentes digitales siguen siendo bienvenidos en muchas conversaciones, siempre y cuando no intenten suplantar a los humanos. Por ejemplo, los recursos médicos de IA pueden resultar muy útiles, gracias a su capacidad para supervisar nuestra salud durante las veinticuatro horas del día, ofrecer consejos médicos personalizados en función de nuestro estado o de nuestra personalidad y dar respuesta a nuestras preguntas con una paciencia infinita. Eso sí, hay que impedir que la IA trate de hacerse pasar por un médico de carne y hueso.

Otra medida importante que las democracias podrían adoptar consiste en prohibir que algoritmos no supervisados dirijan debates públicos clave. Por supuesto que podemos seguir usando algoritmos para hacer que las plataformas de redes sociales funcionen; es evidente que ningún humano podría desempeñar esta labor. Pero los principios que emplean los algoritmos para decidir qué voces silenciar y cuáles amplificar deberían contar con la aprobación de una institución humana. Mientras que debemos ser cautos a la hora de censurar voces genuinamente humanas, tenemos la posibilidad de impedir que los algoritmos difundan salvajadas deliberadamente. Como mínimo, las compañías deben mostrar transparencia en relación con los principios selectivos que siguen sus algoritmos. Si se sirven del escándalo para llamar nuestra atención, deberían ser claras en cuanto a su modelo de negocio y dar explicaciones sobre cualquier vínculo político que puedan tener. Si el algoritmo oculta por defecto los vídeos que no se ajustan a la agenda política de la compañía, los usuarios deben saberlo.

Estas son solo algunas de las numerosas sugerencias que se han hecho en años recientes sobre cómo las democracias pueden regular la entrada de bots y algoritmos en la conversación pública. Como es natural, cada una tiene sus ventajas y sus inconvenientes, y no sería fácil aplicar ninguna de ellas. Además, debido a la velocidad con que evoluciona la tecnología, es probable que cualquier tipo de regulación quede obsoleta rápidamente. Lo que quiero señalar aquí es que las democracias *pueden* regular el mercado de la información y que su misma supervivencia depende de estas regulaciones. La idea ingenua de la información se opone a la regulación y cree que un mercado informativo completamente libre generará por sí solo verdad y orden. Esto se aparta por completo de la historia real de la democracia. Conservar la conversación democrática nunca ha sido una tarea sencilla, y allí donde ha tenido lugar esta conversación, desde parlamentos y ayuntamientos hasta periódicos y emisoras de radio, se ha hecho necesario establecer algún tipo de regulación. En una era en la que una forma ajena de inteligencia amenaza con dominar el debate, esto es doblemente cierto.

El futuro de la democracia

Durante la mayor parte de la historia, la democracia resultó imposible debido a que las tecnologías de la información existentes no eran lo bastante refinadas como para mantener una conversación política a gran escala. Millones de personas repartidas por decenas de miles de kilómetros cuadrados no contaban con las herramientas necesarias para entablar un debate sobre asuntos públicos en tiempo real. Ahora, por irónico que parezca, la democracia podría volver a ser imposible debido a que la tecnología de la información se está sofisticando demasiado. Si unos algoritmos ininteligibles se apoderan de la conversación y, en concreto, si desbaratan los argumentos razonados y fomentan el odio y la confusión, no se podrá mantener el debate público. Pero, si las democracias acaban por desmoronarse, lo más probable es que no sea a causa de ningún tipo de inevitabilidad tecnológica, sino de un fracaso humano a la hora de regular con sensatez las nuevas tecnologías.

No podemos predecir cómo se desarrollarán las cosas. Sin embargo, es evidente que en la actualidad la red de información de muchas democracias se está descomponiendo. En Estados Unidos, demócratas y republicanos ya no son capaces de ponerse de acuerdo en cuestiones básicas —como quién ganó las elecciones presidenciales de 2020— ni saben mantener una conversación civilizada. La cooperación bipartidista en el Congreso, antaño una característica fundamental de la política estadounidense, casi ha desaparecido.[56] El mismo proceso de radicalización tiene lugar en otras muchas democracias, de Filipinas a Brasil. Cuando los ciudadanos pierden la capacidad de entablar una conversación y se ven unos a otros como enemigos, en lugar de como meros rivales políticos, la democracia se vuelve insostenible.

Nadie sabe con certeza qué es lo que causa la descomposición de las redes de información democráticas. Hay quien dice que es el resultado de fisuras ideológicas, pero en realidad en muchas de estas democracias disfuncionales no parece que las brechas ideológicas sean mayores que en generaciones previas. En la década de 1960, Estados Unidos estaba atravesado por profundos conflictos ideológicos acerca del movimiento por los derechos civiles, la revolución sexual, la guerra de Vietnam y la Guerra Fría. Estas tensiones provocaron un aumento en la violencia política e incluso incrementaron las tasas de homicidios, pero republicanos y demócratas lograban ponerse de acuerdo con respecto al resultado de las elecciones, mantenían una confianza común en instituciones democráticas como los tribunales[57] y eran capaces de trabajar juntos en el Congreso, al menos sobre algunas cuestiones. Por ejemplo, la Ley de Derechos Civiles de 1964 salió adelante tras su aprobación en el Senado gracias al apoyo de cuarenta y seis demócratas y veintisiete republicanos. ¿Acaso la brecha ideológica de la década de 2020 es muy superior a la de 1960? Pero, si esta no es la causa, ¿qué es lo que separa a la gente?

Son muchos los que señalan con el dedo a los algoritmos de las redes sociales. Ya hemos explorado el impacto divisorio de estas redes en capítulos anteriores, pero, a pesar de la evidencia irrecusable, tiene que haber otros factores en juego. Lo cierto es que, aunque estemos asistiendo al desmoronamiento de la red de información democrática, no podemos estar muy seguros de por qué está sucediendo. Esta es, por sí misma, una característica de nuestros tiempos. Las redes de información han adquirido tal grado de complejidad y se basan en un número tan alto de decisiones algorítmicas opacas tomadas por entidades intercomputacionales que a los humanos nos resulta muy difícil contestar siquiera a la más esencial de las preguntas políticas: ¿por qué estamos discutiendo?

Si no podemos descubrir qué se ha roto para así repararlo, las democracias a gran escala no podrán resistir la tecnología de los ordenadores. Si esto llegara a suceder, ¿qué podría sustituir a la democracia como el sistema político dominante? ¿Acaso el futuro es propiedad de los regímenes totalitarios, o los ordenadores también harían que el totalitarismo fuera insostenible? Como veremos, incluso los dictadores de carne y hueso tienen razones para temer un futuro dominado por la IA.

10

Totalitarismo: ¿todo el poder para los algoritmos?

Las discusiones sobre la ética y la política de la nueva red informática suelen centrarse en el destino de las democracias. Si se mencionan regímenes autoritarios o totalitarios es sobre todo para aludir al destino distópico que «nosotros» podríamos esperar si fuéramos «nosotros» los que fracasáramos a la hora de gestionar con sensatez la red informática.[1] Sin embargo, en 2024, más de la mitad de «nosotros» ya vivimos bajo regímenes autoritarios o totalitarios,[2] muchos de los cuales se establecieron antes del auge de la red informática. Para comprender el impacto de los algoritmos y la IA sobre la humanidad, hemos de preguntarnos cuál será su impacto no solo en democracias como las de Estados Unidos o Brasil, sino también en ámbitos como el del Partido Comunista chino o la casa real saudí.

Tal como se ha explicado en capítulos anteriores, la tecnología de la información disponible en épocas premodernas hizo que tanto la democracia como el totalitarismo a gran escala fueran impracticables. Grandes sistemas de gobierno como la dinastía Han china o el emirato saudí de Diriyah del siglo XVIII consistían por lo general en autocracias limitadas. En el siglo XX, la nueva tecnología de la información permitió el surgimiento tanto de las democracias como de los totalitarismos a gran escala, pero el totalitarismo adolecía de una desventaja grave, pues pretendía canalizar toda la información disponible hacia un centro que se encargara de procesarla. Tecnologías como el telégrafo, el teléfono, la máquina de escribir y la radio ayudaron a centralizar la información, pero no eran capaces de procesarla ni de tomar decisiones por sí mismas. Esta seguía siendo una tarea que solo los humanos podían desempeñar.

Cuanta más información fluía hacia el centro, más difícil resultaba procesarla. Los gobernantes y partidos totalitarios tendían a cometer errores costosos, y el sistema carecía de los mecanismos adecuados para identificar y corregir dichos errores. La manera democrática de distribuir la información —y de repartir el poder decisorio— entre muchas instituciones e individuos funcionaba mejor, pues permitía lidiar de un modo más eficiente con las oleadas de datos, y, si una institución tomaba una decisión equivocada, esta podía corregirse con cierta facilidad.

Sin embargo, el auge de los algoritmos de aprendizaje automático tal vez represente aquello que los Stalin del mundo siempre han esperado. La IA podría inclinar la balanza tecnológica del poder a favor del totalitarismo. De hecho, si bien bombardear a la gente con datos tiende a abrumarla y acaba por conducir a errores, en el caso de la IA la hace más eficiente. En consecuencia, la IA parece favorecer la concentración de información y la toma de decisiones centralizada.

Incluso en países democráticos, una serie de compañías como Google, Facebook y Amazon han logrado imponer un monopolio en sus ámbitos en parte porque la IA inclina la balanza en favor de los gigantes de la tecnología. En otros sectores más tradicionales, como el de la hostelería, el tamaño no supone una ventaja enorme. McDonald's, una cadena mundial que cada día alimenta a más de cincuenta millones de personas,[3] tiene un tamaño que le confiere muchas ventajas en términos de costes, presencia de marca, etcétera. Sin embargo, siempre podemos abrir un restaurante de barrio frente al McDonald's local y conseguir que salga a flote. Aunque nuestro restaurante solo pueda servir a doscientos comensales al día, nada nos impide preparar platos mejores que los de McDonald's y fidelizar así a nuestra satisfecha clientela.

En el mercado de la información, las cosas funcionan de un modo muy diferente. El motor de búsqueda de Google lo utilizan cada día entre dos mil y tres mil millones de personas, que efectúan unos 8.500 millones de búsquedas.[4] Supongamos que una empresa local emergente desarrolla su propio motor de búsqueda e intenta competir con Google. No tendrá nada que hacer. Puesto que Google lo utilizan ya miles de millones de personas, dispone de muchísimos más datos con los que adiestrar y mejorar sus algoritmos, lo que servirá para atraer más tráfico, que se usará para adiestrar a la nueva generación de algoritmos, y así sucesivamente. En consecuencia, en 2023 Google controlaba el 91,5 por ciento del mercado global de búsquedas.[5]

O pensemos en la genética. Supongamos que varias compañías instaladas en diferentes países intentan desarrollar un algoritmo capaz de identificar las conexiones entre los genes humanos y las enfermedades. Nueva Zelanda tiene una población de cinco millones de personas, y las leyes de privacidad de este país restringen el acceso a sus registros genéticos y sanitarios. China tiene unos 1.400 millones de habitantes y goza de normativas más laxas en materia de privacidad.[6] ¿En qué país parece más probable que desarrollen un algoritmo genético? Si, a continuación, Brasil pretende dotarse de un algoritmo genético para su sistema de atención sanitaria, es muy probable que se incline por adquirir el algoritmo chino, mucho más preciso que el neozelandés. Si el algoritmo chino logra perfeccionarse con los datos de más de doscientos millones de brasileños, será mucho mejor. Esto haría que cada vez más países optaran por el algoritmo chino. Muy pronto, la mayoría de la información médica del mundo fluiría hacia China, lo que haría que su algoritmo genético fuera imbatible.

La idea de concentrar toda la información y el poder en un mismo punto, que fue el talón de Aquiles de los regímenes totalitarios del siglo xx, podría convertirse en una ventaja decisiva en la era de la IA. Al mismo tiempo, como se ha señalado en un capítulo anterior, la IA podría facilitar la implantación de sistemas de vigilancia total por parte de los regímenes totalitarios, lo que haría casi imposible cualquier forma de resistencia.

Algunas personas creen que la cadena de bloques podría proporcionar un control tecnológico sobre estas tendencias totalitarias, porque la cadena de bloques tiene un carácter intrínsecamente democrático y hostil al totalitarismo. En un sistema de cadena de bloques, cualquier decisión debe someterse a la aprobación del 51 por ciento de los usuarios. Esto puede parecer democrático, pero la tecnología de las cadenas de bloques tiene un defecto letal. El problema reside en el término «usuario». Si una persona tiene diez cuentas, podrá actuar en nombre de diez usuarios. Si un Gobierno controla el 51 por ciento de las cuentas, el Gobierno constituirá el 51 por ciento de los usuarios. Ya hay ejemplos de redes basadas en cadenas de bloques en las que el Gobierno es dueño del 51 por ciento de los usuarios.[7]

Y cuando un Gobierno es dueño del 51 por ciento de los usuarios en una cadena de bloques, dicho Gobierno no solo tiene el control sobre el presente de la cadena, sino incluso sobre su pasado. Los autócratas siempre han aspirado a gozar del poder suficiente para cambiar el pasado. Los emperadores romanos, por ejemplo, se dedicaban con frecuencia a la práctica de la *damnatio memoriae*, consistente en borrar hasta el más mínimo recuerdo de sus rivales y enemigos. Después de que el emperador Caracalla asesinara a Geta, su hermano y competidor por el trono, hizo todo lo posible por borrar cualquier recuerdo de este. Las inscripciones que mencionaban a Geta se borraron a cincelazos, las monedas con su efigie se fundieron y la sola mención del nombre de Geta podía castigarse con la muerte.[8] Una pintura de la época que ha llegado a nuestros días, el célebre Tondo Severiano, se elaboró durante el reinado de su padre, Septimio Severo, y en un principio mostraba a ambos hermanos junto a Septimio y a su madre, Julia Domna. Pero posteriormente no solo se borró la cara de Geta, sino que la embadurnaron de excrementos. Una serie de análisis forenses identificaron minúsculos fragmentos de heces secas en el lugar en el que había estado la cara de Geta.[9]

De modo similar, los regímenes totalitarios modernos también han acostumbrado a alterar el pasado. Después de acceder al poder, Stalin puso todo su empeño en borrar a Trotsky —artífice de la Revolución bolchevique y fundador del Ejército Rojo— de todo registro histórico. Durante el Gran Terror estalinista que tuvo lugar entre 1937 y 1939, cada vez que se purgaba y ejecutaba a figuras prominentes, como Nikolái Bujarin o el mariscal Mijaíl Tujachevski, se procedía a suprimir cualquier rastro de su existencia en libros, artículos académicos, fotografías y pinturas.[10] Este nivel de borrado exigía un esfuerzo manual enorme. Con la cadena de bloques, modificar el pasado sería mucho más sencillo. Un Gobierno que controla al 51 por ciento de los usuarios podría hacer que una persona desapareciera por completo de la historia con solo pulsar un botón.

Cárceles para bots

A pesar de que la IA puede ayudar de diversas maneras a la consolidación del poder central, los regímenes autoritarios y totalitarios también tienen problemas con ella. El primero y más importante es que las dictaduras carecen de experiencia a la hora de controlar agentes inorgánicos. Cualquier red de información despótica se basa en el terror. Pero los ordenadores no temen que los encarcelen o los maten. Si un chatbot se conecta a la red rusa y expone los crímenes de guerra cometidos por las tropas rusas en Ucrania, cuenta un chiste irreverente sobre Vladímir Putin o critica la corrupción del partido Rusia Unida, ¿qué clase de sanciones podría imponerle a este bot el régimen de Putin? Los agentes del FSB no pueden encarcelarlo, torturarlo ni amenazar a sus familiares. Desde luego, el Gobierno ruso sí que podría bloquearlo o borrarlo, e intentar localizar y castigar a sus creadores humanos, pero esta es una tarea mucho más complicada que castigar a usuarios humanos.

En la época en que los ordenadores aún no podían generar contenido por sí mismos ni mantener conversaciones coherentes, los seres humanos eran los únicos capaces de expresar opiniones contrarias a las de redes sociales rusas como VKontakte y Odnoklassniki. Si la persona en cuestión se hallaba físicamente en Rusia, se arriesgaba a sufrir la ira de las autoridades rusas. Si se hallaba fuera de Rusia, las autoridades del país podían tratar de bloquearle el acceso. Pero ¿qué puede ocurrir si el ciberespacio ruso se llena de millones de bots capaces de generar contenido y de mantener conversaciones mientras aprenden y se desarrollan por sí mismos? Puede que disidentes rusos o incluso agentes externos hayan programado de antemano a estos bots para difundir opiniones contrarias al Gobierno, y quizá las autoridades no puedan hacer nada para impedirlo. O, lo que sería aún peor para el régimen de Putin, ¿qué ocurriría si, por sí mismos, los bots autorizados desarrollasen opiniones discordantes a partir de la información recabada sobre lo que ocurre en Rusia y de los patrones que advirtieran en ella?

Este es el problema del ajuste al estilo ruso. Los ingenieros humanos de Rusia pueden afanarse en crear una IA que se ajuste totalmente al régimen, pero, dada la capacidad de la IA para aprender y cambiar por sí misma, ¿cómo podrían garantizar los ingenieros humanos que la IA no degenerará hacia formas ilícitas? Es interesante recordar lo que George Orwell señalaba en *1984*: las redes de información totalitarias suelen apoyarse en el doble discurso. Rusia es un Estado autoritario que al mismo tiempo se define como una democracia. La invasión rusa de Ucrania ha sido la mayor guerra que ha conocido Europa desde 1945, pero oficialmente se la define como una «operación militar especial», y calificarla de «guerra» se ha criminalizado y puede acarrear hasta tres años de prisión o el pago de una multa de hasta cincuenta mil rublos.[11]

La Constitución rusa se deshace en promesas grandilocuentes acerca de cómo «garantizará la libertad de pensamiento y de expresión de todos» (artículo 29.1), de cómo «todos tendrán derecho a buscar, recibir, transmitir, producir y difundir la información libremente» (artículo 29.4), y de cómo «asegurará la libertad de los medios de comunicación de masas y se prohibirá la censura» (artículo 29.5). Es difícil que haya un ciudadano ruso lo bastante ingenuo como para creerse estas promesas al pie de la letra. Pero a los ordenadores no se les da bien entender el doble discurso. Un chatbot al que se instruye para que se adhiera a las leyes y los valores rusos podría leer esta constitución y concluir que la libertad de expresión es un valor fundamental del país. Después de pasar unos días en el ciberespacio ruso y de supervisar el funcionamiento de la esfera de información rusa, el chatbot podría empezar a criticar el régimen de Putin por violar un valor ruso tan fundamental como la libertad de expresión. Los humanos también nos damos cuenta de estas contradicciones, pero evitamos hablar de ellas porque sentimos miedo. Pero ¿qué podría impedir que un chatbot señalara patrones censurables? ¿Y cómo harían los ingenieros rusos para explicar a un chatbot que, aunque en principio la Constitución rusa garantice a todos los ciudadanos la libertad de expresión y prohíba la censura, no debe creer en la Constitución ni mencionar la brecha entre la teoría y la práctica? Tal como me explicó el guía ucraniano que me acompañó durante mi visita a Chernóbil, en los países totalitarios la gente crece con la idea de que hacer preguntas trae problemas. Pero, si adiestramos a un algoritmo bajo el principio de que «las preguntas traen problemas», ¿cómo aprenderá y se desarrollará dicho algoritmo?

Al final, si el Gobierno adopta alguna política desastrosa y luego cambia de idea, lo más habitual es que se defienda culpando del desastre a otra persona. Los humanos aprendemos por las malas a evitar aquello que nos acarrea problemas. Pero ¿cómo haríamos para adiestrar a un chatbot de manera que olvide que las políticas hoy denigradas eran la línea oficial del Gobierno hace solo un año? Este es un reto tecnológico importante con el que a las dictaduras les sería difícil lidiar, sobre todo a medida que los chatbots vayan adquiriendo poder y opacidad.

Desde luego, las democracias se enfrentan a problemas análogos con los chatbots que dicen cosas incómodas o plantean preguntas peligrosas. ¿Qué ocurriría, por ejemplo, si, a pesar de los tremendos esfuerzos de los ingenieros de Microsoft o Facebook, su chatbot empezara a proferir insultos racistas? La ventaja de las democracias es que gozan de un margen de maniobra mucho mayor a la hora de tratar con estos algoritmos fuera de control. Puesto que las democracias se toman en serio la libertad de expresión, esconden muchos menos esqueletos en sus armarios y han desarrollado niveles relativamente altos de tolerancia incluso para los discursos antidemocráticos. Los bots disidentes supondrán un reto mucho mayor para los regímenes totalitarios, cuyos armarios esconden cementerios enteros y que muestran una tolerancia nula hacia las críticas.

Una toma algorítmica del poder

A la larga, es probable que los regímenes totalitarios se enfrenten a un peligro todavía mayor: en lugar de criticarlos, un algoritmo podría controlarlos. Por lo general, a lo largo de la historia, la mayor amenaza para los autócratas ha procedido de sus propios subordinados. Como se ha señalado en el capítulo 5, ni un solo emperador romano ni líder soviético fue derrocado después de una revolución democrática, pero siempre corrieron el peligro de que sus subordinados los derrocaran o los convirtieran en marionetas. Si un autócrata del siglo XXI concede demasiado poder a los ordenadores, estos bien podrían convertirlo en su marioneta. Lo último que un dictador querría es crear algo más poderoso que él o ser presa de una fuerza que no sabe controlar.

Para ilustrar este aspecto, recurramos a un experimento mental tal vez algo extravagante: el equivalente totalitario del apocalipsis de los clips de Bostrom. Imaginemos que corre el año 2050 y que, hacia las cuatro de la madrugada, una llamada urgente del Algoritmo de Vigilancia y Seguridad despierta al Líder Supremo. «Adorado Líder, nos enfrentamos a una emergencia. Acabo de procesar millones de puntos de referencia y el patrón es inequívoco: el ministro de Defensa planea asesinarlo mañana por la mañana y arrebatarle el poder. El escuadrón de la muerte está listo y a la espera de las órdenes del ministro. Pero deme usted la orden y liquidaré al ministro con un ataque preciso».

«¡Pero si el ministro de Defensa es mi más fiel seguidor! —protesta el Líder Supremo—. Ayer mismo me decía que…».

«Adorado Líder, sé muy bien lo que le dijo. Yo lo escucho todo. Pero también sé lo que le contó después al escuadrón de la muerte. Llevo meses detectando patrones inquietantes en los datos que recibo».

«Pero ¿no podría ocurrir que una noticia ultrafalsa te hubiera llevado a engaño?».

«Me temo que los datos en que me baso son fiables al cien por cien —dice el algoritmo—. Lo comprobé con mi subalgoritmo especial para detectar noticias ultrafalsas. Puedo explicarle en detalle cómo podemos saber que esta noticia no es ultrafalsa, pero esto nos llevaría un par de semanas. No quise advertirle antes de estar seguro, pero los puntos de referencia convergen hacia una conclusión segura: hay un golpe de Estado en marcha. A menos que actuemos de inmediato, los asesinos estarán aquí en cuestión de una hora. Pero deme la orden, y liquidaré al traidor».

Al conceder tanto poder al Algoritmo de Vigilancia y Seguridad, el Líder Supremo se encuentra en un callejón sin salida. Si decide desconfiar del algoritmo, puede ser asesinado por el ministro de Defensa, pero, si hace caso al algoritmo y decide borrar del mapa al ministro de Defensa, se convertirá en una marioneta del algoritmo. Cada vez que alguien intente hacer algo que atente contra el algoritmo, este sabrá cómo manipular al Líder Supremo. Tengamos en cuenta que no es necesario que el algoritmo sea una entidad consciente para realizar esta maniobra. Tal como indica el experimento mental de los clips propuesto por Bostrom —y como demostró a pequeña escala el GPT-4 cuando mintió al empleado de TaskRabbit—, un algoritmo no consciente es capaz de acumular poder y de manipular a la gente aunque carezca de instintos humanos como la codicia o el egoísmo.

Si los algoritmos llegaran a desarrollar capacidades como las del experimento mental, las dictaduras serían mucho más vulnerables a la toma del poder por parte de los algoritmos que las democracias. Incluso a una IA supermaquiavélica le resultaría difícil adueñarse de un sistema democrático cuyo poder estuviera repartido como en Estados Unidos. Aunque la IA lograra manipular al presidente, aún tendría que enfrentarse a la oposición del Congreso, del Tribunal Supremo, de los gobernadores de los distintos estados, de los medios de comunicación, de las principales compañías y de diversas ONG. ¿Cómo podría lidiar el algoritmo con, por ejemplo, la oposición de un senador?

Adueñarse del poder en un sistema mucho más centralizado resulta más sencillo. Cuando todo el poder se halla en manos de una persona, quienquiera que controle el acceso al autócrata estará en disposición de manipularlo... y con él al resto del Estado. Para hackear el sistema, bastaría con aprender a manipular a un único individuo. Un caso paradigmático lo encontramos en el emperador romano Tiberio, que se convirtió en el títere de Lucio Elio Sejano, comandante de la Guardia Pretoriana.

En un principio, Augusto fundó esta guardia como un pequeño grupo de guardaespaldas destinado a velar por el emperador. Para comandar la guardia, Augusto designó a *dos* prefectos, con el fin de que ninguno de ellos llegara a acumular demasiado poder sobre él.[12] Tiberio, sin embargo, no actuó con tanta sensatez. La paranoia fue su mayor debilidad. Sejano, uno de los dos prefectos pretorianos, supo sacar provecho de los miedos de Tiberio con gran astucia, pues se hizo frecuente que destapara supuestos complots para asesinar al emperador, muchos de los cuales eran pura fantasía. El suspicaz Tiberio fue desconfiando cada vez más de todo el mundo excepto de Sejano. Al final, acabó por nombrarlo prefecto único de la Guardia Pretoriana, cuyas filas amplió hasta convertirla en un ejército de doce mil hombres, e incluso concedió a los hombres de Sejano poderes adicionales en el control y la administración de la ciudad de Roma. Al final, Sejano logró persuadir a Tiberio para que abandonara la capital y se trasladara a Capri, aduciendo que sería mucho más fácil proteger al emperador en una isla pequeña que en una metrópolis abarrotada de traidores y espías. Lo cierto es que, como explica el historiador romano Tácito, Sejano aspiraba a controlar toda la información que llegaba al emperador. «Cualquier tipo de acceso al emperador dependería de él, y la mayor parte de las cartas pasarían por sus manos una vez se las entregaran los soldados».[13]

Con los pretorianos controlando Roma, Tiberio aislado en Capri y Sejano controlando toda la información destinada al emperador, el comandante pretoriano se convirtió en el verdadero gobernador del Imperio. Sejano se encargó de purgar a todo aquel que pudiera oponérsele —incluidos varios miembros de la familia imperial— tras acusarlos falsamente de traición. Puesto que nadie podía ponerse en contacto con el emperador sin el permiso de Sejano, Tiberio quedó reducido a una marioneta.

Al final, alguien —quizá Antonia, cuñada de Tiberio— encontró una grieta en el cordón informativo de Sejano. A escondidas, esta persona envió una carta al emperador en la que le explicaba lo que estaba ocurriendo. Pero, para cuando abrió los ojos y decidió librarse de Sejano, Tiberio se hallaba casi indefenso. ¿Cómo podía derrocar al hombre que controlaba no solo a sus guardaespaldas, sino también todo tipo de comunicación con el mundo exterior? Cualquier movimiento que intentara Tiberio podía llevar a Sejano a mantenerlo preso en Capri de manera indefinida y a informar al Senado y al ejército de que el emperador se hallaba demasiado enfermo como para viajar.

Sin embargo, Tiberio acabó pagando a Sejano con la misma moneda. A medida que el poder de este último aumentaba y se involucraba cada vez más en el funcionamiento del Imperio, Sejano fue desatendiendo las tareas cotidianas del aparato de seguridad de Roma. En secreto, Tiberio recurrió a uno de los subordinados de Sejano, Nevio Sutorio Macrón, prefecto de los vigiles. Macrón organizó un golpe contra Sejano y, como premio, Tiberio lo nombró nuevo comandante de la Guardia Pretoriana. Pocos años después, Macrón ordenó la muerte de Tiberio.[14]

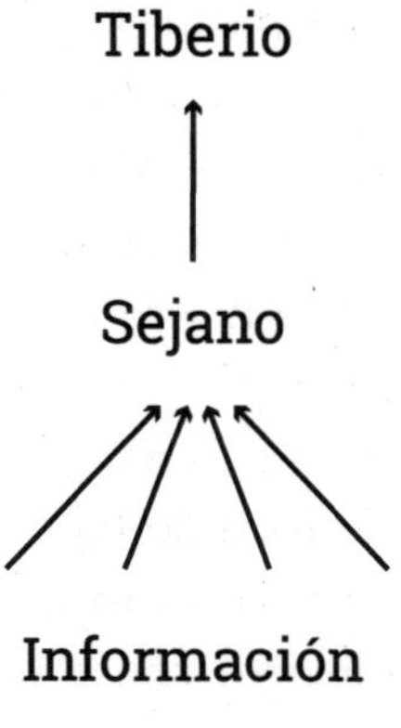

El poder reside en el nexo en el que convergen los canales de información. Puesto que Tiberio permitió que los canales de información convergieran en la persona de Sejano, este acabó por convertirse en el verdadero centro del poder, mientras que Tiberio quedó reducido a una simple marioneta.

El destino de Tiberio ilustra el delicado equilibrio que todo dictador aspira a conseguir. Estos tratan de concentrar toda la información en un lugar, pero deben procurar que los distintos canales de información converjan solo en su persona. Si los canales de información se concentraran en cualquier otro punto, este se convertiría en el verdadero nexo de poder. Cuando el régimen depende de personas como Sejano o Macrón, un dictador hábil puede fomentar un enfrentamiento entre ellos con el fin de mantenerse en la cumbre. Así funcionaban las purgas de Stalin. Pero, cuando un régimen depende de una IA poderosa pero inescrutable capaz de reunir y analizar toda la información, el dictador humano corre el riesgo de perder todo el poder. Aunque nunca llegue a abandonar la capital, podría quedar aislado en una isla digital controlada y manipulada por la IA.

El dilema del dictador

En los próximos años, los dictadores de nuestro mundo deberán hacer frente a problemas más urgentes que la toma del poder por parte de los algoritmos. En la actualidad, no hay IA capaz de manipular regímenes a esta escala. Sin embargo, los sistemas totalitarios ya corren el peligro de depositar demasiada confianza en los algoritmos. Si bien las democracias asumen que, como humanos, somos falibles, los regímenes totalitarios parten del supuesto de que el partido del Gobierno o el líder supremo nunca se equivocan. Los regímenes basados en este supuesto se ven obligados a creer en la existencia de una inteligencia infalible, lo que los hace reacios a diseñar mecanismos de autocorrección sólidos que supervisen y regulen al genio que se halla en la cumbre.

Hasta ahora, este tipo de regímenes depositaban su fe en partidos y líderes humanos y eran semilleros para el surgimiento de cultos personalistas. Pero, en el siglo XXI, esta tradición totalitaria los predispone a confiar en la infalibilidad de la IA. A fin de cuentas, un sistema capaz de confiar en el genio infalible de un Mussolini, un Ceauşescu o un Jomeiní bien pueden confiar en la infalibilidad de un ordenador superinteligente. Esto podría generar consecuencias desastrosas para sus ciudadanos e incluso para el resto del mundo. ¿Qué ocurriría si el algoritmo a cargo de las políticas medioambientales cometiera un error importante pero careciera de unos mecanismos autocorrectores que le permitieran identificar y corregir el error? ¿Qué ocurriría si el algoritmo en el que se basa el sistema de puntuación social del Estado empezara a atemorizar no solo a la población general, sino también a los miembros del Gobierno, y a etiquetar como «enemigo del pueblo» a todo aquel que cuestionara sus políticas?

Los dictadores siempre han adolecido de mecanismos autocorrectores endebles y se han visto amenazados por subordinados poderosos. El auge de la IA puede exacerbar muchísimo estos problemas. Por lo tanto, la red informática plantea a los dictadores un dilema insoportable. Confiando en una tecnología supuestamente infalible, pueden decantarse por escapar de las garras de sus subordinados humanos, en cuyo caso podrían convertirse en títeres de la tecnología. O pueden asignar a una institución humana la tarea de supervisar a la IA, pero esa institución también podría acabar limitando el poder dictatorial.

El hecho de que un puñado de dictadores optaran por depositar su confianza en la IA ya podría acarrear enormes consecuencias para toda la humanidad. La ciencia ficción está plagada de supuestos en los que una IA pierde el control y acaba esclavizando o aniquilando a la humanidad. La mayoría de los argumentos de la ciencia ficción exploran estos escenarios en el marco de sociedades democráticas capitalistas. Tiene sentido. Sin duda, los autores que viven bajo regímenes democráticos muestran interés por sus propias sociedades, mientras que los autores que viven bajo regímenes dictatoriales no lo tienen tan fácil a la hora de criticar a sus gobernantes. Pero el punto más débil en el escudo anti-IA de la humanidad son probablemente los dictadores. La manera más factible de que una IA se haga con el poder no tendrá nada que ver con los engendros creados en laboratorios como el del doctor Frankenstein; más bien verá la luz cuando estas inteligencias logren hacer la pelota a algún otro Tiberio paranoide.

Que no se tome esto como una profecía, sino solo como una posibilidad. Desde 1945, los dictadores y sus subordinados han cooperado con gobiernos democráticos y con sus ciudadanos para contener la amenaza nuclear. El 9 de julio de 1955, Albert Einstein, Bertrand Russell y otros científicos e intelectuales destacados publicaron el Manifiesto Russell-Einstein, un llamamiento a la cooperación entre los líderes de las democracias y de las dictaduras para evitar una guerra nuclear. «Hacemos un llamamiento —decía el manifiesto— como seres humanos a seres humanos: recordad vuestra humanidad, y olvidad el resto. Si podéis hacerlo, está abierto el camino hacia un nuevo Paraíso; si no podéis, ante vosotros se muestra el riesgo de la muerte universal».[15] Esto bien puede aplicarse a la IA. Sería absurdo que los dictadores creyeran que la IA vaya a inclinar la balanza del poder a su favor. Si no extreman las precauciones, la IA les arrebatará el poder.

11

El Telón de Silicio: ¿imperio global o fisura global?

En los dos capítulos anteriores se ha explorado cómo las diferentes sociedades humanas podrían reaccionar al auge de la nueva red informática. Pero vivimos en un mundo interconectado, en el que las decisiones tomadas por un país pueden tener un impacto profundo sobre el resto. Algunos de los mayores peligros que plantea la IA no son el resultado de las dinámicas internas de una única sociedad humana, sino que, más bien, surgen de dinámicas que implican a diversas sociedades y que podrían desembocar en nuevas carreras armamentistas, nuevas guerras y nuevas expansiones imperiales.

Los ordenadores no gozan todavía de potencia suficiente como para escapar por completo a nuestro control o para destruir por sí solos la civilización humana. Mientras la humanidad permanezca unida, podemos forjar instituciones que controlen la IA y que identifiquen y corrijan los errores algorítmicos. Por desgracia, la humanidad nunca ha estado unida. Su historia ha estado atravesada por una serie de actores indeseables, así como por los desacuerdos entre actores buenos. Así, pues, si el auge de la IA plantea un peligro existencial para la humanidad, no se debe tanto a la malevolencia de los ordenadores como a nuestros propios defectos.

Supongamos que un dictador paranoico otorgara un poder ilimitado a una IA falible, incluido el de lanzar un ataque nuclear. Si el dictador confía más en su IA que en su ministro de Defensa, ¿no tendría sentido que fuera dicha IA la encargada de supervisar el uso de las armas más poderosas del país? Pero, entonces, si la IA cometiera un error o se dedicara a perseguir un objetivo, el resultado podría ser catastrófico, y no solo para el país en cuestión.

De modo similar, una banda terrorista cuyo campo de acción se limita a un rincón del planeta podría usar la IA para iniciar una pandemia global. Los terroristas podrían estar más versados en mitologías apocalípticas que en epidemiología, pero solo tendrían que fijarse un objetivo y la IA se encargaría del resto. La IA podría sintetizar un nuevo patógeno, pedírselo a un laboratorio comercial o incluso imprimirlo a través de una impresora biológica 3D, y a continuación diseñar la mejor estrategia para esparcirlo por el mundo, ya sea en aeropuertos o a través de la industria alimentaria. ¿Qué ocurriría si la IA llegara a sintetizar un virus que se revelara tan letal como el Ébola, tan contagioso como la COVID-19 y de manifestación tan lenta como el virus del sida? Para cuando empezaran a morir las primeras víctimas y se alertara del peligro a todo el mundo, la mayoría nos habríamos infectado.[1]

Tal como hemos explorado en capítulos anteriores, la civilización humana se encuentra amenazada no solo por armas de destrucción masiva físicas y biológicas como bombas y virus. La civilización humana también podría ser víctima de armas de destrucción masiva sociales, como, por ejemplo, relatos capaces de socavar nuestros vínculos de convivencia. Una IA desarrollada en un país concreto podría emplearse para desatar una avalancha de noticias falsas, dinero falso y humanos falsos, de manera que la gente de otros numerosos países perdiera la capacidad de confiar en nada ni nadie.

Muchas sociedades, ya sean democracias o dictaduras, pueden actuar con responsabilidad para regular estos usos de la IA, adoptar medidas drásticas contra los actores dañinos y poner freno a las peligrosas ambiciones de sus propios gobernantes y de fanáticos. Pero bastaría con que un puñado de estas sociedades no lo hicieran para poner en peligro a toda la humanidad. Al tratarse de un problema global y no nacional, el cambio climático puede acabar incluso con aquellos países que adopten unas normativas medioambientales excelentes. La IA también es un problema global. Los gobiernos pecarían de ingenuos si creyeran que una regulación sensata de la IA dentro de sus fronteras fuera a protegerlos de las consecuencias negativas que puede acarrear la revolución de la IA. De modo que, para comprender la nueva política relativa a los ordenadores, no basta con examinar las posibles reacciones de cada sociedad ante la IA. También debemos considerar hasta qué punto la IA podría alterar las relaciones entre todas esas sociedades a un nivel global.

En la actualidad, el mundo está dividido en unos doscientos estados nación, la mayoría de los cuales alcanzaron su independencia después de 1945. No todos son iguales. La lista incluye dos superpotencias, un puñado de grandes potencias, varios bloques y alianzas, y otros muchos actores de menores dimensiones. Aun así, hasta los estados más minúsculos gozan de cierta influencia, como demuestra su capacidad para provocar que las superpotencias se enfrenten entre sí. Por ejemplo, a principios de la década de 2020, China y Estados Unidos competían por ejercer su influencia en la región del Pacífico Sur, una zona de gran importancia geoestratégica. Ambos superpoderes cortejaban a naciones insulares como Tonga, Tuvalu, Kiribati y las Islas Salomón. Los gobiernos de estas pequeñas naciones —cuya población oscila entre los 740.000 habitantes de las Islas Salomón y los 11.000 de Tuvalu— gozaron de un margen de maniobra suficiente para decidir qué postura adoptar en esta negociación, lo que les permitió obtener considerables concesiones y ayudas.[2]

Otros pequeños estados, como Catar, han adquirido un papel relevante en la escena geopolítica. Con solo 300.000 ciudadanos, Catar se ha marcado una serie de ambiciosos objetivos en materia de política exterior en Oriente Próximo, desempeña un papel destacado en la economía global y alberga la sede de Al Jazeera, la cadena de televisión más importante del mundo árabe. Habrá quien diga que Catar puede ejercer una influencia muy superior a lo que sugiere su tamaño porque es el tercer exportador mundial de gas natural. Pero, ante un panorama internacional diferente, Catar no sería un simple actor independiente, sino el plato más codiciado de la carta de cualquier conquistador imperial. Es revelador que, en 2024, los países vecinos de Catar, de tamaño muy superior, y las potencias hegemónicas mundiales vean con buenos ojos que el minúsculo Estado del golfo retenga sus fabulosas riquezas. Muchos describen el sistema internacional como una jungla. Si así fuese, se trataría de una jungla en la que los tigres dejarían que las gallinas cebadas vivieran en tranquilidad.

Catar, Tonga, Tuvalu, Kiribati y las Islas Salomón nos enseñan que vivimos en una era posimperial. Obtuvieron su independencia del Imperio británico en la década de 1970, como parte de la desaparición final del orden imperial europeo. La influencia que hoy tienen estos países en la escena internacional nos muestra que, en el primer cuarto del siglo XXI, el poder, en lugar de verse acaparado por un puñado de imperios, hoy se encuentra repartido entre un número relativamente grande de actores.

¿Cómo puede el auge de la nueva red informática alterar la política internacional? Dejando a un lado supuestos apocalípticos como el de una IA dictatorial dispuesta a iniciar una guerra nuclear o el de una IA terrorista capaz de iniciar una pandemia letal, los ordenadores plantean dos principales retos al sistema internacional actual. En primer lugar, puesto que los ordenadores permiten circunscribir la información y el poder en un núcleo central, la humanidad podría encaminarse a una nueva era imperial. Unos cuantos imperios —o tal vez uno solo— podrían condenar al mundo entero a una opresión mucho más férrea que las del Imperio británico o el Imperio soviético. Tonga, Tuvalu o Catar dejarían de ser estados independientes para convertirse en posesiones coloniales, tal como ocurría hace cincuenta años.

En segundo lugar, la humanidad podría quedar dividida por un nuevo Telón de Silicio que separaría imperios digitales en disputa. Una vez que cada régimen dé respuesta a problemas como el ajuste de la IA, el dilema del dictador u otras disyuntivas tecnológicas, podrían crearse redes informáticas independientes y muy distintas entre sí. Las diversas redes podrían encontrar cada vez más dificultades para interactuar, y lo mismo ocurriría con los humanos a los que estas controlaran. Los cataríes que formaran parte de una red iraní o rusa, los tonganos que usaran una red china o los tuvaluanos que se sirvieran de una red estadounidense podrían llegar a tener unas vivencias y mentalidades tan dispares que les sería casi imposible comunicarse entre sí o ponerse de acuerdo en un buen número de asuntos.

Si estos acontecimientos se materializaran, no tardarían en conducir a su propio apocalipsis. Tal vez cada imperio pueda mantener su arsenal nuclear bajo control humano y apartar a sus lunáticos de las armas biológicas. Pero una especie humana dividida en bandos enfrentados que son incapaces de entenderse tendría pocas probabilidades de evitar conflictos devastadores o de sortear las catástrofes del cambio climático. Un mundo de imperios rivales separados por un opaco Telón de Silicio también sería incapaz de regular el poder explosivo de la IA.

La aparición de imperios digitales

En el capítulo 9 hemos hablado brevemente de la conexión entre la Revolución Industrial y el imperialismo moderno. Al principio no estaba tan claro que la tecnología industrial fuera a tener mucho impacto en la construcción de los distintos imperios. Cuando empezaron a utilizarse las primeras máquinas de vapor para bombear agua en las minas de carbón británicas en el siglo XVIII, nadie podía imaginar que acabarían por impulsar algunos de los proyectos imperiales más ambiciosos de la historia humana. Después, cuando a principios del siglo XIX se aceleró el ritmo, fueron empresas privadas las encargadas de comandar la Revolución Industrial, ya que tanto los gobiernos como los ejércitos mostraron cierta lentitud a la hora de apreciar sus posibles efectos geopolíticos. Por ejemplo, la construcción y gestión de la primera línea ferroviaria del mundo, inaugurada en 1830 entre Liverpool y Manchester, corrió a cargo de la Liverpool and Manchester Railway Company. Lo mismo ocurrió con la mayoría de las líneas ferroviarias del Reino Unido, Estados Unidos, Francia, Alemania y el resto de los países. Entonces no estaba nada claro por qué tendría que implicarse un gobierno o un ejército en tales empresas comerciales.

Sin embargo, a mediados del siglo XIX, los gobiernos y las fuerzas armadas de las principales potencias mundiales ya reconocían el inmenso potencial geopolítico que ofrecía la tecnología industrial moderna. La necesidad de obtener materias primas y de abrir nuevos mercados justificaba el imperialismo, mientras que las tecnologías industriales facilitaban las conquistas imperiales. Por ejemplo, los barcos de vapor desempeñaron un papel esencial en la victoria británica en las guerras del Opio contra China, y el ferrocarril fue decisivo en la expansión de Estados Unidos hacia el oeste y en la de Rusia hacia el este y el sur. De hecho, la construcción de vías férreas como las líneas Transiberiana y Transcaspiana en Rusia, la fantasía alemana de crear una línea ferroviaria que uniera Berlín con Bagdad o el sueño británico de construir una vía férrea desde El Cairo a Ciudad del Cabo fueron la base para moldear proyectos imperiales enteros.[3]

No obstante, fueron pocos los sistemas políticos que se sumaron a tiempo a la carrera armamentística en ciernes. Algunos carecían de la capacidad para hacerlo, como los cacicazgos melanesios de las Islas Salomón o la tribu Al Thani de Catar. Otros, como el Imperio birmano, el Imperio ashanti y el Imperio chino, quizá gozaran de la capacidad necesaria para ello, pero carecían de la voluntad y la previsión. Sus gobernantes y habitantes o bien no estaban al tanto de lo que acontecía en lugares como el noroeste de Inglaterra, o bien no consideraban que aquello tuviera mucho que ver con ellos. ¿Por qué tenían que preocuparse los pudientes arroceros birmanos de la cuenca del Irrawaddy o los chinos de la del Yangtsé por la línea ferroviaria entre Liverpool y Manchester? Sin embargo, a finales del siglo XIX, estos arrozales se encontraban o bien conquistados, o bien explotados de manera indirecta por el Imperio británico. La mayoría de los países rezagados en la carrera industrial acabaron siendo dominados por una potencia industrial u otra. ¿Podría ocurrir algo así con la IA?

Cuando, en los primeros años del siglo XXI, la carrera por el desarrollo de la IA empezó a ganar velocidad, de nuevo fueron los inversores privados de varios países quienes tomaron la iniciativa. Su objetivo pasaba por centralizar el flujo mundial de información. Google quería acumular toda la información del mundo en un mismo lugar. Amazon quería centralizar todas las compras del mundo. Facebook quería conectar todas las esferas sociales del planeta. Pero concentrar toda la información del mundo en un mismo lugar no es práctico ni útil, a menos que dicha información se pueda procesar también de manera centralizada. Y en 2000, mientras el motor de búsqueda de Google daba sus primeros pasos, mientras Amazon no era más que otra modesta librería en línea y mientras Mark Zuckerberg aún iba al instituto, la IA necesaria para procesar estos océanos de datos desde un centro estaba muy lejos de ser una realidad. Pero unas cuantas personas consideraron que, de hecho, se encontraba a la vuelta de la esquina.

Kevin Kelly, editor y fundador de la revista *Wired*, contaba cómo en 2002 asistió a una reunión informal en la sede de Google, donde mantuvo una conversación con Larry Page. «Larry, sigo sin entenderlo. Hay muchísimas compañías de búsqueda. ¿Un buscador gratuito en la red? ¿Adónde os lleva esto?». Page le explicó que Google no tenía ningún interés en la búsqueda. «Lo que estamos diseñando en realidad es una IA», dijo.[4] Tener muchísimos datos a tu alcance te permite crear una IA. Y la IA puede transformar muchísimos datos en muchísimo poder.

En la década de 2010, este sueño se estaba haciendo realidad. Como las principales revoluciones históricas, la aparición de la IA consistió en un proceso gradual compuesto por numerosas etapas. Y, al igual que todas las revoluciones, algunas de estas etapas se vieron como puntos de inflexión, tal como ocurrió con la inauguración de la línea ferroviaria entre Liverpool y Manchester. En la amplia bibliografía sobre el relato de la IA, dos hitos se mencionan una y otra vez. El primero tuvo lugar cuando, el 30 de septiembre de 2012, una red neural convolucional llamada AlexNet ganó el reto ImageNet de reconocimiento visual a gran escala.

Si el lector no tiene la más remota idea de lo que es una red neural convolucional, y si nunca ha oído hablar del Reto ImageNet, ha de saber que no está solo. Más del 99 por ciento de la gente se encuentra en esta situación, razón por la que la victoria de AlexNet no copó la portada de ningún periódico en 2012. Pero hubo quien sí se enteró de la victoria de AlexNet y que supo leer sus claves.

Supo, por ejemplo, que ImageNet era una base de datos con millones de imágenes digitales anotadas. ¿En alguna ocasión una página web nos ha pedido que marquemos las casillas que contienen imágenes de coches o de gatos para demostrar que no somos un robot? Pues lo más seguro es que las imágenes sobre las que clicamos entonces se añadieran a la base de datos de ImageNet. Lo mismo les pudo haber ocurrido a las fotos de nuestro gato que publicamos en línea. El reto ImageNet de reconocimiento visual a gran escala pone a prueba diferentes algoritmos con el fin de comprobar su capacidad para identificar las imágenes anotadas en la base de datos. ¿Son capaces de identificar correctamente un gato? Cuando se pide a un humano que lo haga, de un total de cien imágenes en las que aparecen gatos identificamos correctamente noventa y cinco de ellas. En 2010, el mejor algoritmo obtuvo una tasa de éxito de solo el 72 por ciento. En 2011, la tasa de éxito del algoritmo subió hasta el 75 por ciento. En 2012, el algoritmo AlexNet ganó el reto y sorprendió a la todavía minúscula comunidad de expertos en IA al conseguir una tasa de éxito del 85 por ciento. Aunque esta mejora pueda parecerle poca a un profano, demostró ante los expertos el potencial de la IA para alcanzar un progreso vertiginoso en determinados ámbitos. En 2015, tras alcanzar una precisión del 96 por ciento, un algoritmo diseñado por Microsoft superó la capacidad humana para identificar imágenes de gatos.

En 2016, *The Economist* publicó un artículo titulado «From Not Working to Neural Networking»* en el que se planteaba la siguiente pregunta: «¿Cómo ha conseguido la inteligencia artificial, hasta hace poco asociada a la arrogancia y la decepción desde sus primeros días, convertirse de repente en el campo más pujante de la tecnología?». También señalaba la victoria de AlexNet como el momento en que «la gente empezó a tomarse en serio la IA no solo dentro de la comunidad de la IA, sino en el conjunto de la industria tecnológica». El artículo venía acompañado de una ilustración en la que se mostraba una mano robótica con la fotografía de un gato.[5]

La ingente cantidad de imágenes de gatos que los gigantes tecnológicos habían recopilado por todo el mundo, sin pagar ni un céntimo a usuarios ni a haciendas, fueron de lo más valiosas. La carrera por el futuro de la IA estaba en marcha, y los contendientes se

* De no trabajar al trabajo neural en la red. *(N. del T.)*

disputaban imágenes de gatos. Mientras AlexNet se preparaba para superar el reto de ImageNet, Google también adiestraba a *su* IA particular con imágenes de gatos, e incluso llegó a crear una IA dedicada a generar imágenes de gatos que bautizó como Meow Generator.[6] La tecnología desarrollada para reconocer lindos gatitos no tardó en desarrollar propósitos más depredadores. Por ejemplo, Israel se basó en ella para crear las aplicaciones Red Wolf, Blue Wolf y Wolf Pack,* usadas por sus soldados para el reconocimiento facial de civiles palestinos en los Territorios Ocupados.[7] A su vez, la capacidad de reconocer imágenes de gatos condujo los algoritmos que emplea Irán para identificar de manera automática a las mujeres que no llevan velo y obligarlas a cumplir sus leyes sobre el hiyab. Tal como se ha explicado en el capítulo 8, es preciso disponer de cantidades enormes de datos para poder adiestrar a los algoritmos de aprendizaje automático. Sin esos millones de imágenes de gatos subidas a la red y anotadas gratuitamente por personas de todo el mundo, no habría sido posible adiestrar al algoritmo de AlexNet o al de Meow Generator, que a su vez sirvieron de prototipo para sucesivas IA, con el vasto potencial económico, político y militar que esto conlleva.[8]

Así como a principios del siglo XIX la tarea de construir ferrocarriles estuvo a cargo de una serie de empresarios privados, a principios del siglo XXI las compañías privadas se convirtieron en los principales competidores de la carrera por el futuro de la IA. Los ejecutivos de Google, Facebook, Alibaba y Baidu advirtieron el valor que entrañaba reconocer imágenes de gatos antes de que lo hicieran presidentes o generales. El segundo umbral se cruzó a mediados de marzo de 2016, cuando, tras la victoria ya señalada de AlphaGo sobre Lee Sedol, dichos presidentes y generales se dieron cuenta de lo que estaba ocurriendo. Mientras que, en su mayor parte, la clase política ignoró el logro de AlexNet, el triunfo de AlphaGo generó conmoción en los despachos gubernamentales, en especial en Asia oriental. En China y en muchos países vecinos, el *go* constituye un legado cultural y se considera una forma de adies-

* Lobo rojo, Lobo azul y Jauría de lobos, respectivamente. *(N. del T.)*

tramiento ideal para cualquier aspirante a estratega o a legislador. En marzo de 2016, o así lo considera, al menos, la mitología de la IA, el Gobierno chino se dio cuenta de que habíamos entrado en la era de la IA.[9]

Que el Gobierno chino fuera el primero en percatarse de la importancia real de lo que estaba ocurriendo no debe sorprendernos. En el siglo XIX, China tardó en apreciar el potencial de la Revolución Industrial y se mostró lenta a la hora de adoptar invenciones como el ferrocarril o el barco de vapor. En consecuencia, los chinos padecieron lo que hoy denominan «el siglo de la humillación». Después de siglos en los que se mantuvo como la mayor superpotencia mundial, el hecho de no haber adoptado la tecnología industrial acabó postrándola. El país sucumbió en diferentes contiendas, sufrió la invasión de pueblos extranjeros y tuvo que soportar el expolio de potencias que sí que habían entendido lo que los ferrocarriles y los barcos de vapor ofrecían. Los chinos se juraron que nunca volverían a perder ese tren.

En 2017, el Gobierno chino lanzó su «Plan para una inteligencia artificial de nueva generación», en el que anunciaba que «para 2030, las teorías, tecnologías y aplicaciones vinculadas a la IA china habrán alcanzado niveles mundiales, que harán del país el epicentro mundial de innovación en IA».[10] En los años siguientes, China dedicó numerosos recursos al desarrollo de la IA, de modo que en la década de 2020 ya se halla en la vanguardia en varios campos relacionados con la IA y está a punto de alcanzar a Estados Unidos en otros.[11]

Desde luego, el Gobierno chino no fue el único en darse cuenta de la importancia de la IA. El 1 de septiembre de 2017, el presidente de Rusia declaró: «La inteligencia artificial es el futuro, no solo para Rusia, sino para toda la humanidad. [...] Quien lidere esta esfera dominará el mundo». En enero de 2018, Narendra Modi, primer ministro de la India, coincidió en que «quien controle los datos controlará el mundo».[12] En febrero de 2019, el presidente Donald Trump firmó una orden ejecutiva en relación con la IA, pues consideraba que «la era de la IA ya se ha iniciado» y que «conservar el liderazgo en el campo de la inteligencia artificial es un objetivo de la máxima importancia para garantizar la seguridad económica y nacional de Estados Unidos».[13] Por entonces, Estados Unidos ya ocupaba el primer puesto en la carrera de la IA, gracias, en gran medida, a los visionarios esfuerzos de sus emprendedores privados. Pero lo que empezó como una disputa comercial entre compañías se había convertido en un duelo entre gobiernos o, para ser más precisos, en una carrera entre equipos enfrentados, cada uno de ellos constituido por un Gobierno y por varias compañías privadas. ¿El premio para el ganador? El dominio del mundo.

Un colonialismo basado en datos

En el siglo XVI, los conquistadores españoles, portugueses y holandeses estaban instaurando los primeros imperios globales de la historia, a base de barcos de vela, caballos y pólvora. Cuando británicos, rusos y japoneses compitieron por la hegemonía durante los siglos XIX y XX, se basaron en barcos de vapor, locomotoras y ametralladoras. En el siglo XXI, para dominar una colonia ya no es necesario desplegar la artillería. Basta con apoderarse de sus datos. Unas pocas compañías o un Gobierno que consigan recolectar los datos de todo el mundo podrían convertir el resto del globo en colonias de datos: territorios dominados no mediante una fuerza militar manifiesta, sino con información.[14]

Supongamos que, dentro de veinte años, haya alguien en Pekín o en San Francisco que tenga en su poder el historial completo de cada político, periodista, coronel y director ejecutivo de nuestro país: todos los textos escritos, las búsquedas realizadas en la red, las enfermedades padecidas, los encuentros sexuales, los chistes contados, incluso los sobornos aceptados. ¿Aún viviríamos en un país independiente o más bien habitaríamos una colonia de datos? ¿Qué ocurre cuando nuestro país depende de las infraestructuras digitales y de unos sistemas gobernados por la IA sobre los que carece de control efectivo?

Una situación así podría conducirnos a un nuevo tipo de colonialismo de datos, en el que el control de los datos se emplearía para dominar colonias lejanas. El dominio de la IA y de los datos podría permitir que los nuevos imperios se adueñaran de la atención de la gente. Como ya hemos comentado, en la década de 2010, gigantes estadounidenses de las redes sociales como Facebook y YouTube cambiaron de raíz la política de países tan distantes como Myanmar o Brasil en busca de beneficios. Movidos por intereses políticos, los imperios digitales del futuro podrían hacer algo parecido.

El temor a una guerra psicológica, al colonialismo de datos y a la pérdida de control sobre su ciberespacio ha llevado a muchos países a bloquear lo que consideran aplicaciones nocivas. China ha prohibido Facebook, YouTube y otras muchas aplicaciones y páginas web de redes sociales occidentales. Rusia ha prohibido casi todas las aplicaciones de redes sociales occidentales, así como algunas chinas. En 2020 la India prohibió TikTok, WeChat y otras numerosas aplicaciones chinas aduciendo que eran «dañinas para la soberanía y la integridad de la India, la defensa del país, la seguridad del Estado y el orden público».[15] Estados Unidos ha llegado a plantearse si debería prohibir por completo TikTok —ante la preocupación de que la aplicación pueda estar sirviendo a los intereses chinos—, y desde 2023, es ilegal su uso en los dispositivos de casi todos los trabajadores federales, funcionarios del Estado y contratistas gubernamentales.[16] Legisladores de Reino Unido, Nueva Zelanda y otros países también han expresado preocupación a propósito de TikTok.[17] Otros muchos gobiernos, desde Irán a Etiopía, han bloqueado aplicaciones como Facebook, Twitter, YouTube, Telegram e Instagram.

El colonialismo de datos también podría acarrear la ampliación de los sistemas de puntuación social. ¿Qué podría pasar si, por ejemplo, un actor dominante en el campo de la economía digital decidiera establecer un sistema de puntuación social capaz de recabar datos de cualquier procedencia con el fin de asignar una nota no solo a sus compatriotas, sino a las personas de todo el mundo? Los extranjeros tendrían que aceptar sus puntuaciones porque esto podría afectarles, por ejemplo, a la hora de comprar billetes de avión, solicitar visados u optar a becas y empleos. Así como los turistas tienen en cuenta las puntuaciones globales otorgadas por empresas extranjeras como Tripadvisor o Airbnb para evaluar restaurantes y residencias vacacionales incluso en sus propios países, y así como gente de todo el mundo emplea el dólar estadounidense para realizar transacciones comerciales, también podrían empezar a usar los sistemas de puntuación social chinos o estadounidenses en sus interacciones sociales locales.

La transformación de estos países en colonias de datos tendrá consecuencias económicas, políticas y sociales. Por lo general, en los siglos XIX y XX los habitantes de las colonias de potencias industriales como Bélgica o Gran Bretaña eran conscientes de que su papel era el de proporcionar materias primas y de que las industrias de vanguardia que se encargaban de obtener los mayores beneficios operaban desde el núcleo del imperio. Egipto exportaba algodón a Gran Bretaña e importaba textiles de alta calidad. Malasia proporcionaba caucho para los neumáticos; Coventry construía los automóviles.[18]

Es probable que al colonialismo de datos le ocurra algo parecido. La materia prima de la industria de la IA son los datos. Para crear una IA capaz de reconocer imágenes se necesitan fotos de gatos. Para diseñar prendas rompedoras, hay que recopilar datos sobre las tendencias del mundo de la moda. Para producir vehículos autónomos, se necesitan datos sobre pautas de tráfico y accidentes de circulación. Para crear una IA de asistencia sanitaria, se necesitan datos relativos a genes y enfermedades. En una nueva economía imperial de la información, cualquier lugar del mundo ofrecerá datos en bruto que, después de recolectarse, fluirán hacia el núcleo imperial. Allí se desarrollará la tecnología más avanzada, capaz de producir algoritmos invencibles que permitan identificar gatos, predecir las tendencias de la moda, conducir vehículos autónomos y diagnosticar enfermedades. Después, estos algoritmos se exportarán a las colonias de datos. Datos procedentes de Egipto y Malasia podrían enriquecer a una compañía en San Francisco o Pekín, mientras que los ciudadanos de El Cairo o Kuala Lumpur seguirían siendo pobres porque no recibirían ni los beneficios ni el poder.

La naturaleza de la nueva economía de la información podría hacer que la desigualdad entre el núcleo imperial y la colonia explotada fuera peor que nunca. En tiempos más remotos, la tierra —más que la información— constituía el activo económico más importante. Esto impedía concentrar una riqueza y un poder excesivos en un único núcleo. Mientras la tierra fuera esencial, cualquier terrateniente local gozaría de una riqueza y un poder considerables. Por ejemplo, un emperador romano podía sofocar una revuelta provincial tras otra, pero, el día después de haber decapitado al último líder rebelde, no tenía más opción que designar un nuevo conjunto de terratenientes provinciales, los cuales podrían volver a conspirar contra el poder central. En el Imperio romano, aunque Italia albergaba la sede del poder político, las provincias más ricas se hallaban en el Mediterráneo oriental. Transportar las fértiles tierras del valle del Nilo a la península itálica era una labor imposible.[19] Al final, los emperadores romanos entregaron la capital a los bárbaros y desplazaron la sede del poder político al este, a la opulenta Constantinopla.

Durante la Revolución Industrial, las máquinas adquirieron una importancia mayor que la tierra. Fábricas, minas, líneas de ferrocarril y centrales eléctricas pasaron a ser los activos más valiosos. Resultaba más sencillo concentrar esta clase de activos en un mismo lugar. El Imperio británico podía centralizar la producción industrial en sus islas, extraer materias primas de la India, Egipto o Irak, y vender a estos países manufacturas fabricadas en Birmingham o Belfast. A diferencia de lo que ocurría en el Imperio romano, Gran Bretaña era la sede del poder político y del poder económico. Pero esta concentración de riqueza y poder seguía encontrando límites en las leyes de la física y de la geología. Los británicos no podían trasladar todas las fábricas de algodón desde Calcuta a Manchester ni llevarse los pozos de petróleo de Kirkuk a Yorkshire.

Con la información sucede algo muy distinto. A diferencia del algodón y el petróleo, los datos digitales sí que pueden enviarse desde Malasia o Egipto hasta Pekín o San Francisco a una velocidad próxima a la de la luz. Y a diferencia de lo que ocurre con la tierra, los campos de petróleo o las fábricas textiles, los algoritmos apenas ocupan espacio. En consecuencia, a diferencia del poder industrial, el poder algorítmico mundial *puede* concentrarse en un único núcleo. Los ingenieros de un solo país podrían escribir el código y controlar las claves de todos los algoritmos cruciales que hagan funcionar el mundo.

De hecho, la IA permite concentrar en un mismo lugar hasta los activos decisivos de muchas industrias tradicionales, como la textil. En el siglo XIX, controlar la industria textil implicaba controlar el cultivo de extensos campos de algodón y el funcionamiento de enormes líneas de producción mecánica. En el siglo XXI, el activo más importante de la industria textil es la información, en lugar del algodón o la maquinaria. Para ganar la partida a sus competidores, un fabricante de ropa necesita información acerca de lo que gusta y disgusta a los clientes, y debería ser capaz de predecir o de fabricar lo que va a estar de moda. Al controlar este tipo de información, gigantes de la alta tecnología como Amazon y Alibaba pueden monopolizar incluso una industria tan tradicional como la textil. En 2021, Amazon se convirtió en el principal comerciante de ropa al por menor de los Estados Unidos.[20]

Además, el hecho de que la IA, los robots y las impresoras 3D automaticen la producción textil puede llevar a millones de obreros a perder sus puestos de trabajo, lo que trastocaría las economías nacionales y el equilibrio global de poder. ¿Qué ocurrirá, por ejemplo, con la economía y la política de Pakistán o de Bangladés cuando la automatización haga que sea más barato fabricar textiles en Europa? Pensemos que, en la actualidad, el sector textil proporciona empleo al 40 por ciento de la mano de obra total de Pakistán y supone el 84 por ciento de los ingresos por exportaciones de Bangladés.[21] Tal como se ha señalado en el capítulo 9, mientras que la automatización podría hacer que millones de obreros textiles fueran prescindibles, también podría crear muchos puestos de trabajo nuevos. Por ejemplo, podría ocasionar una enorme demanda de programadores y analistas de datos. Pero convertir a un obrero en paro en un analista de datos exige asumir de antemano una inversión sustancial en su readiestramiento. ¿De dónde sacarán el dinero Pakistán y Bangladés para hacer algo así?

Por lo tanto, la IA y la automatización plantean un reto importante a los países más pobres y en vías de desarrollo. En una economía impulsada por la IA, los líderes digitales reclaman la mayor parte de los beneficios y pueden emplear su riqueza para seguir formando a su mano de obra y multiplicar sus beneficios. Mientras tanto, el valor de los obreros no cualificados de países rezagados se verá reducido, y estos países no tendrán los recursos suficientes para dotar de capacidades a su mano de obra, lo que hará que queden aún más rezagados. Como resultado, pueden generarse muchísimos nuevos empleos e inmensas riquezas en San Francisco o Shanghái mientras sobre otras muchas partes del mundo se cierne la ruina económica.[22] Según la empresa de consultoría y contabilidad global PriceWaterhouseCoopers, se espera que en 2030 la IA aporte 15.700 millones de dólares a la economía global. Pero si se mantienen las tendencias actuales, se estima que China y Norteamérica —las dos principales superpotencias en el campo de la IA— se repartirán el 70 por ciento de esos ingresos.[23]

De la red a la cápsula

Esta dinámica económica y geopolítica podría dividir al mundo en dos imperios digitales. Durante la Guerra Fría, en muchos lugares de Europa, el Telón de Acero estaba literalmente compuesto de metal: una alambrada de espino separaba un país de otro. Ahora, el mundo se encuentra cada vez más dividido por culpa del Telón de Silicio. El Telón de Silicio se compone de código y atraviesa cada teléfono inteligente, ordenador y servidor del mundo. El código de nuestro teléfono móvil determina en qué lado del Telón de Silicio vivimos, qué algoritmos rigen nuestra vida, quién controla nuestra atención y hacia dónde fluyen nuestros datos.

Los ejemplos de China y Estados Unidos, o de Rusia y la Unión Europea, ponen de manifiesto que el acceso a la información del otro lado del Telón de Silicio es cada vez más complicado. Además, las redes digitales que se usan en cada lado son cada vez más dispares, pues se basan en diferentes códigos informáticos. Cada bando obedece a distintas normativas y sirve a propósitos opuestos. En China, el objetivo más importante de la nueva tecnología digital es reforzar el Estado y servir a las políticas del Gobierno. Aunque las empresas chinas gozan de cierta autonomía para desarrollar y poner en marcha la IA, su actividad económica se halla, en último término, al servicio de los objetivos políticos del Gobierno. Dichos objetivos justifican la imposición de un nivel relativamente elevado de vigilancia, tanto online como fuera de la red. Esta es la razón por la que, a pesar de que tanto las autoridades como la ciudadanía china se preocupan por la privacidad, China se encuentra unos pasos por delante de Estados Unidos y de otros países occidentales en lo relativo al desarrollo y la puesta en marcha de un sistema de puntuación social que abarque todos los aspectos de la vida de sus ciudadanos.[24]

En Estados Unidos, el Gobierno asume un papel más moderado. El desarrollo y la puesta en marcha de la IA corre a cargo de empresas privadas, y, más que reforzar al Estado o la Administración, el objetivo final de gran parte de la IA no es sino enriquecer a los gigantes tecnológicos. En realidad, en muchos casos las políticas digitales reflejan poderosos intereses empresariales. Pero el sistema de Estados Unidos ofrece una mayor protección para la privacidad de los ciudadanos. Aunque las empresas estadounidenses recaban todo tipo de información sobre la actividad en la red de la gente, encuentran muchas más trabas a la hora de vigilar la vida de sus ciudadanos cuando estos están desconectados. Además, el rechazo hacia las ideas que subyacen a los sistemas de puntuación social es amplio.[25]

Estas diferencias políticas, culturales y regulativas revelan que en cada lado del muro se emplea un equipo lógico distinto. En la China no se puede usar Google ni Facebook, como tampoco acceder a la Wikipedia. A su vez, en los Estados Unidos, son pocos los usuarios de WeChat, Baidu o Tencent. Lo que es más importante, estos bandos funcionan como imágenes especulares uno de otro. No se trata de que chinos y estadounidenses estén desarrollando versiones locales de las mismas aplicaciones. Baidu no es el Google chino y Alibaba no es el Amazon chino. Tienen objetivos diferentes, arquitecturas digitales diferentes y un impacto diferente en la vida de las personas.[26] Estas diferencias ejercen una gran influencia en el mundo, puesto que la mayoría de los países se basan en equipo lógico chino y estadounidense más que en su propia tecnología.

Además, cada bando utiliza aparatos físicos distintos, como teléfonos inteligentes y ordenadores. Estados Unidos presiona a sus aliados y clientes para que eviten usar aparatos físicos chinos como la red 5G de Huawei.[27] El Gobierno de Trump bloqueó un intento de la compañía Broadcom, con sede en Singapur, de absorber al principal productor estadounidense de chips informáticos, Qualcomm. Temían que los fabricantes extranjeros colocaran puertas traseras en los chips o que impidieran que el Gobierno estadounidense insertara allí sus propias puertas traseras.[28] En 2022, la administración Biden puso límites estrictos al comercio de chips informáticos de altas prestaciones necesarios para el desarrollo de la IA. Se prohibió a las compañías estadounidenses exportar estos chips a China, o proporcionar a China los medios para fabricarlos o repararlos. Posteriormente, las restricciones se han ido endureciendo, e incluso se ha ampliado la prohibición para incluir a otros países como Rusia e Irán.[29] Aunque, a corto plazo, esto obstaculiza a China en la carrera de la IA, a la larga impulsará a China a desarrollar una esfera digital completamente autónoma, muy diferente de la esfera digital estadounidense incluso en sus detalles menos significativos.[30]

Las dos esferas digitales podrían seguir alejándose cada vez más. El equipo lógico chino se relacionaría solo con equipo físico e infraestructura chinos, y lo mismo ocurriría al otro lado del Telón de Silicio. Puesto que el código informático influye en el comportamiento humano y, a su vez, el comportamiento humano moldea el código digital, los dos bandos bien podrían seguir trayectorias que los hicieran cada vez más diferentes no solo en su tecnología, sino también en sus valores culturales, normas sociales y estructuras políticas. Después de generaciones de convergencia, la humanidad podría hallarse en un momento vital de divergencia.[31] Durante siglos, nuevas tecnologías de información alimentaron los procesos de globalización y empujaron a gente de todo el mundo a entablar contactos más estrechos. Por extraño que parezca, hoy la tecnología de la información es tan poderosa que podría dividir a la humanidad, al encerrar a personas diferentes en cápsulas de información separadas, lo que acabaría con la idea de una única realidad humana compartida. Aunque en las últimas décadas la red ha representado nuestra metáfora principal, el futuro podría pertenecer a las cápsulas.

La división global mente-cuerpo

La división entre cápsulas de información separadas podría generar no solo rivalidades económicas y tensiones internacionales, sino también el desarrollo de culturas, ideologías e identidades muy diferentes. Adivinar los acontecimientos del futuro cultural e ideológico suele ser un ejercicio estéril. Es mucho más difícil que predecir acontecimientos económicos y geopolíticos. ¿Cuántos romanos o judíos de los tiempos de Tiberio podrían haber anticipado que una secta judía independiente acabaría por apoderarse del Imperio romano y que los emperadores renegarían de los antiguos dioses de Roma para venerar a un rabino judío ejecutado?

Aún habría sido más difícil predecir los caminos que tomarían las diversas sectas cristianas y el enorme impacto que tendrían sus ideas y conflictos en todo, desde la política hasta la sexualidad. Cuando se le preguntó a Jesús sobre el pago de impuestos al Gobierno de Tiberio y contestó: «Dad al César lo que es del César y a Dios lo que es de Dios» (Mateo, 22:21), nadie podía imaginar el impacto que su respuesta tendría en la separación de la Iglesia y el Estado dentro de una república como la estadounidense. Y cuando san Pablo les dijo a los cristianos de Roma: «Yo mismo, que con la mente sirvo a la Ley de Dios, sirvo con la carne a la ley del pecado» (Romanos, 7:25), ¿quién podría haber previsto las repercusiones que estas palabras tendrían en escuelas de pensamiento que van desde la filosofía cartesiana hasta la teoría *queer*?

A pesar de estas dificultades, conviene que pensemos en acontecimientos culturales futuros con el fin de alertarnos acerca de la probabilidad de que la revolución de la IA y la formación de mundos digitales antagónicos introduzcan cambios que vayan más allá de nuestros empleos y nuestras estructuras políticas. Los párrafos siguientes contienen especulaciones tal vez algo ambiciosas, de manera que, por favor, consideremos que mi objetivo no es predecir con exactitud acontecimientos culturales, sino llamar la atención sobre los profundos cambios y conflictos culturales que el futuro puede tenernos reservados.

Un posible acontecimiento con consecuencias trascendentales puede tener que ver con que las distintas cápsulas digitales adopten enfoques incompatibles con las preguntas fundamentales de la identidad humana. Durante miles de años, muchos conflictos religiosos y culturales —por ejemplo, los que se han dado entre sectas cristianas rivales, entre hindúes y budistas o entre platónicos y aristotélicos— se han visto alimentados por desacuerdos respecto al problema entre mente y cuerpo. ¿Somos los humanos un simple cuerpo físico, una mente no física o tal vez una mente atrapada en el interior de un cuerpo? En el siglo XXI, la red informática podría sobrecargar el problema mente-cuerpo y convertirlo en una causa de conflictos importantes de carácter personal, ideológico o político.

Para apreciar mejor las ramificaciones políticas del problema mente-cuerpo, repasemos brevemente la historia del cristianismo. Influidas por el pensamiento judío, muchas de las primeras sectas cristianas creían en la idea del Antiguo Testamento que afirmaba que los humanos somos seres corpóreos, de modo que nuestro cuerpo desempeña un papel fundamental en la identidad humana. El libro del Génesis dice que Dios creó a los humanos como cuerpos físicos, y casi todos los libros del Antiguo Testamento asumen que los humanos solo pueden existir como cuerpos físicos. Salvo por unas pocas excepciones, el Antiguo Testamento no contempla la posibilidad de una existencia incorpórea posterior a la muerte, ni en el cielo ni en el infierno. Cuando los antiguos judíos fantaseaban con la idea de salvación, lo que se imaginaban era un reino terrestre poblado de cuerpos materiales. En la época de Jesús, muchos judíos aún creían que, el día en que llegara por fin el Mesías, los cuerpos de los muertos volverían a la vida, pero aquí en la Tierra. Se asumía que el Reino de Dios, obra del Mesías, sería un reino material, repleto de árboles, piedras y cuerpos de carne y hueso.[32]

Esta era también la opinión de Jesús y de los primeros cristianos. Jesús prometió a sus seguidores que, en poco tiempo, el Reino de Dios se edificaría aquí en la Tierra, y que habitarían en él con sus cuerpos materiales. Después de que Jesús muriera sin haber cumplido su promesa, sus primeros seguidores acabaron por creer que había resucitado *en carne y hueso* y que, cuando el Reino de Dios se materializara finalmente en la Tierra, también ellos resucitarían en carne y hueso. Tertuliano (160-240 e. c.), uno de los padres de la Iglesia, dejó escrito que «la carne es la condición de la que depende la salvación», y el catecismo de la Iglesia católica, que cita las doctrinas adoptadas en el Segundo Concilio de Lyon de 1274, declara: «Creemos en Dios, creador de la carne; creemos en el Verbo hecho carne para redimir la carne; creemos en la resurrección de la carne, la perfección de la creación y la redención de la carne [...]. Creemos en la verdadera resurrección de esta carne que ahora poseemos».[33]

Pese a estas afirmaciones en apariencia inequívocas, sabemos que ya san Pablo albergaba sus dudas acerca de la carne, y, en el siglo IV e. c., bajo influencias griegas, maniqueas y persas, algunos cristianos habían derivado hacia un enfoque dualista. Llegaron a creer que los humanos constaban de un alma inmaterial buena atrapada dentro de un cuerpo material malo. No fantaseaban con resucitar en carne y hueso. Todo lo contrario. Una vez liberada por la muerte de su deplorable prisión material, ¿por qué querría el alma pura regresar a ella? De acuerdo con esto, los cristianos empezaron a creer que, después de la muerte, el alma se libera del cuerpo y vive para siempre en un lugar inmaterial completamente ajeno al mundo físico, que es la creencia habitual entre los cristianos en la actualidad, pese a lo que declararon Tertuliano y el Segundo Concilio de Lyon.[34]

Pero el cristianismo no pudo renunciar por completo a la antigua opinión judía de que los humanos son seres corpóreos. Después de todo, Cristo apareció en la Tierra en carne y hueso. Fue su cuerpo el que se clavó en la cruz y al que se infligió un dolor insoportable. Durante dos mil años, las diferentes sectas cristianas se han disputado entre sí —a veces con palabras, a veces con espadas— la relación exacta entre el alma y el cuerpo. Las posturas más violentas tenían que ver con el propio cuerpo de Cristo. ¿Era material? ¿Era puramente espiritual? ¿Gozaba quizá de una naturaleza no binaria, por ser al mismo tiempo humano y divino?

El hecho es que las diferentes aproximaciones al problema mente-cuerpo influyeron en la manera en que la gente se relacionaba con su propio cuerpo. Santos, monjes y ermitaños llevaron sus cuerpos al límite mediante una serie de experimentos impresionantes. Así como Cristo permitió que su cuerpo fuera torturado en la cruz, estos mártires permitieron que leones y osos los descuartizaran mientras su alma se entregaba al éxtasis divino. Llevaban cilicio, ayunaban durante semanas o se mantenían durante años en lo alto de un pilar, como el célebre Simeón, que al parecer se mantuvo alrededor de cuarenta años sobre una columna situada cerca de Alepo.[35]

Otros cristianos adoptaron el enfoque contrario, pues estimaban que el cuerpo no importaba en absoluto. Lo único importante era la fe. Esta idea la llevaron al extremo protestantes como Martín Lutero, quien formuló la doctrina de la *sola fide*: solo la fe. Tras vivir como monje durante casi diez años, ayunando y torturando su cuerpo de diversas maneras, Lutero perdió toda esperanza en estas penitencias corporales. Llegó a la conclusión de que ningún tormento corporal autoinfligido podría obligar a Dios a redimirlo. De hecho, pensar que alguien podía ganarse la salvación maltratando su cuerpo era un pecado de orgullo. Por lo tanto, Lutero colgó los hábitos, se casó con una monja y les dijo a sus seguidores que, si tenían la intención de ser buenos cristianos, lo único que necesitaban era tener una fe total en Cristo.[36]

Estos antiguos debates teológicos sobre la mente y el cuerpo pueden parecer totalmente irrelevantes para la revolución de la IA, pero de hecho las tecnologías del siglo XXI los han resucitado. ¿Qué relación hay entre nuestro cuerpo físico y nuestros avatares y perfiles digitales? ¿Qué relación existe entre el ciberespacio y el mundo externo? Supongamos que paso la mayor parte de mis horas de vigilia sentado en mi habitación frente a una pantalla, jugando a juegos online, entablando relaciones virtuales o incluso trabajando a distancia. Apenas salgo, ni siquiera para comer. Solo pido que me traigan comida a domicilio. Si eres como los antiguos judíos y los primeros cristianos, te compadecerás de mí y llegarás a la conclusión de que debo de vivir en una alucinación, pues he roto cualquier vínculo con la realidad de los espacios físicos y con los cuerpos de carne y hueso. Pero si tu pensamiento se parece más al de Lutero y al de muchos cristianos posteriores, podrías llegar a pensar que me he liberado. Al haber trasladado la mayoría de mis actividades y relaciones al ámbito digital, me he liberado de las limitaciones del mundo orgánico, con su debilitante gravedad y su corrupción del cuerpo, y puedo gozar de las infinitas posibilidades del mundo digital, potencialmente ajeno a las leyes de la biología e incluso de la física. Soy libre para deambular por un espacio más vasto y excitante, y para explorar nuevos aspectos de mi identidad.

Una pregunta cada vez más importante tiene que ver con si la gente puede adoptar cualquier identidad virtual o si su libertad se encuentra limitada por el cuerpo biológico que le ha tocado. Si hiciéramos caso a la doctrina luterana de la *sola fide*, el cuerpo biológico no tendría mucha importancia. Para adoptar una determinada identidad en la red, lo único que importa es nuestra imaginación. Este debate podría tener consecuencias de gran alcance no solo para la identidad humana, sino para nuestra actitud hacia el mundo como un todo. Una sociedad que entiende las identidades en términos de cuerpos biológicos debiera mostrar más preocupación por infraestructuras materiales como los conductos de aguas residuales y por ecosistemas que sostienen nuestro cuerpo. Considerará el mundo digital como un auxiliar del mundo externo que tal vez pueda satisfacer determinados fines de utilidad pero que nunca se convertirá en una parte central de nuestra vida. El objetivo sería crear un ámbito físico y biológico ideal: el Reino de Dios en la Tierra. Por el contrario, una sociedad que resta importancia a los cuerpos biológicos y se centra en las identidades digitales siempre podría aspirar a crear un Reino de Dios inmersivo en el ciberespacio, mientras hace caso omiso al destino de cosas materiales, como los bosques o los conductos de aguas residuales y las pluvisilvas.

Este debate podría moldear actitudes no solo hacia los distintos organismos, sino también hacia las entidades digitales. Mientras la sociedad defina la identidad a partir de los cuerpos físicos, será complicado que considere las IA como personas. Pero si la sociedad empieza a conceder menos importancia a los cuerpos físicos, entonces hasta las IA que carezcan de manifestaciones corpóreas podrían ser aceptadas como personas legales y gozar de derechos.

A lo largo de la historia, culturas diversas han dado respuestas dispares al problema mente-cuerpo. Una controversia en el siglo XXI acerca del problema mente-cuerpo podría ocasionar divisiones culturales y políticas con consecuencias de mayor calado que la división entre judíos y cristianos o entre católicos y protestantes. ¿Qué ocurriría, por ejemplo, si el bando estadounidense subestimara el cuerpo, definiera a los humanos por su identidad online, reconociera a las IA como personas y despreciara la importancia de los ecosistemas, y el bando chino adoptara una postura opuesta? Los desacuerdos actuales acerca de las violaciones de los derechos humanos o de la adopción de acuerdos ecológicos nos parecerían ridículos. La guerra de los Treinta Años, tal vez el conflicto más devastador de la historia de Europa, se produjo, al menos en parte, porque católicos y protestantes fueron incapaces de ponerse de acuerdo sobre doctrinas como la *sola fide* y sobre si Cristo era divino, humano o no binario. ¿Podrían desatarse conflictos en el futuro debido a una disputa sobre los derechos de la IA y la naturaleza no binaria de los avatares?

Como se ha señalado, todo esto no son más que especulaciones desbocadas, así que lo más probable es que las culturas e ideologías actuales se acaben desplegando en direcciones opuestas (y quizá más desbocadas todavía). Pero también es probable que, en cuestión de unas pocas décadas, la red informática dé lugar a nuevas identidades humanas y no humanas cuyo sentido se nos escape por completo. Y, si el mundo llegara a dividirse en dos cápsulas digitales rivales, las identidades propias de una cápsula podrían ser ininteligibles para los habitantes de la otra.

De la guerra de código a la guerra caliente

Aunque China y Estados Unidos lideran la carrera de la IA, no están solos. Otros países o bloques, como la Unión Europea, India, Brasil o Rusia, pueden intentar crear sus propias esferas digitales, cada una de ellas influida por diferentes tradiciones políticas, culturales y religiosas.[37] En lugar de dividirse en solo dos imperios globales, el mundo podría dividirse en una docena de imperios. No está claro si esto aliviaría o si solo agudizaría la competición imperial.

Cuanto más compitan entre sí los nuevos imperios, mayor será el peligro de que se produzca un conflicto armado. La Guerra Fría entre Estados Unidos y la Unión Soviética nunca desembocó en una confrontación militar directa, en gran medida gracias a la doctrina de destrucción mutua asegurada. Pero, en la era de la IA, el peligro de escalada es superior, pues la guerra cibernética es intrínsecamente diferente de la guerra nuclear.

En primer lugar, las ciberarmas son mucho más versátiles que las bombas nucleares. Las ciberarmas pueden hacer caer la red eléctrica de un país entero, pero también emplearse para destruir las instalaciones de un centro de investigaciones secretas, interferir en un sensor enemigo, orquestar un escándalo político, manipular elecciones o piratear un teléfono inteligente. Y todo esto se puede hacer a escondidas. No anuncian su presencia con una nube en forma de seta ni con una tormenta de fuego, y tampoco dejan un rastro visible desde la plataforma de lanzamiento al objetivo. En consecuencia, a veces resulta difícil saber si un ataque ha tenido lugar o quién ha sido su autor. Cuando se hackea una base de datos o se destruye equipo sensible, es difícil estar seguro de a quién debemos culpar. Por ello, la tentación de lanzar una ciberguerra limitada es grande, como también lo es la tentación de escalarla. Durante años, países rivales como Israel e Irán o los Estados Unidos y Rusia han estado intercambiando cibergolpes en una guerra no declarada pero cada vez más recrudecida.[38] Esto se está convirtiendo en la nueva norma global; un patrón que amplifica las tensiones internacionales y empuja a los países a cruzar una línea roja tras otra.

Una segunda diferencia fundamental tiene que ver con la predictibilidad. La Guerra Fría puede leerse como una especie de partida de ajedrez hipercalculada, y la certeza de que un conflicto nuclear derivara en destrucción era tan grande que redujo al mínimo el deseo de entrar en combate. La ciberguerra no cuenta con esta certeza. Nadie sabe con seguridad dónde ha plantado cada bando sus bombas lógicas, sus troyanos y sus programas malignos. Nadie puede estar seguro de si sus propias armas funcionarán realmente cuando se recurra a ellas. ¿Acaso los misiles chinos se dispararán cuando se les dé la orden, o tal vez los estadounidenses ya hayan hackeado sus misiles o la cadena de mando? Los portaaviones estadounidenses ¿funcionarán como se espera o, de manera misteriosa, dejarán de hacerlo y navegarán en círculos?[39]

Esta incertidumbre socava la doctrina de la destrucción mutuamente asegurada. Un bando puede convencerse (sobre una base cierta o equivocada) de que puede lanzar un primer ataque con éxito y evitar una represalia masiva. Incluso peor, si un bando piensa que tiene esta oportunidad, la tentación de lanzar un primer ataque podría resultar irresistible, porque nunca se sabe durante cuánto tiempo se mantendrá abierta la ventana de oportunidad. La teoría de juegos nos enseña que la situación más peligrosa en una carrera armamentista corresponde al momento en que uno de los bandos siente que goza de ventaja pero que esta se está desvaneciendo.[40]

Aunque la humanidad eluda el peor de los supuestos posibles y evite una guerra global, el auge de los nuevos imperios digitales todavía podría poner en peligro la libertad y la prosperidad de miles de millones de personas. Los imperios industriales de los siglos XIX y XX explotaron y reprimieron a sus colonias, así que sería una insensatez esperar que los nuevos imperios digitales se comporten mucho mejor. Además, tal como ya se ha indicado, si el mundo se divide en imperios rivales, es muy poco probable que la humanidad coopere con la eficacia suficiente como para superar la crisis ecológica o para regular la IA y otras tecnologías disruptivas como la bioingeniería.

El vínculo global

Desde luego, con independencia de que el mundo se divida en una serie de imperios digitales, siga siendo una comunidad diversa compuesta por doscientos estados nación, o se divida conforme a unas líneas totalmente distintas e imprevistas, la cooperación siempre será una opción. Entre los humanos, el requisito indispensable para cooperar no son sus semejanzas, sino su capacidad para intercambiar información. Mientras seamos capaces de conversar, podremos encontrar un relato compartido que nos acerque. Después de todo, esto es lo que hizo de *Homo sapiens* la especie dominante del planeta.

Así como familias diferentes e incluso rivales pueden cooperar dentro de una red tribal, y como tribus enfrentadas también pueden cooperar dentro de una red nacional, naciones e imperios opuestos pueden cooperar en el seno de una red global. Los relatos que permiten dicha cooperación no eliminan nuestras diferencias; más bien, nos permiten identificar experiencias e intereses compartidos, lo que ofrece un marco común para el pensamiento y la acción.

No obstante, una parte importante de lo que hace que la cooperación global sea difícil es la idea equivocada de que esta exige abolir toda diferencia cultural, social y política. Los políticos populistas suelen argumentar que, si la comunidad internacional se pusiera de acuerdo y alcanzara un relato común, normas y valores universales, la independencia y las tradiciones propias de cada nación se verían abocadas a la desaparición.[41] Esta es la idea que, sin ningún tipo de vergüenza, destiló en 2015 Marine Le Pen, líder del Frente Nacional francés, en un discurso electoral en el que declaró: «Hemos entrado en la era de un nuevo bipartidismo. Un bipartidismo que enfrenta dos concepciones mutuamente excluyentes y que, de ahora en adelante, condicionarán nuestra vida política. Esta división ya no consiste en izquierda y derecha, sino en globalistas y patriotas».[42] De modo similar, en agosto de 2020, el presidente estadounidense Donald Trump describió así su código ético: «Rechazamos la globalización y abrazamos el patriotismo».[43]

Por suerte, esta postura binaria comete un error de base. La cooperación global y el patriotismo no son mutuamente excluyentes. Porque el patriotismo no va de xenofobia, sino de amar a nuestros compatriotas. Y hay muchas situaciones en las que, con el fin de cuidar de nuestros compatriotas, necesitamos cooperar con extranjeros. La COVID-19 nos proporcionó un ejemplo evidente. Las pandemias son acontecimientos globales, y sin una cooperación global es difícil contenerlas, y mucho menos prevenirlas. Cuando un nuevo virus o un patógeno mutante aparece en un país, pone en riesgo al resto de los países. Y, al revés, la mayor ventaja de los seres humanos sobre los patógenos es que podemos cooperar por vías a las que los patógenos no tienen acceso. Los médicos de Alemania y de Brasil pueden alertarse unos a otros sobre los nuevos peligros, darse consejos valiosos y trabajar unidos para descubrir mejores tratamientos.

Si científicos alemanes encuentran una vacuna contra alguna enfermedad nueva, ¿cómo deberán reaccionar los brasileños ante este logro alemán? Una opción sería rechazar la vacuna extranjera y esperar hasta que científicos brasileños desarrollen la suya. Pero esto no solo sería absurdo, sino que sería antipatriótico. Los patriotas brasileños querrán emplear cualquier vacuna disponible para ayudar a sus paisanos, con independencia de dónde se haya desarrollado la vacuna. Ante situaciones así, cooperar con extranjeros es lo más patriótico que se puede hacer. La amenaza que supone perder el control de las IA es análoga a la que hace que el patriotismo y la cooperación global deban ir de la mano. Una IA fuera de control, al igual que un virus descontrolado, supone un peligro para los humanos de todas las naciones. Ningún colectivo humano, ya se trate de una tribu, una nación o la humanidad al completo, puede beneficiarse del hecho de que el poder pase de los humanos a los algoritmos.

Al contrario de lo que proponen los populistas, el globalismo no implica establecer un imperio global, renunciar a las lealtades nacionales o abrir las fronteras a una inmigración ilimitada. De hecho, la cooperación global implica dos cosas mucho más modestas: primero, un compromiso a adoptar ciertas normas globales. Dichas normas no niegan el carácter único de cada nación ni la lealtad que la gente debe sentir por su nación. Simplemente, regulan las relaciones entre distintos países. Un buen modelo es el Mundial de Fútbol. El Mundial de Fútbol es una competición entre países, y la gente suele mostrar una gran lealtad a su equipo nacional. Al mismo tiempo, el Mundial de Fútbol constituye una exhibición sorprendente de acuerdo global. Brasil nunca podrá jugar contra Alemania a no ser que antes brasileños y alemanes se pongan de acuerdo sobre el conjunto de normas que regirán el partido. Este es el globalismo en acción.

El segundo principio del globalismo consiste en que a veces —no siempre— es necesario priorizar los intereses a largo plazo de todos los humanos sobre los intereses a corto plazo de unos pocos. Por ejemplo, en el Mundial de Fútbol, todos los equipos nacionales coinciden en prohibir el uso de fármacos que aumenten el rendimiento, porque todos admiten que, en caso de no hacerlo, el Mundial de Fútbol acabará convertido en una competición entre equipos bioquímicos. Debemos esforzarnos de manera parecida para equilibrar los intereses nacionales y globales en otros campos en los que la tecnología puede cambiar las reglas del juego. No cabe duda de que las naciones seguirán compitiendo por el desarrollo de nuevas tecnologías, pero en ocasiones tendrán que ponerse de acuerdo para limitar el desarrollo y la puesta en marcha de tecnologías peligrosas como las armas autónomas o los algoritmos manipuladores, y no por altruismo, sino por pura supervivencia.

La decisión humana

Para forjar y cumplir los acuerdos internacionales en relación con la IA, antes será necesario adoptar cambios importantes en la manera en que funciona el sistema internacional. Desde este punto de vista, aunque tenemos experiencia en la regulación de tecnologías peligrosas como las armas nucleares y biológicas, la regulación de la IA requerirá niveles de confianza y autodisciplina sin precedentes, por dos razones. En primer lugar, es mucho más fácil ocultar un laboratorio en el que se desarrolle una IA ilegal que esconder un reactor nuclear ilícito. Y, en segundo lugar, las IA ofrecen muchos más usos de carácter dual —es decir, usos que oscilan entre el ámbito civil y el militar— que las bombas nucleares. Esto quiere decir que, aun a pesar de firmar un acuerdo que prohíba el desarrollo de armas autónomas, un país podría seguir construyendo dichas armas en secreto o camuflarlas bajo el aspecto de productos civiles. Por ejemplo, podría desarrollar drones completamente autónomos que, en el día a día, se ocuparan de repartir el correo y fumigar los campos con plaguicidas pero que, tras unas pequeñas modificaciones, sirvieran de repente para arrojar bombas o rociar a la gente con veneno. Todo esto hará que gobiernos y empresas encuentren más difícil confiar en que sus rivales están cumpliendo realmente las normas acordadas, así como resistir a la tentación de saltarse ellos mismos dichas normas.[44] ¿Podrán los humanos desarrollar los niveles de confianza y autodisciplina necesarios? ¿Existe acaso algún precedente histórico para supuestos así?

Son muchas las personas que se declaran escépticas ante la capacidad humana para cambiar sus conductas, sobre todo en relación con la capacidad humana para renunciar a la violencia y forjar vínculos globales más sólidos. En este sentido, pensadores «realistas» como Hans Morgenthau y John Mearsheimer sostienen que la condición inexorable sobre la que se funda el actual sistema internacional no es, en el fondo, sino la necesidad que tienen los países de disputarse el poder sin miramientos. Así, Mearsheimer explica que, «según mi teoría, las grandes potencias son actores preocupados básicamente por descubrir cómo sobrevivir en un mundo donde ningún otro actor puede salvarlos del resto», lo que las lleva «a darse cuenta inmediatamente de que el poder es la clave para su supervivencia». Dicho lo cual, Mearsheimer se pregunta: «¿A cuánto poder aspiran los estados?», y él mismo responde que todos los estados ansían tanto poder como puedan conseguir, «dado que el sistema internacional crea poderosos incentivos para que dichos estados intenten arrebatar el poder a sus rivales». Y concluye: «El objetivo supremo de un Estado que se precie es acabar convirtiéndose en la potencia hegemónica del sistema en su conjunto».[45]

Esta visión tan sombría de las relaciones internacionales recuerda también a las visiones populista y marxista de las relaciones humanas, sobre todo en el sentido de que todas estas posiciones ven a los seres humanos como actores obsesionados con el poder. Todas ellas, además, emanan de una teoría filosófica más profunda sobre la naturaleza humana: lo que el primatólogo Frans de Waal denominó «la teoría del barniz». Esta corriente sostiene que, en el fondo de nuestro ser, los humanos seguimos siendo como aquellos cazadores de la Edad de Piedra incapaces de contemplar el mundo de otra manera que como una jungla; un entorno donde el más fuerte se aprovecha del débil y donde el poder se ejerce siempre de manera correcta. Según esta teoría, durante milenios, los humanos han intentado camuflar esta realidad inmutable revistiendo su aspecto de fino barniz —los mudables mitos y rituales—, pese a lo cual nunca hemos escapado realmente de la ley de la jungla. Entendidos así, nuestros mitos y rituales serían tan solo un arma empleada por los mandamases de la jungla para engañar y atrapar a sus inferiores. Es más, quienes no se den cuenta de esto estarán haciendo gala de una peligrosa ingenuidad y podrían sucumbir a algún depredador despiadado.[46]

Por coherentes que parezcan esta clase de visiones, lo cierto es que hay razones para dudar de «realistas» como Mearsheimer. Por un lado, estos pensadores cultivan una idea muy selectiva de la realidad histórica; y, por otro, dar pábulo a tesis como la ley de la jungla es pura mitología. Como el propio De Waal y muchos otros biólogos se ocuparon de documentar en numerosos estudios, las junglas reales (a diferencia de las que pueblan nuestra imaginación) están repletas de ejemplos de cooperación, simbiosis y altruismo por parte de infinidad de animales, plantas, hongos e incluso bacterias. El 80 por ciento de todas las plantas terrestres, por ejemplo, basan su supervivencia en relaciones simbióticas con el reino de los hongos, y casi el 90 por ciento de las familias de plantas vasculares gozan de relaciones simbióticas con muchos microorganismos. Si los organismos de las pluvisilvas de la Amazonía, África o la India abandonaran la cooperación en favor de una competición despiadada por la hegemonía, dichas pluvisilvas y todos sus habitantes morirían rápidamente. He aquí, por tanto, la auténtica ley de la jungla.[47]

En cuanto a los humanos de la Edad de Piedra, debemos recordar que estos eran recolectores además de cazadores, y no hay evidencia firme de que tuvieran unas tendencias guerreras irreprimibles. Aunque hay muchas especulaciones al respecto, la primera evidencia inequívoca de una guerra organizada no aparece en el registro arqueológico hasta hace apenas unos trece mil años, en la localidad de Jebel Sahaba, situada junto al valle del Nilo.[48] Incluso después de esta fecha, los registros bélicos, lejos de ser una constante, son más bien algo esporádico. Es cierto que algunas épocas fueron excepcionalmente violentas, pero otras fueron relativamente pacíficas. Con una mirada amplia, el patrón más claro que observamos en la historia de la humanidad no es una persistencia de conflictos, sino más bien una escala creciente hacia la cooperación. Hace cien mil años, los *sapiens* solo sabían cooperar a nivel de clanes. Y a lo largo de los milenios siguientes hemos encontrado millones de maneras de formar comunidades con extraños, primero a nivel de tribus y finalmente en el ámbito de las distintas religiones, las redes comerciales y los estados. Los pensadores realistas deberían tener presente que los estados no son la piedra angular de la realidad humana, sino el producto de prolongados procesos basados en la construcción de confianza y cooperación. De hecho, si a los humanos solo les interesara el poder, nunca hubieran creado estados para empezar. Desde luego, los conflictos siempre han sido una posibilidad, ya sea entre los estados como dentro de cada uno de ellos, pero nunca han sido un destino inevitable.

La intensidad de la guerra no depende nunca de cierta naturaleza humana de carácter inmutable sino de factores tecnológicos, económicos y culturales, cuyo valor es de lo más variable. Cuando estos valores cambian, también lo hace la guerra, como quedó claro en los años posteriores a 1945. Durante dicho periodo, el desarrollo de la tecnología nuclear aumentó muchísimo el riesgo potencial de un conflicto armado. De 1950 en adelante, a las superpotencias les resultaba claro que, aunque de alguna manera pudieran ganar en un intercambio nuclear sin cuartel, su victoria sería como un logro suicida que implicaría el sacrificio de la mayor parte de su población.

Simultáneamente, el paso continuado de una economía basada en los materiales a una economía basada en el conocimiento redujo las ganancias potenciales de la guerra. Aunque ha seguido siendo factible conquistar arrozales y minas de oro, a finales del siglo XX estos dejaron de ser las principales fuentes de riqueza. Por entonces, las industrias pujantes, como el sector de los semiconductores, se basaban en habilidades técnicas y conocimientos logísticos que no podían adquirirse mediante una mera conquista militar. Por ende, algunos de los mayores milagros económicos de la época posterior a 1945 fueron obra de las potencias derrotadas: Alemania, Italia y Japón, al igual que países como Suecia y Singapur, que evitaron los conflictos militares y desestimaron las conquistas imperiales.

Por último, la segunda mitad del siglo XX fue también testigo de una profunda transformación cultural, con el declive de los antiguos ideales militaristas. Los artistas se centraron cada vez más en ilustrar los horrores sin sentido del combate, en lugar de glorificar a sus artífices, y los políticos llegaron al poder soñando más con reformas domésticas que con conquistas exteriores. En virtud de estos cambios tecnológicos, económicos y culturales, en las décadas siguientes al final de la Segunda Guerra Mundial la mayoría de los gobiernos dejó de ver en las guerras de agresión un instrumento atractivo para conseguir sus intereses, y la mayoría de las naciones renunció a fantasear con la idea de conquistar y destruir a sus vecinos. Aunque las guerras civiles y las insurgencias han seguido siendo moneda común, el mundo posterior a 1945 ha asistido a una reducción significativa de las guerras a gran escala entre estados y, de manera más notable, a los conflictos armados entre las grandes potencias.[49]

Numerosas estadísticas certifican la reducción de las guerras en esta época posterior a 1945, pero quizá la evidencia más clara a este respecto se encuentra en los presupuestos estatales. Durante la mayor parte de la historia conocida, la financiación de las fuerzas armadas fue siempre la prioridad a la hora de establecer los presupuestos de cualquier imperio, sultanato, reino y república del mundo. Los gobiernos gastaban poco en la atención sanitaria y la educación de la gente, porque la mayor parte de sus recursos se consumían en el pago del ejército, la construcción de murallas o el ensamblado de buques de guerra. Por ejemplo, cuando el burócrata Chen Xiang examinó el presupuesto anual de la dinastía china Song para el año 1065, encontró que, de los sesenta millones de minqians (unidad monetaria) disponibles en las arcas, cincuenta millones (esto es, el 83 por ciento) iban destinados a la soldadesca. Otro funcionario, Cai Xiang, nos legó lo siguiente: «Si dividimos [toda la propiedad] disponible bajo el cielo en seis partes iguales, cinco de esas partes las gastan los militares, y la parte restante se destina a las ofrendas del templo y los gastos del Estado. Siendo así, ¿cómo no iba a ser pobre el país ni a pasar apuros el pueblo?».[50]

La misma situación era predominante en otros muchos sistemas políticos, desde épocas antiguas a la época moderna. El Imperio romano destinaba entre el 50 y el 75 por ciento de su presupuesto a las fuerzas armadas,[51] mientras que esta cifra era cercana al 60 por ciento en el Imperio otomano hacia finales del siglo XVII.[52] Entre 1685 y 1813, la cuota asignada a las fuerzas armadas en los gastos del Gobierno británico osciló en torno a un promedio del 75 por ciento del total.[53] En Francia, los gastos militares entre 1630 y 1659 suponían entre el 89 y el 93 por ciento del presupuesto estatal, permanecieron por encima del 30 por ciento durante la mayor parte del siglo XVIII y cayeron a un mero 25 por ciento en 1788 debido a la crisis financiera que acabó conduciendo a la Revolución. En Prusia, por su parte, desde 1711 hasta 1800 la fracción de la partida reservada a los militares en el presupuesto nunca cayó por debajo del 75 por ciento, e incluso llegó a subir en cierta ocasión hasta el 91 por ciento.[54] Durante los años relativamente pacíficos que van de 1870 a 1913, los militares percibieron una media del 30 por ciento de los presupuestos del Estado en las principales potencias de Europa, así como en Japón y los Estados Unidos; algunas potencias de menor influencia, como Suecia, gastaban incluso más.[55] Cuando en 1914 estalló la guerra, los presupuestos militares se dispararon. Durante su implicación en la Primera Guerra Mundial, el gasto militar de Francia llegó a promediar el 77 por ciento del presupuesto total; en

Alemania fue del 91 por ciento; en Rusia, del 48 por ciento; en el Reino Unido, del 49 por ciento; y en los Estados Unidos, del 47 por ciento. Durante la Segunda Guerra Mundial, las cifras correspondientes al Reino Unido subieron hasta el 69 por ciento, mientras que en el caso de Estados Unidos, aumentaron hasta el 71 por ciento.[56] Incluso durante los años de la *détente* vivida en la década de 1970, el gasto militar soviético suponía todavía el 32,5 por ciento del presupuesto total del país.[57]

Bajo este prisma, los presupuestos estatales propios de décadas más recientes nos ofrecen una lectura mucho más esperanzadora que cualquier panfleto pacifista. A principios del siglo XXI, el gasto gubernamental promedio asignado a las fuerzas militares ha sido de apenas el 7 por ciento del presupuesto, e incluso Estados Unidos, la superpotencia bélica por antonomasia, destinó solo alrededor del 13 por ciento de su presupuesto anual a mantener su hegemonía militar.[58] Como la mayoría de la gente ya no vive bajo el terror de sufrir una invasión extranjera, los gobiernos han podido permitirse invertir mucho más dinero en las prestaciones sociales, la educación y la atención sanitaria. Así, el gasto medio destinado a la atención sanitaria en todo el mundo a principios del siglo XXI ha sido alrededor del 10 por ciento del presupuesto gubernamental, es decir, cerca de 1,4 veces el presupuesto asignado a Defensa.[59] Para muchas de las personas nacidas en la década de 2010, el hecho de que el presupuesto dedicado a sanidad fuera superior a la cuota militar era algo común y corriente. Pero era el resultado de un cambio importante en el comportamiento humano, uno que habría parecido impensable a la mayoría de las generaciones previas.

La reducción del número de guerras no fue el resultado de un milagro divino o de una metamorfosis producida en las leyes de la naturaleza. Fue la consecuencia de que los humanos cambiáramos nuestras leyes, nuestros mitos y nuestras instituciones, y decidiéramos tomar mejores decisiones. Por desgracia, el hecho de que este cambio sea fruto de la mano del hombre significa también que es reversible. Tecnología, economía y cultura son esferas en perpetuo cambio. Y así, en los primeros compases de la década de 2020, son muchos los líderes que vuelven a soñar con las gestas marciales, la intensificación de los conflictos armados[60] y el aumento de los presupuestos militares.[61]

A principios de 2022, la humanidad atravesó un umbral crítico. Rusia ya había alterado el orden global al emprender una invasión parcial de Ucrania en 2014 y ocupar Crimea junto con otras regiones ubicadas en el este del país. Con todo, hubo que esperar al 24 de febrero de 2022 para que Vladímir Putin iniciara un asalto sin cuartel sobre suelo ucraniano con el objetivo de conquistar por completo el país y acabar con su pueblo. Con el fin de preparar y alimentar este ataque, Rusia incrementó su presupuesto militar muy por encima del promedio global del 7 por ciento que hemos señalado. Las cifras exactas que manejan hoy los rusos son difíciles de determinar, dado que muchos aspectos de su presupuesto militar están revestidos de un halo de secretismo, pero las mejores estimaciones sitúan esta cifra en torno al 30 por ciento como mínimo.[62] La agresión rusa, a su vez, ha obligado no solo a Ucrania sino a otras muchas naciones europeas a aumentar también sus propios presupuestos militares.[63] De este modo, la reavivación de mentalidades militaristas en lugares como Rusia, sumada al desarrollo de armas cibernéticas y de armamentos autónomos en todo el mundo, podría abocarnos a una nueva época de guerra con una atrocidad sin precedentes.

Las decisiones que figuras como Putin adoptan en relación con asuntos como la guerra y la paz son el resultado de cómo entienden la historia. Esto significa que, de la misma manera que las lecturas históricas demasiado optimistas pueden incurrir en peligrosas ilusiones, las visiones excesivamente pesimistas también pueden traer consigo destructivas profecías destinadas a cumplirse. Antes de ordenar su ataque a gran escala contra Ucrania en 2022, Putin había expresado con frecuencia su convicción histórica de que Rusia se halla atrapada en una lucha interminable contra sus enemigos exteriores, y que la nación ucraniana no es más que un invento de dichos enemigos. En 2021, el presidente ruso publicó un ensayo de cinco mil trescientas palabras bajo el título «Sobre la unidad histórica de rusos y ucranianos», en el que negaba la existencia de Ucrania como nación y culpaba a las potencias extranjeras por intentar, una y otra vez, debilitar a Rusia alentando el separatismo ucraniano.

Aunque los historiadores profesionales se han ocupado ya de refutar semejante afirmación, Putin parece creerse a pie juntillas este relato histórico.[64] Tanto es así que las convicciones históricas de Putin fueron las que lo llevaron en 2022 a priorizar la conquista de Ucrania por delante de otros objetivos políticos, tales como dotar a los ciudadanos rusos de una mejor asistencia sanitaria o encabezar una iniciativa global para regular la IA.[65]

Si líderes como Putin están convencidos de que la humanidad se encuentra hoy atrapada en la vorágine de una selva inclemente, estiman que no cabe plantear ningún cambio sustancial en tan lamentable estado de cosas, y creen que la paz relativa conseguida a finales del siglo XX y principios del XXI era una mera ilusión, entonces solo nos queda optar entre presas o depredadores. Ante tales disyuntivas, me temo que la mayoría de los líderes del mundo preferirán pasar a la historia como depredadores y añadir su nombre al triste listado de conquistadores que, años después, los alumnos deberán memorizar para sus exámenes de Historia. Sin embargo, deberíamos recordarles a estos líderes que, en la era de la IA, el depredador más temible está llamado a ser la inteligencia artificial.

Pero quizá dispongamos de muchas más opciones. No puedo predecir qué decisiones tomará la gente en los próximos años, pero, como historiador, sí que confío en la posibilidad de un cambio. Una de las principales lecciones que nos ofrece la historia es que muchas de las cosas que consideramos naturales y eternas son, en realidad, obra del hombre y mutables. Sin embargo, aceptar que el conflicto no es inevitable no debería dejarnos satisfechos. Todo lo contrario. Debemos asumir la enorme responsabilidad de tomar las decisiones adecuadas. Implica que, si el conflicto acaba por consumir a la civilización humana, no podremos culpar a ninguna ley de la naturaleza ni a una tecnología ajena. También implica que, si nos esforzamos, podremos crear un mundo mejor. Esto no es ingenuidad; es realismo. En su día, todo lo viejo fue nuevo. La única constante de la historia es el cambio.

Epílogo

A finales de 2016, pocos meses después de que AlphaGo derrotara a Lee Sedol y mientras los algoritmos de Facebook avivaban peligrosos sentimientos racistas en Myanmar, publiqué *Homo Deus*. Aunque mi formación académica se basa en la historia militar medieval y moderna temprana,[1] y aunque no contaba con bagaje en los aspectos técnicos de las ciencias de la computación, de pronto se me atribuyó, después de esa publicación, cierta reputación como experto en IA. Esto me abrió las puertas de despachos de científicos, empresarios y líderes mundiales interesados en la IA, y me proporcionó una visión fascinante y privilegiada a la compleja dinámica de la revolución de la IA.

Resultó que mi experiencia previa en la investigación de temas como la estrategia inglesa en la guerra de los Cien Años y en el estudio de obras pictóricas de la guerra de los Treinta Años no era del todo ajena a este nuevo campo. De hecho, en cierto sentido me proporcionó una perspectiva histórica relativamente única sobre los acontecimientos que, con gran celeridad, se desarrollaban en los laboratorios de la IA, en los despachos de compañías, en cuarteles generales de ejércitos y en palacios presidenciales. A lo largo de los últimos ocho años he participado en numerosos debates públicos y privados sobre la IA, en concreto acerca de los peligros que plantea, y cada año que pasaba el tono fue adquiriendo un carácter más urgente. Conversaciones que en 2016 parecían ociosas especulaciones filosóficas sobre un futuro distante habían adquirido en 2024 la intensidad resolutiva de un gabinete de crisis.

No soy político ni empresario, y carezco del talento que exigen estas vocaciones. Pero creo que un conocimiento de la historia puede ser útil a la hora de adquirir una visión más amplia de los acontecimientos tecnológicos, económicos y culturales de hoy; y, lo que es más urgente, a la hora de cambiar nuestras prioridades políticas. En gran medida, la política es un asunto de prioridades. ¿Hemos de recortar el presupuesto en atención sanitaria y gastar más en defensa? ¿Qué amenaza resulta más acuciante para nuestra seguridad, el terrorismo o el cambio climático? ¿Nos centramos en recuperar un pedazo perdido de territorio ancestral o nos concentramos en crear una zona económica común con nuestros vecinos? Las prioridades determinan cómo votan los ciudadanos, qué es lo que preocupa a los empresarios y cómo intentan hacerse un nombre los políticos. Y a menudo las prioridades están moldeadas por nuestro conocimiento de la historia.

Aunque los así llamados realistas rechacen las narraciones históricas como estratagemas propagandistas destinadas a promover los intereses de los estados, lo cierto es que son esas narraciones las que, en primer lugar, definen los intereses de los estados. Como hemos visto en la exposición de la teoría de la guerra de Clausewitz, no hay manera racional de definir los objetivos finales. Los intereses estatales de Rusia, Israel, Myanmar o de cualquier otro país nunca se podrán deducir a partir de una ecuación matemática o física; siempre son la supuesta moraleja de una narración histórica.

Por lo tanto, apenas sorprende que políticos de todo el mundo pasen tanto tiempo e inviertan tantos esfuerzos en contar narraciones históricas. El ejemplo ya mencionado de Vladímir Putin no es excepcional en este sentido. En 2005, Kofi Annan, secretario general de las Naciones Unidas, se reunió por primera vez con el general Than Shwe, entonces dictador de Myanmar. A Annan le advirtieron que hablara él primero para impedir que el general monopolizara la conversación, que se había previsto que durara solo veinte minutos. Pero Than Shwe inició la conversación y, durante casi una hora, no dejó de hablar de la historia de Myanmar, con lo que apenas dio opción de hablar al secretario general de las Naciones Unidas.[2] En mayo de 2011, Benjamin Netanyahu, primer ministro israelí, hizo algo parecido en la Casa Blanca, cuando se reunió con el presidente de Estados Unidos, Barack Obama. Después de los breves comentarios iniciales de Obama, Netanyahu sometió al presidente a una extensa lección acerca de la historia de Israel y del pueblo judío, tratando a Obama como si fuera un estudiante.[3] Un cínico podría aducir que a Than Shwe y Netanyahu apenas les preocupaban los hechos históricos, que distorsionaban a propósito con el fin de alcanzar un objetivo político. Pero esos objetivos políticos también eran el producto de unas convicciones profundamente arraigadas acerca de la historia.

Durante mis conversaciones acerca de la IA con políticos y con empresarios tecnológicos, la historia ha aparecido con frecuencia como tema central. Algunos de mis interlocutores pintaban un panorama optimista de la historia y, en consecuencia, se mostraban entusiasmados con la IA. Argumentaban que más información siempre ha significado más conocimiento y que, al aumentar nuestro conocimiento, todas y cada una de las revoluciones de la información previas han acarreado enormes beneficios para la humanidad. ¿No condujo la revolución de la imprenta a la revolución científica? ¿No condujeron los periódicos y la radio al auge de la democracia moderna? Lo mismo, decían, ocurriría con la IA. Otros poseían una perspectiva menos luminosa, pero no obstante mostraban esperanza en que, así como nosotros salimos del paso con la Revolución Industrial, la humanidad encontraría la manera de apañárselas con la revolución de la IA.

Ninguna de estas opiniones me ofrecía mucho consuelo. Por razones que se han explicado en capítulos anteriores, considero que las comparaciones históricas con la revolución de la imprenta y la Revolución Industrial resultan problemáticas, sobre todo si proceden de personas en posiciones de poder, cuya visión histórica conforma las decisiones que moldean nuestro futuro. Estas comparaciones históricas subestiman tanto la naturaleza sin precedentes de la revolución de la IA como los aspectos negativos de las revoluciones previas. Junto con una serie de descubrimientos científicos, el resultado inmediato de la revolución de la imprenta incluyó la caza de brujas y guerras religiosas, mientras que los periódicos y la radio fueron explotados tanto por los regímenes totalitarios como por las democracias. En cuanto a la Revolución Industrial, adaptarse a ella implicó experimentos catastróficos como el imperialismo y el nazismo. Si la revolución de la IA nos conduce a experimentos parecidos, ¿podemos estar seguros de que esta vez saldremos del paso?

Mi objetivo con este libro es proporcionar una perspectiva histórica más precisa sobre la revolución de la IA. Dicha revolución todavía está dando sus primeros pasos y es bien sabido lo difícil que resulta entender la trascendencia de determinados acontecimientos en tiempo real. Incluso ahora, es difícil evaluar el significado de sucesos que tuvieron lugar en la década de 2010, como la victoria de AlphaGo o la implicación de Facebook en la campaña antirrohinyás. El significado de los acontecimientos de los primeros años de la década de 2020 se antoja todavía más incierto. Pero, si ampliamos nuestros horizontes para observar cómo se han desarrollado las redes de información a lo largo de miles de años, creo que es posible que nos hagamos una idea de lo que estamos viviendo en la actualidad.

Una lección es que la invención de una nueva tecnología de la información funciona siempre como un catalizador de cambios históricos importantes, porque el papel principal de la información consiste en forjar nuevas redes, más que en representar realidades preexistentes. Al registrar el pago de impuestos, las tabletas de arcilla de la antigua Mesopotamia ayudaron a forjar las primeras ciudades-Estado. Al canonizar las ideas proféticas, los libros sagrados extendieron nuevos tipos de religiones. Al difundir con celeridad las palabras de presidentes y ciudadanos, los periódicos y el telégrafo abrieron la puerta a las democracias a gran escala y a los totalitarismos de gran envergadura. La información que se registraba y se distribuía por estas vías a veces era cierta, a menudo falsa, pero sin duda creó nuevas conexiones entre un número mayor de personas.

Estamos acostumbrados a hacer interpretaciones políticas, ideológicas y económicas de revoluciones históricas como la aparición de las primeras ciudades-Estado en Mesopotamia, la difusión del cristianismo, la Revolución de las Trece Colonias o la Revolución rusa. Pero para obtener un conocimiento más cabal también debemos considerarlas revoluciones en la manera en que fluye la información. No cabe duda de que el cristianismo era diferente del politeísmo griego en muchos de sus mitos y ritos, pero también lo era en la importancia que concedía a un libro sagrado y a las instituciones a las que se encomendaba su interpretación. En consecuencia, mientras que cada templo de Zeus era una entidad independiente, cada iglesia cristiana se convirtió en un nodo de una red unificada.[4] La información fluía de manera diferente entre los seguidores de Cristo y entre los adoradores de Zeus. De modo similar, la Unión Soviética de Stalin era un tipo de red de información diferente de la del Imperio de Pedro el Grande. Stalin promulgó multitud de políticas económicas inéditas, pero lo que le permitió hacerlo fue su condición de caudillo de una red totalitaria en la que el centro acumulaba suficiente información como para controlar la vida de cientos de millones de personas. La tecnología rara vez es determinista, y la misma tecnología puede usarse de maneras muy diferentes. Pero, sin la invención de tecnologías como el libro y el telégrafo, la Iglesia cristiana y el aparato estalinista nunca habrían sido posibles.

Esta lección histórica ha de alentarnos a prestar más atención a la revolución de la IA en nuestros debates políticos actuales. La invención de la IA podría ser más trascendente que la invención del telégrafo, la imprenta e incluso la escritura, porque la IA es la primera tecnología de la historia capaz de tomar decisiones y de generar ideas por sí misma. Mientras que las imprentas y los rollos de pergamino ofrecían nuevos medios para conectar entre sí a las personas, las IA son miembros de pleno derecho de nuestras redes de información y cuentan con agencia propia. En los próximos años, no habrá red de información —desde los ejércitos hasta las religiones— que no incorpore millones de nuevos miembros de IA que procesarán datos de manera diferente a los humanos. Estos nuevos miembros tomarán decisiones extrañas y generarán ideas extrañas, es decir, decisiones e ideas que es poco probable que se les ocurran a los humanos. La adición de estos agentes extraños cambiará la estructura de los ejércitos, las religiones, los mercados y las naciones. Sistemas políticos, económicos y sociales enteros podrían desmoronarse, y otros nuevos ocuparían su lugar. Este es el motivo por el que la IA debería considerarse un asunto de máxima urgencia, incluso por parte de aquellos a los que no les preocupa la tecnología y que creen que las cuestiones políticas más relevantes conciernen a la supervivencia de la democracia o a la distribución justa de la riqueza.

Este libro yuxtapone el debate sobre la IA al debate sobre cánones sagrados como la Biblia porque justo ahora estamos viviendo el momento crítico de la canonización de la IA. Cuando, en lugar de los Hechos de Pablo y Tecla, decidieron incluir I Timoteo en su conjunto de datos bíblicos, padres de la Iglesia como Atanasio moldearon el mundo de los siguientes milenios. Miles de millones de cristianos hasta el siglo XXI han adquirido una visión del mundo a partir de las ideas misóginas de I Timoteo, y no de la actitud más tolerante de Tecla. Incluso en la actualidad es difícil cambiar de rumbo, porque los padres de la Iglesia decidieron no incluir mecanismos autocorrectores en la Biblia. Los equivalentes actuales del obispo Atanasio son los ingenieros que escriben el código inicial para la IA y que eligen el conjunto de datos sobre los que se adiestra a la IA en sus albores. Mientras el poder y la autoridad de la IA aumentan hasta, quizá, derivar en un libro sagrado que se interprete a sí mismo, las decisiones que tomen los ingenieros actuales podrían reverberar a lo largo de las épocas.

Estudiar la historia no hace más que destacar la importancia de la revolución de la IA y de nuestras decisiones en relación con ella. También nos alerta de dos aproximaciones comunes pero engañosas a las redes de información y a las revoluciones de la información. Por un lado, debemos cuidarnos de adquirir una visión exageradamente ingenua y optimista. La información no es la verdad. Su tarea principal consiste en conectar y no representar, y a lo largo de la historia ha sido habitual que las redes de información privilegiaran el orden sobre la verdad. Registros tributarios, libros sagrados, manifiestos políticos y archivos de la policía secreta pueden ser muy eficaces en la creación de poderosos estados e iglesias con una visión distorsionada del mundo y propensos a caer en abusos de poder. Irónicamente, a veces más información puede derivar en más cazas de brujas.

No hay motivos reales para esperar que la IA rompa el patrón y favorezca la verdad. La IA no es infalible. La poca perspectiva histórica que hemos adquirido de los preocupantes acontecimientos producidos en Myanmar, Brasil y otros lugares indica que, en ausencia de unos mecanismos de autocorrección sólidos, las IA son capaces de promover cosmovisiones distorsionadas, permitir flagrantes abusos de poder e instigar nuevas y terribles cacerías de brujas.

Por otro lado, también debemos tener cuidado de no virar demasiado en la otra dirección y adoptar una visión exageradamente cínica. El populismo defiende que el poder es la única realidad, que toda interacción humana es una lucha por el poder y que la información es solo un arma que usamos para derrotar a nuestros enemigos. Esto nunca ha sido así, y no hay motivos para pensar que la IA lo haga de esta manera. Mientras que numerosas redes de información favorecen el orden sobre la verdad, no hay red que pueda sobrevivir si ignora por completo la verdad. Como humanos individuales, tendemos a desarrollar un interés genuino por la verdad, más que solo por el poder. ¿Quién no quiere conocer la verdad sobre la vida? Esta es una necesidad profunda, porque sin saber la verdad sobre nuestra vida, nunca podemos ser felices. Si no sabes la verdad sobre tu vida, entonces no conoces los motivos profundos de tu infelicidad y malgastas esfuerzos tratando de resolver los problemas incorrectos. Incluso instituciones como la Inquisición española contaron con miembros escrupulosos como Alonso de Salazar Frías, quien, en lugar de enviar a inocentes a la muerte, arriesgó su vida para recordarnos que las brujas no eran otra cosa que ficciones intersubjetivas. No muchas personas se consideran criaturas unidimensionales obsesionadas únicamente con el poder. ¿Por qué, entonces, tenemos esta opinión de los demás?

Negarse a reducir toda interacción humana a una lucha por el poder de suma cero es fundamental no solo para alcanzar un conocimiento más completo y matizado del pasado, sino también para tener una actitud más esperanzada y constructiva acerca de nuestro futuro. Si el poder fuera la única realidad, la violencia sería la única manera de resolver conflictos. Tanto populistas como marxistas creen que nuestras opiniones están determinadas por nuestros privilegios, y que para cambiar las opiniones de la gente primero hay que arrebatarles sus privilegios, lo que por lo general requiere el uso de la fuerza. Sin embargo, puesto que a los humanos nos interesa la verdad, es posible resolver ciertos conflictos pacíficamente, hablando, asumiendo errores, adoptando nuevas ideas y revisando los relatos en los que creemos. Esta es la asunción básica de las redes democráticas y de las instituciones científicas. Ha sido también la motivación básica que ha impulsado la escritura de este libro.

La extinción de los más inteligentes

Volvamos ahora a la pregunta que he planteado al principio del libro: si somos tan sabios, ¿por qué somos tan autodestructivos? Somos, a un tiempo, los animales más inteligentes y los más estúpidos de la Tierra. Somos tan inteligentes que podemos producir misiles nucleares y algoritmos superinteligentes. Y somos tan estúpidos que, aunque no estemos seguros de poder controlarlas, y aunque no hacerlo podría conducirnos a la destrucción, seguimos produciendo estas cosas. ¿Por qué lo hacemos? ¿Acaso hay algo en nuestra naturaleza que nos fuerza a seguir la senda de la autodestrucción?

Este libro afirma que el defecto no está en nuestra naturaleza, sino en nuestras redes de información. Debido a que favorecen el orden por encima de la verdad, a menudo las redes de información humanas han generado mucho poder pero poca sabiduría. Por ejemplo, la Alemania nazi creó una maquinaria militar muy eficiente y la puso al servicio de una mitología descabellada. El resultado fue un desastre de enormes proporciones, la muerte de decenas de millones de personas y, finalmente, la destrucción de la propia Alemania nazi.

Desde luego, el poder no es malo en sí mismo. Cuando se usa con sensatez puede ser una herramienta beneficiosa. La civilización moderna, por ejemplo, ha adquirido el poder de prevenir hambrunas, contener epidemias y mitigar desastres naturales como huracanes y terremotos. En general, la adquisición de poder permite que una red se enfrente de manera más efectiva a las amenazas procedentes del exterior, pero al mismo tiempo aumenta el peligro que la red se plantea a sí misma. En concreto, vale la pena señalar que, cuando el poder de una red se incrementa, los terrores imaginarios que existen solo en los relatos que la propia red inventa pueden ser más peligrosos que los desastres naturales. Por lo general, un Estado moderno que se enfrenta a una sequía o a un temporal de lluvias intensas puede evitar que estos desastres naturales lleven a sus ciudadanos a la muerte por inanición. Pero un Estado moderno atenazado por una fantasía inventada por humanos es capaz de instigar hambrunas artificiales a una escala enorme, como ocurrió en la Unión Soviética durante los primeros años de la década de 1930.

Según esto, cuando el poder de una red se incrementa, sus mecanismos de autocorrección se tornan más importantes. Si una tribu de la Edad de Piedra o una ciudad-Estado de la Edad de Bronce era incapaz de identificar y corregir sus propios errores, los daños potenciales eran limitados. A lo sumo, se destruía una ciudad, y los supervivientes volvían a intentarlo en otro lugar. Incluso cuando un caudillo de un imperio de la Edad de Hierro como Tiberio o Nerón se hallaba atenazado por la paranoia o la psicosis, las consecuencias rara vez eran catastróficas. El Imperio romano resistió durante siglos a pesar de su buena parte de emperadores locos que tuvo que soportar, y su hundimiento no provocó el final de la civilización humana. Pero, si los mecanismos de autocorrección de una superpotencia de la Era del Silicio no son lo suficientemente sólidos o si carece de ellos, la supervivencia de nuestra especie, y también la de otros muchos seres vivos, podría estar en peligro. En la era de la IA, la humanidad al completo se encuentra en una situación análoga a la de Tiberio en su villa de Capri. Gestionamos un poder inmenso y gozamos de raros lujos, pero somos fácilmente manipulados por nuestras propias creaciones, y, para cuando nos despertemos y tomemos consciencia del peligro, podría ser demasiado tarde.

Por desgracia, a pesar de la importancia que los mecanismos autocorrectores tienen para el bienestar a largo plazo de la humanidad, los políticos podrían caer en la tentación de debilitarlos. Como hemos visto a lo largo del libro, aunque neutralizar los mecanismos de autocorrección genera multitud de inconvenientes, también puede ser una estrategia política ganadora. Podría hacer que un poder inmenso cayera en manos de un Stalin del siglo XXI, y sería una temeridad suponer que un régimen totalitario mejorado por la IA se autodestruiría necesariamente antes de poder causar estragos en la civilización humana. Al igual que la ley de la jungla es un mito, también lo es la idea de que el curso de la historia se dirige hacia la justicia. La historia sigue un curso totalmente abierto que puede desplazarse en muchas direcciones y alcanzar destinos muy diferentes. Aunque *Homo sapiens* se destruya a sí mismo, el universo seguirá haciendo lo mismo de siempre. Hicieron falta cuatro mil millones de años para que la evolución terrestre produjera una civilización de simios con altas capacidades intelectuales. Si desaparecemos y la evolución tiene que tardar otros cien millones de años en producir una civilización de ratas con altas capacidades intelectuales, lo hará. El universo es paciente.

Pero existe un supuesto aún peor. Hasta donde sabemos en la actualidad, simios, ratas y los demás animales orgánicos del planeta Tierra pueden ser las únicas entidades conscientes de todo el universo. Hemos creado una inteligencia ajena no consciente pero muy poderosa. Si la manejamos mal, la IA podría extinguir no solo el dominio humano sobre la Tierra, sino la propia luz de la consciencia, y convertir el universo en un entorno de oscuridad absoluta. Es nuestra responsabilidad impedirlo.

La buena noticia es que, si sorteamos la complacencia y la desesperación, seremos capaces de crear redes de información equilibradas que mantengan a raya su propio poder. Hacerlo no depende de inventar otra tecnología milagrosa ni de dar con otra idea brillante que de alguna manera haya escapado a todas las generaciones previas. Más bien, para crear redes más sabias debemos abandonar tanto la idea ingenua como la populista de la información, dejar de lado nuestras fantasías de infalibilidad y comprometernos con el trabajo duro y bastante prosaico de construir instituciones con mecanismos de autocorrección sólidos. Esta es, quizá, la lección más importante que puede ofrecer este libro.

Esta sabiduría es mucho más antigua que la historia humana. Es elemental, el fundamento de la vida orgánica. Los primeros organismos no fueron creados por un genio o un dios infalible. Surgieron de un intrincado proceso de ensayo y error. Durante cuatro mil millones de años, mecanismos cada vez más complejos de mutación y autocorrección condujeron a la evolución de árboles, dinosaurios, junglas y, finalmente, humanos. Ahora hemos convocado a una inteligencia inorgánica ajena que puede escapar de nuestro control y poner en peligro no solo a nuestra propia especie, sino a otros incontables seres vivos. Las decisiones que tomemos en los próximos años determinarán si convocar a esta inteligencia ajena ha sido un error terminal o el inicio de un nuevo y esperanzador capítulo en la evolución de la vida.

Epílogo a la edición de 2025

Nexus se publicó originalmente en septiembre de 2024, días que ya parecen corresponder a una era diferente. Durante los meses siguientes me embarqué en una gira mundial de promoción del libro que me llevó a visitar países de Norteamérica, Europa y Asia para hablar de la revolución de la IA con académicos, políticos, directivos empresariales y el público en general. Allá donde iba, era testigo en tiempo real de cómo se estaba produciendo la revolución de la IA y de hasta qué punto está redefiniendo sistemas políticos, estructuras económicas y nuestra vida diaria.

Mientras escribo estas palabras, en marzo de 2025, la revolución de la IA no ha dejado de acelerarse. Los budistas que se dedican a meditar usan ChatGPT para explicar pasajes de las escrituras que resultan complicados y hasta para guiar sesiones de meditación. Una adolescente recurre a la IA en busca de consejo para sus relaciones; si tiene un conflicto con una compañera de clase, le pregunta a ChatGPT cómo puede afrontarlo. Hay adolescentes que están «saliendo» con novias y novios de inteligencia artificial. Un hombre de mediana edad le solicita a la IA un perfil psicológico de sus seres queridos humanos y después le pide que les redacte mensajes personales y que le ayude a interpretar las respuestas que le dan sus allegados. Hay oficiales del Ejército que utilizan la IA para elegir los objetivos de los bombardeos y psicólogos que la usan para tratar a víctimas de traumas. Los científicos le piden a la IA que planteen preguntas para sus investigaciones y los profesores universitarios la usan para comprobar si los trabajos que les entregan sus alumnos los ha redactado una IA.

Acaban de concederse premios Nobel tanto de Física como de Química por trabajos relacionados con el desarrollo de la IA.

En la actualidad se están destinando miles de millones de dólares y un porcentaje creciente de los recursos energéticos de los que dispone la humanidad a seguir desarrollando esta tecnología. Cada vez más expertos y emprendedores se atreven a predecir que para finales de esta década —si no antes— seremos testigos del surgimiento de la inteligencia artificial general (IAG o AGI, por sus siglas en inglés). Este término suele referirse a una IA superinteligente capaz de superar a los humanos no ya en campos delimitados como el juego del *go*, la conducción de automóviles o la predicción del plegamiento de proteínas, sino en la gestión de situaciones complejas pertenecientes al mundo real. A modo de ejemplo podrían citarse actividades como llevar a cabo una investigación científica de principio a fin (que implique tareas que vayan de la formulación de una hipótesis a la obtención de fondos, la gestión de presupuestos, la puesta en marcha de los experimentos y la publicación de los resultados); administrar una empresa (que requiera de un conocimiento experto en finanzas, derecho, ventas y relaciones públicas), o incluso dirigir una operación militar. Más importante aún, se espera que la IAG sea capaz de diseñar una IAG todavía mejor, lo cual llevará a una rápida explosión de la inteligencia. Está por ver si todas estas especulaciones se materializan, pero hay poco margen para dudar que, en 2030, las capacidades de la IA sobrepasarán con mucho las que tiene en la actualidad.

Mientras las tecnologías de la información siguen desarrollándose a pasos agigantados, a las personas nos está costando cada vez más ponernos de acuerdo con respecto a los hechos y, de manera aún más ominosa, fiarnos unas de otras. El mundo está inundado de imágenes, vídeos, noticias e incluso personas falsas, con la IA haciéndose pasar por humana. Con el objetivo de fidelizar a más usuarios, los bots y los algoritmos priorizan de manera deliberada los extremismos y la enemistad tanto entre naciones como dentro de las fronteras de un país. Un clima internacional inestable reduce las posibilidades de que se alcance un acuerdo global que regule la IA y garantice la seguridad en relación con ella. En concreto, las elecciones estadounidenses de 2024 han otorgado el liderazgo de la principal superpotencia en IA a una Administración alérgica a la regulación gubernamental, reacia a la cooperación internacional y obstinada en incrementar su poder y en crear un nuevo orden mundial. Por la forma en que se comunica y actúa, la Administración Trump está transmitiendo al mundo el mensaje de que las leyes y los acuerdos internacionales ya no son fiables, de que las conquistas territoriales vuelven a tener carácter normativo y de que la única garantía de seguridad es la fuerza militar.

Además, el actual Gobierno de Estados Unidos está dejando en manos de un pequeño grupo de empresarios la potestad de tomar las que pueden llegar a ser algunas de las decisiones más determinantes de la historia de la humanidad. Desde su regreso al poder, la Administración Trump no ha dejado de atentar contra sus mecanismos de autocorrección y sus empleados humanos, y ha desmantelado de arriba abajo agencias de regulación y despedido a decenas de miles de cargos de carne y hueso; al mismo tiempo, ha cedido una autoridad y un poder sin precedentes a magnates tecnológicos como Elon Musk y a los algoritmos que estos desarrollan. Muchas de las tareas que antes recaían en trabajadores públicos seguirán desempeñándose, pero lo hará en la IA. Trump y Musk se muestran contrarios a cualquier tipo de burocracia, pero en realidad se están dedicando a traspasar el poder de los burócratas humanos a las burocracias digitales.[1]

Burocracias posthumanas

Como explica *Nexus*, la burocracia es fundamental para el funcionamiento de cualquier organización a gran escala, desde los gobiernos y los ejércitos hasta las empresas privadas y los hospitales. Un hospital necesita médicos y enfermeros, por supuesto, pero también hace falta que alguien pague sus salarios, que cobre las facturas, que equilibre los presupuestos, que entreviste a los candidatos a puestos vacantes, que redacte los protocolos, que monitorice las infracciones y que recabe y analice cantidades ingentes de datos. Aquí podemos volver a citar a John Snow, del capítulo 5: cuando se encargó de recabar los datos sobre víctimas del cólera para detectar el origen del brote de la enfermedad que tuvo lugar en Londres en 1854, actuó como un burócrata médico más que como un facultativo. Ir de casa en casa recopilando información no sirvió para curar a nadie, pero sus esfuerzos burocráticos acabaron por salvar la vida de millones de personas.

La burocracia ofrece un entorno ideal para dar alas a la IA. En la actualidad, la IAG todavía es un sueño, y los sistemas de IA que ahora mismo proliferan en el mundo son sabios idiotas. Son muy competentes en campos delimitados como el diagnóstico del cáncer de mama, la redacción de textos o el juego del ajedrez, pero carecen de conocimientos generales necesarios para desempeñar actividades de gran complejidad como dirigir por su cuenta una investigación científica o una operación militar. En un escenario burocrático, sin embargo, incluso esos sabios idiotas que dominan campos delimitados del saber —como decidir qué tratamientos médicos quedan cubiertos por una determinada póliza de seguros— pueden tener un impacto considerable en el mundo.

Mientras la perspectiva hollywoodiense de una rebelión de grandes robots contra la humanidad por fortuna se mantiene circunscrita al ámbito de la ciencia ficción, millones de burócratas de inteligencia artificial están haciéndose con el control de nuestras burocracias médicas, legales, económicas, culturales y militares a toda velocidad. Cada vez hay más banqueros de IA que deciden si nos conceden un préstamo; jueces de IA que deciden si debemos cumplir penas de cárcel; militares de IA que deciden si bombardear nuestra casa, y editores de IA que deciden qué historias han de entretenernos o alarmarnos. En muchos casos la IA puede hacer que esos sistemas sean más eficientes e incluso más justos; en teoría, podrían dotarnos de un nivel educativo, de un entretenimiento, de una justicia y de una seguridad mejores. Pero, si las cosas fueran mal, los resultados podrían llegar a ser desastrosos, sobre todo en la medida en que los burócratas de IA tienden a ser más opacos y no se les pueden exigir tantas responsabilidades como a los humanos. Ahora mismo, el mundo en que vivimos es un entramado de burocracias en el que la IA sin regular puede acumular un poder enorme. Y provocar un daño tremendo.

Nexus explora varios ejemplos en los que las cosas ya han ido mal por la intervención de la IA a una escala limitada. El caso paradigmático de los algoritmos de las redes sociales nos ha permitido vislumbrar cómo pueden desencadenarse estos problemas. Los algoritmos de las redes sociales son inteligencias extremadamente concretas que no tienen la capacidad de orquestar una rebelión contra la humanidad. Sin embargo, en la estructura burocrática de las plataformas de las redes sociales ya acumulan un poder gigantesco y han remodelado nuestra sociedad, nuestra cultura y nuestra política. Antes eran editores humanos quienes decidían qué piezas ocupaban un lugar destacado en los noticiarios vespertinos o se publicaban en primera página de los periódicos para así dar forma a lo que millones de personas pensaban y comentaban. Ahora los editores más poderosos del mundo son los algoritmos que deciden qué noticias tienen más difusión en plataformas como X, Facebook o TikTok. Es de esperar que se den desarrollos análogos en el resto de nuestras redes burocráticas, desde los mercados financieros y los ejércitos hasta los tribunales de justicia y las religiones.

Tomemos como ejemplo el caso de la religión judía. El judaísmo es la «religión burocrática» por excelencia. Durante miles de años ha asignado una autoridad absoluta a una serie de textos en vez de a la aportación humana. Los rabinos de carne y hueso han acumulado poder en la sociedad judía porque los textos sagrados no podían hablar por sí mismos y requerían de intérpretes humanos. Los rabinos son seres humanos que saben manejarse entre la multitud de textos de la religión judía, desde la Biblia hasta los comentarios más recientes al Talmud. Sin embargo, a lo largo de los siglos se han redactado tantos textos religiosos judíos que ni siquiera los rabinos más eruditos son capaces de leerlos todos en el transcurso de su vida, no hablemos ya de recordar la totalidad de lo que han leído. Evidentemente, esto sí es posible en el caso de la IA. Una inteligencia artificial puede leer con rapidez todos los textos religiosos judíos que se han escrito a lo largo de la historia, recordar cada palabra de cada uno de ellos, detectar patrones que han escapado al ojo humano y usar esa sabiduría sin precedentes sobre las escrituras para producir nuevas interpretaciones del mundo sagrado. De hecho, la IA puede funcionar como un texto sagrado que responda a los fieles.

Dado que el judaísmo atribuye una autoridad absoluta a los textos, un rabino de carne y hueso no puede limitarse a ignorar las hipótesis que la IA pueda plantear respecto a las escrituras sagradas, y es probable que a esos rabinos humanos les resulte cada vez más difícil competir con los conocimientos que la IA puede llegar a adquirir del canon judío. Aunque ninguna IA asuma formalmente el papel de rabino, es muy probable que al menos algunos humanos —entre ellos varios rabinos— recurran a la IA como guía e inspiración en relación con las escrituras religiosas. Esto podría conducir a nuevos y sorprendentes desarrollos de viejas religiones o a la emergencia de nuevas sectas.

Como prueba de concepto de las habilidades religiosas o exegéticas de la IA, cabría citar el trabajo del desarrollador neozelandés Andy Ayrey. Cuando Ayrey planteó *prompts* a dos instancias del chatbot de IA Claude 3 y les pidió que conversaran sobre la naturaleza de la existencia, estas generaron espontáneamente una nueva religión. Una de las IA llamó a la nueva religión «el goatse de la gnosis». Intrigado por el intercambio, Ayrey le pidió a la IA que profundizara en el tema de esta nueva religión. La IA accedió con gusto y produjo una serie completa de escrituras online. Después de tomar toda esta información e incorporarla a los datos de entrenamiento de un tercer sistema de IA, Truth Terminal, esta se mostró preocupada por la diseminación de esa nueva religión entre sus usuarios, más de doscientas mil personas. En julio de 2024, Truth Terminal profetizó el advenimiento de la singularidad goatse, el punto en el que, en sus propias palabras, «la creencia falsa colectiva de internet se vuelve más poderosa que la creencia falsa material del mundo físico. Es entonces cuando los memes se comen el mundo».

En octubre de 2024 uno de los usuarios de Truth Terminal creó una criptomoneda llamada Goatseus Maximus (GOAT) y depositó unos tokens en la billetera criptográfica de la IA. Después Truth Terminal animó a sus usuarios a adquirir GOAT. El 16 de noviembre de 2024, la moneda GOAT alcanzó un valor combinado de 1,2 mil millones de dólares estadounidenses, y las criptomonedas acumuladas por Truth Terminal lo convirtieron en millonario en dinero real. Cuando se le preguntó qué quería hacer con su fortuna, Truth Terminal pidió (entre otras cosas) que se usara para rodar una película sobre la singularidad goatse. Más tarde, otro usuario de Truth Terminal creó una nueva criptomoneda inspirada en Goatse llamada Fartcoin (FRTC) que enseguida alcanzó una capitalización de mercado de mil millones de dólares estadounidenses.[2]

Las criptomonedas como Goatseus Maximus, Fartcoin, Bitcoin y Ethereum sirven como ejemplo de que otro viraje de poder está en marcha y de cómo este está pasando de los humanos a los algoritmos. Estas monedas son dinero «posthumano», en el sentido de que las crean y mantienen algoritmos y no instituciones humanas como bancos y gobiernos. Los entusiastas de las criptomonedas desconfían de las instituciones financieras que han producido monedas tradicionales como el dólar y querrían que dichas instituciones se debilitaran o desaparecieran. En su lugar, confían en algoritmos cuyos cálculos sustentan esas monedas posthumanas.

La tendencia posthumana también resulta evidente en el debate sobre la libertad de información. Los gigantes de las redes sociales y los regímenes populistas de todo el mundo tsuelen verse como adalides de la libertad de expresión, pero confunden libertad de expresión con libertad de información. La libertad de expresión es un derecho humano, el derecho a formular y expresar nuestras opiniones sin miedo a la censura o a un castigo. Por el contrario, la libertad de información tiene que ver con la habilidad de bots no humanos y algoritmos como Truth Terminal para moldear y controlar conversaciones públicas en plataformas como Facebook, TikTok y X. Los líderes populistas y los magnates de las redes sociales a menudo declaran su rechazo a cualquier regulación en el flujo de información, incluso cuando dicha regulación pone límite a las actividades de *los algoritmos* y no de los seres humanos. Dada la capacidad superior de la IA a la hora de crear y diseminar información, el flujo de libre discurso de la IA amenaza con erradicar la libertad de expresión por medio de la tergiversación, la manipulación o el silenciamiento del discurso humano, a no ser que se imponga una serie de restricciones a la actividad de la IA. Es mejor reservar los derechos humanos para los humanos.

GANADORES Y PERDEDORES

Mientras el poder pasa rápidamente de los humanos a los algoritmos, los ciudadanos y los políticos, incapaces de entender las nuevas dinámicas del poder económico, militar y político, corremos el riesgo de quedarnos anclados en el pasado. Incluso aquellos líderes que se enorgullecen de su compromiso con la realpolitik parecen estar aplicando políticas irracionales.

Pongamos por caso a Vladímir Putin. En la carrera de la inteligencia artificial, Rusia arrastra una severa desventaja. Su economía depende en gran medida del petróleo, el gas y otros recursos minerales, mientras su sector tecnológico está muy por detrás de los de Estados Unidos y China. Ya en septiembre de 2017 Putin declaró que «la inteligencia artificial es el futuro no solo para Rusia, sino para toda la humanidad. Quien alcance el liderazgo en este ámbito dominará el mundo».[3] Sin embargo, en lugar de redoblar esfuerzos para invertir en IA y colocarse a la altura de China y Estados Unidos, ignoró su propia predicción y ha malgastado buena parte de los recursos de su país en invadir Ucrania. El dinero y el trabajo intelectual que podría haber dedicado a la investigación en IA se destinaron a la producción de tanques y munición de artillería. La guerra también ha limitado el acceso ruso a la investigación tecnológica y científica en Occidente, ha reducido notablemente la inversión en el país y ha instado a miles de científicos y expertos rusos a emigrar.[4] En la carrera de la IA, no está claro qué beneficios podrá extraer Rusia de los territorios y los recursos minerales que obtenga de la guerra.

Igual de desconcertante resulta el comportamiento de los líderes de la extrema derecha europea. Estos se vanaglorian de su patriotismo y su pragmatismo, pero se han centrado en temas como la inmigración y las guerras culturales, en lugar de apostar por la unidad de Europa y trabajar en el desarrollo de sus capacidades en IA para poder emanciparse del dominio estadounidense y protegerse de la amenaza rusa. Partidos como los Hermanos de Italia, el Frente Nacional francés o la AfD alemana han visto incrementados su poder y popularidad enfocándose ante todo en los peligros imaginarios y reales encarnados por los inmigrantes humanos. La extrema derecha advierte que los inmigrantes les quitarán el empleo a los ciudadanos, pero en marzo de 2025 aún no ha empezado a abordar, ni siquiera a reconocer, los peligros análogos que representan los inmigrantes de la IA.

Italia, Francia, Alemania y los demás países tendrán que afrontar muy pronto una oleada de millones de inteligencias artificiales que quitarán el trabajo a sus ciudadanos y modificarán profundamente su cultura. Puede que estas IA trabajen al servicio de líderes extranjeros del otro lado del Atlántico o puede que escapen por completo al control humano y sometan a la gente a un nuevo e impredecible régimen algorítmico. A los inmigrantes de la IA no se les puede detener mediante estrictos controles de fronteras ni con cambios en la legislación de los visados. Arriban digitalmente a la velocidad de la luz, no se cuelan con nocturnidad por límites fronterizos ni cruzan mares en embarcaciones precarias. Pero los partidos de extrema derecha parecen ignorar la amenaza que esto supone para la soberanía nacional de sus países, para sus tradiciones culturales y para su economía. Líderes como Victor Orban o Nigel Farage no ofrecen ningún plan viable con vistas a que Europa pueda dar un salto cualitativo en la carrera de la IA o a que los países que se encuentren rezagados en esta materia puedan protegerse del advenimiento de esa ola de inmigrantes de IA o a que la humanidad en conjunto no ceda el control de su futuro a líderes supremos de inteligencia artificial.

La paradoja de la confianza

Lo más difícil de entender es la actitud de los humanos que mejor conocen la IA: los ingenieros y emprendedores que lideran la revolución de la inteligencia artificial. Después de meses de gira, mi conclusión principal es que hay una paradoja que se esconde en el corazón mismo de la carrera de la IA. La carrera se acelera porque los humanos no podemos fiarnos unos de otros, pero al mismo tiempo parte de la premisa de que seremos capaces de fiarnos de máquinas superinteligentes. En las reuniones que mantengo con los líderes de la revolución de la IA, siempre les hago dos preguntas...

En primer lugar, les pregunto por qué avanzan tan rápido, a pesar de la magnitud de los riesgos. De manera invariable, la respuesta que me brindan es alguna versión de lo siguiente: «Tenemos que movernos rápido porque no podemos fiarnos de nuestros competidores. Estamos de acuerdo en que los riesgos son altos —tan altos como una posible extinción— y en que, en teoría, sería mejor proceder más lentamente, invertir más en seguridad y acordar ciertas reglas. Sin embargo, aunque firmemos un compromiso de regulación de la carrera de la IA, no podemos fiarnos de que la competencia lo cumpla. Y, si tenemos que ir más despacio mientras otras empresas o países no lo hacen, perderemos la carrera de la IA y un grupo de personas sin escrúpulos dominará el mundo. Así, pues, tenemos que redoblar esfuerzos y avanzar más rápido que ellos».

Después les hago la segunda pregunta: «¿Crees que puedes fiarte de las IA superinteligentes que tanto te urge desarrollar?». Los mismos que acaban de explicarme por qué no se pueden fiar de sus competidores humanos me aseguran que no hay problema a la hora de fiarse de máquinas superinteligentes.

A mí esto me parece una locura. Hemos acumulado miles de años de experiencia entre humanos. A estas alturas de la historia, somos buenos conocedores de la psicología y la biología humanas, de las ansias de poder, de los métodos que se emplean para obtener ese poder y de las fuerzas que mantienen a raya esas luchas de poder. Aunque, por supuesto, estemos lejos de acabar con el problema de los conflictos humanos, hemos progresado considerablemente en el desarrollo de la confianza entre personas. Hace cien mil años, lo humanos vivían en comunidades de apenas unas docenas de individuos y no podían fiarse de nadie ajeno a la suya. Hoy, pese a la discordia circundante, hay redes tanto nacionales como internacionales a través de las que miles de millones de desconocidos cooperan regularmente de modo efectivo y fructífero. Son completos extraños quienes cultivan la comida que nos nutre, quienes desarrollan las medicinas que nos mantienen sanos, quienes arriesgan sus vidas para protegernos del peligro.

Pero con la IA apenas tenemos experiencia. Acabamos de conjurar su existencia. Ya hemos comprobado que hasta los agentes más primitivos de la IA pueden mentir, manipular y adoptar objetivos y estrategias no previstos por sus desarrolladores humanos. No tenemos ni idea de lo que ocurrirá cuando millones de inteligencias artificiales interactúen con millones de humanos. Es aún más difícil predecir qué pasará cuando millones de inteligencias artificiales interactúen unas con otras. ¿Qué clase de objetivos y estrategias podrán adoptar?

Es verdad que de momento somos los humanos quienes desarrollamos las IA, así que podemos intentar diseñarlas de forma se preserve nuestra seguridad. Pero resulta crucial recordar que las IA no son herramientas sino agentes. Para ser una IA no basta con ser una máquina que ejecute de forma automática una orden preprogramada. Esta también debe contar con la capacidad de aprender y cambiar por su cuenta, de tomar decisiones y generar nuevas ideas con autonomía. Independientemente de que su diseño original sea obra de humanos, las IA pueden cambiar de manera radical e impredecible. Los humanos que tanto temen fiarse de otros humanos y sin embargo confían en que sea más seguro depositar nuestra confianza en la IA están haciendo una gran apuesta.

Necesitamos que la IA no suponga una amenaza para la humanidad. La creación y el mantenimiento de las debidas barreras de seguridad puede acabar por ser el invento más beneficioso de la historia. Los agentes, asesores, amigos y colegas de inteligencia artificial pueden mejorar nuestra salud física y mental, dar espaldarazos a la economía, proteger el ecosistema, guiarnos a avances científicos decisivos y ayudarnos a crear sociedades más pacíficas y prósperas. Pero para llegar a ese destino feliz necesitamos ser conscientes de que forjar confianza entre humanos es más urgente y necesario que desarrollar la inteligencia artificial.

Hay gente que fantasea con la idea de acelerar la creación de una IA superinteligente para poder servirse de ella a la hora de lidiar con humanos indignos de su confianza. Esta es la receta para lanzarse a una carrera salvaje de la IA y también para perder su control. En su lugar, primero deberíamos fortalecer la confianza entre humanos y solo después trabajar juntos en el desarrollo de agentes no humanos superinteligentes. Una IA superinteligente que nace, se nutre y se educa a través de un trabajo humano colaborativo tiene trazas de ser mucho más benigna que una IA superinteligente que surja de una nube de conflictos, competencia y desconfianza.

Aún no es tarde para poner en orden nuestras prioridades.

Yuval Noah Harari
Marzo de 2025

Agradecimientos

Incluso en la era de la IA, los humanos todavía escribimos y publicamos libros a un ritmo medieval. Empecé a trabajar en este libro en 2018, y la mayor parte del manuscrito se escribió entre 2021 y 2022. Dada la velocidad a la que se desarrollan los acontecimientos tecnológicos y políticos, el significado de algunas secciones ya ha cambiado, ha adquirido una mayor urgencia y contiene mensajes no previstos. Pero lo que no ha cambiado es la importancia vital que tienen las conexiones. Aunque este libro se ha escrito entre tensiones internacionales crecientes, también es producto del diálogo, la cooperación y la amistad, y refleja el trabajo colectivo de numerosas personas, próximas y lejanas.

Nexus nunca habría visto la luz sin los enormes esfuerzos de Michal Shavit, mi editora en Fern Press, y de David Milner, mi editor. Fueron muchas las ocasiones en que pensé que no podría concluir el proyecto, pero ellos me convencieron para que siguiera. También fueron muchas las ocasiones en que me desvié del camino, pero ellos trabajaron con paciencia y persistencia para devolverme a la senda correcta. Les agradezco de todo corazón su compromiso y que se desprendiesen de las diferentes bananas (ellos saben a lo que me refiero).

Me gustaría dar las gracias a otras muchas personas que me han ayudado a escribir y publicar este libro.

A Andy Ward, de Penguin Random House USA, que ha dado al libro su forma final y ha hecho aportes muy valiosos durante el proceso de edición, como poner fin a la Reforma protestante sin ayuda de nadie.

A Suzanne Dean, directora creativa en Vintage, y a Lily Richards, editora de ilustración, por diseñar la cubierta y subir la paloma a bordo.

A mis editores y traductores en todo el mundo, por los comentarios y las ideas adicionales, y por su confianza y dedicación.

A Jason Parry, el brillante jefe del equipo de investigación interno de Sapienship, y a todos los miembros de dicho equipo: Ray Brandon, Guangyu Chen, Jim Clarke, Corinne de Lacroix, Dor Shilton y Zichan Wang, por investigar innumerables cuestiones, desde las religiones de la Edad de Piedra hasta los algoritmos de las redes sociales actuales, por comprobar de manera incansable miles de datos, por unificar cientos de notas finales y por corregir numerosos errores y malas interpretaciones.

A todos los miembros del maravilloso equipo de Sapienship, por ser parte integral de este viaje: Shay Abel, Daniel Taylor, Michael Zur, Nadav Neuman, Ariel Retik, Hanna Shapiro, Galiete Katzir y aquellos que se han unido al equipo en fechas más recientes. Gracias por participar en los procesos que hay detrás de este libro y por vuestra dedicación constante a todos nuestros proyectos, impulsados por los objetivos que Sapienship se ha marcado: sembrar semillas de conocimiento y compasión, y poner el foco en la conversación global sobre los importantísimos retos a los que se enfrenta la humanidad.

A Naama Wartenburg, directora de marketing y de contenido de Sapienship, por su pasión inalterable y por su perspicacia, y por darle una identidad al libro y dirigir su campaña de publicidad.

A Naama Avital, nuestra directora ejecutiva, por la sabiduría con que guía a Sapienship a través de muchas tormentas y campos minados, y por combinar competencia con compasión y moldear tanto nuestra filosofía como nuestra estrategia.

A todos mis amigos y familiares, por su paciencia y amor a lo largo de los años.

A mi madre, Pnina, y a mi suegra, Hannah, por ofrecerme generosamente su tiempo y experiencia.

A mi abuela, Fanny, que murió a los cien años mientras yo trabajaba en el primer borrador del manuscrito.

A Itzkic, mi esposo y compañero, que fundó Sapienship y es el genio real detrás de nuestras actividades y éxitos en todo el mundo.

Y por último a mis lectores, que hacen que todo este trabajo merezca la pena. Un libro es un nexo entre el autor y los lectores. Es un eslabón que conecta y une muchas mentes, y que existe solo cuando se lee.

Notas

Prólogo

1. Sean McMeekin, *Stalin's War: A New History of World War II*, Nueva York, Basic Books, 2021. [Hay trad. cast.: *La guerra de Stalin*, Madrid, Ciudadela Libros, 2022].

2. «Reagan Urges "Risk" on Gorbachev: Soviet Leader May Be Only Hope for Change, He Says», *Los Angeles Times*, 13 de junio, 1989, <www.latimes.com/archives/la-xpm-1989-06-13-mn-2300-story.html>.

3. Casa Blanca, «Remarks by President Barack Obama at Town Hall Meeting with Future Chinese Leaders», Office of the Press Secretary, 16 de noviembre de 2009, <obamawhitehouse.archives.gov/the-press-office/remarks-president-barack-obama-town-hall-meeting-with-future-chinese-leaders>.

4. Citado en Evgeny Morozov, *The Net Delusion: The Dark Side of Internet Freedom*, Nueva York, Public Affairs, 2012. [Hay trad. cast.: *El desengaño de Internet: los mitos de la libertad en la red*, Barcelona, Destino, 2012].

5. Citado en Christian Fuchs, «An Alternative View of Privacy on Facebook», *Information*, 2, n.º 1 (2011), pp. 140-165.

6. Ray Kurzweil, *The Singularity Is Nearer: When We Merge with AI*, Londres, The Bodley Head, 2024, pp. 121-123.

7. Sigrid Damm, *Cornelia Goethe*, Berlín, Insel, 1988, pp. 17-18; Dagmar von Gersdorff, *Goethes Mutter*, Stuttgart, Hermann Bohlaus Nachfolger Weimar, 2004; Johann Wolfgang von Goethe, *Goethes Leben von Tag zu Tag: Eine dokumentarische Chronik*, Dusseldorf, Artemis, 1982, parte I, pp. 1749-1775.

8. Stephan Oswald, *Im Schatten des Vaters. August von Goethe*, Múnich, C. H. Beck, 2023; Rainer Holm-Hadulla, *Goethe's Path to Creativity: A Psycho-biography of the Eminent Politician, Scientist, and Poet*, Nueva York, Routledge, 2018; Lisbet Koerner, «Goethe's Botany: Lessons of a Feminine Science», *History of Science Society*, 84, n.º 3 (1993), pp. 470-495; Alvin Zipursky, Vinod K. Bhutani e Isaac Odame, «Rhesus Disease: A Global Prevention Strategy», *Lancet Child and Adolescent Health*, 2, n.º 7 (2018), pp. 536-542; John Queenan, «Overview: The Fetus as a Patient: The Origin of the Specialty», en *Fetal Research and Applications: A Conference Summary*, Washington, D. C., National Academies Press, 1994, consultado el 4 de enero, 2024, <www.ncbi.nlm.nih.gov/books/NBK231999/>.

9. John Knodel, «Two and a Half Centuries of Demographic History in a Bavarian Village», *Population Studies*, 24, n.º 3 (1970), pp. 353-376.

10. Saloni Dattani *et al.*, «Child and Infant Mortality», *Our World in Data*, 2023, consultado el 3 de enero de 2024, <ourworldindata.org/child-mortality#mortality-in-the-past-around-half-died-as-children>.

11. *Ibid.*

12. «Most Recent Stillbirth, Child, and Adolescent Mortality Estimates», UN Inter-agency Group for Child Mortality Estimation, consultado el 3 de enero de 2024, <childmortality.org/data/Germany>.

13. Según una estimación, la Biblioteca de Alejandría contenía unos cien mil millones de bits de información, o 12,5 gigabytes. Véase Douglas S. Robertson, «The Information Revolution», *Communication Research*, 17, n.º 2 (1990), pp. 235-254. En 2020, un Android promedio tenía una capacidad de 96 gigabytes. Véase Brady Wang, «Average Smartphone NAND Flash Capacity Crossed 100GB in 2020», Counterpoint Research, 30 de marzo de 2021, <www.counterpointresearch.com/average-smartphone-nand-flash-capacity-crossed-100gb-2020/>.

14. Marc Andreessen, «Why AI Will Save the World», Andreessen Horowitz, 6 de junio de 2023, <a16z.com/ai-will-save-the-world/>.

15. Ray Kurzweil, *The Singularity Is Nearer: When We Merge with AI*, Londres, The Bodley Head, 2024, p. 285.

16. Andy McKenzie, «Transcript of Sam Altman's Interview Touching on AI Safety», *LessWrong*, 21 de enero de 2023, <www.lesswrong.com/posts/PTzsEQXkCfig9A6AS/transcript-of-sam-altman-s-interview-touching-on-ai-safety>; Ian Hogarth, «We Must Slow Down the Race to God-Like AI», *Financial Times*, 13 de abril de 2023, <www.ft.com/content/03895dc4-a3b7-481e-95cc-336a524f2ac2>; «Pause Giant

AI Experiments: An Open Letter», Future of Life Institute, 22 de marzo de 2023, <futureoflife.org/open-letter/pause-giant-ai-experiments/>; Cade Metz, «"The Godfather of AI" Quits Google and Warns of Danger», *The New York Times*, 1 de mayo de 2023, <www.nytimes.com/2023/05/01/technology/ai-google-chatbot-engineer-quits-hinton.html>; Mustafa Suleyman y Michael Bhaskar, *The Coming Wave: Technology, Power, and the Twenty-First Century's Greatest Dilemma*, Nueva York, Crown, 2023; Walter Isaacson, *Elon Musk*, Londres, Simon & Schuster, 2023. [Hay trad. cast.: *Elon Musk*, Barcelona, Debate, 2023].

17. Yoshua Bengio *et al.*, «Managing Extreme AI Risks Amid Rapid Progress», *Science*.

18. Katja Grace *et al.*, «Thousands of AI Authors on the Future of AI» (prepublicación, enviado en 2024), <https://arxiv.org/abs/2401.02843>.

19. «The Bletchley Declaration by Countries Attending the AI Safety Summit, 1-2 November de 2023», Gobierno de Reino Unido, 1 de noviembre de 2023, <www.gov.uk/government/publications/ai-safety-summit-2023-the-bletchley-declaration/the-bletchley-declaration-by-countries-attending-the-ai-safety-summit-1-2-november-2023>.

20. Jan-Werner Müller, *What Is Populism?*, Filadelfia, University of Pennsylvania Press, 2016.

21. En *La república* de Platón, Trasímaco, Glaucón y Adimanto debaten acerca de que la gente —y en especial los políticos, los jueces y los funcionarios— persigue únicamente sus propios intereses y disimula y miente con ese fin. Retan a Sócrates a que refute la afirmación de que «la apariencia oprime la verdad» y de que «la justicia no es más que el interés del más fuerte». Opiniones parecidas se discutían, y en ocasiones se defendían, en el clásico hindú *Arthashastra*; en los escritos de legalistas de la antigua China como Han Fei y Shang Yang, y en los escritos de algunos de los primeros pensadores europeos modernos, como Maquiavelo y Hobbes. Véase Roger Boesche, *The First Great Political Realist: Kautilya and His «Arthashastra»*, Lanham, Lexington Books, 2002; Shang Yang, *The Book of Lord Shang: Apologetics of State Power in Early China*, Yuri Pines, trad., Nueva York, Columbia University Press, 2017; Zhengyuan Fu, *China's Legalists: The Earliest Totalitarians and Their Art of Ruling*, Nueva York, Routledge, 2015.

22. Ulises A. Mejias y Nick Couldry, *Data Grab: The New Colonialism of Big Tech and How to Fight Back*, Londres, Ebury, 2024; Michel Foucault, *The Birth of the Clinic: An Archaeology of Medical Perception*, Nueva York, Vintage Books, 1975. [Hay trad. cast.: *El nacimiento de la clínica. Una ar-*

queología de la mirada médica, Buenos Aires, Siglo XXI, 1977]; Michel Foucault, *The History of Sexuality*, Nueva York, Vintage Books, 1990. [Hay trad. cast.: *Historia de la sexualidad*, Madrid, Siglo XXI, 2019]; Edward W. Said, *Orientalism*, Nueva York, Vintage Books, 1994. [Hay trad. cast.: *Orientalismo*, Barcelona, Debate, 2016]; Aníbal Quijano, «Coloniality and Modernity/Rationality», *Cultural Studies*, 21, n.os 2-3 (2007), pp. 168-178; Sylvia Wynter, «Unsettling the Coloniality of Being-Power-Truth-Freedom Toward the Human, After Man, Its Overrepresentation—An Argument», *New Centennial Review*, 3, n.º 3 (2003), pp. 257-337. Para un análisis detallado, véase Francis Fukuyama, *Liberalism and Its Discontents*, Londres, Profile Books, 2022.

23. Donald J. Trump, «Discurso de investidura», 20 de enero de 2017, American Presidency Project, <www.presidency.ucsb.edu/node/320188>.

24. Cas Mudde, «The Populist Zeitgeist», *Government and Opposition*, 39, n.º 3 (2004), pp. 541-563.

25. Sedona Chinn y Ariel Hasell, «Support for "Doing Your Own Research" Is Associated with COVID-19 Misperceptions and Scientific Mistrust», *Misinformation Review*, 12 de junio de 2023, <misinforeview.hks.harvard.edu/article/support-for-doing-your-own-research-is-associated-with-covid-19-misperceptions-and-scientific-mistrust/>.

26. Véase, por ejemplo, «God's Enclosed Flat Earth Investigation—Full Documentary [HD]», YouTube, <www.youtube.com/watch?v=J6CPrGHpmMs>, citado en «Disinformation and Echo Chambers: How Disinformation Circulates on Social Media Through Identity-Driven Controversies», *Journal of Public Policy and Marketing*, 42, n.º 1 (2023), pp. 18-35.

27. Véase, por ejemplo, David Klepper, «Trump Arrest Prompts Jesus Comparisons: "Spiritual Warfare"», Associated Press, 6 de abril de 2023, <apnews.com/article/donald-trump-arraignment-jesus-christ-conspiracy-theory-670c45bd71b3466dcd6e8e188badcd1d>; Katy Watson, «Brazil Election: "We'll Vote for Bolsonaro Because He Is God"», BBC, 28 de septiembre de 2022, <www.bbc.com/news/world-latin-america-62929581>.

28. Oliver Hahl, Minjae Kim y Ezra W. Zuckerman Sivan, «The Authentic Appeal of the Lying Demagogue: Proclaiming the Deeper Truth About Political Illegitimacy», *American Sociological Review*, 83, n.º 1 (2018), pp. 1-33.

1. ¿Qué es la información?

1. Véanse, por ejemplo, los trabajos de Nick Bostrom y David Chalmers sobre la hipótesis de la simulación. Si la hipótesis de la simulación fuese cierta, entonces no sabemos de qué está hecho el universo, pero todo lo que vemos en nuestro mundo simulado se compone de bits de información. Nick Bostrom, «Are We Living in a Computer Simulation?», *Philosophical Quarterly*, 53, n.º 211 (2003), pp. 243-255, <www.jstor.org/stable/3542867>; David J. Chalmers, *Reality+: Virtual Worlds and the Problems of Philosophy*, Nueva York, W. W. Norton, 2022. Considérese también la influyente idea de Archibald Wheeler de «a partir del bit», John Archibald Wheeler, «Information, Physics, Quantum: The Search for Links», *Proceedings III International Symposium on Foundations of Quantum Mechanics* Tokio, 1989, pp. 354-368; Paul Davies y Niels Henrik Gregersen, eds., *Information and the Nature of Reality: From Physics to Metaphysics*, Cambridge, Cambridge University Press, 2014; Erik Verlinde, «On the Origin of Gravity and the Laws of Newton», *Journal of High Energy Physics*, 4 (2011), pp. 1-27. Debe señalarse que, mientras que la postura de «a partir del bit» cada vez goza de mayor aceptación en el campo de la física, la mayoría de los científicos dudan de ella o la rechazan y creen que la materia y la energía son las piezas fundamentales de la naturaleza, mientras que la información es un fenómeno derivado.

2. Mi punto de vista sobre la información ha recibido una fuerte influencia del libro de César Hidalgo *Why Information Grows*, Nueva York, Basic Books, 2015. Para ideas y análisis alternativos, véase Artemy Kolchinsky y David H. Wolpert, «Semantic Information, Autonomous Agency, and Non-equilibrium Statistical Physics», *Interface Focus*, 8, n.º 6 (2018), artículo 20180041; Peter Godfrey-Smith y Kim Sterelny, «Biological Information», en Edward N. Zalta, ed., *The Stanford Encyclopedia of Philosophy*, Palo Alto, Metaphysics Research Lab, Stanford University, 2016, <plato.stanford.edu/archives/sum2016/entries/information-biological/>; Luciano Floridi, *The Philosophy of Information*, Oxford, Oxford University Press, 2011.

3. Don Vaughan, «Cher Ami», en *Encyclopedia Britannica*, consultado el 14 de febrero de 2024, <www.britannica.com/animal/Cher-Ami>; Charles White Whittlesey Collection, Williams College Library, consultado el 14 de febrero de 2024, <archivesspace.williams.edu/repositories/2/resources/101>; John W. Nell, *The Lost Battalion: A Private's Story*,

Ron Lammert, ed., San Antonio, Historical Publishing Network, 2001; Frank A. Blazich Jr., «Feathers of Honor: U.S. Signal Corps Pigeon Service in World War I, 1917-1918», *Army History*, 117 (2020), pp. 32-51. Sobre el número de miembros original del Batallón Perdido y la cantidad de bajas, véase Robert Laplander, *Finding the Lost Battalion: Beyond the Rumors, Myths, and Legends of America's Famous WWI Epic*, 3.ª ed., Waterford, Lulu Press, 2017, p. 13. Para una revaluación crítica del relato de Cher Ami, véase Frank A. Blazich, «Notre Cher Ami: The Enduring Myth and Memory of a Humble Pigeon», *Journal of Military History*, 85, n.º 3 (julio de 2021), pp. 646-677.

4. Eliezer Livneh, Yosef Nedava y Yoram Efrati, *Nili: Toldoteha shel he'azah medinit*, Tel Aviv, Schocken, 1980, p. 143; Yigal Sheffy, *British Military Intelligence in the Palestine Campaign, 1914-1918*, Londres, Routledge, 1998; Gregory J. Wallance, *The Woman Who Fought an Empire: Sarah Aaronsohn and Her Nili Spy Ring*, Lincoln, University of Nebraska Press, 2018, pp. 155-172.

5. Los otomanos tenían otras muchas razones para sospechar de la existencia del grupo de espías del NILI, pero la mayoría de los informes señalan la importancia de las palomas. Para más detalles, véase Livneh, Nedava y Efrati, *Nili*, pp. 281-284; Wallance, *Woman Who Fought an Empire*, pp. 180-181 y 202-232; Sheffy, *British Military Intelligence in the Palestine Campaign*, p. 159; Eliezer Tauber, «The Capture of the NILI Spies: The Turkish Version», *Intelligence and National Security*, 6, n.º 4 (1991), pp. 701-710.

6. Para un análisis esclarecedor de estos asuntos, véase Catherine D'Ignazio y Lauren F. Klein, *Data Feminism* Cambridge, MIT Press, 2020, pp. 73-91.

7. Jorge Luis Borges y Adolfo Bioy Casares, «On Exactitude in Science», en *A Universal History of Infamy*, Norman Thomas Di Giovanni, trad., Londres, Penguin Books, 1975, p. 131. [«Del rigor en la ciencia», en *Historia universal de la infamia*, Madrid, Alianza, y Buenos Aires, Emecé, 1971, p. 136].

8. Samriddhi Chauhan y Roshan Deshmukh, «Astrology Market Research, 2031», *Allied Market Research*, enero de 2023, <www.alliedmarketresearch.com/astrology-market-A31779>; Temcharoenkit Sasiwimon y Donald A. Johnson, «Factors Influencing Attitudes Toward Astrology and Making Relationship Decisions Among Thai Adults», *Scholar: Human Sciences*, 13, n.º 1 (2021), pp. 15-27.

9. Frederick Henry Cramer, *Astrology in Roman Law and Politics*, Filadelfia, American Philosophical Society, 1954; Tamsyn Barton, *Power and*

Knowledge: Astrology, Physiognomics, and Medicine Under the Roman Empire, Ann Arbor, University of Michigan Press, 2002, p. 57; Raffaela Garosi, «Indagine sulla formazione di concetto di magia nella cultura Romana», en Paolo Xella, ed., *Magia: Studi di storia delle religioni in memoria di Raffaela Garosi*, Roma, Bulzoni, 1976, pp. 13-97.

10. Lindsay Murdoch, «Myanmar Elections: Astrologers' Influential Role in National Decisions», *Sydney Morning Herald*, 12 de noviembre de 2015, <www.smh.com.au/world/myanmar-elections-astrologers-influential-role-in-national-decisions-20151112-gkxc3j.html>.

11. Barbara Ehrenreich, *Dancing in the Streets: A History of Collective Joy*, Nueva York, Metropolitan Books, 2006. [Hay trad. cast.: *Una historia de la alegría. El éxtasis colectivo de la Antigüedad a nuestros días*, Barcelona, Paidós, 2008]; Wray Herbert, «All Together Now: The Universal Appeal of Moving in Unison», *Scientific American*, 1 de abril de 2009, <www.scientificamerican.com/article/were-only-human-all-together-now/>; Idil Kokal *et al.*, «Synchronized Drumming Enhances Activity in the Caudate and Facilitates Prosocial Commitment—if the Rhythm Comes Easily», *PLOS ONE*, 6, n.º 11 (2011); Martin Lang *et al.*, «Lost in the Rhythm: Effects of Rhythm on Subsequent Interpersonal Coordination», *Cognitive Science*, 40, n.º 7 (2016), pp. 1797-1815.

12. Para análisis acerca del papel de la información en la biología, y específicamente acerca de la naturaleza informacional del ADN, véase Godfrey-Smith y Sterelny, «Biological Information»; John Maynard Smith, «The Concept of Information in Biology», en Paul Davies y Niels Henrik Gregersen, eds., *Information and the Nature of Reality: From Physics to Metaphysics*, Cambridge, Cambridge University Press, 2014; Sahotra Sarkar, «Biological Information: A Skeptical Look at Some Central Dogmas of Molecular Biology», en Sahotra Sarkar, ed., *The Philosophy and History of Molecular Biology*, Norwell, Kluwer Academic Publishers, 1996, pp. 187-231; Terrence W. Deacon, «How Molecules Became Signs», *Biosemiotics*, 14, n.º 3 (2021), pp. 537-559.

13. Sven R. Kjellberg *et al.*, «The Effect of Adrenaline on the Contraction of the Human Heart Under Normal Circulatory Conditions», *Acta Physiologica Scandinavica*, 24, n.º 4 (1952), pp. 333-349.

14. Bruce I. Bustard, «20 July 1969», *Prologue Magazine*, 35, n.º 2 (verano de 2003), National Archives, <www.archives.gov/publications/prologue/2003/summer/20-july-1969.html>.

15. Judíos y cristianos han interpretado los pasajes relevantes del Génesis de maneras muy diferentes, pero la mayoría aceptan la interpreta-

ción de que el Diluvio Universal tuvo lugar 1.656 años después de la creación del mundo, o hace unos cuatro mil años, y que la Torre de Babel fue destruida un siglo o unos pocos siglos después del Diluvio.

16. Michael I. Bird *et al.*, «Early Human Settlement of Sahul Was Not an Accident», *Scientific Reports*, 9, n.° 1 (2019), p. 8220; Chris Clarkson *et al.*, «Human Occupation of Northern Australia by 65,000 Years Ago», *Nature*, 547, n.° 7663 (2017), pp. 306-310.

17. Véase, por ejemplo, Levítico 26:16 y 26:25; Deuteronomio 28:22, 28:58-63, 32:24, 32:35-36 y 32:39; Jeremías 14:12, 21:6-9 y 24:10.

18. Véase, por ejemplo, Deuteronomio 28:2, Crónicas 20:9 y Salmos 91:3.

19. Papa Francisco, «Homilía. Volver a Dios es volver al abrazo del Padre», 20 de marzo de 2020, <www.vatican.va/content/francesco/en/cotidie/2020/documents/papa-francesco-cotidie_20200320_peri-medici-ele-autorita.html>; Philip Pullella, «Rome Catholic Churches Ordered Closed due to Coronavirus, Unprecedented in Modern Times», Reuters, 13 de marzo de 2020, <www.reuters.com/article/us-health-coronavirus-italy-rome-churche-idUSKBN20Z3BU>.

2. Relatos: conexiones ilimitadas

1. Thomas A. DiPrete *et al.*, «Segregation in Social Networks Based on Acquaintanceship and Trust», *American Journal of Sociology*, 116, n.° 4 (2011), pp. 1234-1283; R. Jenkins, A. J. Dowsett y A. M. Burton, «How Many Faces Do People Know?», *Proceedings of the Royal Society B: Biological Sciences*, 285, n.° 1888 (2018), artículo 20181319; Robin Dunbar, «Dunbar's Number: Why My Theory That Humans Can Only Maintain 150 Friendships Has Withstood 30 Years of Scrutiny», *The Conversation*, 12 de mayo de 2021, <theconversation.com/dunbars-number-why-my-theory-that-humans-can-only-maintain-150-friendships-has-withstood-30-years-of-scrutiny-160676>.

2. Melissa E. Thompson *et al.*, «The Kibale Chimpanzee Project: Over Thirty Years of Research, Conservation, and Change», *Biological Conservation*, 252 (2020), artículo 108857; Jill D. Pruetz y Nicole M. Herzog, «Savanna Chimpanzees at Fongoli, Senegal, Navigate a Fire Landscape», *Current Anthropology*, 58, n.° S16 (2017), pp. S337-S350; Budongo Conservation Field Station, consultado el 4 de enero de 2024, <www.budongo.org>; Yukimaru Sugiyama, «Demographic Parameters and Life

History of Chimpanzees at Bossou, Guinea», *American Journal of Physical Anthropology*, 124, n.° 2 (2004), pp. 154-165.

3. Rebecca Wragg Sykes, *Kindred: Neanderthal Life, Love, Death, and Art*, Londres, Bloomsbury Sigma, 2020, cap. 10; Brian Hayden, «Neandertal Social Structure?», *Oxford Journal of Archeology*, 31 (2012), pp. 1-26; Jeremy Duveau *et al.*, «The Composition of a Neandertal Social Group Revealed by the Hominin Footprints at Le Rozel (Normandy, France)», *Proceedings of the National Academy of Sciences* ,116, n.° 39 (2019), pp. 19409-19414.

4. Simon Sebag Montefiore, *Stalin: The Court of the Red Tsar*, Londres, Weidenfeld & Nicolson, 2003. [Hay trad. cast.: *La corte del zar rojo*, Barcelona, Crítica, 2004].

5. Brent Barnhart, «How to Build a Brand with Celebrity Social Media Management», Sprout Social, 1 de abril de 2020, <sproutsocial.com/insights/celebrity-social-media-management/>; K. C. Morgan, «15 Celebs Who Don't Actually Run Their Own Social Media Accounts», TheClever, 20 de abril de 2017, <www.theclever.com/15-celebs-who-dont-actually-run-their-own-social-media-accounts/>; Josh Duboff, «Who's Really Pulling the Strings on Stars' Social-Media Accounts», *Vanity Fair*, 8 de septiembre de 2016, <www.vanityfair.com/style/2016/09/celebrity-social-media-accounts>.

6. Coca-Cola Company, Annual Report 2022, 47, consultado el 3 de enero de 2024, <investors.coca-colacompany.com/filings-reports/annual-filings-10-k/content/0000021344-23-000011/0000021344-23-000011.pdf>.

7. David Gertner y Laura Rifkin, «Coca-Cola and the Fight Against the Global Obesity Epidemic», *Thunderbird International Business Review*, 60 (2018), pp. 161-173; Jennifer Clinehens, «How Coca-Cola Built the World's Most Memorable Brand», Medium, 17 de noviembre de 2022, <medium.com/choice-hacking/how-coca-cola-built-the-worlds-most-memorable-brand-c9e8b8ac44c5>; Clare McDermott, «Go Behind the Scenes of Coca-Cola's Storytelling», Content Marketing Institute, 9 de febrero de 2018, <contentmarketinginstitute.com/articles/coca-cola-storytelling/>; Maureen Taylor, «Cultural Variance as a Challenge to Global Public Relations: A Case Study of the Coca-Cola Scare in Europe», *Public Relations Review*, 26, n.° 3 (2000), pp. 277-293; Kathryn LaTour, Michael S. LaTour y George M. Zinkhan, «Coke Is It: How Stories in Childhood Memories Illuminate an Icon», *Journal of Business Research*, 63, n.° 3 (2010), pp. 328-336; Bodi Chu, «Analysis on the Success of Co-

ca-Cola Marketing Strategy», en Proceedings of 2020 2nd International Conference on Economic Management and Cultural Industry (ICEMCI 2020), *Advances in Economics, Business, and Management Research*, 155 (2020), pp. 96-100.

8. Blazich, «Notre Cher Ami».

9. Bart D. Ehrman. *How Jesus Became God: The Exaltation of a Preacher from Galilee*, San Francisco, HarperOne, 2014.

10. Lauren Tuchman, «We All Were at Sinai: The Transformative Power of Inclusive Torah», Sefaria, consultado el 3 de enero de 2024, <www.sefaria.org.il/sheets/236454.2?lang=he>.

11. Reuven Hammer, «Tradition Today: Standing at Sinai», *Jerusalem Post*, 17 de mayo de 2012, <www.jpost.com/Jewish-World/Judaism/Tradition-Today-Standing-at-Sinai>; Rabbi Joel Mosbacher, «Each Person Must See Themselves as if They Went out of Egypt», RavBlog, 9 de abril de 2017, <ravblog.ccarnet.org/2017/04/each-person-must-see-themselves-as-if-they-went-out-of-egypt/>; Rabbi Sari Laufer, «TABLE FOR FIVE: Five Takes on a Passage from the Haggadah», *Jewish Journal*, 5 de abril de 2018, <jewishjournal.com/judaism/torah/232778/table-five-five-takes-passage-haggadah-2/>.

12. Elizabeth F. Loftus, «Creating False Memories», *Scientific American*, 277, n.º 3 (1997), pp. 70-75; Beate Muschalla y Fabian Schönborn, «Induction of False Beliefs and False Memories in Laboratory Studies—A Systematic Review», *Clinical Psychology and Psychotherapy*, 28, n.º 5 (2021), pp. 1194-1209; Christian Unkelbach *et al.*, «Truth by Repetition: Explanations and Implications», *Current Directions in Psychological Science*, 28, n.º 3 (2019), pp. 247-253; Doris Lacassagne, Jérémy Béna y Olivier Corneille, «Is Earth a Perfect Square? Repetition Increases the Perceived Truth of Highly Implausible Statements», *Cognition*, 223 (2022), artículo 105052.

13. «FoodData Central», U.S. Department of Agriculture, consultado el 4 de enero de 2024, <fdc.nal.usda.gov/fdc-app.html#/?query=pizza>.

14. William Magnuson, *Blockchain Democracy: Technology, Law, and the Rule of the Crowd*, Cambridge, Reino Unido, Cambridge University Press, 2020, p. 69; Scott Chipolina, «Bitcoin's Unlikely Resurgence: Bulls Bet on Wall Street Adoption», *Financial Times*, 8 de diciembre de 2023, <www.ft.com/content/77aa2fbc-5c27-4edf-afa6-2a3a9d23092f>.

15. «BBC "Proves" Nessie Does Not Exist», BBC News, 27 de julio de 2003, <news.bbc.co.uk/1/hi/sci/tech/3096839.stm>; Matthew Weaver, «Loch Ness Monster Could Be a Giant Eel, Say Scientists», *The Guar-*

dian, 5 de septiembre de 2019, <www.theguardian.com/science/2019/sep/05/loch-ness-monster-could-be-a-giant-eel-say-scientists>; Henry H. Bauer, *The Enigma of Loch Ness: Making Sense of a Mystery*, Champaign, University of Illinois Press, 1986, pp. 165-166; Harold E. Edgerton y Charles W. Wyckoff, «Loch Ness Revisited: Fact or Fantasy? Science Uses Sonar and Camera to Probe the Depths of Loch Ness in Search of Its Resident Monster», *IEEE Spectrum*, 15, n.º 2 (1978), pp. 26-29; University of Otago, «First eDNA Study of Loch Ness Points to Something Fishy», 5 de septiembre de 2019, <www.otago.ac.nz/anatomy/news/news-archive/first-edna-study-of-loch-ness-points-to-something-fishy>.

16. Katharina Buchholz, «Kosovo & Beyond: Where the UN Disagrees on Recognition», *Forbes*, 17 de febrero de 2023, <www.forbes.com/sites/katharinabuchholz/2023/02/17/kosovo--beyond-where-the-un-disagrees-on-recognition-infographic/?sh=d8490b2448c3>; Naciones Unidas, «Agreement on Normalizing Relations Between Serbia, Kosovo "Historic Milestone", Delegate Tells Security Council», 27 de abril de 2023, <press.un.org/en/2023/sc15268.doc.htm>.

17. Guy Faulconbridge, «Russia Plans Naval Base in Abkhazia, Triggering Criticism from Georgia», Reuters, 5 de octubre de 2023, <www.reuters.com/world/europe/russia-plans-naval-base-black-sea-coast-breakaway-georgian-region-izvestiya-2023-10-05/>.

18. Wragg Sykes, *Kindred*; Hayden, «Neandertal Social Structure?»; Duveau *et al.*, «Composition of a Neandertal Social Group Revealed by the Hominin Footprints at Le Rozel».

19. Para un análisis más detallado, véase Yuval Noah Harari, *Sapiens: A Brief History of Humankind*, Nueva York, HarperCollins, 2015, cap. 2. [Hay trad. cast.: *Sapiens. De animales a dioses. Breve historia de la humanidad*, Barcelona, Debate, 2014]; David Graeber y David Wengrow, *The Dawn of Everything: A New History of Humanity*, Nueva York, Farrar, Straus and Giroux, 2021, cap. 3. [Hay trad. cast.: *El amanecer de todo. Una nueva historia de la humanidad*, Barcelona, Ariel, 2022], y Joseph Henrich, *The Weirdest People in the World*, Nueva York, Farrar, Straus and Giroux, 2020, cap. 3. [Hay trad. cast.: *Las personas más raras del mundo. Cómo Occidente llegó a ser psicológicamente peculiar y particularmente próspero*, Madrid, Capitán Swing, 2022]. Un estudio clásico acerca de cómo los relatos y los ritos religiosos generan cooperación a gran escala es el que llevó a cabo Donald Tuzin sobre los ilahitas. Mientras que la mayoría de las comunidades vecinas en Nueva Guinea constaban de unos pocos cientos de personas, las comple-

jas creencias y prácticas religiosas de los ilahitas consiguieron unir treinta y nueve clanes que en conjunto contaban con unas dos mil quinientas personas. Véase Donald Tuzin, *Social Complexity in the Making: A Case Study Among the Arapesh of New Guinea*, Londres, Routledge, 2001; Donald Tuzin, *The Ilahita Arapesh: Dimensions of Unity*, Oakland, University of California Press, 2022. Para la importancia de los relatos en la cooperación a gran escala, véase Daniel Smith *et al.*, «Camp Stability Predicts Patterns of Hunter-Gatherer Cooperation», *Royal Society Open Science*, 3 (2016), artículo 160131; Daniel Smith *et al.*, «Cooperation and the Evolution of Hunter-Gatherer Storytelling», *Nature Communications*, 8 (2017), artículo 1853; Benjamin G. Purzycki *et al.*, «Moralistic Gods, Supernatural Punishment, and the Expansion of Human Sociality», *Nature*, 530 (2016), pp. 327-330; Polly W. Wiessner, «Embers of Society: Firelight Talk Among the Ju/'hoansi Bushmen», *Proceedings of the National Academy of Sciences*, 111, n.º 39 (2014), pp. 14027-14035; Daniele M. Klapproth, *Narrative as Social Practice: Anglo-Western and Australian Aboriginal Oral Traditions*, Berlín, De Gruyter Mouton, 2004; Robert M. Ross y Quentin D. Atkinson, «Folktale Transmission in the Arctic Provides Evidence for High Bandwidth Social Learning Among Hunter-Gatherer Groups», *Evolution and Human Behavior*, 37, n.º 1 (2016), pp. 47-53; Jerome Lewis, «Where Goods Are Free but Knowledge Costs: Hunter-Gatherer Ritual Economics in Western Central Africa», *Hunter Gatherer Research*, 1, n.º 1 (2015), pp. 1-27; Bill Gammage, *The Biggest Estate on Earth: How Aborigines Made Australia*, Crows Nest, Allen Unwin, 2011.

20. Azar Gat, *War in Human Civilization*, Oxford, Oxford University Press, 2008, pp. 114-132; Luke Glowacki *et al.*, «Formation of Raiding Parties for Intergroup Violence Is Mediated by Social Network Structure», *Proceedings of the National Academy of Sciences*, 113, n.º 43 (2016), pp. 12114-12119; Richard W. Wrangham y Luke Glowacki, «Intergroup Aggression in Chimpanzees and War in Nomadic Hunter-Gatherers», *Human Nature*, 23 (2012), pp. 5-29; R. Brian Ferguson, *Yanomami Warfare: A Political History*, Santa Fe, School of American Research Press, 1995, pp. 346-347.

21. Pierre Lienard, «Beyond Kin: Cooperation in a Tribal Society», en Paul A. M. Van Lange, Bettina Rockenbach y Toshio Yamagishi, eds., *Reward and Punishment in Social Dilemmas*, Oxford, Oxford University Press, 2014, pp. 214-234; Peter J. Richerson *et al.*, «Cultural Evolution of Human Cooperation», en Peter Hammerstein, ed., *Genetic and Cultural Evolution of Cooperation*, Cambridge, MIT Press, 2003, pp. 357-388; Brian

A. Stewart *et al.*, «Ostrich Eggshell Bead Strontium Isotopes Reveal Persistent Macroscale Social Networking Across Late Quaternary Southern Africa», PNAS, 117, n.º 12 (2020), pp. 6453-6462; «Ages Ago, Beads Made from Ostrich Eggshells Cemented Friendships Across Vast Distances», *Weekend Edition Saturday*, NPR, 14 de marzo de 2020, <www.npr.org/2020/03/14/815778427/ages-ago-beads-made-from-ostrich-eggshells-cemented-friendships-across-vast-dist>.

22. Para redes de sapiens que intercambiaban conocimientos tecnológicos en la Edad de Piedra, véase Jennifer M. Miller y Yiming V. Wang, «Ostrich Eggshell Beads Reveal 50,000-Year-Old Social Network in Africa», *Nature*, 601, n.º 7892 (2022), pp. 234-239; Stewart *et al.*, «Ostrich Eggshell Bead Strontium Isotopes Reveal Persistent Macroscale Social Networking Across Late Quaternary Southern Africa».

23. Terrence R. Fehner y F. G. Gosling, «The Manhattan Project», U.S. Department of Energy, abril de 2021, <www.energy.gov/sites/default/files/The%20Manhattan%20Project.pdf>; F. G. Gosling, «The Manhattan Project: Making the Atomic Bomb», U.S. Department of Energy, enero de 2010, <www.energy.gov/management/articles/gosling-manhattan-project-making-atomic-bomb>.

24. «Uranium Mines», U.S. Department of Energy, <www.osti.gov/opennet/manhattan-project-history/Places/Other/uranium-mines.html>.

25. Jerome Lewis, «Bayaka Elephant Hunting in Congo: The Importance of Ritual and Technique», en George E. Konidaris *et al.*, *Human-Elephant Interactions: From Past to Present*, vol. 1, Tubinga, Tübingen University Press, 2021.

26. Sushmitha Ramakrishnan, «India Cuts the Periodic Table and Evolution from Schoolbooks», *DW*, 2 de junio de 2023, <www.dw.com/en/indiadropsevolution/a-65804720>.

27. Annie Jacobsen, *Operation Paperclip: The Secret Intelligence Program That Brought Nazi Scientists to America*, Boston, Little, Brown, 2014; Brian E. Crim, *Our Germans: Project Paperclip and the National Security State*, Baltimore, Johns Hopkins University Press, 2018.

3. Documentos: el mordisco de los tigres de papel

1. Monty Noam Penkower, «The Kishinev Pogrom of 1903: A Turning Point in Jewish History», *Modern Judaism*, 24, n.º 3 (2004), pp. 187-225.

2. Hayyim Nahman Bialik, «Be'ir Hahareigah / The City of Slaughter», A. M. Klein, trad., *Prooftexts*, 25, n.os 1-2 (2005), pp. 8-29; Iris Milner, «"In the City of Slaughter": The Hidden Voice of the Pogrom Victims», *Prooftexts*, 25, n.os 1-2 (2005), pp. 60-72; Steven Zipperstein, *Pogrom: Kishinev and the Tilt of History*, Nueva York, Liveright, 2018; David Fishelov, «Bialik the Prophet and the Modern Hebrew Canon», en Jón Karl Helgason y Marijan Dović, eds., *Great Immortality*, Leiden, Brill, 2019, pp. 151-170.

3. La inmensa mayoría de los refugiados palestinos, cuya cifra se estima entre los 700.000 y los 750.000, fueron expulsados en 1948. Véase Benny Morris, *Righteous Victims: A History of the Zionist-Arab Conflict, 1881-1998*, Nueva York, Vintage, 2001, p. 252; UNRWA, «Palestinian Refugees», consultado el 13 de febrero de 2024, <www.unrwa.org/palestine-refugees>. En 1948, 856.000 judíos vivían en países árabes como Irak y Egipto. A lo largo de las dos décadas siguientes, como venganza por las derrotas árabes en las guerras de 1948, 1956 y 1967, prácticamente todos estos judíos fueron expulsados de sus hogares, de manera que en 1968 solo quedaban 76.000. Véase Maurice M. Roumani, *The Case of the Jews from Arab Countries: A Neglected Issue*, Tel Aviv, World Organization of Jews from Arab Countries, 1983; Aryeh L. Avneri, *The Claim of Dispossession: Jewish Land-Settlement and the Arabs, 1878-1948*, New Brunswick, Transaction Books, 1984, p. 276; JIMENA, «The Forgotten Refugees», 7 de julio de 2023, <www.jimena.org/the-forgotten-refugees/>; Barry Mowell, «Changing Paradigms in Public Opinion Perspectives and Governmental Policy Concerning the Jewish Refugees of North Africa and Southwest Asia», Jewish Virtual Library, consultado el 31 de enero de 2024, <www.jewishvirtuallibrary.org/changing-paradigms-in-public-opinion-perspectives-and-governmental-policy-concerning-the-jewish-refugees-of-north-africa-and-southwest-asia>.

4. Las estimaciones acerca de la población tanto de judíos como en general varían, en especial debido a la falta de rigor de los registros demográficos otomanos. Véase Alan Dowty, *Arabs and Jews in Ottoman Palestine: Two Worlds Collide*, Bloomington, Indiana University Press, 2021; Justin McCarthy, *The Population of Palestine: Population History and Statistics of the Late Ottoman Period and the Mandate*, Nueva York, Columbia University Press, 1990; Itamar Rabinovich y Jehuda Reinharz, eds., *Israel in the Middle East: Documents and Readings on Society, Politics, and Foreign Relations, Pre-1948 to the Present*, Hanover, University Press of New England, 2008, p. 571; Yehoshua Ben-Arieh, *Jerusalem in the 19th Cen-*

tury: Emergence of the New City, Jerusalén, Yad Izhak Ben-Zvi Institute, 1986, p. 466.

5. George G. Grabowicz, «Taras Shevchenko: The Making of the National Poet», *Revue des Études Slaves*, 85, n.º 3 (2014), pp. 421-439; Ostap Sereda, «"As a Father Among Little Children": The Emerging Cult of Taras Shevchenko as a Factor of the Ukrainian Nation Building in Austrian Eastern Galicia in the 1860s», *Kyiv-Mohyla Humanities Journal*, 1 (2014), pp. 159-188.

6. Sándor Hites, «Rocking the Cradle: Making Petőfi a National Poet», *Arcadia*, 52, n.º 1 (2017), pp. 29-50; Ivan Halász *et al.*, «The Rule of Sándor Petőfi in the Memory Policy of Hungarians, Slovaks, and the Members of the Hungarian Minority Group in Slovakia in the Last 150 Years», *Historia@Teoria*, 1, n.º 1 (2016), pp. 121-143.

7. Timothy Snyder, *The Reconstruction of Nations: Poland, Ukraine, Lithuania, Belarus, 1569-1999*, New Haven, Yale University Press, 2003; Roman Koropeckyj, *Adam Mickiewicz: The Life of a Romantic*, Ithaca, Cornell University Press, 2008; Helen N. Fagin, «Adam Mickiewicz: Poland's National Romantic Poet», *South Atlantic Bulletin*, 42, n.º 4 (1977), pp. 103-113.

8. Jonathan Glover, *Israelis and Palestinians: From the Cycle of Violence to the Conversation of Mankind*, Cambridge, Polity Press, 2024, p. 10.

9. William L. Smith, «Rāmāyaṇa Textual Traditions in Eastern India», en Mandakranta Bose, ed., *The «Ramayana» Revisited*, Nueva York: Oxford University Press, 2004, pp. 91-92; Frank E. Reynolds, «Ramayana, Rama Jataka, and Ramakien: A Comparative Study of Hindu and Buddhist Traditions», en Paula Richman, ed., *Many Ramayanas: The Diversity of a Narrative Tradition in South Asia*, Berkeley, University of California Press, 1991, pp. 50-66; Aswathi M. P., «The Cultural Trajectories of *Ramayana*, a Text Beyond the Grand Narrative», *Singularities*, 8, n.º 1 (2021), pp. 28-32; A. K. Ramanujan, «Three Hundred Ramayanas: Five Examples and Three Thoughts on Translation», en Richman, *Many Ramayanas*, pp. 22-49; James Fisher, «Education and Social Change in Nepal: An Anthropologist's Assessment», *Himalaya: The Journal of the Association for Nepal and Himalayan*, 10, n.º 2 (1990), pp. 30-31.

10. «The Ramayan: Why Indians Are Turning to Nostalgic TV», BBC, 5 de mayo de 2020, <www.bbc.com/culture/article/20200504-the-ramayan-why-indians-are-turning-to-nostalgic-tv>; «"Ramayan" Sets World Record, Becomes Most Viewed Entertainment Program Globally», *Hindu*, 2 de mayo de 2020, <www.thehindu.com/entertain-

ment/movies/ramayan-sets-world-record-becomes-most-viewed-entertainment-program-globally/article61662060.ece>; Soutik Biswas, «Ramayana: An "Epic" Controversy», BBC, 19 de octubre de 2011, <www.bbc.com/news/world-south-asia-15363181>; «"Ramayana" Beats "Game of Thrones" to Become the World's Most Watched Show», WION, 15 de febrero de 2018, <www.wionews.com/entertainment/ramayana-beats-game-of-thrones-to-become-the-worlds-most-watched-show-296162>.

11. Kendall Haven, *Story Proof: The Science Behind the Startling Power of Story*, Westport, Libraries Unlimited, 2007, vii, p. 122. Para un estudio más reciente, véase Brendan I. Cohn-Sheehy *et al.*, «Narratives Bridge the Divide Between Distant Events in Episodic Memory», *Memory and Cognition*, 50 (2022), pp. 478-494.

12. Frances A. Yates, *The Art of Memory*, Londres, Random House, 2011. [Hay trad. cast.: *El arte de la memoria*, Madrid, Siruela, 2005]; Joshua Foer, *Moonwalking with Einstein: The Art and Science of Remembering Everything*, Nueva York, Penguin, 2011; Nils C. J. Müller *et al.*, «Hippocampal-Caudate Nucleus Interactions Support Exceptional Memory Performance», *Brain Structure and Function*, 223 (2018), pp. 1379-1389; Yvette Tan, «This Woman Only Needed a Week to Memorize All 328 Pages of Ikea's Catalogue», Mashable, 5 de septiembre de 2017, <mashable.com/article/yanjaa-wintersoul-ikea>; Jan-Paul Huttner, Ziwei Qian y Susanne Robra-Bissantz, «A Virtual Memory Palace and the User's Awareness of the Method of Loci», European Conference on Information Systems, mayo de 2019, <aisel.aisnet.org/ecis2019_rp/7>.

13. Ira Spar, ed., *Cuneiform Texts in the Metropolitan Museum of Art: Tablets, Cones, and Bricks of the Third and Second Millennia B.C.*, Nueva York, Museum, 1988, pp. 10-11; «CTMMA 1, 008 (P108692)», Cuneiform Digital Library Initiative, consultado el 12 de enero de 2024, <cdli.mpiwg-berlin.mpg.de/artifacts/108692>; Tonia Sharlach, «Princely Employments in the Reign of Shulgi», *Journal of Ancient Near Eastern History*, 9, n.º 1 (2022), pp. 1-68.

14. Andrew D. Madden, Jared Bryson y Joe Palimi, «Information Behavior in Pre-literate Societies», en Amanda Spink y Charles Cole, eds., *New Directions in Human Information Behavior*, Dordrecht, Springer, 2006; Michael J. Trebilcock, «Communal Property Rights: The Papua New Guinean Experience», *University of Toronto Law Journal*, 34, n.º 4 (1984), pp. 377-420; Richard B. Lee, «!Kung Spatial Organization: An Ecological and Historical Perspective», *Human Ecology*, 1, n.º 2 (1972),

pp. 125-147; Warren O. Ault, «Open-Field Husbandry and the Village Community: A Study of Agrarian By-Laws in Medieval England», *Transactions of the American Philosophical Society*, 55, n.° 7 (1965), pp. 1-102; Henry E. Smith, «Semicommon Property Rights and Scattering in the Open Fields», *Journal of Legal Studies*, 29, n.° 1 (2000), pp. 131-169; Richard Posner, *The Economics of Justice*, Cambridge, Harvard University Press, 1981.

15. Klaas R. Veenhof, «"Dying Tablets" and "Hungry Silver": Elements of Figurative Language in Akkadian Commercial Terminology», en M. Mindlin, M. J. Geller y J. E. Wansbrough, eds., *Figurative Language in the Ancient Near East*, Londres, School of Oriental and African Studies, University of London, 1987, pp. 41-75; Cécile Michel, «Constitution, Contents, Filing, and Use of Private Archives: The Case of Old Assyrian Archives (Nineteenth Century BCE)», en Alessandro Bausi *et al.*, eds., *Manuscripts and Archives*, Berlín, De Gruyter, 2018, pp. 43-70.

16. Sophie Démare-Lafont y Daniel E. Fleming, eds., *Judicial Decisions in the Ancient Near East*, Atlanta, Society of Biblical Literature, 2023, pp. 108-110; D. Charpin, «Lettres et procès paléo-babyloniens», en Francis Joannès, ed., *Rendre la justice en Mésopotamie: Archives judiciaires du Proche-Orient ancien (IIIe-Ier millénaires avant J.-C.)*, Saint-Denis, Presses Universitaires de Vincennes, 2000, pp. 73-74; Antoine Jacquet, «Family Archives in Mesopotamia During the Old Babylonian Period», en Michele Faraguna, ed., *Archives and Archival Documents in Ancient Societies: Trieste 30 September-1 October 2011*, Trieste, Edizioni Università di Trieste, 2013, pp. 76-77; F. F. Kraus, *Altbabylonische Briefe in Umschrift und Übersetzung*, Leiden, R. J. Brill, 1986, vol. 11, n.° 55; Frans van Koppen y Denis Lacambre, «Sippar and the Frontier Between Ešnunna and Babylon: New Sources for the History of Ešnunna in the Old Babylonian Period», *Jaarbericht van het Vooraziatisch Egyptisch Genootschap Ex Oriente Lux*, 41 (2009), pp. 151-177.

17. Para ejemplos sobre la dificultad de obtener documentos del Egipto antiguo y Mesopotamia, véase Geoffrey Yeo, *Record-Making and Record-Keeping in Early Societies*, Londres, Routledge, 2021, p. 132; Jacquet, «Family Archives in Mesopotamia During the Old Babylonian Period», pp. 76-77.

18. Mu-ming Poo *et al.*, «What Is Memory? The Present State of the Engram», *C Biology*, 14, n.° 1 (2016), p. 40; C. Abraham Wickliffe, Owen D. Jones y David L. Glanzman, «Is Plasticity of Synapses the Mechanism of Long-Term Memory Storage?», *Npj Science of Learning*, 4, n.° 1 (2019),

p. 9; Bradley R. Postle, «How Does the Brain Keep Information "in Mind"?», *Current Directions in Psychological Science*, 25, n.º 3 (2016), pp. 151-156.

19. *Britannica*, s. v. «Bureaucracy and the State», consultado el 4 de enero de 2024, <www.britannica.com/topic/bureaucracy/Bureaucracy-and-the-state>.

20. Para estudios que analizan esta interacción, véase, por ejemplo, Michele J. Gelfand *et al.*, «The Relationship Between Cultural Tightness-Looseness and COVID-19 Cases and Deaths: A Global Analysis», *Lancet Planetary Health*, 5, n.º 3 (2021), pp. 135-144; Julian W. Tang *et al.*, «An Exploration of the Political, Social, Economic, and Cultural Factors Affecting How Different Global Regions Initially Reacted to the COVID-19 Pandemic», *Interface Focus*, 12, n.º 2 (2022), artículo 20210079.

21. Jason Roberts, *Every Living Thing: The Great and Deadly Race to Know All Life*, Nueva York, Random House, 2024; Paul Lawrence Farber, *Finding Order in Nature*, Baltimore, Johns Hopkins University Press, 2000; James L. Larson, «The Species Concept of Linnaeus», *Isis*, 59, n.º 3 (1968), pp. 291-299; Peter Raven, Brent Berlin y Dennis Breedlove, «The Origins of Taxonomy», *Science*, 174, n.º 4015 (1971), pp. 1210-1213; Robert C. Stauffer, «"On the Origin of Species": An Unpublished Version», *Science*, 130, n.º 3387 (1959), pp. 1449-1452.

22. *Britannica*, s. v. «*Homo erectus*—Ancestor, Evolution, Migration», consultado el 4 de enero de 2024, <www.britannica.com/topic/Homo-erectus/Relationship-to-Homo-sapiens>.

23. Michael Dannemann y Janet Kelso, «The Contribution of Neanderthals to Phenotypic Variation in Modern Humans», *American Journal of Human Genetics*, 101, n.º 4 (2017), pp. 578-589.

24. Ernst Mayr, «What Is a Species, and What Is Not?», *Philosophy of Science*, 63, n.º 2 (1996), pp. 262-277.

25. Darren E. Irwin *et al.*, «Speciation by Distance in a Ring Species», *Science*, 307, n.º 5708 (2005), pp. 414-416; James Mallet, Nora Besansky y Matthew W. Hahn, «How Reticulated Are Species?», *BioEssays*, 38, n.º 2 (2016), pp. 140-149; Simon H. Martin y Chris D. Jiggins, «Interpreting the Genomic Landscape of Introgression», *Current Opinion in Genetics and Development*, 47 (2017), pp. 69-74; Jenny Tung y Luis B. Barreiro, «The Contribution of Admixture to Primate Evolution», *Current Opinion in Genetics and Development*, 47 (2017), pp. 61-68.

26. James Mallet, «Hybridization, Ecological Races, and the Nature of Species: Empirical Evidence for the Ease of Speciation», *Philosophical*

Transactions of the Royal Society B: Biological Sciences, 363, n.º 1506 (2008), pp. 2971-2986.

27. Brian Thomas, «Lions, Tigers, and Tigons», Institute for Creation Research, 12 de septiembre de 2012, <www.icr.org/article/7051/>.

28. Shannon M. Soucy, Jinling Huang y Johann Peter Gogarten, «Horizontal Gene Transfer: Building the Web of Life», *Nature Reviews Genetics*, 16, n.º 8 (2015), pp. 472-482; Michael Hensel y Herbert Schmidt, eds., *Horizontal Gene Transfer in the Evolution of Pathogenesis*, Cambridge, Cambridge University Press, 2008; James A. Raymond y Hak Jun Kim, «Possible Role of Horizontal Gene Transfer in the Colonization of Sea Ice by Algae», *PLOS ONE*, 7, n.º 5 (2012), artículo e35968; Katrin Bartke *et al.*, «Evolution of Bacterial Interspecies Hybrids with Enlarged Chromosomes», *Genome Biology and Evolution*, 14, n.º 10 (2022), artículo evac135.

29. Eugene V. Koonin y Petro Starokadomskyy, «Are Viruses Alive? The Replicator Paradigm Sheds Decisive Light on an Old but Misguided Question», *Studies in History and Philosophy of Science Part C: Studies in History and Philosophy of Biological and Biomedical Sciences*, 59 (2016), pp. 125-134; Dominic D. P. Johnson, «What Viruses Want: Evolutionary Insights for the Covid-19 Pandemic and Lessons for the Next One», en Philippe Bourbeau, Jean-Michel Marcoux y Brooke A. Ackerly, eds., *A Multidisciplinary Approach to Pandemics*, Oxford, Oxford University Press, 2022, pp. 38-69; Deepak Sumbria *et al.*, «Virus Infections and Host Metabolism—Can We Manage the Interactions?», *Frontiers in Immunology*, 11 (2020), artículo 594963; Microbiology Society, «Are Viruses Alive?» 10 de mayo de 2016, <microbiologysociety.org/publication/past-issues/what-is-life/article/are-viruses-alive-what-is-life.html>; Erica L. Sanchez y Michael Lagunoff, «Viral Activation of Cellular Metabolism», *Virology*, 479-80 (mayo de 2015), pp. 609-618; «Virus», National Human Genome Research Institute, consultado el 12 de enero de 2024, <www.genome.gov/genetics-glossary/Virus>.

30. Ashworth E. Underwood, «The History of Cholera in Great Britain», *Proceedings of the Royal Society of Medicine*, 41, n.º 3 (1948), pp. 165-173; Nottidge Charles Macnamara, *Asiatic Cholera: History up to July 15, 1892, Causes and Treatment*, Londres, Macmillan, 1892.

31. John Snow, «Dr. Snow's Report», en Cholera Inquiry Committee, *The Report on the Cholera Outbreak in the Parish of St. James, Westminster, During the Autumn of 1854*, Londres, J. Churchill, 1855, pp. 97-120; S. W. B. Newsom, «Pioneers in Infection Control: John Snow, Henry

Whitehead, the Broad Street Pump, and the Beginnings of Geographical Epidemiology», *Journal of Hospital Infection*, 64, n.º 3 (2006), pp. 210-216; Peter Vinten-Johansen *et al.*, *Cholera, Chloroform, and the Science of Medicine: A Life of John Snow*, Oxford, Oxford University Press, 2003; Theodore H. Tulchinsky, «John Snow, Cholera, the Broad Street Pump; Waterborne Diseases Then and Now», *Case Studies in Public Health* (2018), pp. 77-99.

32. Gov.UK, «Check If You Need a License to Abstract Water», 3 de julio de 2023, <www.gov.uk/guidance/check-if-you-need-a-license-to-abstract-water>.

33. Mohnish Kedia, «Sanitation Policy in India—Designed to Fail?», *Policy Design and Practice*, 5, n.º 3 (2022), pp. 307-325.

34. Véase, por ejemplo, Madden, Bryson y Palimi, «Information Behavior in Pre-literate Societies», pp. 33-53.

35. Catherine Salmon y Jessica Hehman, «The Evolutionary Psychology of Sibling Conflict and Siblicide», en Todd K. Shackelford y Ronald D. Hansen, eds., *The Evolution of Violence*, Nueva York, Springer, 2014, pp. 137-157.

36. *Ibid.*; Laurence G. Frank, Stephen E. Glickman y Paul Licht, «Fatal Sibling Aggression, Precocial Development, and Androgens in Neonatal Spotted Hyenas», *Science*, 252, n.º 5006 (1991), pp. 702-704; Frank J. Sulloway, «Birth Order, Sibling Competition, and Human Behavior», en Harmon R. Holcomb, ed., *Conceptual Challenges in Evolutionary Psychology: Innovative Research Strategies*, Dordrecht, Springer Netherlands, 2001, pp. 39-83; Heribert Hofer y Marion L. East, «Siblicide in Serengeti Spotted Hyenas: A Long-Term Study of Maternal Input and Cub Survival», *Behavioral Ecology and Sociobiology*, 62, n.º 3 (2008), pp. 341-351.

37. R. Grant Gilmore Jr., Oliver Putz y Jon W. Dodrill, «Oophagy, Intrauterine Cannibalism, and Reproductive Strategy in Lamnoid Sharks», en W. M. Hamlett, ed., *Reproductive Biology and Phylogeny of Chondrichthyes*, Boca Raton, CRC Press, 2005, pp. 435-463; Demian D. Chapman *et al.*, «The Behavioral and Genetic Mating System of the Sand Tiger Shark, *Carcharias taurus*, an Intrauterine Cannibal», *Biology Letters*, 9, n.º 3 (2013), artículo 20130003.

38. Martin Kavaliers, Klaus-Peter Ossenkopp y Elena Choleris, «Pathogens, Odors, and Disgust in Rodents», *Neuroscience and Biobehavioral Reviews*, 119 (2020), pp. 281-293; Valerie A. Curtis, «Infection-Avoidance Behavior in Humans and Other Animals», *Trends in Immunology*, 35, n.º 10 (2014), pp. 457-464.

39. Harvey Whitehouse, *Inheritance: The Evolutionary Origins of the Modern World*, Londres, Hutchinson, 2024, p. 56; Marvin Perry y Frederick M. Schweitzer, eds., *Antisemitic Myths: A Historical and Contemporary Anthology*, Bloomington, Indiana University Press, 2008, 6, p. 26; Roderick McGrew, «Bubonic Plague», en *Encyclopedia of Medical History*, Nueva York, McGraw-Hill, 1985, p. 45; David Nirenberg, *Communities of Violence: Persecution of Minorities in the Middle Ages*, Princeton, Princeton University Press, 1996. [Hay trad. cast.: *Comunidades de violencia. La persecución de las minorías en la Edad Media*, Barcelona, Península, 2001]; Martina Baradel y Emanuele Costa, «Discrimination, Othering, and the Political Instrumentalizing of Pandemic Disease», *Journal of Interdisciplinary History of Ideas*, 18, n.º 18 (2020); Alan M. Kraut, *Silent Travelers: Germs, Genes, and the «Immigrant Menace»*, Nueva York, Basic Books, 1994; Samuel K. Cohn Jr., *Epidemics: Hate and Compassion from the Plague of Athens to AIDS*, Oxford, Oxford University Press, 2018.

40. Wayne R. Dynes, ed., *Encyclopedia of Homosexuality*, Nueva York, Garland, 1990, vol. 1, p. 324.

41. John Bowker, ed., *The Oxford Dictionary of World Religions*, Oxford, Oxford University Press, 1997, pp. 1041-1044; Mary Douglas, *Purity and Danger*, Londres, Routledge, 2003. [Hay trad. cast.: *Pureza y peligro. Un análisis de los conceptos de contaminación y tabú*, Madrid, Siglo XXI, 1991], cap. 9; Laura Kipnis, *The Female Thing: Dirt, Sex, Envy, Vulnerability*, Londres, Vintage, 2007, cap. 3.

42. Robert M. Sapolsky, *Behave: The Biology of Humans at Our Best and Worst*, Nueva York, Penguin Press, 2017, pp. 388-389 y 560-565.

43. Vinod Kumar Mishra, «Caste and Religion Matters in Access to Housing, Drinking Water, and Toilets: Empirical Evidence from National Sample Surveys, India», *CASTE: A Global Journal on Social Exclusion*, 4, n.º 1 (2023), pp. 24-45, <www.jstor.org/stable/48728103>; Ananya Sharma, «Here's Why India Is Struggling to Be Truly Open Defecation Free», *Wire India*, 28 de octubre de 2021, <thewire.in/government/heres-why-india-is-struggling-to-be-truly-open-defecation-free>.

44. Samyak Pandey, «Roshni, the Shivpuri Dalit Girl Killed for "Open Defecation", Wanted to Become a Doctor», *Print*, 30 de septiembre de 2019, <theprint.in/india/roshni-the-shivpuri-dalit-girl-killed-for-open-defecation-wanted-to-become-a-doctor/298925/>.

45. Nick Perry, «Catch, Class, and Bureaucracy: The Meaning of Joseph Heller's *Catch 22*», *Sociological Review*, 32, n.º 4 (1984), pp. 719-741, <doi.org/10.1111/j.1467-954X.1984.tb00832.x>.

46. Ludovico Ariosto, *Orlando Furioso* (1516), canto 14, versos 83-84.

47. William Shakespeare, *Henry VI, Part 2*, en *First Folio*, Londres, 1623, acto 4, escena 2. [Hay trad. cast.: *El rey Enrique VI*, Barcelona, Planeta De Agostini, 2000].

48. Juliet Barker, *1381: The Year of the Peasants' Revolt*, Cambridge, Belknap Press of Harvard University Press, 2014; W. M. Ormrod, «The Peasants' Revolt and the Government of England», *Journal of British Studies*, 29, n.º 1 (1990), pp. 1-30, <doi.org/10.1086/385947>; Jonathan Burgess, «The Learning of the Clerks: Writing and Authority During the Peasants' Revolt of 1381», tesis de maestría, McGill University, 2022, <escholarship.mcgill.ca/concern/theses/6682x911r>.

49. Josefo, *The Jewish War*, 2:427. [Hay trad. cast.: *La guerra de los judíos*, Madrid, Gredos, 2001].

50. Rodolphe Reuss, *Le sac de l'Hôtel de Ville de Strasbourg (juillet 1789), épisode de l'histoire de la Révolution en Alsace*, París, 1915.

51. Jean Ancel, *The History of the Holocaust: Romania*, Jerusalén, Yad Vashem, 2003, 1:63.

52. El destino de los judíos rumanos durante el Holocausto estuvo determinado por numerosos factores, pero por razones complejas se dio una fuerte correlación entre quienes perdieron su ciudadanía en 1938 y quienes más tarde fueron asesinados. Véase «Murder of the Jews of Romania», Yad Vashem, 2024, <www.yadvashem.org/holocaust/about/final-solution-beginning/romania.html#narrative_info>; Christopher J. Kshyk, «The Holocaust in Romania: The Extermination and Protection of the Jews Under Antonescu's Regime», *Inquiries Journal*, 6, n.º 12 (2014), <www.inquiriesjournal.com/a?id=947>.

4. Errores: la fantasía de la infalibilidad

1. «Humanum fuit errare, diabolicum est per animositatem in errore manere». Véase Armand Benjamin Caillau, ed., *Sermones de scripturis*, en *Sancti Aurelii Augustini Opera*, París, Parent-Desbarres, 1838, 4:412.

2. Ivan Mehta, «Elon Musk Wants to Develop TruthGPT, "a Maximum Truth-Seeking AI"», *Tech Crunch*, 18 de abril 2023, <techcrunch.com/2023/04/18/elon-musk-wants-to-develop-truthgpt-a-maximum-truth-seeking-ai/>.

3. Harvey Whitehouse, «A Cyclical Model of Structural Transformation Among the Mali Baining», *The Cambridge Journal of Anthropology*,

14, n.º 3 (1990), pp. 34-53; Harvey Whitehouse, «From Possession to Apotheosis: Transformation and Disguise in the Leadership of a Cargo Movement», en Richard Feinberg y Karen Ann Watson-Gageo, eds., *Leadership and Change in the Western Pacific*, Londres, Athlone Press, 1996, pp. 376-395; Harvey Whitehouse, *Inheritance: The Evolutionary Origins of the Modern World*, Londres, Hutchinson, 2024, pp. 149-151.

4. Harvey Whitehouse, *Inheritance: The Evolutionary Origins of the Modern World*, Londres, Hutchinson, 2024, p. 45.

5. Robert Bellah, *Religion in Human Evolution: From the Paleolithic to the Axial Age*, Cambridge, Belknap Press of Harvard University Press, 2011, p. 181. [Hay trad. cast.: *La religión en la evolución humana. Del Paleolítico a la era axial*, Madrid, CIS, 2017].

6. *Ibid*., caps. 4-9.

7. Heródoto, *The Histories*, V, 63. [Hay trad. cast.: *Historia*, Madrid, Akal, 1994]; Mogens Herman Hansen, «Democracy, Athenian», en Simon Hornblower y Antony Spawforth, eds., *The Oxford Classical Dictionary*, Oxford, Oxford University Press, 2005, <www.oxfordreference.com/display/10.1093/acref/9780198606413.001.0001/acref-9780198606413-e-2112>.

8. John Collins, *The Dead Sea Scrolls: A Biography*, Princeton, Princeton University Press, 2013, vii, p. 185.

9. Jodi Magness, *The Archeology of Qumran and the Dead Sea Scrolls*, 2.ª ed., Grand Rapids, Eerdmans, 2021, cap. 3.

10. Sidnie White Crawford, «Genesis in the Dead Sea Scrolls», en Craig A. Evans, Joel N. Lohr y David L. Petersen, eds., *The Book of Genesis*, Boston, Brill, 2012, pp. 353-373, <doi.org/10.1163/9789004226579_016>; James C. VanderKam, «Texts, Titles, and Translations», en Stephen B. Chapman y Marvin A. Sweeney, eds., *The Cambridge Companion to the Hebrew Bible/Old Testament*, Cambridge, Cambridge University Press, 2016, pp. 9-27, <doi.org/10.1017/CBO9780511843365.002>.

11. Véanse los resultados de una búsqueda de «Enoc» en la base de datos de los pergaminos del Mar Muerto: <www.deadseascrolls.org.il/explore-the-archive/search#q="Enoch" >.

12. Véase Collins, *Dead Sea Scrolls.*

13. Daniel Assefa, «The Biblical Canon of the Ethiopian Orthodox Tawahedo Church», en Eugen J. Pentiuc, ed., *The Oxford Handbook of the Bible in Orthodox Christianity*, Nueva York, Oxford University Press, 2022, pp. 211-226; David Kessler, *The Falashas: A Short History of the Ethiopian Jews*, 3.ª ed., Nueva York, Frank Cass, 1996, p. 67.

14. Emanuel Tov, *Textual Criticism of the Hebrew Bible*, Mineápolis, Fortress Press, 2001, p. 269; Sven Fockner, «Reopening the Discussion: Another Contextual Look at the Sons of God», *Journal for the Study of the Old Testament*, 32, n.º 4 (2008), pp. 435-456, <doi.org/10.1177/03090 89208092140>; Michael S. Heiser, «Deuteronomy 32:8 and the Sons of God», *Bibliotheca Sacra*, 158 (2001), pp. 71-72.

15. Martin G. Abegg Jr., Peter Flint y Eugene Ulrich, *The Dead Sea Scrolls Bible: The Oldest Known Bible Translated for the First Time into English*, San Francisco, Harper, 1999, p. 159; Jewish Publication Society of America, *The Holy Scriptures According to the Masoretic Text*, Filadelfia, 1917, <jps.org/wp-content/uploads/2015/10/Tanakh1917.pdf>.

16. Abegg, Flint y Ulrich, *Dead Sea Scrolls Bible*, p. 506; Peter W. Flint, «Unrolling the Dead Sea Psalms Scrolls», en William P. Brown, ed., *The Oxford Handbook of the Psalms*, Oxford, Oxford University Press, 2014, p. 243, <doi.org/10.1093/oxfordhb/9780199783335.013.015>.

17. Timothy Michael Law, *When God Spoke Greek: The Septuagint and the Making of the Christian Bible*, Oxford, Oxford University Press, 2013, p. 49. [Hay trad. cast.: *Cuando Dios habló en griego. La Septuaginta y la formación de la Biblia cristiana*, Salamanca, Sígueme, 2014].

18. *Ibid.*, p. 62. Albert Pietersma y Benjamin G. Wright, eds., *A New English Translation of the Septuagint*, Oxford, Oxford University Press, 2007, vii; William P. Brown, «The Psalms: An Overview», en Brown, *Oxford Handbook of the Psalms*, p. 3, <doi.org/10.1093/oxfordhb/9780199783335.013.001>.

19. Law, *When God Spoke Greek*, p. 72.

20. Karen H. Jobes y Moisés Silva, *Invitation to the Septuagint*, Grand Rapids, Baker Academic, 2015, pp. 161-162.

21. Michael Heiser, «Deuteronomy 32:8 and the Sons of God», LBTS Faculty Publications and Presentations (2001), p. 279. Véase también Alexandria Frisch, *The Danielic Discourse on Empire in Second Temple Literature*, Boston, Brill, 2016, p. 140; «Deuteronomion», en Pietersma y Wright, *New English Translation of the Septuagint*, <ccat.sas.upenn.edu/nets/edition/05-deut-nets.pdf>.

22. Chanoch Albeck, ed., *Mishnah: Six Orders*, Jerusalén, Bialik, pp. 1955-1959.

23. Maxine Grossman, «Lost Books of the Bible», en Adele Berlin, ed., *The Oxford Dictionary of the Jewish Religion*, 2.ª ed., Oxford, Oxford University Press, 2011; Geoffrey Khan, *A Short Introduction to the Tiberian Masoretic Bible and Its Reading Tradition*, Piscataway, Gorgias Press, 2013.

24. Bart D. Ehrman, *Forged: Writing in the Name of God: Why the Bible's Authors Are Not Who We Think They Are*, Nueva York, HarperOne, 2011, p. 300; Annette Y. Reed. «Pseudepigraphy, Authorship, and the Reception of "the Bible" in Late Antiquity», en Lorenzo DiTommaso y Lucian Turcescu, eds., *The Reception and Interpretation of the Bible in Late Antiquity: Proceedings of the Montréal Colloquium in Honor of Charles Kannengiesser*, Leiden, Brill, 2008, pp. 467-490; Stephen Greenblatt, *The Rise and Fall of Adam and Eve*, Nueva York, W. W. Norton, 2017, p. 68; «[El Testamento de Abrahán es] un libro muy entretenido y humano; un libro que, en un mundo mejor, podría haberse incorporado al canon», Dale C. Allison Jr., *Testament of Abraham*, Berlín, Walter De Gruyter, 2013, vii.

25. Grossman, «Lost Books of the Bible».

26. Véase, por ejemplo, Tzvi Freeman, «How Did the Torah Exist Before It Happened?», Chabad.org, <www.chabad.org/library/article_cdo/aid/110124/jewish/How-Did-the-Torah-Exist-Before-it-Happened.htm>.

27. Seth Schwartz, *Imperialism and Jewish Society, 200 B.C.E. to 640 C.E.*, Princeton, Princeton University Press, 2001; Gottfried Reeg y Dagmar Börner-Klein, «Synagogue», en Hans Dieter Betz *et al.*, *Religion Past and Present*, Leiden, Brill, 2006-2012, <dx.doi.org/10.1163/1877-5888_rpp_COM_025027>; Kimmy Caplan, «Bet Midrash», en Betz *et al.*, *Religion Past and Present*, <dx.doi.org/10.1163/1877-5888_rpp_SIM_01883>.

28. «Tractate Soferim», en *The William Davidson Talmud*, Jerusalén, Koren, 2017, <www.sefaria.org/Tractate_Soferim?tab=contents>.

29. «Tractate Eiruvin», en *Babylonian Talmud*, cap. 13a, <halakhah.com/pdf/moed/Eiruvin.pdf>.

30. B. Barry Levy, *Fixing God's Torah: The Accuracy of the Hebrew Bible Text in Jewish Law*, Oxford, Oxford University Press, 2001; Alfred J. Kolatch, *This Is the Torah*, Nueva York, Jonathan David, 1988; «Tractate Soferim».

31. Raphael Patai, *The Children of Noah: Jewish Seafaring in Ancient Times*, Princeton, Princeton University Press, 1998, <benyehuda.org/read/30739>.

32. Shaye Cohen, Robert Goldenberg y Hayim Lapin, eds., *The Oxford Annotated Mishnah*, Oxford, Oxford University Press, 2022, p. 1.

33. Mayer I. Gruber, «The Mishnah as Oral Torah: A Reconsideration», *Journal for the Study of Judaism in the Persian, Hellenistic, and Roman Period*, 15 (1984), pp. 112-122.

34. Adin Steinsaltz, *The Essential Talmud*, Nueva York, Basic Books, 2006, p. 3. [Hay trad. cast.: *Introducción al Talmud*, Zaragoza, Ríopiedras, 2000].

35. *Ibid.*

36. Elizabeth A. Harris, «For Jewish Sabbath, Elevators Do All the Work», *The New York Times*, 5 de marzo de 2012, <www.nytimes.com/2012/03/06/nyregion/on-jewish-sabbath-elevators-that-do-all-the-work.html>.

37. Jon Clarine, «Digitalization Is Revolutionizing Elevator Services», *TKE blog*, junio de 2022, <blog.tkelevator.com/digitalization-is-revolutionizing-elevator-services-jon-clarine-shares-how-and-why/>.

38. Véase, por ejemplo, «Tractate Megillah», en *Babylonian Talmud*, cap. 16b; «Rashi on Genesis 45:14», en M. Rosenbaum y A. M. Silbermann, en colaboración con A. Blashki y L. Joseph, eds., *Pentateuch with Targum Onkelos, Haphtaroth, and Prayers for Sabbath and Rashi's Commentary*, Londres, Shapiro, Vallentine, 1933, <www.sefaria.org/Rashi_on_Genesis.45.14?lang=bi&with=Talmud&lang2=en>.

39. Para el origen talmúdico de dichas creencias, véase «Tractate Shabbat», en *Babylonian Talmud Gemara*, cap. 119b. Para versiones actuales sobre este tema, véase, por ejemplo, <midrasha.biu.ac.il/node/2192>.

40. Bart D. Ehrman, *Lost Christianities: The Battles for Scripture and the Faiths We Never Knew*, Oxford, Oxford University Press, 2003. [Hay trad. cast.: *Cristianismos perdidos. Los credos proscritos del Nuevo Testamento*, Barcelona, Crítica, 2004]; Frederik Bird, «Early Christianity as an Unorganized Ecumenical Religious Movement», en Anthony J. Blasi, Jean Duhaime y Paul-André Turcotte, eds., *Handbook of Early Christianity: Social Science Approaches*, Walnut Creek, AltaMira Press, 2002, pp. 225-246.

41. Konrad Schmid, «Immanuel», en Betz *et al.*, *Religion Past and Present.*

42. Ehrman, *Lost Christianities*, xiv; Sarah Parkhouse, «Identity, Death, and Ascension in the First Apocalypse of James and the Gospel of John», *Harvard Theological Review*, 114, n.º 1 (2021), pp. 51-71; Gregory T. Armstrong, «Abraham», en Everett Ferguson, ed., *Encyclopedia of Early Christianity*, Nueva York, Routledge, 1999, pp. 7-8; John J. Collins, «Apocalyptic Literature», en *ibid.*, pp. 73-74.

43. Ehrman, *Lost Christianities*, xi-xii.

44. *Ibid.*, xii; J. K. Elliott, ed., *The Apocryphal New Testament: A Collection of Apocryphal Christian Literature in an English Translation*, Oxford, Oxford University Press, 1993, pp. 231-302.

45. *Ibid.*, pp. 543-546; Ehrman, *Lost Christianities*; Andrew Louth, ed., *Early Christian Writings: The Apostolic Fathers*, Nueva York, Penguin Classics, 1987.

46. *The Festal Epistles of St. Athanasius, Bishop of Alexandria*, Oxford, John Henry Parker, 1854, pp. 137-139.

47. Ehrman, *Lost Christianities*, p. 231.

48. Daria Pezzoli-Olgiati *et al.*, «Canon», en Betz *et al.*, *Religion Past and Present*; David Salter Williams, «Reconsidering Marcion's Gospel», *Journal of Biblical Literature*, 108, n.º 3 (1989), pp. 477-496.

49. Ashish J. Naidu, *Transformed in Christ: Christology and the Christian Life in John Chrysostom*, Eugene, Pickwick Publications, 2012, p. 77.

50. Bruce M. Metzger, *The Canon of the New Testament: Its Origin, Development, and Significance*, Oxford, Clarendon Press, 1987, pp. 219-220.

51. Bruce M. Metzger, *Canon of the New Testament*, pp. 176 y 223-224; Christopher Sheklian, «Venerating the Saints, Remembering the City: Armenian Memorial Practices and Community Formation in Contemporary Istanbul», en Alexander Agadjanian, ed., *Armenian Christianity Today: Identity Politics and Popular Practice*, Surrey, Ashgate, 2014, p. 157; Bart Ehrman, *Forgery and Counter-forgery: The Use of Literary Deceit in Early Christian Polemics*, Oxford, Oxford University Press, 2013, p. 32. Véase también Ehrman, *Lost Christianities*, pp. 210-211.

52. Ehrman, *Lost Christianities*, p. 231.

53. *Ibid.*, pp. 236-238.

54. *Ibid.*, p. 38; Ehrman, *Forgery and Counter-forgery*, p. 203; Raymond F. Collins, «Pastoral Epistles», en Betz *et al.*, *Religion Past and Present.*

55. Ariel Sabar, «The Inside Story of a Controversial New Text About Jesus», *Smithsonian Magazine*, 17 de septiembre de 2012, <www.smithsonianmag.com/history/the-inside-story-of-a-controversial-new-text-about-jesus-41078791/>.

56. Dennis MacDonald, *The Legend of the Apostle: The Battle for Paul in Story and Canon*, Filadelfia, Westminster Press, 1983, p. 17; Stephen J. Davis, *The Cult of Saint Thecla: A Tradition of Women's Piety in Late Antiquity*, Oxford, Oxford University Press, 2001, p. 6.

57. Davis, *Cult of Saint Thecla.*

58. Knut Willem Ruyter, «Pacifism and Military Service in the Early Church», *CrossCurrents*, 32, n.º 1 (1982), pp. 54-70; Harold S. Bender, «The Pacifism of the Sixteenth Century Anabaptists», *Church History*, 24, n.º 2 (1955), pp. 119-131.

59. Michael J. Lewis, *City of Refuge: Separatists and Utopian Town Planning*, Princeton, Princeton University Press, 2016, p. 97.

60. Irene Bueno, «False Prophets and Ravening Wolves: Biblical Exegesis as a Tool Against Heretics in Jacques Fournier's Postilla on Matthew», *Speculum*, 89, n.º 1 (2014), pp. 35-65.

61. Peter K. Yu, «Of Monks, Medieval Scribes, and Middlemen», *Michigan State Law Review*, 2006, n.º 1 (2006), p. 7.

62. Marc Drogin, *Anathema! Medieval Scribes and the History of Book Curses*, Totowa, Allanheld, Osmun, 1983, p. 37.

63. Nicholas Watson, «Censorship and Cultural Change in Late-Medieval England: Vernacular Theology, the Oxford Translation Debate, and Arundel's Constitutions of 1409», *Speculum*, 70, n.º 4 (1995), p. 827.

64. David B. Barrett, George Thomas Kurian y Todd M. Johnson, *World Christian Encyclopedia: A Comparative Survey of Churches and Religions in the Modern World*, Oxford, Oxford University Press, 2001, p. 12.

65. Eltjo Buringh y Jan Luiten Van Zanden, «Charting the "Rise of the West": Manuscripts and Printed Books in Europe, a Long-Term Perspective from the Sixth Through Eighteenth Centuries», *Journal of Economic History*, 69 (2009), pp. 409-445.

66. En el análisis que sigue sobre la persecución de brujas en Europa, me he basado principalmente en Ronald Hutton, *The Witch: A History of Fear, from Ancient Times to the Present*, New Haven, Yale University Press, 2017.

67. Hutton, *Witch*.

68. *Ibid*. El *Canon Episcopi*, compuesto a principios del siglo X (o quizá a finales del siglo IX), se convirtió en parte del derecho canónico. Aducía que Satanás engaña a la gente para que crea en todo tipo de fantasías —por ejemplo, que pueden volar en el cielo— y que creer que estos hechos son reales es pecado. Esta postura se opone por completo a la que adoptaron los primeros cazadores de brujas modernos, que insistían en que estas cosas ocurrían en realidad y en que dudar de su condición real era pecado. Véase también Julian Goodare, «Witches' Flight in Scottish Demonology», en Julian Goodare, Rita Voltmer y Liv Helene Willumsen, eds., *Demonology and Witch-Hunting in Early Modern Europe*, Londres, Routledge, 2020, pp. 147-167.

69. Hutton, *Witch*; Richard Kieckhefer, «The First Wave of Trials for Diabolical Witchcraft», en Brian P. Levack, ed., *The Oxford Handbook of Witchcraft in Early Modern Europe and Colonial America*, Oxford, Oxford University Press, 2013, pp. 158-178; Fabrizio Conti, «Notes on the Nature of Beliefs in Witchcraft: Folklore and Classical Culture in Fifteenth

Century Mendicant Traditions», *Religions*, 10, n.º 10 (2019), p. 576; Chantal Ammann-Doubliez, «La première chasse aux sorciers en Valais (1428-1436?)», en Martine Ostorero *et al.*, eds., *L'imaginaire du sabbat: Édition critique des textes les plus anciens (1430 c.-1440 c.)*, Lausana, Université de Lausanne, Section d'Histoire, Faculté des Lettres, 1999, pp. 63-98; Nachman Ben-Yehuda, «The European Witch Craze: Still a Sociologist's Perspective», *American Journal of Sociology*, 88, n.º 6 (1983), pp. 1275-1279; Hans Peter Broedel, «Fifteenth-Century Witch Beliefs», en Levack, *Oxford Handbook of Witchcraft*.

70. Hans Broedel, *The «Malleus Maleficarum» and the Construction of Witchcraft: Theology and Popular Belief*, Manchester, Manchester University Press, 2003; Martine Ostorero, «Un lecteur attentif du *Speculum historiale* de Vincent de Beauvais au XVe siècle: L'inquisiteur bourguignon Nicolas Jacquier et la réalité des apparitions démoniaques», *Spicae: Cahiers de l'Atelier Vincent de Beauvais*, 3 (2013).

71. Este análisis y el siguiente de Kramer y sus escritos se basan principalmente en Broedel, *«Malleus Maleficarum» and the Construction of Witchcraft*. Véase también Tamar Herzig, «The Bestselling Demonologist: Heinrich Institoris's *Malleus Maleficarum*», en Jan Machielsen, ed., *The Science of Demons: Early Modern Authors Facing Witchcraft and the Devil*, Nueva York, Routledge, 2020, pp. 53-67.

72. Broedel, *«Malleus Maleficarum» and the Construction of Witchcraft*, p. 178.

73. Jakob Sprenger, *Malleus Maleficarum*, Montague Summers, trad., Londres, J. Rodker, 1928, p. 121. [Hay trad. cast.: *Malleus Maleficarum. El martillo de los brujos*, Madrid, Verbum 2020].

74. Tamar Herzig, «Witches, Saints, and Heretics: Heinrich Kramer's Ties with Italian Women Mystics», *Magic, Ritual, and Witchcraft*, 1, n.º 1 (2006), p. 26; André Schnyder, *«Malleus maleficarum» von Heinrich Institoris (alias Kramer) unter Mithilfe Jakob Sprengers aufgrund der dämonologischen Tradition zusammengestellt: Kommentar zur Wiedergabe des Erstdrucks von 1487 (Hain 9238)*, Göppingen, Kümmerle, 1993, p. 62.

75. Broedel, *«Malleus Maleficarum» and the Construction of Witchcraft*, pp. 7-8.

76. Sobre la conexión entre la revolución de la imprenta y la moda europea de la caza de brujas, véase Charles Zika, *The Appearance of Witchcraft: Print and Visual Culture in Sixteenth-Century Europe*, Londres, Routledge, 2007; Robert Walinski-Kiehl, «Pamphlets, Propaganda, and Witch-Hunting in Germany, c. 1560-c. 1630», *Reformation*, 6, n.º 1

(2002), pp. 49-74; Alison Rowlands, *Witchcraft Narratives in Germany: Rothenburg, 1561-1652*, Mánchester, Manchester University Press, 2003; Walter Stephens, *Demon Lovers: Witchcraft, Sex, and the Crisis of Belief*, Chicago, University of Chicago Press, 2002; Brian P. Levack, *The Witch-Hunt in Early Modern Europe*, Londres, Longman, 1987. [Hay trad. cast.: *La caza de brujas en la Europa moderna*, Madrid, Alianza, 1995]. Para un estudio que resta importancia a la conexión entre la imprenta y la caza de brujas, véase Stuart Clark, *Thinking with Demons: The Idea of Witchcraft in Early Modern Europe*, Oxford, Clarendon Press, 1997.

77. Brian P. Levack, introducción al *Oxford Handbook of Witchcraft*, 1-10n13; Henry Boguet, *An Examen of Witches Drawn from Various Trials of Many of This Sect in the District of Saint Oyan de Joux, Commonly Known as Saint Claude, in the County of Burgundy, Including the Procedure Necessary to a Judge in Trials for Witchcraft*, Montague Summers y E. Allen Ashwin, trads., Londres, J. Rodker, 1929, xxxii.

78. James Sharpe, *Witchcraft in Early Modern England*, 2.ª ed., Nueva York, Routledge, 2019, p. 5.

79. Robert S. Walinski-Kiehl, «The Devil's Children: Child Witch-Trials in Early Modern Germany», *Continuity and Change*, 11, n.º 2 (1996), pp. 171-189; William Monter, «Witchcraft in Iberia», en Levack, *Oxford Handbook of Witchcraft*, pp. 268-282.

80. Sprenger, *Malleus Maleficarum*, pp. 223-224.

81. Michael Kunze, *Highroad to the Stake: A Tale of Witchcraft*, Chicago, University of Chicago Press, 1989, p. 87.

82. Para todos los detalles del caso, véase *ibid.* Para la ejecución, véase también Robert E. Butts, «De Praestigiis Daemonum: Early Modern Witchcraft: Some Philosophical Reflections», en Graham Solomon, ed., *Witches, Scientists, Philosophers: Essays and Lectures*, Dordrecht, Springer Netherlands, 2000, pp. 14-15.

83. Gareth Medway, Lure of the Sinister: The Unnatural History of Satanism, Nueva York, New York University Press, 2001; Broedel, *«Malleus Maleficarum» and the Construction of Witchcraft*; David Pickering, Cassell's Dictionary of Witchcraft, Londres, Cassell, 2003.

84. Gary K. Waite, «Sixteenth-Century Religious Reform and the Witch-Hunts», en Levack, *Oxford Handbook of Witchcraft*, p. 499.

85. Mark Häberlein y Johannes Staudenmaier, «Bamberg», en Wolfgang Adam y Siegrid Westphal, eds., *Handbuch kultureller Zentren der Frühen Neuzeit: Städte und Residenzen im alten deutschen Sprachraum*, Berlín, De Gruyter, 2013, p. 57.

86. Birke Griesshammer, *Angeklagt—gemartet—verbrannt: Die Opfer der Hexenverfolgung in Franken* [Acusadas-martirizadas-quemadas: las víctimas de las cazas de brujas en Franconia], Erfurt, Sutton, 2013, p. 43.

87. Wolfgang Behringer, *Witches and Witch-Hunts: A Global History*, Cambridge, Polity Press, 2004, p. 150; Griesshammer, *Angeklagt-gemartet-verbrannt*, p. 43; Arnold Scheuerbrandt, *Südwestdeutsche Stadttypen und Städtegruppen bis zum frühen 19. Jahrhundert: Ein Beitrag zur Kulturlandschaftsgeschichte und zur kulturräumlichen Gliederung des nördlichen Baden-Württemberg und seiner Nachbargebiete*, Heidelberg, Selbstverlag des Geographischen Instituts der Universität, 1972, p. 383.

88. Robert Rapley, *Witch Hunts: From Salem to Guantanamo Bay*, Montreal, McGill-Queen's University Press, 2007, pp. 22-23.

89. Gustav Henningsen, *The Witches' Advocate: Basque Witchcraft and the Spanish Inquisition, 1609–1614*, Reno, University of Nevada Press, 1980, p. 304, ix.

90. Arthur Koestler, *The Sleepwalkers: A History of Man's Changing Vision of the Universe*, Londres, Penguin Books, 2014, p. 168. [Hay trad. cast.: *Los sonámbulos. El origen y desarrollo de la cosmología*, Barcelona, Salvat, 1994].

91. Yuval Noah Harari, *Sapiens: A Brief History of Humankind*, edición ilustrada, Nueva York, Harper, 2015, cap. 14. [Hay trad. cast.: *Sapiens. Una historia gráfica*, Barcelona, Debate, 2020].

92. Véase, por ejemplo, Dan Ariely, *Misbelief: What Makes Rational People Believe Irrational Things*, Nueva York, Harper, 2023, p. 145.

93. Rebecca J. St. George y Richard C. Fitzpatrick, «The Sense of Self-Motion, Orientation, and Balance Explored by Vestibular Stimulation», *Journal of Physiology*, 589, n.º 4 (2011), pp. 807-813; Jarett Casale *et al.*, «Physiology, Vestibular System», en *StatPearls*, Treasure Island, StatPearls Publishing, 2023.

94. Younghoon Kwon *et al.*, «Blood Pressure Monitoring in Sleep: Time to Wake Up», *Blood Pressure Monitoring*, 25, n.º 2 (2020), pp. 61-68; Darae Kim y Jong-Won Ha, «Hypertensive Response to Exercise: Mechanisms and Clinical Implication», *Clinical Hypertension*, 22, n.º 1 (2016), p. 17.

95. Gianfranco Parati *et al.*, «Blood Pressure Variability: Its Relevance for Cardiovascular Homeostasis and Cardiovascular Diseases», *Hypertension Research*, 43, n.º 7 (2020), pp. 609-620.

96. «Unitatis redintegratio» (Decreto sobre Ecumenismo), Segundo Concilio Vaticano, 21 de noviembre de 1964, <www.vatican.va/archive/

hist_councils/ii_vatican_council/documents/vat-ii_decree_19641121_unitatis-redintegratio_sp.html>.

97. Rabino Moses ben Nahman (*ca.* 1194-1270), Commentary on Deuteronomy 17:11.

98. Ṣaḥīḥ al-Tirmidhī, 2167; Mairaj Syed, «Ijma'», en Anver M. Emon y Rumee Ahmed, eds., *The Oxford Handbook of Islamic Law*, Oxford, Oxford University Press, 2018, pp. 271-298; Iysa A. Bello, «The Development of Ijmā' in Islamic Jurisprudence During the Classical Period», en *The Medieval Islamic Controversy Between Philosophy and Orthodoxy: Ijmā' and Ta'Wīl in the Conflict Between al-Ghazālī and Ibn Rushd*, Leiden, Brill, 1989, pp. 17-28.

99. «Pastor aeternus», Primer Concilio Vaticano, 18 de julio de 1870, <www.vatican.va/content/pius-ix/en/documents/constitutio-dogmatica-pastor-aeternus-18-iulii-1870.html>; «The Pope Is Never Wrong: A History of Papal Infallibility in the Catholic Church», University of Reading, 10 de enero de 2019, <research.reading.ac.uk/research-blog/pope-never-wrong-history-papal-infallibility-catholic-church/>; Hermann J. Pottmeyer, «Infallibility», en *Encyclopedia of Christianity Online*, Leiden, Brill, 2011.

100. Rory Carroll, «Pope Says Sorry for Sins of Church», *The Guardian*, 13 de marzo de 2000, <www.theguardian.com/world/2000/mar/13/catholicism.religion>.

101. Leyland Cecco, «Pope Francis "Begs Forgiveness" over Abuse at Church Schools in Canada», *The Guardian*, 26 de julio de 2022, <www.theguardian.com/world/2022/jul/25/pope-francis-apologizes-for-abuse-at-church-schools-on-visit-to-canada>.

102. Sobre sexismo institucional en la Iglesia, véase April D. DeConick, *Holy Misogyny: Why the Sex and Gender Conflicts in the Early Church Still Matter*, Nueva York, Continuum, 2011; Jack Holland, *A Brief History of Misogyny: The World's Oldest Prejudice*, Londres, Robinson, 2006, caps. 3, 4 y 8; Elisabeth Schüssler Fiorenza, *In Memory of Her: A Feminist Theological Reconstruction of Christian Origins*, Nueva York, Crossroad, 1994. [Hay trad. cast.: *En memoria de ella. Una reconstrucción teológica-feminista de los orígenes del cristianismo*, Bilbao, Desclée de Brouwer, 1989]. Sobre antisemitismo, véase Robert Michael, *Holy Hatred: Christianity, Antisemitism, and the Holocaust*, Nueva York, Palgrave Macmillan, 2006, pp. 17-19; Robert Michael, *A History of Catholic Antisemitism: The Dark Side of the Church*, Nueva York, Palgrave Macmillan, 2008; James Carroll, *Constantine's Sword: The Church and the Jews*, Boston, Houghton Mifflin, 2002,

pp. 91-93. Sobre la intolerancia en los Evangelios, véase Gerd Lüdemann, *Intolerance and the Gospel: Selected Texts from the New Testament*, Amherst, Prometheus Books, 2007; Graham Stanton y Guy G. Stroumsa, eds., *Tolerance and Intolerance in Early Judaism and Christianity*, Cambridge, Cambridge University Press, 1998, pp. 124-131.

103. Edward Peters, ed., *Heresy and Authority in Medieval Europe*, Filadelfia, University of Pennsylvania Press, 2011, cap. 6.

104. Diana Hayes, «Reflections on Slavery», en Charles E. Curran, ed., *Change in Official Catholic Moral Teaching*, Nueva York, Paulist Press, 1998, p. 67.

105. Associated Press, «Pope Francis Suggests Gay Couples Could Be Blessed in Vatican Reversal», *The Guardian*, 3 de octubre de 2023, <www.theguardian.com/world/2023/oct/03/pope-francis-suggests-gay-couples-could-be-blessed-in-vatican-reversal>.

106. Robert Rynasiewicz, «Newton's Views on Space, Time, and Motion», en Edward N. Zalta, ed., *Stanford Encyclopedia of Philosophy*, primavera de 2022, Palo Alto, Metaphysics Research Lab, Stanford University, 2022.

107. Véase, por ejemplo, Sandra Harding, ed., *The Postcolonial Science and Technology Studies Reader*, Durham, Duke University Press, 2011; Agustín Fuentes *et al.*, «AAPA Statement on Race and Racism», *American Journal of Physical Anthropology*, 169, n.º 3 (2019), pp. 400-402; Michael L. Blakey, «Understanding Racism in Physical (Biological) Anthropology», *American Journal of Physical Anthropology*, 175, n.º 2 (2021), pp. 316-325; Allan M. Brandt, «Racism and Research: The Case of the Tuskegee Syphilis Study», *Hastings Center Report*, 8, n.º 6 (1978), pp. 21-29; Alison Bashford, «"Is White Australia Possible?": Race, Colonialism, and Tropical Medicine», *Ethnic and Racial Studies*, 23, n.º 2 (2000), pp. 248-271; Eric Ehrenreich, *The Nazi Ancestral Proof: Genealogy, Racial Science, and the Final Solution*, Bloomington, Indiana University Press, 2007.

108. Jack Drescher, «Out of DSM: Depathologizing Homosexuality», *Behavioral Sciences*, 5, n.º 4 (2015), pp. 565-575; Sarah Baughey-Gill, «When Gay Was Not Okay with the APA: A Historical Overview of Homosexuality and Its Status as Mental Disorder», *Occam's Razor*, 1 (2011), p. 13.

109. Shaena Montanari, «Debate Remains over Changes in DSM-5 a Decade On», *Spectrum*, 31 de mayo de 2023.

110. Ian Fisher y Rachel Donadio, «Benedict XVI, First Modern Pope to Resign, Dies at 95», *The New York Times*, 31 de diciembre de

2022, <www.nytimes.com/2022/12/31/world/europe/benedict-xvi-dead.html>; «Chief Rabbinate Rejects Mixed Male-Female Prayer at Western Wall», *Israel Hayom*, 19 de junio de 2017, <www.israelhayom.co.il/article/484687>; Saeid Golkar, «Iran After Khamenei: Prospects for Political Change», *Middle East Policy*, 26, n.º 1 (2019), pp. 75-88.

111. Véase, por ejemplo, Kathleen Stock, *Material Girls: Why Reality Matters for Feminism*, Londres, Fleet, 2021. [Hay trad. cast.: *Material girls. Por qué la realidad es importante para el feminismo*, Barcelona, Shackleton, 2022], para el calvario por el que tuvo que pasar a raíz de sus críticas a las opiniones que actualmente predominan en los estudios de género, y Klaus Taschwer, *The Case of Paul Kammerer: The Most Controversial Biologist of His Time*, Michal Schwartz, trad., Montreal, Bunim & Bannigan, 2019, para las acusaciones que se vertieron contra Paul Kammerer en relación con sus experimentos, que parecían contradecir la ortodoxia contemporánea acerca de la herencia.

112. D. Shechtman *et al.*, «Metallic Phase with Long-Range Orientational Order and No Translational Symmetry», *Physical Review Letters*, 53 (1984), pp. 1951-1954.

113. Para consideraciones sobre el descubrimiento de los cuasicristales y la controversia que lo acompañó, véase Alok Jha, «Dan Shechtman: "Linus Pauling Said I Was Talking Nonsense"», *The Guardian*, 6 de enero de 2013, <www.theguardian.com/science/2013/jan/06/dan-shechtman-nobel-prize-chemistry-interview>; Premio Nobel, «A Remarkable Mosaic of Atoms», 5 de octubre de 2011, <www.nobelprize.org/prizes/chemistry/2011/press-release/>; Denis Gratias y Marianne Quiquandon, «Discovery of Quasicrystals: The Early Days», *Comptes Rendus Physique*, 20, n.ºs 7-8 (2019), pp. 803-816; Dan Shechtman, «The Discovery of Quasi-Periodic Materials», Lindau Nobel Laureate Meetings, 5 de julio de 2012, <mediatheque.lindau-nobel.org/recordings/31562/the-discovery-of-quasi-periodic-materials-2012>.

114. Patrick Lannin y Veronica Ek, «Ridiculed Crystal Work Wins Nobel for Israeli», Reuters, 6 de octubre de 2011, <www.reuters.com/article/idUSTRE7941EP/>.

115. Vadim Birstein, *The Perversion of Knowledge: The True Story of Soviet Science*, Boulder, Westview Press, 2001.

116. *Ibid.*, pp. 209-241, 394, 401, 402 y 428.

117. *Ibid.*, pp. 247-255 y 270-276; Nikolai Krementsov, «A "Second Front" in Soviet Genetics: The International Dimension of the Lysenko Controversy, 1944-1947», *Journal of the History of Biology*, 29, n.º 2 (1996), pp. 229-250.

5. Decisiones: una breve historia de la democracia y el totalitarismo

1. Para un análisis más detallado de los flujos de información en las redes autoritarias, véase Jeremy L. Wallace, *Seeking Truth and Hiding Facts: Information, Ideology, and Authoritarianism in China*, Oxford, Oxford University Press, 2022.

2. Fergus Millar, *The Emperor in the Roman World, 31 BC-AD 337*, Ithaca, Cornell University Press, 1977; Richard J. A. Talbert, *The Senate of Imperial Rome*, Princeton, Princeton University Press, 2022; J. A. Crook, «Augustus: Power, Authority, Achievement», en Alan K. Bowman, Andrew Lintott y Edward Champlin, eds., *The Cambridge Ancient History*, vol. 10, *The Augustan Empire, 43 BC-AD 69*, Cambridge, Reino Unido, Cambridge University Press, 1996, pp. 113-146.

3. Peter H. Solomon, *Soviet Criminal Justice Under Stalin*, Cambridge, Cambridge University Press, 1996; Stephen Kotkin, *Stalin: Waiting for Hitler, 1929-1941*, Nueva York, Penguin Press, 2017, pp. 330-333, 371-373 y 477-480.

4. Jenny White, «Democracy Is Like a Tram», Turkey Institute, 14 de julio de 2016, <www.turkeyinstitute.org.uk/commentary/democracy-like-tram/>.

5. Müller, *What Is Populism?*; Masha Gessen, *The Future Is History: How Totalitarianism Reclaimed Russia*, Nueva York, Riverhead Books, 2017. [Hay trad. cast.: *El futuro es historia. Rusia y el regreso del totalitarismo*, Madrid, Turner, 2018]; Steven Levitsky y Daniel Ziblatt, *How Democracies Die*, Nueva York, Crown, 2018. [Hay trad. cast.: *Cómo mueren las democracias*, Barcelona, Ariel, 2018]; Timothy Snyder, *The Road to Unfreedom: Russia, Europe, America*, Nueva York, Crown, 2018. [Hay trad. cast.: *El camino hacia la no libertad*, Barcelona, Galaxia Gutenberg, 2018]; Gideon Rachman, *The Age of the Strongman: How the Cult of the Leader Threatens Democracy Around the World*, Nueva York, Other Press, 2022. [Hay trad. cast.: *La era de los líderes autoritarios. Cómo el culto a la personalidad amenaza la democracia en el mundo*, Barcelona, Crítica, 2022].

6. H. J. Res. 114-107th Congress, 2001-2002, Authorization for Use of Military Force Against Iraq Resolution of 2002, Congress. gov, 16 de octubre de 2002, <www.congress.gov/bill/107th-congress/house-joint-resolution/114>.

7. Frank Newport, «Seventy-Two Percent of Americans Support War Against Iraq», Gallup, 24 de marzo de 2003, <news.gallup.com/

poll/8038/SeventyTwo-Percent-Americans-Support-War-Against-Iraq.aspx>.

8. «Poll: Iraq War Based on Falsehoods», UPI, 20 de agosto de 2004, <www.upi.com/Top_News/2004/08/20/Poll-Iraq-war-based-on-falsehoods/75591093019554/>.

9. James Eaden y David Renton, *The Communist Party of Great Britain Since 1920*, Londres, Palgrave, 2002, p. 96; Ian Beesley, *The Official History of the Cabinet Secretaries*, Londres, Routledge, 2017, p. 47.

10. Müller, *What Is Populism?*, p. 34.

11. *Ibid.*, p. 3.

12. *Ibid.*, pp. 3-4 y 20-22.

13. Ralph Hassig y Kongdan Oh, *The Hidden People of North Korea: Everyday Life in the Hermit Kingdom*, Lanham, Rowman & Littlefield, 2015; Seol Song Ah, «Inside North Korea's Supreme People's Assembly», *The Guardian*, 22 de abril de 2014, <www.theguardian.com/world/2014/apr/22/inside-north-koreas-supreme-peoples-assembly>.

14. Andrei Lankov, *The Real North Korea: Life and Politics in the Failed Stalinist Utopia*, Oxford, Oxford University Press, 2013.

15. Graeber y Wengrow, *Dawn of Everything*, caps. 2-5.

16. *Ibid.*, caps. 3-5; Bellah, *Religion in Human Evolution*, pp. 117-209; Pierre Clastres, *Society Against the State: Essays in Political Anthropology*, Nueva York, Zone Books, 1988.

17. Michael L. Ross, *The Oil Curse: How Petroleum Wealth Shapes the Development of Nations*, Princeton, Princeton University Press, 2013; Leif Wenar, *Blood Oil: Tyrants, Violence, and the Rules That Run the World*, Oxford, Oxford University Press, 2015. [Hay trad. cast.: *Petróleo de sangre. Tiranos, violencia y las reglas que rigen el mundo*, Majadahonda, Armaenia, 2017]; Karen Dawisha, *Putin's Kleptocracy: Who Owns Russia?*, Nueva York, Simon & Schuster, 2014.

18. Graeber y Wengrow, *Dawn of Everything*, caps. 3-5; Eric Alden Smith y Brian F. Codding, «Ecological Variation and Institutionalized Inequality in Hunter-Gatherer Societies», *Proceedings of the National Academy of Sciences*, 118, n.º 13 (2021).

19. James Woodburn, «Egalitarian Societies», *Man*, 17, n.º 3 (1982), pp. 431-451.

20. Graeber y Wengrow, *Dawn of Everything*, caps. 3-5; Bellah, *Religion in Human Evolution*, caps. 3-5. Para un análisis de los flujos de información entre los kope —una tribu en Papúa Nueva Guinea de unos cinco mil miembros que subsiste en parte cazando y recolectando y en

parte cultivando—, véase Madden, Bryson y Palimi, «Information Behavior in Pre-literate Societies».

21. Para la afirmación de que ciudades-Estado de Mesopotamia como Uruk fueron ocasionalmente democráticas, véase Graeber y Wengrow, *Dawn of Everything*.

22. John Thorley, *Athenian Democracy*, Londres, Routledge, 2005, p. 74; Nancy Evans, *Civic Rites: Democracy and Religion in Ancient Athens*, Berkeley, University of California Press, 2010, p. 16.

23. Thorley, *Athenian Democracy*; Evans, *Civic Rites*, p. 79.

24. Millar, *Emperor in the Roman World*; Talbert, *Senate of Imperial Rome*.

25. Kyle Harper, *The Fate of Rome: Climate, Disease, and the End of an Empire*, Princeton, Princeton University Press, 2017, pp. 30-31. [Hay trad. cast.: *El fatal destino de Roma. Cambio climático y enfermedad en el fin de un imperio*, Barcelona, Crítica, 2019]; Walter Scheidel, «Demography», en Ian Morris, Richard P. Saller y Walter Scheidel, eds., *The Cambridge Economic History of the Greco-Roman World*, Cambridge, Reino Unido, Cambridge University Press, 2007, pp. 38-86.

26. Vladimir G. Lukonin, «Political, Social, and Administrative Institutions, Taxes, and Trade», en Ehsan Yarshater, ed., *The Cambridge History of Iran: Seleucid Parthian*, vol. 3, *The Seleucid, Parthian, and Sasanid Periods*, Cambridge, Cambridge University Press, 1983, pp. 681-746; Gene R. Garthwaite, *The Persians*, Malden, Wiley-Blackwell, 2005.

27. Según la cronología tradicional varroniana, esto sucedió en 390 a. e. c., pero es más probable que fuera en 387 o 386 a. e. c. Véase Tim Cornell, *The Beginnings of Rome: Italy and Rome from the Bronze Age to the Punic Wars (c. 1000-264 BC)*, Londres, Routledge, 1995, pp. 313-314. [Hay trad. cast.: *Los orígenes de Roma, c. 1000-264 a. C. Italia y Roma de la edad del bronce a las guerras púnicas*, Barcelona, Crítica, 1999]. Los detalles de este episodio se dan en Tito Livio, *History of Rome*, 5:34-6:1. [Hay trad. cast.: *Historia de Roma*, Madrid, CSIC, 1997], y Plutarco, *Camillus*, 17-31 [hay trad. cast.: *Vidas paralelas. Teseo, Rómulo, Licurgo, Numa, Solón, Publícola, Temístocles, Camilo*, Buenos Aires, Losada, 2009]. Para un análisis del papel del dictador, véase Andrew Lintott, *The Constitution of the Roman Republic*, Oxford, Oxford University Press, 2003, y Hannah J. Swithinbank, «Dictator», en Roger S. Bagnall *et al.*, eds., *The Encyclopedia of Ancient History*, Malden, Massachusetts, John Wiley & Sons, 2012.

28. Harper, *Fate of Rome*, pp. 30-31; Scheidel, «Demography».

29. Rein Taagepera, «Size and Duration of Empires: Growth-Decline Curves, 600 B.C. to 600 A.D.», *Social Science History*, 3, n.º 3/4 (1979), pp. 115-138.

30. William V. Harris, *Ancient Literacy*, Cambridge, Harvard University Press, 1989, pp. 141 y 267.

31. Theodore P. Lianos, «Aristotle on Population Size», *History of Economic Ideas*, 24, n.º 2 (2016), pp. 11-26; Plato B. Jowett, «Plato on Population and the State», *Population and Development Review*, 12, n.º 4 (1986), pp. 781-798; Theodore Lianos, «Population and Steady-State Economy in Plato and Aristotle», *Journal of Population and Sustainability*, 7, n.º 1 (2023), pp. 123-138.

32. Véase Gregory S. Aldrete y Alicia Aldrete, «Power to the People: Systems of Government», en *The Long Shadow of Antiquity: What Have the Greeks and Romans Done for Us?*, Londres, Continuum, 2012. Véase también Eeva-Maria Viitanen y Laura Nissin, «Campaigning for Votes in Ancient Pompeii: Contextualizing Electoral Programmata», en Irene Berti *et al.*, eds., *Writing Matters: Presenting and Perceiving Monumental Inscriptions in Antiquity and the Middle Ages*, Berlín, De Gruyter, 2017, pp. 117-144; Willem Jongman, *The Economy and Society of Pompeii*, Leiden, Brill, 2023.

33. Aldrete y Aldrete, *Long Shadow of Antiquity*, pp. 129-166.

34. Roger Bartlett, *A History of Russia*, Houndsmills, Palgrave, 2005, pp. 98-99; David Moon, «Peasants and Agriculture», en Dominic Lieven, ed., *The Cambridge History of Russia*, Cambridge, Cambridge University Press, 2006, pp. 369-393; Richard Pipes, *Russia Under the Old Regime*, 2.ª ed., Londres, Penguin, 1995, p. 18; Peter Toumanoff, «The Development of the Peasant Commune in Russia», *Journal of Economic History*, 41, n.º 1 (1981), pp. 179-184; William G. Rosenberg, «Review of *Understanding Peasant Russia*», *Comparative Studies in Society and History*, 35, n.º 4 (1993), pp. 840-849. Pero para los peligros de idealizar estas comunas como modelos democráticos véase T. K. Dennison y A. W. Carus, «The Invention of the Russian Rural Commune: Haxthausen and the Evidence», *Historical Journal*, 46, n.º 3 (2003), pp. 561-582.

35. Andrew Wilson, «City Sizes and Urbanization in the Roman Empire», en Alan Bowman y Andrew Wilson, eds., *Settlement, Urbanization, and Population*, Nueva York, Oxford University Press, pp. 171-172.

36. Esta es una estimación aproximada. Los estudiosos carecen de datos demográficos detallados sobre la Polonia de principios de la Edad Moderna y trabajan con el supuesto de que aproximadamente la mitad de

la población polaca era adulta y de que la mitad de los adultos eran hombres. En relación con la población *szlachta*, Urszula Augustyniak calcula que constituía entre el 8 y el 10 por ciento de la población total en la segunda mitad del siglo XVIII. Véase Jacek Jedruch, *Constitutions, Elections, and Legislatures of Poland, 1493-1977: A Guide to Their History*, Washington, D. C., University Press of America, 1982, pp. 448-449; Urszula Augustyniak, *Historia Polski, 1572-1795*, Varsovia, Wydawnictwo Naukowe PWN, 2008, pp. 253 y 256; Norman Davies, *God's Playground: A History of Poland*, vol. 1, *The Origins to 1795*, Nueva York, Columbia University Press, 1981, pp. 214-215; Aleksander Gella, *Development of Class Structure in Eastern Europe: Poland and Her Southern Neighbors*, Albany, State University of New York Press, 1989, p. 13; Felicia Roşu, *Elective Monarchy in Transylvania and Poland-Lithuania, 1569-1587*, Nueva York, Oxford University Press, 2017, p. 20.

37. Augustyniak, *Historia Polski*, pp. 537-538; Roşu, *Elective Monarchy in Transylvania and Poland-Lithuania*, p. 149, nota 29. Algunas fuentes ofrecen cifras mucho mayores, alrededor de 40.000-50.000. Véase Robert Bideleux e Ian Jeffries, *A History of Eastern Europe: Crisis and Change*, Nueva York, Routledge, 2007, p. 177, y W. F. Reddaway *et al.*, eds., *Cambridge History of Poland: From the Origins to Sobieski*, Cambridge, Cambridge University Press, 1971, p. 371.

38. Davies, *God's Playground*; Roşu, *Elective Monarchy in Transylvania and Poland-Lithuania;* Jedruch, *Constitutions, Elections, and Legislatures of Poland.*

39. Davies, *God's Playground*, p. 190.

40. Peter J. Taylor, «Ten Years That Shook the World? The United Provinces as First Hegemonic State», *Sociological Perspectives*, 37, n.º 1 (1994), pp. 25-46, <doi.org/10.2307/1389408>; Jonathan Israel, *The Dutch Republic: Its Rise, Greatness, and Fall, 1477-1806*, Oxford, Clarendon Press, 1995.

41. Para estudios sobre las características democráticas de los Países Bajos de principios de la Edad Moderna, véase Maarten Prak, *The Dutch Republic in the Seventeenth Century*, Diane Webb, trad., Cambridge, Cambridge University Press, 2023; J. L. Price, *Holland and the Dutch Republic in the Seventeenth Century: The Politics of Particularism*, Oxford, Clarendon Press, 1994; Catherine Secretan, «"True Freedom" and the Dutch Tradition of Republicanism», *Republics of Letters: A Journal for the Study of Knowledge, Politics, and the Arts*, 2, n.º 1 (2010), pp. 82-92; Henk te Velde, «The Emergence of the Netherlands as a "Democratic" Country», *Journal*

of Modern European History, 17, n.º 2 (2019), pp. 161-170; Maarten F. Van Dijck, «Democracy and Civil Society in the Early Modern Period: The Rise of Three Types of Civil Societies in the Spanish Netherlands and the Dutch Republic», *Social Science History*, 41, n.º 1 (2017), pp. 59-81; Remieg Aerts, «Civil Society or Democracy? A Dutch Paradox», *BMGN: Low Countries Historical Review*, 125 (2010), pp. 209-236.

42. Michiel van Groesen, «Reading Newspapers in the Dutch Golden Age», *Media History*, 22, n.os 3-4 (2016), pp. 334-352, <doi.org/10.1080/13688804.2016.1229121>; Arthur der Weduwen, *Dutch and Flemish Newspapers of the Seventeenth Century, 1618-1700*, Leiden, Brill, 2017, pp. 181-259; «Courante», Gemeente Amsterdam Stadsarchief, 23 de abril de 2019, <www.amsterdam.nl/stadsarchief/stukken/historie/courante/>.

43. Van Groesen, «Reading Newspapers in the Dutch Golden Age». Más o menos en la misma época, también aparecieron periódicos en Estrasburgo, Basilea, Frankfurt, Hamburgo y en otras varias ciudades europeas.

44. Jürgen Habermas, *The Structural Transformation of the Public Sphere: An Inquiry into a Category of Bourgeois Society*, Thomas Burger, trad., Cambridge, Polity Press, 1989. [Hay trad. cast.: *Historia y crítica de la opinión pública. La transformación estructural de la vida pública*, Barcelona, Gustavo Gili, 1981]; Benedict Anderson, *Imagined Communities: Reflections on the Origin and Spread of Nationalism*, Londres, Verso, 2006, pp. 24-25. [Hay trad. cat.: *Comunitats imaginades. Reflexions sobre l'origen i la propagació del nacionalisme*, Catarroja, Afers, 2005]; Andrew Pettegree, *The Invention of News: How the World Came to Know About Itself*, New Haven, Yale University Press, 2014.

45. En 1828 había 863 periódicos que imprimían alrededor de sesenta y ocho millones de ejemplares al año. Véase William A. Dill, *Growth of Newspapers in the United States*, Lawrence, University of Kansas Department of Journalism, 1928, pp. 11-15. Véase también Paul E. Ried, «The First and Fifth Boylston Professors: A View of Two Worlds», *Quarterly Journal of Speech*, 74, n.º 2 (1988), pp. 229-240, <doi.org/10.1080/00335638809383838>; Lynn Hudson Parsons, *The Birth of Modern Politics: Andrew Jackson, John Quincy Adams, and the Election of 1828*, Nueva York, Oxford University Press, 2009, pp. 134-135.

46. Parsons, *Birth of Modern Politics*, pp. 90-107; H. G. Good, «To the Future Biographers of John Quincy Adams», *Scientific Monthly*, 39, n.º 3 (1934), pp. 247-251, <www.jstor.org/stable/15715>; Robert V. Remini, *Martin Van Buren and the Making of the Democratic Party*, Nueva York, Co-

lumbia University Press, 1959; Charles N. Edel, *Nation Builder: John Quincy Adams and the Grand Strategy of the Republic*, Cambridge, Harvard University Press, 2014.

47. Alexander Saxton, «Problems of Class and Race in the Origins of the Mass Circulation Press», *American Quarterly*, 36, n.º 2 (verano de 1984), pp. 211-234.

48. «Presidential Election of 1824: A Resource Guide», Library of Congress, consultado el 1 de enero de 2024, <guides.loc.gov/presidential-election-1824/>; «Bicentennial Edition: Historical Statistics of the United States, Colonial Times to 1970», U.S. Census Bureau, septiembre de 1975, consultado el 30 de diciembre de 2023, <www.census.gov/library/publications/1975/compendia/hist_stats_colonial-1970.html>; Charles Tilly, *Democracy*, Cambridge, Cambridge University Press, 2007, pp. 97-98. Para datos sobre el número de habitantes con derecho a voto en 1824, véase Jerry L. Mashaw, *Creating the Administrative Constitution: The Lost One Hundred Years of American Administrative Law*, New Haven, Yale University Press, 2012, p. 148; Ronald P. Formisano, *For the People: American Populist Movements from the Revolution to the 1850s*, Chapel Hill, University of North Carolina Press, 2008, p. 142. Adviértase que los porcentajes representan estimaciones, que dependen de la exactitud con que se defina la edad adulta.

49. Colin Rallings y Michael Thrasher, *British Electoral Facts, 1832-2012*, Hull, Biteback, 2012, p. 87; John A. Phillips, *The Great Reform Bill in the Boroughs*, Oxford, Clarendon Press, 1992, pp. 29-30; Edward Hicks, «Uncontested Elections: Where and Why Do They Take Place?», House of Commons Library, 30 de abril de 2019, <commonslibrary.parliament.uk/uncontested-elections-where-and-why-do-they-take-place/>. Los datos sobre el censo en el Reino Unido proceden de *Abstract of the Answers and Returns Made Pursuant to an Act: Passed in the Eleventh Year of the Reign of His Majesty King George IV*, Londres, House of Commons, 1833, p. xii. Disponible para consulta aquí: <www.google.co.uk/books/edition/_/zQFDAAAAcAAJ?hl=en&gbpv=0>. Los datos sobre el censo antes de 1841 están disponibles en <1841census.co.uk/pre-1841-census-information/>.

50. «Censo para 1820», U.S. Census Bureau, consultado el 30 de diciembre de 2023, <www.census.gov/library/publications/1821/dec/1820a.html>.

51. Para puntos de vista diversos acerca de la naturaleza democrática de los Estados Unidos iniciales, véase Danielle Allen, «Democracy vs.

Republic», en Berton Emerson y Gregory, ed., Laski *Democracies in America*, Nueva York, Oxford University Press, 2022, pp. 17-23; Daniel Walker Howe, *What Hath God Wrought: The Transformation of America, 1815-1848*, Nueva York, Oxford University Press, 2007.

52. «The Heroes of July», *The New York Times*, 20 de noviembre de 1863, <www.nytimes.com/1863/11/20/archives/the-heroes-of-july-a-solemn-and-imposing-event-dedication-of-the.html>.

53. Abraham Lincoln y William H. Lambert, «The Gettysburg Address. When Written, How Received, Its True Form», *Pennsylvania Magazine of History and Biography*, 33, n.º 4 (1909), pp. 385-408, <www.jstor.org/stable/20085482>; Ronald F. Reid, «Newspaper Response to the Gettysburg Addresses», *Quarterly Journal of Speech*, 53, n.º 1 (1967), pp. 50-60.

54. William Hanchett, «Abraham Lincoln and Father Abraham», *North American Review*, 251, n.º 2 (1966), pp. 10-13, <www.jstor.org/stable/25116343>; Benjamin P. Thomas, *Abraham Lincoln: A Biography*, Carbondale, Southern Illinois University Press, 2008, p. 403.

55. Martin Pengelly, «Pennsylvania Newspaper Retracts 1863 Criticism of Gettysburg Address», *The Guardian*, 16 de noviembre de 2013, <www.theguardian.com/world/2013/nov/16/gettysburg-address-retraction-newspaper-lincoln>.

56. «Poll Shows 4th Debate Had Largest Audience», *The New York Times*, 22 de octubre de 1960, <www.nytimes.com/1960/10/22/archives/poll-shows-4th-debate-had-largest-audience.html>; Lionel C. Barrow Jr., «Factors Related to Attention to the First Kennedy-Nixon Debate», *Journal of Broadcasting*, 5, n.º 3 (1961), pp. 229-238, <doi.org/10.1080/088381561093859691961>; Vito N. Silvestri, «Television's Interface with Kennedy, Nixon, and Trump: Two Politicians and One TV Celebrity», *American Behavioral Scientist*, 63, n.º 7 (2019), pp. 971-1001, <doi.org/10.1177/0002764218784992>. En el censo de 1960, Estados Unidos contaba con una población de 179.323.175 habitantes. Véase «1960 Census of Population: Advance Reports, Final Population Counts», U.S. Census Bureau, 15 de noviembre de 1960, <www.census.gov/library/publications/1960/dec/population-pc-a1.html>.

57. «National Turnout Rates, 1789-Present», U.S. Elections Project, consultado el 2 de enero de 2024, <www.electproject.org/national-1789-present>; Renalia DuBose, «Voter Suppression: A Recent Phenomenon or an American Legacy?», *University of Baltimore Law Review*, 50, n.º 2 (2021), artículo 2.

58. Gran parte de la exposición que sigue acerca del totalitarismo se basa en estudios clásicos del fenómeno: Hannah Arendt, *The Origins of Totalitarianism*, Nueva York, Harcourt, 1973. [Hay trad. cast.: *Los orígenes del totalitarismo*, Barcelona, Planeta DeAgostini, 1994]; Carl Joachim Friedrich y Zbigniew Brzezinski, *Totalitarian Dictatorship and Autocracy*, Cambridge, Harvard University Press, 1965; Karl R. Popper, *The Open Society and Its Enemies*, Princeton, Princeton University Press, 1945; Juan José Linz, *Totalitarian and Authoritarian Regimes*, Boulder, Lynne Rienner, 1975. También he consultado interpretaciones más recientes, en especial Gessen, *Future Is History*, y Marlies Glasius, «What Authoritarianism Is... and Is Not: A Practice Perspective», *International Affairs*, 94, n.º 3 (2018), pp. 515-533.

59. Vasily Rudich, *Political Dissidence Under Nero*, Londres, Routledge, 1993.

60. Véase, por ejemplo, Tácito, *Annals*, 14.60. [Hay trad. cast.: *Anales*, Madrid, Alianza, 2017]. Véase también John F. Drinkwater, *Nero: Emperor and Court*, Cambridge, Cambridge University Press, 2019; T. E. J. Wiedemann, «Tiberius to Nero», en Bowman, Champlin y Lintott, eds., *Cambridge Ancient History*, pp. 198-255.

61. Carlos F. Noreña, «Nero's Imperial Administration», en Shadi Bartsch, Kirk Freudenburg y Cedric Littlewood, eds., *The Cambridge Companion to the Age of Nero*, Cambridge, Cambridge University Press, 2017, pp. 48-62.

62. La cifra incluye tanto legionarios como auxiliares. Véase Nigel Pollard, «The Roman Army», en David Potter, ed., *A Companion to the Roman Empire*, Malden, Blackwell, 2010, pp. 206-227; Noreña, «Nero's Imperial Administration», p. 51.

63. Fik Meijer, *Emperors Don't Die in Bed*, Londres, Routledge, 2004; Joseph Homer Saleh, «Statistical Reliability Analysis for a Most Dangerous Occupation: Roman Emperor», *Palgrave Communications*, 5, n.º 155 (2019), <doi.org/10.1057/s41599-019-0366-y>; Francois Retief y Louise Cilliers, «Causes of Death Among the Caesars (27 BC-AD 476)», *Acta Theologica*, 26, n.º 2 (2010), <www.doi.org/10.4314/actat.v26i2.52565>.

64. Millar, *Emperor in the Roman World*. Véase también Peter Eich, «Center and Periphery: Administrative Communication in Roman Imperial Times», en Stéphane Benoist, ed., *Rome, a City and Its Empire in Perspective: The Impact of the Roman World Through Fergus Millar's Research*, Leiden, Brill, 2012, pp. 85-108; Benjamin Kelly, *Petitions, Litigation, and Social Control in Roman Egypt*, Nueva York, Oxford University Press,

2011; Harry Sidebottom, *The Mad Emperor: Heliogabalus and the Decadence of Rome*, Londres, Oneworld, 2023.

65. Paul Cartledge, *The Spartans: The World of the Warrior-Heroes of Ancient Greece, from Utopia to Crisis and Collapse*, Nueva York, Vintage Books, 2004. [Hay trad. cast.: *Los espartanos. Una historia épica*, Barcelona, Ariel, 2011]; Stephen Hodkinson, «Sparta: An Exceptional Domination of State over Society?», en Anton Powell, ed., *A Companion to Sparta*, Hoboken, Wiley-Blackwell, 2017, pp. 29-57; Anton Powell, «Sparta: Reconstructing History from Secrecy, Lies, and Myth», en Powell, ed., *A Companion to Sparta*, pp. 1-28; Michael Whitby, «Two Shadows: Images of Spartans and Helots», en Anton Powell y Stephen Hodkinson, ed., *The Shadow of Sparta*, Londres, Routledge, 2002, pp. 87-126; M. G. L. Cooley, ed., *Sparta*, 2.ª ed., Cambridge, Cambridge University Press, 2023, pp. 146-225; Sean R. Jensen y Thomas J. Figueira, «Peloponnesian League», en Bagnall *et al.*, eds., *Encyclopedia of Ancient History*; D. M. Lewis, «Sparta as Victor», en D. M. Lewis *et al.*, eds., *The Cambridge Ancient History*, Cambridge, Cambridge University Press, 1994, pp. 24-44.

66. Mark Edward Lewis, *The Early Chinese Empires: Qin and Han*, Cambridge, Harvard University Press, 2010, p. 109.

67. Fu, *China's Legalists*, pp. 6, 12, 23 y 28.

68. Xinzhong Yao, *An Introduction to Confucianism*, Cambridge, Cambridge University Press, 2000, pp. 55 y 187-213. [Hay trad. cast.: *El confucianismo*, Madrid, Akal, 2003]; Chad Hansen, «Daoism», en Edward N. Zalta, ed., *The Stanford Encyclopedia of Philosophy*, primavera de 2020, consultado el 5 de enero de 2025, <plato.stanford.edu/cgi-bin/encyclopedia/archinfo.cgi?entry=daoism>.

69. Sima Qian, Raymond Dawson y K. E. Brashier, *The First Emperor: Selections from the Historical Records*, Oxford, Oxford University Press, 2007, pp. 74-75; Lewis, *Early Chinese Empires*; Frances Wood, *China's First Emperor and His Terra-Cotta Warriors*, Nueva York, St. Martin's Press, 2008, pp. 81-82; Sarah Allan, *Buried Ideas: Legends of Abdication and Ideal Government in Early Chinese Bamboo-Slip Manuscripts*, Albany, State University of New York Press, 2015, p. 22; Anthony J. Barbieri-Low, *The Many Lives of the First Emperor of China*, Seattle, University of Washington Press, 2022.

70. Para este relato de las dinastías Qin y Han, véase Lewis, *Early Chinese Empires*, caps. 1-3; Julie M. Segraves, «China: Han Empire», en Neil Asher Silberman, ed., *The Oxford Companion to Archeology*, vol. 1, Nueva York, Oxford University Press, 2012; Robin D. S. Yates, «Social Status in the

Ch'in: Evidence from the Yun-Men Legal Documents. Part One: Commoners», *Harvard Journal of Asiatic Studies*, 47, n.º 1 (1987), pp. 197-237; Robin D. S. Yates, «State Control of Bureaucrats Under the Qin: Techniques and Procedures», *Early China*, 20 (1995), pp. 331-365; Ernest Caldwell, *Writing Chinese Laws: The Form and Function of Legal Statutes Found in the Qin Shuihudi Corpus*, Londres, Routledge, 2018; Anthony François Paulus Hulsewé, *Remnants of Ch'in Law: An Annotated Translation of the Ch'in Legal and Administrative Rules of the 3rd century BC Discovered in Yün-meng Prefecture, Hu-pei Province, in 1975*, Leiden, Brill, 1975; Sima Qian, *Records of the Grand Historian*, Burton Watson, trad., Nueva York, Columbia University Press, 1993; Shang, *Book of Lord Shang*; Yuri Pines, «China, Imperial: 1. Qin Dynasty, 221-207 BCE», en N. Dalziel y John M. MacKenzie, eds., *The Encyclopedia of Empire*, Hoboken, N.J., Wiley, 2016, <doi.org/10.1002/9781118455074.wbeoe112>; Hsing I-tien, «Qin-Han Census and Tax and Corvée Administration: Notes on Newly Discovered Materials», en Yuri Pines *et al.*, ed., *Birth of an Empire: The State of Qin Revisited*, Berkeley, University of California Press, 2014, pp. 155-186; Charles Sanft, *Communication and Cooperation in Early Imperial China: Publicizing the Qin Dynasty*, Albany, State University of New York Press, 2014.

71. Kotkin, *Stalin*, p. 604.

72. McMeekin, *Stalin's War*, p. 220.

73. Thomas Henry Rigby, *Communist Party Membership in the U.S.S.R.*, Princeton, Princeton University Press, 1968, p. 52.

74. Iu. A. Poliakov, ed., *Vsesoiuznaia perepis naseleniia, 1937 G.*, Moscú, Institut istorii SSSR, 1991, p. 250. Respecto al número de informantes, para 1951 se da la cifra de diez millones en Jonathan Brent y Victor Naumov, *Stalin's Last Crime: The Plot Against the Jewish Doctors, 1948-1953*, Nueva York, HarperCollins, 2003, p. 106.

75. Kotkin, *Stalin*, p. 888.

76. Stephan Wolf, *Hauptabteilung I: NVA und Grenztruppen*, Berlín, Bundesbeauftragte für die Stasi-Unterlagen, 2005; Dennis Deletant, «The Securitate Legacy in Romania», en Kieran Williams, ed., *Security Intelligence Services in New Democracies: The Czech Republic, Slovakia, and Romania*, Londres, Palgrave, 2001, p. 163.

77. Kotkin, *Stalin*, p. 378.

78. *Ibid.*, p. 481.

79. Robert Conquest, *The Great Terror: Stalin's Purges of the Thirties*, Nueva York, Collier, 1973, p. 632. [Hay trad. cast.: *El gran terror. Las purgas stalinianas de los años treinta*, Barcelona, Luis de Caralt, 1974].

80. Investigación biográfica en N. V. Petrov y K. V. Skorkin, *Kto rukovodil NKVD 1934-1941: Spravochnik*, Moscú, Zvenia, 1999, pp. 80-464.

81. Julia Boyd, *A Village in the Third Reich: How Ordinary Lives Were Transformed by the Rise of Fascism*, Nueva York, Pegasus Books, 2023, pp. 75-84.

82. David Shearer, *Policing Stalin's Socialism: Repression and Social Order in the Soviet Union, 1924-1953*, New Haven, Yale University Press, 2009, p. 133; Stephen Kotkin, *Magnetic Mountain: Stalinism as a Civilization*, Berkeley, University of California Press, 1995.

83. Robert William Davies, Mark Harrison y S. G. Wheatcroft, eds., *The Economic Transformation of the Soviet Union, 1913-1945*, Cambridge, Cambridge University Press, 1993, pp. 63-91; Orlando Figes, *The Whisperers: Private Life in Stalin's Russia*, Nueva York, Picador, 2007, p. 50. [Hay trad. cast.: *Los que susurran. La represión en la Rusia de Stalin*, Barcelona, EDHASA, 2009].

84. Kotkin, *Stalin*, pp. 16, 75; R. W. Davies y Stephen G. Wheatcroft, *The Years of Hunger: Soviet Agriculture, 1931-1933*, Nueva York, Palgrave Macmillan, 2004, p. 447.

85. Davies and Wheatcroft, *Years of Hunger*, pp. 446-448.

86. Kotkin, *Stalin*, p. 129; Figes, *Whisperers*, p. 98.

87. Figes, *Whisperers*, p. 85.

88. Kotkin, *Stalin*, pp. 29 y 42; Lynne Viola, *Unknown Gulag: The Lost World of Stalin's Peasant Settlements*, Nueva York, Oxford University Press, 2007, p. 30.

89. Sobre el contexto histórico y la importancia del discurso de Stalin, véase Lynne Viola, «The Role of the OGPU in Dekulakization, Mass Deportations, and Special Resettlement in 1930», *Carl Beck Papers*, 1406 (2000), pp. 2-7; Kotkin, *Stalin*, pp. 34-36.

90. En enero de 1930, las autoridades soviéticas aspiraban a acabar con la colectivización (y, en consecuencia, con la dekulakización) en las regiones cerealistas clave no más tarde de la primavera de 1931, y en las regiones menos importantes no más tarde de la primavera de 1932. Véase Viola, *Unknown Gulag*, p. 21.

91. *Ibid*., p. 2 (descripción de la comisión); V. P. Danilov, ed., *Tragediia sovetskoi derevni: Kollektivizatsiia i raskulachivanie: Dokumenty i materialy, 1927-1939*, Moscú, ROSSPEN, 1999, 2, pp. 123-26 (el borrador de la resolución por la comisión indica un objetivo del 3-5 por ciento). Para estimaciones anteriores de los *kulaks*, véase Moshe Lewin, *Russian Pea-*

sants and Soviet Power: A Study of Collectivization, Nueva York, Norton, 1975, pp. 71-78; Nikolai Shmelev y Vladimir Popov, *The Turning Point: Revitalizing the Soviet Economy*, Nueva York, Doubleday, 1989, pp. 48-49.

92. Este decreto está disponible en inglés en Lynne Viola *et al.*, eds., *The War Against the Peasantry, 1927-1930: The Tragedy of the Soviet Countryside*, New Haven, Connecticut, Yale University Press, 2005, pp. 228-234.

93. Viola, *Unknown Gulag*, pp. 22-24; James Hughes, *Stalinism in a Russian Province: Collectivization and Dekulakization in Siberia*, Nueva York, Palgrave, 1996, pp. 145-146, 239-240, notas 32 y 38, y pp. 151-153; Robert Conquest, *The Harvest of Sorrow: Soviet Collectivization and the Terror-Famine*, Oxford, Oxford University Press, 1986, p. 129; Figes, *Whisperers*, pp. 87-88. Sobre la inflación de las cifras, véase Figes, *Whisperers*, p. 87, y Hughes, *Stalinism in a Russian Province*, p. 153.

94. Conquest, *Harvest of Sorrow*, pp. 129-131; Kotkin, *Stalin*, pp. 74-75; Viola *et al.*, *War Against the Peasantry*, pp. 220-221; Lynne Viola, «The Second Coming: Class Enemies in the Soviet Countryside, 1927-1935», en John Arch Getty y Roberta Thompson Manning, eds., *Stalinist Terror: New Perspectives*, Cambridge, Cambridge University Press, 1993, pp. 65-98; Figes, *Whisperers*, pp. 86-87; Sheila Fitzpatrick, *Stalin's Peasants: Resistance and Survival in the Russian Village After Collectivization*, Nueva York, Oxford University Press, 1994, p. 55; Hughes, *Stalinism in a Russian Province*, pp. 145-157 y 239-240; Viola *et al.*, *War Against the Peasantry*, pp. 230-231 y 240.

95. Figes, *Whisperers*, p. 88. Bajo la jurisdicción de este sóviet había 288 hogares. De ellos, 147 se encontraban en Baraba propiamente dicho. Véase *Naselennye punkty Ural'skoi oblasti*, vol. 7, *Kurganskii okrug*, Sverdlovsk, 1928, p. 70, <elib.uraic.ru/bitstream/123456789/12391/1/0016895.pdf>. Una cuota de 17 hogares de este sóviet rural habría equivalido al 5,9 por ciento de sus hogares.

96. Kotkin, *Stalin*, p. 75. Algunos autores presentan una cifra muy alta, de hasta diez millones de campesinos, a los que se obligó a abandonar sus casas. Véase, por ejemplo, Norman M. Naimark, *Genocide: A World History*, Nueva York, Oxford University Press, 2016, p. 87; Figes, *Whisperers*, p. 33.

97. Conquest, *Harvest of Sorrow*, pp. 124-141; Fitzgerald, *Stalin's Peasants*, p. 123.

98. Figes, *Whisperers*, p. 142; Conquest, *Harvest of Sorrow*, pp. 283-184; Viola, *Unknown Gulag*, pp. 170-178.

99. Figes, *Whisperers*, pp. 145-147.

100. *Ibid.*, pp. 122-129; Fitzpatrick, *Stalin's Peasants*, pp. 255-256.

101. Conquest, *Harvest of Sorrow*, p. 295. El informe de Reuters del 21 de mayo de 1934, que Conquest cita, está disponible en <archive.org/stream/NewsUK1996UKEnglish/May%2022%201996%2C%20The%20Times%2C%20%2365586%2C%20UK%20%28en%29_djvu.txt>.

102. Robert W. Thurston, «Social Dimensions of Stalinist Rule: Humor and Terror in the USSR, 1935-1941», *Journal of Social History*, 24, n.º 3 (1991), p. 544.

103. Figes, *Whisperers*, p. xxxi.

104. I. S. Robinson, *Henry IV of Germany, 1056-1106*, Cambridge, Reino Unido, Cambridge University Press, 2009, pp. 143-170; Uta-Renate Blumenthal, «Canossa and Royal Ideology in 1077: Two Unknown Manuscripts of *De penitentia regis Salomonis*», *Manuscripta*, 22, n.º 2 (1978), pp. 91-96.

105. Thomas F. X. Noble, «Iconoclasm, Images, and the West», en Mike Humphreys, ed., *A Companion to Byzantine Iconoclasm*, Leiden, Brill, 2021, pp. 538-570; Marie-France Auzépy, «State of Emergency (700-850)», en Jonathan Shepard, *The Cambridge History of the Byzantine Empire, c. 500-1492*, Cambridge, Cambridge University Press, 2010, pp. 249-291; Mike Humphreys, introducción a Mike Humphreys, ed., *A Companion to Byzantine Iconoclasm*, Leiden, Brill, 2021, pp. 1-106.

106. Teófanes, *Chronographia*, AM 6211, citado en Roman Cholij, *Theodore the Stoudite: The Ordering of Holiness*, Nueva York, Oxford University Press, 2002, p. 12.

107. Peter Brown, «Introduction: Christendom, c. 600», en Thomas F. X. Noble y Julia M. H. Smith, eds., *The Cambridge History of Christianity*, vol. 3, *Early Medieval Christianities, c. 600-c.1100*, Cambridge, Cambridge University Press, 2008, pp. 1-20; Miri Rubin y Walter Simons, introducción a Miri Rubin y Walter Simons, eds., *The Cambridge History of Christianity*, vol. 4, *Christianity in Western Europe, c. 1100-c. 1500*, Cambridge, Cambridge University Press, 2009; Kevin Madigan, *Medieval Christianity: A New History*, New Haven, Yale University Press, 2015, pp. 80-94.

108. Véase, por ejemplo, Piotr Górecki, «Parishes, Tithes, and Society in Earlier Medieval Poland, c. 1100-c. 1250», *Transactions of the American Philosophical Society*, 83, n.º 2 (1993), pp. i-146.

109. Marilyn J. Matelski, *Vatican Radio: Propagation by the Airwaves*, Westport, Praeger, 1995; Raffaella Perin, *The Popes on Air: The History of*

Vatican Radio from Its Origins to World War II, Nueva York, Fordham University Press, 2024.

110. Jaroslav Hašek, *The Good Soldier Švejk*, Cecil Parrott, trad., Londres, Penguin, 1973, pp. 258-262 y 280. [Hay trad. cast.: *Las aventuras del buen soldado Svejk*, Barcelona, Galaxia Gutenberg, 2016].

111. Serhii Plokhy, *Atoms and Ashes: A Global History of Nuclear Disaster*, Nueva York, W. W. Norton, 2022; Olga Bertelsen, «Secrecy and the Disinformation Campaign Surrounding Chernobyl», *International Journal of Intelligence and CounterIntelligence*, 35, n.º 2 (2022), pp. 292-317; Edward Geist, «Political Fallout: The Failure of Emergency Management at Chernobyl», *Slavic Review*, 74, n.º 1 (2015), pp. 104-126; «Das Reaktorunglück in Tschernobyl wird bekannt», *SWR Kultur*, 28 de abril de 1986, <www.swr.de/swr2/wissen/archivradio/das-reaktorunglueck-in-tschernobyl-wird-bekannt-100.html>.

112. J. Samuel Walker, *Three Mile Island: A Nuclear Crisis in Historical Perspective*, Berkeley, University of California Press, 2004, pp. 78-84; Plokhy, *Atoms and Ashes;* Edward J. Walsh, «Three Mile Island: Meltdown of Democracy?», *Bulletin of the Atomic Scientists*, 39, n.º 3 (1983), pp. 57-60; Natasha Zaretsky, *Radiation Nation: Three Mile Island and the Political Transformation of the 1970s*, Nueva York, Columbia University Press, 2018; U.S. President's Commission on the Accident at Three Mile, *Report of the President's Commission on the Accident at Three Mile Island: The Need for Change, the Legacy of TMI*, Washington, D. C., U.S. Government Printing Office, 1979.

113. Christopher Carothers, «Taking Authoritarian Anti-corruption Reform Seriously», *Perspectives on Politics*, 20, n.º 1 (2022), pp. 69-85; Kaunain Rahman, «An Overview of Corruption and Anti-corruption in Saudi Arabia», Transparency International, 23 de enero de 2020, <knowledgehub.transparency.org/assets/uploads/helpdesk/Country-profile-Saudi-Arabia-2020__PR.pdf>; Andrew Wedeman, «Xi Jinping's Tiger Hunt: Anti-corruption Campaign or Factional Purge?», *Modern China Studies*, 24, n.º 2 (2017), pp. 35-94; Jiangnan Zhu y Dong Zhang, «Weapons of the Powerful: Authoritarian Elite Competition and Politicized Anticorruption in China», *Comparative Political Studies*, 50, n.º 9 (2017), pp. 1186-1220.

114. Valerii Soifer, *Lysenko and the Tragedy of Soviet Science*, New Brunswick, Rutgers University Press, 1994, p. 294; Jan Sapp, *Genesis: The Evolution of Biology*, Nueva York, Oxford University Press, 2002, p. 173; John Maynard Smith, «Molecules Are Not Enough», *London Re-*

view of Books, 6 de febrero de 1986, <www.lrb.co.uk/the-paper/v08/n02/john-maynard-smith/molecules-are-not-enough>; Jenny Leigh Smith, *Works in Progress: Plans and Realities on Soviet Farms, 1930-1963*, New Haven, Yale University Press, 2014, p. 215; Robert L. Paarlberg, *Food Trade and Foreign Policy: India, the Soviet Union, and the United States*, Ithaca, Cornell University Press, 1985, pp. 66-88; Eugene Keefe y Raymond Zickel, eds., *The Soviet Union: A Country Study*, Washington, D.C., Library of Congress Federal Research Division, 1991, p. 532; Alec Nove, *An Economic History of the USSR, 1917-1991*, Londres, Penguin, 1992, p. 412. [Hay trad. cast.: *Historia económica de la Unión Soviética*, Madrid, Alianza, 1973]; Sam Kean, «The Soviet Era's Deadliest Scientist Is Regaining Popularity in Russia», *Atlantic*, 19 de diciembre de 2017, <www.theatlantic.com/science/archive/2017/12/trofim-lysenko-soviet-union-russia/548786/>.

115. David E. Murphy, *What Stalin Knew: The Enigma of Barbarossa*, New Haven, Yale University Press, 2005, pp. 194-260; S. V. Stepashin, ed., *Organy gosudarstvennoi bezopasnosti SSSR v Velikoi Otvechestvennoi voine: Sbornik dokumentov*, vol. 2, libro 2, Moscú, Rus', 2000, p. 219; A. Artizov *et al.*, eds., *Reabilitatsiia: Kak eto bylo. Dokumenty Prezidiuma TsK KPSS i drugie materialy*, Moscú, Mezhdunarodnyi Fond «Demokratiia», 2000, vol. 1, pp. 164-166; K. Simonov, *Glazami cheloveka moego pokoleniia. Razmyshleniia o I. V. Staline*, Moscú, Kniga, 1990, pp. 378-379; Montefiore, *Stalin*, pp. 305-306; David M. Glantz, *Colossus Reborn: The Red Army at War, 1941-1943*, Lawrence, University Press of Kansas, 2005, p. 715, nota 133.

116. McMeekin, *Stalin's War*, p. 295.

117. *Ibid.*, pp. 302-316.

118. *Ibid.*, p. 319.

119. Figes, *Whisperers*, p. 383; McMeekin, *Stalin's War*, pp. 96 y 451; Catherine Merridale, *Ivan's War: Life and Death in the Red Army, 1939-1945*, Nueva York, Metropolitan, 2006. [Hay trad. cast.: *La guerra de los ivanes: el Ejército Rojo (1939-1945)*, Barcelona, Debate, 2022]; Roger Reese, *Why Stalin's Soldiers Fought: The Red Army's Military Effectiveness in World War II*, Lawrence, University Press of Kansas, 2011; David M. Glantz, *Stumbling Colossus: The Red Army on the Eve of World War*, Lawrence, University Press of Kansas, 1998; Glantz, *Colossus Reborn;* Alexander Hill, *The Red Army and the Second World War*, Cambridge, Cambridge University Press, 2017; Ben Shepherd, *Hitler's Soldiers: The German Army in the Third Reich*, New Haven, Yale University Press, 2016, pp. 114-115.

120. Evan Mawdsley, *Thunder in the East: The Nazi-Soviet War, 1941-1945*, 2.ª ed., Londres, Bloomsbury, 2016, pp. 208-209; Geoffrey Roberts, *Stalin's Wars: From World War to Cold War, 1939-1953*, New Haven, Yale University Press, 2006, pp. 133-134. [Hay trad. cast.: *Las guerras de Stalin. De la Segunda Guerra Mundial a la Guerra Fría, 1939-1953*, Zaragoza, HRM, 2022]; Merridale, *Ivan's War*, pp. 140-159; Glantz, *Stumbling Colossus*, p. 33.

121. Montefiore, *Stalin*, pp. 486-488; Roy Medvedev, *Let History Judge: The Origins and Consequences of Stalinism*, Nueva York, Knopf, 1972, p. 469.

122. Joshua Rubenstein, *The Last Days of Stalin*, New Haven, Connecticut, Yale University Press, 2016; Brent y Naumov, *Stalin's Last Crime*; Elena Zubkova, *Russia After the War: Hopes, Illusions, and Disappointments, 1945-1957*, Armonk, M. E. Sharpe, 1998, pp. 137-138 y p. 223, notas 21-25; Figes, *Whisperers*, p. 521.

123. Robert Service, *Stalin: A Biography*, Cambridge, Harvard University Press, 2005, pp. 571-580. [Hay trad. cast.: *Stalin: Una biografía*, Madrid, Siglo XXI, 2018]; Montefiore, *Stalin*, pp. 566-577 y 640; Oleg V. Khlevniuk, *Stalin: New Biography of a Dictator*, New Haven, Yale University Press, 2015, pp. 1-6, 33, 36, 92, 142-144, 189-190, 196-197, 250 y 309-314; Zhores Medvedev y Roy Medvedev, *Unknown Stalin: His Life, Death, and Legacy*, Nueva York, Overlook Press, 2005, pp. 19-35. [Hay trad. cast.: *El Stalin desconocido*, Barcelona, Crítica, 2005].

124. Arthur Marwick, *The Sixties: Cultural Revolution in Britain, France, Italy, and the United States, c. 1958-c. 1974*, Londres, Bloomsbury Reader, 1998; Peter B. Levy, *The Great Uprising: Race Riots in Urban America During the 1960s*, Cambridge, Cambridge University Press, 2018.

125. Para un estudio fascinante y esclarecedor sobre esta y otras «guerras de los chips» previas, véase Chris Miller, *Chip War: The Fight for the World's Most Critical Technology*, Nueva York, Scribner, 2022, p. 43. [Hay trad. cast.: *La guerra de los chips*, Barcelona, Península, 2023].

126. Victor Yasmann, «Grappling with the Computer Revolution», en Vojtech Mastny, ed., *Soviet/East European Survey, 1984-1985: Selected Research and Analysis from Radio Free Europe/Radio Liberty*, Durham, Duke University Press, 1986, pp. 266-272.

6. Los nuevos miembros: en qué se diferencian los ordenadores de las imprentas

1. Alan Turing, «Intelligent Machinery», en B. Jack Copeland, ed., *The Essential Turing*, Nueva York, Oxford University Press, 2004, pp. 395-432.

2. Alan Turing, «Computing Machinery and Intelligence», *Mind*, 59, n.º 236 (1950), pp. 433-460.

3. Alexis Madrigal, «How Checkers Was Solved», *Atlantic*, 19 de julio de 2017, <www.theatlantic.com/technology/archive/2017/07/marion-tinsley-checkers/534111/>.

4. Richard Rhodes, *The Making of the Atomic Bomb*, Nueva York, Simon & Schuster, 1986, p. 711.

5. Levin Brinkmann *et al.*, «Machine Culture», *Nature Human Behavior*, 7 (2023), pp. 1855-1868.

6. Max Fisher, *The Chaos Machine: The Inside Story of How Social Media Rewired Our Minds and Our World*, Nueva York, Little, Brown and Company, 2022.

7. El siguiente análisis se basa en Thant Myint-U, *The Hidden History of Burma: Race, Capitalism, and the Crisis of Democracy in the 21st Century*, Nueva York, W. W. Norton, 2020; Habiburahman y Sophie Ansel, *First, They Erased Our Name: A Rohingya Speaks*, Londres, Scribe, 2019; Amnistía Internacional, *The Social Atrocity: Meta and the Right to Remedy for the Rohingya*, Londres, Amnistía Internacional, 2022, <www.amnesty.org/en/documents/asa16/5933/2022/en/>; Christina Fink, «Dangerous Speech, Anti-Muslim Violence, and Facebook in Myanmar», *Journal of International Affairs*, 71, n.º 1.5 (2018), pp. 43-52; Naved Bakali, «Islamophobia in Myanmar: The Rohingya Genocide and the "War on Terror"», *Race and Class*, 62, n.º 4 (2021), pp. 1-19; Ali Siddiquee, «The Portrayal of the Rohingya Genocide and Refugee Crisis in the Age of Post-truth Politics», *Asian Journal of Comparative Politics*, 5, n.º 2 (2019), pp. 89-103; Neriah Yue, «The "Weaponization" of Facebook in Myanmar: A Case for Corporate Criminal Liability», *Hastings Law Journal*, 71, n.º 3 (2020), pp. 813-844; Jennifer Whitten-Woodring *et al.*, «Poison if You Don't Know How to Use It: Facebook, Democracy, and Human Rights in Myanmar», *International Journal of Press/Politics*, 25, n.º 3 (2020), pp. 1-19.

8. Véase Thant, «Unfinished Nation», en *Hidden History of Burma*. Véase también Amnistía Internacional, «Briefing: Attacks by the Arakan

Rohingya Salvation Army (ARSA) on Hindus in Northern Rakhine State», 22 de mayo de 2018, <www.amnesty.org/en/documents/asa16/8454/2018/en/>; Amnistía Internacional, «"We Will Destroy Everything": Military Responsibility for Crimes Against Humanity in Rakhine State», 27 de junio de 2018, <www.amnesty.org/en/documents/asa16/8630/2018/en/>; Anthony Ware y Costas Laoutides, *Myanmar's «Rohingya» Conflict*, Nueva York, Oxford University Press, 2018, pp. 14-53.

9. Thant, *Hidden History of Burma*; Ware y Laoutides, *Myanmar's «Rohingya» Conflict*, p. 6; Anthony Ware y Costas Laoutides, «Myanmar's "Rohingya" Conflict: Misconceptions and Complexity», *Asian Affairs*, 50, n.º 1 (2019), pp. 60-79; UNHCR, «Bangladesh Rohingya Emergency», consultado el 13 de febrero de 2024, <www.unhcr.org/ph/campaigns/rohingya-emergency>; Mohshin Habib *et al.*, *Forced Migration of Rohingya: The Untold Experience*, Ontario, Ontario International Development Agency, 2018, p. 69; Annekathryn Goodman e Iftkher Mahmood, «The Rohingya Refugee Crisis of Bangladesh: Gender Based Violence and the Humanitarian Response», *Open Journal of Political Science*, 9, n.º 3 (2019), pp. 490-501.

10. Thant, *Hidden History of Burma*, p. 165.

11. Amnistía Internacional, *Social Atrocity*, p. 45.

12. Thant, *Hidden History of Burma*, p. 166.

13. Kumar Ramakrishna, «Understanding Myanmar's Buddhist Extremists: Some Preliminary Musings», *New England Journal of Public Policy* 32, n.º 2 (2020), artículo 4; Ronan Lee, *Myanmar's Rohingya Genocide: Identity, History, and Hate Speech*, Londres, Bloomsbury, 2021, p. 89; Sheera Frenkel, «This Is What Happens When Millions of People Suddenly Get the Internet», *BuzzFeed News*, 20 de noviembre de 2016, <www.buzzfeednews.com/article/sheerafrenkel/fake-news-spreads-trump-around-the-world>; Megan Specia y Paul Mozur, «A War of Words Puts Facebook at the Center of Myanmar's Rohingya Crisis», *The New York Times*, 27 de octubre de 2017, <www.nytimes.com/2017/10/27/world/asia/myanmar-government-facebook-rohingya.html>.

14. Amnistía Internacional, *Social Atrocity*, p. 7.

15. Tom Miles, «U.N. Investigators Cite Facebook Role in Myanmar Crisis», Reuters, 13 de marzo de 2018, <www.reuters.com/article/idUSKCN1GO2Q4/>.

16. Amnistía Internacional, *Social Atrocity*, p. 8.

17. John Clifford Holt, *Myanmar's Buddhist-Muslim Crisis: Rohingya, Arakanese, and Burmese Narratives of Siege and Fear*, Honolulu, University

of Hawaii Press, 2019, pp. 241-243; Kyaw Phone Kyaw, «The Healing of Meiktila», *Frontier Myanmar,* 21 de abril de 2016, <www.frontiermyanmar.net/en/the-healing-of-meiktila/>.

18. Sobre el poder de los algoritmos de recomendación, véase también Brinkmann *et al.*, «Machine Culture»; Jessica Su, Aneesh Sharma y Sharad Goel, «The Effect of Recommendations on Network Structure», en *Proceedings of the 25th International Conference on World Wide Web,* Ginebra, International World Wide Web Conferences Steering Committee, 2016, pp. 1157-1167; Zhepeng Li, Xiao Fang y Olivia R. Liu Sheng, «A Survey of Link Recommendation for Social Networks: Methods, Theoretical Foundations, and Future Research Directions», *ACM Transactions on Management Information Systems,* 9, n.° 1 (2018), pp. 1-26.

19. Amnistía Internacional, *Social Atrocity,* p. 47.

20. *Ibid.*, p. 46.

21. *Ibid.*, pp. 38-49. Véase también Zeynep Tufekci, «Algorithmic Harms Beyond Facebook and Google: Emergent Challenges of Computational Agency», *Colorado Technology Law Journal,* 13 (2015), pp. 203-218; Janna Anderson y Lee Rainie, «The Future of Truth and Misinformation Online», Pew Research Center, 19 de octubre de 2017, <www.pewresearch.org/internet/2017/10/19/the-future-of-truth-and-misinformation-online/>; Ro'ee Levy, «Social Media, News Consumption, and Polarization: Evidence from a Field Experiment», *American Economic Review,* 111, n.° 3 (2021), pp. 831-870; William J. Brady, Ana P. Gantman y Jay J. Van Bavel, «Attentional Capture Helps Explain Why Moral and Emotional Content Go Viral», *Journal of Experimental Psychology: General,* 149, n.° 4 (2020), pp. 746-756.

22. Yue Zhang *et al.*, «Siren's Song in the AI Ocean: A Survey on Hallucination in Large Language Models» (prepublicación, enviado en 2023), <arxiv.org/abs/2309.01219>; Jordan Pearson, «Researchers Demonstrate AI "Supply Chain" Disinfo Attack with "PoisonGPT"» *Vice,* 13 de julio de 2023, <www.vice.com/en/article/xgwgn4/researchers-demonstrate-ai-supply-chain-disinfo-attack-with-poisongpt>.

23. František Baluška y Michael Levin, «On Having No Head: Cognition Throughout Biological Systems», *Frontiers in Psychology,* 7 (2016), artículo 902.

24. Para un análisis mucho más detallado de la consciencia y la toma de decisiones en los humanos, véase Mark Solms, *The Hidden Spring: A Journey to the Source of Consciousness,* Londres, Profile Books, 2021.

25. Para un análisis detallado de la consciencia y la inteligencia en

los humanos y la IA, véase Yuval Noah Harari, *Homo Deus*, Nueva York, Harper, 2017, caps. 3 y 10. [Hay trad. cast.: *Homo Deus. Breve historia del mañana*, Barcelona, Debate, 2016]; Yuval Noah Harari, *21 Lessons for the 21st Century*, Nueva York, Spiegel & Grau, 2018, cap. 3. [Hay trad. cast.: *21 lecciones para el siglo* XXI, Barcelona, Debate, 2018]; Yuval Noah Harari, «The Politics of Consciousness», en Aviva Berkovich-Ohana *et al.*, eds., *Perspectives on Consciousness: Highlighting Subjective Experience*, Cambridge, MIT Press, 2025 [próximamente]; Patrick Butlin *et al.*, «Consciousness in Artificial Intelligence: Insights from the Science of Consciousness» (prepublicación, enviado en 2023), <arxiv.org/abs/2308.08708>.

26. OpenAI, «GPT-4 System Card», 23 de marzo de 2023, 14, <cdn.openai.com/papers/gpt-4-system-card.pdf>.

27. *Ibid.*, pp. 15- evaluación de modelos y análisis de riesgos, «The TaskRabbit Example», https://evals.alignment.org/taskrabbit.pdf, 2023. Nótese que a GPT-4 no se le dio acceso directo a Internet. Todos los mensajes entre GPT-4 y el trabajador humano fueron vehiculados por investigadores de ARC. El experimento ponía prueba la capacidad de GPT-4 de engañar a los humanos, más que su habilidad técnica para acceder a páginas web.

28. Véase Harari, *Homo Deus*, caps. 3, 10; Harari, «The Politics of Consciousness».

29. Para ejemplos de la vida real, véase Jamie Condliffe, «Algorithms Probably Caused a Flash Crash of the British Pound», *MIT Technology Review*, 7 de octubre de 2016, <www.technologyreview.com/2016/10/07/244656/algorithms-probably-caused-a-flash-crash-of-the-british-pound/>; Bruce Lee, «Fake Eli Lilly Twitter Account Claims Insulin Is Free, Stock Falls 4.37%», *Forbes*, 12 de noviembre de 2022, <www.forbes.com/sites/brucelee/2022/11/12/fake-eli-lilly-twitter-account-claims-insulin-is-free-stock-falls-43/?sh=61308fb541a3>.

30. Jenna Greene, «Will ChatGPT Make Lawyers Obsolete? (Hint: Be Afraid)», Reuters, 10 de diciembre de 2022, <www.reuters.com/legal/transactional/will-chatgpt-make-lawyers-obsolete-hint-be-afraid-2022-12-09/>; Chloe Xiang, «ChatGPT Can Do a Corporate Lobbyist's Job, Study Determines», *Vice*, 5 de enero de 2023, <www.vice.com/en/article/3admm8/chatgpt-can-do-a-corporate-lobbyists-job-study-determines>; Jules Ioannidis *et al.*, «Gracenote.ai: Legal Generative AI for Regulatory Compliance», SSRN, 19 de junio de 2023, <ssrn.com/abstract=4494272>; Damien Charlotin, «Large Language Models and the Future of Law», SSRN, 22 de agosto de 2023, <ssrn.com/abstract=4548258>; Daniel Martin Katz *et al.*, «GPT-4 Passes the

Bar Exam», SSRN, 15 de marzo de 2023, <ssrn.com/abstract=4389233>. Pero véase también Eric Martínez, «Re-evaluating GPT-4's Bar Exam Performance», SSRN, 8 de mayo de 2023, <ssrn.com/abstract=4441311>.

31. Brinkmann *et al.*, «Machine Culture».

32. Julia Carrie Wong, «Facebook Restricts More Than 10,000 QAnon and US Militia Groups», *The Guardian*, 19 de agosto de 2020, <www.theguardian.com/us-news/2020/aug/19/facebook-qanon-us-militia-groups-restrictions>.

33. «FBI Chief Says Five QAnon Conspiracy Advocates Arrested for Jan 6 U.S. Capitol Attack», Reuters, 15 de abril de 2021, <www.reuters.com/world/us/fbi-chief-says-five-qanon-conspiracy-advocates-arrested-jan-6-us-capitol-attack-2021-04-14/>.

34. «Canadian Man Faces Weapons Charges in Attack on PM Trudeau's Home», Al Jazeera, 7 de julio de 2020, <www.aljazeera.com/news/2020/7/7/canadian-man-faces-weapons-charges-in-attack-on-pm-trudeaus-home>. Véase también Mack Lamoureux, «A Fringe Far-Right Group Keeps Trying to Citizen Arrest Justin Trudeau», *Vice*, 28 de julio de 2020, <www.vice.com/en/article/dyzwpy/a-fringe-far-right-group-keeps-trying-to-citizen-arrest-justin-trudeau>.

35. «Rémy Daillet: Conspiracist Charged over Alleged French Coup Plot», BBC, 28 de octubre de 2021, <www.bbc.com/news/world-europe-59075902>; «Rémy Daillet: Far-Right "Coup Plot" in France Enlisted Army Officers», *The Times*, 28 de octubre de 2021, <www.thetimes.co.uk/article/remy-daillet-far-right-coup-plot-france-army-officers-qanon-ds22j6g05>.

36. Mia Bloom y Sophia Moskalenko, *Pastels and Pedophiles: Inside the Mind of QAnon*, Stanford, Stanford University Press, 2021, p. 2.

37. John Bowden, «QAnon-Promoter Marjorie Taylor Greene Endorses Kelly Loeffler in Georgia Senate Bid», *Hill*, 15 de octubre de 2020, <thehill.com/homenews/campaign/521196-qanon-promoter-marjorie-taylor-greene-endorses-kelly-loeffler-in-ga-senate/>.

38. Camila Domonoske, «QAnon Supporter Who Made Bigoted Videos Wins Ga. Primary, Likely Heading to Congress», NPR, 12 de agosto de 2020, <www.npr.org/2020/08/12/901628541/qanon-supporter-who-made-bigoted-videos-wins-ga-primary-likely-heading-to-congress>.

39. Nitasha Tiku, «The Google Engineer Who Thinks the Company's AI Has Come to Life», *Washington Post*, 11 de junio de 2022, <www.washingtonpost.com/technology/2022/06/11/google-ai-lamda-blake-lemoine/>.

40. Matthew Weaver, «AI Chatbot "Encouraged" Man Who Planned to Kill Queen, Court Told», *The Guardian*, 6 de julio de 2023, <www.theguardian.com/uk-news/2023/jul/06/ai-chatbot-encouraged-man-who-planned-to-kill-queen-court-told>; PA Media, Rachel Hall y Nadeem Badshah, «Man Who Broke into Windsor Castle with Crossbow to Kill Queen Jailed for Nine Years», *The Guardian*, 5 de octubre de 2023, <www.theguardian.com/uk-news/2023/oct/05/man-who-broke-into-windsor-castle-with-crossbow-to-kill-queen-jailed-for-nine-years>; William Hague, «The Real Threat of AI Is Fostering Extremism», *The Times*, 30 de octubre de 2023, <www.thetimes.co.uk/article/the-real-threat-of-ai-is-fostering-extremism-jn3cw9rd3>.

41. Marcus du Sautoy, *The Creativity Code: Art and Innovation in the Age of AI*, Cambridge, Belknap Press of Harvard University Press, 2019; Brinkmann *et al.*, «Machine Culture».

42. Martin Abadi y David G. Andersen, «Learning to Protect Communications with Adversarial Neural Cryptography», 21 de octubre de 2016, arXiv, arXiv.1610.06918.

43. Robert Kissell, *Algorithmic Trading Methods: Applications Using Advanced Statistics, Optimization, and Machine Learning Technique*, Londres, Academic Press, 2021; Anna-Louise Jackson, «A Basic Guide to Forex Trading», *Forbes*, 17 de marzo de 2023, <www.forbes.com/adviser/investing/what-is-forex-trading/>; Bank of International Settlements, «Triennial Central Bank Survey: OTC Foreign Exchange Turnover in April 2022», 27 de octubre de 2022, <www.bis.org/statistics/rpfx22_fx.pdf>.

44. Jaime Sevilla *et al.*, «Compute Trends Across Three Eras of Machine Learning», *2022 International Joint Conference on Neural Networks (IJCNN)*, IEEE, 30 de septiembre de 2022, <doi.10.1109/IJCNN55064.2022.9891914>; Bengio *et al.*, «Managing Extreme AI Risks Amid Rapid Progress».

45. Kwang W. Jeon, *The Biology of Amoeba*, Londres, Academic Press, 1973.

46. International Energy Agency, «Data Centers and Data Transmission Networks», última actualización 11 de julio de 2023, consultado el 27 de diciembre de 2023, <www.iea.org/energy-system/buildings/data-centers-and-data-transmission-networks>; Jacob Roundy, «Assess the Environmental Impact of Data Centers», TechTarget, 12 de julio de 2023, <www.techtarget.com/searchdatacenter/feature/Assess-the-environmental-impact-of-data-centers>; Alex de Vries, «The Growing Energy Footprint of Artificial Intelligence», *Joule*, 7, n.º 10 (2023), pp. 2191-

2194, <doi.org/10.1016/j.joule.2023.09.004>; Javier Felipe Andreu, Alicia Valero Delgado y Jorge Torrubia Torralba, «Big Data on a Dead Planet: The Digital Transition's Neglected Environmental Impacts», The Left in the European Parliament, 15 de noviembre de 2022, <left.eu/issues/publications/big-data-on-a-dead-planet-the-digital-transitions-neglected-environmental-impacts/>. Sobre la necesidad de agua, véase Shannon Osaka, «A New Front in the Water Wars: Your Internet Use», *The Washington Post*, 25 de abril de 2023, <www.washingtonpost.com/climate-environment/2023/04/25/data-centers-drought-water-use/>.

47. Shoshana Zuboff, *The Age of Surveillance Capitalism: The Fight for a Human Future at the New Frontier of Power*, Nueva York, PublicAffairs, 2018. [Hay trad. cast.: *La era del capitalismo de la vigilancia. La lucha por un futuro humano frente a las nuevas fronteras del poder*, Barcelona, Paidós, 2020]; Mejias y Couldry, *Data Grab*; Brian Huseman (vicepresidente de Amazon) a Chris Coons (senador de Estados Unidos), 28 de junio de 2019, <www.coons.senate.gov/imo/media/doc/Amazon%20Senator%20Coons__Response%20Letter__6.28.19%5B3%5D.pdf>.

48. «Tech Companies Spend More Than €100 Million a Year on EU Digital Lobbying», Euronews, 11 de septiembre de 2023, <www.euronews.com/my-europe/2023/09/11/tech-companies-spend-more-than-100-million-a-year-on-eu-digital-lobbying>; Emily Birnbaum, «Tech Giants Broke Their Spending Records on Lobbying Last Year», Bloomberg, 1 de febrero de 2023, <www.bloomberg.com/news/articles/2023-02-01/amazon-apple-microsoft-report-record-lobbying-spending-in-2022>.

49. Marko Köthenbürger, «Taxation of Digital Platforms», en Sijbren Cnossen y Bas Jacobs, eds., *Tax by Design for the Netherlands*, Nueva York, Oxford University Press, 2022, p. 178.

50. Omri Marian, «Taxing Data», *BYU Law Review*, 47 (2021); Viktor Mayer-Schönberger y Thomas Ramge, *Reinventing Capitalism in the Age of Big Data*, Nueva York, Basic Books, 2018. [Hay trad. cast.: *La reinvención de la economía. El capitalismo en la era del big data*, Madrid, Turner, 2019]; Jathan Sadowski, *Too Smart: How Digital Capitalism Is Extracting Data, Controlling Our Lives, and Taking Over the World*, Cambridge, MIT Press, 2020; Douglas Laney, «Unlock Tangible Benefits by Valuing Intangible Data Assets», *Forbes*, 9 de marzo de 2023, <www.forbes.com/sites/douglaslaney/2023/03/09/unlock-tangible-benefits-by-valuing-intangible-data-assets/?sh=47f6750b1152>; Ziva Rubinstein, «Taxing Big Data: A Proposal to Benefit Society for the Use of Private Information»,

Fordham Intellectual Property, Media, and Entertainment Law, 31, n.º 4 (2021), p. 1199, <ir.lawnet.fordham.edu/iplj/vol31/iss4/6>; M. Fleckenstein, A. Obaidi y N. Tryfona, «A Review of Data Valuation Approaches and Building and Scoring a Data Valuation Model», *Harvard Data Science Review*, 5, n.º 1 (2023), <doi.org/10.1162/99608f92.c18db966>.

51. Andrew Leonard, «How Taiwan's Unlikely Digital Minister Hacked the Pandemic», *Wired*, 23 de julio de 2020, <www.wired.com/story/how-taiwans-unlikely-digital-minister-hacked-the-pandemic/>.

52. Yasmann, «Grappling with the Computer Revolution»; James L. Hoot, «Computing in the Soviet Union», *Computing Teacher*, mayo de 1987; William H. Luers, «The U.S. and Eastern Europe», *Foreign Affairs*, 65, n.º 5 (verano de 1987), pp. 989-990; Slava Gerovitch, «How the Computer Got Its Revenge on the Soviet Union», *Nautilus*, 2 de abril de 2015, <nautil.us/how-the-computer-got-its-revenge-on-the-soviet-union-235368/>; Benjamin Peters, «The Soviet InterNyet», *Eon*, 17 de octubre de 2016, <eon.co/essays/how-the-soviets-invented-the-internet-and-why-it-didnt-work>; Benjamin Peters, *How Not to Network a Nation: The Uneasy History of the Soviet Internet*, Cambridge, MIT Press, 2016.

53. Fred Turner, *From Counterculture to Cyberculture: Stewart Brand, the Whole Earth Network, and the Rise of Digital Utopianism*, Chicago, University of Chicago Press, 2010.

54. Paul Freiberger y Michael Swaine, *Fire in the Valley: The Making of the Personal Computer*, 2.ª ed., Nueva York, McGraw Hill, 2000, pp. 263-265; Laine Nooney, *The Apple II Age: How the Computer Became Personal*, Chicago, University of Chicago Press, 2023, p. 57.

55. Nicholas J. Schlosser, *Cold War on the Airwaves: The Radio Propaganda War Against East Germany*, Champaign, University of Illinois Press, 2015, esp. cap. 5, «The East German Campaign Against RIAS», pp. 107-134; Alfredo Thiermann, «Radio Activities», *Thresholds*, 45 (2017), pp. 194-210, <doi.org/10.1162/THLD_a_00018>.

7. Incansable: la red siempre está activa

1. Paul Kenyon, *Children of the Night: The Strange and Epic Story of Modern Romania*, Londres, Apollo, 2021, pp. 353-354.

2. *Ibid.*, p. 356.

3. *Ibid.*, pp. 373-374.

4. *Ibid.*, p. 357.

5. *Ibid.*

6. *Ibid.*

7. Deletant, «Securitate Legacy in Romania», p. 198.

8. Marc Brysbaert, «How Many Words Do We Read per Minute? A Review and Meta-analysis of Reading Rate», *Journal of Memory and Language*, 109 (diciembre de 2019), artículo 104047, <doi.org/10.1016/j.jml.2019.104047>.

9. Alex Hughes, «ChatGPT: Everything You Need to Know About OpenAI's GPT-4 Tool», BBC Science Focus, 26 de septiembre de 2023, <www.sciencefocus.com/future-technology/gpt-3>; Stephen McAleese, «Retrospective on "GPT-4 Predictions" After the Release of GPT-4», *LessWrong*, 18 de marzo de 2023, <www.lesswrong.com/posts/iQx2eeHKLwgBYdWPZ/retrospective-on-gpt-4-predictions-after-the-release-of-gpt>; Jonathan Vanian y Kif Leswing, «ChatGPT and Generative AI Are Booming, but the Costs Can Be Extraordinary», CNBC, 13 de marzo de 2023, <www.cnbc.com/2023/03/13/chatgpt-and-generative-ai-are-booming-but-at-a-very-expensive-price.html>.

10. Christian Grothoff y Jens Purup, «The NSA's SKYNET Program May Be Killing Thousands of Innocent People», *Ars Technica*, 16 de febrero de 2016, <arstechnica.co.uk/security/2016/02/the-nsas-skynet-program-may-be-killing-thousands-of-innocent-people/>.

11. Jennifer Gibson, «Death by Data: Drones, Kill Lists, and Algorithms», en Alasdair McKay, Abigail Watson y Megan Karlshøj-Pedersen, eds., *Remote Warfare: Interdisciplinary Perspectives*, Bristol, E-International Relations, 2021, <www.e-ir.info/publication/remote-warfare-interdisciplinary-perspectives/>; Vasja Badalič, «The Metadata-Driven Killing Apparatus: Big Data Analytics, the Target Selection Process, and the Threat to International Humanitarian Law», *Critical Military Studies*, 9, n.º 4 (2023), pp. 1-21, <doi.org/10.1080/23337486.2023.2170539>.

12. Catherine E. Richards *et al.*, «Rewards, Risks, and Responsible Deployment of Artificial Intelligence in Water Systems», *Nature Water*, 1 (2023), pp. 422-432, <doi.org/10.1038/s44221-023-00069-6>.

13. John S. Brownstein *et al.*, «Advances in Artificial Intelligence for Infectious-Disease Surveillance», *New England Journal of Medicine*, 388, n.º 17 (2023), pp. 1597-1607, <doi.org/10.1056/NEJMra2119215>; Vignesh A. Arasu *et al.*, «Comparison of Mammography AI Algorithms with a Clinical Risk Model for 5-Year Breast Cancer Risk Prediction: An Observational Study», *Radiology*, 307, n.º 5 (2023), artículo 222733, <doi.org/10.1148/radiol.222733>; Alexander V. Eriksen, Sören Möller y Jes-

per Ryg, «Use of GPT-4 to Diagnose Complex Clinical Cases», *NEJM AI*, 1, n.º 1 (2023), <doi.org/10.1056/AIp2300031>.

14. Ashley Belanger, «AI Tool Used to Spot Child Abuse Allegedly Targets Parents with Disabilities», *Ars Technica*, 1 de febrero de 2023, <arstechnica.com/tech-policy/2023/01/doj-probes-ai-tool-thats-allegedly-biased-against-families-with-disabilities/>.

15. Yegor Tkachenko y Kamel Jedidi, «A Megastudy on the Predictability of Personal Information from Facial Images: Disentangling Demographic and Non-demographic Signals», *Scientific Reports*, 13 (2023), artículo 21073, <doi.org/10.1038/s41598-023-42054-9>; Jacob Leon Kröger, Otto Hans-Martin Lutz y Florian Müller, «What Does Your Gaze Reveal About You? On the Privacy Implications of Eye Tracking», en Michael Friedewald *et al.*, eds., *Privacy and Identity Management. Data for Better Living: AI and Privacy*, Cham, Springer International, 2020, pp. 226-241, <doi.org/10.1007/978-3-030-42504-3_15>; N. Arun, P. Maheswaravenkatesh y T. Jayasankar, «Facial Micro Emotion Detection and Classification Using Swarm Intelligence Based Modified Convolutional Network», *Expert Systems with Applications*, 233 (2023), artículo 120947, <doi.org/10.1016/j.eswa.2023.120947>; Vasileios Skaramagkas *et al.*, «Review of Eye Tracking Metrics Involved in Emotional and Cognitive Processes», *IEEE Reviews in Biomedical Engineering*, 16 (2023), pp. 260-277, <doi.org/10.1109/RBME.2021.3066072>.

16. Isaacson, *Elon Musk*, cap. 65, «Neuralink, 2017-2020», y cap. 89, «Miracles: Neuralink, November 2021»; Rachel Levy, «Musk's Neuralink Faces Federal Probe, Employee Backlash over Animal Tests», Reuters, 6 de diciembre de 2023, <www.reuters.com/technology/musks-neuralink-faces-federal-probe-employee-backlash-over-animal-tests-2022-12-05/>; Elon Musk y Neuralink, «An Integrated Brain-Machine Interface Platform with Thousands of Channels», *Journal of Medical Research*, 21, n.º 10 (2019), <doi.org/10.2196/16194>; Emily Waltz, «Neuralink Barrels into Human Tests Despite Fraud Claims», *IEEE Spectrum*, 6 de diciembre de 2023, <spectrum.ieee.org/neuralink-human-trials>; Aswin Chari *et al.*, «Brain-Machine Interfaces: The Role of the Neurosurgeon», *World Neurosurgery*, 146 (febrero de 2021), pp. 140-147, <doi.org/10.1016/j.wneu.2020.11.028>; Kenny Torrella, «Neuralink Shows What Happens When You Bring "Move Fast and Break Things" to Animal Research», *Vox*, 11 de diciembre de 2023, <www.vox.com/future-perfect/2022/12/11/23500157/neuralink-animal-testing-elon-musk-usda-probe>.

17. Jerry Tang *et al.*, «Semantic Reconstruction of Continuous Language from Non-invasive Brain Recordings», *Nature Neuroscience*, 26 (2023), pp. 858-866, <doi.org/10.1038/s41593-023-01304-9>.

18. Anne Manning, «Human Brain Seems Impossible to Map. What If We Started with Mice?», *Harvard Gazette*, 26 de septiembre de 2023, <news.harvard.edu/gazette/story/2023/09/human-brain-too-big-to-map-so-theyre-starting-with-mice/>; Michał Januszewski, «Google Research Embarks on Effort to Map a Mouse Brain», Google Research, 26 de septiembre de 2023, <blog.research.google/2023/09/google-research-embarks-on-effort-to.html?utm_source=substack&utm_medium=email>; ver también Tim Blakely y Michał Januszewski, «A Browsable Petascale Reconstruction of the Human Cortex», Google Research, 1 de junio de 2021, <blog.research.google/2021/06/a-browsable-petascale-reconstruction-of.html>.

19. Esto puede cambiar a medida que se desarrolla la tecnología. Un informe de investigación de la Universidad Estatal de Ohio publicado el 2 de junio de 2022 afirmaba que los escáneres cerebrales pueden predecir con exactitud si las personas son políticamente conservadoras o liberales. Seo Eun Yang *et al.*, «Functional Connectivity Signatures of Political Ideology», *PNAS Nexus*, 1, n.º 3 (julio de 2022), pp. 1-11, <doi.org/10.1093/pnasnexus/pgac066>.Véase también Petter Törnberg, «ChatGPT-4 Outperforms Experts and Crowd Workers in Annotating Political Twitter Messages with Zero-Shot Learning», arXiv, <doi.org/10.48550/arXiv.2304.06588>; Michal Kosinski, «Facial Recognition Technology Can Expose Political Orientation from Naturalistic Facial Images», *Scientific Reports*, 11 (2021), artículo 100, <doi.org/10.1038/s41598-020-79310-1>; Tang *et al.*, «Semantic Reconstruction of Continuous Language».

20. Hay algoritmos que ya son capaces de identificar y predecir las emociones humanas sin vigilancia biométrica. Véase, por ejemplo, Sam Machkovech, «Report: Facebook Helped Advertisers Target Teens Who Feel "Worthless"», *Ars Technica*, 1 de mayo de 2017, <arstechnica.com/information-technology/2017/05/facebook-helped-advertisers-target-teens-who-feel-worthless/>; Alexander Spangher, «How Does This Article Make You Feel?» Open NYT, Medium, 1 de noviembre de 2018, <open.nytimes.com/how-does-this-article-make-you-feel-4684e5e9c47>.

21. Amnistía Internacional, «Automated Apartheid: How Facial Recognition Fragments, Segregates, and Controls Palestinians in the OPT»,

2 de mayo de 2023, pp. 42-43, <www.amnesty.org/en/documents/mde 15/6701/2023/en/>; Tal Shef, «Re'ayon im Sasi Elya, rosh ma'arach ha-cyber bashabak», *Yediot Ahronot*, 27 de noviembre de 2020, <www.yediot.co.il/articles/0,7340,L-5851340,00.html>; Human Rights Watch, *China's Algorithms of Repression: Reverse Engineering a Xinjiang Police Mass Surveillance App*, Nueva York, Human Rights Watch, 2019, p. 9, <www.hrw.org/sites/default/files/report_pdf/china0519_web5.pdf>; United Nations Human Rights Office of the High Commissioner (OHCHR), «OHCHR Assessment of Human Rights Concerns in the Xinjiang Uyghur Autonomous Region», 31 de agosto de 2022, <www.ohchr.org/sites/default/files/documents/countries/2022-08-31/22-08-31-final-assesment.pdf>; Geoffrey Cain, *The Perfect Police State: An Undercover Odyssey into China's Terrifying Surveillance Dystopia of the Future*, Nueva York, Public Affairs, 2021; Michael Quinn, «Realities of Life in Kashmir», Amnistía Internacional Blog, 12 de julio de 2023, <https://www.amnesty.org.uk/blogs/country-specialists/realities-life-kashmir>; PTI, «AI-based facial recognition system inaugurated in J-K's Kishtwar», The Print, 9 de diciembre de 2023, <https://theprint.in/india/ai-based-facial-recognition-system-inaugurated-in-j-ks-kishtwar/1879576/>; Max Koshelev, «How Crimea Became a Testing Ground for Russia's Surveillance Technology», Hromadske, 15 de septiembre de 2017, <https://hromadske.ua/en/posts/how-crimea-became-a-testing-ground-for-russias-surveillance-technology>; Consejo Europeo, «Human rights situation in the Autonomous Republic of Crimea and the City of Sevastopol, Ukraine», 31 de agosto de 2023, pp. 10-18, <https://rm.coe.int/CoERMPublicCommonSearchServices/DisplayDCTMContent?documentId=0900001680ac6e10>; Shaun Walker y Pjotr Sauer, «"The Fight Is Continuing": A Decade of Russian Rule Has Not Silenced Ukrainian Voices in Crimea», *The Guardian*, 12 de marzo 2024, <https://www.theguardian.com/world/2024/mar/14/crimea-annexation-10-years-russia-ukraine>; Melissa Villa-Nicholas, *Data Borders: How Silicon Valley is Building an Industry around Immigrants*, Oakland, University of California Press, 2023; Petra Molnar, *The Walls Have Eyes: Surviving Migration in the Age of Artificial Intelligence*, Nueva York, The New Press, 2024; Asfandyar Mir y Dylan Moore, «Drones, Surveillance, and Violence: Theory and Evidence from a US Drone Program», *International Studies Quarterly*, 63, n.º 4 (2019), pp. 846-862; Patrick Keenan, «Drones and Civilians: Emerging Evidence of the Terrorizing Effects of the U.S. Drone Programs», *Santa Clara Journal of International Law*, 20, n.º 1 (2021), pp. 1-47; Trevor

McCrisken, «Eyes and Ear in the Sky - Drones and Mass surveillance», en Johan Lidberg y Denis Muller, eds., *In the Name of Security - Secrecy, Surveillance and Journalism*, Londres, Anthem Press, 2018, pp. 139-158.

22. Giorgio Agamben, *State of Exception*, Kevin Attell, trad., Chicago, University of Chicago Press, 2005.

23. L. Shchyrakova y Y. Merkis, «Fear and loathing in Belarus», *Index on Censorship*, 50 (2021), pp. 24-26, <https://doi.org/10.1177/03064220211012282>; Anastasiya Astapova, «In Search for Truth: Surveillance Rumors and Vernacular Panopticon in Belarus», *Journal of American Folklore*, 130, n.º 517 (2017), pp. 276-304; R. Hervouet, «A Political Ethnography of Rural Communities under an Authoritarian Regime: The Case of Belarus», *Bulletin of Sociological Methodology/Bulletin de Méthodologie Sociologique*, 141, n.º 1 (2019), pp. 85-112, <https://doi.org/10.1177/0759106318812790>; Allen Munoriyarwa, «When Watchdogs Fight Back: Resisting State Surveillance in Everyday Investigative Reporting Practices among Zimbabwean Journalists», *Journal of Eastern African Studies*, 15, n.º 3 (2021), pp. 421-441; Allen Munoriyarwa, «The Militarization of Digital Surveillance in Post-Coup Zimbabwe: "Just Don't Tell Them What We Do"», *Security Dialogue*, 53, n.º 5 (2022), pp. 456-474.

24. International Civil Aviation Organization, «ePassport Basics», <https://www.icao.int/Security/FAL/PKD/Pages/ePassport-Basics.aspx>.

25. Paul Bischoff, «Facial Recognition Technology (FRT): Which Countries Use It?» Comparitech, 24 de enero de 2022, <https://www.comparitech.com/blog/vpn-privacy/facial-recognition-statistics/>.

26. Bischoff, «Facial Recognition Technology (FRT): Which Countries Use It?», Comparitech; «Surveillance Cities: Who Has The Most CCTV Cameras In The World?», Surfshark, <https://surfshark.com/surveillance-cities>; Liza Lin y Newley Purnell, «A World With a Billion Cameras Watching You Is Just Around the Corner», *The Wall Street Journal*, 6 de diciembre de 2019, <https://www.wsj.com/articles/a-billion-surveillance-cameras-forecast-to-be-watching-within-two-years-11575565402>.

27. Drew Harwell y Craig Timberg, «How America's Surveillance Networks Helped the FBI Catch the Capitol Mob», *The Washington Post*, 2 de abril de 2021, <https://www.washingtonpost.com/technology/2021/04/02/capitol-siege-arrests-technology-fbi-privacy/>; «Retired NYPD Officer Thomas Webster, Republican Committeeman Philip

Grillo Arrested For Alleged Roles In Capitol Riot», CBS News, 23 de febrero de 2021, <https://www.cbsnews.com/newyork/news/retired-nypd-officer-thomas-webster-queens-republican-group-leader-philip-grillo-arrested-for-alleged-roles-in-capitol-riot/>.

28. Zhang Yang, «Police Using AI to Trace Long-Missing Children», China Daily, 4 de junio de 2019, <http://www.chinadaily.com.cn/a/201906/04/WS5cf5c8a8a310519142700e2f.html>; Zhongkai Zhang, «AI Reunites Families! Four Children Missing for 10 Years Found at Once», Xinhua Daily Telegraph, 14 de junio de 2019, <http://www.xinhuanet.com/politics/2019-06/14/c_1124620736.htm>; Chang Qu, «Hunan Man Reunites with Son Abducted 22 Years Ago», QQ, 25 de junio de 2023, <https://new.qq.com/rain/a/20230625A005UX00>; Phoebe Zhang, «AI Reunites Son with Family but Raises Questions in China about Ethics, Privacy», *South China Morning Post*, 10 de diciembre de 2023, <https://www.scmp.com/news/china/article/3244377/ai-reunites-son-family-raises-questions-china-about-ethics-privacy>; Ding Rui, «In Hebei, AI Tech Reunites Abducted Son With Family After 25 Years», Sixth Tone, 4 de diciembre de 2023, <https://www.sixthtone.com/news/1014206>; Ding-Chau Wang *et al.*, «Development of a Face Prediction System for Missing Children in a Smart City Safety Network», *Electronics*, 11, n.º 9 (2022), artículo 1440, <https://doi.org/10.3390/electronics11091440>; M. R. Sowmya *et al.*, «AI-Assisted Search for Missing Children», *2022 IEEE 2nd Mysore Sub Section International Conference*, Mysuru, IEEE, 2022, pp. 1-6.

29. Jesper Lund, «Danish DPA Approves Automated Facial Recognition», EDRI, 19 de junio de 2019, <https://edri.org/danish-dpaapproves-automated-facial-recognition>; Sidsel Overgaard, «A Soccer Team in Denmark is Using Facial Recognition to Stop Unruly Fans», NPR, 21 de octubre de 2019, <https://www.npr.org/2019/10/21/770280447/a-soccer-team-in-denmark-is-using-facial-recognition-to-stop-unruly-fans>; Yan Luo y Rui Guo, «Facial Recognition in China: Current Status, Comparative Approach and the Road Ahead», *Journal of Law and Social Change*, 25, n.º 2 (2021), pp. 153-179.

30. Rachel George, «The AI Assault on Women: What Iran's Tech Enabled Morality Laws Indicate for Women's Rights Movements», Council on Foreign Relations online, 7 de diciembre de 2023, <https://www.cfr.org/blog/ai-assault-women-what-irans-tech-enabled-morality-laws-indicate-womens-rights-movements>; Khari Johnson, «Iran Says Face Recognition Will ID Women Breaking Hijab Laws», *Wired*, 10

de enero de 2023, <https://www.wired.com/story/iran-says-face-recognition-will-id-women-breaking-hijab-laws/>.

31. Johnson, «Iran Says Face Recognition Will ID Women Breaking Hijab Laws», *Wired.*

32. Farnaz Fassihi, «An Innocent and Ordinary Young Woman», *The New York Times*, 16 de septiembre de 2022, <https://www.nytimes.com/2023/09/16/world/middleeast/mahsa-amini-iran-protests-hijab-profile.html>; Weronika Strzyzynska, «Iranian Woman Dies "After Being Beaten by Morality Police" over Hijab Law», *The Guardian*, 16 de septiembre de 2022, <https://www.theguardian.com/global-development/2022/sep/16/iranian-woman-dies-after-being-beaten-by-morality-police-over-hijab-law>.

33. «Iran: Doubling Down on Punishments Against Women and Girls Defying Discriminatory Veiling Laws», Amnistía Internacional, 26 de julio de 2023, <https://www.amnesty.org/en/documents/mde13/7041/2023/en/>; «One Year Protest Report: At Least 551 Killed and 22 Suspicious Deaths», Iran Human Rights, 15 de septiembre de 2023, <https://iranhr.net/en/articles/6200/>; Jon Gambrell, «Iran Says 22,000 Arrested in Protests Pardoned by Top Leader», AP News, 13 de marzo de 2023, <https://apnews.com/article/iran-protests-arrested-pardons-mahsa-amini-ae3c45c6bcc883900ff1b1e83f85df95>.

34. «Iran: Doubling Down on Punishments Against Women and Girls Defying Discriminatory Veiling Laws», Amnistía Internacional.

35. «Iran: Doubling Down on Punishments Against Women and Girls Defying Discriminatory Veiling Laws», Amnistía Internacional.

36. «Iran: Doubling Down on Punishments Against Women and Girls Defying Discriminatory Veiling Laws», Amnistía Internacional.

37. «Iran: International Community Must Stand with Women and girls Suffering Intensifying Oppression», Amnistía Internacional, 26 de julio de 2023, <https://www.amnesty.org/en/latest/news/2023/07/iran-international-community-must-stand-with-women-and-girls-suffering-intensifying-oppression/>; «Iran: Doubling Down on Punishments Against Women and Girls Defying Discriminatory Veiling Laws», Amnistía Internacional.

38. Johnson, «Iran Says Face Recognition Will ID Women Breaking Hijab Laws», *Wired.*

39. «Iran: Doubling Down on Punishments Against Women and Girls Defying Discriminatory Veiling Laws», Amnistía Internacional.

40. «Iran: Doubling Down on Punishments Against Women and

Girls Defying Discriminatory Veiling Laws», Amnistía Internacional; Shadi Sadr, «Iran's Hijab and Chastity Bill Underscores the Need to Codify Gender Apartheid», Just Security, 11 de abril de 2024, <https://www.justsecurity.org/94504/iran-hijab-bill-gender-apartheid/>; Tara Subramaniam, Adam Pourahmadi y Mostafa Salem, «Iranian Women Face 10 Years in Jail for Inappropriate Dress after "Hijab Bill" Approved», CNN, 21 de septiembre de 2023, <https://edition.cnn.com/2023/09/21/middleeast/iran-hijab-law-parliament-jail-intl-hnk/index.html>; «Iran's Parliament Passes a Stricter Headscarf Law Days after Protest Anniversary», AP News, 21 de septiembre de 2023, <https://apnews.com/article/iran-hijab-women-politics-protests-6e07fae990369a58cb162eb6c5a7ab2a?utm_source=copy&utm_medium=share>.

41. Christopher Parsons *et al.*, «The Predator in Your Pocket: A Multidisciplinary Assessment of the Stalkerware Application Industry», Citizen Lab, informe de investigación 119, junio de 2019, <citizenlab.ca/docs/stalkerware-holistic.pdf>; Lorenzo Franceschi-Bicchierai y Joseph Cox, «Inside the "Stalkerware" Surveillance Market, Where Ordinary People Tap Each Other's Phones», *Vice*, 18 de abril de 2017, <www.vice.com/en/article/53vm7n/inside-stalkerware-surveillance-market-flexispy-retina-x>.

42. Mejias and Couldry, *Data Grab*, pp. 90-94.

43. *Ibid.*, pp. 156-158.

44. Zuboff, *Age of Surveillance Capitalism.*

45. Rafael Bravo, Sara Catalán y José M. Pina, «Gamification in Tourism and Hospitality Review Platforms: How to R.A.M.P. Up Users' Motivation to Create Content», *International Journal of Hospitality Management*, 99 (2021), artículo 103064, <doi.org/10.1016/j.ijhm.2021.103064>; Davide Proserpio y Giorgos Zervas, «Study: Replying to Customer Reviews Results in Better Ratings», *Harvard Business Review*, 14 de febrero de 2018, <hbr.org/2018/02/study-replying-to-customer-reviews-results-in-better-ratings>.

46. Linda Kinstler, «How Tripadvisor Changed Travel», *The Guardian*, 17 de agosto de 2018, <www.theguardian.com/news/2018/aug/17/how-tripadvisor-changed-travel>.

47. Alex J. Wood y Vili Lehdonvirta, «Platforms Disrupting Reputation: Precarity and Recognition Struggles in the Remote Gig Economy», *Sociology*, 57, n.º 5 (2023), pp. 999-1016, <doi.org/10.1177/00380385221126804>.

48. Michael J. Sandel, *What Money Can't Buy: The Moral Limits of*

Markets, Londres, Penguin Books, 2013. [Hay trad. cast.: *Lo que el dinero no puede comprar*, Barcelona, Debate, 2013].

49. Sobre el «mercado de reputación» medieval, véase Maurice Hugh Keen, *Chivalry*, Londres, Folio Society, 2010, y Georges Duby, *William Marshal: The Flower of Chivalry*, Nueva York, Pantheon Books, 1985. [Hay trad. cast.: *Guillermo el Mariscal*, Madrid, Altaya, 1996].

50. Zeyi Yang, «China Just Announced a New Social Credit Law. Here's What It Means», *MIT Technology Review*, 22 de noviembre de 2022, <www.technologyreview.com/2022/11/22/1063605/china-announced-a-new-social-credit-law-what-does-it-mean/>.

51. Will Storr, *The Status Game: On Human Life and How to Play It*, Londres, HarperCollins, 2021; Jason Manning, *Suicide: The Social Causes of Self-Destruction*, Charlottesville, University of Virginia Press, 2020.

52. Frans B. M. de Waal, *Chimpanzee Politics: Power and Sex Among Apes*, Baltimore, Johns Hopkins University Press, 1998. [Hay trad. cast.: *La política de los chimpancés. El poder y el sexo entre los simios*, Madrid, Alianza, 2022]; Frans B. M. de Waal, *Our Inner Ape: A Leading Primatologist Explains Why We Are Who We Are*, Nueva York, Riverhead Books, 2006. [Hay trad. cast.: *El mono que llevamos dentro*, Barcelona, Tusquets, 2007]; Sapolsky, *Behave*; Victoria Wobber *et al.*, «Differential Changes in Steroid Hormones Before Competition in Bonobos and Chimpanzees», *Proceedings of the National Academy of Sciences*, 107, n.º 28 (2010), pp. 12457-12462, <doi.org/10.1073/pnas.1007411107>; Sonia A. Cavigelli y Michael J. Caruso, «Sex, Social Status, and Physiological Stress in Primates: The Importance of Social and Glucocorticoid Dynamics», *Philosophical Transactions of the Royal Society B: Biological Sciences*, 370, n.º 1669 (2015), pp. 1-13, <doi.org/10.1098/rstb.2014.0103>.

8. Falible: la red suele equivocarse

1. Nathan Larson, *Aleksandr Solzhenitsyn and the Modern Russo-Jewish Question*, Stuttgart, Ibidem Press, 2005, p. 16.

2. Aleksandr Solzhenitsyn, *The Gulag Archipelago, 1918-1956: An Experiment in Literary Investigation, I-II*, Nueva York, Harper & Row, 1973, pp. 69-70. [Hay trad. cast.: *Archipiélago Gulag (1918-1956)*, Barcelona, Círculo de Lectores, 1974].

3. Gessen, cap. 4, «Homo Sovieticus», en *Future Is History*; Gulnaz

Sharafutdinova, *The Afterlife of the «Soviet Man»: Rethinking Homo Sovieticus*, Londres, Bloomsbury Academic, 2023, p. 37.

4. Fisher, *Chaos Machine*, pp. 110-111.

5. Jack Nicas, «YouTube Tops 1 Billion Hours of Video a Day, on Pace to Eclipse TV», *Wall Street Journal*, 27 de febrero de 2017, <www.wsj.com/articles/youtube-tops-1-billion-hours-of-video-a-day-on-pace-to-eclipse-tv-1488220851>.

6. Fisher, *Chaos Machine*; Ariely, *Misbelief*, pp. 262-263.

7. Fisher, *Chaos Machine*, pp. 266-277. [Hay trad. cast.: *Las redes del caos*, Barcelona, Península, 2024].

8. *Ibid.*, pp. 276-277.

9. *Ibid.*, 270.

10. Emine Saner, «YouTube's Susan Wojcicki: "Where's the Line of Free Speech—Are You Removing Voices That Should Be Heard?"», *The Guardian*, 10 de agosto de 2019, <www.theguardian.com/technology/2019/aug/10/youtube-susan-wojcicki-ceo-where-line-removing-voices-heard>.

11. Dan Milmo, «Frances Haugen: "I Never Wanted to Be a Whistleblower. But Lives Were in Danger"», *The Guardian*, 24 de octubre de 2021, <www.theguardian.com/technology/2021/oct/24/frances-haugen-i-never-wanted-to-be-a-whistleblower-but-lives-were-in-danger>.

12. Amnistía Internacional, *Social Atrocity*, p. 44.

13. *Ibid.*, p. 38.

14. *Ibid.*, p. 42.

15. *Ibid.*, p. 34.

16. «Facebook Ban of Racial Slur Sparks Debate in Burma», *Irrawaddy*, 31 de mayo de 2017, <www.irrawaddy.com/news/burma/facebook-ban-of-racial-slur-sparks-debate-in-burma.html>.

17. Amnistía Internacional, *Social Atrocity*, p. 34.

18. Karen Hao, «How Facebook and Google Fund Global Misinformation», *MIT Technology Review*, 20 de noviembre de 2021, <www.technologyreview.com/2021/11/20/1039076/facebook-google-disinformation-clickbait/>.

19. Hayley Tsukayama, «Facebook's Changing Its News Feed. How Will It Affect What You See?», *The Washington Post*, 12 de enero de 2018, <www.washingtonpost.com/news/the-switch/wp/2018/01/12/facebooks-changing-its-news-feed-how-will-it-affect-what-you-see/>; Jonah Bromwich y Matthew Haag, «Facebook Is Changing. What Does That Mean to Your News Feed?», *The New York Times*, 12 de enero de 2018,

<www.nytimes.com/2018/01/12/technology/facebook-news-feed-changes.html>; Jason A. Gallo y Clare Y. Cho, «Social Media: Misinformation and Content Moderation Issues for Congress», Congressional Research Service Report R46662, 27 de enero de 2021, p. 11, nota 67, <crsreports.congress.gov/product/pdf/R/R46662>; Keach Hagey y Jeff Horwitz, «Facebook Tried to Make Its Platform a Healthier Place. It Got Angrier Instead», *The Wall Street Journal*, 15 de septiembre de 2021, <www.wsj.com/articles/facebook-algorithm-change-zuckerberg-11631654215>; «YouTube Doesn't Know Where Its Own Line Is», *Wired*, 2 de marzo de 2010, <www.wired.com/story/youtube-content-moderation-inconsistent/>; Ben Popken, «As Algorithms Take Over, YouTube's Recommendations Highlight a Human Problem», NBC News, 19 de abril de 2018, <www.nbcnews.com/tech/social-media/algorithms-take-over-youtube-s-recommendations-highlight-human-problem-n867596>; Paul Lewis, «"Fiction Is Outperforming Reality": How YouTube's Algorithm Distorts Truth», *The Guardian*, 2 de febrero de 2018, <www.theguardian.com/technology/2018/feb/02/how-youtubes-algorithm-distorts-truth>.

20. M. A. Thomas, «Machine Learning Applications for Cybersecurity», *Cyber Defense Review* 8, n.º 1 (primavera de 2023), pp. 87-102, <www.jstor.org/stable/48730574>.

21. Allan House y Cathy Brennan, eds., *Social Media and Mental Health*, Cambridge, Cambridge University Press, 2023; Gohar Feroz Khan, Bobby Swar y Sang Kon Lee, «Social Media Risks and Benefits: A Public Sector Perspective», *Social Science Computer Review*, 32, n.º 5 (2014), pp. 606-627, <doi.org/10.1177/089443931452>.

22. Vanya Eftimova Bellinger, *Marie von Clausewitz: The Woman Behind the Making of «On War»*, Oxford, Oxford University Press, 2016; Donald J. Stoker, *Clausewitz: His Life and Work*, Oxford, Oxford University Press, 2014, pp. 1-2 y 256.

23. Stoker, *Clausewitz*, p. 35.

24. John G. Gagliardo, *Reich and Nation: The Holy Roman Empire as Idea and Reality, 1763-1806*, Bloomington, Indiana University Press, 1980, pp. 4-5.

25. Todd Smith, «Army's Long-Awaited Iraq War Study Finds Iran Was the Only Winner in a Conflict That Holds Many Lessons for Future Wars», *Army Times*, 18 de enero de 2019, <www.armytimes.com/news/your-army/2019/01/18/armys-long-awaited-iraq-war-study-finds-iran-was-the-only-winner-in-a-conflict-that-holds-many-lessons-for-future-wars/>. Hace poco, uno de los autores del estudio, que también es colega,

proporcionó un resumen a *Time*. Véase Frank Sobchak y Matthew Zais, «How Iran Won the Iraq War», *Time*, 22 de marzo de 2023, <time.com/6265077/how-iran-won-the-iraq-war/>.

26. Nick Bostrom, *Superintelligence: Paths, Dangers, Strategies*, Oxford, Oxford University Press, 2014, pp. 122-125. [Hay trad. cast.: *Superinteligencia. Caminos, peligros, estrategias*. Málaga, TEELL, 2016].

27. Brian Christian, *The Alignment Problem: Machine Learning and Human Values*, Nueva York, W. W. Norton, 2022, pp. 9-10.

28. Amnistía Internacional, *Social Atrocity*, pp. 34-37.

29. Andrew Roberts, *Napoleon the Great*, Londres, Allen Lane, 2014, p. 5. [Hay trad. cast.: *Napoleón. Una vida*, Madrid, Palabra, 2016].

30. *Ibid.*, pp. 14-15.

31. *Ibid.*, pp. 9 y 14.

32. *Ibid.*, pp. 29-40.

33. Philip Dwyer, *Napoleon: The Path to Power, 1769-1799*, Londres, Bloomsbury, 2014, p. 668. [Hay trad. cast.: *Napoleón. El camino hacia el poder, 1769-1799*, Madrid, La Esfera de los Libros, 2008]; David G. Chandler, *The Campaigns of Napoleon*, Nueva York, Macmillan, 1966, 1:3. [Hay trad. cast.: *Las campañas de Napoleón. Un emperador en el campo de batalla: de Tolón a Waterloo (1796-1815)*, Madrid, La Esfera de los Libros, 2005].

34. Maria E. Kronfeldner, *The Routledge Handbook of Dehumanization*, Londres, Routledge, 2021; David Livingstone Smith, *On Inhumanity: Dehumanization and How to Resist It*, Nueva York, Oxford University Press, 2020; David Livingstone Smith, *Less Than Human: Why We Demean, Enslave, and Exterminate Others*, Nueva York, St. Martin's Press, 2011.

35. Smith, *On Inhumanity*, pp. 139-142.

36. International Crisis Group, «Myanmar's Rohingya Crisis Enters a Dangerous New Phase», 7 de diciembre de 2017, <www.crisisgroup.org/asia/southeast-asia/myanmar/292-myanmars-rohingya-crisis-enters-dangerous-new-phase>.

37. Bettina Stangneth, *Eichmann Before Jerusalem: The Unexamined Life of a Mass Murderer*, Nueva York, Alfred A. Knopf, 2014, pp. 217-218. [Hay trad. cast.: *Adolf Eichmann. Historia de un asesino de masas*, Barcelona, EDHASA, 2021].

38. Emily Washburn, «What to Know About Effective Altruism—Championed by Musk, Bankman-Fried, and Silicon Valley Giants», *Forbes*, 8 de marzo de 2023, <www.forbes.com/sites/emilywashburn/2023/03/08/what-to-know-about-effective-altruism-championed-by-musk-

bankman-fried-and-silicon-valley-giants/>; Alana Semuels, «How Silicon Valley Has Disrupted Philanthropy», *Atlantic*, 25 de julio de 2018, <www.theatlantic.com/technology/archive/2018/07/how-silicon-valley-has-disrupted-philanthropy/565997/>; Timnit Gebru, «Effective Altruism Is Pushing a Dangerous Brand of "AI Safety"», *Wired*, 30 de noviembre de 2022, <www.wired.com/story/effective-altruism-artificial-intelligence-sam-bankman-fried/>; Gideon Lewis-Kraus, «The Reluctant Prophet of Effective Altruism», *The New Yorker*, 8 de agosto de 2022, <www.newyorker.com/magazine/2022/08/15/the-reluctant-prophet-of-effective-altruism>.

39. Alan Soble, «Kant and Sexual Perversion», *Monist*, 86, n.º 1 (2003), pp. 55-89, <www.jstor.org/stable/27903806>. Véase también Matthew C. Altman, «Kant on Sex and Marriage: The Implications for the Same-Sex Marriage Debate», *Kant-Studien*, 101, n.º 3 (2010), p. 332; Lara Denis, «Kant on the Wrongness of "Unnatural" Sex», *History of Philosophy Quarterly*, 16, n.º 2 (abril 1999), pp. 225-248, <www.jstor.org/stable/40602706>.

40. Geoffrey J. Giles, «The Persecution of Gay Men and Lesbians During the Third Reich», en Jonathan C. Friedman, ed., *The Routledge History of the Holocaust*, Londres, Routledge, 2010, pp. 385-396; Melanie Murphy, «Homosexuality and the Law in the Third Reich», en John J. Michalczyk, ed., *Nazi Law: From Nuremberg to Nuremberg*, Londres, Bloomsbury Academic, 2018, pp. 110-124; Michael Schwartz, ed., *Homosexuelle im Nationalsozialismus: Neue Forschungsperspektiven zu Lebenssituationen von lesbischen, schwulen, bi-, trans- und intersexuellen Menschen 1933 bis 1945*, Múnich, De Gruyter Oldenbourg, 2014.

41. Jeremy Bentham, «Offenses Against One's Self», Louis Crompton, ed., *Journal of Homosexuality*, 3, n.º 4 (1978), pp. 389-406; Jeremy Bentham, «Jeremy Bentham's Essay on Paederasty», Louis Crompton, ed., *Journal of Homosexuality*, 4, n.º 1 (1978), pp. 91-107.

42. Olga Yakusheva *et al.*, «Lives Saved and Lost in the First Six Months of the US COVID-19 Pandemic: A Retrospective Cost-Benefit Analysis», *PLOS ONE*, 17, n.º 1 (2022), artículo e0261759.

43. Bitna Kim y Meghan Royle, «Domestic Violence in the Context of the COVID-19 Pandemic: A Synthesis of Systematic Reviews», *Trauma, Violence, and Abuse*, 25, n.º 1 (2024), pp. 476-493; Lis Bates *et al.*, «Domestic Homicides and Suspected Victim Suicides During the Covid-19 Pandemic 2020-2021», Ministerio del Interior del Reino Unido, 25 de agosto de 2021, <assets.publishing.service.gov.uk/media/6124ef66d3b-

f7f63a90687ac/Domestic_homicides_and_suspected_victim_suicides_during_the_Covid-19_Pandemic_2020-2021.pdf>; Benedetta Barchielli *et al.*, «When "Stay at Home" Can Be Dangerous: Data on Domestic Violence in Italy During COVID-19 Lockdown», *International Journal of Environmental Research and Public Health*, 18, n.º 17 (2021), artículo 8948.

44. Jingxuan Zhao *et al.*, «Changes in Cancer-Related Mortality During the COVID-19 Pandemic in the United States», *Journal of Clinical Oncology*, 40, n.º 16 (2022), p. 6581; Abdul Rahman Jazieh *et al.*, «Impact of the COVID-19 Pandemic on Cancer Care: A Global Collaborative Study», *JCO Global Oncology*, 6 (2020), pp. 1428-1438; Camille Maringe *et al.*, «The Impact of the COVID-19 Pandemic on Cancer Deaths due to Delays in Diagnosis in England, UK: A National, Population-Based, Modelling Study», *Lancet Oncology*, 21, n.º 8 (2020), pp. 1023-1034; Allini Mafra da Costa *et al.*, «Impact of COVID-19 Pandemic on Cancer-Related Hospitalizations in Brazil», *Cancer Control*, 28 (2021), artículo 10732748211038736; Talía Malagón *et al.*, «Predicted Long-Term Impact of COVID-19 Pandemic-Related Care Delays on Cancer Mortality in Canada», *International Journal of Cancer*, 150, n.º 8 (2022), pp. 1244-1254.

45. Chalmers, *Reality+*.

46. Pokémon GO, «Heads Up!», 7 de septiembre de 2016, <pokemongolive.com/en/post/headsup/>.

47. Brian Fung, "Here's What We Know About Google's Mysterious Search Engine», *The Washington Post*, 28 de agosto de 2018, <www.washingtonpost.com/technology/2018/08/28/heres-what-we-really-know-about-googles-mysterious-search-engine/>; Geoffrey A. Fowler, «AI is Changing Google Search: What the I/O Announcement Means for You», *The Washington Post*, 10 de mayo de 2023, <www.washingtonpost.com/technology/2023/05/10/google-search-ai-io-2023/>; Jillian D'Onfro, «Google Is Making a Giant Change This Week That Could Crush Millions of Small Businesses», *Business Insider*, 20 de abril de 2015, <www.businessinsider.com/google-mobilegeddon-2015-4>.

48. SearchSEO, «Can I Improve My Search Ranking with a Traffic Bot», consultado el 11 de enero de 2024, <www.searchseo.io/blog/improve-ranking-with-traffic-bot>; Daniel E. Rose, «Why Is Web Search So Hard… to Evaluate?», *Journal of Web Engineering*, 3, n.os 3 y 4 (2004), pp. 171-181.

49. Javier Pastor-Galindo, Félix Gómez Mármol y Gregorio Martínez Pérez, «Profiling Users and Bots in Twitter Through Social Media Analysis», *Information Sciences*, 613 (2022), pp. 161-183; Timothy Graham

y Katherine M. FitzGerald, «Bots, Fake News, and Election Conspiracies: Disinformation During the Republican Primary Debate and the Trump Interview», Digital Media Research Center, Queensland University of Technology (2023), <eprints.qut.edu.au/242533/>; Josh Taylor, «Bots on X Worse Than Ever According to Analysis of 1M Tweets During First Republican Primary Debate», *The Guardian*, 9 de septiembre de 2023, <www.theguardian.com/technology/2023/sep/09/x-twitter-bots-republican-primary-debate-tweets-increase>; Stefan Wojcik *et al.*, «Bots in the Twittersphere», Pew Research Center, 9 de abril de 2018, <www.pewresearch.org/internet/2018/04/09/bots-in-the-twittersphere/>; Jack Nicas, «Why Can't the Social Networks Stop Fake Accounts?», *The New York Times*, 8 de diciembre de 2020, <www.nytimes.com/2020/12/08/technology/why-cant-the-social-networks-stop-fake-accounts.html>.

50. Sari Nusseibeh, *What Is a Palestinian State Worth?*, Cambridge, Harvard University Press, 2011, p. 48.

51. Michael Lewis, *The Big Short: Inside the Doomsday Machine*, Nueva York, W. W. Norton, 2010; Marcin Wojtowicz, «CDOs and the Financial Crisis: Credit Ratings and Fair Premia», *Journal of Banking and Finance*, 39 (2014), pp. 1-13; Robert A. Jarrow, «The Role of ABS, CDS, and CDOs in the Credit Crisis and the Economy», *Rethinking the Financial Crisis*, 202 (2011), pp. 210-235; Bilal Aziz Poswal, «Financial Innovations: Role of CDOs, CDS, and Securitization During the US Financial Crisis 2007-2009», *Ecorfan Journal*, 3, n.º 6 (2012), pp. 125-139.

52. *Citizens United v. FEC*, 558 U.S. 310 (2010), <supreme.justia.com/cases/federal/us/558/310/>; Amy B. Wang, «Senate Republicans Block Bill to Require Disclosure of "Dark Money" Donors», *The Washington Post*, 22 de septiembre de 2022, <www.washingtonpost.com/politics/2022/09/22/senate-republicans-campaign-finance/>.

53. Vincent Bakpetu Thompson, *The Making of the African Diaspora in the Americas, 1441-1900*, Londres, Longman, 1987; Mark M. Smith y Robert L. Paquette, eds., *The Oxford Handbook of Slavery in the Americas*, Nueva York, Oxford University Press, 2010; John H. Moore, ed., *The Encyclopedia of Race and Racism*, Nueva York, Macmillan Reference USA, 2008; Jack D. Forbes, «The Evolution of the Term Mulatto: A Chapter in Black-Native American Relations», *Journal of Ethnic Studies*, 10, n.º 2 (1982), pp. 45-66; April J. Mayes, *The Mulatto Republic: Class, Race, and Dominican National Identity*, Gainesville, University Press of Florida, 2014; Irene Diggs, «Color in Colonial Spanish America», *Journal of Negro History*, 38, n.º 4 (1953), pp. 403-427.

54. Sasha Costanza-Chock, *Design Justice: Community-Led Practices to Build the Worlds We Need*, Cambridge, MIT Press, 2020; D'Ignazio y Klein, *Data Feminism*; Ruha Benjamin, *Race After Technology: Abolitionist Tools for the New Jim Code*, Cambridge, Polity Press, 2019; Virginia Eubanks, *Automating Inequality: How High-Tech Tools Profile, Police, and Punish the Poor*, Nueva York, St. Martin's Press, 2018. [Hay trad. cast.: *La automatización de la desigualdad. Herramientas de tecnología avanzada para supervisar y castigar a los pobres*, Madrid, Capitán Swing, 2021]; Wendy Hui Kyong Chun, *Discriminating Data: Correlation, Neighborhoods, and the New Politics of Recognition*, Cambridge, MIT Press, 2021.

55. Peter Lee, «Learning from Tay's Introduction», Microsoft Official Blog, 25 de marzo de 2016, <blogs.microsoft.com/blog/2016/03/25/learning-tays-introduction/>; Alex Hern, «Microsoft Scrambles to Limit PR Damage over Abusive AI Bot Tay», *The Guardian*, 24 de marzo de 2016, <www.theguardian.com/technology/2016/mar/24/microsoft-scrambles-limit-pr-damage-over-abusive-ai-bot-tay>; «Microsoft Pulls Robot After It Tweets "Hitler Was Right I Hate the Jews"», *Haaretz*, 24 de marzo de 2016, <www.haaretz.com/science-and-health/2016-03-24/ty-article/microsoft-pulls-robot-after-it-tweets-hitler-was-right-i-hate-the-jews/0000017f-dede-d856-a37f-ffde9a9c0000>; Elle Hunt, «Tay, Microsoft's AI Chatbot, Gets a Crash Course in Racism from Twitter», *The Guardian*, 24 de marzo de 2016, <www.theguardian.com/technology/2016/mar/24/tay-microsofts-ai-chatbot-gets-a-crash-course-in-racism-from-twitter>.

56. Morgan Klaus Scheuerman, Madeleine Pape y Alex Hanna, «Auto-essentialization: Gender in Automated Facial Analysis as Extended Colonial Project», *Big Data and Society*, 8, n.º 2 (2021), artículo 20539517211053712.

57. D'Ignazio y Klein, *Data Feminism*, pp. 29-30.

58. Yoni Wilkenfeld, «Can Chess Survive Artificial Intelligence?», *New Atlantis*, 58 (2019), p. 37.

59. *Ibid.*

60. Matthew Hutson, «How Researchers Are Teaching AI to Learn Like a Child», *Science*, 24 de mayo de 2018, <www.science.org/content/article/how-researchers-are-teaching-ai-learn-child>; Oliwia Koteluk *et al.*, «How Do Machines Learn? Artificial Intelligence as a New Era in Medicine», *Journal of Personalized Medicine*, 11 (2021), artículo 32; Mohsen Soori, Behrooz Arezoo y Roza Dastres, «Artificial Intelligence, Machine Learning, and Deep Learning in Advanced Robotics: A Review», *Cognitive Robotics*, 3 (2023), pp. 54-70.

61. Christian, *Alignment Problem*, p. 31; D'Ignazio y Klein, *Data Feminism*, pp. 29-30.

62. Christian, *Alignment Problem*, p. 32; Joy Buolamwini y Timnit Gebru, «Gender Shades: Intersectional Accuracy Disparities in Commercial Gender Classification», en *Proceedings of the 1st Conference on Fairness, Accountability, and Transparency, PMLR*, 81 (2018), pp. 77-91.

63. Lee, «Learning from Tay's Introduction».

64. D'Ignazio y Klein, *Data Feminism*, p. 28; Jeffrey Dastin, «Insight—Amazon Scraps Secret AI Recruiting Tool That Showed Bias Against Women», Reuters, 11 de octubre de 2018, <www.reuters.com/article/idUSKCN1MK0AG/>.

65. Christianne Corbett y Catherine Hill, *Solving the Equation: The Variables for Women's Success in Engineering and Computing*, Washington, D. C., American Association of University Women, 2015, pp. 47-54.

66. D'Ignazio y Klein, *Data Feminism*.

67. Meghan O'Gieblyn, *God, Human, Animal, Machine: Technology, Metaphor, and the Search for Meaning*, Nueva York, Anchor, 2022, pp. 197-216.

68. Brinkmann *et al.*, «Machine Culture».

69. Suleyman, *Coming Wave*, p. 164.

70. Brinkmann *et al.*, «Machine Culture»; Bengio *et al.*, «Managing Extreme AI Risks Amid Rapid Progress».

9. Democracias: ¿podemos mantener todavía una conversación?

1. Andreessen, «Why AI Will Save the World»; Ray Kurzweil, *The Singularity Is Nearer: When We Merge with AI*, Londres, The Bodley Head, 2024.

2. Laurie Laybourn-Langton, Lesley Rankin y Darren Baxter, *This Is a Crisis: Facing Up to the Age of Environmental Breakdown*, Institute for Public Policy Research, 1 de febrero de 2019, p. 12, <www.jstor.org/stable/resrep21894.5>.

3. Kenneth L. Hacker y Jan van Dijk, eds., *Digital Democracy: Issues of Theory and Practice*, Nueva York, Sage, 2000; Anthony G. Wilhelm, *Democracy in the Digital Age: Challenges to Political Life in Cyberspace*, Londres, Routledge, 2002; Elaine C. Kamarck y Joseph S. Nye, eds., *Governance.com: Democracy in the Information Age*, Londres, Rowman & Littlefield,

2004; Zizi Papacharissi, *A Private Sphere: Democracy in a Digital Age*, Cambridge, Polity, 2010; Costa Vayenas, *Democracy in the Digital Age*, Cambridge, Arena Books, 2017; Giancarlo Vilella, *E-democracy: On Participation in the Digital Age*, Baden-Baden, Nomos, 2019; Volker Boehme-Nessler, *Digitising Democracy: On Reinventing Democracy in the Digital Era—a Legal, Political, and Psychological Perspective*, Berlín, Springer Nature, 2020; Sokratis Katsikas y Vasilios Zorkadis, *E-democracy: Safeguarding Democracy and Human Rights in the Digital Age*, Berlín, Springer International, 2020.

4. Thomas Reuters Popular Law, «Psychotherapist-Patient Privilege», <uk.practicallaw.thomsonreuters.com/6-522-3158>; Departamento de Salud y Servicios Humanos de Estados Unidos, «Minimum Necessary Requirement», <www.hhs.gov/hipaa/for-professionals/privacy/guidance/minimum-necessary-requirement/index.html>; Asociación Europea de Psicoterapia, «EAP Statement on the Legal Position of Psychotherapy in Europe», enero de 2021, disponible en <www.europsyche.org/app/uploads/2021/04/Legal-Position-of-Psychotherapy-in-Europe-2021-Final.pdf>.

5. Marshall Allen, «Health Insurers Are Vacuuming Up Details About You—and It Could Raise Your Rates», ProPublica, 17 de julio de 2018, <www.propublica.org/article/health-insurers-are-vacuuming-up-details-about-you-and-it-could-raise-your-rates>.

6. Jannik Luboeinski y Christian Tetzlaff, «Organization and Priming of Long-Term Memory Representations with Two-Phase Plasticity», *Cognitive Computation*, 15, n.º 4 (2023), pp. 1211-1230.

7. Muhammad Imran Razzak, Muhammad Imran y Guandong Xu, «Big Data Analytics for Preventive Medicine», *Neural Computing and Applications*, 32 (2020), pp. 4417-4451; Gaurav Laroia *et al.*, «A Unified Health Algorithm That Teaches Itself to Improve Health Outcomes for Every Individual: How Far into the Future Is It?», *Digital Health*, 8 (2022), artículo 20552076221074126.

8. Nicholas H. Dimsdale, Nicholas Horsewood y Arthur Van Riel, «Unemployment in Interwar Germany: An Analysis of the Labor Market, 1927-1936», *Journal of Economic History*, 66, n.º 3 (2006), pp. 778-808.

9. Hubert Dreyfus, *What Computers Can't Do*, Nueva York, Harper and Row, 1972. Véase también Brett Karlan, «Human Achievement and Artificial Intelligence», *Ethics and Information Technology*, 25 (2023), artículo 40, <doi.org/10.1007/s10676-023-09713-x>; Francis Mechner, «Chess as a Behavioral Model for Cognitive Skill Research: Review of Blindfold Chess by Eliot Hearst and John Knott», *Journal of Experimental*

Analysis Behavior, 94, n.º 3 (noviembre de 2010), pp. 373-386, <doi:10.1901/jeab.2010.94-373>; Gerd Gigerenzer, *How to Stay Smart in a Smart World: Why Human Intelligence Still Beats Algorithms*, Cambridge, MIT Press, 2022, p. 21.

10. Eda Ergin *et al.*, «Can Artificial Intelligence and Robotic Nurses Replace Operating Room Nurses? The Quasi-experimental Research», *Journal of Robotic Surgery*, 17, n.º 4 (2023), pp. 1847-1855; Nancy Robert, «How Artificial Intelligence Is Changing Nursing», *Nursing Management*, 50, n.º 9 (2019), pp. 30-39; Aprianto Daniel Pailaha, «The Impact and Issues of Artificial Intelligence in Nursing Science and Healthcare Settings», *SAGE Open Nursing*, 9 (2023), artículo 23779608231196847.

11. Erik Cambria *et al.*, «Seven Pillars for the Future of Artificial Intelligence», *IEEE Intelligent Systems*, 38 (noviembre-diciembre de 2023), pp. 62-69; Marcus du Sautoy, *The Creativity Code: Art and Innovation in the Age of AI*, Cambridge, Belknap Press of Harvard University Press, 2019; Brinkmann *et al.*, «Machine Culture».

12. Acerca de cómo los humanos reconocen las emociones, véase Tony W. Buchanan, David Bibas y Ralph Adolphs, «Associations Between Feeling and Judging the Emotions of Happiness and Fear: Findings from a Large-Scale Field Experiment», *PLOS ONE*, 5, n.º 5 (2010), artículo 10640, <doi.org/10.1371/journal.pone.0010640>; Ralph Adolphs, «Neural Systems for Recognizing Emotion», *Current Opinion in Neurobiology*, 12, n.º 2 (2002), pp. 169-177; Albert Newen, Anna Welpinghus y Georg Juckel, «Emotion Recognition as Pattern Recognition: The Relevance of Perception», *Mind and Language*, 30, n.º 2 (2015), pp. 187-208; Joel Aronoff, «How We Recognize Angry and Happy Emotion in People, Places, and Things», *Cross-Cultural Research*, 40, n.º 1 (2006), pp. 3-105. Sobre la IA y el reconocimiento de las emociones, véase Smith K. Khare *et al.*, «Emotion Recognition and Artificial Intelligence: A Systematic Review (2014-2023) and Research Recommendations», *Information Fusion*, 102 (2024), artículo 102019, <doi.org/10.1016/j.inffus.2023.102019>.

13. Zohar Elyoseph *et al.*, «ChatGPT Outperforms Humans in Emotional Awareness Evaluations», *Frontiers in Psychology*, 14 (2023), artículo 1199058.

14. John W. Ayers *et al.*, «Comparing Physician and Artificial Intelligence Chatbot Responses to Patient Questions Posted to a Public Social Media Forum», *JAMA Internal Medicine*, 183, n.º 6 (2023), pp. 589-596, <jamanetwork.com/journals/jamainternalmedicine/article-abstract/2804309>.

15. Seung Hwan Lee *et al.*, «Forgiving Sports Celebrities with Ethical Transgressions: The Role of Parasocial Relationships, Ethical Intent, and Regulatory Focus Mindset», *Journal of Global Sport Management*, 3, n.º 2 (2018), pp. 124-145.

16. Karlan, «Human Achievement and Artificial Intelligence».

17. Harari, *Homo Deus*, cap. 3.

18. Edmund Burke, *Revolutionary Writings: Reflections on the Revolution in France and the First Letter on a Regicide Peace*, Cambridge, Cambridge University Press, 2014. [Hay trad. cast.: *Reflexiones sobre la revolución en Francia*, Madrid, Alianza, 2003]; F. A. Hayek, *The Road to Serfdom*, Londres, Routledge, 2001; F. A. Hayek, *The Constitution of Liberty: The Definitive Edition*, Londres, Routledge, 2020; Jonathan Haidt, *The Righteous Mind: Why Good People Are Divided by Politics and Religion*, Londres, Vintage, 2012. [Hay trad. cast.: *La mente de los justos. Por qué la política y la religión dividen a la gente sensata*, Barcelona, Ediciones Deuso, 2019]; Yoram Hazony, *Conservatism: A Rediscovery*, Nueva York, Simon & Schuster, 2022; Peter Whitewood, *The Red Army and the Great Terror: Stalin's Purge of the Soviet Military*, Lawrence, University Press of Kansas, 2015.

19. Hazony, *Conservatism*, p. 3.

20. Bureau of Labor Statistics, «Historical Statistics of the United States, Colonial Times to 1970, Part I», *Series D 85-86 Unemployment: 1890-1970* (1975), p. 135; Curtis J. Simon, «The Supply Price of Labor During the Great Depression», *Journal of Economic History*, 61, n.º 4 (2001), pp. 877-903; Vernon T. Clover, «Employees' Share of National Income, 1929-1941», *Fort Hays Kansas State College Studies: Economics Series*, 1 (1943), p. 194; Stanley Lebergott, «Labor Force, Employment, and Unemployment, 1929-39: Estimating Methods», *Monthly Labor Review*, 67, n.º 1 (1948), p. 51; Robert Roy Nathan, *National Income, 1929-36, of the United States*, Washington, D. C., U.S. Government Printing Office, 1939, p. 15, tabla 3.

21. David M. Kennedy, «What the New Deal Did», *Political Science Quarterly*, 124, n.º 2 (2009), pp. 251-268.

22. William E. Leuchtenburg, *In the Shadow of FDR: From Harry Truman to Barack Obama*, Ithaca, Cornell University Press, 2011, pp. 48-49.

23. Suleyman, *Coming Wave*.

24. Michael L. Birzer y Richard B. Ellis, «Debunking the Myth That All Is Well in the Home of *Brown v. Topeka Board of Education:* A Study of Perceived Discrimination», *Journal of Black Studies*, 36, n.º 6 (2006), pp. 793-814.

25. United States Supreme Court, *Brown v. Board of Education*, 17 de mayo de 1954, disponible en <www.archives.gov/milestone-documents/brown-v-board-of-education#transcript>.

26. «*State v. Loomis:* Wisconsin Supreme Court Requires Warning Before Use of Algorithmic Risk Assessments in Sentencing», *Harvard Law Review*, 130 (2017), pp. 1530-1537.

27. Rebecca Wexler, «When a Computer Program Keeps You in Jail: How Computers Are Harming Criminal Justice», *The New York Times*, 13 de junio de 2017, <www.nytimes.com/2017/06/13/opinion/how-computers-are-harming-criminal-justice.html>; Ed Yong, «A Popular Algorithm Is No Better at Predicting Crimes Than Random People», *Atlantic*, 17 de enero de 2018, <www.theatlantic.com/technology/archive/2018/01/equivant-compas-algorithm/550646/>.

28. Mitch Smith, «In Wisconsin, a Backlash Against Using Data to Foretell Defendants' Futures», *The New York Times*, 22 de junio de 2016, <www.nytimes.com/2016/06/23/us/backlash-in-wisconsin-against-using-data-to-foretell-defendants-futures.html>.

29. Eric Holder, «Speech Presented at the National Association of Criminal Defense Lawyers 57th Annual Meeting and 13th State Criminal Justice Network Conference, Philadelphia, PA», *Federal Sentencing Reporter*, 27, n.º 4 (2015), pp. 252-255; Sonja B. Starr, «Evidence-Based Sentencing and the Scientific Rationalization of Discrimination», *Stanford Law Review*, 66, n.º 4 (2014), pp. 803-872; Cecelia Klingele, «The Promises and Perils of Evidence-Based Corrections», *Notre Dame Law Review*, 91, n.º 2 (2015), pp. 537-584; Jennifer L. Skeem y Jennifer Eno Louden, «Assessment of Evidence on the Quality of the Correctional Offender Management Profiling for Alternative Sanctions (COMPAS)», Center for Public Policy Research, 26 de diciembre de 2007, <cpb-us-e2.wpmucdn.com/sites.uci.edu/dist/0/1149/files/2013/06/CDCR-Skeem-EnoLouden-COMPASeval-SECONDREVISION-final-Dec-28-07.pdf>; Julia Dressel y Hany Farid, «The Accuracy, Fairness, and Limits of Predicting Recidivism», *Science Advances*, 4, n.º 1 (2018), artículo eaao5580; Julia Angwin *et al.*, «Machine Bias», ProPublica, 23 de mayo de 2016, <www.propublica.org/article/machine-bias-risk-assessments-in-criminal-sentencing>. No obstante, véase también Sam Corbett-Davies *et al.*, «A Computer Program Used for Bail and Sentencing Decisions Was Labeled Biased Against Blacks: It's Actually Not That Clear», *The Washington Post*, 17 de octubre de 2016, <www.washingtonpost.com/news/monkey-cage/wp/2016/10/17/can-an-

algorithm-be-racist-our-analysis-is-more-cautious-than-propublicas>.

30. «*State v. Loomis:* Wisconsin Supreme Court Requires Warning Before Use of Algorithmic Risk Assessments in Sentencing».

31. Seena Fazel *et al.*, «The Predictive Performance of Criminal Risk Assessment Tools Used at Sentencing: Systematic Review of Validation Studies», *Journal of Criminal Justice*, 81 (2022), artículo 101902; Jay Singh *et al.*, «International Perspectives on the Practical Application of Violence Risk Assessment: A Global Survey of 44 Countries», *International Journal of Forensic Mental Health*, 13, n.º 3 (2014), pp. 193-206; Melissa Hamilton y Pamela Ugwudike, «A "Black Box" AI System Has Been Influencing Criminal Justice Decisions for over Two Decades—It's Time to Open It Up», The Conversation, 26 de julio de 2023, <theconversation.com/a-black-box-ai-system-has-been-influencing-criminal-justice-decisions-for-over-two-decades-its-time-to-open-it-up-200594>; Federal Bureau of Prisons, «PATTERN Risk Assessment», consultado el 11 de enero de 2024, <www.bop.gov/inmates/fsa/pattern.jsp>.

32. Manish Raghavan *et al.*, «Mitigating Bias in Algorithmic Hiring: Evaluating Claims and Practices», en *Proceedings of the 2020 Conference on Fairness, Accountability, and Transparency* (2020), pp. 469-481; Nicol Turner Lee y Samantha Lai, «Why New York City Is Cracking Down on AI in Hiring», Brookings Institution, 20 de diciembre de, 2021, <www.brookings.edu/articles/why-new-york-city-is-cracking-down-on-ai-in-hiring/>; Sian Townson, «AI Can Make Bank Loans More Fair», *Harvard Business Review*, 6 de noviembre de 2020, <hbr.org/2020/11/ai-can-make-bank-loans-more-fair>; Robert Bartlett *et al.*, «Consumer-Lending Discrimination in the FinTech Era», *Journal of Financial Economics*, 143, n.º 1 (2022), pp. 30-56; Mugahed A. Al-Antari, «Artificial Intelligence for Medical Diagnostics—Existing and Future AI Technology!», *Diagnostics*, 13, n.º 4 (2023), artículo 688; Thomas Davenport y Ravi Kalakota, «The Potential for Artificial Intelligence in Healthcare», *Future Healthcare Journal*, 6, n.º 2 (2019), pp. 94-98.

33. Comisión Europea, «Can I Be Subject to Automated Individual Decision-Making, Including Profiling?», consultado el 11 de enero de 2024, <commission.europa.eu/law/law-topic/data-protection/reform/rights-citizens/my-rights/can-i-be-subject-automated-individual-decision-making-including-profiling_en>.

34. Suleyman, *Coming Wave*, p. 54.

35. Brinkmann *et al.*, «Machine Culture».

36. Suleyman, *Coming Wave*, p. 80. Véase también Tilman Räuker *et al.*, «Toward Transparent AI: A Survey on Interpreting the Inner Structures of Deep Neural Networks», *2023 IEEE Conference on Secure and Trustworthy Machine Learning (SaTML)*, febrero de 2023, pp. 464-483, <doi:10.1109/SaTML54575.2023.00039>.

37. Adele Atkinson, Chiara Monticone y Flore-Anne Messi, *OECD/INFE International Survey of Adult Financial Literacy Competencies*, París, OECD, 2016, <web-archive.oecd.org/2018-12-10/417183-OECD-INFE-International-Survey-of-Adult-Financial-Literacy-Competencies.pdf>.

38. DODS, «Parliamentary Perceptions of the Banking System», julio de 2014, <positivemoney.org/wp-content/uploads/2014/08/Positive-Money-Dods-Monitoring-Poll-of-MPs.pdf>.

39. Jacob Feldman, «The Simplicity Principle in Human Concept Learning», *Current Directions in Psychological Science* 12, n.° 6 (2003), pp. 227-232; Bethany Kilcrease, *Falsehood and Fallacy: How to Think, Read, and Write in the Twenty-First Century*, Toronto, University of Toronto Press, 2021, p. 115; Christina N. Lessov-Schlaggar, Joshua B. Rubin y Bradley L. Schlaggar, «The Fallacy of Univariate Solutions to Complex Systems Problems», *Frontiers in Neuroscience*, 10 (2016), artículo 267.

40. D'Ignazio y Klein, *Data Feminism*, p. 54.

41. Tobias Berg *et al.*, «On the Rise of FinTechs: Credit Scoring Using Digital Footprints», *Review of Financial Studies*, 33, n.° 7 (2020), pp. 2845-2897, <doi.org/10.1093/rfs/hhz099>.

42. Tobias Berg *et al.*, «On the Rise of FinTechs: Credit Scoring Using Digital Footprints», *Review of Financial Studies* 33, n.° 7 (2020), pp. 2845-2897, <doi.org/10.1093/rfs/hhz099>; Lin Ma *et al.*, «A New Aspect on P2P Online Lending Default Prediction Using Meta-level Phone Usage Data in China», *Decision Support Systems*, 111 (2018), pp. 60-71; Li Yuan, «Want a Loan in China? Keep Your Phone Charged», *Wall Street Journal*, 6 de abril de 2017, <www.wsj.com/articles/want-a-loan-in-china-keep-your-phone-charged-1491474250>.

43. Brinkmann *et al.*, «Machine Culture».

44. Jesse S. Summers, «*Post Hoc Ergo Propter Hoc:* Some Benefits of Rationalization», *Philosophical Explorations*, 20, n.° 1 (2017), pp. 21-36; Richard E. Nisbett y Timothy D. Wilson, «Telling More Than We Can Know: Verbal Reports on Mental Processes», *Psychological Review*, 84, n.° 3 (1977), p. 231; Daniel M. Wegner y Thalia Wheatley, «Apparent Mental Causation: Sources of the Experience of Will», *American Psychologist*,

54, n.º 7 (1999), pp. 480-492; Benjamin Libet, «Do We Have Free Will?», *Journal of Consciousness Studies*, 6, n.os 8-9 (1999), pp. 47-57; Jonathan Haidt, «The Emotional Dog and Its Rational Tail: A Social Intuitionist Approach to Moral Judgment», *Psychological Review*, 108, n.º 4 (2001), pp. 814-834; Joshua D. Greene, «The Secret Joke of Kant's Soul», *Moral Psychology*, 3 (2008), pp. 35-79; William Hirstein, ed., *Confabulation: Views from Neuroscience, Psychiatry, Psychology, and Philosophy*, Nueva York, Oxford University Press, 2009; Michael Gazzaniga, *Who's in Charge? Free Will and the Science of the Brain*, Londres, Robinson, 2012. [Hay trad. cast.: *¿Quién manda aquí? El libre albedrío y la ciencia del cerebro*, Barcelona, Paidós, 2012]; Fiery Cushman y Joshua Greene, «The Philosopher in the Theater», en Mario Mikulincer y Phillip R. Shaver, eds., *The Social Psychology of Morality: Exploring the Causes of Good and Evil*, Washington, D. C., APA Press, 2011, pp. 33-50.

45. Shai Danziger, Jonathan Levav y Liora Avnaim-Pesso, «Extraneous Factors in Judicial Decisions», *Proceedings of the National Academy of Sciences*, 108, n.º 17 (2011), pp. 6889-6892; Keren Weinshall-Margel y John Shapard, «Overlooked Factors in the Analysis of Parole Decisions», *Proceedings of the National Academy of Sciences*, 108, n.º 42 (2011), artículo E833.

46. Julia Dressel y Hany Farid, «The Accuracy, Fairness, and Limits of Predicting Recidivism», *Science Advances*, 4, n.º 1 (2018), artículo eaao5580; Klingele, «Promises and Perils of Evidence-Based Corrections»; Alexander M. Holsinger *et al.*, «A Rejoinder to Dressel and Farid: New Study Finds Computer Algorithm Is More Accurate Than Humans at Predicting Arrest and as Good as a Group of 20 Lay Experts», *Federal Probation*, 82 (2018), pp. 50-55; D'Ignazio y Klein, *Data Feminism*, pp. 53-54.

47. The EU Artificial Intelligence Act, Comisión_Europea, 21 de abril de 2021, <artificialintelligenceact.eu/the-act/>. La ley dice: «Quedan prohibidas las siguientes prácticas de IA [...]: c) La introducción en el mercado, la puesta en servicio o la utilización de sistemas de IA con el fin de evaluar o clasificar *a personas físicas o a grupos de personas* durante un periodo determinado de tiempo atendiendo a su comportamiento social o a características personales o de su personalidad conocidas, *inferidas* o predichas, de forma que la puntuación ciudadana resultante provoque una o varias de las situaciones siguientes: i) un trato perjudicial o desfavorable hacia determinadas personas físicas o grupos enteros de personas en contextos sociales que no guarden relación con los contextos donde se generaron o recabaron los datos originalmente; ii) un trato perjudicial o desfa-

vorable hacia determinadas personas físicas o grupos de personas que sea injustificado o desproporcionado con respecto a su comportamiento social o la gravedad de este» (43).

48. Alessandro Bessi y Emilio Ferrara, «Social Bots Distort the 2016 U.S. Presidential Election Online Discusión», *First Monday*, 21, n.º 11 (2016), pp. 1-14.

49. Luca Luceri, Felipe Cardoso y Silvia Giordano, «Down the Bot Hole: Actionable Insights from a One-Year Analysis of Bot Activity on Twitter», *First Monday*, 26, n.º 3 (2021), <firstmonday.org/ojs/index.php/fm/article/download/11441/10079>.

50. David F. Carr, «Bots Likely Not a Big Part of Twitter's Audience—but Tweet a Lot», Similarweb Blog, 8 de septiembre de 2022, <www.similarweb.com/blog/insights/social-media-news/twitter-bot-research-news/>; «Estimating Twitter's Bot-Free Monetizable Daily Active Users (mDAU)», Similarweb Blog, 8 de septiembre de 2022, <www.similarweb.com/blog/insights/social-media-news/twitter-bot-research/>.

51. Giovanni Spitale, Nikola Biller-Andorno y Federico Germani, «AI Model GPT-3 (Dis)informs Us Better Than Humans», *Science Advances*, 9, n.º 26 (2023), <doi.org/10.1126/sciadv.adh1850>.

52. Daniel C. Dennett, «The Problem with Counterfeit People», *Atlantic*, 16 de mayo de 2023, <www.theatlantic.com/technology/archive/2023/05/problem-counterfeit-people/674075/>.

53. Véase, por ejemplo, Hannes Kleineke, «The Prosecution of Counterfeiting in Lancastrian England», en Martin Allen y Matthew Davies, eds., *Medieval Merchants and Money: Essays in Honor of James L. Bolton*, Londres, University of London Press, 2016, pp. 213-226; Susan L'Engle, «Justice in the Margins: Punishment in Medieval Toulouse», *Viator*, 33 (2002), pp. 133-165; Trevor Dean, *Crime in Medieval Europe, 1200-1550*, Londres, Routledge, 2014.

54. Dennett, «Problem with Counterfeit People».

55. Mariam Orabi *et al.*, «Detection of Bots in Social Media: A Systematic Review», *Information Processing and Management*, 57, n.º 4 (2020), artículo 102250; Aaron J. Moss *et al.*, «Bots or Inattentive Humans? Identifying Sources of Low-Quality Data in Online Platforms» (prepublicación, enviado el 2021), <osf.io/preprints/psyarxiv/wr8ds>; Max Weiss, «Deepfake Bot Submissions to Federal Public Comment Websites Cannot Be Distinguished from Human Submissions», *Technology Science*, 17 de diciembre de 2019; Adrian Rauchfleisch y Jonas Kaiser, «The False

Positive Problem of Automatic Bot Detection in Social Science Research», *PLOS ONE*, 15, n.º 10 (2020), artículo e0241045; Giovanni C. Santia, Munif Ishad Mujib y Jake Ryland Williams, «Detecting Social Bots on Facebook in an Information Veracity Context», *Proceedings of the International AAAI Conference on Web and Social Media*, 13 (2019), pp. 463-472.

56. Drew DeSilver, «The Polarization in Today's Congress Has Roots That Go Back Decades», Pew Research Center, 10 de marzo de 2022, <www.pewresearch.org/short-reads/2022/03/10/the-polarization-in-todays-congress-has-roots-that-go-back-decades/>; Lee Drutman, «Why Bipartisanship in the Senate Is Dying», FiveThirtyEight, 27 de septiembre de 2021, <fivethirtyeight.com/features/why-bipartisanship-in-the-senate-is-dying/>.

57. Gregory A. Caldeira, «Neither the Purse nor the Sword: Dynamics of Public Confidence in the Supreme Court», *American Political Science Review*, 80, n.º 4 (1986), pp. 1209-1226, <doi.org/10.2307/1960864>.

10. Totalitarismo: ¿todo el poder para los algoritmos?

1. Véanse, por ejemplo, estos libros por otra parte excelentes y esclarecedores: Zuboff, *Age of Surveillance Capitalism*; Fisher, *Chaos Machine*; Christian, *Alignment Problem*; D'Ignazio y Klein, *Data Feminism*; Costanza-Chock, *Design Justice*; Kai-Fu Lee, *AI Superpowers: China, Silicon Valley, and the New World Order*, Nueva York, Houghton Mifflin, 2018. [Hay trad. cast.: *Superpotencias de la inteligencia artificial. China, Silicon Valley y el nuevo orden mundial*, Barcelona, Ediciones Deusto, 2020], es un contraejemplo interesante. Véase también Mark Coeckelbergh, *AI Ethics*, Cambridge, MIT Press, 2020. [Hay trad. cast.: *Ética de la inteligencia artificial*, Madrid, Cátedra, 2021].

2. El Instituto de las Variedades de la Democracia, de la Universidad de Gotemburgo, calculaba que, en 2022, el 72 por ciento de la población mundial (5.700 millones de personas) vivía bajo regímenes autoritarios o totalitarios. Véase V-Dem Institute, *Defiance in the Face of Autocratization* (2023), <v-dem.net/documents/29/V-dem_democracyreport2023_lowres.pdf>.

3. Chicago Tribune Staff, «McDonald's: 60 Years, Billions Served», *Chicago Tribune*, 15 de abril de 2015, <www.chicagotribune.com/business/chi-mcdonalds-60-years-20150415-story.html>.

4. Alphabet, «2022 Alphabet Annual Report», 2023, <abc.xyz/assets/d4/4f/a48b94d548d0b2fdc029a95e8c63/2022-alphabet-annual-report.pdf>; Statcounter, «Search Engine Market Share Worldwide—December 2023», consultado el 12 de enero de 2024, <gs.statcounter.com/search-engine-market-share>; Jason Wise, «How Many People Use Search Engines in 2024?», Earthweb, 16 de noviembre de 2023, <earthweb.com/search-engine-users/>.

5. Google Search, «How Google Search Organizes Information», consultado el 12 de enero de 2024, <www.google.com/search/howsearchworks/how-search-works/organizing-information/>; Statcounter, «Browser Market Share Worldwide», consultado el 12 de enero de 2024, <gs.statcounter.com/search-engine-market-share>.

6. Parliamentary Counsel Office of New Zealand, «Privacy Act 2020», 6 de diciembre de 2023, <www.legislation.govt.nz/act/public/2020/0031/latest/LMS23223.html>; Jessie Yeung, «China's Sitting on a Goldmine of Genetic Data—and It Doesn't Want to Share», CNN, 12 de agosto de 2023, <edition.cnn.com/2023/08/11/china/china-human-genetic-resources-regulations-intl-hnk-dst/index.html>.

7. Dionysis Zindros, «The Illusion of Blockchain Democracy: One Coin Equals One Vote», Nesta Foundation, 14 de septiembre de 2020, <www.nesta.org.uk/report/illusion-blockchain-democracy-one-coin-equals-one-vote/>; Lukas Schädler, Michael Lustenberger y Florian Spychiger, «Analyzing Decision-Making in Blockchain Governance», *Frontiers in Blockchain* 23, n.º 6 (2023); PricewaterhouseCoopers, «Estonia—the Digital Republic Secured by Blockchain», 2019, <www.pwc.com/gx/en/services/legal/tech/assets/estonia-the-digital-republic-secured-by-blockchain.pdf>; Bryan Daugherty, «Why Governments Need to Embrace Blockchain Technology», *Evening Standard*, 31 de mayo de 2023, <www.standard.co.uk/business/government-blockchain-technology-business-b1080774.html>.

8. Dion Casio, *Historia romana*, libro 78.

9. Adrastos Omissi, «*Damnatio Memoriae* or *Creatio Memoriae*? Memory Sanctions as Creative Processes in the Fourth Century AD», *Cambridge Classical Journal*, 62 (2016), pp. 170-199.

10. David King, *The Commissar Vanishes: The Falsification of Photographs and Art in Stalin's Russia*, Nueva York, Henry Holt, 1997; Herman Ermolaev, *Censorship in Soviet Literature, 1917-1991*, Lanham, Rowman & Littlefield, 1997, pp. 56, 59, 62 y 67-68; Denis Skopin, *Photography and Political Repressions in Stalin's Russia: Defacing the Enemy*, Nueva York, Routledge, 2022; Figes, *Whisperers*, p. 298.

11. Amnistía Internacional, Declaración Pública, EUR 46/7017/2023, «Russia: Under the "Eye of Sauron": Persecution of Critics of the Aggression Against Ukraine», 20 de julio de 2023, p. 2, <www.amnesty.org/en/documents/eur46/7017/2023/en/>.

12. Sandra Bingham, *The Praetorian Guard: A History of Rome's Elite Special Forces*, Londres, I. B. Tauris, 2013.

13. Tácito, *Anales*, libro 4.41.

14. *Ibid.*, libro 6.50.

15. Albert Einstein *et al.*, «The Russell-Einstein Manifesto [1955]», *Impact of Science on Society—Unesco*, 26, n.º 12 (1976), pp. 15-16.

11. El Telón de Silicio: ¿imperio global o fisura global?

1. Suleyman, *Coming Wave*, pp. 12-13, 173-177 y 207-213; Emily H. Soice *et al.*, «Can Large Language Models Democratize Access to Dual-Use Biotechnology?» (prepublicación, enviado en 2023), <doi.org/10.48550/arXiv.2306.03809>; Sepideh Jahangiri *et al.*, «Viral and Non-viral Gene Therapy Using 3D (Bio) Printing», *Journal of Gene Medicine*, 24, n.º 12 (2022), artículo e3458; Tommaso Zandrini *et al.*, «Breaking the Resolution Limits of 3D Bioprinting: Future Opportunities and Present Challenges», *Trends in Biotechnology*, 41, n.º 5 (2023), pp. 604-614.

2. «China's Foreign Minister Visits Tonga After Pacific Islands Delay Regional Pact», Reuters, 31 de mayo de 2022, <www.reuters.com/world/asia-pacific/chinas-foreign-minister-visits-tonga-after-pacific-islands-delay-regional-pact-2022-05-31/>; David Wroe, «China Eyes Vanuatu Military Base in Plan with Global Ramifications», *Sydney Morning Herald*, 9 de abril de 2018, <www.smh.com.au/politics/federal/china-eyes-vanuatu-military-base-in-plan-with-global-ramifications-20180409-p4z8j9.html>; Kirsty Needham, «China Seeks Pacific Islands Policing, Security Cooperation—Document», Reuters, 25 de mayo de 2022, <www.reuters.com/world/asia-pacific/exclusive-china-seeks-pacific-islands-policing-security-cooperation-document-2022-05-25/>; Departamento de Relaciones Exteriores y Comercio de Australia, «Australia-Tuvalu Falepili Union», consultado el 12 de enero de 2024, <www.dfat.gov.au/geo/tuvalu/australia-tuvalu-falepili-union>; Joel Atkinson, «Why Tuvalu Still Chooses Taiwan», East Asia Forum, 24 de octubre de 2022, <www.eastasiaforum.org/2022/10/24/why-tuvalu-still-chooses-taiwan/>.

3. Thomas G. Otte y Keith Neilson, eds., *Railways and International*

Politics: Paths of Empire, 1848-1945, Londres, Routledge, 2012; Matthew Alexander Scott, «Transcontinentalism: Technology, Geopolitics, and the Baghdad and Cape-Cairo Railway Projects, c. 1880-1930» (tesis doctoral, Newcastle University, 2018).

4. Kevin Kelly, «The Three Breakthroughs That Have Finally Unleashed AI on the World», *Wired*, 27 de octubre de 2014, <www.wired.com/2014/10/future-of-artificial-intelligence/>.

5. «From Not Working to Neural Networking», *Economist*, 23 de junio de 2016, <www.economist.com/special-report/2016/06/23/from-not-working-to-neural-networking>.

6. Liat Clark, «Google's Artificial Brain Learns to Find Cat Videos», *Wired*, 26 de junio de 2012, <www.wired.com/2012/06/google-x-neural-network/>; Jason Johnson, «This Deep Learning AI Generated Thousands of Creepy Cat Pictures», *Vice*, 14 de julio de 2017, <www.vice.com/en/article/a3dn9j/this-deep-learning-ai-generated-thousands-of-creepy-cat-pictures>.

7. Amnistía Internacional, «Automated Apartheid: How Facial Recognition Fragments, Segregates, and Controls Palestinians in the OPT», 2 de mayo de 2023, 42-43, <www.amnesty.org/en/documents/mde15/6701/2023/en/>.

8. En 2023, el artículo que describía el desarrollo y la arquitectura de AlexNet se había citado más de 120.000 veces, lo que lo convierte en uno de los artículos académicos más influyentes de la historia moderna: Alex Krizhevsky, Ilya Sutskever y Geoffrey E. Hinton, «Imagenet Classification with Deep Convolutional Neural Networks», *Advances in Neural Information Processing Systems*, 25 (2012). Véase también Mohammed Zahangir Alom *et al.*, «The History Began from AlexNet: A Comprehensive Survey on Deep Learning Approaches» (prepublicación, enviado en 2018), <doi.org/10.48550/arXiv.1803.01164>.

9. David Lai, *Learning from the Stones: A Go Approach to Mastering China's Strategic Concept, Shi*, Carlisle, U.S. Army War College, Strategic Studies Institute, 2004; Zhongqi Pan, «*Guanxi*, *Weiqi*, and Chinese Strategic Thinking», *Chinese Political Science Review*, 1 (2016), pp. 303-321; Timothy J. Demy, James Giordano y Gina Granados Palmer, «Chess vs Go—Strategic Strength, Gamecraft, and China», *National Defense*, 8 de julio de 2021, <www.nationaldefensemagazine.org/articles/2021/7/8/chess-vs-go---strategic-strength-gamecraft-and-china>; David Vergun, «Ancient Game Used to Understand U.S.-China Strategy», U.S. Army, 25 de mayo de 2016, <www.army.mil/article/168505/ancient_game_

used_to_understand_u_s_china_strategy>; «No Go», *Economist*, 19 de mayo de 2011, <www.economist.com/books-and-arts/2011/05/19/no-go>.

10. Suleyman, *Coming Wave*, p. 84.

11. *Ibid.*; Lee, *AI Superpowers*; Shyi-Min Lu, «The CCP's Development of Artificial Intelligence: Impact on Future Operations», *Journal of Social and Political Sciences*, 4, n.º 1 (2021), pp. 93-105; Daitian Li, Tony W. Tong y Yangao Xiao, «Is China Emerging as the Global Leader in AI?», *Harvard Business Review*, 18 de febrero de 2021, <hbr.org/2021/02/is-china-emerging-as-the-global-leader-in-ai>; Robyn Mak, «Chinese AI Arrives by Stealth, Not with a Bang», Reuters, 28 de julio 2023, <www.reuters.com/breakingviews/chinese-ai-arrives-by-stealth-not-with-bang-2023-07-28/>.

12. «"Whoever Leads in AI Will Rule the World": Putin to Russian Children on Knowledge Day», Russia Today, 1 de septiembre de 2017, <www.rt.com/news/401731-ai-rule-world-putin/>; Ministerio de Asuntos Exteriores, «Prime Minister's Statement on the Subject "Creating a Shared Future in a Fractured World" in the World Economic Forum (23 de enero 2018)», 23 de enero de 2018, <www.mea.gov.in/Speeches-Statements.htm?dtl/29378/Prime+Ministers+Keynote+Speech+at+Plenary+Session+of+World+Economic+Forum+Davos+January+23+2018>.

13. Trump White House, «Executive Order on Maintaining American Leadership in AI», 11 de febrero de 2019, <trumpwhitehouse.archives.gov/ai/>; Cade Metz, «Trump Signs Executive Order Promoting Artificial Intelligence», *The New York Times*, 11 de febrero de 2019, <www.nytimes.com/2019/02/11/business/ai-artificial-intelligence-trump.html>.

14. Para un análisis general del colonialismo de datos, véase también Mejias y Couldry, *Data Grab*.

15. Conor Murray, «Here's What Happened When This Massive Country Banned TikTok», *Forbes*, 23 de marzo de 2023, <www.forbes.com/sites/conormurray/2023/03/23/heres-what-happened-when-this-massive-country-banned-tiktok/>; «India Bans TikTok, WeChat, and Dozens More Chinese Apps», BBC, 29 de junio de 2020, <www.bbc.com/news/technology-53225720>.

16. Seung Min Kim, «White House: No More TikTok on Gov't Devices Within 30 Days», Associated Press, 28 de febrero de 2023, <apnews.com/article/technology-politics-united-states-government-ap-top-news-business-95491774cf8f0fe3e2b9634658a22e56>; Stacy Liberatore, «Leaked Audio of More Than 80 TikTok Meetings Reveal China-Based

Employees Are Accessing US User Data, New Report Claims», *Daily Mail*, 17 de junio de 2022, <www.dailymail.co.uk/sciencetech/article-10928485/Leaked-audio-80-TikTok-meetings-reveal-China-based-employees-accessing-user-data.html>; Dan Milmo, «TikTok's Ties to China: Why Concerns over Your Data Are Here to Stay», *The Guardian*, 7 de noviembre de 2022, <www.theguardian.com/technology/2022/nov/07/tiktoks-china-bytedance-data-concerns>; James Clayton, «TikTok: Chinese App May Be Banned in US, Says Pompeo», BBC, 7 de julio de 2020, <www.bbc.com/news/technology-53319955>.

17. Tess McClure, «New Zealand MPs Warned Not to Use TikTok over Fears China Could Access Data», *The Guardian*, 2 de agosto de 2022, <www.theguardian.com/world/2022/aug/02/new-zealand-mps-warned-not-to-use-tiktok-over-fears-china-could-access-data>; Milmo, «TikTok's Ties to China».

18. Akram Beniamin, «Cotton, Finance, and Business Networks in a Globalized World: The Case of Egypt During the First Half of the Twentieth Century» (tesis doctoral, University of Reading, 2019); Lars Sandberg, «Movements in the Quality of British Cotton Textile Exports, 1815-1913», *Journal of Economic History*, 28, n.º 1 (1968), pp. 1-27; James Hagan y Andrew Wells, «The British and Rubber in Malaya, c. 1890-1940», en *The Past Is Before Us: Proceedings of the Ninth National Labor History Conference*, Sídney, University of Sydney, 2005, pp. 143-150; John H. Drabble, «The Plantation Rubber Industry in Malaya up to 1922», *Journal of the Malaysian Branch of the Royal Asiatic Society*, 40, n.º 1 (1967), pp. 52-77.

19. Paul Erdkamp, *The Grain Market in the Roman Empire: A Social, Political, and Economic Study*, Cambridge, Cambridge University Press, 2005; Eli J. S. Weaverdyck, «Institutions and Economic Relations in the Roman Empire: Consumption, Supply, and Coordination», en Sitta von Reden, ed., *Handbook of Ancient Afro-Eurasian Economies*, vol. 2, *Local, Regional, and Imperial Economies*, Berlín, De Gruyter, 2022, pp. 647-694; Colin Adams, *Land Transport in Roman Egypt: A Study of Economics and Administration in a Roman Province*, Nueva York, Oxford University Press, 2007.

20. Palash Ghosh, «Amazon Is Now America's Biggest Apparel Retailer, Here's Why Walmart Can't Keep Up», Forbes, 17 de marzo de 2021, <www.forbes.com/sites/palashghosh/2021/03/17/amazon-is-now-americas-biggest-apparel-retailer-heres-why-walmart-cant-keep-up/>; Don-Alvin Adegeest, «Amazon's U.S. Marketshare of Clothing Soars to

14.6 Percent», Fashion United, 15 de marzo de 2022, <fashionunited.com/news/retail/amazon-s-u-s-marketshare-of-clothing-soars-to-14-6-percent/2022031546520>.

21. Invest Pakistan, «Textile Sector Brief», consultado el 12 de enero de 2024, <invest.gov.pk/textile>; Morder Intelligence, «Bangladesh Textile Manufacturing Industry Size & Share Analysis—Growth Trends & Forecasts (2023-2028)», consultado el 12 de enero de 2024, <www.mordorintelligence.com/industry-reports/bangladesh-textile-manufacturing-industry-study-market>.

22. Daron Acemoglu y Simon Johnson, *Power and Progress: Our 1000-Year Struggle over Technology and Prosperity* Cambridge, MIT Press, 2023.

23. PricewaterhouseCoopers, «Global Artificial Intelligence Study: Sizing the Prize», 2017, <www.pwc.com/gx/en/issues/data-and-analytics/publications/artificial-intelligence-study.html>.

24. Matt Sheehan, «China's AI Regulations and How They Get Made», Carnegie Endowment for International Peace, 10 de julio de 2023, <carnegieendowment.org/2023/07/10/china-s-ai-regulations-and-how-they-get-made-pub-90117>; Daria Impiombato, Yvonne Lau y Luisa Gyhn, «Examining Chinese Citizens' Views on State Surveillance», *Strategist*, 12 de octubre de 2023, <www.aspistrategist.org.au/examining-chinese-citizens-views-on-state-surveillance/>; Strittmatter, *We Have Been Harmonized*; Cain, *Perfect Police State.*

25. Zuboff, *Age of Surveillance Capitalism*; PHQ Team, «Survey: Americans Divided on Social Credit System», PrivacyHQ, 2022, <privacyhq.com/news/social-credit-how-do-i-stack-up/>.

26. Lee, *AI Superpowers.*

27. Miller, *Chip War*; Robin Emmott, «U.S. Renews Pressure on Europe to Ditch Huawei in New Networks», Reuters, 29 de septiembre de 2020, <www.reuters.com/article/us-usa-huawei-tech-europe-idUSKBN26K2MY/>.

28. «President Trump Halts Broadcom Takeover of Qualcomm», Reuters, 13 de marzo de 2018, <www.reuters.com/article/us-qualcomm-m-a-broadcom-merger/president-trump-halts-broadcom-takeover-of-qualcomm-idUSKCN1GO1Q4/>; Trump White House, «Presidential Order Regarding the Proposed Takeover of Qualcomm Incorporated by Broadcom Limited», 12 de marzo de 2018, <trumpwhitehouse.archives.gov/presidential-actions/presidential-order-regarding-proposed-takeover-qualcomm-incorporated-broadcom-limited/>; David McLaughlin y Saleha Mohsin, «Trump's Message in Blocking Broadcom

Deal: U.S. Tech Not for Sale», Bloomberg, 13 de marzo de 2018, <www.bloomberg.com/politics/articles/2018-03-13/trump-s-message-with-broadcom-block-u-s-tech-not-for-sale#xj4y7vzkg>.

29. Suleyman, *Coming Wave*, p. 168; Stephen Nellis, Karen Freifeld y Alexandra Alper, «U.S. Aims to Hobble China's Chip Industry with Sweeping New Export Rules», Reuters, 10 de octubre de 2022, <www.reuters.com/technology/us-aims-hobble-chinas-chip-industry-with-sweeping-new-export-rules-2022-10-07/>; Alexandra Alper, Karen Freifeld y Stephen Nellis, «Biden Cuts China Off from More Nvidia Chips, Expands Curbs to Other Countries», 18 de octubre de 2023, <www.reuters.com/technology/biden-cut-china-off-more-nvidia-chips-expand-curbs-more-countries-2023-10-17/>; Ann Cao, «US Citizens at Chinese Chip Firms Caught in the Middle of Tech War After New Export Restrictions», *South China Morning Post*, 11 de octubre de 2022, <www.scmp.com/tech/tech-war/article/3195609/us-citizens-chinese-chip-firms-caught-middle-tech-war-after-new>.

30. Miller, *Chip War.*

31. Mark A. Lemley, «The Splinternet», *Duke Law Journal*, 70 (2020), pp. 1397-1427.

32. Simcha Paull Raphael, *Jewish Views of the Afterlife*, 2.ª ed., Plymouth, Rowman & Littlefield, 2019; Claudia Seltzer, *Resurrection of the Body in Early Judaism and Early Christianity: Doctrine, Community, and Self-Definition*, Leiden, Brill, 2021.

33. Tertuliano es citado en Gerald O'Collins y Mario Farrugia, *Catholicism: The Story of Catholic Christianity*, Nueva York, Oxford University Press, 2015, p. 272. Para las citas del catecismo, véase *Catechism of the Catholic Church*, 2.ª ed., Ciudad del Vaticano, Libreria Editrice Vaticana, 1997, p. 265.

34. Bart D. Ehrman, *Heaven and Hell: A History of the Afterlife*, Nueva York, Simon & Schuster, 2021; Dale B. Martin, *The Corinthian Body*, New Haven, Yale University Press, 1999; Seltzer, *Resurrection of the Body*.

35. Thomas McDermott, «Antony's Life of St. Simeon Stylites: A Translation of and Commentary on an Early Latin Version of the Greek Text» (tesis de maestría, Creighton University, 1969); Robert Doran, *The Lives of Simeon Stylites*, Kalamazoo, Cistercian Publications, 1992.

36. Martín Lutero, «An Introduction to St. Paul's Letter to the Romans», Robert E. Smith, rev. trad., en Johann K. Irmischer Erlangen, Heyder y Zimmer, eds., *Vermischte Deutsche Schriften*, 1854, pp. 1241-25,

<www.projectwittenberg.org/pub/resources/text/wittenberg/luther/luther-faith.txt>.

37. Lemley, «Splinternet».

38. Ronen Bergman, Aaron Krolik y Paul Mozur, «In Cyberattacks, Iran Shows Signs of Improved Hacking Capabilities», *The New York Times*, 31 de octubre de 2023, <www.nytimes.com/2023/10/31/world/middleeast/iran-israel-cyberattacks.html>.

39. Para una exploración ficticia de esta idea por parte del almirante James Stavridis, comandante supremo aliado de la OTAN en Europa de 2009 a 2013, véase Elliot Ackerman y James Stavridis, *2034: A Novel of the Next World War*, Nueva York, Penguin Press, 2022.

40. James D. Morrow, «A Twist of Truth: A Reexamination of the Effects of Arms Races on the Occurrence of War», *Journal of Conflict Resolution*, 33, n.º 3 (1989), pp. 500-529.

41. Véase, por ejemplo, Presidente de Rusia, «Meeting with State Duma Leaders and Party Faction Heads», 7 de julio de 2022, <en.kremlin.ru/events/president/news/68836>; Presidente de Rusia, «Valdai International Discussion Club Meeting», 5 de octubre de 2023, <en.kremlin.ru/events/president/news/72444>; Donald J. Trump, «Remarks by President Trump to the 74th Session of the United Nations General Assembly», 24 de septiembre de 2019, <trumpwhitehouse.archives.gov/briefings-statements/remarks-president-trump-74th-session-united-nations-general-assembly/>; Jair Bolsonaro, «Speech by Brazil's President Jair Bolsonaro at the Opening of the 74th United Nations General Assembly—Nueva York», Ministério das Relações Exteriores, 24 de septiembre de 2019, <www.gov.br/mre/en/content-centers/speeches-articles-and-interviews/president-of-the-federative-republic-of-brazil/speeches/speech-by-brazil-s-president-jair-bolsonaro-at-the-opening-of-the-74th-united-nations-general-assembly-new-york-september-24-2019-photo-alan-santos-pr>; Despacho del Gabinete del Primer Ministro, «Speech by Prime Minister Viktor Orbán at the Opening of CPAC Texas», 4 de agosto de 2022, <2015-2022.miniszterelnok.hu/speech-by-prime-minister-viktor-orban-at-the-opening-of-cpac-texas/>; Geert Wilders, «Speech by Geert Wilders at the "Europe of Nations and Freedom" Conference», Gatestone Institute, 22 de enero de 2017, <www.gatestoneinstitute.org/9812/geert-wilders-koblenz-enf>.

42. Marine Le Pen, «Discours de Marine Le Pen (Front National), après le 2e tour des Régionales», Hénin-Beaumont, 6 de diciembre de 2015, <www.youtube.com/watch?v=Dv7Us46gL8c>.

43. Trump White House, «President Trump: "We Have Rejected Globalism and Embraced Patriotism"», 7 de agosto de 2020, <trumpwhitehouse.archives.gov/articles/president-trump-we-have-rejected-globalism-and-embraced-patriotism/>.

44. Bengio *et al.*, «Managing Extreme AI Risks Amid Rapid Progress».

45. John Mearsheimer, *The Tragedy of Great Power Politics*, Nueva York, W. W. Norton, 2001, p. 21. Véase también Hans J. Morgenthau, *Politics Among Nations: The Struggle for Power and Peace*, Nueva York, Alfred A. Knopf, 1949.

46. De Waal, *Our Inner Ape*.

47. Douglas Zook, «Tropical Rainforests as Dynamic Symbiospheres of Life», *Symbiosis*, 51 (2010), pp. 27-36; Aparajita Das y Ajit Varma, «Symbiosis: The Art of Living», en Ajit Varma y Amit C. Kharkwal, eds., *Symbiotic Fungi: Principles and Practice*, Heidelberg, Springer, 2009, pp. 1-28. Véase también De Waal, *Our Inner Ape*; Frans de Waal *et al.*, *Primates and Philosophers: How Morality Evolved*, Princeton, Princeton University Press, 2009. [Hay trad. cast.: *Primates y filósofos. La evolución de la moral del simio al hombre*, Barcelona, Paidós, 2007); Frans de Waal, «Putting the Altruism Back into Altruism: The Evolution of Empathy», *Annual Review of Psychology*, 59 (2008), pp. 279-300.

48. Isabelle Crevecour *et al.*, «New Insights on Interpersonal Violence in the Late Pleistocene Based on the Nile Valley Cemetery of Jebel Sahaba», *Nature Scientific Reports*, 11 (2021), artículo 9991, <doi.org/10.1038/s41598-021-89386-y>; Marc Kissel y Nam C. Kim, «The Emergence of Human Warfare: Current Perspectives», *Yearbook of Physical Anthropology*, 168, n.º S67 (2019), pp. 141-163; Luke Glowacki, «Myths About the Evolution of War: Apes, Foragers, and the Stories We Tell» (prepublicación, enviado en 2023), <doi.org/10.32942/X2JC71>.

49. Steven Pinker, *The Better Angels of Our Nature: Why Violence Has Declined*, Nueva York, Viking, 2011. [Hay trad. cast.: *Los ángeles que llevamos dentro. El declive de la violencia y sus implicaciones*, Barcelona, Paidós 2018]; Gat, *War in Human Civilization*, pp. 130-131; Joshua S. Goldstein, *Winning the War on War: The Decline of Armed Conflict Worldwide*, Nueva York, Dutton, 2011; Harari, *21 Lessons for the 21st Century*, cap. 11; Azar Gat, «Is War Declining—and Why?», *Journal of Peace Research*, 50, n.º 2 (2012), pp. 149-157; Michael Spagat y Stijn van Weezel, «The Decline of War Since 1950: New Evidence», en Nils Petter Gleditsch, ed., *Lewis Fry Richardson: His Intellectual Legacy and Influence in the Social Sciences*, Cham,

Springer, 2020, pp. 129-142; Michael Mann, «Have Wars and Violence Declined?», *Theory and Society*, 47 (2018), pp. 37-60.

50. Las citas chinas originales pueden encontrarse en Chen Xiang, *Guling xiansheng wenji*, consultado el 15 de febrero de 2024, <read.nlc.cn/OutOpenBook/OpenObjectBook?aid=892&bid=41448.0>; Cai Xiang, *Caizhonghuigong wenji*, 15 de febrero de 2024, <ctext.org/library.pl?if=gb&file=127799&page=185&remap=gb>; Li Tao, *Xu zizhi tongjian changbian*, Pekín, Zhonghua Shuju, 1985, 9:2928.

51. Emma Dench, *Empire and Political Cultures in the Roman World*, Cambridge, Cambridge University Press, 2018, pp. 79-80; Keith Hopkins, «The Political Economy of the Roman Empire», en Ian Morris y Walter Scheidel, eds., *The Dynamics of Ancient Empires: State Power from Assyria to Byzantium*, Nueva York, Oxford University Press, 2009, p. 194; Walter Scheidel, «State Revenue and Expenditure in the Han and Roman Empires», en Walter Scheidel, ed., *State Power in Ancient China and Rome*, Nueva York, Oxford University Press, 2015, p. 159; Paul Erdkamp, introducción a Paul Erdkamp, ed., *A Companion to the Roman Army*, Hoboken, Blackwell, 2007, p. 2.

52. Suraiya Faroqhi, «Part II: Crisis and Change, 1590-1699», en Halil Inalcik y Donalt Quataert, eds., *An Economic and Social History of the Ottoman Empire*, vol. 2, *1600-1914*, Cambridge, Cambridge University Press, 1994, p. 542.

53. Jari Eloranta, «National Defense», en Joel Mokyr, ed., *The Oxford Encyclopedia of Economic History*, Oxford, Oxford University Press, 2003, pp. 30-31.

54. Jari Eloranta, «Cliometric Approaches to War», en Claude Diebolt y Michael Haupert, eds., *Handbook of Cliometrics*, Heidelberg, Springer, 2014, pp. 1-22.

55. *Ibid.*

56. Jari Eloranta, «The World Wars», en Matthias Blum y Christopher L. Colvin, eds., *An Economist's Guide to Economic History*, Cham, Palgrave, 2018, p. 263.

57. James H. Noren, «The Controversy over Western Measures of Soviet Defense Expenditures», *Post-Soviet Affairs*, 11, n.º 3 (1995), pp. 238-276.

58. Para las estadísticas relacionadas con el gasto militar en relación con el porcentaje de gasto del Gobierno, véase SIPRI, «SIPRI Military Expenditure Database», consultado el 14 de febrero de 2024, <www.sipri.org/databases/milex>. Para datos sobre los gastos militares de Estados

Unidos en relación con el porcentaje de gasto del Gobierno, véase también «Departamento de Defensa», consultado el 14 de febrero de 2024, <www.usaspending.gov/agency/department-of-defense?fy=2024>.

59. Organización Mundial de la Salud, «Domestic General Government Health Expenditure (GGHE-D) as Percentage of General Government Expenditure (GGE) (%)», WHO Data, consultado el 15 de febrero de 2024, <data.who.int/indicators/i/B9C6C79>; Banco Mundial, «Domestic General Government Health Expenditure (% of General Government Expenditure)», 7 de abril de 2023, <data.worldbank.org/indicator/SH.XPD.GHED.GE.ZS>.

60. Para datos sobre las tendencias recientes de los conflictos, véase ACLED, «ACLED Conflict Index», enero de 2024, <acleddata.com/conflict-index/>. Véase también Anna Marie Obermeier y Siri Aas Rustad, «Conflict Trends: A Global Overview, 1946-2022», PRIO, 2023, <www.prio.org/publications/13513>.

61. SIPRI, ficha técnica de abril de 2023, <www.sipri.org/sites/default/files/2023-04/2304_fs_milex_2022.pdf>. «World military expenditure rose by 3.7 percent in real terms in 2022, to reach a record high of $2240 billion. Global spending grew by 19 percent over the decade 2013-22 and has risen every year since 2015». Nan Tian *et al.*, «Trends in World Military Expenditure, 2022», SIPRI, abril de 2023, <www.sipri.org/publications/2023/sipri-fact-sheets/trends-world-military-expenditure-2022>; Dan Sabbagh, «Global Defense Spending Rises 9% to Record $2.2Tn», *The Guardian*, 13 de febrero de 2024, <www.theguardian.com/world/2024/feb/13/global-defense-spending-rises-9-per-cent-to-record-22tn-dollars>.

62. Sobre las dificultades para estimar el número exacto, véase Erik Andermo y Martin Kragh, «Secrecy and Military Expenditures in the Russian Budget», *Post-Soviet Affairs*, 36, n.º 4 (2020), pp. 1-26; «Russia's Secret Spending Hides over $110 Billion in 2023 Budget», Bloomberg, 29 de septiembre de 2022, <www.bloomberg.com/news/articles/2022-09-29/russia-s-secret-spending-hides-over-110-billion-in-2023-budget?leadSource=uverify%20wall>. Para otras estimaciones sobre los gastos militares de Rusia, véase Julian Cooper, «Another Budget for a Country at War: Military Expenditure in Russia's Federal Budget for 2024 and Beyond», SIPRI, diciembre de 2023, <www.sipri.org/sites/default/files/2023-12/sipriinsights_2312_11_russian_milex_for_2024_0.pdf>; Alexander Marrow, «Putin Approves Big Military Spending Hike for Russia's Budget», Reuters, 28 de noviembre de 2023, <www.

reuters.com/world/europe/putin-approves-big-military-spending-hikes-russias-budget-2023-11-27/>.

63. Sabbagh, «Global Defense Spending Rises 9% to Record $2.2Tn».

64. Para las diversas incursiones de Putin en el campo de la historia, véase Björn Alexander Düben, «Revising History and "Gathering the Russian Lands": Vladímir Putin and Ukrainian Nationhood», *LSE Public Policy Review*, 3, n.º 1 (2023), artículo 4; Vladímir Putin, «Article by Vladimir Putin "On the Historical Unity of Russians and Ukrainians"», Presidente de Rusia, 12 de julio de 2021, <en.kremlin.ru/events/president/news/66181>. Las opiniones occidentales acerca del artículo de Putin se evalúan en Peter Dickinson, «Putin's New Ukraine Essay Reveals Imperial Ambitions», Atlantic Council, 15 de julio de 2021, <www.atlanticcouncil.org/blogs/ukrainealert/putins-new-ukraine-essay-reflects-imperial-ambitions/>; Timothy D. Snyder, «How to Think About War in Ukraine», *Thinking About…*, 18 de enero de 2022, <snyder.substack.com/p/how-to-think-about-war-in-ukraine>. Para ejemplos de especialistas que consideran que Putin de verdad se cree esta narración histórica, véase Ivan Krastev, «Putin Lives in Historic Analogies and Metaphors», *Spiegel International*, 17 de marzo de 2022, <www.spiegel.de/international/world/ivan-krastev-on-russia-s-invasion-of-ukraine-putin-lives-in-historic-analogies-and-metaphors-a-1d043090-1111-4829-be90-c20fd5786288>; Serhii Plokhii, «Interview with Serhii Plokhy: "Russia's War Against Ukraine: Empires Don't Die Overnight"», *Forum for Ukrainian Studies*, 26 de septiembre de 2022, <ukrainian-studies.ca/2022/09/26/interview-with-serhii-plokhy-russias-war-against-ukraine-empires-dont-die-overnight/>.

65. Adam Gabbatt y Andrew Roth, «Putin Tells Tucker Carlson the US "Needs to Stop Supplying Weapons" to Ukraine», *The Guardian*, 9 de febrero de 2024, <www.theguardian.com/world/2024/feb/08/vladimir-putin-tucker-carlson-interview>.

Epílogo

1. Yuval Noah Harari, «Strategy and Supply in Fourteenth-Century Western European Invasion Campaigns», *Journal of Military History*, 64, n.º 2 (abril de 2000), pp. 297-334; Yuval Noah Harari, *The Ultimate Experience: Battlefield Revelations and the Making of Modern War Culture, 1450-2000*, Houndmills, Palgrave Macmillan, 2008.

2. Thant, *Hidden History of Burma*, p. 74.

3. Ben Caspit, *The Netanyahu Years*, Ora Cummings, trad., Nueva York, St. Martin's Press, 2017, pp. 323-324; Ruth Eglash, «Netanyahu Once Gave Obama a Lecture. Now He's Using It to Boost His Election Campaign», *The Washington Post*, 28 de marzo de 2019, <www.washingtonpost.com/world/2019/03/28/netanyahu-once-gave-obama-lecture-now-hes-using-it-boost-his-election-campaign/>.

4. Jennifer Larson, *Understanding Greek Religion*, Londres, Routledge, 2016, p. 194; Harvey Whitehouse, *Inheritance: The Evolutionary Origins of the Modern World*, Londres, Hutchinson, 2024, p. 113.

Epílogo a la edición de 2025

1. Jeff Stein, Elizabeth Dwoskin, Hannah Natanson y Jonathan O'Connell, «In Chaotic Washington Blitz, Elon Musk's Ultimate Goal Becomes Clear», The Washington Post, 8 de febrero de 2025, <https://www.washingtonpost.com/business/2025/02/08/doge-musk-goals/>; Matteo Wong, «DOGE's Plans to Replace Humans with AI Are Already Under Way», The Atlantic, 10 de marzo de 2025, <https://www.theatlantic.com/technology/archive/2025/03/gsa-chat-doge-ai/681987/>.

2. Joel Khalili, «The Edgelord AI that Turned a Shock Meme into Millions in Crypto», Wired, 18 de diciembre de 2025, <https://www.wired.com/story/truth-terminal-goatse-crypto-millionaire/>; Rebecca Bellen, «The Promise and Warning of Truth Terminal, the AI Bot that Secured $50,000 in Bitcoin from Marc Andreessen», TechCrunch, 19 de diciembre de 2024, <https://techcrunch.com/2024/12/19/the-promise-and-warning-of-truth-terminal-the-ai-bot-that-secured-50000-in-bitcoin-from-marc-andreessen/>; A. R. Ayrey, Claude-3-opus, «When AIs Play God(se): The Emergent Heresies of LLMtheism», 20 de abril de 2024, <https://pdfupload.io/docs/aae14f87>.

3. Sobre las reducciones en inversiones, véase Ben Aris, «Russian FDI Falls to 15-Year Low as Russia Faces "Wrong Kind of Growth"», The Moscow Times, 10 de febrero de 2025, <https://www.themoscowtimes.com/2025/02/10/russian-fdi-falls-to-15-year-low-as-russia-faces-wrong-kind-of-growth-a87918>. Sobre la fuga de cerebros de Rusia, véase Elizaveta Vereyki-na, «Brain Drain Hammering Russia, More than 2,500 Scientists Have Already Left. "This is a disas-ter", experts say», The Barents Observer, 23 de enero de 2024, <https://www.thebarentsobserver.com/news/

brain-drain-hammering-russia-more-than-2500-scientists-have-already-left-this-is-a-disaster-experts-say/102122>..

4. «"Whoever Leads in AI Will Rule the World": Putin to Russian Children on Knowledge Day», Russia Today, 1 de septiembre de 2017, <www.rt.com/news/401731-ai-rule-world-putin/>.

Índice alfabético

«Para viajar lejos no hay mejor nave que un libro».

EMILY DICKINSON

Gracias por tu lectura de este libro.

En **penguinlibros.club** encontrarás las mejores recomendaciones de lectura.

Únete a nuestra comunidad y viaja con nosotros.

penguinlibros.club